Wilhelm Mannhardt

Wald- und Feldkulte

Zweiter Band

Verlag
der
Wissenschaften

Wilhelm Mannhardt

Wald- und Feldkulte

Zweiter Band

ISBN/EAN: 9783957004734

Auflage: 1

Erscheinungsjahr: 2015

Erscheinungsort: Norderstedt, Deutschland

Hergestellt in Europa, USA, Kanada, Australien, Japan
Verlag der Wissenschaften in Hansebooks GmbH, Norderstedt

Cover: Tizian "Ländliches Konzert "

WALD- UND FELDKULTE

VON

WILHELM MANNHARDT

ZWEITE AUFLAGE BESORGT VON

DR. W. HEUSCHKEL

ZWEITER BAND

ANTIKE WALD- UND FELDKULTE AUS NORDEUROPÄISCHER ÜBERLIEFERUNG ERLÄUTERT

BERLIN
VERLAG VON GEBRÜDER BORNTRAEGER
SW 11 DESSAUERSTRASSE 29
1905

Vorwort.

Zu den im ersten Bande dieses Werkes *„Baumkultus der Germanen und ihrer Nachbarstämme“* vorgeführten Vorstellungen und Gebräuchen weist das vorliegende Buch, den einzelnen Kapiteln desselben folgend, griechische, römische und vorderasiatische Seitenstücke auf. Buchhändlerische Rücksichten empfahlen eine Anzahl auf die antiken Ackerbaukulte (Lityerses, Eleusinien, Thesmophorien, Chthonien, Buphonien, Octoberroß, Lupercalien) bezüglicher Aufsätze für eine nächstfolgende besondere Veröffentlichung[1] zurückzulegen; diese Fortlassung bot zugleich den Vorteil, eine größere Conformität mit dem ersten Teile herstellen zu können.[2] Die Darstellung ist so gehalten, daß sie auch als selbständiges Ganze aus sich selbst verständlich bleibt; einem eindringenderen Studium ist die Nachprüfung der aufgestellten Behauptungen jedoch durch fortlaufende Verweisung auf die entsprechenden Untersuchungeu und Tatsachen im ersten Teile erleichtert.

Wer die Schwierigkeit aus Erfahrung kennt, die es macht, für das Ganze solcher Einzeluntersuchungen, wie sie in meinem Werke vereinigt sind, eine allen theoretischen und praktischen

1) Vgl. „Mythologische Forschungen“ aus dem Nachlasse von W. M. hg. von Hermann Patzig. Straßburg 1884.

2) Auf den folgenden Blättern ist derselbe stets unter der Bezeichnung Bk. angezogen.

Ansprüchen genügende Aufschrift zu finden, wird mit Nachsicht beurteilen, daß der Titel meines Buches nicht genau mit dem Inhalte sich deckt. Ich weiß recht wol, daß er streng genommen nach der einen Seite hin zu weit, nach der anderen zu eng gegriffen ist. Was das erstere betrifft, so erschöpfen meine Darlegungen den Umfang des europäischen Baum- und Waldkultus nicht. Wenn ich jedoch mit dem Tropus der Synekdoche den Namen des Ganzen für den wichtigsten Teil in Anspruch nahm, während ich nur diejenigen Vorstellungen und Gebräuche geschildert hatte, welche nach meiner Ansicht auf die Grundvorstellung der Baumseele und die daraus abgeleiteten bezw. mit ihr verbundenen Begriffe der Baum- und Waldgeister entweder zurückgehen oder mit denselben verknüpft sind, so habe ich keinen Augenblick verkannt, weder, daß noch einzelne abseits liegende Arten von Baumverehrung vorhanden waren und sind, die aus ganz anderen Gedankenkreisen ihren Ursprung nahmen (z. B. gewisse Fälle der Heiligung von Bäumen im Dienste von Göttern), noch habe ich eine reich entwickelte mythische Botanik leugnen wollen, welche Bäumen und anderen Pflanzen teils wegen auffallender Eigenschaften oder zur Erklärung dieser Eigenschaften, teils infolge ihrer mannigfaltigen Verwendung zur metaphorischen Bezeichnung anderer Naturgegenstände oder geistiger Begriffe eine Stellung in Sitte und Sage anweist. Da aber diese Gebilde in überwiegender Mehrzahl nicht sowol Zeugnisse für die *Verehrung* der Bäume, als für die *Verwendung* von Bäumen in Kultus, Zauber und Aberglauben gewähren, glaubte ich sie mit gutem Rechte außer Betracht lassen zu dürfen. Zu *eng* aber kann der Titel Baum*kultus* erscheinen, einmal deshalb, weil ich in meinem Buche mich nicht allein mit den Kult*gebräuchen* beschäftigte, sondern auch in ebensobreiter Ausführung mythische *Vorstellungen* behandelte, welche aus derselben Wurzel wie jene erwachsen sind; sodann, weil ganze Abschnitte des Werkes (die auf die allgemeinen Vegetationsgeister, die Sonnwendfeuer, das Brautlager auf dem Ackerfelde, Pflugziehen u. s. w. bezüglichen) nicht eigentlich unter die Kategorie der Baumverehrung fallen, sondern nur wegen des engen Zusammenhanges der in ihnen dargelegten Anschauungen und Sitten oder wichtiger Teile derselben (vgl. z. B. den Maibaum, die Laubpuppen im Sonnwendfeuer) mit den in den übrigen Kapiteln besprochenen Traditionen herangezogen sind. Sie dienen eben zur Vervollständigung, ohne daß ich damit sie alle ihrem gesammten Inhalte nach aus der Grundvorstellung der Baumseele oder einer Personification der vegetativen Natur abgeleitet wissen möchte. Dies zur Vorbeugung von etwaigen Mißverständnissen. Den richtigen Gesichtspunkt für dasjenige, was ich mit meinen Auseinandersetzungen bezweckte und erstrebte, wird der Leser durch die Darlegung gewinnen, daß und wie die veröffentlichten Untersuchungen von der Ausführung eines größeren Planes, dessen Verwirklichung teils in mehreren fertig ausgearbeiteten Manuscripten, teils im Stoffe mehr oder minder abgeschlossen daliegt, nur einen Teil ausmachen. Diese Darlegung glaube ich dem Publicum schuldig zu sein, selbst auf die Gefahr hin, dadurch den mich bedrückenden Abstand meines Wollens vom Können ans helle Licht zu ziehen. Wenn ich mir erlaube, dabei einige persönliche Verhältnisse anzudeuten, so geschieht es, weil die in Rede stehenden Arbeiten so enge mit meinem Leben verwachsen und in der Art ihrer Ausführung so sehr durch die Geschicke desselben beeinflußt sind, daß eine gerechte Beurteilung ohne einige Kenntniß der bei ihnen mitwirkenden subjectiven Factoren kaum möglich zu sein scheint.

Schon frühe ist in mir ein Gefallen an mythologischen Gegenständen begründet worden. Als Knabe lange Zeit an ein Streckbett gefesselt, das dem Übel, welches das große Hemmniß meines Lebens zu werden bestimmt war, nur weitere Ausdehnung gab, nahm ich in freien Stunden die hehre Wunderwelt der griechischen Götter- und Heroengestalten aus Beckers meisterhafter Wiedererzählung in meine Seele auf, um sie auf meinem Lager mit lebhafter Einbildungskraft in mir weiter zu verarbeiten. Zudem von Jugend auf durch ungewöhnliche Kurzsichtigkeit einer scharfen Erfassung der Dinge außer mir beraubt, wurde ich auf die innere Welt der Phantasie zurückgeworfen und gewöhnte mich, ihre Gestalten auseinanderzuhalten und unter verschiedenen Verhüllungen wiederzuerkennen. Als angehender Jüngling lernte ich während der durch meinen Gesundheitszustand nötig gewordenen Schulfreiheit eines Sommerhalbjahrs im grünen Wald und am rauschenden Meeresstrand zugleich Milton,

Ossian und eine nordische Mythologie kennen. Der Wunsch, einem befreundeten Dänen Widerpart zu halten, der mir, dem geborenen Schleswig-Holsteiner, als auszeichnenden Vorzug seines Volkes wieder und wieder dessen herrliche Götterwelt vorhielt, veranlaßte mich, mich um J. Grimms „deutsche Mythologie“ zu bemühen. Es waren die Sommerferien; der Augustapfelbaum inmitten unseres Gartens warf mir seine rotbackigen Früchte in den Schoß. So habe ich, damals Secundaner, das schwererrungene Meisterwerk von Anfang bis Ende gelesen — und die Richtung meines Lebens war entschieden. Die Verhältnisse, unter denen ich aufwuchs, zeitigten in mir frühe im Gegensatze zu meiner starr preußischen Umgebung eine entschieden nationale Denkweise und ein lebhaftes Interesse an den verschiedenen Gestaltungen religiösen Lebens. So betrat ich 1851 die Schwelle der Universität mit dem Wunsche, durch das Studium der Altertümer unseres Volkes in dessen innerstes Wesen einzudringen und mich tüchtig zu machen, vor allem Grimms mythologische Forschung weiterzubilden. Mein Schicksal führte mich nach Berlin; ein Collegienheft von Lobecks Griech. Mythologie und der Mythologus von Buttmann waren meine Reisebegleiter. Lachmann war kürzlich gestorben; des Leiters entbehrend erfuhr ich manche Anregung, aber in der Hauptsache blieb ich auf mich selbst angewiesen, und das außerordentlich geringe Maß meiner durch den Körper gehinderten Leistungsfähigkeit nötigte mich bei in die Weite strebendem Interesse immer wieder zur Beschränkung, und führte mich stets zur Mythologie als dem Mittelpunkte zurück, auf den alle meine sprachlichen und sachlichen Studien Beziehung gewannen.

Als Lernender blieb ich selbstverständlich lange Zeit völlig unter dem Einflusse derjenigen Männer befangen, deren Forschungen damals der jungen Wissenschaft neue und vielverheißende Wege und Ziele zu eröffnen schienen. Das waren, außer J. Grimm selbst, vorzugsweise A. Kuhn und W. Schwartz. Ich lebte mich gänzlich in den Gedankenkreis ihrer Erörterungen hinein und teilte auch die Irrtümer, welche diesen ersten Versuchen auf neuem Boden naturgemäß anhafteten.

Grimms grundlegendes Meisterwerk ist ebensowenig, als alle sonstigen historischen Gebilde, unvermittelt in die Erscheinung getreten. Schon seit dem Reformationszeitalter hatten, teils im Interesse einer Erläuterung des Abgöttereiverbots im Katechismus, teils aus humanistischem oder aus nationalantiquarischem Bestreben, Männer wie Mäletius, Agricola, Porthan, Arnkiel, Döderlein, C. Schütz, Mone und Finn Magnussen vereinzelt Aberglauben, Bräuche und Sagen als Reste heidnischer Mythologie erkannt und benutzt.

J. Grimms mit wunderbarer Combinationsgabe ausgerüsteter Genius, der zugleich auch kindlich und naiv den Geist des Altertums nachzufühlen verstand, hat zum erstenmale in großartigstem Umfang derartige Quellen in *ein* Bette geleitet, mit den spärlich erhaltenen unmittelbaren Zeugnissen über deutsches Heidentum verbunden und in Zusammenhang mit der von ihm zu historischem Verständniß gebrachten Sprache, mit den Sitten und Lebensanschauungen unserer Vorzeit und der Mythologie des verwandten Nordens gesetzt. Da erst war das Ei des Columbus gefunden und den Nationen ein Weg vorgezeichnet, der sie über ein weites *Mare incognitum* in das goldene Land ihrer eigenen Kindheit zu leiten und durch Ausdehnung ihrer Selbsterinnerung bis in eine ferne Periode rückwärts ihrem Leben und ihrer Persönlichkeit ein ansehnliches Stück hinzufügen zu können schien. Vor den Augen der staunenden Zeitgenossen stieg nun ein Bild der altgermanischen Religion empor, in den Hauptsachen so zutreffend, daß es für immer das zu entwickelnde und zu verbessernde Vorbild weiterer Untersuchungen bleiben wird, und zugleich so überwältigend reichhaltig, daß es nunmehr fast ein halbes Jahrhundert die Wissenschaft beherrscht. Allmählich beginnt es sich soweit in das freie geistige Eigentum der Forscher zu verwandeln, um der so notwendigen kritischen Betrachtung anheimzufallen und nach Ausscheidung seiner Mängel in geläuterter und verjüngter Gestalt daraus hervorzugehen. Nur selten hat ein Buch eine so großartige Nachfolge geweckt, wie dieses. Es ward zu einer nationalen Tat, Sitte, Sage, Märchen, Aberglauben, Lieder, kurz mündliche Überlieferungen jeder Art als Documente der vaterländischen Urzeit zusammenzubringen und zu verwerten. Wir verdanken diesem Streben eine reiche Fülle z. T. trefflicher Sammlungen. Die anderen Stämme Europas taten es uns nach; am eifrigsten diejenigen, welche so gut wie aller Kunde über die Religion ihrer Urväter entbehrten und auf diese Weise in Erfahrung zu bringen glaubten, wie in der Zeit ungebrochenen nationalen Wesens vor Einführung des Christentums der Geist ihres Volkes sich in seinen idealsten Angelegenheiten geäußert habe (z. B. Slaven, Magyaren). Gleichgiltiger verhielten sich dem entsprechend andere Völker (z. B. Skandinaven, Romanen), die im Besitze reichlicher Nachrichten über ihre Vorfahren keine Lockung verspürten, diesen Schatz, wie groß oder klein er sein mochte, aus den neuen, bis dahin so verachteten Fundgruben zu vermehren. Dies anfängliche Vorwiegen dieser rein nationalen Tendenz auch in meinen Bestrebungen verschuldete, daß meine Arbeit vorzugsweise der lebendigen Volksüberlieferung, als der vermeintlichen Hauptquelle der eigentümlich deutschen Mythologie, zugewandt blieb, selbst als ich erkannt hatte, wie notwendig u. a. zur Ergänzung die Forderung einer nicht bloß bruchstückweisen, sondern zusammenhangenden kritischhistorischen Bearbeitung der gesammten nordischen Mythologie aufzustellen sei. Die Manen des teuren Meisters, der in echter Bescheidenheit seine Forschung als eine Scheuer voll nachgelesener Ähren demjenigen vermacht wissen wollte, welcher mit der Ausstellung und Ernte des großen Feldes in vollen Zug kommen werde, können nicht zürnen, wenn diejenigen, welche auf seinen Schultern stehen, heutzutage, neben dankbarster Anerkennung des von ihm empfangenen bleibenden Besitzes, der Erkenntniß Raum geben, daß seine großartige Leistung in vieler Hinsicht noch unvollständig und mangelhaft war, daß der Bau, den er aufführte, mehrfach schon in den Fundamenten eine schiefe Richtung hatte und zu unbrauchbarem Weiterbau Veranlassung gab. Eine alles Unhaltbare ausscheidende Kritik würde den Umfang seines Buches vielleicht auf nicht weniger als die Hälfte zu verkleinern haben. Es ist hier nicht der Ort, dies eingehender zu erörtern;[1] nur Einiges will ich andeuten. J. Grimm machte den großen Fortschritt, die Mythologie nicht

1) Einige treffende kritische Bemerkungen über J. Grimms System sind in W. Scherers Schrift über J. Grimm, Berlin 1865, S. 141—150 niedergelegt.

mehr als Erzeugniß bewußter Speculation, sondern als eine der Sprache analoge Schöpfung des unbewußt dichtenden Volksgeistes zu erfassen. *Damit hat er den Grund gelegt für das wissenschaftliche Verständniſs nicht allein der germanischen, sondern auch der griechischen und römischen und aller sonstigen Mythologie.* In der Ausübung aber machte er keine strenge Scheidung zwischen den als Wirklichkeit empfundenen Gebilden des Mythus und den ihnen vielfach zum Verwechseln ähnlichen Metaphern und Personificationen subjectiver Dichter. Er verschloß sich noch der Einsicht, zu welcher bereits Heyne, noch mehr aber David Strauß den Weg bahnte, daß der Mythus auf einer bestimmten Anschauungsweise oder Denkform beruhe, deren sich jedes Volk auf gewissen Entwickelungsstufen mit Notwendigkeit bedienen muß. Diese Denkform bleibt bei fortschreitender Kultur das Eigentum rückständiger, niederer Kreise des Volkes und hält in ihnen teils die geistigen Produkte der von den fortgeschritteneren Klassen überwundenen Vergangenheit als Überzeugung fest, teils zieht sie die Ideen und Schöpfungen einer reformierten oder von außen her eingeführten höheren Religion (Christentum, Islam, Buddhismus u. s. w.) auf ihr Niveau herab und formt sie nach ihren Kategorien um, teils äußert sie sich noch fortwährend in manchen neuen mythischen Apperceptionen verschiedenartigen Stoffes. Indem J. Grimm diese Unterschiede hintenansetzte, mußte er geneigt sein, alles Mythische unter den Bevölkerungen der Jetztzeit für Niederschlag, Verkleidung, Abschwächung oder Vergröberung einer einstigen heidnischen Mythologie zu halten und zwar für den in grader Linie fortgepflanzten Nachklang der Mythologie grade desjenigen Volkes, bei dem die in Frage kommende Tradition vorgefunden wurde. Denn auch dies ließ er außer Rechnung, daß im Lauf der Geschichte eine ununterbrochene Bewegung der Bevölkerungen und Stände auch in den unteren Volksklassen einen weitreichenden Austausch von Ideen und Überlieferungen selbst mit fremden Ländern begünstigt hatte. Endlich überschätzte er bei weitem den Einfluß des Mythus auf die Sprache. In Folge dieser Irrtümer verwertete er als Zeugnisse für die von ihm erstrebte deutsch-heidnische Mythologie vielfach ebensowol rein poetische Personificationen mittelalterlicher Dichter (Frou Zuht, Frou Êre, diu Triuwe, Wunsch

u. s. w.[1]), als aus christlicher Symbolik oder den zeitweiligen tendenziösen Phantasien einzelner kirchlicher Kreise entsprossene Sagen, abergläubische Vorstellungen und Bräuche, sowie mannigfache allgemein menschliche oder fremdländische Superstitionen von ungewisser Entlehnungszeit. Vor allem aber schlug er die nach dem sicheren Zeugniß der Merseburger Sprüche und anderen Spuren nicht unbeträchtliche Übereinstimmung der nordischen und deutschen Sage dennoch zu hoch an, da er nach der Weise der alten Theologie die Eddamythen für einen einheitlichen Complex gleichartiger, die altererbte Volksreligion der Nordgermanen ausprägender Anschauungen ansah, während in Wahrheit darin das letzte Ergebniß einer historischen Entwickelung zu erkennen sein wird, in welcher der Hauptanteil den letzten Jahrhunderten vor Einführung des Christentums, also nach der Trennung von den Südgermanen, und in diesem Zeitraume vorzugsweise der die Gedanken und Bilder ihrer Vorgänger immer weiter fortspinnenden bewußten Arbeit von *Kunstdichtern* der höheren Gesellschaft zufällt. Der Vorrat alter echter Volksmythen ist darin ein nur beschränkter (über eine solche s. unten S. 151); vielfach aber lassen sich noch die Stufen nachweisen, welche die Ausbildung einzelner Mythen durch Dichterhand durchmachte.[2] In weit

---

1) Wer möchte z. B. noch jetzt die schöne Verbildlichung des Wunders der Empfängniß bei Frauenlob, daß Gott, der gewaltigste aller Künstler, „der Schmied aus Oberlande," seinen Hammer in Marien Schoß warf, d. h. geheimnißvoll den Gottessohn darin wirkte, mit Myth.[2] 165 als eine Erinnerung an Thors riesentödtenden Hammer auffassen?

2) Wie ich dies meine, davon ist Bk. 56 Anm. 1 hinsichtlich Yggdrasills ein Beispiel gegeben. Ein anderes bietet Grimnism. 25 dar. Die Angabe dieses späten katalogisierenden Liedes, Odhinn lebe allein von Wein, der nur Göttern und großen Königen erreichbaren Einfuhrwaare (Weinhold, Altnord. Leben S. 155), seine Einherier von Fleisch und Met, ist doch offenbar nicht Volksmythe, sondern eine individuelle Dichtererfindung. Daß in der Sage von Freyd und Woud bei Schönwerth II, 312 ff. sich dieser Zug in der Form wiederholt, „Freyd trank Wasser, Woud eine Art Wein", ist mir trotz J. Grimms Verteidigung der Echtheit (Monatsber. 1859, S. 420 ff. Kl. Schr. II, 428) neben vielem anderen ein Beweis für den Ursprung dieser Erzählung aus Reminiscenzen. — Noch läßt sich beobachten, wie Eigennamen aus Appellativen entstanden. „Der goldborstige" ist in der älteren Poesie stehendes Beiwort von Freys Eber (Hyndlul. 7. Skáldskaparm. 35), erst der Verfasser

höherem Grade, als man seit J. Grimm anzunehmen pflegt, war die in Rede stehende Mythologie ein durch die Natur und Geschichte ihrer Heimat bedingtes eigentümliches Erzeugniß des skandinavischen Nordens.[1]

Fassen wir alle diese Gesichtspunkte zusammen, so zeigt sich uns die Notwendigkeit, (entweder ein für allemal oder bis auf weitere Beweise) nicht allein die große Reihe lediglich aus dem Vorhandensein der den nordischen Götternamen zu Grunde liegenden Wortstämme in deutscher Rede erschlossener Gottheiten, wie Gart. Nanda, Râhana, Brĕgo, Hadu, Frô (Gerðr, Nanna, Rân, Bragi, Hödhr, Freyr), sondern auch die Personificationen von Festtagen wie Ostara (Bk. 505. 522), Berchta (unten S. 185), christliche oder historische Sagengestalten, wie den bergentrückten Kaiser[2] u. s. w., aus dem deutsch-heidnischen Götterhimmel zu entfernen, und nur in späterem Volksglauben bezeugte Gestalten, wie Holda, Here, Harke u. s. w. nicht unmittelbar mit den in alten Quellen überlieferten auf einen Boden zu stellen.

Der Autorität des Meisters folgend und dessen Fehler oft ins Maßlose übertreibend versuchten die Schüler, unter ihnen der Verfasser dieses Buches, neben fleißiger Stoffsammlung den Weiterbau seines Systems, indem sie, zumeist gestützt auf das Zusammentreffen einzelner rein äußerlicher Merkmale in jede

---

von Gylfaginning macht aus dem „Freyr ríðr gulli byrstum“ der Husdrápa Ulf Uggasons um 995 (Skáldskaparm. 7), die er benutzt, ein nomen proprium „Gullinbursti.“

1) So wertvoll und ehrwürdig, ja unentbehrlich uns immer die Edda als eine der wichtigsten Quellen germanischen Altertums und insbesondere der Mythologie bleiben wird, stellen wir neidlos unseren skandinavischen, zumal norwegischen Brüdern ihren höheren Anspruch daran zurück. Über die übertriebene Wertschätzung derselben als „deutschen“ Nationaleigentums äußerte H. Rückert viel Lesenswertes in einem Aufsatz, der mit nächstem in der von Cauer besorgten Ausgabe seiner kleinen Schriften zum Wiederabdruck gelangen wird. [Irrtümlich; doch ist die betr. Äußerung H. Rückerts in den „Blättern f. literar. Unterhaltung“ 1873 S. 580 zu finden.]

2) Vgl. den vorzüglichen Aufsatz v. G. Voigt „Die deutsche Kaisersage“ in Sybels Histor. Zeitschr. B. XXVI, 1871, S. 131—187, nebst Dümmlers Nachtrag B. XXIX, 1873, S. 491.

vereinzelte Sage, jedes Märchen, jede Heiligenlegende eine nordische Gottheit hineintrugen. Gelangte diese Richtung in Simrock, J. W. Wolf, Hocker, Woeste, Rochholz u. A. zur vollen Blüte, so vermochten sich doch selbst die in Lachmanns Schule erzogenen Vertreter der deutschen Philologie ihr nicht gänzlich zu entziehen.

Bleibenden Gewinn versprach nur eine solche Fortführung des begonnenen Riesenwerkes, welche zunächst einmal in dem Baumaterial selber sich orientierte und ohne Rücksicht auf ein vorher bestimmtes Resultat die Volksüberlieferungen einerseits unter sich, andererseits mit den zunächstliegenden verwandten Erscheinungen verglich. Einen kleinen, aber schönen, von der späteren Forschung noch nicht ausgenutzten Anfang in letzterer Richtung machte *K. Müllenhoff*, indem er in der Vorrede zu seiner musterhaften Sammlung Schleswig-Holst. Sagen 1845 auf vielfache Berührungen mit der Poesie und Sitte des Mittelalters hinwies. Das andere aber versuchte zuerst *A. Kuhn*. Als das bedeutendste Verdienst dieses großen Sprachforschers neben seinen drei großen und wichtigen Stoffsammlungen (Märk. Sag. 1843. Nordd. Sag. 1848. Westf. Sag. 1859) erachte ich die Anmerkungen zu den beiden letztgenannten Schriften, in denen viele Varianten zu den einzelnen Überlieferungen aus der Literatur der Sagensammlungen zusammengestellt und mit einander verglichen werden.[1] Zahlreiche Verwandtschaften und Abweichungen traten unter ihnen hervor. Doch erstreckte sich die Vergleichung immer nur auf einzelne Züge oder auf kleinere Sagengruppen, und auch Kuhn kam häufig genug auf eine aus bloß äußerlichen Ähnlichkeiten erschlossene Identifizierung von Sagengestalten mit nordischen Göttern und nicht selten grade mit den für Deutschland noch nicht nachgewiesenen hinaus.[2]

---

1) Solche Zusammenstellungen verwandten Stoffes verleihen auch manchen Abschnitten in J. W. Wolfs Arbeiten fortdauernden Wert, obgleich dieselben zum Zwecke eines Beweises aufgestellt sind, der völlig hinfällig ist.

2) Vgl. z. B.: die aus der letzten Garbe geformte Puppe, der Alte, beziehe sich auf Donar, weil Thórr, der als Gewittergott nach Adam von Bremen auch „fruges gubernat," [von irgend einem Skalden einmal auch]

Weit höheren Ruhm hat Kuhn durch die glänzenden und überraschenden Schlußfolgerungen in einer ganzen Reihe von Aufsätzen und Schriften erlangt, in welchen er, als einer der bedeutendsten Begründer und Förderer der vergleichenden Sprachwissenschaft, Grimms Methode auf das weitere indogermanische Gebiet übertrug und, gestützt auf die wirkliche oder vermeintliche Übereinstimmung von Namen und Sachen, mit genialem Scharfsinn in den Mythen und Göttergestalten des Veda (deren Verständniß sich ihm bei Belauschung der deutschen Volkssage unter ihren lebendigen Trägern, den Bauern, entzündete) die der Grundform noch sehr nahestehenden Niederschläge einer Urmythologie nachzuweisen unternahm, aus welcher auch die griechische und römische Mythenwelt geflossen sei.[1] Die Arbeiten wurden (ganz abgesehen von der Richtigkeit der durch sie zunächst zu Tage geförderten Ergebnisse) von entscheidender Bedeutung für das Schicksal der germanischen Mythenforschung, indem sie derselben neue Ziele steckten und ihre Tendenz verschoben. In den Vedas, in der Götterwelt der indischen Epen und in derjenigen der Puranas lagen die verschiedenen Stufen des Lebensganges einer Mythologie von der Jugend bis zum Greisenalter vor Augen. Die Lieder des Rigveda, obwol sie keineswegs eine rein ursprüngliche und naive, sondern eine vielfach schon subjective und mit Allegorie durchsetzte Poesie enthalten, zeigten, wie eine Mythologie in ihrem Werdeprozeß aussieht. Man lernte hier eine noch ganz im Flusse befindliche gläubige Naturanschauung als Ursprung eines großen Teiles der späteren wunderbaren Götter-

---

Atli genannt war, was Grimm, Myth.[2] 154 Großvater, Altvater übersetzt [während es doch unzweifelhaft Abwandlung von atall, acer, strenuus ist]. Nordd. Sag. Gebr. Anm. 102. Der Nix im Darmssen, der mit einem Schwerte bewaffnet in den See springt, muß Heimdall oder Freyr sein, weil ersterer in der Skaldensprache Schwert-Ase heißt, letzterer ein Schwert besaß, das er weggeschenkt hat (Westf. Sag. I, 54). Das zur Sonnenwende in Bezug stehende Notfeuer muß dem [hypothetischen] Sonnengott Frô geweiht gewesen sein, weil in England dabei ein Priap aufgepflanzt wurde, in Upsala aber Frôs Bildsäule mit einem Phallus ausgerüstet war. Herabkunft S. 101. Wissen wir aber, ob es überhaupt irgend einem Gotte gewidmet war?

1) Hermes-Sarameyas. Zs. f. d. A. VI, 1848, S. 117—134. Telchin. Zs. f. vgl. Spr. I, 1852, S. 179 ff. Saranyu-Erinnys. Ebends. S. 439—470.

geschichten Indiens kennen und die Art, wie aus ihr eine persönliche Götterwelt hervorwuchs. Man schloß daraus, daß ganz ähnlich die Urtypen aller arischen Mythologien ausgesehen haben müßten. Seit diesen Beobachtungen war der Bann einer Auffassung der Mythen als eines fertigen Systems völlig gebrochen, das Prinzip der *Entwickelung* für sie gewonnen, der Nachweis ihrer Entstehung und allmählichen Ausbildung in die Aufgabe der Wissenschaft aufgenommen. Die Erforschung der germanischen Mythologie war nun unlösbar mit dem Problem der Entzifferung des Mythenschatzes der klassischen Völker im Altertum und der übrigen arischen Stämme verknüpft. Der einseitig patriotische Gesichtspunkt erweiterte sich zum indo-europäischen und, als die seit 1860 von Lazarus und Steinthal begründete Völkerpsychologie diesen Bestrebungen hinzutrat, zum menschheitlichen. Wie aus der historischen Sprachforschung sich die Sprachphilosophie entwickelte, lernten wir immer deutlicher[1] die psychischen Factoren des Mythus als allgemein menschheitliche, selbst auf den höchsten Kulturstufen noch wirksame kennen; wir erkannten bei dem engen Geschwisterbund zwischen Religion und Mythologie zumal durch Steinthals und M. Müllers Verdienst in dem vertieften Mythenstudium ein wesentliches Hilfsmittel, die allgemeinen Gesetze religiösen Denkens klarzulegen, und dadurch an der Vorarbeit für die von den Besten in großem Stile ersehnte Reform des religiösen Lebens mitzuwirken.[2] Dieses Alles entkeimte der von Kuhn gegebenen Anregung. Auch werden wir freudig gestehen, daß ihm manches Rätsel zu lösen, manchen Zusammenhang aufzuhellen gelungen ist. Gleichwol darf ich mit dem Geständniß

Gandharven und Kentauren. Ebds. S. 513—543. Manus und Minos. Ebds. IV, 1855, S. 80—124. Herabkunft des Feuers und des Göttertranks. Berlin 1859. Der Schuß des wilden Jägers auf den Sonnenhirsch. Zs. f. d. Phil. I, 1869, S. 89—169. Über Entwicklungsstufen der Mythenbildung. Abhandl. d. Berl. Akad. 1873, S. 123—151.

1) Vgl. u. a. auch meinen nach dem damaligen Standpunkt der Wissenschaft zu beurteilenden Versuch (1859), die Gesetze der Mythenbildung zu schildern. Götterwelt der deutsch. u. nord. Völker S. 15—46.

2) Über letzteren Gesichtspunkt vgl. die Auseinandersetzung v. H. Pfannenschmidt, Das Weihwasser im heidnischen und christlichen Kultus. Hannover 1869.

nicht zurückhalten, daß nach meiner Ansicht die vergleichende indogermanische Mythologie die Früchte noch nicht getragen hat, welche man allzu hoffnungsreich von ihr erwartete. Der *sichere* Gewinn beschränkt sich doch auf einige sehr wenige Gottesnamen (wie Dyaus — Zeus — Tius; Parjanya — Perkunas; Bhaga — Bog; Varuna — Uranos u. s. w.) und Mythenansätze und im übrigen auf zahlreiche Analogien, welche aber noch nicht *notwendig* historische Urverwandtschaft begründen. Grade die beim ersten Anblick scheinbarsten Vergleichungen, z. B. Sâramêya = Hermeias, Saranyus = Demeter Erinnys, Kentauros = Gandharva u. s. w., und ein großer Teil der in dem berühmten Buche „Herabkunft des Feuers" vorgeführten Parallelen halten nach meiner Überzeugung, die ich in kurzem mit Gründen zu belegen Gelegenheit haben werde, vor einer eindringenden Kritik nicht Stand; ich fürchte, daß die Geschichte der Wissenschaft sie einmal eher als geistvolle Spiele des Witzes, denn als bewährte Tatsachen zu verzeichnen haben wird. Schon der Umstand, daß sie nicht die *stetig* fortzeugende Kraft bewähren, welche Grimms und Bopps sprachlichen Entdeckungen inne wohnte, muß gegen ihre Wahrheit mißtrauisch machen und zur Vorsicht mahnen, selbst bei Beurteilung so wahrscheinlicher Identitäten, wie die vom Kampfe der Devas und Vritras oder Ahis mit den Sagen von Erlegung des schatzhütenden oder frauenraubenden Drachen und vom Tode des Cacus durch Recaranus-Hercules. Unzweifelhaft hat es neben der Sprache auch schon eine gemeinsame Grundlage der religiösen Vorstellungen in der arischen Urheimat gegeben, und die Veden bewahren die ältesten uns erhaltenen Sproßformen davon; ob aber ausgebildetere größere Mythencomplexe von dorther in den europäischen Mythologien übrig sind, bleibt vor der Hand noch eine offene Frage. Nicht das Prinzip trägt die Schuld davon, daß wir noch nicht weiter sind, sondern die angewandte Methode, deren Grundfehler in einem Mangel an historischem Sinne zu suchen ist. Man ließ außer Rechnung, daß die Mythologien einen bei weitem verwickelteren und weit weniger der Regel unterworfenen Zustand vielfach zusammengesetzter Bildungen darstellen, als die verhältnißmäßig einfachen Erscheinungen der Sprache; man machte sich noch nicht klar, daß das geistige Leben der Kulturvölker niemals in der graden Linie einer ungestörten Entwickelung aus nationalem Keime verlief, daß es von dem Zuströmen fremdländischer Ideen reichliche Impulse empfing; und indem man unmittelbar die beiden Endpunkte zweier in ziemlichem Abstande von dem hypothetischen Ausgangspunkte auslaufender Entwickelungen mit einander combinatorisch verknüpfte, unterließ man, die letzteren durch die nachweisbaren Zwischenglieder Schritt für Schritt bis auf ihre wirklich erreichbare, oft nicht weit dahinten liegende Grundform rückwärts zu verfolgen. Ohne alte und junge Überlieferungen, bloße Nachahmungen, dichterische Erfindungen, ätiologische Erklärungen zu scheiden und je anders nach ihrem wahren Werte zu verwenden, spannte man die europäischen Mythen in das Prokrustesbett einer nach den zwar alten, aber doch schon national indischen Anschauungen entworfenen Schablone und vernachlässigte darüber ihre nächsten historischen Zusammenhänge, ihre Bedingtheit durch den Ideenkreis der Zeit oder der Schriftsteller, ihren ethischen Gehalt und ihre Beziehungen zu den localen Formen der Naturverhältnisse. Dazu stützte man die Vergleichung nicht selten auf Bruchstücke, die aus ihrem natürlichen Zusammenhang gerissen waren, oder man legte solche vedische Anschauungen zu Grunde, deren Bedeutung noch unklar und Gegenstand verschiedenartiger Auslegung ist. Die europäischen Mythen sollten nun fast durchgehend irdische Localisierungen einer bildlichen Veranschaulichung himmlischer Naturvorgänge sein; die zum Beweise des Ursprungs in der urarischen Periode vorgebrachte Übereinstimmung in Namen und Sachen zwischen den indischen und griechischen oder deutschen Traditionen ist aber sehr häufig im etymologischen oder sachlichen Teile oder in beiden trügerisch, und damit fällt das Ganze zusammen.[1]

---

1) Man soll es mir nicht als kleinliches Mäkeln an den hohen Verdiensten des Gründers der comparativen Mythologie auslegen, wenn ich grade aus seinen Schriften einige Beispiele entlehne, um meine Behauptungen nicht ganz ohne Beweis zu lassen. Ich habe sie z. T. nebensächlichen Erörterungen entnommen, aber manche Eckpfeiler der Induction sind ihnen gleichartig. Man darf indessen vermuten, daß Kuhn selber manches Derartige schon selbst stillschweigend aufgegeben hat. Mit der Farbe der goldenen Tannen

Eine besondere Fraction in der vergleichenden Mythologie gründete M. Müller (1856), indem er in mehreren Stücken von Kuhn abwich. Während nämlich dieser und seine Schule anfangs fast ausschließlich in den wechselnden Naturerscheinungen der Wolken und Winde die Ausgangspunkte der mythischen Bilderwelt suchte, setzte jener dieselben noch mehr ausschließlich in den überwältigenden Eindruck der sich täglich wiederholenden Phänomene, der Sonne und der Morgenröte, auf die kindliche

auf dem silbernen Schilde des Herakles wird deren Bedeutung als diejenige goldglänzender Sonnenstrahlen belegt (unten S. 88). Poseidon soll ursprünglich ein Sonnengott gewesen sein dem Vergleich einer arkadischen mit einer vedischen Sage zu Liebe, in den nur ein Sonnengott hineinpaßt. Zum Beweis wird beigebracht 1) eine bedenkliche Etymologie, 2) der Gebrauch eines und desselben Wortes für Wolkenhimmel und Ocean in der vedischen Poesie, 3) der Umstand, daß Poseidons Palast, seine Geißel, die Mähne seiner Rosse im griechischen Epos golden sind (Zs. f. vgl. Spr. I, 456). Aber Gold ist bei den Dichtern das Material aller göttlichen Besitztümer. — Ein Abschnitt aus der „Herabkunft“ ist unten S. 335 analysiert. Eine andere Ausführung (Herabk. 238 ff.) finde hier kurz Erwähnung. Kuhn erörtert, der Götterbote Hermes sei ein Feuergott, weil der vedische Feuergott Agni auch Bote der Götter heiße [als ob nicht die Idee des Götterboten aus verschiedenen Anlässen, z. B. aus Personification des Windes, entspringen konnte], sodann weil er [der Gott der Erfindungen] das Feuerzeug erfand. Wahrscheinlich aber werde die Hypothese dadurch, daß Kallimachos (Hymn. in Dian. v. 64 – 71) Hermes gradezu den feurigen Kyklopen gleichsetze, indem er ihn statt dieser, mit Ruß bedeckt, vom Herde her herbeikommen lasse. Was sagt nun Kallimachos? Die neugeborne Artemis geht mit ihrem Gefolge von Okeaninen zu den Kyklopen in den Ätna, um sich von ihnen Bogen und Pfeile schmieden zu lassen. Die Okeaninen fürchten sich vor den ungefügen Gesellen. Ganz natürlich. Denn, wenn ein Töchterchen bei den Göttern ungehorsam ist, ruft die Mutter nach den Kyklopen; und aus dem Innersten des Hauses kommt Hermes, mit Ruß bestrichen, und das Kindlein flieht in den Schoß der Mutter und bedeckt seine Augen mit den Händen. Artemis aber fürchtete sich nie, u. s. w. — Hier ist keine Spur von einem echten Mythus, alles freie dichterische Erfindung zur Verherrlichung der besungenen Göttin. Die Kyklopen [übrigens auch keine Feuergottheiten] schmieden der jungen Artemis Waffen in Nachahmung der älteren Dichter, welche sie dem Zeus solche anfertigen lassen. Hierin liegt kein Naturmythus. Das Übrige stellt eine liebliche menschliche Familienscene in die Götterwelt übertragen dar. Die Kyklopen spielen darin die Rolle unseres Schornsteinfegers, und Hermes verkleidet sich in ihre Gestalt lediglich als Diener oder Hausknecht der Götter, nicht im entferntesten als Naturgott.

Seele der Urväter. Außerdem wollte M. Müller nicht sowol aus einer Erstarrung einfacher poetischer Metaphern, als vielmehr aus einem rein sprachlichen Vorgange die Mehrzahl der Mythen ableiten. Ursprünglich nämlich seien mehrere Gegenstände (oder Handlungen) mit einem und demselben Worte von generellem Sinne bezeichnet worden. Als später der Gebrauch dieses Wortes sich auf einen jener Gegenstände einschränkte, für die übrigen in Vergessenheit geriet, hefteten sich an ersteren auch die Begriffsmerkmale des letzteren. So seien einst die Morgenröte und die Lorbeerpflanze *δάφνη*, d. h. die brennende, bezw. leichtbrennende [? = einem hypothetischen skr. dahana] genannt gewesen; von der Morgenröte sagte man aus, die Sonne habe sie verfolgt, d. h. schwinden machen. Die spätere Sprache behielt nur *δάφνη*, Lorbeer, und nun erzählte man, Apoll habe einer Nymphe Daphne nachgestellt, welche die Götter dann in den Lorbeer verwandelten (vgl. unten S. 20).[1] Ich vermag dem von M. Müller aufgestellten Principe, wenn überhaupt eine, so doch nur eine sehr beschränkte Geltung zuzugestehen. Kuhn hat sich ihm in seinen neuesten Aufsätzen wesentlich genähert.

Alles in allem genommen, halte ich den größeren Teil der bisherigen Ergebnisse auf dem Boden der indogermanischen Mythenvergleichung noch für verfehlt, verfrüht oder mangelhaft, meine eigenen Versuche in „Germ. Mythen 1858“ mit eingeschlossen. Daß ich jedoch nicht, wie man zu sagen pflegt, das Kind mit dem Bade verschütte, bezeugt mein Aufsatz „Lettische Sonnenmythen“ in Bastian-Hartmanns Zeitschr. f. Ethnol. VII, 1875.[2]

---

1) M. Müller, Oxford Essays 1856 S. 57. Vorles. üb. d. Wissensch. d. Spr. 2. Ser. 461 ff. 577.

2) Hier habe ich in etwa 90 Liedern der Litauer und Letten, welche traditionell an Hochzeiten gesungen werden, und deren Grundideen älter als das Christentum sein müssen (S. 87), als Inhalt mehrfach variierte Mythen von der Sonne, der Sonnentochter oder Gottestochter, den Gottessöhnen, dem Monde, von Perkun und einem Himmelsschmiede, sowie die in einer reichen Fülle poetischer Bilder niedergelegte Beschreibung ihrer Handlungen aufgewiesen. Ich stellte mir zunächst nur das Verständniß des Ideengehalts dieser Lieder zur Aufgabe. Aus ihnen selbst ergiebt sich vermöge der Varianten,

Auf den Wanderungen, welche W. Schwartz als Begleiter und Teilnehmer seines Schwagers Kuhn zum Zwecke der Sammlung märkischer und norddeutscher Sagen unternahm, fanden beide Gelegenheit, den Zusammenhang einiger Gruppen derselben, namentlich derjenigen vom Wode und der wilden Jagd, mit der lebendigen Naturanschauung des Volkes zu beobachten. Während nun Kuhn dadurch auf die Beachtung analoger Erscheinungen in den Veden geleitet wurde, schöpfte Schwartz aus jener Beobach-

---

in denen einmal die Naturerscheinung, ein andermal die Personification mit den nämlichen Prädicaten verbunden ist, für die Sonnentochter die Bedeutung der Dämmerung oder der Morgenröte, für den Gottessohn die Bedeutung des Morgen-Abendsterns; jene poetischen Bilder aber tat ich als auch anderswo geläufige Metaphern für Zustände der himmlischen Lichterscheinungen dar. Von der Berechtigung, ja der durch Zusammenhang gebotenen Notwendigkeit, die Deutung in dieser Richtung zu suchen, wird sich überzeugen, wer aufmerksam und vorurteilslos prüft und seine Prüfung mit den Abschnitten über Sonnenroß (93), Sonnenboot (102), Sonnenapfel (103) beginnt. Nicht jede Deutung (z. B. die des Eichbaums) wage ich für bereits gelungen auszugeben. Nur als *Analogien*, als Illustrationen, welche durch den Nachweis psychischer Möglichkeit einer Apperception des nämlichen Naturvorgangs unter den nämlichen Metaphern, wie in den lettischen Sonnenliedern, meiner Deutung zur Stütze dienen sollen, nicht als Zeugnisse historischen Zusammenhangs werden deutsche und slavische Sonnenlieder, auf Sonnenwesen bezügliche vedische Hymnen, griechische Mythen und Dichter, Märchen und sogar die Sagen fremder Weltteile verglichen (vgl. darüber S. 325—329). Ich betone diese Absicht noch ausdrücklich hinsichtlich dessen, was ich über den Sonnentisch der Äthiopen (S. 230, vgl. 244), das goldene Vließ am Eichbaum (S. 288), die Hesperidenäpfel (S. 234) ausgeführt habe. Einige der beigebrachten Analogien sind unrichtig. Der Stein Alatir (S. 287) z. B. entstammt christlicher Symbolik des M. A. (cf. Jagić im Archiv f. slav. Phil. I, 89—101). Nur erst hinterher glaubte ich durch die über ihr Ganzes sich erstreckende, überaus große Übereinstimmung der unbestrittenermaßen auf demselben Naturgebiete sich bewegenden Sagenkreise von Ushas und den Açvins, von Helena und den Dioskuren mit demjenigen von der Sonnentochter und den Gottessöhnen genötigt zu sein, als einstweilige *Vermutung* (S. 329) einen indogermanischen Ursprung für sie alle anzusprechen. Für bewiesen werde ich diese Vermutung nicht eher erklären, als bis erneute und eindringendere Untersuchungen die von mir gegebene Construction jedes der drei verglichenen Sagenkreise als der ältesten Überlieferungsform entsprechend bestätigt, und bis die Fortschritte unserer Kenntniß die indogermanische Hypothese in mehreren Fällen, denn bis jetzt, überzeugend gemacht haben werden.

tung die in einem gewissen Umfang richtige Entdeckung, daß in den unter dem Volke noch lebendigen Sagenmassen eine „niedere Mythologie" enthalten sei, welche einen früheren Zustand, eine embryonale Entwickelungsform der späteren Götter- und Dämonenwelt festhalte, möge die letztere auch in weit früheren geschichtlichen Zeugnissen überliefert werden. Nicht also bloß Abschwächungen, Niederschläge der in der Edda u. s. w. vorliegenden ausgebildeten Mythologie des Heidentums treten uns hier entgegen, wie Grimm wollte, sondern die Keime und Grundelemente, aus denen sie sich entwickelte. Schwartz legte diese Beobachtungen in einem Schulprogramm nieder.[1] Zugleich machte er fruchtbare Wahrnehmungen über die Veränderungen, denen die Sagen im Laufe ihrer Fortpflanzung von Mund zu Mund fast mit der Regelmäßigkeit eines Gesetzes unterliegen. Indem er in späteren Aufsätzen und Schriften[2] auch bei anderen Völkern den bildlichen Naturauffassungen und den Residuen der rohesten und einfachsten Mythenelemente nachging, wurde er neben Th. Waitz (Anthropologie der Naturvölker 1859—1865) Bahnbrecher für die zuerst von *A. Bastian*[3] mit unerhörter, aber unkritischer Gelehrsamkeit unter scharfsinniger Auffindung vieler wertvoller allgemeiner Gesichtspunkte gegründete, dann (zwar auch nicht ohne Verwendung manches ganz wertlosen Bausteines) mit nüchterner Besonnenheit von *E. Tylor*[4] fortgeführte ethnographisch-anthropologische Betrachtung der Sitte und Sage, welche

---

1) Der Volksglaube u. das alte Heidenthum. Berlin 1849. Zweite Aufl. Berlin 1862.

2) Die hauptsächlichsten sind: Ursprung der Mythologie. Berlin 1860. Sonne, Mond und Sterne. Berl. 1864. Der (rothe) Sonnenphallus der Urzeit. Zeitschr. f. Ethnologie VI, 1874, S. 167 ff.

3) Der Mensch in der Geschichte. 3 Bde. Lpzg. 1860. Beiträge zur vergl. Psychologie. Die Seele und ihre Erscheinungsweisen in der Ethnographie. Berl. 1868. Ethnolog. Forschungen B. II. Jena 1873. Kap. IV. (Zur vergl. Mythologie. Der Tod, Krankheitsstoff u. s. w.) Der Baum in vergl. Ethnologie. Zs. f. Völkerpsych. B. V, 1868, S. 287—317 und zahlreiche andere Aufsätze und Schriften.

4) „Early history of Mankind." (Urgeschichte der Menschheit, deutsch von H. Müller. Lpzg. Abel, 1866.) „Primitive Culture." (Die Anfänge der Cultur, deutsch von Sprengel u. Poske. Lpzg. 1873.)

darauf ausgeht, an Tatsachen bei den verschiedensten Naturvölkern den analogen Verlauf der ältesten Sitten-, Religions- und Mythenbildung zu veranschaulichen. Ihr verdanken wir namentlich die Einsicht, daß fast sämmtliche Entwickelungsphasen und Lebensformen, welche der geistige Zustand der Menschheit allmählich durchlaufen hat, in heutigen Völkern der Erde noch *lebende* Vertreter zählen, und daß man in der Beobachtung dieser ein treffliches Hilfsmittel besitze, um die im Leben der civilisierten Nationen erhaltenen *Überlebsel* früherer Kulturstufen zu studieren, und daß viele solcher Überlebsel selbst bis in die primitive Stufe des Fetischismus und der Wildheit zurückreichen. Auf diese Weise wird durch Analogien Verständniß ermittelt; daneben wird man künftig auch hinsichtlich solcher rudimentärer Residuen in jedem einzelnen Falle die Frage stellen müssen, ob sie als Lehngut oder als eigenes Erzeugniß der Urväter ihres jeweiligen Besitzers zu betrachten seien. Diesen Forschungen kommt die Gunst der Zeitgenossen entgegen, seit im letzten Jahrzehnt unter dem Einflusse des Darwinismus die Urgeschichte unseres Geschlechtes gradezu in den Vordergrund des wissenschaftlichen Interesses gerückt ist. Während aber die vergleichende Ethnologie die Mythologie bisher nur als Teil des geistigen Gesammtlebens in Betracht zog, widmet ihr *Schwartz* die ganze Breite seiner Forschung; auch knüpft er seine Erörterungen doch vorzugsweise an deutsche und griechische Mythen an. Leider muß man beklagen, daß er in seinen späteren Schriften auf dem in seinem bahnbrechenden Programm betretenen Wege nicht mit Besonnenheit fortgeschritten ist, sondern sich in eine größtenteils selbsterschaffene wirre Phantasiewelt verstrickt hat. Indem er nämlich die Abstractionen aus dem einen Mythenkreise, den er zuerst im Ganzen richtig beobachtet hatte, allzuhastig verallgemeinerte, gelangte er zu folgender Grundanschauung. „Es zeigte sich als Ausgang und Mittelpunkt *der ganzen Mythologie* ein in den mannigfachsten Kreisen und Zeiten entstandenes Chaos gläubiger Vorstellungen von den in den wunderbaren Erscheinungen des Himmels und *namentlich des Gewitters* sich bekundenden Wesen und Dingen als einer zauberhaften Welt, die nur mit ihren Symptomen in diese Erdenwelt hineinzureichen schien, die aber das Volk oder vielmehr die Menschen sich nach Analogie der letzteren gläubig zurechtlegten, und deren Veränderungen ihnen also zu einer den irdischen Verhältnissen analogen Geschichte wurden".[1] Den Beweis für seine Theorie lieferte ihm eine Methode, von deren Verhältniß zu den Anforderungen historischer Kritik dasselbe gilt, wie von derjenigen Kuhns. Ja es steht damit noch bedenklicher, insofern die verglichenen antiken Mythen zumeist aus ganz abgeleiteten Darstellungen, dem mythol. Lexicon u. s. w. entnommen werden. Doch ist andererseits ein wesentlicher Unterschied zwischen dem Verfahren der beiden Gelehrten bemerkbar. Schwartz stellt nicht je zwei Sagen in ihrer Totalität einander gegenüber, wobei dann der Harmonistik zu Liebe ein Teil der einen sich häufig gewaltsame Verrenkungen gefallen lassen muß, sondern er geht überall auf die Urelemente. Diese gewinnt er aber nicht durch historische Analyse, sondern indem er irgend einen einzelnen auffallenden Zug, einen losen Faden aus dem zusammenhangenden Gewebe der Sage herauszieht und nun leichten Spieles mit einem ähnlich aussehenden Naturbilde combiniert. Zwar hat er das Verdienst, dabei viele volkstümliche Naturanschauungen und ihre Übereinstimmung mit Metaphern der Dichter wirklich nachgewiesen zu haben; sehr viele der von ihm zum Ausgangspunkte der Mythen gemachten Naturauffassungen haben aber entweder nur in der äußerst fruchtbaren Einbildungskraft des Autors oder in der Subjectivität vereinzelter Poëten ein Dasein; und ebenso unberücksichtigt bleibt, daß nicht jede bildliche Apperception von Naturerscheinungen an sich Mythos ist oder überall zum Mythus sich weiterbildet und deshalb ihr Vorhandensein noch keinesweges von vorneherein die Vermutung begünstigt, sie in den Sagen wiederzufinden.[2]

1) Berliner Zeitschr. f. Gymnasialwesen 1861, S. 833.

2) In den Veden spielt bekanntlich die poëtische Auffassung der Regenwolken als milchspendende Kühe eine große Rolle; sie findet vielfache Verwendung in dem Mythenkreis des Gewittergottes Indra. Das deutsche Volk kennt die nämliche poëtische Metapher (unten S. 203); in nordischen Volksrätseln nähert sich dieses Naturbild mythischem Character (Mannhardt, German. Myth. 7, Götterwelt S. 89), in einem Sonnenliede (Germ. Myth. 7, vgl. dazu S. 386 ff.) ist es völlig zu mythischer Anschauung geworden, mit welcher vielleicht einzelne abergläubische Vorstellungen zusammenhangen mögen. Aber auch die Araber haben dieselbe Naturanschauung produziert.

Ich kann diese meine Bedenken gegen Schwartz und seine Nachfolger, deren besonnenster Afanasieff sein dürfte, hier ebenfalls nur andeuten (vgl. unten S. 101. 157. 292); ich werde auch sie im Gegensatze zu meiner eigenen Auffassung künftig an belehrenden Beispielen darzulegen Gelegenheit haben.

Durch die großartigen Entdeckungen auf dem Gebiete der orientalischen, besonders der ägyptischen und assyrischen Altertumskunde, und die Funde der prähistorischen Archäologie nicht weniger, als durch die vergleichende Sprachwissenschaft, hat die griechische Kulturgeschichte aufgehört mit Homer zu beginnen; sie ist zu einem in der Mitte liegenden Zwischengliede einer schon Jahrtausende früher anhebenden, immer mehr aus dem Dunkel hervortretenden Entwickelungsreihe geworden. Man beginnt der allmählichen Aufeinanderfolge des Einströmens mannigfacher Kulturerwerbungen vom früher zum Aufschwung gelangten nichtindogermanischen Asien her in die europäische Welt bis in deren vorhistorische Perioden nachzuspüren (V. Hehn); seit J. Olshausen zuerst zahlreiche phönikische Wortstämme in griechischen Ortsnamen nachwies, macht sich bei einem Teile der Historiker (E. Curtius, C. Wachsmuth u. a.) das Streben geltend, das Vorhandensein und den Einfluß eines starken semitischen Elements unter der vorhomerischen Bevölkerung Griechenlands darzutun. Allen diesen in den Anfängen begriffenen neuen Erkenntnissen gegenüber muß die von einem Teile der klassischen Philologen festgehaltene Behauptung einer rein autochthonen hellenischen Entwickelung als einseitig zurückgewiesen werden. Dennoch verteidigen auch die Vertreter dieser Richtung wichtige

---

Sie findet sich mehrfach in deren ältester vorislamischer Poesie. Im 4. Jahrhund. d. Hedschra stellte sodann Abu Bekr Ibn Duraid Ausdrücke über Wolke und Regen zusammen, die er größtenteils aus dem Munde improvisierender Wüstenbeduinen aufgezeichnet hatte. Da finden sich ganz dieselben Naturbilder, wie in den Veden. Die Wolken sind Kameelheerden, die einzelne Wolke heißt Wall oder Berg; oder sie wird als Kameel gefaßt, welches der Wind treibt und befruchtet, als gefülltes Euter, aus welchem die Regenmilch niederströmt, als Schlauch, aus dessen Ritzen Wasser sickert. (Will. Wright, Opusc. arab. collect. a. edit. from Mss. in the University of Leyden. — Götting. gel. Anz. 1860, p. 694.) Aber alle diese Bilder sind hier rein poëtisch, von einer Fortbildung zum Mythus ist nichts bekannt.

Wahrheiten. Und auf dem Gebiete der seit Preller nur in Hartungs verkehrter Religion der Griechen umfassend behandelten antiken Mythologie haben grade K. Lehrs und seine Schule in Einzelarbeiten sehr wertvolle Beiträge geliefert. Sie machen mit Recht geltend, daß man die griechische und römische Götterwelt zunächst vom Boden des hellenischen und römischen Volkstums aus begreifen lernen soll; sie haben uns die Empfindung nachfühlen lassen, welche die Alten in historischer Zeit mit ihren Göttern verbanden; ein Verständniß von den mannigfachen Ursprüngen und den Lebensgesetzen der mythischen Bilderwelt besitzen sie nicht. Eine besondere Beachtung verdienen *E. Plews* Untersuchungen, weil sie (in Bezug auf die späteren Geschicke des Iomythus und mehrere Kulte der in jüngerer Zeit entlehnten fremdländischen Gottheiten glücklich) mit einer historischen Betrachtung entschiedensten Ernst machen. Gleich sehr um seiner Methode willen hervorzuheben ist *A. Rapps* Aufsatz über die Mänade (Rhein. Mus. N. F. XXVII, 1872). Ganz neuerdings hat E. Curtius (Preuß. Jahrb. XXXVI, 1875, 1 ff.) die Frage aufgeworfen, ob nicht sämmtliche hellenische Göttinnen aus einer Differenzierung der durch Entlehnung angeeigneten großen semitisch-phrygischen Naturgöttin Vorderasiens hervorgegangen seien. Die *Frage* als solche ist berechtigt neben der nach dem indoeuropäischen oder ethnisch-griechischen Ursprung, da die Vielseitigkeit der meisten Göttinnen in der Tat an Pantheismus erinnert. Bewiesen ist aber noch nichts, und die schließliche Lösung des Problems dürfte schwerlich so allgemein im Sinne des Fragestellers ausfallen.

So sehen wir denn in den letzten Jahrzehnten von den verschiedensten Seiten her neue Wege eröffnet, um in das Verständniß der Mythologie einzudringen; aber alle diese Arbeiten stehen erst im Beginne, und ihrer manche haben sich, von der graden Richtung abgelenkt, in der Wildniß verlaufen. Wenn es jedoch für seinen freien Fortschritt ein unabweisliches Bedürfniß des menschlichen Geistes ist, die psychischen Petrefacten der Vergangenheit wieder lebendig zu machen, wenn die Wissenschaft unserer Tage sich als eines der letzten und höchsten Ziele ihres Ringens einen Stammbaum der gesammten Ideenwelt stellt, wenn endlich die verschiedensten Einzelwissenschaften an einem streng wissenschaftlichen Aufbau der Mythologie ein Interesse haben, dann darf das begonnene Werk nicht liegen bleiben. Indem der Verfasser dieses Buches sein Augenmerk darauf richtete, von allen angedeuteten Richtungen zu lernen, das Wahre aus ihnen aufzunehmen, die Fehler auszusondern, bildete er sich seinen eigenen Standpunkt. Selbstverständlich nimmt er keine Unfehlbarkeit für sich in Anspruch, nur das Zeugniß gewissenhaften Strebens und eines deutlichen Bewußtseins der zu verfolgenden Ziele und anzuwendenden Mittel. Und niemals wird er verleugnen, daß er von Männern wie Welcker, Preller, Lehrs, Bötticher, Kuhn, Schwartz, Tylor und andern lernte und sich ihnen oft zu Danke verpflichtet weiß, selbst da, wo er zu andern Ergebnissen gelangte, als sie.

Der Befreiungsprozeß von den herrschenden Richtungen vollzog sich in mir naturgemäß sehr allmählich, ein schärferes Auge wird seine Symptome bereits in meinen Jugendarbeiten[1] erkennen. Meine jetzigen Ansichten und Absichten lassen sich etwa in folgende Sätze zusammenfassen. Noch immer bleibt der wissenschaftliche Aufbau einer deutschen bezw. germanischen Mythologie der Mittelpunkt, auf welchen alle meine Bestrebungen hinzielen; aber ich erkenne, daß es noch für lange nicht an der Zeit sein wird, den Bau im Ganzen auszuführen. Die Mythologie eines Volkes umfaßt mir alle in seinem Geiste unter dem Einflusse mythischer Denkform zu Stande gekommenen Verbildlichungen höherer Ideen, mögen die letzteren von ihm selbst erzeugt oder von außen her aufgenommen sein, sowie die Geschichte dieser Geistesproducte und ihrer Veränderungen durch Verschiebung oder Umdeutung des ursprünglichen Sinnes, durch Zutaten, durch Verschmelzung und Mischung mit anderen rein mythischen oder geschichtlichen Traditionen, endlich durch dichterische oder künstlerische Behandlung, nachdem sie aufgehört haben im Bewußtsein ihrer Träger Wirklichkeit zu beanspruchen. Diese Betrachtung berührt Vieles, was weder Philosophie (wenn auch noch so primitive) noch Religion ist. Sie fällt daher nicht zu-

---

1) Germanische Mythen. Forschungen. Berlin 1858. Die Götterwelt der deutschen und nordischen Völker. I. Berlin 1860.

sammen, ist aber verschwistert mit einer anderen Betrachtung, welche den Gehalt und die Umwandlungen der mythisch ausgedrückten Ideen unter dem Gesichtspunkt der Entstehung und fortschreitenden Entwickelung des philosophischen und religiösen Gedankens zu prüfen hat. Diesen Grundsätzen gemäß stelle ich den Begriff der deutschen Mythologie anders, als J. Grimm tat. Nicht allein die Gestalten und Phantasiegebilde, unter welchen unsere Voreltern während der verschiedenen Epochen ihres Lebens vor Einführung des Christentums die Götter- und Geisterwelt zu erfassen suchten, rechne ich dahin, sondern auch diejenigen Personificationen und vermeintlichen Äußerungen übersinnlicher Mächte, welche sie später vermöge der Fortdauer des mythenbildenden Triebes aus sich selbst oder durch Versinnlichung der Ideen des Christentums oder aus anderen Anregungen neu erschufen. Bei dieser Auffassung gewinnen dann auch Perchta, der bergentrückte Kaiser, der Teufel des Volksglaubens und Ähnliches wieder eine berechtigte Stelle in der deutschen Mythologie; fern aber bleiben die schon fertig übernommenen und unverändert fortgetragenen Verbildlichungen, mit denen die christliche Kirchenlehre ihre hohen Wahrheiten der menschlichen Anschauung nahe bringt. Innerhalb des beschriebenen Kreises muß angestrebt werden, verschiedene Perioden (ältere und spätere Mythologie des Heidentums, Volksmythologie des Mittelalters u. s. w.) zu trennen und je mit dem ihnen eigentümlichen Inhalte zu erfüllen; es muß zwischen den Anschauungen (Sage, Brauch, Kultus) des gesammten Volkes und einzelner Teile desselben (Stämme, Stände, Familien u. s. w.) unterschieden werden. Quelle ist überall, wo es sich nicht um die späteren Schicksale der Mythen in Kunst und Literatur handelt, der lebendige Volksglaube. Ihn in seiner echten Form zu ermitteln und in seinen Entwickelungsphasen bis auf die ursprüngliche, die Grundidee am reinsten ausdrückende Fassung zu verfolgen, ist eine der ersten Aufgaben, mag die Überlieferung unmittelbar aus dem Volksmunde oder aus dem Schrifttum entnommen sein. Hiebei wird jedoch ein Unterschied zu beobachten sein. Überall, wo eine Tradition (Sage, Brauch, Glaube) uns auf literarischem Wege überliefert wird, oder wo sie in den Strom geschichtlichen Lebens hineingerissen von diesem eine Zeitlang weitergetragen war, so daß sie innerhalb eines erkennbaren historischen Zusammenhangs steht, hat der Forscher vorab alle diejenigen durch Jahrhunderte lange Erfahrung ausgebildeten kritischen Handhaben zu ihrem Verständniß anzuwenden, deren sich die Philologie und Geschichtswissenschaft zur Lösung ihrer Aufgaben bedienen,[1] nur mit gebührender Berücksichtigung der eigentümlichen Beschaffenheit des zu bearbeitenden Stoffes. Jede Überlieferung ist zuerst *aus sich selbst und aus ihrem nächsten Umkreise* zu erklären; erst wenn hier die Rechnung nicht aufgeht, darf schrittweise weiter und tiefer rückwärts gegriffen werden.

Die Chronologie der Zeugnisse ist in erster Linie zu befragen; der Mythenforscher wird jedoch nicht vergessen, daß unter Umständen eine junge Aufzeichnung die ältere und echtere Form der Überlieferung zu Tage fördert. Wo *unmittelbare Volkstradition* vorliegt, ist nach inneren Gründen, auf dem Wege der Analyse und mit Hilfe von Analogien, die nach Wert und Inhalt scharf geprüft sind, ebenfalls nach Möglichkeit eine chronologische Fixierung und die Herstellung der Urgestalt zu erstreben. Sind jedoch solche Traditionen in *geschichtslosen*[2] Volksschichten weiter

1) Nicht um auch nur im entferntesten eine Anschauung der vielen hiebei in Betracht kommenden Verrichtungen niederer und höherer Art (von der Textberichtigung und quellengeschichtlichen Untersuchung bis zu der durch innere Kritik erreichbaren Zerlegung des Objects in seine genetischen Elemente) zu gewähren, sondern nur um von der Anwendung des Prinzips auf die in Rede stehenden Gegenstände überhaupt einen Begriff zu geben, deute ich Einiges an. Man vgl. den Nachweis über die verschiedenen Wandlungen der epischen Sage von Rauch-Else bis auf die Volkssage vom wilden Weibe zurück. (Bk. 108 ff.) Dem entsprechend ist die Darlegung der verschiedenen Entwickelungsstadien der Sage von Peleus und Thetis (unten S. 77). — Einen gediegenen Versuch kritischer Untersuchung der verschiedenen Aufzeichnungen einer Volkssage macht Schottmüller in s. Programmaufsatz „die Krügerin von Eichmedien.“ Bartenstein 1875; doch der Schluſs verläſst die eingeschlagene Bahn und gelangt daher zu unbefriedigenden Ergebnissen. (Vgl. unten S. 96.) Ein Muster der methodischen Bearbeitung eines Volksbrauches, der in einer von höherem geschichtlichen Leben bewegten Volksschicht weiter gebildet wurde, bietet „E. Papst, die Volksfeste des Maigrafen. Berlin 1865.“ (Vgl. meine Weiterführung der Untersuchung Bk. S. 376 ff.) Dazu stellt sich gleichwertig K. Müllenhoffs monographische Behandlung des Schwerttanzes (Gaben für Homeyer. Berlin 1871.)

2) Dies Wort werde cum grano salis verstanden. Unter den Kulturvölkern haben freilich auch die niederen, rückständigen Volksschichten am

getragen, so sind wir meistenteils berechtigt, sie wie Naturobjecte zu behandeln und nach vorgängiger Prüfung ihrer Echtheit derjenigen Untersuchungsmethode zu unterwerfen, welche die Naturforschung für ihre Gegenstände anwendet. Wie in einem Gebirge sich die organischen Reste verschiedener Erdbildungsperioden über einander ablagern, bewahrt das Gedächtniß des Volkes unbewußt Ablagerungen der verschiedenen Kulturepochen, die dasselbe jemals durchgemacht hat, mit vielen fremden Einschlüssen; aber die Lage der Schichten hat sich vielfach verschoben und durchkreuzt, der Inhalt jedes einzelnen hat sich durch Verwitterung, Vermischung oder rein äußerliche Verbindung mit den Produkten anderer umgestaltet.[1] Damit aus den Versteinerungen die Geschichte der Vorwelt wiederhergestellt werden könne, mußte der Tätigkeit der Geologen und Paläontologen die elementare Arbeit der descriptiven Mineralogie, Zoologie und Botanik vorausgehen, welche die Fülle der individuellen Erscheinungen nach Gattungen, Arten und Unterarten sonderte und die gemeinsamen Merkmale jedes derselben umgrenzte. Sodann machte der Geologe seine Längen-, Quer- und Höhendurchschnitte und verzeichnete das Verhältniß der einzelnen Lage-

historischen Leben der Nation ihren Anteil, aber einen weit geringeren, als die höheren Klassen; und nicht alle Ideen und Lebensgebiete ihrer Angehörigen unterliegen in gleichem Maſse dem umbildenden Einflusse neuer Kulturströmungen. Wie wir in unseren Hansastädten vielfach alte Häuser antreffen, deren Façade modern ist oder dem Rokokostil angehört, während in ihrem entlegenen Hinterhause noch die verblichene Pracht der Renaissancezeit erhalten ist, in der Seitenwand am Hintergäſschen und unter Dächern und Treppen gar noch unberührt die Gothik träumt, giebt es namentlich bei dem in einfacher, gleichmäſsiger Arbeit dahinlebenden Landvolk noch einzelne Lebensgebiete, Winkel und Ecken der Vorstellungswelt, an denen eine mehrtausendjährige Geschichte fast ganz spurlos vorüberschritt. Ein solches Gebiet ist beispielshalber dasjenige der Erntegebräuche. Andere in den niederen Ständen haftende Vorstellungskreise repräsentieren ebenfalls längstvergangene, aber jüngere Kulturstufen, und im Großen und Ganzen darf man urteilen, daſs der Wellenschlag der geschichtlichen Strömungen ihren Ideenvorrat nur langsam und selten bewegte.

1) Vgl. unten S. 205. In Bezug auf die Verbindung verschiedener Sagenelemente (Accumulation und Assimilation) macht Schottmüller a. a. O. gute Beobachtungen.

rungsschichten und ihrer Einschlüsse. Es ist nicht zu bezweifeln, daß ein entsprechendes Verfahren auch der mit der Volksüberlieferung arbeitende Mythologe einzuschlagen hat. Bei noch sehr unvollständig gesammeltem Material stehen wir noch vor der Aufgabe, die der Naturwissenschaft im XVIII. Jahrhundert oblag, der Aufgabe der Klassifizierung[1] und der rationellen und vollständigen Sammlung der zu jeder Abteilung gehörigen Erscheinungsformen, sodann der Verknüpfung derselben mit anderen Typen zu generelleren Klassen.[2] Dabei kommt es darauf an, die reinen Typen herauszuerkennen und selbst im Zustande der Verwitterung wiederzuerkennen,[3] oder mehrere

1) Wenn man eine solche rein schematistisch und ohne vorgängige Anwendung der kritischen Operationen vornimmt, gelangt man zu den Irrtümern, in welche der wackere J. G. v. Hahn in seinen „Mythologischen Parallelen, Jena 1859“ und „Sagwissenschaftlichen Studien, Jena 1876“ sich verfangen hat.

2) So habe ich z. B. Bk. 160—190 die Merkmale des Maibaumtypus in seiner dreifachen Ausgestaltung als Lebensbaum der Ortschaft, des Gemeindevorstehers und des geliebten Mädchens aus der Vielheit der individuellen Erscheinungen herausgezogen und diesen Typus auch als Grundform des vielfach gemodelten englischen Maypole nachgewiesen; S. 190 ff. sind der Erntemai, S. 218 der Richtmai, S. 221 die Brautmaie, S. 156 der Ljeto als besondere, verwandte Typen beschrieben, sodann aber mit dem Maibaum zu einer gemeinsamen Klasse verknüpft. Ebenso verzeichnet Bk. 498 ff. die Kennzeichen des Sonnwendfeuers und bespricht sodann die Unterarten dieses Begriffs. In vorliegendem Bande sind S. 155—171 die bocksgestaltigen Korn- und Grasdämonen beschrieben, S. 171—173 werden damit verschiedene Arten von bocksgestaltigen Haus- und Feldgeistern und S. 113—155 süd- und nordeuropäische Waldgeister als Begriffe von nahverwandtem Inhalt zu einer größeren Gruppe verbunden, ob mit Recht, kann erst die systematische Durchforschung der Totalität des antiken und nordischen Volksglaubens ausweisen.

3) Wie den Goliath, Ludwig XVI. und Mohrenkönig als den geköpften Maikönig (Bk. 365), das Ringstechen als Wettritt nach dem Kranze des Maibaums (Bk. 388). W. Schwartz lehrte uns das „Fortrücken“ der Sagen kennen und unter den Wandlungen räumlicher und zeitlicher Scenerie die Substanz eines ursprünglichen Mythus herausfinden. Viele Trümmer echter Volksanschauungen sind erst aus der Auflösung der ätiologischen Sagen herauszulesen, welche durch sie veranlaßt sind (s. unten 229 ff., 339 ff.). Der Trieb zur ätiologischen Sagenbildung spielt eine der bedeutendsten Rollen in aller Mythologie. U. a. ist seine Betätigung in den aus Kunstwerken ent-

unvollständige, beziehungsweise in verschiedene Zusammenhänge eingefügte Exemplare zur gegenseitigen Erläuterung oder Ergänzung zu verwenden.[1] Zugleich aber mit dieser Aufstellung der Typen muß schon jetzt für jeden einzelnen Fall oder für jede Gruppe der Versuch einer sowol äußeren als inneren Chronologie (durch historische Zeugnisse und durch Beobachtung des Verhältnisses der Entwickelungsformen) angestellt, und es muß vorläufig damit begonnen werden, die Ablagerungsschichten der verschiedenen kulturhistorischen Perioden in ihrer ganzen Ausdehnung zu verfolgen, ihre Einschlüsse (Entlehnungen) anzumerken, und zu beobachten, was von andern Überlieferungen über, unter oder neben ihnen liegt.

Bei allen diesen Verrichtungen kann die deutsche Mythenforschung des Hilfsmittels der Vergleichung mit den mythischen Gebilden anderer europäischer und nichteuropäischer Völker nicht entraten, noch sich der Beobachtung analoger Fälle entschlagen, die mitten im Zusammenhange einer in der Gegenwart geübten

standenen Sagen des Altertums und des Mittelalters von G. Kinckel (Mosaik z. Kunstgeschichte. Berl. 1876. S. 161—243) soeben ausführlich besprochen; auch die Mehrzahl der Blumensagen und viele andere Pflanzensagen sind lediglich ätiologisch. Schwartz verkennt diese Verhältnisse durchaus, wenn er sich über L. Friedländer lustig macht (Jahrb. f. Phil. und Pädagog. IX. 1874, S. 180 ff.), weil dieser der [nur zu eng gegriffenen] Kategorie der „Küstersagen" d. h. der im Kopfe der Periegeten entstandenen Legenden einen großen Anteil an dem, was uns als griechische Mythologie überliefert ist, zuschreibt.

1) So wird z. B. der niederlitauische Glaube von der Rache, welche die Baumgeister üben, wenn man den Baum der Rinde beraubt (Bk. 12), durch den franz. Aberglauben vom Wasserholunder (ebds.) erklärt. Beide Traditionen erläutern sowol viele Stücke der Volksmedizin, als namentlich die in Rechtsformeln lange erhaltene Strafe für Baumschäler (Bk. 26 ff.) und den deutschen Glauben, daß ein Moosmännchen sterbe, wenn man vom Baum die Rinde abdrehe (Bk. 75). Der irische Aberglaube, daß ein Baum verwelke, wenn man ihm einen Traum sagt, läßt das Verbot der Holzfräulein (Panzer II, 161. Bk. 75) verstehen; die Superstition, daß es regne, wenn man einen Frosch köpft, erläutert das Froschtödten im Maikönigsspiel (Bk. 355). Hiedurch findet auch die in dem Namen Froschschinder unvollständig erhaltene Tradition (Bk. 356) Vervollständigung und Beleuchtung. Der vereinzelte Name Hengeiß (unten 171) darf nach Analogie des in voller Breite erhaltenen Glaubens vom Kornbock ergänzt werden u. s. w.

Volksreligion befindlich sind. Sie bedarf dieser Hilfsmittel sowol, um die Typen festzustellen, als um unser Eigentum von fremdem Gute unterscheiden zu lernen; nur darf niemals nach einer Schablone verfahren werden, und bloße Analogien oder Ähnlichkeiten und wirkliche Congruenzen sind sorgfältig auseinanderzuhalten.

Vor der Verwendung irgend eines fremdländischen Stückes zur Vergleichung müssen auch an diesem alle diejenigen Forderungen erfüllt sein, welche wir in Bezug auf deutsche Mythen aufstellten, und das um so entschiedener, wenn sie einer Mythologie angehören, welche ein so langes geschichtliches Leben hinter sich hat, wie die der Griechen und Römer. Hier muß es vor allem obliegen, den Kern, die anfängliche echte Volksvorstellung aus den umhüllenden Schalen zu lösen, und mit andern Volksvorstellungen darf nur diese Volksvorstellung, Gleichartiges mit Gleichartigem, in Vergleichung gebracht werden.

Der Widerstand ist groß, den die Eigenartigkeit und Lückenhaftigkeit des Stoffes und die tausendfältige Verschlingung der Erscheinungen einer Übersetzung dieser Grundsätze in ihre tatsächliche Anwendung entgegenstellen. Mehr als auf anderen Gebieten liegt es hier in der Natur der Sache, daß erst aus vielen vergeblichen Versuchen allmählich das Richtige sich herausarbeitet, und daß der Weg zur Wahrheit mit Irrtümern gepflastert ist. Darum ist die größte Vorsicht geboten, und was bleibenden Wert erlangen soll, bedarf einer längeren, allseitig und sorgsam prüfenden Vorbereitung.

Die methodische Grundlage für Forschungen der bezeichneten Art müßte ein *Urkundenbuch*, ein *Quellenschatz* der germanischen Volksüberlieferung abgeben, in welchem jede Tradition über das ganze Gebiet ihres Vorkommens bis auf dessen letzte Grenzen, und historisch rückwärts bis auf ihre erste Erwähnung verfolgt wird. Ein solches Unternehmen ist aber für jetzt noch weit schwieriger als die Sammlung und Bearbeitung der Geschichtsschreiber und diplomatischen Documente, weil es sich nicht um bereits zusammenhangende und mehr oder minder leicht datierbare große Contexte und deren kritische Behandlung, sondern um unzählige, im Volksmund und der Literatur zerstreute, zeitlich schwer bestimmbare Kleinigkeiten handelt, die erst in Zusammenhang gebracht werden sollen, und weil die dreihundertjährige Erfahrung fehlt, welche den historischen Monumentenwerken bereits zu festen Normen verholfen hat. Zunächst kann nur an einen Versuch mit einer kleinen Gruppe von Überlieferungen gedacht werden.

Sobald ich diesen Gedanken gefaßt hatte, machte ich 1860 der historischen Commission in München den Vorschlag mit „den mythischen und magischen Liedern“ zu beginnen. Jedoch verhinderten äußere Verhältnisse sowol die Ausführung dieses Planes, als die Fortsetzung meiner „Götterwelt“, deren Beendigung sodann in Folge der Umwandlung meiner Anschauungen unterbleiben mußte. Unter dem Druck dieser Verhältnisse brach meine Gesundheit zusammen, und ich sah mich genötigt, die begonnene akademische Lehrtätigkeit an der Berliner Universität einzustellen und mich nach der Provinz in die Pflege meiner Familie zurückzuziehen, wo meine Kräfte sehr allmählich wieder erstarkten. Jetzt vertauschte ich den ins Auge gefaßten Arbeitsstoff mit *„den mythischen Gebräuchen beim Ackerbau,“* weil die Tatsache, daß in Schweden für den Oden, in Norddeutschland für den Wode die letzte Garbe auf dem Felde stehen blieb, eine Schicht von Überlieferungen anzeigte, welche einen sicher innerhalb des deutschen Heidentums stehenden Ausgangspunkt darbot. Zur Ausführung meiner Absicht habe ich nach und nach eine Anzahl bestimmter Fragen in Hunderttausenden von Exemplaren über ganz Deutschland und in die übrigen Länder Europas verbreitet. Es gelang mir, durch die Beteiligung fast sämmtlicher deutscher Schullehrerseminare und der vom Lande gebürtigen Primaner vieler Gymnasien, durch die landwirtschaftlichen Vereine und viele einzelne Personen, mit denen ich in Verbindung trat, ein sehr umfangreiches Material aus Deutschland zusammenzubringen, ein minder umfangreiches, aber wertvolles aus Holland (wo sich die Maatschappy der Nederlandske Letterkunde der Sache mit Eifer annahm), aus Schweden, Norwegen, Polen und verschiedenen Teilen Rußlands. Ich ergänzte die Sammlung durch eigene Aufzeichnungen aus meiner Umgebung und auf Reisen nach Schweden,[1] Holland, den russischen Ostseeprovinzen, sowie

1) Hier habe ich u. a. 1874 Gelegenheit gefunden, unter Asbjörnsens Beistand die norwegischen Soldaten der kgl. Leibgarde, in Begleitung

durch die Literatur. Auch die mir bekannt gewordenen Veröffentlichungen von Saat- und Erntegebräuchen während des letzten Jahrzehnts (aus Österreich, der Schweiz, Ösel, Bulgarien) beruhen auf Sammlungen mit Hilfe meiner Frageblätter. Außerdem kamen mir die siegreichen Kriege 1864—1870 zu statten, da sie viele bei dem Landbau aufgewachsene Männer als Kriegsgefangene in meine Nähe führten. Zuerst suchte und fand ich die Gelegenheit, in Graudenz einige Hunderte von Dänen für meine Zwecke auszuforschen; demnächst konnte ich trotz der unter den Gefangenen herrschenden Cholera ein Vierteljahr lang täglich abwechselnd in den Kasernen zu Danzig und im Lager bei Dirschau die dort eingelegten Angehörigen eines beträchtlichen Teils der Völkerstämme des Kaisertums Österreich ausbeuten, wobei mir mehrere, ihrer jedesmaligen Regimentssprache wol kundige und nach längerer Beobachtung mit Vorsicht ausgewählte Feldwebelkadetten als Dolmetscher schätzbare Dienste leisteten. Endlich verschaffte mir der Krieg mit Frankreich die Möglichkeit, mit Muße die mythischen Ackerbaugebräuche in Elsaß-Lothringen und fast sämmtlichen Departements von Frankreich zu erfragen. Die von Laisnel de Salle neuerdings in Berry aufgezeichneten Erntegebräuche bestätigten die Zuverlässigkeit meiner Erhebungen. Auf diese Weise gewann ich eine lebendige und reiche Anschauung von der meinen Gegenstand betreffenden Tradition im nördlichen und mittleren Europa bis an die nördliche Grenze der drei südlichen Halbinseln; die Sammlung in Griechenland ist im Beginne begriffen. Die Bearbeitung des umfangreichen Stoffes, von der ich in größter Kürze einige wenige Proben mitteilte,[1] bewährte die Richtigkeit des Prinzipes, indem sie das Bild eines großen zusammenhangenden, in fast allen seinen Zwischengliedern erhaltenen Anschauungskreises entrollten. Neben einer Fülle von Sitten und sonstigen Aberglauben traten viele bis dahin unbekannte mythische Gestalten so vollständig und lebendig zu Tage,

eines schwedischen Gelehrten die Insassen einer schwedischen Kaserne auszufragen.

1) Roggenwolf und Roggenhund. Danzig 1865. 2. Aufl. 1866. (Vgl. unten S. 318—327). Die Korndämonen. Berl. 1867. Vgl. Bk. 190–218 (Erntemai); unten S. 155—171. 179—199 (Kornbock).

wie bis dahin kaum irgendwo eine andere mythische Personification. Zugleich sind diese Gestalten einander so analog, daß die noch nicht aufgefundenen Stücke der einen sich fast mit der Sicherheit sprachlicher Flexionsformen oder osteologischer Analogien aus den vollständiger erhaltenen anderen ergänzen lassen.[1] Wider Erwarten zeigte es sich aber, daß diese Traditionen mit dem germanischen Sprachgebiet nicht aufhörten, sondern weit in das Gebiet der Romanen, Kelten, Slaven und Litauer hineinreichten, so jedoch, daß an einigen Stellen eine Grenze sichtbar zu werden scheint, wo sie dünner werden und endlich ganz verschwinden. Die französische und norditalienische Form der Tradition zeichnet sich durch einige wenige fast unmerkliche, aber bedeutsame Verschiedenheiten von den nämlichen Überlieferungen in Deutschland und dessen östlichen und nördlichen Nachbarländern aus, und ich entdeckte darin zu meiner Überraschung die Übergangsformen und Mittelglieder, welche das Verständniß der ältesten griechischen und römischen auf den Ackerbau bezüglichen Kulte mir aufschlossen. In Bezug auf ihr Verhältniß zu den großen Kulturepochen betrachtet, erwies sich in den in Rede stehenden Bräuchen oben aufliegend eine starke Schicht christlicher Symbolik, wie, wenn die letzte Garbe in Folge der Auffassung Christi als himmlischen Weizens la gerbe de la passion heißt (Bk. 231 ff.), oder den Tieren in der Christnacht in die Krippe gelegt wird. Man sieht, wie mächtig und tief der christliche Vorstellungskreis in das Gemüt des Volkes eingriff. Darunter liegt eine ganz kleine Zahl von Überlieferungen des späteren germanischen oder slavischen Heidentums (letzte Garbe dem Oden-Wode geweiht; dreiköpfiger Kornalter = Swantewit. Korndämon. S. 32). Aber diese Formationen der beiden oberen Schichten sind augenscheinlich nur Umwandlungen einer in weit älterer Zeit erzeugten Substanz, deren Produkte (Darstellung der anthropomorphen und theriomorphen Korndämonen) in breitester Fülle erhalten sind.

---

1) Vgl. einstweilen den Alten (Korndäm. 23 ff.), die Kornmutter (Korndl. 19 ff.), das Kornkind (Korndäm. 28 ff.), das Kornschwein (Roggenwolf. S. 1 ff.), den Roggenhund (Roggenwolf a. a. O.), den Kornwolf, den Kornbock, den Kornkater (unten S. 172 ff.), Kornhahn (Korndäm. S. 13 ff.).

Sie berühren sich (was ich teils mit vollster Sicherheit, teils mit sehr hoher Wahrscheinlichkeit nachzuweisen unternehmen darf) mit den vorhomerischen und sonstigen allerältesten Agrarkulten in Griechenland und Phrygien, denjenigen der Königszeit in Rom, den vormosaischen in Palästina. In der Zeit des späteren germanischen Heidentums mögen sie schon außerhalb des herrschenden Kultus gestanden haben und nur noch als altüberlieferte Bräuche fortgeübt sein.[1] Ob sie aber bei den Vorfahren der nordeuropäischen Völker entstanden oder im grauen Altertum etwa im Gefolge des Ackerbaus einwanderten, läßt sich noch nicht erkennen. Ganz ähnlich steht in jeder Beziehung die Sache hinsichtlich des *Maibaums* und der *Sonnwendfeuer*. Seien sie entlehnt oder autochthon, so haben sich in ihnen die unwillkürlichen Schöpfungen einer von sinnlicher Frische der Auffassung erfüllten fernen Jugendzeit der Menschheit breit und lebendig im heutigen Volksglauben erhalten und den Sieg über die wol schon mehr vergeistigten Kulthandlungen des Wodanglaubens behauptet. Gradeso dauerten in Rom grade die ältesten Kulte aus der Königszeit (Argeer, Octoberroß, Lupercalien) bis gegen das fünfte Jahrhundert unter den christlichen Kaisern noch fort, als längst die geistigeren Götterdienste der historischen Zeit der Religion des Kreuzes zum Opfer gefallen waren. Sollte aber diese Beobachtung, daß nur eine dünne Schicht späteren deutschen Heidentums in der heutigen Volksüberlieferung erhalten ist, sich in weiterem Umfange bestätigen, so beruht unsere vorzüglichste Hoffnung, außer den spärlichen Zeugnissen der ältesten Geschichtsschreiber, Urkunden und Sprachdenkmäler etwas Ausgiebiges darüber zu erfahren, auf der Auscheidung der mythischen Elemente aus der germanischen Heldensage. Möge es K. Müllenhoff, der dieses Gebiet so gründlich, wie kein anderer vor ihm, kennt und wie vielleicht niemand nach ihm es durchforschen wird, möge es ihm vergönnt sein, dieses wichtige Stück seiner reichen Lebensarbeit zu vollenden und zum Gemeingute zu machen.

---

1) Dem widerspricht nicht, daß sie bei den alten Preußen gleich nach der Bekehrung zum Christentum als Götterverehrung verboten werden (Korndäm. 26).

Da selbst bei einer objectiven Sammlung, wie die meinige, noch mehr aber bei ihrer Einrichtung die stete Mitwirkung eines aprioristischen Elementes nicht auszuschließen ist, es aber darauf ankommt, derselben als dem Anfang eines größeren Quellenschatzes in Form, Umfang und Anordnung möglichste Vollkommenheit zu geben, damit nicht ein verfehlter Beginn für die künftige Weiterführung durch mich oder andere verhängnißvoll werde, so sah ich mich zu einer Anzahl von Vor- und Nebenarbeiten genötigt, die dann unwillkürlich z. T. zu selbständigen größeren Untersuchungen heranwuchsen. So widmete ich, um über einige auf den Ackerbaukultus bezügliche wichtige Zeugnisse mir Klarheit zu verschaffen, zwei Jahre lang der Sammlung, sowie textkritischen und quellengeschichtlichen Erforschung aller *älteren* Aufzeichnungen über litauische, preußische und lettische Mythologie. Diese Arbeit ist bis auf die letzte Feile im Manuscript vollendet. Aus der gleichen Ursache, d. h. aus dem Bestreben, über die Stellung der Korndämonen und der auf sie bezüglichen und anderer Gebräuche zu den nahverwandten Vorstellungen von den Baumgeistern und der Baumseele und zu den durch die oben S. XXXIV erwähnte Beobachtung an den französischen Traditionen mir nahe gerückten Ackerbaukulten der alten Welt ins Reine zu kommen, sind denn auch die in den beiden Teilen dieses Buches und in den S. III genannten Aufsätzen niedergelegten Untersuchungen hervorgegangen. Ich betone, daß es mir bei den darin angestellten Vergleichungen vorzugsweise darauf ankam, eine Einsicht in die den nordeuropäischen gleichartigen Typen zu gewinnen, nicht aber für die historischen Probleme verfrüht eine Entscheidung zu suchen.

Daß ich die Veröffentlichung dieser Vorarbeiten der Sammlung der Ackergebräuche selbst vorangehen lasse, hat folgende Gründe. Ich mußte wünschen, zur Vervollständigung der Sammlung noch Zeit zu gewinnen. Noch fehlt mir trotz aufgewandter Mühe die Tradition einiger deutscher Landstriche, es fehlt noch sehr an der wünschenswerten Ergänzung durch ältere literarische und archivarische Zeugnisse (wie unten S. 319) und durch bildliche Darstellungen der Gebräuche. Aus mehreren fremden Ländern floß trotz stets erneuter Anstrengung die Ausbeute nicht so reichlich, als es erwünscht war. Und doch wollte ich selbst bei diesen nicht auf ein gewisses Maß von Vollständigkeit verzichten, weil grade aus ihnen nicht selten eine Aufklärung gewährende Congruenz zu irgend einer bestimmten Form der Überlieferung zum Vorschein kam, welche in Deutschland unter vielen Tausenden von Aufzeicheungen nur einmal aufgetaucht war (vgl. z. B. den Buirer und den Smolensker Erntebrauch Bk. 277 ff.). Die Wahrscheinlichkeit, zu dem erwünschten Materiale zu gelangen, beruht aber auf der Fortsetzung der systematischen Erforschung auf Grundlage ebenderselben Fragen, welche der ganzen übrigen Sammlung zu Grunde liegen. Zu Ausfüllung der angedeuteten Lücken mußte ich wünschen, neue Teilnehmer und Helfer aus verschiedenen Berufskreisen zu wecken. Deshalb veröffentlichte ich meine kleinen Schriften „Roggenwolf“ und „Korndämonen“. Die wissenschaftliche Presse des Inlandes beobachtete aber darüber (wie auch bisher über den ersten Teil des vorliegenden Werkes) ein fast tödtliches Stillschweigen; nur die Beistimmung der Akademien der Wissenschaften zu Wien und Berlin, mehrerer wissenschaftlichen Versammlungen und einiger Stimmen des Auslandes dienten meinem Streben zur Ermunterung. Da wagte ich denn den Versuch, Interesse für meine Bestrebungen durch Darlegungen anzuregen, welche den Zusammenhang derselben mit allgemeiner gekannten und allseitiger geschätzten Wissensgebieten und ihren Nutzen für dieselben nebenbei ins Licht zu setzen geeignet schienen. Sollte ich mich in meiner Hoffnung getäuscht haben? Für den in der Provinz einsam Arbeitenden, der nie Gelegenheit hat, sich über seine Studien mit Gleichstrebenden auszusprechen, ist es doppelt niederschlagend, wenn seinem Rufe kein Echo widerhallt, keine zurechtweisende oder anerkennende Stimme ihm Förderung gewährt. Wie es aber auch komme, unbeirrt werde ich, so lange mir die äußere Möglichkeit nicht abgeschnitten wird, fortfahren, die erfaßte Aufgabe und das begonnene Werk, so weit meine schwachen Kräfte reichen, zur Vollendung zu führen.

Es bleibt mir noch die angenehme Pflicht, meinen verehrten Freunden, Herrn Professor Dr. *Röper*, der mich bei vorliegender Arbeit mit den Schätzen der Gymnasialbibliothek und seiner eigenen Büchersammlung, nicht minder mit öfterer Auskunft aus dem Schachte seines tiefen Wissens unterstützte, sowie den Herren

Gymnasialdirektor a. D. Dr. *Lehmann* und Gymnasiallehrer Dr. *Schömann* herzlichen Dank zu sagen, von denen der erstere bei der Correctur des Ganzen, der letztere bei der Correctur einiger Bogen mir wertvollen Beistand gewährte. Vor allen aber gilt auch diesmal mein ehrerbietigster Dank E. h. Unterrichtsministerium, dessen hochgeneigte Unterstützung mir die Fortsetzung meiner Arbeiten ermöglichte.

Möge die Zukunft in meinem Buche wenigstens einige Wertstücke entdecken, würdig genug, um in den bleibenden Besitzstand der Wissenschaft überzugehen.

Danzig, den 1. November 1876.

Dr. W. Mannhardt.

Vorwort zur 2. Auflage.

Der vorliegende II. Band ist in derselben Weise behandelt, wie der I., daher als ein fast unveränderter Abdruck der 1. Auflage zu bezeichnen. In der Rechtschreibung sind wie dort einige allzu veraltete Formen durch die neueren ersetzt, die Zeichensetzung vereinfacht. Citate, deren Text mir Fehler zu enthalten schien, habe ich nach Möglichkeit nachgeschlagen und, wo nötig, verbessert. Die von Mannhardt verzeichneten „Berichtigungen“ sind diesmal rechtzeitig berücksichtigt worden. Auch hatte ich mich wie im I. Bande in zweifelhaften Fällen des wertvollen Rates und der liebenswürdigen Unterstützung meiner verehrten Kollegen, der Herren Prof. Dr. O. Schrader und Dr. H. Hilgenfeld hier, zu erfreuen.

Nachstehend folgt eine Übersicht der irgendwie wesentlichen Abweichungen der 2. von der 1. Auflage.

S. X	Textzeile	5 v. o.	Entlehnungszeit st. Entlehungszeit.
„ XIV	Anm. 2 Z.	1	Auseinandersetzung st. Aneinandersetzung.
„ XIX	Textz.	3 v. o.	norddeutscher Sagen st. norddeutscher.
„ XXVIII	„	6 v. u.	der descriptiven st. descriptiven der.
„ XXVIII	obere Anm. Z.	3 v. o.	in st. an.*)
„ 1	Textz.	14 v. u.	Reigen st. langen.*)
„ 10	„	5 v. u.	in der st. in die.
„ 19	„	10/9 v. u.	Ampelos st. den Ampelos.
„ 19	„	9 v. u.	Syke st. die Syke.
„ 21	„	9 v. o.	fließt st. flieht.*)
„ 23	Anm. 2 Z.	10/9 v. u.	maturae st. naturae.
„ 26	Textz.	1/2 v. o.	fatalis st. latalis.*)
„ 27	„	1/2 v. o.	Gallien, Pommern und Schweden st. Gallien und Pommern, Schweden.
„ 29	Anm. 3 Z.	4 v. u.	*συγγραφὴν* st. *συγγαφὴν*.
„ 50	Textz.	10 v. u.	*μάχαιραν* st. *μάχην*.*)

---

*) In einem Teil der 1. Auflage steht übrigens schon richtig „in“; „Reigen“; „fließt“; „fatalis“; „*μάχαιραν*“.

S. 59	Textz.	3	v. u.	Klabautermännchen st. Kabautermännchen.
„ 73	„	3	v. u.	Nereide st. Neraide.
„ 101	„	17	v. u.	Lapithen st. Lapithes.
„ 123	Anm. 3 Z.	9	v. u.	Arsia st. Asia.
„ 141	Textz.	5,6	v. o.	den bergbewohnenden Nymphen (Baumgeistern) st. den (Baumgeistern) bergbewohnenden Nymphen.
„ 148	„	20	v. u.	ihnen st. ihm.
„ 153	Anm. 1 Z.	12	v. u.	bei st. in.
„ 158	„ 1 „	10	v. u.	Dosten st. Dorant.
„ 162	Textz.	14	v. o.	Hausruckviertel st. Hundsrückviertel.
„ 162	„	6	v. u.	desselben st. derselben.
„ 164	„	9	v. o.	Sonneberg st. Sonnenburg.
„ 170	„	1	v. u.	recht in st. recht mit.
„ 174	Anm. Z.	14	v. o.	man noch st. noch man.
„ 175	Textz.	7	v. o.	ersterem s. ersteren.
„ 177	„	11	v. u.	es st. er.
„ 181	„	4	v. u.	Nach st. Noch.
„ 182	„	12	v. o.	Bilwisschnitters st. Bilsenschnitters.
„ 186	Anm. Z.	5	v. o.	längste st. längsten.
„ 189	Textz.	2	v. u.	manchem st. manchen.
„ 193	„	3	v. o.	auf- und ablief st. auf und ab, auf- und ablief.
„ 196	„	15	v. o.	am Weihnachtsabend st. Weihnachtsabend.
„ 205	„	6	v. u.	daraus st. daran.
„ 216	Anm. Z.	9	v. u.	des Weihnachtsbrauches st. Adventbrauches.
„ 233	Textz.	8	v. u.	Phaleron st. Phaleros.
„ 234	Anm. 1 Z.	3	v. o.	Phaleronhafen st. Phalerosbafen.
„ 239	Textz.	7	v. o.	oder st. und.
„ 239	Anm. Z.	18/17	v. u.	im Kalender vorausgehn st. im Kalender der Eiresione vorausgehn.
„ 245	Textz.	9	v. o.	einziehn st. hinziehn.
„ 278	Anm. 1 Z.	4	v. o.	*ἰδέας* st. *ἰδίας*.
„ 279	„ 1 „	3	v. o.	*γυναῖκες τότε* st. *γυναῖκές ποτε*.
„ 280	„ 2 „	5	v. o.	*ἀναθάλλοντα* st. *ἀνατάλλονται*.
„ 280	„ 2 „	7	v. o.	*ὁμοιότητά* st. *ὁ μυιότητά*.
„ 280	„ 2 „	9	v. o.	*Ἀδώνιδι* st. *Ἀδώνιδος*.
„ 286	Textz.	13	v. o.	Herbstes und Winters st. Winters und Herbstes.
„ 314	Anm. 1 Z.	7	v. o.	semine st. semina.
„ 314	„ 2 „	3	v. o.	exta st. extra.
„ 345	Textz.	10	v. o.	drehte st. drehe.
„ 345	„	5	v. u.	gehaust st. gemaust.
„ 347	Anm. Z.	10	v. u.	vorarischen st. vorasischen.
„ 350	Textz.	17	v. o.	ältesten st. ältest.

Jena, April 1905.

Dr. W. Heuschkel.

Inhalt.

Erstes Kapitel.

Dryaden.

Zweites Kapitel.

Die wilden Leute der griechischen und römischen Sage I.

Drittes Kapitel.

Die wilden Leute der antiken Sage II.

Viertes Kapitel.

Erntemai und Maibaum in der antiken Welt.

Fünftes Kapitel.

Persönliche Vegetationsgeister in Jahrfestgebräuchen.

Sechstes Kapitel.

Sonnwendfeuer im Altertum.

A.

Orientalische und altrömische Sonnwendfeuer.

B.
Hirpi Sorani.

Kapitel I.

Dryaden.

§ 1. **Blumenmägdlein, Rebenmädchen.** Wer kennte nicht — sei es auch nur durch Vilmars oder Uhlands anmutige Wiedererzählung — die Märe von den *Blumenmägdlein* im Alexanderliede des Pfaffen Lamprecht (v. 5004—5205)? Im schattigen Walde hatten sie ihre Stätte, den kalte Brünnlein durchrauschen und süßer Vogelgesang durchtönt. Wenn der Winter davonging und der Frühling erschien, wenn es zu grünen begann und die Blumen hervorkamen, dann sproßten aus dem Boden des Waldes in unübersehbarer Menge wundergroße Knospen hervor. Sie öffneten sich, und aus jeder tauchte eine zarte Mädchengestalt, wie zwölfjährig anzuschauen; schöner war nie eine andere Blume, und nie sah man an Frauen schöneres Antlitz, noch schönere Augen. Ihres Leibes ganzes Gewand war *fest an sie gewachsen*, an die Haut und an das Haar, an Farbe waren sie *genau den Blumen auf der Aue gleich*, rot und weiß, wie Schnee getan. Alle diese Hunderttausende wonniger Wesen *schwebten*, *spielten* und *sprangen* in zierlichem Reigen durch grünen Klee und kühlen Waldesschatten auf und ab und mischten wettstreitend in das Lied der Vögel ihren mehrstimmigen *Gesang*. Wer sie sah und hörte, der vergaß alles Herzeleid, das ihm je von Kindheit an geschehen, und er meinte genug zu haben an Freude und Reichtum sein ganzes Leben. Wehe aber den holden Mägdlein, wenn sie die schattige Waldeinsamkeit verließen; beschien ihrer welche die Sonne, von denen blieb keines am Leben. Wenn dann die Monate des Sommers vergangen waren, dann war alle Freude dahin, „die Blumen verdarben, die schönen Frauen starben, die Bäume ihr Laub ließen, die Brunnen das Fließen und die Vögel ihr Singen.“ Alexander und seine Helden gelangten an diesen wunderreichen Ort, schlugen ihr Gezelt im Walde auf und hatten ihre Freude an den seltsamen

Bräuten; hätten sie dort immer bleiben dürfen, sie wären genesen von aller ängstlichen Not und hätten nichts als den Tod gefürchtet. Drei Monate und zwölf Tage hatte die Lust gewährt, da sahen sie tagtäglich eine Blume nach der andern welken und allmählich alle die lieben und schönen Frauen, mit denen sie in Wonne gelebt, dahinsterben. Traurig schied der König mit allen seinen Mannen.

Ein lieblicheres Bild der Sommerlust dürfte schwerlich jemals ersonnen werden, als dieses poetische Gemälde, dessen ästhetische Zergliederung eine Fülle einzelner Schönheiten offenbaren würde. Zu diesen rechne ich besonders, daß die Blumengeister eine wundersame Melodie in den Chor der Vögel ertönen lassen; der Einklang aller reinen Eindrücke auf das Gemüt des Menschen, die aus Farbe und Duft der Blüten, wie aus den Stimmen und Lauten des Waldes entspringen, ist damit auf das treffendste ausgesprochen. Auch ohne die Erzählung bis auf ihre erste Niederschrift zurückverfolgen zu können, werden wir nicht fehlgehen, wenn wir sie nicht für ein Erzeugniß subjectiver Reflexion, sondern für den Ausfluß eines irgendwo einmal lebendigen *Volksglaubens halten, wonach der Blume eine Nymphe einwohnte, deren Leben an dem Leben der Pflanze haftete; wie diese im Lenz geboren, des Schattens und der Sommerwärme gleichzeitig bedürftig, welkt und stirbt sie ebenso im glühenden Sonnenstrahl, wie beim Nahen des Herbstes. Zugleich aber löste die Vorstellung den Blumengeist von der Pflanze ab; dieselben Wesen, welche mit der Blume zugleich entstehen und vergehen, treten zeitweilig aus derselben heraus. „Sie gingen und lebten" nach den Worten des Gedichtes, „sie hatten Menschen-Sinn und redeten und baten, wie Mäglein von zwölf Jahren, sie spielten, sprangen und sangen auf dem grünen Klee."* Diese doppelte Darstellung des der Blume innewohnenden Numens durch Weib und Pflanze entspricht genau dem bei nordeuropäischen Pflanzengeistern (Baumgeistern, Korndämonen) beobachteten Verhältniß.[1] Dürfte man die Erzählung von den Blumenmädchen, gleich der ganzen Episode des Alexanderliedes, in welche sie eingeschoben ist, auf eine

1) Bk. 603. 604. 609. 610.

griechische Quelle der alexandrinischen Zeit zurückführen, so wäre somit für ein Land der hellenistischen Welt ein mit jenen nordeuropäischen Anschauungen übereinstimmender Volksglaube erwiesen, den der Urheber desselben benutzte.[1] Als ein indirectes Zeugniß für den in letzter Instanz antiken Ursprung des in Rede stehenden Reiseabenteuers erscheint die Wundergeschichte, welche Lucian in seiner „wahren Geschichte“, dem Urbilde von Gullivers Reisen und Münchhausens Abenteuern (c. 8) auftischt. Am jenseitigen Ufer eines Flusses, der Wein statt Wasser führte, so berichtet der Dichter, stießen wir auf eine außerordentliche Art von Weinreben. Unten am Boden bestanden sie aus einem sehr kräftigen und dicken Stamm, *weiter aufwärts aber waren die Mädchen*, die bis auf die Hüften herab in allen Teilen vollkommen

1) Die Erzählung von den Blumenmädchen bildet bei Lamprecht einen Teil der Epistel Alexanders an seinen Meister Aristoteles und seine Mutter Olympias, findet sich jedoch in den uns bekannten Handschriften des Pseudokallisthenes, Julius Valerius und liber de preliis nicht, so daß allem Anscheine nach die griechisch-ägyptische Hauptquelle der mittelalterlichen Alexanderromane sie nicht enthalten hat. Es bleibt somit ungewiß, woher Lamprechts Gewährsmann Aubry von Besançon sie entlehnte. Auch in dem Alexanderepos des Lambert li Tors ist sie benutzt. Cf.:

à l'entrée d'ivier, encontre le froidure
entrent toutes en tière et muent lor faiture.
et quant estés revient et li clars tans s'apure,
à guise des flors blanques muent à lor nature.
celes qui dedens nessent sunt de l'cors. la figure
et la flor qu'est dedens, si est lor vesteure etc.

Le Roumans d'Alixandre ed. Michelant S. 341 ff. Weißmann, Alexanderl. II. 340 ff. Guil. de Turre spielt auf die Fabel an:

plus que las domnas, que aug dir
qu'Alixandres trobet et bruoill,
qu'eran totas de tal escouoill
que non podian ses morir
outra l'ombra del brouoill anar.

(Raynouard, Choix de poesies des Troubadours II, 299.) Es läßt sich hienach bis jetzt nur soviel mit Sicherheit ersehen, daß die Sage von den Mädchenblumen im 12. Jahrhundert in einer uns noch unbekannten selbständigen Quelle von Alexander erzählt wurde und wol von dort aus in die französischen Bearbeitungen des aus dem Pseudokallisthenes stammenden Stoffes eingefügt wurde. Vgl. Weißmann a. a. O. I, p. XVI. J. Zacher, Alexandri Magni iter ad paradisum. Regiom. 1859, S. 14 ff. Hartczyck in Zachers Zeitschr. f. d. Phil. IV, 167.

ausgebildet waren, ähnlich wie man die Daphne malt in dem Augenblicke, da sie zum Baume wird. Aus ihren Fingerspitzen sproßten Schößlinge, die voller Trauben hingen, und sogar um ihre Köpfe schlangen sich statt der Haare Weinranken mit Laub und Trauben. Freundlich grüßend kamen sie auf uns zu und hießen uns willkommen. Die meisten sprachen griechisch, einige auch lydisch und indisch. Sie küßten uns auch auf den Mund, aber wer geküßt wurde, fühlte sich im Augenblick betrunken und verwirrt. Daß man Beeren von ihnen abpflückte, litten sie nicht, sondern schrien vor Schmerz laut auf, sowie man welche abreißen wollte. Als aber zwei meiner Gefährten sich völlig ihren reizenden Umarmungen hingaben, konnten sie sich nicht wieder losmachen, sondern wuchsen und wurzelten dergestalt mit ihnen zu einem Gewächse zusammen, daß auch ihnen die Finger in Schößlinge ausliefen und Weinranken sich um ihre Köpfe wanden. Es wird nicht lange angestanden haben, so werden auch Trauben aus ihnen gewachsen sein. Diese Erzählung ist augenscheinlich eine geistreiche Parodie, wo nicht auf diese Episode der Alexandersage, so doch auf eine nah verwandte Geschichte bei einem griechischen Schriftsteller, da Lucians Absicht bekanntlich dahin ging, die Wundererzählungen in der geschichtlichen und geographischen Literatur durch selbsterfundene übertreibende Seitenstücke zu verspotten. Die Parodie weist jedesfalls mittelbar hinter sich selbst und über ihr der Märe von den Blumenmädchen entsprechendes Vorbild auf eine dem letzteren vorausliegende Volksvorstellung zurück.

§ 2. **Die Dryaden.** Unzweifelhaft betreten wir das Gebiet des Volksglaubens mit der antiken Vorstellung und Beseelung der Waldbäume durch Nymphen, welche, ebenso wie jene Blumenmädchen an das Leben des Gewächses gebunden, doch auch außerhalb desselben ein Dasein führen. Homer giebt von den Wald- und Feldgeistern so wenige Züge, daß es einigen Forschern zweifelhaft erschienen ist, ob zu seiner Zeit derjenige Begriff bestanden habe, welcher in der späteren Literatur an den Namen der Dryaden und Hamadryaden sich knüpfte. Zeus beruft die Götter zum Olymp, nnd keiner von den Flüssen blieb fern, noch von den Nymphen, *welche die schönen* (heiligen) *Haine innehaben* (*Νυμφάων, αἵτ' ἄλσεα καλὰ νέμονται*), und die Quellen der Flüsse und *die kräuterreichen Marschen* (*πίσεα ποιήεντα*),

Il. XX, 7—9. Mit der pfeilschüttenden Artemis, die an der Jagd auf Eber und schnelle Hirsche sich vergnügt, spielen auf dem Taygetos und Erymanthos *feldbewohnende Nymphen* (*νύμφαι ἀγρονόμοι*), die Töchter des ägishaltenden Zeus. Od. VI, 105. Um den Grabhügel des Eetion *pflanzen Bergnymphen*, die Töchter des ägishaltenden Zeus (*νύμφαι ὀρεστιάδες, κοῦραι Διὸς αἰγιόχοιο*) *Ulmenbäume*. Il. VI, 420. Kirke ist von Mägden umgeben, von denen die einen aus Quellen, die andern aus *Hainen*, die dritten aus Flüssen *entstehen* (*γίγνονται δ' ἄρα ταίγ' ἔκ τε κρηνέων, ἀπό τ' ἀλσέων, ἔκ θ' ἱερῶν ποταμῶν οἵτ' εἰς ἅλαδε προρέουσιν*. Od. X, 350 ff.) Wir lassen einstweilen diese homerischen Angaben, um in § 5 auf sie zurückzukommen. Der sogenannte homerische Hymnus auf Aphrodite gewährt die folgende ausführliche Erörterung über das Wesen der Orestiaden. Die Liebesgöttin vertraut ihren Sohn, den kleinen Aeneas, der Hut und Pflege der Dämonen des Ida an. *Tiefbusige Nymphen* haben dieselben auf dem Berge ihr Lager, das göttliche große Waldgebirg ist ihre Wohnung (*νύμφαι ὀρεσκῷοι βαθύκολποι, αἳ τόδε ναιετάουσιν ὄρος μέγα τε ζάθεόν τε*). Weder den Menschen arten sie nach, noch den Unsterblichen. Lange zwar leben sie, sie genießen unsterbliche Speise, und *mit Unsterblichen führen sie schöne Reigentänze auf; Scilene gatten sich ihnen und auch Hermes im heimlichen Winkel lieblicher Grotten. Zugleich aber mit ihnen, wenn sie geboren werden, entsprießsen auf hohen Bergen aus der männernährenden Erde schöne Fichten oder Eichen. [Hochragend stehen diese da; man nennt sie Haine der Unsterblichen, und nicht hauen die Menschen sie mit dem Stahle.] Wenn aber die Moira des Todes herantritt, so werden zuerst auf dem Erdreich die schönen Bäume dürr, die Rinde ringsum stirbt ab, abfallen die Aeste und zugleich verläßst die Seele der Nymphen das Licht der Sonne.*[1] Der Hymnus auf Aphrodite

---

1) Hymn. i. Ven. Homer.:

v. 265 *τῇσι δ' ἅμ' ἢ ἐλάται ἠὲ δρύες ὑψικάρηνοι*
γεινομένῃσιν ἔφυσαν ἐπὶ χθονὶ βωτιανείρῃ,
καλαί, τηλεθάουσαι, ἐν οὔρεσιν ὑψηλοῖσιν.
[ἑστᾶσ' ἠλίβατοι τεμένη δέ ἑ κικλήσκουσιν
ἀθανάτων, τὰς δ' οὔτι βροτοὶ κείρουσι σιδήρῳ].

hat zum Inhalt die bereits episch verdunkelte Stammsage der unzweifelhaft längst gräcisierten Aeneaden in den Städten der kleinasiatischen Landschaft Troas, von einem jonischen Sänger in nachhomerischer Zeit bearbeitet. So deutlich die Sage selbst in den Hauptsachen die Spuren phrygischer Mythologie zeigt,[1] und so wahrscheinlich ein kleinasiatischer Ursprung des Liedes ist, wäre es zu weit gegangen, alle ausmalenden Züge auf nichtgriechischen Ursprung zurückzuführen. Mithin gehört auch die Beschreibung der Baumnymphen nicht mit Notwendigkeit dem Kreise der vom Dichter bewahrten Reminiscenzen phrygischen Volksglaubens an, obschon die Erwähnung der Seilene dafür sprechen könnte. Auch der feinen Bemerkung Welckers,[2] der Dichter des Hymnus schildere die Natur der Hamadryaden so ausführlich, als ob seiner Zeit und seinen Kreisen die merkwürdige Anschauung und die Empfindung, worauf sie beruhe, neu und befremdend genug erschiene, um poetisch zu wirken, darf nur in soweit Wahrheit zugestanden werden, als die schon reflectierende, vornehme und unzweifelhaft großentheils städtische Gesellschaft, für welche der epische Sänger dichtete, längst entwöhnt war, sich die Pflanze als göttliches Wesen zu denken, und daß ihr die Einführung dieser Vorstellung aus dem Glauben der im Verkehr mit der Natur naiv gebliebenen Landleute in die Poesie und zwar in ein unter göttlichen und heroischen Wesen der grauen Vorzeit spielendes Idyll rührend und reizvoll erscheinen mochte; sicher aber hat der Rhapsode die Anschauung nicht aus dem Seinen genommen, sondern entweder in der von ihm bearbeiteten troisch-äolischen Ueberlieferung, oder im lebendigen Glauben der Bevölkerung von Aeolis oder Ionien vorgefunden. Die beiden offenbar eingeschobenen Verse 268—9 bekunden, daß auch der Verfasser der interpolierten Verse, doch sicher ein Grieche, die in Rede stehende Vor-

ἀλλ' ὅτε κεν δὴ Μοῖρα παρεστήκῃ θανάτοιο,
ἀζάνεται μὲν πρῶτον ἐπὶ χθονὶ δένδρεα καλά,
φλοιὸς δ' ἀμφιπεριφθινύθει, πίπτουσι δ' ἀπ' ὄζοι.
τῶν δέ θ' ὁμοῦ ψυχὴ λείπει φάος ἠελίοιο.

1) Vgl. darüber R. Thiele, Prolegomena ad hymnum i. Ven. Homer. Halis 1872, 61 ff.

2) Griechische Götterlehre III, 57.

stellung als eine zu seiner Zeit lebendige kannte, aber in anderer Form, nicht an jeden Baum geknüpft, sondern an die mit besonderer Ehrfurcht betrachteten Baumexemplare heiliger Haine, welche niemand umzuhauen oder zu verletzen wagte, weil sie als der Körper, die Hülle oder das Alterego der Baumnymphe galten. Der Sache nach ganz genau entsprechen im europäischen Volksglauben haftende Vorstellungen. Auf dieselbe Weise, wie das Leben der Nymphen im homerischen Hymnus, ist das Leben czechischer und deutscher Baum- und Waldgeister, Moosleute, Fanggen, Elfen an dasjenige ihres Baumes gebunden (Bk. 69. 89. 91. 75. 62. 124). Der Glaube an solche Baumgenien, ursprünglich auf alle Bäume bezüglich, schränkt sich auch im Norden allmählich auf die heiligen Haine ein (Bk. 29. 38. 39). Das Beiwort βαθύκολποι tiefbusige, welches v. 258 den Nymphen giebt, erinnert, da die Tiefe der Einbiegung eine entsprechende Erhöhung der hervorragenden Weichteile des weiblichen Oberkörpers voraussetzt, an die großen Brüste der deutschen und skandinavischen Waldweiber (Bk. 147) und könnte immerhin ein etwas edler gehaltener Ausdruck für die üppige Werdefülle der Vegetation sein, wenn nicht der Dichter ein den Trojanerinnen bei Homer zuständiges Epitheton in die Schilderung der auf dem Ida hausenden Göttinnen einfach als Redeschmuck herübergenommen hat. Bäume, die als Doppelgänger, Wohnsitz oder Körper des Baumgeistes gelten, dürfen nicht abgehauen werden (Bk. 34 bis 39. 40 ff. 60. 62. 67. 70. 71), ja man bittet den Baum um Erlaubniß, ehe man ihn fällt oder Holz von ihm abschneidet, und wagt nicht einmal windbrüchige Äste aus seiner Umgebung zu entfernen (Bk. 35. 51).

Seit dieser — wie es scheint — ersten umständlicheren Einführung der Baumnymphen in die griechische Literatur durch den Hymnus auf Aphrodite begegnen wir ihnen darin mehrfach wieder, ohne daß sich in jedem Falle wird ausmachen lassen, ob die Schilderung durch literarische Tradition auf das pseudohomerische Gedicht oder durch eine selbständige Erhebung aus dem Borne des Volkslebens auf wirklichen und fortdauernden Glauben zurückgeht. Letzteres werden wir annehmen müssen, sobald uns Spuren einer vom Hymnus abweichenden Vorstellung aufstoßen, welche gleichwol aus inneren Gründen als echte Volksanschauung sich zu erkennen giebt.

Nächst dem homerischen Hymnus ist Pindar für uns der älteste Zeuge; aus einem seiner verlorenen Gedichte ist ein Vers erhalten, in welchem er von Nymphen redet, *die das Ziel eines baumgleichen Lebens erloosten, und auch der Name Dryaden oder vielmehr Hamadryaden scheint für diese Nymphen von ihm in Anwendung gebracht zu sein.*[1] Der Name Hamadryaden drückt eben die Vorstellung aus, daß Baum und Nymphe zusammengehören, gleichzeitig entstehen und gemeinsam sterben, wie eine Glosse des Mnesimachos im Schol. zu Apoll. Rhod. Argon. II, v. 478 ganz richtig sagt: *'Αμαδρυάδες νύμφαι διὰ τὸ ἅμα ταῖς δρυσὶ γεννᾶσθαι ἢ ἐπεὶ δοκοῦσιν ἅμα ταῖς δρυσὶ φθείρεσθαι.*

Nicht unwahrscheinlich dünkt mich eine Vermutung Meinekes, der mit leichter Aenderung den offenbar ungehörigen und eingeschobenen Versen des Kallimacheischen Hymnus in Delum 79—85 hinter v. 40 des Hymnus in Cererem von demselben Dichter eine Stelle giebt. Dadurch entsteht folgender wolbegründeter Zusammenhang (Hymn. in Cer. 25—40): In Dotion hatten Pelasger der Göttin Demeter einen schönen, dichten, wolbeschatteten Hain geweiht, in dem Fichten, hohe Ulmen, Birnen und liebliche Pfirschen wuchsen. Vom Schutzgeiste seines Hauses verlassen, faßte einst Erysichthon den verderblichen Entschluß, mit zwanzig Sklaven den Lustwald umzuhauen. Ein *Pappelbaum* stand da, schlank und hoch, der den Himmel berührte, und unter welchem die Nymphen *um die Mittagszeit tanzten.* Dieser ward zuerst abgehauen, und sein Ächzen sang den andern ein unheilvolles Lied. (Hymn. in Del. 79—85): Sie aber, die hier am Orte geborene *Melie* (*νύμφη μελίη, αὐτόχθων*) *die bisher unter dem Baume getanzt hatte* (*ὑποδινηθεῖσα*), ließ ab vom Reigen und entfärbte ihre Wangen, um den ihr gleichaltrigen Eichbaum Pein erduldend, als sie dessen *Haupthaar*

1) Plutarch, De defect. orac. 11 spricht von einigen Versen des Hesiod, welche der Krähe neun Menschenalter, dem Hirsche vier Krähenalter, dem Raben drei Hirschenalter, dem Phönix neun Rabenalter, den Nymphen, Zeus' Töchtern, zehn Phönixalter beilegen, und berechnet daraus die angebliche Länge des Nymphenalters. Andere aber nähmen dafür eine weit geringere Jahreszahl an: *πλέον δ' οὐ Πίνδαρος εἴρηκεν, εἰπων τὰς νύμφας ζῆν ἰσοδένδρου τέκμωρ αἰῶνος λαχούσας, διὸ καὶ καλεῖν αὐτὰς ἁμαδρυάδας.* Vgl. Plut. Erot. 15. Schol. Apoll. Rhod. II, v. 478.

beben sah. Helikonierinnen, meine Göttinnen, o sagt mir, ob wirklich die Eichen und Nymphen gleichzeitig entstanden? *Die Nymphen freuen sich, wann Regen die Eichen wachsen macht, die Nymphen weinen, wann die Eichen keine Blätter mehr haben.* (Hymn. in Cerer. 41): Demeter merkte, daß ihr heiliges Holz verletzt war, und sprach unwillig: Wer haut mir in meine schönen Bäume?[1] Nachdem sie zuerst vergeblich in der Gestalt ihrer Priesterin versucht hat den Frevler durch gütliches Zureden von seinem Vorhaben abzubringen, verwandelt sie sich in die furchtbare Gestalt der zürnenden Göttin, und die Sklaven lassen erschreckt die Äxte in den Eichen haften. Der Bösewicht wird mit der Krankheit ewigen Hungers bestraft.[2] Der Dichter schildert mit großen Zügen; kunstvoll vervollständigt er (da die trockene Aufzählung in v. 28—29 nicht weiter fortgesetzt werden durfte, ohne prosaisch zu werden) unsere Anschauung von der Reichhaltigkeit des Demeterhaines dadurch, daß er uns nach und nach wissen läßt, auch Pappeln, Eschen, Eichen gehörten zu dessen Insassen; aus gleichem Grunde gebraucht er (Hymn. in Del. 80) *Melie* (Eschennymphe) synonym mit *Dryas* in der allgemeinen Bedeutung Baumnymphe und läßt sie über die mit ihr geborene Eiche klagen, deren Wipfel schon in ängstlichem Vorgefühl bebt, da sie die Pappel bereits gefällt sieht, und die Dryaden aller übrigen Bäume weinen mit ihr. — Eine ganz ähnliche Geschichte besingt Apollonios von Rhodos in seinen Argonauten II, 471 ff. Schwerlich hat ihm sein Feind Kallimachus bei der Erzählung zum Vorbilde gedient, wie Spanheim will; den Stoff der Sage hat er sicherlich anderswoher; sie zeigt anscheinend eine neue und selbständige Auffassung der Baumnymphen. Des Paraibios Vater, im Begriff im Haine vor Thyne Bäume zu hauen, wird in klagendem und flehendem Ton von einer Hamadryade (*ἁμαδρυὰς νύμφη*) angerufen, die ihr gleichaltrige Eiche, *auf* oder *in* (*ἐπὶ*) welcher sie so lange gelebt hätte, nicht zu fällen.[3] Er achtet im Jugend-

1) *Νύμφαι μὲν χαίρουσιν, ὅτε δρύας ὄμβρος ἀέξει*
Νύμφαι δ' αὖ κλαίουσιν, ὅτε δρυσὶν οὐκέτι φύλλα.

2) S. Callimachus ed. Meineke p. 185.

8) *μὴ ταμέειν πρέμνον δρυὸς ἥλικος, ᾗ ἔπι πουλὺν αἰῶνα τρίβεσκε διηνεκές.*

übermut der Bitten nicht. Die des Baumes beraubte Nymphe straft ihn selbst und seine Kinder mit Verlust der Habe und bitterer Armut und wendet das Geschick erst, als der Sohn Paraibios ihr einen Altar errichtet und versöhnende Opfer bringt. Hier also ist die Nymphe *im Stamme* oder *zwischen den Zweigen* des Baumes wohnhaft gedacht;[1] mit dem Gewächse zugleich entstanden, überlebt sie dasselbe doch; die Schädigung des von ihr bewohnten Baumes hat den Verlust der Habe (d. h. wie sich beim Landmanne wol von selbst versteht und im Sinne der älteren Sage den Tod der Heerden) des Frevlers und seines Geschlechtes und ihre völlige Verarmung (Nahrungslosigkeit, Dahinschwinden) zur Folge. Das sind großenteils Züge, welche als Varianten der im homerischen Hymnus vertretenen Vorstellung auch in deutschen Sagen wiederkehren. Vgl. die im Baume hausenden oder *auf* dem *Baumstumpf* sitzenden Moosfräulein Bk. 76. 83. 77. Vgl. 60. Daß freilich die Nymphe mit der Pflanze zwar zugleich geboren wird, aber nicht zugleich mit ihr stirbt, sieht nach einem Mißverständniß der Ueberlieferung aus; die ursprüngliche Sage wird nicht von einem völligen Abhauen des Baumes, sondern nur von einem Hiebe in seinen Stamm erzählt haben, es müßte denn angenommen sein, daß die Baumseele im Stubben fortlebte (vgl. Bk. 63). In Folge dessen sterben dem Täter die Haustiere, wie Bk. 12. 60. 53 Hühner und Kühe, er hat Abgang in seinem Vermögen, er leidet Hunger und verkümmert und sein Geschlecht dazu (Vgl. Bk. 51. 53. 61 Anm. 3). Diese Verkümmerung findet erst dann ein Ende, als die Dryas mit Opfern bedacht wird, geradeso wie das bei Beschädigung der schwedischen Eschenfrau empfangene Übel aufhört, sobald der Beschädiger ein Opfer von Milch oder Wasser über die Wurzeln des Baumes ausgießt, d. h. das verletzte Numen des Gewächses wieder erquickt und zu Kräften bringt (Bk. 11).

Sind die Parallelen richtig, so werden wir auch in der Erysichthonsage zu einer klareren Einsicht zu gelangen vermögen. Die Darstellung des Kallimachus würde — wenn sie allein uns erhalten wäre — leicht zu dem irrigen Schlusse verführen, die Sage sei von Hause aus eine Demetermythe und die um Er-

---

1) Auch Schol. Il. VIII, 20 erklärt die Hamadryaden ἐπὶ τῶν δένδρων.

haltung ihres Baumes bangende Dryas sei nur zur dichterischen Belebung des Stoffes nach dem Muster des homerischen Hymnus in die von Verletzung des heiligen Haines der Getreidegöttin handelnde Schilderung eingeführt. Nun sind uns aber nicht allein Spuren einer früheren Niederschrift dieser Sage bei dem Mythographen Hellanikos (saec. V a. Ch.) und anderen,[1] sondern es ist bei Ovid (Metam. VIII, 738—878) sogar eine vollständige Bearbeitung erhalten, welche trotz Einmischung ganz moderner Allegorien eine ursprünglichere Form der Sage aufweist und ohne Zweifel auf eine griechische, wenn nicht der Abfassungszeit, so wenigstens dem Stoffe nach vorkallimacheische Dichtung (Nikanders Ἑτεροιούμενα?) als ihre Quelle zurückgeht. Im uralten Haine der Ceres stand eine heilige Eiche:

Stabat in his ingens annoso robore quercus,
Una nemus: vittae mediam memoresque tabellae
Sertaque cingebant, voti argumenta potentis.

Unter diesem Baume pflegten die Dryaden festliche Reigen aufzuführen, oftmals umkreisten sie mit zum Tanz in einander geschlungenen Händen den Stamm (manibus nexis ex ordine trunci circuiere modum), der fünf Ellen dick mit Riesenhöhe die übrigen Waldbäume überragte. Erysichthon befiehlt den Baum umzuhauen und entreißt, als die Diener zögern, einem derselben das Beil. „Die Eiche soll fallen, und wäre sie selbst eine Göttin.“ Als er die Axt schwingt, *seufzt der Baum,* und verwundet *strömt er Blut aus:*

Contremuit gemitumque dedit Deoïa quercus:
Et pariter frondes, pariter pallescere glandes
Coepere ac longi pallorem ducere rami.
Cujus ut in trunco fecit manus impia vulnus,
Haut aliter fluxit discussa cortice sanguis,
Quam solet, ante aras ingens ubi victima taurus
Concidit, abrupta cruor e cervice profusus.

Als der Frevler dennoch von seinem Vorhaben nicht abläßt,

Editus e medio sonus est cum robore talis:
Nympha sub hoc ego sum, Cereri gratissima, ligno:
Quae tibi factorum poenas instare tuorum
Vaticinor moriens nostri solatia leti.

Auf Bitten der gesammten Dryaden entsendet Ceres eine Oreade zum Wohnsitz des Hungers auf dem eisigen Caucasus, um ihm

1) S. Preller, Demeter und Persephone S. 331.

zu befehlen, daß er in Erysichthons Leibe Platz nehme. Das geschieht, und alsbald peinigt diesen das nagendste Hungergefühl; er schlingt und schlingt unaufhörlich, aber die Nahrung sättigt nicht und verschlägt nichts; er ißt sich arm; als alles sein Gut dahin ist, verzehrt er seine eigenen Glieder. — Deutlicher noch als in der Paraibiossage, ist in dieser Fassung der Erzählung vom Erysichthon der Baum *die Hülle der Baumseele; dafs der verletzte Baum redet und Blut ausströmt*, ist ein echt volksmäßiger, in der mythischen Vorstellung wolbegründeter Zug (s. Bk. 34. 35. 36. 38. 40. 41. 42).[1] Keinesfalls also gehört der Umstand, daß durch das Einhauen in den Baum die Nymphe selbst verwundet wird, dem Scharfsinne des Ovid an, wie Lehrs[2] wollte. Daß der von der Nymphe bewohnte Baum mit Binden, Votivtäfelchen, Kränzen behängt im heiligen Haine stand, mag schon einer sehr frühen Gestalt der Sage angehören. Es stimmt dies mit der Interpolation im homerischen Hymnus; auch der deutsche und slavische mit Kränzen, bunten Bändern und andern Gegenständen behangene Sommer- und Maibaum, der von den im Mailehen Vegetationsgeister nachahmenden Paaren in festlichem Reigen umkreist wird, wie die heilige Eiche von den Dryaden, ist Sitz eines göttlichen Wesens (Bk. 157. 160 ff. 181 ff. 311 ff.). In den Worten der sterbenden Nymphe sehe ich auch noch eine Erinnerung an den natürlichen und richtigen Zusammenhang des Mythus bewahrt; Erysichthon wird von dem ihn aufzehrenden Hunger befallen in notwendiger Folge seines an der Nymphe verübten Frevels, der ursprünglich wie bei Kallimachus nur bis zu tödtlicher Verwundung, nicht bis zur völligen Vernichtung gegangen sein wird. Da der Baum fortan verkümmert, welkt und dorrt, ergreift auch ihn Abzehrung, Mangel an Nährfähigkeit, wie in dem Beispiel aus Skinnersåla Bk. 62. 63. Ein Erzähler, der das nicht mehr verstand, fasste diesen Mangel positiv als nicht zu befriedigende Esslust auf. Dem Volksglauben nach ist die *Heifshunger* genannte Krankheit (griech. *βούλιμος*, *βουλιμία*) oder die Polyphagie in der Tat mit Abzehrung iden-

1) Vgl. Plin. histor. natur. XII, 72. Humor et cortici arborum est, qui sanguis earum intelligi debet, non idem omnibus. — Atque in totum corpori arborum, ut reliquorum animalium, cutis, sanguis, caro, nervi, venae, ossa, medullae, pro cute cortex.

2) Populäre Aufsätze aus dem Alterthum. 2. Aufl. Lpzg. 1875. S. 116.

tisch.[1] Später reflectierte man, dafs unstillbarer Hunger eine Strafe der speisegebenden Göttin Demeter sein müsse, und machte

1) Vgl. Dr. Hartliebs Buch aller verboten kunst 1455. p. 76a) Grimm Myth.[3] LXVII): Das wissen die natürlichen ärzt wol und sprechen das ain krankhait sei, die haißt bolismus oder appetitus caninus; die selb krankhait mag man mit kainem essen oder trinken, dan allain mit artznei erfüllen. Wann alle speis gat ungedäwt durch den leibe, also verschwindt das flaisch vnd die knochen bleiben in ir grösse. das macht das chind so ungestalt, umb das haist man die chind wächselkind. Die von Hartlieb beschriebene Krankheit ist die atrophia infantilis, (Paedatrophia, tabes mesenterica s. scrophulosa), die Darrsucht (Ungedeihen, Behextsein, Scrofeln), zu deren vorzüglichsten Symptomen Abzehrung, Abmagern, Dünnwerden der Extremitäten und Schwinden der Muskeln bei stark aufgetriebenem Unterleib und dabei häufig hoch gesteigerter Appetit (Heißhunger) besonders nach groben Speisen gehören; gleichzeitig schwellen an Rücken, Brust, Schultern und Schenkeln die Talgdrüsen an, aus denen man madenartige Wülste herausdrücken kann, die das Volk Mitesser, Zehrwürmer nennt und für krankheiterzeugende Elbe hält, dergleichen im Baume zu Hause sind. Diese Krankheit konnte füglich für eine vom Baumgeist ausgehende Strafe gelten. (vgl. Bk. 68). Ganz verschieden sind von dieser nur bei Kindern vorkommenden Krankheit der häufig mit allgemeiner Entkräftung verbundene Heißhunger, Bulimus (gr. βούλιμος, βουλιμία) und der auf Unempfindlichkeit der Magennerven beruhende Mangel an Sättigungsgefühl, Vielgefräßigkeit (Polyphagia, appetitus caninus) und die Erscheinungen der Wurmkrankheiten (Spulwurm, Bandwurm), zu deren Symptomen Abmagerung und Blässe ohne äußere Veranlassung trotz guter Nahrung und unregelmäßiger mit Heißhunger abwechselnder Appetit gehören. Vgl. H. E. Richter, Grundriß der inneren Klinik. Lpzg. 1853. § 200 S. 292, § 602 S. 868, § 626 S. 909. Hartlieb vermischt diese Krankheitsformen, wie denn überhaupt in älteren Zeiten ganz verschiedene Uebel, zu deren Aeußerungen Heißhunger gehörte, für eins gehalten sind. Vgl. üb. βούλιμος Plut. Symp. 6, 8 und Suid. s. v. βουλιμιᾷ I, 957 G. 1022 Bernhardy. Griechische Ärzte vermischten βούλιμος und πολυφαγία. S. Bernard ad Theoph. Nonnum de curat. morb. c. 156. T. II, p. 16. Wir werden es somit für sehr wahrscheinlich, ja für gewiß halten müssen, daß der griechische Bauer erst recht die genannten Krankheiten nicht auseinanderhielt, und daß in seinem Kopfe der bei der Paedatrophie und den Wurmzufällen mit Abmagerung verbundene Heißhunger einerseits zu einem gewöhnlichen Zubehör der Abzehrung wurde, andererseits mit den stärkeren Hungeranfällen der Polyphagie und des Bulimus sich vermischte. Wenn er dann den Glauben hegte, daß der vermeintliche Parallelismus des Menschenlebens und Baumlebens den die Pflanze schädigenden Baumfrevler in demselben Grade dahinschwinden und auszehren mache, als der verletzte Baum verdorre und absterbe, konnte sich leicht dieser Vorstellung das Symptom der Vielgefräßigkeit zugesellen und in starker mythischer Übertreibung die Erysichthonfabel erzeugen.

nun den geschändeten Hain zu ihrem Eigentume, was um so eher geschehen konnte, als der Demeter und ihrer Tochter vielfach heilige Haine bei ihren Heiligtümern geweiht waren. Wir gelangen somit für die Erysichthonsage auf eine echte, einfache Volksvorstellung als Grundlage zurück; ob der Zusatz der Demeter durch Dichterhand oder schon im Volksmunde gemacht wurde, wird sich nicht ausmachen lassen.

Mit dem Vorgänger Ovids übereinstimmend stellt auch Nonnus sich den Baum als die Behausung oder Hülle der Hamadryas, oder, wie er auch sagt, Hadryas oder *Melia* vor. Die kürzere Form Hadryas hat wol keinen Anspruch darauf, für ein altes, einst aus lebendiger Volkssprache geschöpftes Wort mit Präfix *ἁ* (*ἀ*) nach Analogie von *ἅ-πᾶς*, *ἁ-θρόος*, *ἄ-λοχος* angesehen zu werden, der überkühne Wortbildner Nonnus hat offenbar nur der Metrik zu Liebe ganz willkürlich *ἁμαδρυάς* um eine Sylbe verkleinert. Nach Nonnus also *hat jeder Baum eine solche mit ihm zugleich entstandene und ihn bewohnende Nymphe, welche bei verschiedenen Gelegenheiten sich über die Wipfel desselben heraushebt,*[1] bei Waldverwüstungen aus ihm herauskommt und den Baum beklagend sich zu den Najaden ins Gewässer flüchtet. Der „Spätling“ Nonnus zeigt nicht selten Kenntniß volkstümlicher Sitten und Anschauungen.[2] Deshalb darf wol vergleichsweise auf jene deutschen Sagen hingewiesen werden, nach denen eine Seele den Baum so sehr, daß Blut in seinem Geäder umläuft, mit menschlichem Leben erfüllt, häufig aber als schwarzer Mann hinter dem Baume auftaucht. Bk. 42. Wie Nonnus die Dryade zu den Najaden flüchten lässt, ist das Seeweib des Mälar Schutzgeist der Klintatanne. Bk. 136. Auch sonst finden wir schon vor Nonnus die Dryaden den Najaden zugerechnet.[3] Das geht wol

1) Nonnus, Dionys. II, 92 ff.: *Ἀδρυάδες δὲ*
ἥλικες ὠδύροντο λιπόσκια δένδρεα Νύμφαι,
καί τις ἐϋπτόρθοιο διχαζομένοιο κορύμβου
σύγχρονος ἀκρήδεμνος Ἁμαδρυὰς ἔνθορε δάφνης.
Derselbe spricht XIV, 212 von *συμφυέες Μελίαι δρυὸς ἥλικος*. Ders. XVI, 245: *Ὣς φάτο (Μελίη) καὶ δρυὸς ἐντὸς ἵκανεν ὁμήλικος.*

2) Vgl. W. Schwartz in der Zs. f. vgl. Sprachf. XX, 207.

3) Wenn eine Zeitgenossin des Kallimachus, die Dichterin Myro, in einem Epigramm von den Dryaden als Töchtern (oder Mädchen) des Flusses

auf eine Volksvorstellung zurück, wonach Dryaden und Najaden, die belebenden Naturgeister der Bäume und des Wassers, als gleichartige Wesen empfunden wurden, geradeso wie der deutsche Volksglaube Roggenmôder und Watermôder (resp. Roggenmoem' und Watermoem') neben einander nennt. Zu gleicher Zeit aber scheint die Bezeichnung der Dryaden als Najaden den Anfang der Entwickelung zu bezeichnen, welche auf neugriechischem Boden dahin führte, alle Nymphen mit dem Gemeinnamen der Neraiden d. i. Wasserjungfern[1] zu belegen. Freie epische, auf keinem Volksglauben beruhende Erfindung ist es dagegen, daß Nonnus Hamadryaden verfolgte Bacchantinnen schützend in ihren Baum aufnehmen läßt, wie es auch nichts anderes als ein dem Schauplatz der Begebenheit zu Liebe gewähltes, rührendes Bild sein kann, wenn bei ihm Pentheus, in Gefahr *im Walde* von den Mänaden zerfleischt zu werden, die νύμφαι Ἁμαδρυάδες um Beistand anruft.

(ποταμοῦ κόραι) spricht, deren rosige Füße die Tiefen betreten, (Anthol. Pal. IV, 189) so hat sie die bestimmte Scenerie eines Gewässers im Sinne, das die Wurzeln der an seinem Ufer gedeihenden Bäume mit Lebenskraft tränkt. Das Wasser ist gleichsam die Mutter der Vegetation, am Wasser gedeiht der Pflanzenwuchs am üppigsten, und vorzugsweise an Quellen, Bächen und Flüssen stehende Baumexemplare werden ebenfalls deshalb als Dryadenbäume geehrt. Diese Vorstellungen mögen die Identifizierung der Dryaden mit den Najaden wesentlich befördert haben. S. Pausan. VIII, 4, 12. Δρυάδας γὰρ δὴ καὶ Ἐπιμηλιάδας τὰς ἑαυτῶν ἐκάλουν Ναΐδας. Bei Ovid (Metam. I, 689) befindet sich unter den Hamadryaden eine Naias, in ihrem Treiben der Diana ähnlich, Satyrn stellen ihr nach; in Ovids Fast. IV, 251 tödtet Venus (d. i. Cybele) die Baumnymphe, welcher Attes sein Herz geschenkt hatte: N a ï d a vulneribus succidit in arbore factis. Illa perit. F a t u m N a ï d o s a r b o r e r a t. Auch Properz verschmilzt Dryaden und Najaden, indem er umgekehrt ersterer an Stellen gedenkt, wo nach gewöhnlichem Sprachgebrauch die Najaden erwähnt sein müßten. Cf. Lobeck, De Nympharum sacris III, p. 339, Schoemann, Opusc. acad. II, p. 129 ff. Die griechischen Vorbilder dieser Dichter müssen bereits mit der Verwechselung vorangegangen sein. Auch daß in den beiden jüngeren Recensionen des Pseudokallisthenes Kale, Alexanders natürliche Tochter, von ihrem Vater verstoßen, weil sie vom Wasser der Unsterblichkeit trank, z u r N e r e i d e w i r d, zeigt im 4. Jahrh. unserer Zeitrechnung den im jetzigen griechischen Volksglauben vollendeten Entwickelungsprozeß bereits im Beginn, der die Nymphen der antiken Sage dem Namen nach zu Neraiden d. h. Wassergeistern machte. Cf. J. Zacher, Pseudokallisthenes. Halle 1869. I, 141.

1) Siehe B. Schmidt, Das Volksleben der Neugriechen. S. 98 ff.

Nicht ganz so sind die Erzählungen zu beurteilen wie die vermutlich auf Eumelos (760 v. Chr.) zurückgehende von Arkas, dem sich eine Hamadryas zu eigen gab, weil er *den Baum, in welchem die Nymphe geboren war*, vor der Gefahr, durch einen Bergstrom fortgerissen zu werden, vermittelst eines Dammes geschützt hatte (Charon von Lampsakos bei Tzetzes ad Lycophr. 480); oder die ganz ähnliche vom Knidier Rhoikos, den die Baumnymphe mit ihrer Liebe belohnte, da er den sinkenden Baum gestützt hatte, mit dem sie selbst im Begriff war unterzugehen (*μέλλουσα συμφθείρεσθαι τῇ δρυΐ Νύμφῃ*); ein Bienlein war ihr Liebesbote. Rhoikos verscherzte die Gunst der Hamadryade, als er einst in der Leidenschaft des Würfelspiels ihre Einladung unbeachtet ließ. (Charon v. Lampsak. in Schol. Apoll. Rhod. II, 481). Schon die homerische Dichtung kennt Liebesverhältnisse der Nymphen mit Sterblichen (Il. VI, 21. XIV, 444), in denen sich — wie in jenen Erzählungen des Charon vom Lampsakos die unwiderstehliche Anziehungskraft des Waldes — der tiefe Eindruck reflectiert, den die Schönheit der quelldurchrieselten Aue auf das unverdorbene Gemüt ausübt. Noch näher aber vergleichen sich nordeuropäische Sagen, nach denen die Baumnymphe, das Holzfräulein, mit einem sterblichen Manne in trauter, oft ehelicher Gemeinschaft lebt. Bk. 69. 79. 102. 103. 109. 112. 113 u. s. w.

Daß die Annahme, die Hamadryaden lebten in dem Baume selbst oder entsprängen aus ihm, ein wirklicher, allgemeiner verbreiteter Volksglaube war, dafür lassen sich noch mehrere unmittelbare Beweise aufbringen. Dahin gehören außer dem im Namen Dryaden und Melien liegenden Zeugnisse selbst mehrere Mitteilungen des Pausanias und Antoninus Liberalis. Nach der einen (Paus. X, 32, 6) erklärte, gegenüber den gelehrten Namensdeutungen der Schriftsteller, das *Volk* (*οἱ ἐπιχώριοι*) in der Umgegend von Tithorea in Phokis, dieser Name stamme von einer Nymphe Tithorea *von der Art, wie sie nach alter Sage bei den Dichtern sowol aus andern Bäumen, als auch ganz besonders aus Eichen entstanden (wuchsen)*.[1]

1) *οἷαι τῷ ἀρχαίῳ λόγῳ τῷ ποιητῶν ἐφύοντο ἀπό τε ἄλλων δένδρων καὶ μάλιστα ἀπὸ τῶν δρυῶν.*

Ein ganz in der Nähe heimisches Seitenstück dieser Volkssage läßt sich mit unumstößlicher Sicherheit aus einer Erzählung herausschälen, welche Anton. Lib. XXX, 11 und Ovid, Metam. IX, 327 den *Ἑτεροιούμενα* des Nikander entlehnten. Am Öta bei Amphissa in Lokris stand auf dem Felde neben einer Quelle ein kleiner Hain, bestehend aus einer Pappel und mehreren Fichten nebst einem *τέμενος* der Dryaden; dort fand zu gewissen Zeiten eine Feier statt, deren Hauptstück ein Wettlauf war (cf. Bk. 392 ff.), bei dem kein Weib zugegen sein durfte. In der Pappel und den Fichten schaute man die Göttinnen selbst als gegenwärtig an, glaubte jedoch, daß sie zu Spiel, Tanz und Gesängen aus dem Baumkörper zeitweilig hervorträten. Späterer Rationalismus sah in diesen Bäumen (dem Vorgange Bk. 39 ff. entsprechend) die Verwandlung eines Menschenkindes, der Tochter des Landeskönigs, die man dem Wortanklange an Dryaden zu Liebe mit dem Namen Dryope belegte, und bald war genealogisierende Gelehrsamkeit geschäftig, aus den Ortsnamen der Umgegend die Geschichte dieser Verwandlung zusammenzufügen. Dem griechischen Gemeinbewußtsein wohnte eben in historischer Zeit die Neigung ein, die Stadt- und Inselnamen als Nymphen zu hypostasieren (s. darüber Lehrs, Pop. Aufsätze, 2. Aufl. S. 121); an diesen Glauben knüpfte die erweiternde Combination der Schriftsteller an. Dryops, König am Oeta (d. h. der Eponymus des Dryopis, später Doris genannten Ländchens), der Sohn des Flusses Spercheios, (der die nördlich angrenzende Landschaft der Aenianen oder Oetäer durchströmte) hat eine einzige Tochter Dryope, welche ihres Vaters Heerden weidend von den Dryaden liebgewonnen und zur Genossin ihrer Spiele gemacht wurde. (*Ἐπεὶ δὲ αὐτὴν ἠγάπησαν ὑπερφυῶς Ἀμαδρυάδες, ἐποιήσαντο συμπαίκτριαν ἑαυτῶν καὶ ἐδίδαξαν ὑμνεῖν θεοὺς καὶ χορεύειν.*) Auch Apollo — der Hauptgott jener Landschaften — liebt sie und verwandelt sich, um sie zu gewinnen, in eine Schildkröte [deren Schale bekanntlich den Schallboden der Lyra bildete], dann, als sie diese in ihren Busen steckt, in eine Schlange (vgl. Orakelschlange) und wohnt ihr bei. Mit Andraimon (nach einigen, z. B. Arist. bei Harp., Gründer von Amphissa; man zeigte daselbst das Grab dieses Heros) verheiratet, gebar sie vom Apollo den Amphissos (Eponymos der Stadt). Aus dem von Andraimon dem Apollo gebauten Tempel raubten sie die Dryaden, umhüllten sie mit dem Holze der Pappel und machten sie zu einer der Ihrigen. (*Καὶ εἰς τοῦτο παροῦσαν τὸ ἱερὸν Δρυόπην ἥρπασαν Ἁμαδρυάδες νύμφαι κατ' εὐμένειαν καὶ αὐτὴν μὲν ἀπέκρυψαν εἰς τὴν ὕλην, ἀντὶ ἐκείνης αἴγειρον ἀνέφηναν ἐκ τῆς γῆς καὶ παρὰ τὴν αἴγειρον ὕδωρ ἀνέῤῥηξαν. Δρυόπη δὲ μετέβαλε καὶ ἀντὶ θνητῆς ἐγένετο νύμφη.*) Amphissos aber errichtet zum Gedächtniß seiner Mutter den Dryaden ein Heiligtum und gründet die noch bestehende Feier. (*Ἱερὸν ἱδρύσατο νυμφῶν καὶ πρῶτος ἀγῶνα ἐπετέλεσε δρόμου καὶ ἔτι νῦν οἱ ἐπιχώριοι διαφυλάσσουσι τοῦτον, γυναικὶ δ' οὐχ ὅσιον παρατυχεῖν.*) Zwei Jungfrauen aber, welche die Metamorphose der Dryope mit angesehen, werden von den Dryaden gleichfalls in Fichten verwandelt. Hier scheidet sich der wirkliche Volksglaube und der ins Dunkel einer unbekannten Vorzeit sich verlierende Brauch leicht und reinlich von der nur aufgetragenen Schminke pragmatischer Geschichtsdeutelei. Den localen Volkssagen von Tithorea und Amphissa stelle ich als nächste Analogie die Sage von Phigalia in Arkadien zur Seite, wonach diese Stadt von einer gleichnamigen *Dryade* den Namen haben sollte (Pausan. VIII, 39, 2). Diese Sage bewährt eine beim gemeinen Mann in verschiedenen Teilen Griechenlands verbreitete Neigung, den Ursprung der Landesbevölkerung von einer *Baumnymphe* abzuleiten, und in diesem Sinne wird auch *Melia* als Gemahlin des Flußgottes Inachos und Mutter des Urkönigs von Argos, Phoroneus, gegolten haben (Apollod. II, 1, 1), ehe Dichterhand sie, die Dryade, zur Okeanine ummodelte. Offenbart sich in solcher Neigung eine dunkele Erinnerung an jenen uralten Glauben, daß die ältesten Menschen aus Fels und Baum (*ἀπὸ δρυὸς καὶ ἀπὸ πέτρης*) hervorgingen? (Bk. 7 ff. Schömann, Op. Ac. II, 136.) Ein anderes Beispiel (Paus. VIII, 24, 4), in welchem die Nymphe mit dem Baume fast vollständig in eins zusammenfällt, ist aus dem Peloponnes. Auf einem Berge bei Psophis in Arkadien sah Pausanias *heilige Cypressen, welche niemand umzuhauen wagte*; Periegetengelehrsamkeit nannte sie die Cypressen des Alkmaion, weil dieser in der Nähe begraben sein sollte; *das Volk aber hiefs sie Jungfrauen* (*παρθένοι*). Solche Vorstellung von Einheit der Nymphe und des Baumes spiegelt sich auch noch in den Vergleichen ganz aufgeklärter Dichter eines späten Zeitalters. Vgl. die Verse aus Nikanders Thebais (150 v. Chr.):

> καὶ μὲν ὑπὸ Ζωναῖον ὄρος δρύες ἀμφί τε φηγοί
> ῥίζοθι δινήθησαν ἀνέστησάν τε χορείαν
> οἷα τε παρθενικαί.[1]

mit Vergils Aen. II, 626—631:

> Ac veluti summis antiquam in montibus ornum
> Quum ferro accisam crebrique bipennibus instant
> Eruere agricolae certatim; illa usque minatur
> Et tremefacta comam concusso vertice nutat;
> Volneribus donec paullatim evicta, supremum
> Congemuit traxitque jugis avolsa ruinam.

Jener Volksglaube von Tithorea, Amphissa, Phigalia und Psophis bestätigt — was schon die mehrfach vorkommende Benennung Melie lehren konnte, — daß die Beseelung durch Nymphen nicht an eine einzelne Pflanzenart gebunden ist. Ein Epigramm des Agathias spricht von *Νύμφαι δενδρίτιδές* überhaupt. Der epische Dichter Pherenikos von Heraklea erzählte, daß die Feige von Syke, der Tochter des Oxylos, den Namen habe. Oxylos, (d. i. O-xyl-os, Holzmann) der Sohn des Orias (Bergmann), habe nämlich aus der Umarmung seiner Schwester Hamadryas die Karya (Nuß), Balanos (Eichel), Aigeiros (Pappel), Ptelea (Ulme), Ampelos (Weinstock) und Syke (Feige) gezeugt, und daher seien diese Hamadryaden geheißen, nach ihnen aber viele Bäume benannt worden.[2] Das ist natürlich keine mythische, sondern eine etymologische Sage, aber dieselbe setzt den Glauben voraus, daß auch andere Pflanzen, nicht allein Eichen und Eschen, von Dryaden erfüllt seien. Und in Wirklichkeit finden wir *Philyra* (Linde), *Daphne* (Lorbeer), *Rhoiai*[3] (Granaten), *Helike* (Weide) als Namen von Nymphen in der griechischen Mythe genannt,[4] ohne daß man sich später ihres Dryadencharacters

---

1) Nicandr. Thebais, fragm. XXXVI Lehrs et Duebner. Schol. Nicandr. Theriac. v. 460.

2) *καὶ ταύτας Ἁμαδρυάδας νύμφας καλεῖσθαι καὶ ἀπ' αὐτῶν πολλὰ τῶν δένδρων προςαγορεύεσθαι.* Athen. III, 14 f. 78 Casaub.

3) Eustath. ad Od. VII, 115: *ὅτι δὲ Ῥοιαὶ ὁμωνύμως τῷ δένδρῳ καὶ αἱ περὶ αὐτὰς μυθικαὶ νύμφαι, δηλοῦται καὶ ἀλλαχοῦ.* Ders. ad Od. XXIV, 340: *φίττα Μαλιάδες, φίττα Ῥοιαί, φίττα Μελίαι· ἐν οἷς νυμφῶν μὲν εἰσὶν ὀνόματα τὰ θηλυκά, τὸ δὲ φίττα ἐπίῤῥημα τάχους δηλωτικόν.* Solcher Ausrufe bedienten sich die Mädchen bei Wettlauf und Spiel: *τὰς γὰρ νύμφας εὐφημοῦσαι θέουσι παροξύνουσαι ἀλλήλας εἰς τάχος.* Pollux IX, 127. Erinnert werden darf an den Wettlauf zum Dryadenheiligtum bei Amphissa o. S. 17.

4) Die umständlicheren Belege bei Schömann a. a. O. 128, Anm. 5.

noch jedesmal bewußt war. Zuweilen hatte sich der alte Glaube in die schon o. S. 17 hinsichtlich der Dryope erwähnte rationellere Form umgesetzt, daß die Nymphe eine *in einen Baum verwandelte* Sterbliche, Najade, Okeanine u. s. w. sei. So ward Philyra zur Linde, Daphne zum Lorbeer. Die Motivierung der Metamorphose fließt aus verschiedenen Anlässen, bei Daphne einfach aus ihrer Heiligkeit im Kulte Apollos, weswegen der Gott sie liebt. Es ist kein Grund, die von Max Müller aufgestellte, auf sprachliche Metapher gegründete Deutung des Mythus auf die vom Sonnengott getödtete Morgenröte hier, wo jeder tatsächliche Anhalt dafür fehlt, gelten zu lassen. (Vgl. Bk. 297.)

§ 3. **Die Baumseele.** Wenn wir den aufgefundenen Spuren folgen dürfen, so waren mehrere Varianten des Dryadenglaubens unter den europäischen und kleinasiatischen Griechen dem Volke vertraut. Dieselben stimmen im wesentlichen mit ganz analogen Sagen und Sitten unter nordeuropäischen Völkern überein und erklären sich wie die letzteren, sobald man als ihren Ausgangspunkt die Vorstellung von einer in verschiedener Weise und in verschiedenen Abstufungen sich äußernden Beseelung des Baumes erblickt, nicht aber mit Lehrs die Hamadryaden für jüngere, von Dichterlaune eingegebene Individualisierungen des allgemeineren Begriffs von Waldnymphen, welche in großem und freiem Style Repräsentanten des inneren Naturlebens darstellen, erklärt.[1] Einen Beweis für die Richtigkeit unserer Ansicht ergiebt der Umstand, daß auch im alten Griechenland eine Reihe solcher Vorstellungen nachweisbar ist, welche mit dem Dryadenglauben in untrennbarer Verbindung stehend sich als Abwandlungen der Idee Baumseele zu erkennen geben, keineswegs aber aus der Verengerung des Begriffes Waldgeist abgeleitet werden können. Daß der Baum beseelt sei, geht in den Glauben über, daß die Seele (das Blut, d. i. das Leben) eines Verstorbenen in einen Baum sich wandele, und daß dieser bei Verletzungen blute. Diese Vorstellung war z. B. auf Geryon übertragen, von dem es heißt, daß aus seinem Blute eine Art Kirschbaum entsproß,[2] oder eine

1) Popul. Aufsätze. 2. Aufl. S. 114 ff. Auch schon Welcker, Griech. Götterlehre III, 61 spricht sich „ausdrücklich“ gegen Lehrs' Auffassung aus.

2) De cujus sanguine dicitur arbor nata, quae vergiliarum tempore poma in modum cerasi sine ossibus ferat. Serv. ad Verg. Aen. VII, 662.

Doppelfichte, welche Blut austräufte.[1] Als Aeneas auf dem Grabe seines ermordeten Verwandten Polydorus Laubwerk zur Bekränzung der Altäre abhauen wollte, *flossen aus dem ersten Baume, den er mit den Wurzeln aus dem Boden rifs, Blutstropfen hervor* und befleckten die Erde, und immer weiter strömte schwarzes Blut aus den abgebrochenen Zweigen, endlich ertönte aus dem Grabe ein Seufzer und eine Stimme: „Was zerfleischest du mich Unglückseligen, der hier begraben liegt? nicht fremd ist dir das Blut, das aus diesem Stamme fließt. Ich bin Polydorus“.[2] Vgl. Bk. 39—44. Wegen der Vorstellung, daß das Leben, die Seele des Bestatteten in den sein Grab beschattenden Baum oder Hain übergegangen sei, war es demnach natürlich, daß die Athener jeden, welcher ein Bäumchen in einem Heroon abhieb, mit dem Tode bestraften.[3] Das Alter und die Volksmäßigkeit dieser Anschauungen bewährt die Erweiterung derselben zu der auf dem Glauben an Beseelung der Pflanze überhaupt, nicht allein des Baumes beruhenden Vorstellung, daß die Seele (das Lebensprinzip) jedes Begrabenen in eine Blume, ein Kraut, einen Strauch übergehe, und zu dem Brauche, Blumen oder Bäume als Abbilder davon auf die Gräber der Angehörigen zu pflanzen.[4] Derselbe Glaube und dieselbe Sitte bestand bei den Römern.[5] In mehreren deutschen Sagen wird der Baumgeist (z. B. derjenige der Kestenberger Eiche, Bk. 41, sowie der des Wildegger Birnbaums, Bk. 42) für die Seele eines Menschen erklärt, der sich an dem Baume *erhenkt* hat. Dieser Zug begegnet gleichartigen Erzählungen in griechischer Sage. Phyllis, Königin von Thracien, verlobt sich mit dem aus Troja zurückkehrenden Demophoon, Theseus' Sohn, der ihr verspricht, nach Ordnung seiner Angelegenheiten in Athen zur Vermählung zurückzukehren. Da er lange ausbleibt, meint sie verschmäht zu sein; sie *erhenkt sich mit einem Stricke* und wird *in einen Mandelbaum verwandelt*, der keine Blätter trägt. Als Demo-

1) Philostr. Imagg. I, 4.

2) Vergil. Aen. III, 19—47.

3) *Ὅτι τοσοῦτον ἦν Ἀθηναίοις δεισιδαιμονίας· εἴ τις πρινίδιον ἐξέκοψεν ἐξ ἡρῴου, ἀπέκτεινον αὐτόν.* Aelian, Var. hist. V, 17.

4) S. Bötticher, Baumkultus der Hellenen S. 282 ff.

5) Bötticher a. a. O. 292. Preller, Röm. Myth. 481 ff.

phoon ankommt, umarmt er den Stamm, der sofort, als empfinde Phyllis die Gegenwart des Geliebten, Blätter treibt.[1] Allem Anscheine nach sind wir berechtigt hiezu die folgende Ueberlieferung zu stellen. Auf Rhodos gab es ein Heiligtum der Helena Dendritis. Man erzählte, Helena sei nach den Tode des Menelaos zur Königin Polyxo geflüchtet, sei aber auf deren Befehl von verkleideten Dienerinnen im Bade überfallen und *an dem Baume aufgehängt.*[2] Mit Recht vergleicht Bötticher[3] der Helena Dendritis die „νύμφη δενδρῖτις" d. i. Baumnymphe, die als göttliches Wesen und Baum zugleich gedacht wird, bei Agath. 46. Er leitet daraus die folgende Erklärung ab: „Es gab auf Rhodos ein Heiligtum der Helena Dendritis, also der Baum-Helena, von einem Baume so genannt, welcher der Helena heilig oder vielmehr Helena selbst war, die von ihm eben das Beiwort *Dendritis* empfing. Helena lebte in dem Baume fort; der Baum nahm das Wesen der Helena in sich auf." Es liegt wol auf der Hand und geht aus der durchaus erkünstelten Anknüpfung an das Epos hervor, daß der Name und die Geschichte der Helena hier mit übler Gelehrsamkeit einer älteren an dem heiligen Baume haftenden Sage aufgepfropft sind. Die Veranlassung dazu mag die Ähnlichkeit mit einem im dorischen Mutterlande der Rhodier verehrten Helenabaum gegeben haben, der vermutlich einmal als die aus dem Grabe der Heroine emporgestiegene Seele derselben gegolten hat. Wenn nämlich Theokrit Id. XVIII die Lakonischen Jungfrauen in dem Hochzeitliede zu Ehren des Menelaos und der Helena der letzteren geloben läßt, ihr zuerst einen Kranz von erdwachsendem Lotos auf die Platane zu hängen und Öl aus silberner Flasche unter dem Baume auszugießen, auf dessen Rinde der Vorübergehende lesen werde „verehre mich, ich bin der Helena Baum" (σέβου μ'. Ἑλένας φυτόν εἰμι): so ist das unzweifelhaft mit Rücksicht auf die zur Zeit des Dichters oder seines Gewährmannes noch bestehende Sitte der Bekränzung einer wirklichen Helena-Platane in der Umgebung Spartas gesagt, welche wir uns am füglichsten zu Therapne, dem alten Sitze der

1) Servius ad Verg. Bucol. V, 10.

2) Pausan. III, 19, 10.

3) Baumkultus der Hellenen, S. 50.

vordorischen Könige, in dem gemeinsamen Heroon des Menelaos und der Helena, wo man Beider Grab zeigte,[1] zu denken haben.

§ 4. **Wechselbeziehung zwischen Mensch und Baum.** Die Verschiebung der Vorstellungen Baumnymphe, Baumseele, im Baum wohnende oder eingekörperte Seele eines gestorbenen Menschen von einer zur andern ist möglich, weil ein lebendiger und häufig bis zur Annahme eines durchgreifenden Parallelismus gedeihender Vergleich zwischen dem wachsenden und welkenden Menschen und der Pflanze diesem ganzen Vorstellungskreise zu Grunde liegt. Nicht anders, als im nordeuropäischen Volksglauben, tritt die nämliche Anschauung auch schon bei den Alten hervor. Als Vergils Mutter mit ihm schwanger war, träumte sie, sie habe einen Lorbeerzweig geboren, der auf den Boden gefallen sofort festwurzelte und zu einem mit Blüten und Früchten erfüllten Baume emporschoß; am folgenden Morgen wurde sie von dem Dichter entbunden.[2] (Vgl. Bk. 46.) Entsprechend dieser bildlichen Auffassung des Kindes als grüner Baumzweig hatte man den Brauch, als Doppelgänger des Neugebornen an der Geburtsstätte einen Baum zu pflanzen. (Vgl. Bk. 50.) Auch dafür gewährt das Leben Vergils einen Belag.[3] Ganze Familien hatten ihre Bäume, deren Gedeihen man als vorbedeutsam für ihr Schicksal ansah. Auf dem Landgut der Flavier vor der Stadt stand eine alte dem Mars geweihte Eiche. Als Vespasia, des Kaisers Vespasian Mutter, das erste Kind, ein Mädchen, gebar, trieb der Baum einen Schößling, der klein blieb und bald vertrocknete;

---

1) Pausan III, 19, 9: *Μενελάου δέ ἐστιν ἐν αὐτῇ ναὸς καὶ Μενέλαον καὶ Ἑλένην ἐνταῦθα ταφῆναι λέγουσιν.* Vgl. Curtius, Peloponnesos II, 236. 239.

2) Praegnans eo mater somniavit Maja, enixam se laureum ramum, quem contacta terra confestim cerneret evaluisse et excrevisse in speciem maturae arboris refertae variis pomis et floribus, ac sequenti luce cum marito rus propinquum petens ex itinere divertit atque in subjecta fossa partu levata est. Donati Vita Virgilii cap. I, § 3. Virgilius Heynii cur. Wagner, Lips. 1830, p. LXXXII.

3) Et accessit aliud praesagium: siquidem virga populea more regionis in puerperiis eodem statim loco (der Stätte der Geburt) depacta ita brevi coaluit, ut multo ante satas populos adaequarit. Quae arbor Virgilii ex eo dicta atque consecrata est; summa gravidarum et fetarum religione suscipientium ibi et solventium vota. Donatus a. a. O. § 5.

die kleine Neugeborene erreichte nicht das erste Jahr; als Vespasia darauf mit Sabinus, dem späteren Praefectus urbis, niederkam, war das wieder ein Zweig, diesmal ein starker und üppiger, der großes Glück vorbedeutete; bei der Geburt des künftigen Imperators entsproß ein dritter Zweig, einem Baume gleich, und die Haruspices weissagten, das Kind werde zum Throne gelangen.[1] (Cf. Bk. 49. 50.) Während seiner Ädilität wurde Vespasian vom Kaiser Caligula einer erniedrigenden Beschimpfung unterworfen, bald darauf stürzte auf seinem väterlichen Landgute eine Cypresse ohne ersichtliche Ursache zu Boden, richtete sich aber am folgenden Tage von selbst wieder auf. Als Vespasian zur Regierung kam, erinnerte er sich dieses Vorfalls und faßte ihn als ein Vorzeichen, welches ihm die Erhebung nach so schmählicher Erniedrigung habe vorbedeuten sollen; und fortan, falls nicht die Cypresse schon seit längerer Zeit als Schicksalsbaum der Flavischen Familie gegolten hatte, wurde sie für das Gedeihen des Kaiserhauses als vorbedeutend betrachtet. Man bemerkte, daß sie wenige Tage vor dem Tode des Domitian, mit dem das Haus der Flavier ausstarb, abermals umsank und sich nicht wieder erhob.[2] Auf des Augustus vejentischem Landgut bestand ein Lorbeerwäldchen. Aus diesem brach jeder Triumphator der Augusteischen Familie den Zweig, welchen er beim Siegeseinzuge in der Hand hielt, pflanzte ihn dann wieder in dem Wäldchen ein und pflegte sein wol. Der so aufwachsende Baum starb aber, so erzählte man, jedesmal, sobald der Tod dessen, der ihn gepflanzt hatte, herannahte, und als mit Nero die Augusteische Familie erlosch, verdorrte das ganze

1) Sueton. Vespas. 5. In suburbano Flaviorum quercus antiqua, quae erat Marti sacra, per tres Vespasiae partus singulos repente ramos a frutice dedit, haud dubia signa futuri cujusque fati: primum, exilem et cito arefactum, ideoque puella nata non perannavit: secundum, praevalidum ac prolixum, et qui magnam felicitatem portenderet: tertium vero instar arboris. Quare patrem Sabinum ferunt haruspicio insuper confirmatum renuntiasse matri: Nepotem ei Caesarem genitum.

2) Arbor quoque cupressus in agro avito sine ulla vi tempestatis evulsa radicitus atque prostrata, insequenti die viridior ac firmior resurrexit. Sueton. Vespas. 5. Cf. Tac. Hist. II, 78. Cass. Dio 66, 1. Arbor, quae privato adhuc Vespasiano eversa surrexerat, tunc rursus repente corruit. Suet. Domit. 15.

Wäldchen.[1] Wie das Schicksal von Familien schien dasjenige der Stände oder des Volkes mit dem Leben eines correspondierenden Baumes verknüpft. Im Heiligtum des Quirinus d. h. Romulus (dem Quirinal) — sagt Plinius XV, 36 — standen vor dem Tempel (aedes) zwei heilige Myrtenbäume, die patricische und die plebejische Myrte genannt. Die patricische hatte lange Jahre besseres Gedeihen und fröhliche Ausbreitung, so lange die Macht des Senates in Blüte stand; die mächtige plebejische stand dürr und traurig da. Als sie erstarkte, begann zur Zeit des Marsischen Krieges die Macht des Senates zu schwinden, und zugleich welkte die Schönheit der patricischen Myrte dahin. Im Cimbernkriege — sagt Plinius — geschah den Quiriten das Wunderzeichen, daß eine Ulme im Haine der Juno zu Nuceria, welche ohne ersichtliche Ursache von selbst umzusinken und auf den unter ihr stehenden Altar zu stürzen drohte, und welche deshalb ihres Wipfels beraubt war, sich von selbst wieder aufrichtete und fröhlich grünte, worauf alsbald die durch Niederlagen gebeugte Majestät des römischen Volkes sich von neuem zu erheben begann.[2]

Der auf römischem Boden somit scharf ausgeprägte Glaube einer mystischen Wechselbeziehung zwischen Baum und Mensch läßt sich auch unter den Griechen in mannigfachen Spuren nachweisen. Doch mag es ausreichen statt vieler ein hervorragendes Beispiel namhaft zu machen. Schon die älteste uns zugängliche Poesie der Hellenen vergleicht den Wuchs des Menschen dem Aufwuchs des Baumes, insonderheit des Ölbaums, der Palme, „*ὁ δ' ἀνέδραμεν ἔρνεϊ ἶσος.*" Il. XVIII, 437. *τὸν δ' ἐπεὶ θρέψαν θεοὶ ἔρνεϊ ἶσον.* Od. XIV, 175. Cf. Il. XVII, 53. Od. VI, 163. Auf der Akropolis zu Athen im Heiligtume[3] des Landesheros Erechtheus und der stadtschirmenden Göttin (Athene Polias) befand sich nebst einem „Meer" genannten Salzwasserbrunnen ein heiliger Ölbaum, *ἀστή*[4] sc. *ἐλαία*, Stadtolive oder *μορία*,

---

1) Sueton. Galba 1. Plin. Hist. nat. 15, 39. 40.

2) Plin. Hist. nat. 16, 57.

3) Vermutlich in dem westlich an das Erechtheion stoßenden Tempelhofe. S. W. Vischer, Erinnerungen u. Eindrücke a. Griechenland, Basel 1857, S. 142. Bursian, Geogr. v. Griechenl. I, 318.

4) *ἀστή, ἐλαία ἡ ἐν ἀκροπόλει, ἡ καλουμένη πάγκυφος διὰ χθαμαλότητα.* Hesych. s. v. *Ἔλεγον οὖν Ἀστὴν ἐλαίαν τὴν ἐξ ἀκροπόλεως, τὴν καὶ Ἱεράν.*

Schicksalsolive (Substantivierung des Feminins von *μόριος* fatalis[1]) geheißen; man wähnte, daß an ihn das Geschick der Stadt und des Landes geknüpft sei. Unzweifelhaft hat das als heilig verehrte Exemplar im Laufe der Zeit mehrmals gewechselt, beziehungsweise in Schößlingen sich selbst aus der Wurzel erneut; er war in der Periode, aus welcher die Glossen o. S. 25 stammen, krumm und klein, aber man schrieb ihm immergrünende Kraft zu.[2] Der wol schon in dem alten Erechtheusheiligtum

---

Eustath. ad Odyss. A. p. 1383. Cf. *Πάγκυφος ἐλαίας εἰδός τι κατακεκυφὸς καὶ ταπεινὸν ἐν τῇ Ἀκροπόλει.* Hesych. s. v.

1) Den Ursprung von *μορί-ᾱ* aus dem Adjectiv *μόριος* erweist der Accent (Vgl. Misteli, Z. f. vgl. Spr. XVII, 161. 165). Dieses nur spät und vereinzelt in der Schriftsprache auftauchende Wort kann der älteren Volkssprache in Attika gleichwol geläufig gewesen sein; es steht zu *μόρος* und *μόριμος* wie *αἴσιος* zu *αἶσα* und *αἴσιμος*. Auch in der Bedeutung trifft die Analogie zu. *Μόρος* entspringt aus W. *μερ* Anteil, Zuteilung erhalten [vgl. *μείρομαι* nebst *μέρος* Anteil, *μοῖρα* aus *μόρ-ια* gebührender Anteil, Geschick, *μόρα* Heerabteilung, *μόρ-ιον* Teilchen, *μέρος* Anteil], wie *σπόρος* Handlung des Aussäens aus W. *σπερ* [*σπείρω*] säen, bedeutet also die Erlangung des gebührenden Anteils, des vom Schicksal Zuerteilten, sei dieses Loos gut oder böse. In der epischen Sprache ist *μόρος* freilich vorwiegend in schlimmer Nebenbedeutung, ja geradezu für Todesloos gebraucht, aber das ist eine wesentlich durch den Stoff bedingte besondere Anwendung des allgemeineren Begriffs, der z. B. in der Redensart *ὑπὲρ μόρον* (vgl. *ὑπὲρ αἶσαν*) noch deutlich vorliegt, wie denn auch *μόριμος* Il. XX, 302 von der Lebensrettung, *μείρεσθαι* mehrfach von Erlangung der Ehre gesagt wird, während wir das sinnverwandte *αἶσα* d. h. der gleiche, gebührende Anteil ebensowol von Unglück und Tod, häufiger aber [in Folge seines Ursprungs aus *ἴσος*, Curtius Grundz. [3] 340?] in glückhaftem Sinne verwandt sehen. Dem lebendigen Sprachgebrauch Altattikas dürfen wir die der Etymologie entsprechende neutrale Bedeutung „zur Erlangung des Lebensanteils, des Schicksalslooses gehörig" für *μόριος* noch zutrauen, und wie das sinnverwandte *αἴσιος* mit den Begriffen Donner, Vogel, Adler u. s. w. verbunden in die Bedeutung „das Geschick verkündend, glückvorbedeutend" übergeht, konnte dem Athener der Baum, aus dessen Gedeihen er ein Vorzeichen und Wahrzeichen für das gesunde Leben der Bürgerschaft entnahm, dessen etwaiger Fall den Staat selbst mit Tod und Untergang bedrohte, mit gutem Rechte *μόριος* heißen.

2) Eurip. Ion 1433. *Ἔστι ἐν τῇ ἀκροπόλι ταύτῃ Ἐρεχθέος τοῦ γηγενέος λεγομένου εἶναι νηός, ἐν τῷ ἐλαίη τε καὶ θάλασσα ἔνι, . . . ταύτην ὦν τὴν ἐλαίην ἅμα τῷ ἄλλῳ ἱρῷ κατέλαβε ἐμπρησθῆναι ὑπὸ τῶν βαρβάρων δευτέρῃ δὲ ἡμέρῃ ἀπὸ τῆς ἐμπρήσιος Ἀθηναίων οἱ θύειν ὑπὸ βασιλέος κελευόμενοι ὡς ἀνέβησαν ἐς τὸ ἱρὸν ὥρων βλαστὸν ἐκ τοῦ στελέχεος ὅσον τε πηχυαῖον ἀναδεδραμηκότα. οὗτοι μὲν νυν ταῦτα ἔφρασαν.* Herodot. VIII, 55.

neben dem Tempel stehende Baum gleicht dem in Gallien, Pommern und Schweden nachgewiesenen (von einem Numen bewohnten) *Baume neben dem Götterhause.* (Bk. 57.) Es wird ursprünglich ein wilder Ölbaum gewesen sein; einen solchen, der neben der den Nymphen geweihten Grotte auf Ithaka wuchs, nennt schon der Fortsetzer in Odyss. XIII, 373 heilig (*ἱερῆς παρὰ πυθμέν' ἐλαίης*), er kannte also unzweifelhaft heilige Ölbäume in ähnlicher Situation.[1] Als die Kultur der veredelten Olive nach Attika kam, mag man den wilden Burgölbaum mit einem fremden Reise gepfropft haben.[2] Als später die Perser die Stadt anzündeten, verbrannte mit dem alten Erechtheion auch der heilige Ölbaum, aber bald darauf, angeblich schon am nächstfolgenden Tage, hatte der Stumpf wieder einen ellenlangen Schößling getrieben. Von diesem heiligen Baume war ein Ableger nach dem Platze der Akademie am Kephissos verpflanzt, von dem 12 weitere Stecklinge, vielleicht als Schicksalsbäume der 12 Phratrien, ausgesetzt wurden. Diese Bäume, die sich später zu einem ganzen Haine vermehrten, heißen auch *μορίαι*. Von ihnen pflegte man das heilige Öl zu nehmen, das beim Feste der Panathenäen in kunstvollen schönbemalten Hydrien den Siegern als Preis zuerteilt wurde.[3] Von der *μορία* auf der

1) In der Nähe von Epidauros gab es noch zu Pausanias Zeit einen heiligen Hain von wilden Ölbäumen, der Hyrnethion hieß und Schauplatz festlicher Begehungen war (vgl. E. Curtius, Peloponnesos II, 425). Damals leitete man Ortsnamen und Fest ätiologisch von dem Schicksal einer daher erschlossenen Heroine Hyrnetho ab (Pausan. II, 28, 2 ff.). In Wahrheit wird hier, so vermute ich, der Versammlungsplatz einer Phyle Hyrnethia gewesen sein, welche zwar für Epidauros nicht wie für Argos bewiesen ist, aber doch mit O. Müller (Dorier II, S. 53. 72) angenommen werden darf. Vgl. auch Bursian, Geogr. v. Griechenl. II, 44. 56. 73. 75. Es bestand ein Gesetz, wonach das windbrüchige Holz der heiligen Oliven und andern Bäume des Hains von niemand fortgenommen, nach Hause getragen und gebraucht werden durfte, sondern liegen bleiben mußte (Pausan. a. a. O. 28, 3). Vgl. die genauen Uebereinstimmungen Bk. 35, 3. Knüpfte einst an diese Bäume der Stamm sein Schicksal, wie in Athen die ganze älteste Gemeinde das ihrige an den Burgölbaum?

2) Vgl. V. Hehn, Kulturpfl. u. Haustiere, 2. Aufl. S. 95.

3) *Μορίαι ἐλαῖαι ἱεραὶ τῆς Ἀθηνᾶς, ἐξ ὧν τὸ ἔλαιον ἔπαθλον ἐδίδοτο τοῖς νικῶσι τὰ Παναθήναια. ἦσαν δὲ πρῶται ιβ' τὸν ἀριθμόν, αἱ μεταφυτευθεῖσαι ἐκ τῆς Ἀκροπόλεως εἰς Ἀκαδημίαν.* Suid. s. v. *μορίαι.* *Ὁ δὲ Ἀριστοτέλης καὶ τοῖς νικήσασι τὰ Παναθήναια ἐλαίου τοῦ ἐκ μορίων γιγνομένου δί-*

Burg sowol, als von den Morien beim Gymnasium der Akademie ging der Glaube, *dafs derjenige, welcher es wage, in einen der Bäume zu hauen, sich selbst verwunde.* Man erzählte, einst habe Poseidon, erzürnt über den Sieg, den Athene durch die Pflanzung der heiligen Burgolive über ihn davongetragen, den Baum zu zerstören versucht. Er sandte deshalb seinen Sohn Halirrhotios, den Dämon des Wogengebrauses, ab, um den Ölbaum *abzuhauen.* Dieser schlug aber fehl, *traf seinen eigenen Fufs und starb.*[1] Es ist augenscheinlich, daß der ganze echte Grund dieser Sage einzig und allein die Vorstellung war, der heilige Burgölbaum, der Schicksalsbaum, das alter ego der Stadt, und seine Sprößlinge seien beseelte Wesen, und deshalb haue nach dem Gesetze strenger Wiedervergeltung, wer ihren Fuß schädige, sich selbst ins Bein. Vgl. o. S. 24 und Bk. 26 ff. 603. Anm. 1. 36 ff. 105. 63. Als diese aus hohem Altertum herrührende Vorstellung in der Blütezeit städtischer Kultur und staatlicher Macht den Athenern unverständlich und befremdlich geworden war, aber gleichwol kraft der Gewohnheit ihr Dasein fristete, suchte man nach einer Erklärung für ihren Ursprung. Man mußte vermuten, daß die Erfahrung in einem bestimmten Falle dazu den Anlaß gegeben habe. Wenn man weiter fragte, wem daran gelegen sein konnte, die heilige Olive zu vernichten, so blieb der Blick auf Poseidon haften, der mit Athene um die Herrschaft von Attika streitend, als Wahrzeichen seines Besitzrechtes, jene Salzquelle beim Erechtheion geschaffen haben, aber der Göttin unterlegen sein sollte, als diese zum Zeugniß ihres besseren Anrechts den heiligen Ölbaum aufwachsen ließ. Offenbar war auch diese Sage eine ätiologische, zur

δοσθαί φησι. Cf. Meursii Panath. c. 11 (Gronov. Thes. Gr. Ant. VII). Κυρίως μορία λέγεται ἡ ἱερὰ ἐλαία τῆς θεοῦ. ἐπεφύτευντο δὲ ἐν τῷ γυμνασίῳ δένδρα. Schol. Aristoph. Nubb. 1005.

1) Ἡττηθεὶς τῆς Ἀθηνᾶς ὁ Ποσειδῶν ἐπὶ τῇ τῆς ἐλαίας ἐπιδείξει, ἔπεμψε τὸν υἱὸν αὐτοῦ Ἁλιῤῥόθιον ταύτην τεμοῦντα. ὁ δὲ ἀνατείνας τὸν πέλεκυν ταύτης μὲν ἠστόχησε· τὸν δὲ πόδα αὐτοῦ πλήξας ἐτελεύτησε, καὶ οὕτω μορία ἡ ἐλαία ἐκλήθη, ὡς μόρου παρεκτική. — Αἱ ἱεραὶ ἐλαῖαι τῆς Ἀθηνᾶς ἐν τῇ ἀκροπόλει μορίαι ἐκαλοῦντο. λέγουσι γὰρ ὅτι Ἁλιῤῥόθιος, ὁ παῖς Ποσειδῶνος, ἠθέλησεν ἐκκόψαι αὐτὰς, διὰ τὸ τῆς ἐλαίας εὑρεθείσης κριθῆναι τῆς Ἀθηνᾶς τὴν πόλιν· ὁ δὲ ἀνατείνας τὸν πέλεκυν καὶ ταύτης ἀποτυχὼν ἔπληξεν ἑαυτὸν καὶ ἀπέθανε. καὶ διὰ τοῦτο μορίαι αἱ ἐλαῖαι ἐκλήθησαν. Schol. Aristoph. Nubb. 1005.

Deutung des Ursprungs der längst vorhandenen Burgolive und der Salzquelle (*θάλασσα*) gebildet nach Analogie einer allgemeineren in verschiedenen Varianten verbreiteten Erzählung vom Streite der elementaren Gewalten des Wassers und der Erde um die griechischen Küstenstädte (Vgl. Welcker, Griech. Götterl. II, 676 ff.). Daß aber diese Sage hier grade an die Burgolive sich heftete, scheint lediglich aus den Verhältnissen des sechsten Jahrhunderts begreiflich zu werden. Damals gedieh die von auswärts kommende Kunst der Veredelung der Obstbäume und ihr nutzbringender Anbau im Gegensatz zu anderen griechischen Landschaften in Attika zu so hoher Bedeutung und wurde in Concurrenz mit dem Ertrage der Schiffahrt so sehr Quelle des Nationalwolstandes, daß man solchen Segen stolz und dankbar als ein ausgezeichnetes Geschenk der Landesgöttin empfand.[1] Indem unter dem Einflusse dieses Bewußtseins jene Sage vom Kampfe des Landes und Meeres sich in localer Bestimmtheit umbildete und modernisierte, bot sie zugleich ein treffendes Material zur Erklärung des heiligen Baumes und der Quelle auf der Burg. Der beleidigte Meergott, dessen Streit mit Athene später ja auch dicht neben dem Erechtheion am westlichen Giebelfelde des Parthenon und unter den zwischen diesem Tempel und dem Erechtheion aufgestellten Weihgeschenken verewigt wurde,[2] und dessen Wogen man bei Südwind in dem Salzbrunnen rauschen zu hören vermeinte,[3] mußte nun seinen Sohn, den Meeresbraus Halirrhotios, abgesandt haben, den unweit stehenden Baum zu zerstören. Der Name Halirrhotios weist uns gleichfalls in das sechste oder das beginnende fünfte Jahrhundert als Entstehungszeit für die Sage, da grade in dieser Periode die Wörter *ἁλιῤῥόθιος, ἁλίῤῥοθος* von den Orphikern und Aeschylos modern gemacht wurden. Wenn dann aber die Erzählung in den Schluß ausläuft, *er hieb mit der Axt in den Ölbaum und sich in den Fufs, so setzt dies die feste Ueberzeugung von derartiger Be-*

1) S. V. Hehn a. a. O.

2) S. Michaelis, Parthenon S. 179 ff. 5. 108.

3) *ἀλλὰ τόδε φρέαρ ἐς συγγραφὴν παρέχεται κυμάτων ἦχον ἐπὶ νότῳ πνεύσαντι. καὶ τριαίνης ἐστὶν ἐν τῇ πέτρᾳ σχῆμα. ταῦτα δὲ λέγεται Ποσειδῶνι μαρτύρια ἐς τὴν ἀμφισβήτησιν τῆς χώρας φανῆναι.* Pausan. I, 26, 6. Der Dreizack war natürlich erst in Folge der Sage angebracht.

strafung des Sacrilegs an der Burgolive als einen zur Entstehungszeit der Sage lebendigen Glauben voraus. Zugleich ist deutlich, daß letztere den ursprünglichen Burgölbaum, nicht die Morien der Akademie im Auge hatte.

Die Vorstellung des Parallelismus und einer gewissen mystischen Verknüpfung eines heiligen Baumes mit einem Menschenleben erhellt auch schon aus der Sage des Melampus, welche bereits in die vorhomerische Zeit (Od. XV, 239 ff.) zurückreicht. Ihre aus älteren Quellen geschöpfte Aufzeichnung bei Pherekydes ist uns nur in einem doppelten Auszuge bei Apollodor und dem Scholiasten zu Homer Odyss. XI, 289 (Pherecyd. Fragm. XXVI Sturz) erhalten; von ersterem weist C. Robert (de Apollodori bibliotheca. Berol. 1873 p. 35 ff.) überzeugend nach, daß er zu Nutz und Frommen der Schuljugend vorgenommene Auslassungen und Abänderungen enthalte, so daß wir genötigt sind, durch Combination beider Excerpte die Erzählung der Pherekydes herzustellen. Der Seher Melampus, welcher die Vögelsprache versteht, so lautete danach der Inhalt des Stückes, auf welches es uns hier ankommt, verspricht dem Phylakos, ausfindig zu machen, weshalb sein Sohn Iphikles kinderlos bleibe, und ein Mittel zur Abhilfe herbeizuschaffen. Melampus schlachtet dem Zeus einen Stier und ruft alle Vögel zur Teilnahme am Mahle herbei. Alle kommen mit Ausnahme des Geiers und werden von ihm nach einem Heilmittel für Iphikles befragt; da keiner etwas weiß, holen sie auch den Geier. Dieser macht sofort die Ursache der Schwäche des Königssohnes ausfindig. Als Phylakos einst Hammel machte [κριοὺς τέμνων ἐπὶ τῶν αἰδοίων], sah er, wie sein noch junger Sohn Iphikles etwas Unzüchtiges beging. Voll Unwillen drohte er dem Knaben, mit dem blutigen Messer ihm ebenso zu tun, wie den Widdern, und da dieser erschrocken floh, *stiefs er die Schneide in einen danebenstehenden heiligen Eichbaum;* Rinde wuchs seitdem darüber, Iphikles aber verlor die Manneskraft. Werde das Messer nun herausgezogen, der Rost abgeschabt und zehn Tage lang von Iphikles in Wein getrunken, so werde letzterer einen Erben zeugen. So sprach der Geier; es geschah nach seinen Worten, und die Vorhersage erfüllte sich. Hier spielt der *Baum* deutlich die Rolle eines Doppelgängers des Iphikles, er empfängt den für diesen bestimmten Messerstich, und derselbe hat dieselbe Wirkung, wie wenn er den Körper des Menschen selbst getroffen hätte. Vgl. Bk. 48 ff. 31. Anm. 1.

Solche Wechselbeziehung zwischen Mensch und Baum und die Vorstellung von der Baumseele ließe sich auf altgriechischem und italischem Boden, sowie unter den heute diese Länder bewohnenden Völkern[1] noch viel weiter und in mannigfache Verzweigungen des Grundgedankens hinein verfolgen, die beigebrachten Zeugnisse reichen aber wol aus, um wahrscheinlich zu machen, daß auch der Dryadenglaube aus dieser Wurzel erwachsen ist. Wir kehren rückblickend noch einmal zu diesem zurück, um sein Verhältniß zu dem Nymphenglauben im allgemeinen uns klar zu machen.

§ 5. **Dryaden, Nymphen und Neraiden.** Wie immer es mit der Vermutung bestellt sein möge, daß die unbekannte Quelle der Sage von den Blumenmädchen einmal in einem Lande hellenischer Bevölkerung gerauscht habe (o. S. 4), so viel steht fest, daß dieselbe ein fast ganz genaues Seitenstück zu dem Dryadenglauben bildet. Als Pflanzen werden die Mägdlein geboren, Blumenblätter sind ihr mitangebornes Gewand, mit den Pflanzen sterben sie in Sonnenglut, aber losgelöst tanzen, spielen und singen sie

1) Vgl. beispielsweise die von Mattia di Martino aus Noto in Sicilien gesammelten Zaubersprüche (s. J. v. Düringsfeld, Ausland 1875, N. 3. S. 55) mit Bk. 66. Man stößt einen Dolch in einen Baumstamm und spricht:

La campana sona
'nta lu cori di tiziu ci va a tona;
E cu gesti e cu palori
'stu cutieddu ci lu apizzu 'nta lu cori.

Die Glocke hallt und hallt im Herzen N. N's wieder und mit Geberden und Worten steche ich ihm dieses Messer ins Herz. — Wird das Messer bei einem Hause in den Boden gesteckt:

Spiritu di ficu e diavuli di nuci
tanti pampini siti, tanti diavuli vi faciti,
In casa di chistu vi 'ne jiti,
tanti tanti cci uni rati,
muorto 'n terra lu lassati,
no pi campari, no pi muriri,
ma pi avillu ô me vuliri.

Feigenbaumgeist, Nußbaumteufel, so viele Blätter ihr seid, zu so vielen Teufeln werdet, fahrt in das Haus des N. N., keilt ihn gehörig durch, laßt ihn für todt auf der Erde, nicht um zu leben, nicht um zu sterben, aber um mir zu Willen zu sein!

auch im grünen Klee. Die Dryas lebt im Baume, ist der als *χαρθένος* bezeichnete (o. S. 18), beim Axthieb blutende (S. 11) Baum selbst, führt aber zugleich Reigentänze und Gesänge um denselben auf. Beide Vorstellungen, diejenige von den Blumenmädchen und die andere von den Baumjungfrauen, sind augenscheinlich nach *einem* Modell gebildet, oder vielmehr aus *einer* Wurzel entsprossen, und zwar in einer Volksschicht, deren naturwüchsige Anschauungen durch keine literarische Gelehrsamkeit getrübt waren. So dienen sie einander gegenseitig zur Bewährung ihrer Ursprünglichkeit. Da mithin auch *Tanz und Sang* als ein wesentlicher anfänglicher Bestandteil des durch sie vertretenen Typus erkannt werden muß, gehen wir sicher nicht irre, wenn wir darin die durch den griechischen Volksgeist in die Sphäre des Schönen erhobene Vorstellung wiederfinden, nach welcher in roherer Form *Windesrauschen*, *Sturm* und *Wirbelwind* an und für sich oder unter dem Bilde von Tanz und Musik gefaßt als die Lebensäußerung nordeuropäischer Baum-, Wald- und Korngeister gedacht wurde (Bk. 43. 86. 87. 101. 116. 143. 604. 611). Die letzteren gewähren überhaupt ein neues Analogon zu den Dryaden, indem auch sie zunächst die *immanenten Psychen der einzelnen Aehren sind, sodann aber in Menschen- oder Tiergestalt aus denselben heraus und neben sie hintreten.* Auch ihr weiteres Verhalten ist lehrreich. Meistenteils nämlich erweitert sich der Getreidedämon zum Collectivgenius des ganzen Ackerfeldes oder des Kornwachstums in der ganzen Landschaft, nicht selten zur Seele der gesammten Kulturfrucht, ja der Vegetation überhaupt, und in allen diesen Vorstellungsformen zeigt sich das Leben der Korngeister mehr oder minder deutlich erkennbar an das Leben der Halme selbst gebunden (Bk. 609 ff.). Daneben aber taucht zuweilen als eine dritte Entwickelungsstufe die Anschauung auf, daß der Dämon nicht dem Halme einwohnt und sein Lebensloos teilt, sondern der Erzeuger desselben ist, so daß er nicht in den zuletzt übrigbleibenden Aehren gefangen wird, sondern diese für ihn auf dem Felde stehen bleiben (S. m. Korndämonen S. 7 ff. 31). Genau so sehen wir im nordeuropäischen Volksglauben in den Gestalten der Moosweibchen, Holzfräulein, wilden Weiber, Dames vertes, Skogsnufvar, Ljeschie u. s. w. die Baumseelen unmerklich in eine Schaar von Waldgeistern übergehen, Genien des gesammten Waldes, mit ihrem Leben an diesen, zuweilen noch an einzelne Bäume gebunden, bald nur noch in schwachen Spuren den Zusammenhang mit der Pflanze verratend, endlich zu Geistern der Vegetation überhaupt sich erweiternd. Dieses nordische Gegenbild macht uns das Verhältniß der o. S. 5 erwähnten homerischen Waldnymphen zu den Dryaden anschaulich. Die Orestiaden des Hymn. in Vener., welche mit den Bäumen zugleich geboren werden und sterben, entsprechen den deutschen Moosweibchen, deren eines jedesmal stirbt, sobald man ein Bäumchen auf dem Stamme driebt (Bk. 75). Aus den kurzen Andeutungen in Homers Gesängen ersehen wir nicht, inwieweit und in welcher Weise die Dichter derselben einer Beziehung der *νύμφαι, αἵ ἄλσεα καλὰ νέμονται* oder *ἀπ' ἀλσέων γίγνονται* zu den Bäumen sich bewußt waren. Da aber *ἄλσος* in jenen Dichtungen vorzugsweise von heiligen Hainen gebraucht wird, liegt es doch nahe anzunehmen, daß geradezu die Dryaden solcher von dem Axthieb gefreiten heiligen Baumgruppen (*τεμένη*) gemeint waren, wie sie die Verse 268—269 des Hymnus in Ven. (o. S. 5) vor Augen führen. Ganz richtig sah Lehrs, daß jenes *ἀπὸ ἀλσέων γίγνονται* (Od. X, 350) „elementares Entstehen aus den Wäldern" zu bezeichnen scheine.[1] Wenn aber nach Il. VI, 420 Orestiaden um das Grab des Eetion Bäume pflanzen, d. h. wachsen lassen, so ist das freilich eine andere Stufe der Vorstellung, die Genien haben nicht mehr in der Pflanze ihre Wohnung; daß aber grade sie das Liebeswerk verrichten, verrät dem durch die o. S. 32 angeführten Analogien geschärften Auge sofort eine Spur des-

1) Popul. Aufs. 2. Aufl. S. 115 Anm. Wenn derselbe aber gleichzeitig behauptet, diese aus Wäldern und die andern aus Quellen und Flüssen ihren Ursprung nehmenden Dienerinnen der Kirke seien keine Nymphen, sondern etwas Besonderes der Zaubersphäre entsprechend [er meint also wol Kobolde, spiritus familiares, nach Art der aus Besen, bunten Lappen und allerlei Ingredienzien verfertigten und belebten Zaubergehilfen, Alraune, Skratte, Tilberar, Diharar u. s. w. nordischer Sagen], so widerspricht diesem Sophisma aufs bestimmteste der Umstand, daß die Verrichtung dieser Wesen, die einfache Hauswirtschaft, die Versorgung der Sessel und Tische mit Teppichen, Speise und Trank, keinerlei übernatürlichen Zwecken dient, in keiner Weise zauberhafte Verwendung der Kräfte des Wassers oder der Wälder erfordert oder voraussetzt. Nein, es sind wirkliche Nymphen. Alles Auffällige erklärt sich auf die einfachste Weise, indem der späte Dichter, welchem die Abenteuer des Odysseus bei Kirke angehören, ein Epigone jener aus der Eddapoesie so

selben Vorstellungskreises, der in den Orestiaden des Hymnus zu Tage tritt. Sie handeln so nicht rein aus gemütlichem Antrieb, sondern weil es in ihrer Natur liegt, weil sie Schöpfer, Erzeuger der Baumpflanze sind. Es entsprechen also die homerischen Orestiaden und Hainnymphen in der Tat der Gattung nach unseren Holzfräulein, Dames vertes u. s. w. in deren verschiedenen Abstufungen. Daneben bestand ohne Zweifel der davon untrennbare Glaube an Dryaden im engsten Sinne, d. h. an eigentliche Baumpsychen, wenn auch nur noch local erhalten; nur mochte dem Gemeinbewußtsein der aufgeklärteren städtischen, industriellen und ritterlichen Kreise, aus welchen das Epos hervorging, und für welche die dem naiveren Landmanne noch nicht überall aufgegangene Scheidung des botanischen Begriffs Baum und der Anschauung der Bäume als begeisteter Wesen sich längst vollzogen hatte, die Vorstellung von Genien zusagender und geläufiger sein, welche in mehr allgemeiner Weise und in freierem und größerem Style, d. h. ohne sofort erkennbare elementare Gebundenheit das Leben und Weben der Bäume und des Waldes repräsentieren.

Waldnymphen, auch im Namen unseren Holzfräulein vergleichbar, waren wol die *δρυμίδες*, Nymphen des Eichenwaldes (*δρυμός*), welche Herodian aus einem Dichter anführt.[1] Ihnen entsprechen wol die römischen *Virae querquetulanae* „nymphae praesidentes querqueto virescenti" Fest. p. 261 Müller. Cf. Preller, Röm. Myth. 1. Aufl. S. 88. Henzen, Acta Fratr. Arval. S. 145.

---

wol bekannten Art, welcher bereits die aus früheren Vorbildern entnommenen Motive sammelt und in mehr und minder mechanischen Aufzählungen nebeneinanderstellt, den Einfall hatte, die Bedeutung seiner Heldin dadurch hervorzuheben, daß er ihr Nymphen aus allen Gebieten der Natur zu Gefährtinnen gab. Auch Welcker (Götterlehre III, 58) nennt in unausgesprochener Zurückweisung von Lehrs die Dienerinnen der Kirke „drei natürliche Arten von Nymphen, und darunter Hamadryaden, ohne etwas Zauberhaftes."

1) Cramer, Anecd. Gr. Oxon. I, p. 224 f. *Ὁμήρου ἐπιμερισμοί. κ. Ὄνομα παρώνυμον ἀποτελεῖται ἀπὸ τῶν εἰς ος εἰς ις θηλυκοῦ ὀξύτονα· δρυμὸς Δρυμίς, ἀφ' οὗ*

Δρυμίδες νύμφαι.

Daß diese Drymiden in den Drymien der Neugriechen erhalten seien, wie B. Schmidt, Volksleb. d. Neugr. I, 130. Rhein. Mus. NF. XXVII, 634 gegen Wachsmuth, Götting. gel. Anz. 1872. S. 253. Rhein. Mus. NF. XXVII, 342 ff. zu erweisen sucht, ist mir im höchsten Grade unwahrscheinlich.

Den deutschen Waldgeistern stehen Genien der niederen Pflanzenwelt auf Berghalden und Wiesen (Bk. 106) zur Seite, gradeso wie den Baumgeistern die Korndämonen; andererseits gehen Holzfräulein, Fanggen, Selige und ihre Sippe einmal in Genien eines größeren Vegetationsgebiets, sodann in so leisen und unmerklichen Abwandlungen in Berg- und Feldgeister, Kobolde, Elbe aller Art (Bk. 154), ja in Meerfrauen (Bk. 122 ff.) über, daß die Schranke zwischen diesen verschiedenen Klassen von Wesen stets flüssig erhalten wird und niemals die Familienähnlichkeit zerstört. Wiederum dieselbe Beobachtung knüpft sich an die griechischen Waldgeister. Denn den Oreaden gesellen sich Nymphen der Wiesen (*πίσεα ποιήεντα*), *λειμωνιάδες* (Sophocl. Philoct. 1454), der Waldschluchten und Täler (*ναπαῖοι, αὐλωνιάδες*), der Felder (*νύμφαι ἀγρονόμοι*), der Felsen (*πετραῖοι*); und diese sind abgesehen von ihrem Wohnsitz wieder so wenig von den Sumpfnymphen (*λιμνάδες, ἐλειονόμοι*), Wassernymphen (*ἐφυδριάδες, μεθυδριάδες, ποταμηΐδες, ἐπιποταμίδες, ἐπιποτάμιοι, πηγαῖαι, κρηναῖαι, κρηνίδες*), endlich den Meernymphen (*ἅλιαι, ἁλιάδες, Νηρηΐδες, Ὠκεανίδες*) nach Art, Wesen und Verrichtungen geschieden, daß — wie wir o. S. 15 sahen — Dryaden und Najaden ineinander rinnen konnten. Wenn nun die Nereiden unzweifelhaft die belebenden Elementargeister, die Psychen der Meereswellen, wenn die Flußnymphen, *αἳ πηγὰς ποταμῶν νέμονται* o. S. 4, die immanenten, aber zugleich gleich den Blumenmädchen, Baumnymphen, Korndämonen (o. S. 32) aus ihrem Elemente hervortretenden, über demselben in freier Bewegung waltenden Quellgeister waren, die erst weiterhin neben dem Quell oder Flusse ihren Wohnsitz nehmen, *ἐπιποταμίδες* werden, so wird ein ganz entsprechendes Verhältniß auch bei den meisten übrigen Nymphenklassen anzunehmen sein, während einige (z. B. die *πετραῖαι*) durch Analogiebildung hinzugekommen sein mögen. Alle diese Nymphen stehen auf einem gemeinsamen Boden, bilden eine und dieselbe große Gattung, tragen eine und dieselbe Physiognomie. Und diese Gleichartigkeit beruht auf einem inneren Grunde. Alles spricht demnach dafür, die Psychen der Baumleiber, die Dryaden, von Anfang an unter ihnen vorhanden und zu den Oreaden in demselben Verhältniß wie die Potamiaden zu den Epipotamiaden zu denken. Die Aufenthaltsorte seiner Landnymphen, Haine und Grotten, liebte der Grieche mit sprudelndem Quelle belebt (o. S. 15), aber unerweislich und unrichtig ist Welkers öfter von Andern wiederholte Hypothese, alle Nymphen seien ursprünglich Personificationen von Quellen.

Die in den vorgetragenen Tatsachen ausgesprochene Gleichung unserer Elbe mit den Nymphen verstärkt sich durch die Übereinstimmung einiger sehr characteristischer Züge. Wie die *Nymphen*, *spinnen* und *weben* nicht allein andere Elbe, sondern auch die Baum- und Waldfräulein. (Bk. 65. 76. 104. 107.) Wer die Nymphen erblickt, wird *sinnverwirrt*, *νυμφόληπτος*.[1] Unter diesem Zustand verstand man ursprünglich wirkliche Geisteszerrüttung; wie aber dem Orientalen noch heute der Wahnsinnige vielfach als gottbegeisterter Prophet und Heiliger gilt, diente jenes Wort dem Griechen später zur Bezeichnung exstatischer Begeisterung und Weissagung. In seiner ursprünglichen Bedeutung kommt das Ergriffensein von den Nymphen damit überein, daß auch im Norden, wer den Weg der Elben kreuzt, *krank* oder *irrsinnig* wird. (Bk. 62. 126. 140.)

Auch der neugriechische Volksglaube, welcher bei mancher unzweifelhaft slavischen Beimischung doch noch vielfach die altgriechische Volkstradition, nicht die Mythologie der Literatur fortsetzt, zeigt uns dasselbe Bild. In Folge des o. S. 15 erwähnten, in dem Mittelalter zur Reife gekommenen Entwickelungsprozesses begreift der Neugrieche unter dem Namen Neraiden oder Exotika alle Arten von Nymphen. Unter ihnen treten aber noch vielfach kennbar die Dryaden hervor, deren Name *Δρυάδες* nach Oikonomos noch heute auf Ägina, nach F. W. Sieber in der Nähe von Goniais an den nordöstlichen Abhängen des kretischen Ida erhalten sein soll.[2] Auf Zakynthos hausen Neraiden nach der bei den Bergbewohnern herrschenden Vorstellung besonders in *Steineichen* (*πεϱνάϱια*), auch werden auf dieser Insel die Löcher und Höhlungen (*κουφάλαις*) in den Stämmen großer alter Olivenbäume als Wohnungen von Geistern betrachtet. In

1) Vulgo autem memoriae proditum est, quiqunque speciem quandam e fonte i. e. effigiem Nymphae viderint, furendi non fecisse finem, quos Graeci *νυμφολήπτους* vocant, Latini lymphaticos appellant. Paul. p. 120.

2) Hier (in Cagnes) erfuhr ich, daß der Glaube an die Neraiden und Dryaden noch nicht verloschen sei, indem man sie selbst noch zu nennen wußte, doch vermengte man beide mit einander. Man müsse sie stets, wenn man einsam sei, loben, ihrer ja nicht spotten, besonders aber dem Echo

Arachoba nimmt man u. a. auch in *Feigenbäumen* Neraiden an. Doch setzt das Volk auch die in Gebirgen, Wäldern und Bäumen wohnhaften Neraiden gern in Beziehung zum Wasser und läßt sie an Quellen, Mühlbächen und Wassermühlen ihr Spiel treiben. (Schmidt a. a. O. 102). Hier vorzugsweise ruhen oder zeigen sie sich gern *um die Mittagsstunde* oder um Mitternacht, gradeso wie die Dryaden im kallimacheischen Hymnus (o. S. 8). Deshalb hütet sich der um die Mittagsstunde Vorübergehende scharf nach denselben hinzusehen (Schmidt a. a. O. 121), und man warnt davor, im Sommer übermittags sich am Wasser oder im Schatten von Bäumen, namentlich unter Platanen, Pappeln, Feigen, Nußbäumen und Johannisbrodbäumen aufzuhalten oder gar dem Schlafe hinzugeben, weil man sonst leicht „von den Neraiden ergriffen“ wird d. h. *einen Schlag* bekommt, in Folge dessen der Mensch *geistig* oder *körperlich erkrankt, Lähmung des Körpers* oder eines Gliedes, Verkrüppelung oder *Verlust des Verstandes* sich zuzieht. (Schmidt a. a. O. 119—120). Hier haben wir noch die einfache volkstümliche Grundform der Nympholepsie. Die Neraiden spinnen und weben, und eine in zahlreichen Ranken um die Bäume sich windende Schlingpflanze heißt *τὰ ἀνεραϊδογνέματα* oder *νεραϊδονέματα*, Neraidengarn (Schmidt a. a. O. 106). Vgl. das Holzfräuleingarn Bk. 76. Wie die nordeuropäischen Korndämonen (Korndäm. 2. 19; Bk. 611) Baum- und Waldgeister in Sturm und Wirbelwind ihr Leben kundtun (Bk. 149), gelten auch die Neraiden als Urheberinnen des alles mit sich fortreißenden *Wirbelwindes (ἀνεμοστρόβιλος), welcher in Griechenland, zumal im Sommer häufig einzutreten pflegt.* In ihm schreiten sie daher und reißen begegnende Menschen mit sich in die Lüfte. Sie berühren den Boden nur schwebend oder streifend mit der Sohle ihrer Füße, deren Spur man in den Kreisen erkennen will, welche der Wirbelwind im Sande bildet. In den an eine von ἐξωτικαῖς bewohnte Höhle in den pierischen Bergen angrenzenden Wäldern wagt niemand auch nur einen *Baum zu fällen,* und wenn auf den benachbarten Höhen sich Stürme bilden, so rufen

nicht nachäffen, weil sie sich dann besonders an Mädchen zu rächen pflegten; man müsse mit Achtung von ihnen sprechen, da sie auch Gutes, besonders Kindern erzeigten. F. W. Sieber, Reise nach Kreta. Lpzg. u. Sorau 1823. I, S. 432.

die Bäuerinnen „Honig und Milch!“ (*μέλι γάλα*) oder „Honig und Milch auf euren Weg!“, um die gefürchteten Wesen zu beschwören. Wer sich der Höhle nähert, wird von *Wahnsinn* befallen. Auf Korfu opfert man den Neraiden bei einem *plötzlichen staubaufwühlenden Wirbel* in Wirklichkeit Honig und Milch. Vgl. das Opfer von Milch an den Baumgeist Bk. 11. Auf Zakynthos sagt man vom Wirbelwinde *„die Neraiden tanzen.“* (Schmidt a. a. O. 123—125). Und wie unsere Waldgeister in Hausgeister übergehen (Bk. 80), kehren auch die Neraiden öfter in die Wohnung einer von ihnen begnadeten Familie ein und verrichten alle Arbeit, so daß die Hausfrau morgens beim Aufstehen alles fein und sauber gekehrt und geputzt findet; oder *spinnen am Rocken* und *weben* am Webstuhl, oder sie verwirren das Garn (wie Frau Holle und Frau Berchte). Schmidt a. a. O. 118.

Die nordeuropäischen Waldgeister werden nicht allein *weiblich* gedacht. Es giebt Moosmännchen und Moosweiblein, wilde Männer und wilde Frauen; ebenso stehen den schwedischen Skogsnufvar männliche Waldgeister, der Skougman oder Hulte, den männlichen russischen Ljeschie weibliche Lisunki zur Seite. Der eine Teil solches Paares, der Mann oder das Weib, läßt dann gewöhnlich entschiedener die meteorische Seite der Waldgeisternatur hervortreten, so daß er fast wie eine reine Personification von Sturm und Wirbelwind sich ausnimmt. (Vgl. Bk. 87. 105. 127.) Gradeso sind nun auch die Neraiden der Neugriechen als die Frauen männlicher Dämonen oder Teufel gedacht (Schmidt a. a. O. 108), welche dem Volke vielfach mit Wind und Wirbelwind zusammenfallen; daher der Ausdruck ἄνεμος für Teufel. Schmidt a. a. O. 175. 177—78. Von ihnen meint man, daß sie den Neraiden zum Tanz aufspielen, und oft glaubt das Volk von Arachoba, von den Felshöhen des Parnassos herab ihre bezaubernden Weisen zu vernehmen (Schmidt a. a. O. 110). Im alten Griechenland liefen nicht minder neben den weiblichen Waldnymphen männliche Waldgeister her. Mit ihnen haben sich die Untersuchungen des nächstfolgenden Kapitels zu beschäftigen.

Kapitel II.

Die wilden Leute der griechischen und römischen Sage.

§ 1. **Characteristik der wilden Leute.** Die altgriechischen Sagengestalten der Kentauren und Kyklopen, die altrömischen der Silvane sind möglichst genaue Gegenbilder nordeuropäischer Waldgeister. Die im ersten Bande veröffentlichten Untersuchungen lehrten uns als die bezeichnenden Eigenschaften der *wilden Leute* in Deutschland, des Hulte und der Skogsnufvar in Schweden, der Ljeschie in Rußland, vorzüglich folgende kennen. Sie sind *berg-* oder *wald*bewohnende Wesen von oft riesiger Gestalt, deren ursprünglicher *Zusammenhang mit den Baumseelen* noch deutlich in mehreren Zügen hervorbricht (Bk. 147. 148), wie sie auch als Vegetationsgeister durch *ihre Kenntniſs von Heilkräutern* für Pest und Viehsterben sich kundtun (Bk. 81. 97. 106. 153); Wate hat von einem wilden Weibe die Kunst erlernt, mit guten Wurzeln Wunden zu heilen (Bk. 106 ff.). Von Kopf bis zu Fuß sind die Waldgeister mit Moos oder *mit rauhen zottigen Haaren* bewachsen (Bk. 147. Anm. 2), *ihr langes Haupthaar* fliegt im Winde (Bk. 148. Anm. 1). Zuweilen erscheinen sie in *Tier*gestalt (Bk. 146. 147). *Im Winde, zumal im Wirbelwinde,* geben sie ihr Dasein kund (Bk. 149 ff.). Die männlichen Waldgeister *tragen ausgerissene Tannen oder andere Bäume als Waffen in der Hand* (Bk. 86. 96. 105. 149), *mit entwurzelten Bäumen und aus dem Boden gerissenen Felsblöcken liefern sie einander Schlachten* (Bk. 139). Die Verwüstungen der Orkane gelten dem russischen Bauer als Wirkungen dieser mächtigen Kämpfe der Waldgeister (Bk. 139. 149). Andererseits wird deren Umfahrt im Wirbelwinde als ein *Brautzug* aufgefaßt (Bk. 143), und fast insgemein sind sie *lüstern und weiberliebend* (Bk. 153). Durch *Feuerbrände* werden diese Dämonen vertrieben (Bk. 615. 133. 520).

§ 2. **Kentauren.** Im Gegensatz zu der neuerdings von einem so tüchtigen Forscher wie W. Roscher[1] weitläufiger ausgeführten Behauptung, daß die Kentauren ursprünglich nichts weiter als die Personificationen wilder, von hohen Waldgebirgen niederstürzender Bäche seien, spricht E. Plew als Ergebniß seiner sorgsamen Prüfung dieser Ansicht[2] aus: „Bei unserer äußerst geringen Kenntniß von den ersten Phasen des Kentaurenmythus müssen wir uns wol mit der Annahme begnügen, daß die Phantasie der Griechen oder eines einzelnen Stammes derselben die Vorzeit gewisser Gebirge, namentlich — wie es scheint — des Pelion mit wilden, tierisch rohen Gestalten bevölkerte, die erst nach schweren Kämpfen durch die civilisierten Einwohner und zwar durch deren berühmteste Helden, aus ihren Wohnsitzen vertrieben und unschädlich gemacht waren.“ Eine erneute, nicht bloß auf die Negative gerichtete Untersuchung der vorhandenen Quellen dürfte diese von Plew entworfene Zeichnung zwar im allgemeinen Umriß bestätigen, doch im einzelnen weit lebendiger, deutlicher und verständlicher machen.

Schon vor Homer waren die Kentauren aus Gestalten des Volksglaubens Figuren epischer Dichtung geworden; einzelne von ihnen umlaufende, rein mythische Erzählungen in Episoden der Heldensage verflochten und der frei weiterbildenden und nachahmenden poetischen Tradition anheimgefallen. Nicht jede solcher Erzählungen hatte das volle Bild der mythischen Wesen, wie es im Volksglauben der Heimat lebte, in sich aufgenommen; die eine hatte diesen, die andere jenen Characterzug betont oder breiter geschildert. Da aber die Geschichten außerhalb des Locals ihrer Entstehung reproduziert wurden, so hafteten in ihren jedesmaligen Wiederholungen besten Falles nur diejenigen Züge des ursprünglichen Porträts, welche in der ersten dichterischen Bearbeitung zur Benutzung gekommen waren, bis durch Zusammentragung und Vermischung der verschiedenen Angaben aus verschiedenen Geschichten und Quellen eine meist Späteres und Jüngeres, Echtes und Unechtes unentwirrbar vereinigende Gesammtvorstellung zu entstehen pflegt. In den homerischen Gedichten wird vorzüglich auf zwei thessalische Volkssagen über

1) Jahrb. f. class. Phil. 1872. S. 421 ff.
2) Jahrb. f. class. Phil. 1873. S. 193 ff.

die Kentauren Bezug genommen, vom Kampf derselben mit den Lapithen und von Cheiron als Lehrer der Arzneikunst. Beide liegen uns aber weder in Ilias noch Odyssee vollständig, noch in der Form des ursprünglichen Mythus vor, sondern sind nur in Andeutungen erhalten, welche eine selbständige, bereits episch entwickelte Überlieferung in Liedern zur notwendigen Voraussetzung haben.

Im Hause des Peirithoos, Königs der Lapithen, der nach Il. XIV, 318 der Sohn des Zeus mit der Gemahlin des Ixion war, verübte nach der Odyssee der hochberühmte Kentaur Eurytion *im Weinrausch* arge Frevel, weshalb ihn die versammelten Helden (ἥρωες), das beleidigte Gastrecht rächend, vor die Türe warfen und ihm Nase und Ohren abschnitten. Daher entstand der Streit zwischen den Menschen und den Kentauren[1] Od. XXI, 295—303. Auf diesen Streit wird auch Il. I, 262 ff. II, 742 ff. Bezug genommen; hier werden die Kentauren das einemal als sehr stark (*κάρτιστοι*) und als *φῆρες ὀρεσκῷοι* geschildert; die andere Stelle nennt sie *φῆρας λαχνήεντας*. Sie sind also von den Menschen unterschiedene, im Waldgebirg (ὄρος) hausende Dämonen von *rauhbehaarter, tierartiger Gestalt*, von der es nicht deutlich ist, ob der Theriomorphismus bloß in der *zottigen* Haut oder auch im Zusatze tierischer Glieder zum Menschenkörper bestand. Und zwar ist das Peliongebirge der Wohnsitz dieser Wesen, von da werden sie durch die Lapithen schließlich zu den Aithikern auf das Pindusgebirge an der westlichen Grenze Thessaliens gegen Epirus hin vertrieben. Ihre Stärke denkt man sich so groß, daß ihre Bekämpfung selbst für die gewaltigsten Helden der an Kraft die Mitwelt weit überragenden Vorzeit eine schwierige Aufgabe war. Aus der volleren epischen Ueberlieferung, welcher diese Andeutungen in der homerischen Dichtung entnommen sind, entlehnt auch noch Hesiod (Scut. Heracl. 178—188) eine Erwähnung des Kampfes, aus welcher hervorzuheben ist, daß die Kentauren *als Waffen Fichten in den Händen tragen.* (*χρυσέας ἐλάτας ἐν χερσὶν ἔχοντες*). Die Namen und Beiwörter, welche der Dichter den auf dem Schilde abgebildeten Kentauren giebt, sind insofern von mythologischem Wert, als sie nicht wie in ähnlichen Fällen

1) *ἐξ οὗ Κενταύροισι καὶ ἀνδράσι νεῖκος ἐτύχθη.*

beliebig aus dem Vorrate gebräuchlicher Personennamen ausgewählt sind, sondern in Wahrheit sämmtlich nach verschiedenen Seiten hin die Auffassung wiederspiegeln, welche die Sänger des älteren Epos von diesen Wesen hatten. Auf ihre Heimat im Gebirge und ihr Treiben in Berg und Wald gehen die Namen *Petraios* (*Πετραῖος*), *Ureios* (*Οὔρειος*), Koseformen etwa zu *Πετρόβιος, Πετρονόμος, Οὐρόβιος, Ὀρεσκῷος.*[1] und *Dry-alos* d. i. *Baumspringer*, wie Hipp-alos auf das Pferd springend.[2] Dryalos wird Peukide (*Πευκείδης*) genannt, sein Vater hieß also *Peukeus*,[3] d. i. Kosename wol zu *Πευκη-φόρος, Fichtenträger.* Weist derselbe auf die Bewaffnung der Kentauren mit Baumstämmen, so dürfte *As-bolos* = *Ασι-βολος der am Werfen Behagen findet*[4] von den (durch andere Quellen bezeugten) Steinwürfen derselben hergenommen sein. *Arktos* entweder schlechthin Bär, oder Verkürzung für Arktomenes, Arktosthenes[5] vergleicht die Kentauren entweder von Seiten der Kraft oder des Aussehens mit dem Waldtiere, denn *λασιαύχην, mit dichtbehaartem, zottigem Nacken*, wie im homerischen Hymn. in Merc. 224 der Kentaur heißt (*ἴχνια — Κενταύρου λασιαύχενος*) wird im Hymn. 6 in Bacch. 46 der Bär genannt (*ἄρκτον ἐποίησεν λασιαύχενα*). Die behaarte Gestalt des Kentauren schildert ganz übereinstimmend das Beiwort *μελαγχαίτης* (vgl. *κυανοχαίτης*) mit *lose fliegendem, frei herabwallendem, schwarzem Haupthaar*, das Hesiod Sc. Her. 186 dem *Mimas* erteilt, dessen Name (*Μί-μα-ντ-ς* wie *γί-γα-ντ-ς*) den *begehrlich Daherstürmenden* [vgl. *μῶμαι* begehre, *μάσομαι* suche zu betasten, berühren, *μέμαα* verlange heftig, begehre, strebe vorwärts] bezeichnet und füglich ein treffender Hinweis auf die Neigung der Unholde, Frauen zu rauben, gewesen sein könnte. Der Name *Perimedes*, der in hohem Grade Ratkluge, endlich vergegenwärtigt uns diese Dämonen gleichzeitig als Inhaber manches Wissens von den verborgenen Kräften der Natur (vgl.

1) Vgl. Fick, Griech. Personenn. Göttingen 1874. S. XXXVII. XXXIX.

2) Vgl. Fick a. a. O. S. 100.

3) Vgl. *Αἰγείδης, Ἀχιλλείδης, Ἀτρείδης* zu *Αἰγεύς, Ἀχιλλεύς, Ἀτρεύς.* Zs. f. vgl. Sprachf. IX, 177.

4) Vgl. Fick. a. a. O. S. 16. Curtius, Grundz.[5] 251.

5) Vgl. Fick a. a. O. S. XVIII ff.

Cheiron). Eine Variante der Sage vom Lapithenkampfe finden wir im Peloponnes an den dorischen Stammhelden Herakles geknüpft wieder. In einer aus allerlei Lappen zusammengeflickten, jedoch wahrscheinlich schon vor Pisander (650 v. Chr.) entstandenen Heraklee,[1] welche Apollodor (Biblioth. II, 5, 4) auszugsweise wiedergiebt, werden die Kentauren, zu deren Namen *Agrios* (für Agriandros?) *der wilde Mann* [vgl. Hesiod, Theog. 1013 Ἄγριος = Faunus] und Elatos d. h. Elatophoros, *Fichtenträger*[2] [falls nicht bloße Anwendung des grundverschiedenen Namens Elatos von ἐλαύνω[3] wegen des Gleichklangs mit ἐλάτη anzunehmen ist] gehören, *vom Geruche eines ihnen gemeinsam zuständigen Fasses Wein herbeigelockt*, das Pholos seinem Gaste Herakles zu Ehren öffnet. Sie geraten mit diesem in Streit und *kämpfen mit Baumstämmen und Felsstücken;* Herakles aber jagte sie *durch Feuerbrände*, die er warf, zurück, die übrigen verfolgte er durch Pfeilschüsse.[4] Der Kentaur Pholos (Eponymus des Gebirges Pholoe auf der Grenze zwischen Arkadien und Elis) heißt der Sohn der *Melia* (also einer im Eschenbaume wohnenden Dryas) und eines Seilens; *er verzehrt alles Fleisch roh* und wohnt in einer *Berghöhle*. Der Dichter der Heraklee muß eine Vorlage gehabt haben, welche um mehrere Züge aus dem Bilde der Kentauren, und zwar um solche von sehr altertümlichem Gepräge (das Rohessen, Steinwerfen, Angelocktwerden durch den Geruch eines Weinfasses,

1) Vgl. J. H. Voss, Mythol. Briefe II, Br. XXXIII. S. 267. Herakles führt noch Bogen und Pfeile und nicht die Keule, die Pisander in die Poesie einführte. Bernhardy, Gr. Literaturg.[3] II, 339. Pisander selbst behandelte auch wol diesen Gegenstand. Vgl. das aus ihm stammende Sprichwort νοῦς οὐ παρὰ Κενταύροισι. Hesych. — Außer bei Apollodor ist die oben erwähnte Heraklee z. T. ausführlicher, größtenteils aber flüchtiger und mit Einmischung eigener Gelehrsamkeit ausgezogen bei Diodor. Sic. Bibl. IV, 70.

2) Vgl. o. S. 42 Peuk-eus aus Peukephoros, und Fick S. 6.

3) Vgl. Elatos, Freier der Penelope Od. XXII, 267. Trojaner Il. VI, 33 mit Fick a. a. O. S. 169.

4) *Αἰτοῦντος δὲ οἶνον Ἡρακλέους, ἔφη δεδοικέναι τὸν κοινὸν τῶν Κενταύρων ἀνοῖξαι πίθον. θαῤῥεῖν δὲ παρακελευσάμενος Ἡρακλῆς, αὐτὸν ἤνοιξε, καὶ μετ' οὐ πολὺ διὰ τῆς ὀσμῆς αἰσθόμενοι παρῆσαν οἱ Κένταυροι πέτραις ὡπλισμένοι καὶ ἐλάταις ἐπὶ τὸ τοῦ Φόλου σπήλαιον. τοὺς μὲν οὖν πρώτους τολμήσαντας εἴσω παρελθεῖν Ἄγχιον καὶ Ἄγριον Ἡρακλῆς ἐτρέψατο βαλὼν δαλοῖς. τοὺς δὲ λοιποὺς ἐτόξευσε διώκων ἄχρι τῆς Μαλέας.*

Wohnsitz in der Höhle, Vertreibung durch Feuerbrände) reicher ausgestattet war, als die hesiodeische Darstellung des Lapithenkampfes. Dieselben sind um so weniger für archaisierende eitle Erfindungen eines Dichters zu halten, als die Fabel auch in anderen Teilen den Character echter Volkssage aufweist, wie denn z. B. der Tod des Pholos einer solchen nachgebildet ist. Letzterer hatte aus dem Leichnam eines Kentauren den Todespfeil gezogen; während er sich nun wunderte, wie ein so kleines Ding so große Männer hatte niederwerfen können, entglitt das Geschoß seiner Hand, fuhr ihm in den Fuß und tödtete ihn plötzlich. Hiezu vgl. die Sagen von Hackelberend, Oervarr Odd, Sigurd Orkneyinga Jarl u. s. w.[1] Dagegen ist die Einmischung des Cheiron augenscheinlich ein vermutlich erst vom Verfasser der Heraklee herrührendes rein dichterisches Einschiebsel. Mag denn nun die Erzählung von Pholos eine auf peloponnesischem Boden gewachsene Localisierung des Mythus oder die bewußte epische Nachbildung eines aus Thessalien stammenden Liedes sein, in jedem Falle darf mit großer Wahrscheinlichkeit angenommen werden, daß ihr echter Volksglaube und echte Volkssage zu Grunde lag.

Nur in unbestimmten Ausdrücken deutet Homer (Od. XXI) auf die Gelegenheit hin, bei welcher der Streit mit den Lapithen entstand, und auf die Gräuel, welche ihn veranlaßten. Verschollene nachhomerische Epen, deren Inhalt Pheidias auf den Metopen des Parthenon verwertete,[2] von denen uns aber Ovids

1) Grimm D. S. I, 399, 310. Myth.³ 901. W. Schwartz, Der heutige Volksgl. 2. Aufl. S. 55 ff. Simrock, Handb. d. d. Myth. 2. Aufl. S. 222. Menzel, Odin. 209.

2) Fünf Metopen der Südseite (Michaelis, Parthenon T. III, 10. 12. 22. 25) und die sehr verstümmelte (IV, 29) stellen mit mannigfacher Abwechselung frauenraubende Kentauren dar. Vgl. Michaelis a. a. O. S. 132. 135. 136. Auch auf dem hintern Giebelfeld des Zeustempels zu Olympia war von der Hand des Alkamenes unter des Pheidias Aufsicht und Anleitung die Hochzeit des Peirithoos dargestellt; man sah den Eurytion, wie er die Braut erfaßt hatte, ferner einen Kentauren, der eine Jungfrau, einen anderen, der einen schönen Knaben fortschleppte. Pausan. V, 10. Vgl. Curtius, Peloponn. II, 57. Aus derselben Zeit rührte die Darstellung der Kentauromachie auf dem Friese des Theseions zu Athen, wie des Apollotempels zu Phigalia, auch in letzterer begegnet der Raub des Mädchens u. des Knaben. (O. Müller, Handb. d. Archäol. § 118. 119.)

und Vergils auszügliche Nachbildungen eine Vorstellung zu geben im Stande sind,[1] lassen den Streit auf der *Hochzeit* des *Peirithoos* mit Hippodameia und zwar darüber sich entspinnen, *dafs die Kentauren im Rausche begehrliche Hände nach der Braut und ihren Gefährtinnen ausstrecken.*[2] Diese im rohen Character wilder Waldmenschen wolbegründeten Züge sind ein Erbstück aus der älteren Poesie[3] und waren ohne Zweifel in den von Homer benutzten ausführlicheren Schilderungen ausdrücklich genannt. Denn aus ihnen erklären sich am einfachsten und natürlichsten die kurzen, den Sagenstoff als bekannt voraussetzenden Andeutungen der Odyssee vom Bruche des Gastrechts auf einer von den namhaftesten auswärtigen Heroen und zugleich von dem ungehobelten Nachbar Kentaur besuchten Gesellschaft, ja die Erzählung des zu den jüngsten Erweiterungen der Ilias gehörigen Schiffskatalogs (II, 740 ff.) setzt — wenn ich nicht irre — gradezu die angegebene Fabel als ihr älteres Vorbild voraus. Der Dichter der Teichomachie (Il. XII, 127 ff.), dem es darauf ankam, auch die berühmten Lapithen am Kampf gegen Ilion teilnehmen zu lassen, hatte als deren Führer einen Sohn des Peirithoos erfinden müssen, da letzterer nach anderen Liedern (Il. I, 266) längst gestorben war. Wenn nun der Verfasser des Schiffsverzeichnisses diesen neugebackenen Polypoites grade an dem Tage geboren werden läßt, an dem der Vater an den

1) Vermutlich eine Theseis (vgl. Bernhardy, Gr. Literaturg.[3] II. 334), deren Verfasser vielleicht die o. S. 43 erwähnte Heraklee benutzte, war es, worauf die Metopen des Parthenon und Ovid, Metam. XII, 210—535 zurückgehen, ein nächstverwandtes Gedicht ist von Vergil, Georg. II, 454—57. Aen. VIII, 203—96 und Valerius Flaccus I, 140. 388 benutzt. Vgl. Michaelis a. a. O. S. 131 zu Met. 8 und Voss zu Verg. Georg. II, 454.

2) Diodor. Sic. IV, 70: *Πειρίθους γήμας Ἱπποδάμειαν τὴν Βούτου καὶ καλέσαντος εἰς τοὺς γάμους Θησέα καὶ τοὺς Κενταύρους, φασὶ μεθυσθέντας ἐπιβαλέσθαι ταῖς κεκλημέναις γυναιξὶ καὶ βίᾳ μίσγεσθαι.* Raptaturque comis per vim nova nupta prehensis. Eurytus Hippodamen, alii quam quisque probarant, Aut poterant rapiunt. Ov. Met. XII, 223—25.

3) Mindestens war die Lüsternheit bereits in der erwähnten vorpisandrischen Heraklee als Characterzug der Kentauren ausgesprochen. Der Kentaur Nessus will der Deïaneira Gewalt antun. Apollod. II, 7, 6. Der Kentaur Eurytion (so hieß der Urheber des Lapithenkampfs) findet sein Ende, als er im Begriff steht sich an der Jungfrau Mnesimache zu vergreifen. Apollod. II, 5. 5. Muß eine derartige Handlung nicht schon nach der früheren Poesie in seinem Character gelegen haben?

Kentauren Rache nahm und sie zu den Aithikern vertrieb, so beabsichtigte er augenscheinlich, in leicht erkennbarem Parallelismus dem Hochzeitstage der Eltern, an welchem durch Beleidigung der Mutter der Frevel begangen war, als dem Ausgangspunkte des Streites, den Geburtstag des Sohnes, an dem die Untat gesühnt sei, als Ende des Kampfes entgegenzustellen.

Noch ein ursprünglicher Zug aus den älteren Bearbeitungen des Lapithenkampfes scheint durch Pindar (Fragm. 147 Boeckh) erhalten zu sein. Kaum hatten die Kentauren den Geruch des männerbezwingenden Weines gespürt, *so stiefsen sie die weifse Milch von den Tischen* (*ἀπὸ μὲν λευκὸν γάλα χερσὶ τραπεζᾶν ὤθεον*) und berauschten sich aus silbernen Hörnern. Boeckh vermutet, daß aus demselben Liede das Pindarische Fragment 148 übrig sei, wonach Kaineus in die Erde sinkt, *von den grünen Tannen des Kentauren getroffen* (*χλωραῖς ἐλάταισι τυπείς*).

§ 3. **Cheiron.** Neben den Liedern vom Lapithenkampfe liefen andere aus thessalischem Volksglauben geschöpfte um, in welchen die Kentauren als *kräuterkundige, krankheitheilende Wald- und Berggeister* geschildert werden. Nach Il. XI, 830 bis 848 hat Achill von Cheiron, dem gerechtesten aller Kentauren, blutstillende, schmerzlindernde Heilwurzeln kennen gelernt. Nach Il. IV, 219 besitzt Machaon, der Arzt, des Asklepios Sohn, einen lindernden Wundbalsam, den einst dem Vater verliehn der gewogene Cheiron. Diese Andeutungen setzen frühere, ausführlichere Erzählungen von Cheiron voraus, dessen auf die geschickte Hand des Wundarztes deutender Name, Abkürzung von Cheirisophos[1] oder einem anderen mit χείρ zusammengesetzten Worte, *daraus entsprungen sein mufs, dafs ihm selbst in einer Sage eine tätige Rolle als Nothelfer zugeschrieben wurde;* auch wird diese Sage zu der berühmtesten und bekanntesten der alten Zeit gehört haben. So nur konnte es geschehen, daß die Zunft der Asklepiaden,[2] welche nach Ausweis der Geburtslegende des Gottes in Thessalien einen ihrer ältesten Sitze hatte, und daselbst während des homerischen Zeitalters oder doch bald nachher vorzugsweise in Trikka blühte,[3]

1) Fick, Griech. Personenn. XXVI.

2) Über diese vgl. Häser, Geschichte der Medizin I. Jena 1853. S. 26 ff.

3) Il. II, 729.

die chirurgische Zeit ihrer Kunst, „den Brauch der linden Hand,“ auf das mythische Vorbild der im Besitze schmerzstillender Heilkräuter befindlichen Waldgeister zurückführte und dieselbe dadurch zu adeln suchte, daß sie ihren Ahnherrn Asklepios zum Schüler eines derselben machte.[1] Schon vor dem Aufkommen einer zünftigen Betreibung der Heilungen als priesterlicher Kunst mögen Familien, in denen die erprobte Anwendung vegetabilischer Hausmittel sich fortpflanzte, ihre Kenntniß mit Stolz und Überzeugung in die sagenhafte Vorzeit zurückgeleitet haben. Von einer solchen Familie in Demetrias am Fuße des Pelion hatte man noch im vierten Jahrhundert v. Chr. Kunde, in ihr vererbten sich von Vater auf Sohn gewisse Geheimmittel aus der Wurzel und dem Kraut eines für Nervenleiden, Unterleibskrankheiten, Augenfluß heilsamen kaum fußhohen Strauchs von dunkler Farbe, und deren Anwendung. Sie rühmte sich der Abkunft von Cheiron und hielt es für Ehrensache, mit ihrem Wissen jedem Bedürftigen unentgeltlich zu dienen.[2] Mehrere für heilkräftig oder zaubermächtig angesehene Pflanzen, an denen das Peliongebirge reich war,[3] zeichnete man durch die Namen *Χειρώνιον, Χείρωνος ῥίζα, κενταύριον* (*κενταύρειον, κενταυρίη, κενταυρίς*) als solche, welche von Cheiron oder den Kentauren überhaupt angewendet und empfohlen seien, aus.[4] Eine derselben war das Tausendgüldenkraut oder Fieberkraut (Centaurea Centaurium L.), das auf den Alpen

---

1) Chiron centaurus Saturni filius artem medicinam chirurgicam ex herbis primum instituit. Hyg. Fab. 274. p. 150. Schmidt. Cf. alii (volunt repertam) herbariam et medicamentariam a Chirone. Plin. Hist. nat. VII, sect. 57. *Βαθυμῆτα Χείρων τράφε λιθίνῳ τ' Ἰάσον' ἔνδον τέγει, καὶ ἔπειτεν Ἀσκλήπιον. Τὸν φαρμάκων δίδαξε μαλακόχειρα νόμον.* Pind. Nem. III, 92. Vgl. Pyth. III, 1 ff.

2) *Ταύτην δὲ τὴν δύναμιν ἓν τῶν πολιτῶν οἶδε γένος. ὃ δὴ λέγεται Χείρωνος ἀπόγονον εἶναι. παραδίδωσι δὲ καὶ δείκνυσι πατὴρ υἱῷ καὶ οὕτως ἡ δύναμις φυλάσσεται, ὡς οὐδεὶς ἄλλος οἶδε τῶν πολιτῶν· οὐχ ὅσιον δὲ τοὺς ἐπισταμένους τὰ φάρμακα μισθοῦ τοῖς κάμνουσι βοηθεῖν ἀλλὰ προῖκα. Τὸ μὲν οὖν Πήλιον καὶ τὴν Δημητριάδα συμβέβηκε τοιαύτην εἶναι.* Dicaearch. Fr. 60. Müller, Fragm. Hist. Graec. II, p. 263, 12 sqq.

3) *Τὸ δὲ ὄρος πολυφάρμακόν τε ἐστὶ καὶ πολλὰς ἔχον καὶ παντοδαπὰς δυνάμεις τάς τε ὄψεις αὐτῶν γινώσκουσι καὶ χρῆσθαι δυναμένοις.* Dicaearch. Fr. 60. Müller, Fr. Hist. Graec. II, p. 262.

4) Nicandr. Theriac. 505. Dioscor. III, 57. 71. Theophr. Hist. pl. IX, 12. Plin. Hist. nat. XXV, sect. 13. 14.

der Südländer drei Ellen hoch wächst.[1] Vom *Χειρώνιον* sagt Dicaearch, die Wurzel dieses kleinen Strauches, der gerne im Gebüsche wachse, habe die Kraft Schlangen fern zu halten, zu vertreiben oder unschädlich zu machen und durch ihren Geruch zu tödten. Dem Menschen wegen seines thymianähnlichen Duftes angenehm, heile das Kraut jeden Schlangenbiß.[2] Die Einsammler von Heilkräutern (Rhizotomen) übten auf dem Pelion denn auch den frommen Brauch, die Erstlinge ihrer Ausbeute dem Cheiron darzubringen;[3] sie werden einige Hände voll auf einen Stein gelegt oder ins Gebüsch geworfen haben, wie der fränkische Bauer noch heute den Holzfräulein opfert (Bk. 77—79).

Früher als die Anknüpfung der ärztlichen Zunft an Cheiron, mag auch die Vorstellung schon dagewesen sein, daß der Waldgeist den Landesheros selbst in der dem Helden so wichtigen Kunst des Wundverbandes unterrichtet habe (Il. XI, 830 ff.); sie erweiterte sich bald dahin, daß Cheiron der ganzen Pflege und Erziehung des jungen Fürsten sich annahm, wie Regin des Sigurd. Schon Hesiod benutzte alte Lieder dieses Inhalts von Jason, den Cheiron in seiner Höhle erzog,[4] er kannte sogar schon eine jüngere Überlieferung, welche nun gar den Medeios, Jasons Sohn, zum Zögling des Kentauren machte.[5] In ihr ist uns aber das erste äußere Zeugniß für eine unzweifelhaft alte, aus früheren Dichtungen überkommene Vorstellung erhalten; Cheiron heißt *Philyrides*, Sohn der Dryade Philyra, d. h. der Linde, gradeso wie Pholos o. S. 43 Sohn der Esche (Melia).[6]

---

1) Fraas, Synopsis plantarum florae classicae. München 1845. S. 160. Cf. Voss zu Verg. Georg. IV, 270.

2) Dicaearch. Fr. 60. Müller, Fragm. Histor. Graec. II, p. 261.

3) *Τύριοι μὲν Ἀγηνορίδῃ, Μάγνητες δὲ Χείρωνι, τοῖς πρώτοις ἰατρεῦσαι λεγομένοις, ἀπαρχὰς κομίζουσι· ῥίζαι γάρ εἰσι καὶ βοτάναι δι' ὧν ἰῶντο τοὺς κάμνοντας.* Plut. Symp. III, 1, 3.

4) *Αἴσων ὃς τέκεθ' υἱὸν Ἰήσονα, ποιμένα λαῶν,*
Ὃν Χείρων ἔθρεψ' ἐνὶ Πηλίῳ ὑλήεντι.

Hesiod. Fragm. 111. Cf. Pindar. Nem. III, 92. Schol. Pind. Nem. III, 92. Vgl. Preller, Gr. Myth.[2] II, 322 Anm. 1.

5) *Μήδειον τέκε παῖδα, τὸν οὔρεσιν ἔτρεφε Χείρων Φιλυρίδης.* Hesiod. Theog. 1001.

6) Vgl. Schömann, Opusc. acad. II, 128. Die spätere euhemeristische Sage läßt Philyra in eine Linde verwandelt werden. Quidam Philyram in

Da vielleicht schon im hesiodeischen Zeitalter ein Lehrgedicht *ὑποθῆκαι* oder *παραινέσεις Χείρωνος ἐπὶ διδασκαλίᾳ τῇ Ἀχιλλέως* entstand,[1] muß die im übrigen ziemlich spät bezeugte Fabel von Achilleus Erziehung beim Kentauren weit früher vorhanden gewesen sein; sie lief vermutlich neben der homerischen Version, welche Phönix zum Pfleger des jungen Helden machte, gleichzeitig her. Diese Vermutung scheint sich durch eine auf echte Volkssagen von sehr altem Gepräge beruhende Peleis zu bestätigen, welche den Cheiron mehrfach mit sehr bezeichnenden Verrichtungen in die Handlung verflocht, und von deren wesentlichem Inhalt schon Hesiod Gebrauch machte, Apollodor sei es nach diesem, sei es nach Akusilaos, einen dürftigen, aus einigen sonst erhaltenen Nachklängen derselben oder einer nächstverwandten Dichtung zu ergänzenden Auszug erhalten hat.

Die folgende Darstellung giebt den Inhalt der Erzählung nach Apollodor mit gleichzeitiger Angabe der aus jenen anderen Quellen sich ergebenden Berichtigungen und Ergänzungen. Peleus wird beim Könige Akastos von Jolkos, dem Sohne des Pelias, an dessen Hofe er als Flüchtling weilt, von dessen Gemahlin Astydameia verläumderisch unehrenhafter Anträge beschuldigt. Akastos scheut sich ihn zu tödten, sucht sich aber seiner zu entledigen, indem er ihn zur gefahrvollen Jagd auf die schädlichen Raubtiere des Pelion überredet. Ergänzend tritt hier Schol. Aristoph. Nubb. 1063 ein: *Ὁ δὲ κτεῖναι μὲν, ὃν καθῆρεν, οὐκ ἠβουλήθη· ἐκβάλλει δὲ αὐτὸν εἰς τὸ Πήλιον, ὅπως ὑπὸ θηρῶν βρωθείη. οἱ δὲ θεοὶ διὰ τὴν σωφροσύνην δεδώκασιν αὐτῷ μάχαιραν πρὸς τὸ ἀπαλέξειν τὰ θηρία.*[2] Vgl. auch Zenobii Proverb. V,

florem conversam esse dicunt vel in arborem, unde liber philyrinus, quo coronae illigantur. Philargyr. ad Verg. Georg. III, 93. Cf. Hygin. Fab. 138. p. 16, 7 sqq. Schmidt, nach dem Autor der Gigantomachie bei Schol. Apollon. Rhod. I, 554 (Düntzer, Fragm. ep. p. 3). Dosith. p. 71.

1) Pausan. IX, 31, 4. Cf. Bernhardy, Griech. Literaturgesch.[3] II, 536. Doch fehlt es im Altertum nicht an Stimmen, welche einen Zweifel gegen ein so hohes Alter dieses Gedichtes aussprechen. Bergk, Griech Literaturg. I, 1008. Auf dem im Zeitalter des Krösus geschaffenen Thron des amykläischen Apollo war abgebildet, wie Peleus dem Cheiron den Achill übergiebt. Pausan. III, 18. Vgl. Pindar. P. 7, 22. Eurip. Iph. A. 209. 709. 927. 1066. Preller, Griech. Myth. II, 401.

2) Aus einer verwandten dichterischen Bearbeitung, welche aber das Weib des Akast Hippolyte nennt, rührt der Auszug: *Ὁ Ἄκαστος μαθὼν καὶ*

20: *μέγα φρόνει μᾶλλον, ἢ Πηλεὺς ἐπὶ τῇ μαχαίρᾳ. Μέμνηται ταύτης Ἀνακρέων καὶ Πίνδαρος ἐν Εὐμεονικαῖς· φασὶ δὲ αὐτὴν ὑπὸ Ἡφαίστου γενομένην δῶρον Πηλεῖ σωφροσύνης ἕνεκα παρὰ θεῶν δοθῆναι· ᾗ χρώμενος πάντα κατώρθου καὶ ἐν ταῖς μάχαις καὶ ἐν ταῖς θήραις.* Den erlegten Tieren *schneidet Peleus die Zungen aus* und steckt dieselben in seine Jagdtasche. Die *Hofleute des Akastos* finden die Körper der erlegten und *geben sie für ihre Jagdbeute aus*, während sie Peleus verlachen, weil er nichts erjagt habe. Der aber zieht die *Zungen* aus der Tasche und weist sich als den Erleger des Wildes aus. Da er so dem Zahne der Raubtiere entgangen, soll er den Bergunholden, den Kentauren, zum Opfer fallen. Akastos ersieht den Augenblick, *da Peleus auf dem Pelion in Schlummer gesunken liegt*, um demselben sein wunderbares Dolchmesser zu entwenden, verbirgt dasselbe unter einem Kuhfladen und schleicht sich hinweg. *Den allein gelassenen ergreifen die Kentauren und sind im Begriff ihn umzubringen, aber Cheiron rettet ihn* und verhilft ihm durch Nachsuchen wieder zu seinem alles erhauenden Dolche. Von diesem Teile der Sage sind uns auch einige Verse der hesiodeischen Darstellung durch Schol. Pind. Nem. IV, 95 erhalten (Fr. CX. Göttling):

Ἥδε δέ οἱ κατὰ θυμὸν ἀρίστη φαίνετο βουλή.
Αὐτὸν μὲν σχέσθαι, κρύψαι δ' ἀδόκητα μάχαιραν
Καλήν, ἥν οἱ ἔτευξε περικλυτὸς Ἀμφιγυήεις·
Ὡς τὴν μαστεύων οἶος κατὰ Πήλιον αἰπὺ
Αἶψ' ὑπὸ Κενταύροισιν ὀρεσκῴοισι δαμείη.

In der älteren Überlieferung schloß sich hier wol unmittelbar an, daß der gerettete Peleus nach Jolkos ging und *allein*, *ohne Heer*, den bösen Akastos sammt dessen Mannen bewältigte, seine Stadt aber, die bisher zu Magnesia gehörte, den Thessalern dienstbar machte.[1] Apollodor schiebt diese Begebenheit hinter die Jugend Achills, um sie aus dem Pherekydes in jüngerer

---

λαβὼν αὐτὸν εἰς ἐρημίαν, καὶ τῶν ὅπλων γυμνώσας, ἀφῆκεν αὐτὸν καὶ ἀνεχώρησεν, εἰπών, Εἰ δίκαιος εἶ, σωθήσῃ· ὡς δὲ ἔμελλεν ὑπὸ θηρίων διαφθείρεσθαι οἱ θεοὶ μάχαιραν αὐτῷ ἐχαρίσαντο Ἡφαιστότευκτον δι' Ἑρμοῦ, καὶ οὕτως ἔφυγε τὸν κίνδυνον. Schol. Aristoph. Nubb. 1063.

1) Pindar. Nem. III, 57 nach der o. S. 49 Anm. erwähnten Dichtung, welche die Hippolyte statt Astydameia darbietet: *ὃς καὶ Ἰαωλκὸν εἷλε, μόνος ἄνευ στρατιᾶς.* Cf. Nem. VI, 88: *Παλίου δὲ πὰρ ποδὶ λατρείαν Ἰαωλκὸν πολεμίᾳ χερὶ προστραπὼν Πηλεὺς παρέδωκεν Αἱμόνεσσιν.*

Form aufzunehmen, wonach Jason und die Dioskuren bei diesem Zuge Peleus' Helfer waren. — *Cheiron rettete den Helden nicht allein aus Lebensgefahr*, sondern half ihm auch das vom Geschick ihm bestimmte Glück zu erreichen, *indem er ihn unterrichtete, wie er es anstellen müsse, um die Nereide Thetis*, welcher der durch Abweisung seiner Werbungen erzürnte Göttervater einen Sterblichen zum Gatten bestimmt habe, *zu fangen*. Peleus paßte den richtigen Augenblick ab, ergriff die Meerjungfrau und hielt sie trotz alles Widerstrebens fest; sie verwandelte sich in mehrere Gestalten: Feuer, Wasser und ein wildes Tier [nach einer von Sophocles benutzten Quelle in *Löwe, Schlange*, Feuer, Wasser],[1] doch er ließ nicht los, bis Thetis sich ergab und wieder menschliche Gestalt annehmend ihm folgte. Schon Homer deutet auf die Erzählung hin; Il. XVIII, 432 klagt Thetis:

> Ἐκ μέν μ' ἀλλάων ἁλιάων ἀνδρὶ δάμασσεν (Ζεύς)
> Αἰακίδῃ Πηλῆϊ, καὶ ἔτλην ἀνέρος εὐνὴν
> Πολλὰ μάλ' οὐκ ἐθέλουσα.

Auf dem Pelion (in Cheirons Höhle) wurde das Beilager gehalten, [alle Götter waren zugegen], und Poseidon (als oberster Gebieter der Meermaid) schenkte zwei unsterbliche Rosse, *Cheiron aber einen gewaltigen Speer, eine Esche auf Pelions Gipfel gehauen*. Auch dieser Teil der Sage läßt sich aus Homer belegen. Vgl. Il. XVI, 867. XVII, 194. 443. XVIII, 84. XIX, 390. XXIII, 277. XXIV, 62, besonders XVI, 140 ff.:

> Βριθύ, μέγα, στιβαρόν· τὸ [ἔγχος] μὲν οὐ δύνατ' ἄλλος Ἀχαιῶν
> Πάλλειν, ἀλλά μιν οἶος ἐπίστατο πῆλαι Ἀχιλλεύς·
> Πηλιάδα μελίην, τὴν πατρὶ φίλῳ πόρε Χείρων
> Πηλίου ἐκ κορυφῆς, φόνον ἔμμεναι ἡρώεσσιν.

Schweigend verweilte Thetis bei dem Gatten. So legt meines Erachtens B. Schmidt, Volksleben der Neugriechen S. 116 ganz

---

1) Pindar. Nem. III, 60: καὶ ποντίαν Θέτιν κατέμαρψεν ἐγκονητί. Cf. Schol. Pind. Nem. III, 60: διωκομένη γὰρ ὑπ' αὐτοῦ μετέβαλλε τὰς μορφάς, ὅτὲ μὲν εἰς πῦρ, ὅτὲ δὲ εἰς θηρία. ὁ δὲ καρτερήσας περιγέγονε. Περὶ δὲ μεταμορφώσεως αὐτῆς καὶ Σοφοκλῆς . . . ἐν Ἀχιλλέως ἐρασταῖς (Fragm. Brunck III, p. 404):

> Τίς γάρ με μόχθος οὐκ ἐπιστάται; λέων
> Δράκων τε, πῦρ, ὕδωρ.

Vgl. Pind. Nem. IV, 100. Preller, Gr. Myth. II, 198 Anm. 1.

richtig die Verse aus dem Troilus des Sophokles (Schol. Pind. Nem. III, 60. Fragm. Soph. Brunck. III, p. 452) aus:

Ἔγημεν ὡς ἔγημεν ἀφθόγγους γάμους
Τῇ παντομόρφῳ Θέτιδι συμπλακείς ποτε.

Als Thetis darauf einen Knaben geboren, wollte sie ihn unsterblich machen, verbarg ihn, von Peleus ungesehen, nachts im Feuer und vertilgte so, was vom Vater her an ihm sterblich war. Bei Tage salbte sie ihn mit Ambrosia. Peleus aber belauschte sie einst und schrie laut auf, als er seinen Sohn im Feuer zappeln sah. Da verschwand Thetis und ging zu den Nereiden zurück. *Peleus brachte nunmehr den Knaben zu Cheiron.* Dieser nahm ihn wol auf und *nährte ihn mit der Leber von Ebern und Löwen und mit dem Marke von Bären*, und hieß ihn Achilleus, da er vorher einen andern Namen führte.[1]

In dieser Erzählung weht der frischeste Hauch des höchsten Altertums. So glaubt noch heute der Wilde, daß die Kraft und Gewandtheit des erlegten und verzehrten tierischen oder menschlichen Gegners in ihn übergehen werde (Bk. 218); vor allem galt von jeher Essen des Herzens als des Lebenssitzes bedeutsam; Lokis Bosheit wird vom Genuß eines halbverbrannten steinharten Frauenherzens abgeleitet.[2] Da es nicht denkbar ist, daß ein späterer Dichter diesen echt mythischen Zug erfand, rückt die Fabel von Achilleus Erziehung durch Cheiron hoch in die Vorzeit hinauf. Dieses Ergebniß gewinnt volle Sicherheit durch die Wahrnehmung, daß auch die übrigen Teile der *durch Cheirons wiederholtes Eingreifen in die Handlung als ein altes einmal zusammengehöriges Stück charakterisierten Peleis* (oder Achilleis), nämlich die Abenteuer bei Akastos und die Heirat mit Thetis sich dem Kundigen als *echte Volkssagen darstellen.* Die Wichtigkeit der Sache möge entschuldigen, daß wir den Beweis für diese Behauptung als eine den Gang unserer Untersuchung über die Kentauren einstweilen unterbrechende Episode in dieselbe hier einschalten.

§ 4. **Die alte Peleis.** Mit Recht ahnte Preller (Gr. Myth.² II, 396) in den Abenteuern des Peleus bei Akastos „märchenhafte Züge einer altertümlichen Überlieferung, welche ursprünglich

1) Apollod. Bibl. III, 13, 2—7.
2) Hyndlul. 38. Simrock, Handb. d. d. Myth. 2. Aufl. 332.

wol noch einen andern Sinn als den der gewöhnlichen Sage hatten." Sie zeigen auf den Heros Eponymos der Peliotis, den Peleus[1] (Hypochoristikon von Peliarchos, Peliokrates oder Peliomachos) übertragen[2] jenen uralten Mythus, welcher bei den Germanen einen Hauptteil der Sigfritsage und den Gehalt mehrerer Märchen [am nächsten kommt das Märchen von „den beiden Brüdern"], bei Kelten einen Teil der Tristansage bildete. Ein junger Held, Königssohn oder Jäger, kommt zu einer Stadt, wo grade eine Königstochter einem siebenköpfigen Drachen zur Beute ausgesetzt werden soll. Mit Hülfe *eines wunderbaren, auf dem Drachenberge vergrabenen* oder *daselbst in einer Kapelle aufgehängten, alles erhauenden Schwertes, das er eben vor Beginn des Kampfes auffindet*, und das zu schwingen vermag, wer drei daneben gestellte, gefüllte Becher austrinkt,[3] besiegt er das Ungeheuer, schlägt ihm die sieben Köpfe herunter, *schneidet die Zungen heraus*, wickelt sie in ein Tuch und verwahrt sie wol, *Matt und kampfmüde fällt er sammt der erlösten Jungfrau* und den treuen Tieren, die sein Gefolge bilden (Löwe, Bär, Wolf), *in Schlaf*; darüber kommt der Hofmarschall zu, schlägt dem Schlummernden das Haupt ab, bringt die Jungfrau zu ihrem Vater und *giebt sich für den Sieger aus*. Ihm wird als Siegespreis die Hand der Königstochter zugesagt. *Auf der* Hochzeit aber erscheint der von seinen treuen Tieren *mit einer Lebenswurzel vom Tode wieder erweckte Held, weist sich durch die Zungen als den echten Drachentödter aus*, und gewinnt die Braut.[4] In

1) Das nach seinem fruchtbaren Lehmboden [πῆλος, vgl. *πᾶν δ' ἐστὶ τὸ ὄρος μαλακὸν γεωλοφόν τε καὶ πάμφορον*. Dicaearch bei Müller, Fragm. Hist. Gr. II, 261] benannte Gebirge Pelion gab Stadt und Landschaft an seinem Fuße Namen. *Πηλιῶτις = Ἰωλκός; Πηλία* und *Πηλεῖς* die Stadt, welche später Demetrias hieß, ein einzelner Einwohner derselben *Πηλιεύς*. *Πηλεύς* für *Πηλιεύς*, wie *Πηλεῖς* f. *Πηλιεῖς;* und *Πηλιαία*, Nymphe, der ein Hain am Fuße des Pelion bei der Mündung des Brychonflusses geweiht war (Dicaearch II, 7. Fr. 60, 7. Müller, Fragm. Hist. Gr. II, 262), für *Πηλιαία*.

2) Erst als seine Sage berühmt wurde, können ihn die Nachbarn in der Phthiotis sich angeeignet und zu ihrem Könige gemacht haben; noch jünger ist offenbar die Anknüpfung an Aigina und Aiakos.

3) Vgl. Mannhardt, Germ. Myth. 174. 216.

4) KHM. n. 60. 85. E. Meier, Volksmärchen a. Schwaben n. 58 S. 204. Vgl. n. 1.

den schwedischen und norwegischen Varianten dieses Märchens[1] *erschlägt der Held drei Meertrolle* sammt ihren Hunden *mit Hilfe seines einen oder seiner drei alles niederreifsenden Hunde* und *seines Schwertes, welches ein ganzes Heer auf einmal zu Boden streckt;* er hat es von einer Alten *zum Dank für die Wiedergabe ihres gestohlenen Auges* erhalten. Er *schläft nach* dem Kampfe auf dem Schoße der befreiten Königstochter *ein; ein Ritter* (oder Schneider), *der von ferne zugesehen, will sich den Siegespreis zuwenden, wird aber durch die ausgestochenen Zungen, bezw. Augäpfel,* oder die in den Schiffen verborgenen Schätze der Trolle *widerlegt.* Hiemit im wesentlichen stimmt das litauische Märchen vom hörnenen Manne.[2]

Eine eigentümliche Abart dieser Sage bildet KHM. n. 91 „dat Erdmänneken". Dazu vgl. das oberhessische Sigfritmärchen bei Raßmann, D. Heldens. I, 360 ff. Der Held wird im Walde durch *ein Erdmännchen, dem er den Bart in einen Baumspalt klemmt,* in die Tiefe unter die Erde zum Aufenthaltsorte dreier von einem siebenköpfigen Drachen gefangen gehaltener Königstöchter geführt. *Er findet hier ein zauberisches Schwert, das ein daneben stehender Trank ihn zu heben befähigt, erschlägt den Drachen* und *schneidet ihm die Zungen aus* (Raßmann I, S. 365). Seine Brüder bemächtigen sich der befreiten Jungfrauen und *lassen ihn allein in der Unterwelt zurück.* Er entkommt jedoch von dort und bewährt sich mit den Drachenzungen als den rechten Sieger und Bräutigam.

Auch KHM. n. 101 „der gelernte Jäger" sei erwähnt. Ein Jäger tödtet drei Riesen, die in das Schlafgemach der im (zauberischen) Schlummer daliegenden Königstochter kriechen wollen, *mit dem daselbst vorgefundenen immer siegreichen Schwerte, schneidet ihnen die Zungen aus* und entlarvt damit nach

---

1) Lillekort. Asbjörnsen Norske Folke-Eventyr. n. 24. Tr. Udg. 98 ff. Silwerhwit och Lillewacker. Hyltén-Cavallius, Schwed. Märch. übers. v. Oberleitner, V. a. Der Halbtroll. ebds. IV.

2) Schleicher, Lit. Lesebuch S. 118. Ders. Lit. Märchen u. s. w. Weimar 1857. S. 4—7. Auf die Verwandtschaft dieses Märchens mit dem Liede vom hürnen Sigfrit machte Schleicher aufmerksam im Sitzungsber. d. Wien. Akad. Oct. 1852, s. jetzt auch Edzardi in Bartsch's Germania XX, 1875. S. 317 ff.

Jahresfrist einen alten Hauptmann, welcher als angeblicher Riesentödter die erlöste Jungfrau heimzuführen im Begriff steht.

Beim *Haare* (beim Barte vgl. Nib. 468) *gefafst und an die Steinwand gedrückt* führt *Zwergkönig Eugel* den jungen Helden Seyfried zum Berge, wo der Riese Kuperan ein vom Drachen entführtes Mägdlein hütet. *Seyfried besteht zuerst den Riesen, danach den Drachen, fällt dann aber vor Ermattung wie todt nieder, neben ihm die Jungfrau, Eugel aber holt eine Heilwurzel und macht sie alsbald gesund* (Lied vom Hürnen Seyfried).

Bekanntlich hat die nämliche Mythe auch in den bretonischen Sagenkreis von Tristan Eingang gefunden; in Gotfrits Gedicht wird sie (217, 35—272, 8) in wesentlicher Übereinstimmung mit Eilhart von Oberge c. 10—14 und dem englischen Gedichte von Sir Tristram II, 24—45[1] folgendermaßen erzählt. Ein *Drache schädigt auf Irland Land und Leute* derart, daß der König schwört demjenigen, der ihn erlege, seine Tochter Isôt zur Frau zu geben. Tristan *besiegt und tödtet das Ungeheuer* nach langem gefahrvollem Kampfe, *schneidet ihm die Zunge aus* und steckt sie in den Busen; dann *sucht er in der Wildnifs ein verborgenes Plätzchen, um zu ruhen* und wieder zu Kräften zu kommen; er war so ermattet, daß er kaum leben konnte. Der aus der Drachenzunge hervorbrechende Qualm raubt ihm vollends die Besinnung, bleich und regungslos *liegt er wie ein Todter da.* Der *Truchsefs des Königs findet den Körper des Drachen* und versetzt demselben einige Hiebe; nachdem er vergeblich nach Tristan gesucht, um *den Ermüdeten zu erschlagen, nimmt er als Drachensieger die Hand der jungen Königin in Anspruch.* Doch die Königinnen, Isôt und deren Mutter, schenken seiner Prahlerei keinen Glauben, sie besichtigen mit Gefolge den Kampfplatz und entdecken *den anscheinend entseelten Tristan,* meinen anfangs, *der Truchsefs habe ihn ermordet,* rufen ihn dann aber durch Entfernung der Drachenzunge und *Einflöfsung eines Theriaks* (aus Pflanzen und Honig bestehenden Gegengiftes) ins Leben und Bewußtsein zurück. Von den Frauen heimlich ins Schloß geführt, wird er dem seine Belohnung einfordernden Truchseß als Kämpe gegenübergestellt, der durch die vorgewiesene Drachenzunge des Betruges überführt den Zweikampf aufgiebt.

---

1) Vgl. R. Heinzel in der Zs. f. D. A. XIV, 446.

Mehrfach hat der Drachenkampf ein Vorspiel oder ein Nachspiel von gleicher Bedeutung. Bei Meier a. a. O. n. 29. S. 101 erlöst Hans mit Hilfe einer Zauberflöte eine Prinzessin *im Walde* nacheinander von drei Riesen, *denen er die Zungen und Augen nimmt.* Nachdem er sich durch diese als den wahren Riesenerleger legitimiert hat, soll er die erlöste Prinzessin nicht eher heiraten, *bis er in einem verwünschten Kloster geschlafen, worin dreizehn Teufel hausen.* Er tödtet auch diese und wird König. — In einer neugriechischen Erzählung[1] findet man die Märchen vom Erdmänneken und von den beiden Brüdern verbunden. Der Prinz erschlägt mit dem Zauberschwert in der Unterwelt den drei goldige Jungfrauen bewachenden Drachen; nachher *von seinen Brüdern daselbst im Stich gelassen,* tödtet er eine zwölfköpfige, brunnenverstopfende *Schlange, welche jede Woche ein Mädchen frißt, nachdem er zuvor* auf dem Schoße der dem Ungetüm als Opfer herausgeführten Königstochter *geschlafen hat.* Ein Mohr giebt sich für den Sieger aus, *wird aber vom Helden durch Vorweisung der Drachenzungen widerlegt.* Aus einer Verbindung der nämlichen beiden Sagenstoffe besteht auch Schott, Wal. Märch. n. 11. S. 144. Petru Firitschell gelangt, *einem daumenlangen Zwerge folgend, den er beim Barte erwischt hat,* in eine tiefe Höhle, wo ihn seine Brüder im Stiche lassen. Hier erlegt er mehrere Drachen, später noch einmal einen zwölfköpfigen Drachen, dem eine Kaisertochter zum Fraße dargebracht wird. *Nachdem er die zwölf Zungen ausgeschnitten, wird er,* auf dem Schoß der Jungfrau *eingeschlafen, von einem Zigeuner getödtet;* aber *durch ein heilkräftiges Schlangenkraut wird er wieder ins Leben zurückgerufen.* — Nach Haltrich (Siebenbürg. März. n. 24. S. 127 ff.) tödtet ein Knabe mit 3 wunderbaren Hunden in einer Räuberhöhle, *wo er ein Zauberschwert findet,* sechs Räuber (Abschwächung von Riesen); später kommt er zu einer Stadt, wo er *eine Königstochter vom siebenköpfigen Drachen erlöst,* aber von dem Schweife des sterbenden erschlagen wird. Die Hunde erwecken ihn mit Lebenswasser. Die Lügen des Kutschers werden durch die Drachenzungen als solche dargetan. — Haltrich n. 22. S. 112 verbindet KHM. n. 111 und n. 60. *Der Held erlegt einen Löwen, einen Bären, einen*

1) Hahn, Griech. u. alb. Märchen Bd. II. n. 70. S. 49 ff.

Wolf und schneidet ihnen die Pfoten ab; hernach tödtet er mit dem Wunderschwert drei Hünen, welche ins Schlafgemach der Königstochter kriechen wollen; er schläft bei der Maid und nimmt als Wahrzeichen die Hünenzungen mit. Durch Pfoten und Zungen bewährt er sich späterhin als Sieger.

So kämpft auch Sigfrit im Liede vom hürnen Sigfrit zuerst mit dem Riesen Kuperan, dann mit dem Drachen. In KHM. n. 60 und Varianten folgt dem Streite des Helden mit den Drachen (Trollen) häufig als Nachspiel, daß eine Hexe (oder männlicher Troll, des zuvor Getödteten Bruder) *den Helden allein in einen Wald lockt*, durch List der Hilfe seiner Tiere beraubt und tödtet, worauf derselbe aber durch Lebenswasser wieder erweckt wird.

Unverkennbar wird durch die Übereinstimmung mehrerer, in der gleichen Reihenfolge mit einander verbundener Züge (Kampf gegen Ungeheuer auf einem Berge, Erlangung eines sieghaften Zauberschwertes im Augenblicke des Kampfes, Ausschneiden der Zungen, Bewährung als Sieger durch dieselben, Schlaf auf dem Kampfplatz) die Identität der erwähnten Märchen und Heldensagen mit dem Abenteuer des Peleus dargetan; am deutlichsten tritt die Verwandtschaft der Traditionen wol bei der Tristansage hervor. Ebenso unverkennbar ist der Umstand, daß die griechische Sage teils unvollständig, teils in sehr abgeschwächter, den ursprünglichen Zusammenhang verrückender Form überliefert ist. Die wilden Tiere, zu deren Bekämpfung der Held eines überall sieghaften von Hephäst geschmiedeten Dolchmessers benötigt ist, hat man unzweifelhaft als übernatürliche, dämonische Wesen zu denken, dem ganzen Lande oder dem Königshause schädlich; wie hätten die Höflinge sonst ein so großes Interesse daran gehabt, sich die Beute zuzueignen? In der griechischen Sage treten mehrfach andere Tiere in der Rolle auf, welche sonst[1] der Drache spielt. Amphitryo zieht gegen den Teumessischen Fuchs aus, den Niemand ergreifen konnte; jeden Monat mußten die Thebaner dem Tiere einen Knaben vorwerfen, das sich durch Zerreißen Vieler zu entschädigen suchte, wenn einmal die

---

1) Vgl. z. B. Kychreus wird König von Salamis, weil er eine ungeheure Schlange (ὄφιν ὑπερφυῆ τὸ μέγεθος), welche die Einwohner verschlang, siegreich besteht. Apollod. III, 12, 7. Diod. Sic. Bibl. IV, 72.

bestimmte Lieferung unterblieb. Der Held gewinnt für sein Unternehmen den Beistand des Kephalos oder vielmehr des demselben gehörigen Hundes, der alles, was er verfolgt, ergreifen muß.[1] Hier ist der Fuchs ein genau zutreffendes Gegenstück zu dem Drachen (oder Troll), der alle Jahre eine reine Jungfrau haben muß, sonst verwüstet er das ganze Land (KHM. n. 60) oder verzehrt täglich einen Christenmenschen (Basile Pentamerone I, 7, 7. KHM. III², 292), der Hund des Kephalos aber zu dem unwiderstehlichen Hunde, der dem Helden unseres Märchens beim Kampfe Beistand leistet.[2] Es ist deutlich, daß der Mythus in der überlieferten Gestalt der Amphitryonsage nicht zu Ende gebracht, sondern von einem rationalistischen Erzähler, der (mißverständlich) die gleiche, wunderbare Eigenschaft beider Fabeltiere nicht zu reimen wußte, durch Annahme ihrer Versteinerung mitten durchgeschnitten ist. Die Sage vom Teumessischen Fuchs war in unverstümmeltem Zustande eine Variante von KHM. n. 60. Für die Peleussage erwächst aus dieser Wahrnehmung der Gewinn, daß wir in ganz analoger Weise die Jagd auf dem Pelion als Kampf mit einem Ungeheuer in Gestalt eines wilden Tieres aufzufassen uns berechtigt sehen, welches wol auch Landeskinder zum Fraße verlangte. Nach diesen Darlegungen wird die Vermutung berechtigt sein, daß der *Schlummer*, in den Peleus fällt, in der älteren Tradition unmittelbar auf den Kampf folgte und durch die *Ermüdung* in Folge desselben motiviert wurde. *Dann wird er auch von einem neidischen Höflinge im Schlaf getödtet und durch Cheiron mit einer Heilwurzel wieder ins Leben zurückgerufen sein*, und jetzt erst durch Vorzeigung der Zungen sich als Sieger erwiesen haben. *So wird es erklärlich, wie man dazu kam, dem Kräuterkenner Cheiron in dieser Sage eine Rolle zuzuteilen; wir treffen hier augenscheinlich auf den Ausgangspunkt und das*

---

1) Apollod. II, 4. 6. 7. Pausan. IX, 19. 1. Suid. *Τελμίσια*.

2) S. Müllenhoff, Schlesw.-holst. Sag. n. 20. S. 452. Hyltén-Cavallius, Schwed. Märch. übers. v. Oberleitner n. 4. S. 64 ff. Basile Pentamerone I, 7, 7. KHM III², 292. In den meisten Versionen sind es drei Hunde (z. B. Hyltén-Cavallius a. a. O. V, S. 78 ff. Haltrich, Siebenbürg. Märch. n. 24. S. 127 ff.) mit Namen wie Haltan, Greifan, Brich Eisen und Stahl KHM. III², 104. Haltfest, Reiß zusammen, Horch. Hyltén-Cavallius XIII, 235 ff. Vgl. Mannhardt, Germ. Myth. 174. 216.

Muster für alle weiteren Erzählungen von den Freundschaftserweisungen des Cheiron gegen Peleus; ja die gröſste Wahrscheinlichkeit spricht dafür, daſs wir hier die einst hochberühmte, später verschollene Sage aufgefunden haben, welche Cheiron selbst den Namen gab (s. o. S. 46). Doch schon auf thessalischem Boden hat die Sage ihre (vorhin S. 56 dargelegte) Neigung zur Verstärkung durch gleichbedeutende Varianten bewährt, indem sie Peleus einen zweiten Kampf und zwar mit den Unholden des Gebirges, den Kentauren, bestehen und in Folge dessen in der bisherigen Fabel die erforderlichen Änderungen eintreten ließ. Als Peleus schlief, bemächtigte sich Akastos seines Zauberschwertes und legte sich in einen Hinterhalt, um ihn damit, sobald er aufwachend es suche, zu ermorden. Bald aber überlegte er, daß es genügend sei, ihm das Schwert zu verstecken und die Vernichtung des Wehrlosen dem Angriffe der wilden Bergkentauren zu überlassen. Diese kommen und sind im Begriffe ihn zu tödten, aber Cheiron wehrt den Tod von ihm ab. Diese Auffassung scheint mir als diejenige der alten Peleis aus der Combination der beiden Dichterstellen Hesiod Fragm. CX. (s. o. S. 50) und Pindar, Nem. IV, 95:

> Τᾷ δαιδάλῳ δὲ μαχαίρᾳ
> Φύτευέν οἱ θάνατον
> Ἐκ λόχου Πελίαο παῖς
> Ἄλαλκε δὲ Χείρων.

hervorzugehen. Hier ist der Tod des Peleus in ein Bedrohtwerden durch Akastos abgeschwächt. (Vgl. Tristan.) Die Hereinziehung der Kentauren setzt den noch lebendigen Volksglauben voraus, daß der waldige Rücken des Pelion von den menschenmörderischen Berggeistern bewohnt sei. Das zweite Buch der Ilias ist schon der Widerhall einer grübelnden Zeit, welche den Widerspruch zwischen der hellen historischen Wirklichkeit, dem Nichtvorhandensein der Kentauren auf diesem Local, und der Sage durch Annahme ihrer Vertreibung auf den Pindus rationalistisch auszugleichen suchte, gradeso wie der norddeutsche Bauer vermeint, daß der alte Fritz die Zwerge über das schwarze Meer, Napoleon und seine Franzosen die Klabautermännchen oder auch allen Spuk, Gott weiß wohin, aus dem Lande getrieben haben.[1]

1) Kuhn, Nordd. Sag. n. 189, 2. S. 163 nebst Anm.

Vom Tode wieder auferweckt, wird Peleus der echten Sage gemäß *allein*, als einzelner Held nach Jolkos gezogen sein, die Zungen vorgewiesen und Rache geübt haben. (Vgl. o. S. 50.)

Der Verfolg des Epos schließt nun eine andere auf das Leben des Peleus übertragene echte Volkssage, die Heirat des Helden mit der Thetis, an. Noch heute wird dieselbe Sage auf Kreta von den Neraiden erzählt, welche die Stelle der antiken Nymphen, unserer Elfen, einnehmen. In der Eparchie Pediada befindet sich eine Höhle *ὁ Νεραϊδόσπηλος* genannt, der ein klarer Quell entströmt. Hier pflegten die Neraiden zu Zeiten nachts nach der Musik zu tanzen, welche ein Bursch aus Sgourokephali auf der Laute machte. In eine von ihnen verliebt faßte er einst, von einem alten Weibe unterwiesen, als morgens der Hahnkrat nahte, die Ersehnte bei den Haaren und hielt sie fest, obwol sie sich in einen *Hund*, eine *Schlange*, ein *Kameel* und in *Feuer* verwandelte, bis der Hahn krähte und die übrigen Neraiden verschwanden. *Da nahm sie ihre menschliche Gestalt wieder an* und folgte ihm, gebar ihm auch einen Sohn, *sprach aber nie ein Wort,*[1] bis der Gatte einst Miene machte das Kind *in den Backofen zu werfen.* Da verschwand sie mit dem Knaben.[2]

Die nachfolgende Erörterung wird erweisen, daß wir in der kretischen Erzählung nicht einen Nachhall der Brautwerbung des Peleus sondern einen Elfenmythus vor uns haben, von welchem auch die antike Heldensage nur Localisierung war. Schon die Alten bemerkten die Verwandtschaft unserer Thetissage mit den Verwandlungen des Proteus, des Meergreises, der aus den Fluten gestiegen, von Menelaos festgehalten, in einen *Löwen*,

1) Auch dieser Zug (s. o. S. 52) ist echt und alt. Nach einer englischen Sage, welche Walter Map, der Freund Königs Heinrich II., in seiner zwischen 1180—1193 verfaßten Schrift nugae curialium von dem berühmten angelsächsischen Ritter Edric dem Wilden (Lappenberg, Gesch. Englands II, 76) erzählt, hat derselbe im Walde tanzende Waldfrauen belauscht, eine derselben ergriffen und nach langem Kampfe siegreich mit sich fortgeschleppt. Drei Tage ist sie ihm völlig zu Willen, spricht aber kein Wort, am vierten öffnet sie den Mund, um ihn mit holdseliger Rede zu grüßen und ihm Glück zu verheißen, so lange er sie nicht schelte. Als er dies einst in Übereilung tut, ist sie verschwunden. S. G. Philipps, Walter Map. Wien 1853. S. 67. Vgl. Bk. 116.

2) B. Schmidt, Volksleben der Neugriechen. Lpzg. 1871. S. 115 ff.

Pardel, Drachen, Eber, in Wasser, Feuersglut und einen Baum sich umgestaltet, bevor er sich ergiebt und aus dem Schatze seines Wissens die an ihn gestellten Fragen beantwortet. (Odyss. IV, 365—570). In einer von Pherekydes ausgezogenen Heraklee fiel dem Nereus dieselbe Rolle zu. Dem nach den goldenen Äpfeln ausziehenden Herakles offenbaren die Nymphen des Zeus und der Themis am Eridanos, wie er den Nereus im *Schlaf* überraschen, und obwol derselbe *in Feuer, Wasser und allerlei Gestalten sich wandelt,* fesseln könne. Nereus zeigt dann den Weg zu den Hesperiden. (Apollod. II, 5, 11, 6. Cf. Pherek. Fragm. 30 Göttling; Schol. Apollon. 4, 139, 6. Hier ist bewußte Nachahmung im Spiel.[1]) Eine andere antike Variante dieser Sage knüpft sich an Dionysos. Von ihm berichteten die Ἑτεροιούμενα des Nikander (bei Antonin. Liber. Praef. 10), die Töchter des Minyas von

1) Nur eine spätere Übertragung aus Analogie der Sagen vom Proteus und Thetis möchte ich auch in derjenigen vom Achelous erkennen, nach welcher der Flußgott, im Ringkampfe um Deianeira mit Herakles, sich in einen Stier, eine Schlange, einen Mann mit Stierhaupt wandelt, wobei ihm der Gegner zuletzt ein Horn abbricht. Soph. Trachin. 18 ff. (Vgl. Ovid, Metam. IX, 8—86 nach Nikanders Metamorphosen oder dessen Aetolica.) Denn bei Apollodor, der vielleicht auch hier, wie vielfach, aus Pherekydes schöpft, und bei Hygin ist noch die ältere Gestalt der Sage erhalten, daß Achelous, der gemeinen Vorstellung von den Flußgöttern entsprechend, sich in einen Stier und nur in diesen verwandelt. Apollod. II, 7, 5. Hygin, Fab. 31). Ohnehin verrät sich die ganze Geschichte der Deianeira in jedem Zuge als das gekünstelte Machwerk eines nachhesiodeischen Herakleendichters, der das Wesen der in den älteren Herakleen als Gegner des Zeussohnes auftretenden Kentauren mißverstand und, um seine Vorgänger zu überbieten, die Geschichte vom vergifteten Hemde erfand, den Kentauren ganz gegen dessen Natur in der Rolle eines Flußgottes, als eine Art Wate, tätig sein ließ und mit einem wahrscheinlich lediglich aus Hesiod (Theog. 341) entlehnten Flußnamen beschenkte. In der alten Sage vom Tode des Herakles war dessen Verbrennungstod noch nicht durch die Qualen des Nessushemdes motiviert. Vgl. auch Jacobi, Myth. W. B. 306). Das auch die Dichtung der Kyprien, Nemesis habe vor Zeus in verschiedene Gestalten sich gewandelt, die Erzählung eines hesiodischen Fragments, Poseidon habe seinem Sohne Periklymenos die Gabe der Metamorphose in alle Tierarten verliehen, endlich die ganz junge Ausschmückung der Erysichthonsage, des Hungernden Tochter habe, um diesem Unterhalt zu schaffen und durch ihren Liebhaber Poseidon dazu befähigt, in den verschiedendsten Verwandlungen sich selbst verkauft, daß alle diese Angaben aus den Sagen von Thetis und Proteus verstandesmäßig abgeleitet sind, bedarf wol keines Beweises.

Orchomenos widersetzten sich der Einführung des Bakchoskults, bis Dionysos selbst in Gestalt eines Mädchens vor sie trat mit der Ermahnung, die Weihen des Gottes nicht zu vernachlässigen. Als sie darauf nicht achteten, *erschien ihnen der Gott in verschiedenen Gestalten als Stier, als Löwe und Panther*, und von ihrem Webstuhl floß Nektar und Milch. Erschreckt beschlossen sie den Gott durch ein Opfer zu versöhnen. Das Loos zerrissen zu werden traf Leukippes Sohn. — Offenbar sind auf dem langen Wege vom Ursprunge bis zu Nikander einige sehr wesentliche Züge abhanden gekommen. Wie Thetis und Proteus nur durch Zwang festgehalten sich in so und so viel Gestalten wandeln, wird auch Dionysos in seiner Verkleidung von den Minyaden festgehalten sein, um seinem schwärmerischen Rasen als Bakchantin Einhalt zu tun; und auch die Reihe der Metamorphosen läßt mehrere vermissen, welche sonst nicht zu fehlen pflegen. Diese Ansicht wird vollkommen bestätigt durch eine Variante bei einem älteren Schriftsteller, in den Bakchen des Euripides. Pentheus *will dem nach Theben gekommenen Dionysos Fesseln anlegen*; plötzlich sieht er einen *Stier* vor sich; er wirft ihm Schlingen über Knie und Klau'n, da leuchtet *Feuerschein*, und scheinbar steht das ganze Haus in Flammen, vergeblich wird es von oben bis unten *mit Wasser begossen*; nun stellt sich wieder *Dionysos* den Augen des Königs dar, der sticht nach ihm, doch fährt das Schwert durch leere Luft. Endlich stürzt Bakchos zorngemut das ganze Haus in Trümmer. Wage nimmer ein Sterblicher wider einen Gott zu kämpfen! Noch vollständiger zählt v. 1015 die in der Sage, welche Euripides frei benutzte, aufgenannten Verwandlungen auf. Der Bakchenchor ruft beim Herannahen des Pentheus, der den Mänaden Einhalt tun will, dem Gotte zu

Φανῆθι ταῦρος, ἢ πολύκρανός γ' ἰδεῖν
Δράκων, ἢ πυριφλέγων
'Ορᾶσθαι λέων.

Erschein' als Stier, erschein' vielhauptig anzuschaun
Ein Drach' und, in strahlender Glut
Das Antlitz, ein Leu!

In Gedichten, die Nonnus ausschrieb (40, 41), wechselte Dionysos als *Untier, Feuer, Baum* und *Wasser*. In allen diesen Überlieferungen begegnet uns ein geisterhaftes Wesen, welches von einem Sterblichen zu diesem oder jenem Zwecke festgehalten, sich demselben durch mehrere Metamorphosen in Tiere,[1] zumal eine Schlange (Thetis, Neraide, Proteus, Dionysos), *Feuer* und Wasser zu entziehen sucht und entweder den Bann bricht oder sich ergeben muß und nun auf einige Zeit leibhaftige Menschengestalt und Menschentum annimmt.

Den griechischen Traditionen treten interessante nordeuropäische zur Seite. So oft Janet, Gräfin von March, an einer gewissen Quelle, neben der sie einen weißen Zelter stehen sieht, *Rosen pflückt*, erscheint der Ritter, dem das Roß gehört, und verbietet ihr das Pflücken [der Rosenstock ist die Hülle seiner Seele]. Sie liebt ihn und wird von ihm Mutter. Er giebt sich ihr als Tamlane, Graf von Murray, zu erkennen, der als achtjähriges Kind von den Elfen geraubt und mit Abstreifung von Leib und Gliedern zu einem der Ihrigen gemacht sei. Alle sieben Jahre ziehe er mit den Elfen zur Hölle, wo der Teufel ein Opfer verlange; in der nächsten Mainacht sei er dazu ausersehen. Janet könne ihn retten, wenn sie soviel Mut und Liebe besitze, ihn den Elfen zu entreißen. Sie solle um Mitternacht den Zug der Elfen erwarten. Sie werde ihn dann an gewissen Zeichen erkennen, *vom weifsen Rosse herabziehen*, sie werde ihn *in ihre Arme schliefsen* und *dürfe ihn nicht daraus loslassen, wenn er sich auch nacheinander in Schlange, Molch, Feuer und glühendes Eisen verwandele.* Er tue ihr nichts zu leide. Dann möge sie ihn in ein Faß mit *Milch*, und nachher *ins Wasser werfen*, aber auch da noch festhalten, denn er werde zu einem *Aal* und einer *Kröte*, sodann zu einer *Taube* und zuletzt zu einem *Schwan* werden; hierauf aber müsse sie ihren grünen Mantel über ihn werfen, denn er werde nun wieder ein Mensch und nackend sein, wie er zur Welt gekommen. Als Janet dieses alles buchstäblich erfüllte, bekam sie ihren Tamlane wieder, die Elfenkönigin aber ließ aus dem Gebüsche ihre lauten Klagen über den Verlust des schönen Jünglings ertönen. Dies der Inhalt einer schottischen Ballade.[2] Eine andere Fassung der Ballade enthält nur die Verwandlungen in eine *Eisscholle*, *Feuer*, *Schlange*,

1) Die Stiergestalt wird, so scheint es, beim Dionysos allein erwähnt. Das hängt offenbar mit seinem gewöhnlichen Beinamen Stier oder Stiergestaltiger (ταῦρος, ταυρόμορφος) zusammen und ist von diesem in die oben behandelte Verwandlungsfabel hineingetragen.

2) W. Scott, Minstrelsy of Scottish borders T. II, p. 193.

Schwan.[1] — Nah verwandt sind die vielen deutschen Sagen von der schatzhütenden weißen Frau oder Jungfrau, deren Erlösung d. h. dauernde Rückkehr zur Menschengestalt und zu menschlicher Art und Lebensweise (Grimm D. Sag. I, S. 17. n. 13) davon abhängt, daß ein reiner Jüngling sie dreimal küßt, obwol sie sich während dessen in fremde Gestalten, *Schlange* (Drache), *Kröte* (Frosch) resp. *Jungfrau*, *Bär*, *Ochse* (Kuhn, Westf. Sag. I, 242, 276) oder *Frosch*, *Wolf*, *Schlange* (Müllenhoff, Schleswigh. Sag. S. 580, 597), oder *Frosch*, *Schlange*, *Feuerdrache* (Baader I, S. 198) *wandelt.*[2] In den meisten Sagen mißlingt die Erlösung.

Am auffallendsten ist es jedoch, daß sogar der Eintritt jeder menschlichen Seele in die Leiblichkeit von den nämlichen Erscheinungen begleitet gedacht wurde. Ungetaufte Kinder werden im heutigen Griechenland die Knaben Drache (*δράκος*, *δράκοντας*), die Mädchen Drachin (*δράκαινα*, *δρακοῦλα*, *δρακόντισσα*) genannt; man muß bei ihrem Anblick sofort ausspeien und Knoblauch sagen,[3] wie man zu tun pflegt, um Behexung abzuwenden, alles empfangene Schlimme von sich auszustoßen. Die auffällige Benennung erhält ausreichendes Licht durch die Angaben, welche der Freiherr J. W. Valvassor zu Wagensperg in Crain in seiner Ehre des Herzogtums Crain (1689) uns über den Aberglauben in seiner Heimat hinterlassen hat. „In einem gewissen Distrikt auf dem Karst oder an der Poig hat sichs zuweilen zugetragen, daß, wann es mit einem schwangeren Weibe bis an die Geburt gelanget, anstatt eines Kindes eine *Schlange* von ihr gekommen. Solche Schlange wird mit Ruten gestrichen und in ein Schaff voll Wasser getrieben (welches zu dem Ende mitten in die Stuben hingesetzt ist) und mit Rutenstreichen so lange angehalten, *bis sie in das Wasser geht.* Alsdann soll man allerlei Handwerker und sonst auch Leute, oder vielmehr Aemter der Leute und

1) Aytoun, Ballads of Scotland I, p. 7. Allingham, Ballad-Book. K. Knortz, Schott. Balladen. S. 51.

2) Vgl. Myth.[4] 921. Wolf, Beitr. z. D. Myth. II, 247. Rochholz, Zs. f. D. Myth. IV, 289. Ders. Naturmythen 160, 8. Stöber, Elsäss. Sag. S. 346, 277. Wucke, Werrasag. II, S. 132. Pröhle, Harzs. 217, 2. 177. Birlinger, Aus Schwaben I, 263, 274. Panzer II, 154, 239. Zingerle, Sagen u. Märchen a. Tirol 223, 397. In Ulrichs von Zazikhoven Lanzelet v. 7845 ff. erlöst der Held eine Königstochter von Tile (Thule), welche verzaubert ist, so lange eine Schlange zu sein, bis sie der beste Ritter küsse.

3) C. Wachsmuth, Das alte Griechenland im neuen. Bonn 1864. S. 34. 62.

mancherlei Stände, auch sogar geistliche, nacheinander benennen, nebst Befragen, was das Kind künftig werden wolle. Als zum Exempel: Wirst du ein Schuster, Schneider, Kürschner, Barbier, Rechtsgelehrter, Pfarrer u. s. w. werden? Bei jedwedem Amtsnamen gibt man der Schlangen mit der Ruten einen Streich, *bis sie sich verwandelt in ein Kind*, welches hernach einmal zu solchem Handwerk, Amt oder Würde und Stand gelangt, bei dessen Nennung und Namen die Schlange zum Knäblein sich verbildet hat. *Es soll oft geschehen, dafs die Schlange verschwindet*, und alsdann findet sich auch kein Kind mehr. Man sagt auch für gewiß, es soll noch auf den heutigen Tag auf dem Karst ein Geistlicher am Leben sein, welcher gleicher Gestalt geboren worden. Es ist noch ein altes Weib am Leben, welches zweimal bei solcher Verwandlung soll gegenwärtig gewest sein. Als ich im Juni 1685 auf dem Karst war, schickte ich nach demselbigen Weibe, daß ich solches von ihr selber möchte vernehmen, sie war aber nicht daheim." Valvassor gesteht nun, von dergleichen Verwandlungen viel gehört, aber niemals Augenzeugen gesprochen zu haben; er würde die Sache verschwiegen haben, wenn ihn nicht folgende Stelle in den vor 22 Jahren geschriebenen „Annales Norici" des gelehrten M. Bauscher dazu veranlaßt hätte, dem Gerüchte Gewicht beizulegen. „In einer adligen Familie in dieser Landschaft des Karst — sagt Bauscher — *gewinnen alle Kinder, wenn sie aus Mutterleibe kommen, ein Schlangengesicht oder Schlangengestalt. Sobald aber das Kind zum erstenmale gewaschen wird, legt es das Schlangengesicht ab und entdeckt seine menschliche Gestalt*, die zuvor mit einer Schlangenform verlarvt war. Solches scheinet nach einem Muster des ersten erbsündlichen Fleckens zu riechen."

Zur Darlegung des mutmaßlichen Gedankenzusammenhangs der vorstehenden Superstitionen erlaube man mir einige Sätze aus meinen „Germanischen Mythen." Berlin 1858. S. 310 zu wiederholen. „Das neugeborne Kind galt, solange es die heidnische Wassertaufe, mit welcher die Namengebung verbunden war, noch nicht empfangen oder noch keine menschliche Speise genossen hatte, als Seele. Der menschliche sowie jeder andere Körper wurde als ein Gewand gedacht, das die Seele anzieht, (lîh-ham, altn. lîk-hamr). Das Band zwischen der Seele und dem Leibe galt fürerst noch als lose." —

„Weil die Verbindung mit dem Körper noch nicht Halt gewonnen hat, ist das Kind bis zur Taufe, die im Volksaberglauben die Stelle der heidnischen Wasserbegießung vertritt, der Vertauschung mit Wechselbälgen ausgesetzt, d. h. in Gefahr, von den Geistern (Nixen, Unterirdischen, Zwergen, wilden Weibern) ohne weiteres wieder in ihre Gemeinschaft gezogen und durch einen nur anscheinend mit menschlicher Körperlichkeit behafteten Geist, eine zur vollen Menschheit nicht durchgedrungene Seele (Kretin) ersetzt zu werden.“[1] Dem entsprechend scheint man angenommen zu haben, daß ebenso wie in den Sagen von Thetis, Proteus, Tamlane und von den verwünschten weißen Frauen ein zu zeitweiliger oder dauernder Annahme menschlicher Leiblichkeit gezwungener Geist (Dämon) vor seiner Verkörperung u. a. in die Gestalt einer *Schlange* (Thetis, Proteus, Neraide, Tamlane, weiße Frau) sich wandelt, schließlich auch in *Wasser* sich umgestaltet (Thetis, Proteus) oder *ins Wasser geworfen wird* (Tamlane), ebenso auch die zum Austritt aus der Geisterwelt und zum Eintritt in den Menschenkörper bestimmte Seele jedes Sterblichen zuvor als *Schlange* sich darstelle, ehe sie nach dem *Durchgang durchs Wasser* zu fester und dauernder Verkörperung gelange. Hiermit vgl. die buddhistische Erzählung im Teluguwerke Dhermangada Cheritra (Mackenzie, Collection I, 324. Benfey, Pantschatantra I, 254. § 92). Die Frau des Dharmangada, Königs von Kanakapuri in Kashmir, *wird von einer Schlange entbunden.* Dieses wird verheimlicht und bekannt gemacht, sie habe einen Sohn geboren. Der König von Suvâshtra bietet diesem seine Tochter zur Frau. Dharmangada nimmt sie an, um das Geheimniß nicht zu verraten. Das Mädchen kommt nach Kashmir, und als sie reif ist, fragt sie nach ihrem Manne. *Man giebt ihr die Schlange.* Obgleich sehr bekümmert, pflegt sie sie und führt sie nach den heiligen Orten. In dem letzten, den sie besucht, erhält sie den Befehl, *die Schlange in den Wasserbehälter zu setzen. Nachdem sie es getan, nimmt die Schlange die Gestalt des Mannes an,* und die Frau kehrt mit diesem vergnügt nach Kashmir zurück. Hier sind die beiden Verwandlungen des Geistes in die Schlange bei der Geburt und bei der Heirat mit einander combiniert. Zur Be-

1) Den Versuch eines Beweises für obenstehende Sätze s. Germ. Myth. 311—313.

stätigung des Gesagten gereicht es, daß die Rückverwandlung des zum Menschen gewordenen Geistes oder Albs in Geisternatur mit den nämlichen Erscheinungen verbunden ist. Dies lehrt sehr deutlich die älteste Gestalt der Melusinensage, wie sie um das Jahr 1211 Gervasius von Tilbury in seinen Otia imperialia I, 15 (Liebrechts Gervasius S. 4 ff.) aufschrieb. Raimund, Herr von Russet bei Trets unweit Aix in der Provence, trifft am Ufer des den Burgberg bespülenden Flusses einmal eine herrlich gekleidete Jungfrau auf kostbar geschmücktem Zelter, die sich ihm zur Ehe gelobt, wenn er verspreche, *sie niemals nackt zu sehen*. Nach vielen Jahren bricht der bis dahin überaus glückliche Gatte sein Wort und stürmt in das Badegemach seiner Frau. Quid moror, erepto linteo, *quo balneum operitur*, miles ut uxorem nudam videat, accedit, *statimque domina in serpentem conversa*, misso sub aqua balnei capite, *disparuit, nunquam visa imposterum nec audita*, nisi quandoque de nocte, cum *ad infantulos suos visitandos veniebat*, nutricibus audientibus, sed ab ejus aspectu semper arctatis. Hier also verwandelt sich die Waldfrau oder Brunnenfrau, als sie durch den Bruch des Versprechens gezwungen wird, die Leiblichkeit wieder abzustreifen und zu den Geistern zurückzukehren, in eine vollständige Schlange. In gleichzeitigen anderen Localisierungen desselben Mythus erscheint dann freilich die Vorstellung, daß die mit Menschen vermählten Elben von Zeit zu Zeit die Sehnsucht oder Notwendigkeit fühlen, auf kurze Zeit die Fesseln der angenommenen Menschengestalt abzustreifen [vgl. die Skogsfru Bk. 135], aber noch immer ist es *eine ganze Schlange*, in deren Aussehen der freigewordene Geist sich hüllt. So erzählt um 1205 Helinand, (bei Vincentius Bellovacensis, Spec. natur. II, 127; Liebrecht, Gervasius S. 66): In Lingonensi provincia quidam nobilis *in sylvarum abditis* reperit mulierem speciosam preciosis vestibus amictam, quam adamavit et duxit. Illa plurimum balneis delectabatur, in quibus visa est a quadam puella *in serpentis specie se volutare*. Incusata viro et deprehensa in balneo nunquam deinceps comparitura disparuit et adhuc durat ejus progenies.[1] Wie das Wasserbad dazu gehörte, um in menschlichen Körper eingehen zu können, mochte es auch zur Abstreifung desselben von Seiten der Geister für erforderlich gehalten werden.

1) Vgl. die Sage von Henno bei Walter Map. (Philipps a. a. O. S. 69.)

Erst in späteren Versionen und Bearbeitungen der Melusinensage (vgl. Dunlop, Gesch. der Prosaromane, übers. v. F. Liebrecht 406. 544. Anm. 475. Nachtr. 544[1]) *ist die Verwandlung der Elbin in eine Schlange durch die Mischgestalt aus Mensch und Fisch (oder Schlange) ersetzt.*

Den unmerklichen Übergang dieser Sagenfamilie in andere Formen und ihre Verwandtschaft mit denselben (z. B. den Sagen und Märchen von den *Schwanjungfrauen*, Tierkindern u. s. w.) erweisen die von Benfey, Pantschatantra I, S. 254—269 zusammengestellten Beispiele.

Wie vieles auch so noch immer dunkel bleibt, und wie manches Stück der vorstehenden Auseinandersetzung der Berichtigung bedürftig sein mag, wie endlich das gegenseitige Verhältniß, die Urform und Grundbedeutung der angezogenen Überlieferungen sich herausstelle, in jedem Falle ergiebt sich mit Sicherheit die Brautwerbung des Peleus um Thetis als eine echte Volkssage und zwar als eine Elfensage, welche *durch das Epos* zur Helden- und Göttersage aufgebauscht, beziehungsweise in dieselbe verflochten ist.

Schwieriger ist die Entscheidung, ob auch der Zug in echter Sage begründet sei, daß Thetis von Peleus plötzlich sich trennte, weil dieser sie durch *seinen Aufschrei* unterbrach, als sie den jungen Achilleus Nachts *ins Feuer hielt.* Das *plötzliche Verschwinden*[2] ist völlig dem echten Mythus gemäß. So verschwindet Melusine oder die mit einem sterblichen Manne vermählte Selige, sobald derselbe ihren Namen oder sonst das Geheimniß ihres Ursprungs erfährt oder *sich einfallen läfst sie zu schelten* (vgl. Bk. 103—104; ferner o. S. 60 Anm. und Alpenburg, Alpensagen 312, 330). Die Bearbeitung der Peleussage, welche Sophokles in den „*Ἀχιλλέως ἐρασταῖς*“ zu Grunde legte, enthielt denselben Zug. „*Σοφοκλῆς δὲ ἐν Ἀχιλλέως ἐρασταῖς φησὶν ὑπὸ Πηλέως λοιδορηθεῖσαν τὴν Θέτιν καταλιπεῖν αὐτόν.*“ (Schol. Aristoph. Nubb. 1068; p. 443 F. Didot.) Im Aigimios, einem den Sagenkreis des Herakles behandelnden Gedichte der hesiodeischen Zeit, war erzählt, daß Thetis ihre von Peleus geborenen Kinder in einen Kessel siedenden Wassers warf, um zu erproben, ob sie

1) Vgl. Liebrecht in der Zeitschr. f. vgl. Sprachf. XVIII, 56—66.

2) Vgl. Schol. Aristoph. Nubb. 1067: *καὶ τὴν Θέτιν δ' ἔγημε διὰ τὸ σωφρονεῖν ὁ Πηλεύς. κᾆτ' ἀπολιποῦσα αὐτὸν ᾤχετ'.*

unsterblich seien; mehrere seien dabei umgekommen, den Achilleus aber habe Peleus gerettet, indem er verbot, ihn in den Kessel zu werfen.[1] Das scheint doch wol nur eine Abwandlung der andern Sage, welche übereinstimmend mit Apollodor (o. S. 52) Schol. Aristoph. Nubb. 1068 folgendermaßen erzählt: *φασὶν ὅτι τοὺς γινομένους παῖδας ἐκ τοῦ Πηλέως ἡ Θέτις λαμβάνουσα περιέκαιε τὸ θνητὸν αὐτῶν σῶμα βουλομένη αὐτοὺς ἀθανάτους ποιεῖν· καὶ πολλοὺς ἔκαυσε. καὶ τὸν Ἀχιλλέα οὖν τεκοῦσα ἐπέθηκεν εἰς τὸ πῦρ. καὶ γνοὺς ὁ Πηλεὺς ἐβόησεν. ἡ δὲ λυπηθεῖσα ἐχωρίσθη*[2] Die Übereinstimmung dieser Erzählung von Thetis und Achilleus mit der im sogenannten homerischen Hymnus von Demeter und ihrem Pflegling Demophoon erzählten könnte leicht zu der Annahme führen, daß erstere eine Nachbildung der letzteren sei, da nicht unwichtige Gründe für die Vermutung sprechen, daß die eleusinische Legende durch einen Kultakt veranlaßt wurde. Wir werden bei späterer Gelegenheit das richtige Verhältniß kennen lernen. Einstweilen macht schon der offenbar identische, nur fälschlich auf den Vater bezogene Zug der kretischen Volkssage, daß die Neraide verschwindet, als das Kind in den Backofen geworfen wird, noch mehr aber die folgende persische Parallele augenscheinlich, daß die fragliche Tradition echte Volkssage war. Ein Kaiser von China rettet auf der Jagd eine weiße *Schlange* aus Lebensgefahr und trägt sie in sein Kabinet. Am nächsten Morgen hat sie sich in eine wunderliebliche Peri verwandelt, welche ihm als Dank Schätze, Wissen geheimer Arzeneikräuter, endlich ihre eigene Schwester zur Gattin anbietet. Dieselbe wird unter der Bedingung sein Weib, daß er sie nie nach den Ursachen ihrer Handlungen frage. *Als sie den ersten Sohn geboren, flammt ein helles Feuer vor der Tür auf; sie wickelt das Kind in ein Tuch und wirft es in die Glut.* Das zweite Kind wirft sie einer *Bärin in den Rachen*, und bei ausbrechendem Kriege zerschneidet sie mitten in der Wüste die Brodsäcke und Wasserschläuche. *Jetzt bricht der Gemahl in Scheltworte und Verwünschungen aus.* Die Peri erklärt, der Mundvorrat sei von einem Verräter vergiftet gewesen, das erste

1) Schol. Apollon. Rhod. IV, 814. Schol. Arist. Nubb. 1068 p. 443. F. Didot.

2) Vgl. Apollon. Rhod. IV, 866 ff. Schol. Il. XVI, 36. Lykophron v. 178 et Schol.; Ptolem. Hephäst. VI, p. 331. Heyne ad Apollod. III, 13, 6.

Kind war nicht lebensfähig, die Bärin aber des zweiten Amme. Sogleich erscheint letztere mit dem reichgeschmückten Pflegling; *die Peri, zu zart, um mit Menschen zu leben,* ist entflohen.[1]

Nach diesen Analogien bin ich überzeugt, daß auch die Verbrennungsgeschichte zur Schilderung der Jugend des Achill in der alten Peleis gehörte. Da es aber nicht wol abzusehen ist, wie *neben* derselben und ihren *literarischen* Sprossen sich noch selbständig die Kenntniß einer ebenfalls noch aus echter Volksüberlieferung geschöpften Variante erhalten haben sollte, so wird man anzunehmen haben, daß der von Sophokles hervorgehobene Umstand, Thetis sei durch die Scheltworte ihres Gatten zur Flucht bewogen worden, auch einen Teil der Darstellung im Peleusepos bildete und hier, wie in jener persischen Sage, die Erzählung von der Feuerprobe des Kindes abschloß. Obwol in den homerischen Gesängen mehrfach (Il. I, 396. XVI, 574) darauf hingedeutet ist, daß Thetis jahrelang im Hause des Gatten wohnte, sehen wir sie doch nicht bei diesem, der nach Il. XIX, 420. IX, 394. 400. XVIII, 331. 434 als hochbetagter Greis noch lebt, sondern bei ihren Schwestern im Meere weilen und von dort aus hilfreich hervorkommen, so oft es sich um das Wol und Wehe ihres geliebten Sohnes Achilleus handelt. Wir haben guten Grund, ersteres für eine epische Abschwächung, letzteres für das Ursprünglichere und zwar für jene durch die epische Behandlung nur wenig verdunkelte Form des Mythus zu halten, welche uns auch bei Melusine, den seligen Fräulein, todten Wöchnerinnen u. s. w. mehrfach entgegentritt, daß die von dem Manne plötzlich geschiedene Elbin, Verstorbene u. s. w. noch wiederkehrt, um ihre Kinder zu pflegen. Bk. 103. 104. Vgl. KHM. III[3], 21 nr. 11. Hyltén-Cavallius, Schwed. Volksm. übers. v. Oberleitner VII, S. 147. Vgl. die neuerdings aufgenommene Neraidensage aus Euböa, der Nachbarschaft Thessaliens, bei Hahn, Neugriech. Märch. nr. 83 (II, S. 82 ff.). Ein Mann hat eine Neraide dadurch in seine Gewalt bekommen, daß er ihr die Flügel wegnahm, die sie beim Tanzen auf einer Tenne abgelegt hatte. Als ihr Sohn fünf Jahr alt ist, giebt er ihr einmal die Flügel wieder, und sofort verschwindet sie mit dem Ausruf: „Lebe wohl, Mann, achte auf

1) Hammer-Purgstall, Rosenöl 162—164. J. W. Wolf, Beiträge z. D. Myth. II, 262 ff.

unser Kind.“ Täglich kommt sie, wenn ihr Mann weggegangen ist, wieder ins Haus, backt Brod für ihn, speist das Kind und besorgt alle Geschäfte. Dann fliegt sie auf den Acker und begrüßt ihren dort arbeitenden Gatten, ist aber niemals zu bewegen wieder in seinem Hause zu wohnen. Dies gleicht ganz dem Verhältniß der Thetis zu Peleus.

Die Volkssage von der Heirat des Peleus ist mit dem Verschwinden der Thetis eigentlich zu Ende; das zur Fortsetzung der epischen Handlung angeschobene neue Stück kündigt sich durch ein abermaliges Auftreten des Cheiron an und verrät dadurch die Hand derselben Rhapsodenschule, welche zuerst die Hochzeitgeschichte mit dem Tier- oder Drachenkampfe des Peleus verband. Wenn nun ein wesentlicher Teil seines Inhalts sofort als sehr altertümlicher Volksaberglaube in die Augen springt (o. S. 52), erlaubt dann die Gesellschaft, in welcher dieser Bericht über die erste Erziehung des Achilleus sich befindet, auch nur einen Augenblick an seinem eigenen Alter zu zweifeln? Ob der von Pindar (Nem. III, 75—91 Boeckh) bewahrte Zug, daß der siebenjährige Held von Cheiron gelernt hatte, Eber und Hirsche *schnell wie der Wind* (ἶσος ἀνέμοις) im Laufe einzuholen, ohne Hund zu fassen und auf starkem Arm seinem Lehrmeister zuzutragen, ebenfalls alt und bereits im Epos ausgesprochen, ja der Ausgangspunkt des homerischen Beiworts πόδας ὠκὺς (Iliad. X, 58) gewesen sei, ist bei dem Mangel äußerer Zeugnisse nicht mit Gewißheit zu sagen; es trägt aber auch diese Angabe noch so sehr den Character derselben von Bergesluft und Waldesduft durchwürzten Naturpoesie, wie die Erzählung von der Ernährung mit Bärenherzen, daß wir sie unbedenklich derselben noch von lebendiger Kenntniß des Wesens der Kentauren durchdrungenen Zeit, wie das vorhin analysierte Peleusepos, zuzuschreiben und aus Übertragung einer den Kentauren beigemessenen Eigenschaft, der Schnellfüßigkeit, auf den Zögling zu erklären geneigt sein werden.[1] Daß übrigens die erste Erziehung des Thetissohnes in

1) Nach Bergk (Griech. Literaturg. I, 1008) entnahmen die fraglichen Verse aus der Einleitung des dem Hesiod zugeschriebenen Lehrgedichts Χείρωνος ὑποθῆκαι ihren Stoff, welches ein Kritiker des Altertums, Stephanus von Byzanz, für unecht d. h. nachhesiodeisch erklärte. Selbst wenn letzteres richtig ist, darf vermutet werden, daß gerade die epische Einleitung des Lehrgedichts älteren Vorbildern nacherzählt war.

der Tat nur eine Fortsetzung und Ergänzung der Heiratsgeschichte des Peleus und ein Werk desjenigen Geistes war, welcher die dieser zu Grunde liegende Volkssage zum Heldenepos machte, geht auch aus dem Namen Achilleus hervor, wenn die im Folgenden vorgetragene Vermutung über seine Bedeutung zutreffend wäre. Derselbe ist ein Hypokorisma auf -eus und weist auf einen mit *ἀχιλλ-* anlautenden Vollnamen zurück, ich nehme an etwa *Ἀχιλλα-γένης* oder *Ἀχιλλό-γονος*; in dem ersten Wortteil aber suche ich eine Ableitung (**ἀχίλη, *ἀχίλλα*) von **ἄχις* Schlange (Grundform von *ἔχις*, skr. ahis, lat. anguis, ahd. unc), gebildet wie *ὀργίλος* zornig von *ὀργή*, *τρόχιλος* Strandläufer von *τρόχος*, *στρόβιλος* Kreisel, Wirbelwind von *στρόβος*, oder ein einfaches Deminutivum wie *ναύτιλος* von *ναύτης*. Als Schlangenfrau oder Schlange konnte die gefangene und wieder verschwundene Nereide bezeichnet werden, insofern die Verwandlung in die Schlange die hauptsächlichste ihrer geisterhaften Gestalten war (vgl. die deutschen weißen Frauen o. S. 64), als Schlangenkind ihr zurückgelassenes Söhnchen. Diese Bezeichnung[1] mag aus der noch einfacheren Volkssage in das Epos herübergenommen und zu einem Namen geworden sein, an den sich mythische Züge ansetzten. Zunächst wol der, daß der von einem der gewaltigsten Helden und einer Elfin erzeugte Sohn eine Steigerung der Kräfte enthielt, „*noch stärker und gewaltiger wurde als der Vater.*“ So lautete jedenfalls die einfache Formel im Volksmund, welche unter der Hand der Sänger dahin umgestaltet ist, es sei der Thetis geweissagt, sie werde einen Sohn gebären, der größer werde, als sein Vater, sodann, Zeus habe um solcher Weissagung willen auf ihr Bett verzichtet und sie einem sterblichen Manne gegeben. Wer diesen Darlegungen beistimmt, — und es möchte schwer halten, eine andere gleich sehr aus der Sache fließende psychologische Genesis des in Rede stehenden Sagenzuges ausfindig zu machen —[2] gesteht zugleich ein, daß die Gestalt des

1) Vgl. die Bezeichnung starker Hans, Askeladden u. s. w. im Märchen.

2) Zwar ist Pindar der erste erhaltene Zeuge, welcher von einem Streite des Zeus und Poseidon um den Besitz der blühenden Nereustochter erzählt; da habe Themis den Götterbeschluß (*πεπρωμένον*) verkündet, der Meergöttin sei es bestimmt, von einem Sohn zu genesen stärker als der Erzeuger (*φέρτερον γόνον οἱ ἄνακτα πατρὸς τεκεῖν ποντίαν θεόν*) es sei deshalb ihre Vermählung mit einem sterblichen Manne, dem frommen Peleus, anzuraten, als dessen Gattin sie einen Sohn gewinnen werde, der zwar an

Achilleus in der Sage späteren Ursprungs war, als die des Peleus, während sonst nicht selten umgekehrt der Vater erst um des Sohnes willen erdichtet wurde. *Der Landesretter und Unhold-besieger Peleus mufs den Hellenen in Thessalien einmal ein hohes, von göttlichem Lichte umflossenes Ideal des Heldentums* von der Würde und Bedeutung eines deutschen Sigfrit gewesen sein. Man erkennt dies an der Helligkeit der Strahlen, mit denen noch der Abglanz seines Ruhmes Cheirons Haupt umspielt; Homers Darstellung läßt die Größe des Heros kaum mehr ahnen. Unter solchen Umständen ist es erklärlich, daß der vom localen Epos erfaßte und fortgetragene Schluß seiner wunderbaren Heirats-geschichte: *„das zurückgelassene Kind der Nereide wurde noch gröfser, als der Held der Helden, sein Vater, war,“* zu einem treibenden Keime sich ausbildete, welcher hernach im großen

Kraft der Arme dem Ares, an Schnelligkeit den Blitzen gleich sein, aber im Kampfe dahinsinken werde. Diese Überlieferung entstammt aber derselben von Pindar benutzten epischen Quelle über die Taten des Peleus, welche auch sonst mehrere sehr alte und echte Züge bewahrt hat (o. S. 49. 50), und ihre Hauptstücke liegen augenscheinlich der Rede der Thetis Il. XVIII, 431 ff. cf. 85 zu Grunde. Denn das Verhältniß beider Erzählungen zu einander ist so, daß entweder die pindarische sofort oder allmählich aus den kurzen Andeutungen bei Homer herausgesponnen ward, oder dieser den Kern der von Pindar wiedererzählten Sage gekannt und in kurzen Andeutungen [Betonung einerseits der Sterblichkeit des Mannes, dem Zeus die Thetis wider ihren Willen mit Zwang unterwirft, andererseits der Stärke und des kurzen Lebens des Sohns] darauf angespielt haben muß. Die Priorität der vollständigeren pindarischen ihrem wesentlichsten Inhalte nach geht aber daraus hervor, daß sie das richtige Motiv für den von Zeus gegen Thetis ausgeübten Zwang bewahrt hat. In der Tat war der in Rede stehende Zug nicht eine baare Erfindung der nachhomerischen Epiker. Niemandem hätte es einfallen können, aus blauer Luft zu erfinden, Zeus oder Poseidon [der hier nur wieder als Oberherr der Nereiden in die Fabel hineinkommt] hätte durch Verbindung mit der untergeordneten Halbgöttin ein höheres und stärkeres Wesen, als er selbst, erzeugen müssen. Wie viele Liebschaften des Zeus mit Nymphen und Göttinnen bleiben ohne solche Folge? Und worin hätte bei der Nereide die größere Gefahr bestehen sollen? Ganz anders verhielt es sich mit Peleus, wenn er mit einem Weibe höherer Ordnung sich verband. Bei ihm allein hatte die Rede vom φέρτερος γόνος Sinn, die nachmals die Epiker zur Pointe machten. War sie aber einmal vorhanden, so konnte leicht, sobald der Stolz der Nordachäer fragte, warum ihr großer Held denn nicht ein Kind von Zeus sei, die Vermählung des Peleus wenigstens als eine Veranstaltung des Göttervaters betrachtet und für dessen Handlungsweise der bei Pindar genannte Grund gefolgert werden.

gemeingriechischen Epos fruchtbar aufging und herrlich emporwuchs. Denn als im Laufe der griechischen Völkerwanderung, welche der Einbruch der Dorier in den Peloponnes eröffnete, den zuerst an Kleinasiens Nordwestküste angesiedelten Aeolern aus dem Peloponnes, unter denen damals die Sage von Zerstörung Trojas nach zehnjähriger Belagerung durch Helden verschiedener griechischer Stämme, aber unter Anführung des peloponnesischen Königsgeschlechts der Atriden entstand, als diesen südachäischen Stämmen Nordachäer aus Thessalien nachrückten,[1] trugen letztere mit sich zugleich den Namen Achills hinüber in Verbindung mit einer noch unausgeführten Anweisung auf wundersame Heldengröße. Freilich die Zeit war vorbei, man stand in einer zu lichten, durch historische Tat und mancherlei im Contact mit der Fremde gewonnene Kenntniß aufgeklärten Kulturepoche, um noch an der Übertragung wunderbarer, dem wirklichen Leben grell widersprechender Mythen auf den Namen des Helden Gefallen zu finden. Im Gegensatz zu Peleus blieb die ganze Geschichte Achills mit Ausnahme jener ersten Kindheit leer von jedem *alten und echten mythologischen* Inhalt.[2] Dagegen mußte der Wunsch, an dem ruhmvollen Kampfe um Troja auch teilgenommen zu haben, sich naturgemäß zum guten Glauben umgestalten, der *Held über alle Helden*, ἔξοχος ἡρώων (Il. XVIII, 56) habe die Großtaten, die man zu Hause nicht aufnennen konnte, hier in der Fremde verrichtet; er mußte den *hervorragendsten* Anteil an jenem Kriege gehabt haben. Aber Troja war zerstört; und er nicht der Zerstörer? Nach der bereits feststehenden Sage vollbrachten die Atriden diese Tat. Nun ja, Achilleus war vor der Endkatastrophe gefallen. War er nicht Oberanführer, noch Zerstörer, worin

1) Hinsichtlich dieser Verhältnisse und über die Entstehung der Sage von Troja verweise ich auf Müllenhoffs epochemachende Forschung in s. Altertumsk. I, 1870, S. 8—30.

2) Die Erzeugung auf dem Pelion, die Fußschnelligkeit und der frühe Tod Achills reichen nicht hin, um in diesem mit Müllenhoff (a. a. O. S. 24) die Personification eines Waldstroms zu erkennen, der nach kurzem, raschem Laufe vom Pelion sich ins Meer stürze (und solche hohle Allegorie hätte die Kraft in sich getragen, die Idee des Helden κατ' ἐξοχήν zu erwecken?), noch weniger sein Tod in Jugendfülle und seine (bekanntlich erst der jüngsten Sagenbildung — Preller, Gr. M. II, S. 436 Anm. 1 — angehörige) Unverwundbarkeit, um mit M. Müller (Essays, Lpzg. 1869, II, S. 95 ff.) in ihm den allabendlich in jugendlicher Kraft sterbenden Sonnenball wiederzufinden.

bestand dann seine Großtat? Er hatte den Hauptthelden und Verteidiger Trojas, den Erhalter (Hektor) getödtet. Durch diese natürlichen Schlußfolgerungen bildeten sich die Hauptmomente der Achilleussage. Wie die Vorstellung vom Zorn des Achill (μῆνις) als eine notwendige Folge aus dem Gegensatz hervorging, in den die für ihren Achill begeisterten und für seinen Ehrenanteil an Trojas Unterwerfung mit Entschiedenheit der Überzeugung eintretenden Nordachäer von Anfang an gegen die älteren Ansprüche der Atriden geraten mußten, darüber wolle man Müllenhoffs scharfsinnige Auseinandersetzung a. a. O. S. 26 nachlesen.

Mithin war die Gestalt des Achilleus kein Gebilde des Mythus, sondern einzig und allein des epischen Gesanges, eine reine Schöpfung der ethischen Mächte, welche die Brust des Hellenen in seiner Heldenzeit bei der Besiedelung Kleinasiens in höchster Erregung bewegten.

Die wichtigen Schlußfolgerungen, die wir im Begriff sind aus den bisherigen Darlegungen zu ziehen, veranlassen uns den Inhalt der letzteren noch einmal rückblickend zu überschlagen. Der Vorgänger, aus welchem Apollodor die drei Erzählungen von des Peleus Kampf mit den Ungeheuern, vom Raube der Thetis und von Achills frühesten Jugendtagen bei Cheiron schöpfte und seinem im Anfange des zweiten Jahrh. n. Chr. compilierten Compendium der griechischen Mythologie einverleibte, war schwerlich sein Hauptgewährsmann Pherekydes, obwol dieser grade die unmittelbar vorausgehenden und unmittelbar nachfolgenden Notizen hergegeben hat.[1] Vielmehr wird an ein Excerpt aus Hesiod (vgl. o. S. 49) oder aus einem anderen älteren Dichter zu denken sein, der wiederum einem noch älteren, seinem Stoffe nach in das vorhomerische Epos hineinreichenden Vorbilde nachdichtete. Zu solchem Schlusse berechtigt der Umstand, daß jene drei Sagen der Hauptsache nach vor Homer bekannt gewesen sein müssen, da sie den kurzen Andeutungen desselben über des Peleus Schicksale zu Grunde liegen: der Kampf mit den Ungeheuern und die Lebensrettung durch Cheiron, weil daraus der Name und die

1) S. Robert, De Apollodori bibliotheca. Berol. 1873. S. 67. Vgl. Apollod. III, c. 13 S. 1 § 1 — S. 2. § 3 p. 342 — 343. Heyne. Pherecyd. Fragm. 3. Göttling. p. 71 — 79 (Schol. Pind. Nem. 4, 81. Tzetzes ad Lycophr. 175. Schol. Hom. Il. n. 175). Apollod. III, 13 S. 7. — Pherecyd. Frag. 3. Göttling p. 80. Schol. Pindar. Nem. 3, 55.

ganze Gestalt des Cheiron und dessen Auffassung als *δικαιότατος Κενταύρων* (Il. XI, 830) und als lebenslänglicher Freund des Peleus erst hervorging (o. S. 59). Erst nachdem diese Geschichte sich fixiert hatte und im epischen Gesange, der in Thessalien, der ältesten Stätte griechischer Kultur und der Mutter sowol des olympischen Göttersystems als des ritterlichen Wesens, besonders lebhaft war,[1] bereits verschiedene Wandlungen erlitten hatte (o. S. 53), konnte es einem Rhapsoden einfallen, nun auch eine Elfensage auf Peleus zu übertragen und dem Cheiron als seinem Freunde eine Rolle dabei beizumessen. Der Raub der Thetis nun, das Beilager auf dem Pelion und das Verschwinden der Nereide nach der Geburt des Achilleus dienen den homerischen Gesängen ebenfalls zur Voraussetzung, da nur daraus mehrere Äußerungen des Helden zu seiner Mutter, ihr Sträuben gegen die erzwungene menschliche Heirat, sowie die Geschenke und die Gegenwart der Götter bei der Heirat und das in der Ilias geschilderte Verhältniß der Thetis zu Gatten und Sohn sich erklären (vgl. o. S. 70). Eine neue aus des Peleus und Cheirons Freundschaftsbunde fließende Zudichtung ist erst hienach in dem Stücke von Achills Erziehung bei Cheiron hinzugetreten. Auch sie war Homer unzweifelhaft bekannt. Ich darf darüber Th. Bergk (Gr. Literaturg. I, 348) reden lassen: „Wenn Homer den Achilles unter allen Heroen durch das Beiwort schnellfüßig anszeichnet, so gab dazu die homerische Dichtung selbst keinen Anlaß, man sieht, Homer hat dieses characteristische Beiwort *von früheren Dichtern überkommen, welche die Jugendzeit des Helden und die Kämpfe schilderten*, die der frühreife Knabe in der Pflege des Kentauren Cheiron mit den gewaltigen Tieren des Waldes bestand, wo ebenso die ungewöhnliche Schnelligkeit, wie die Körperkraft des Achilles hervortrat. — (Hesiod oder wer sonst das Spruchgedicht *Χείρωνος ὑποθῆκαι* verfaßt hat, mag solche alte Lieder noch gekannt haben.) — Andere Lieder mochten von der Vermählung des Peleus mit der Thetis melden.“ Auch die Heilkunst (s. o. S. 46) lernte Achill wol am ehesten vom Cheiron, wenn er dessen Zögling war. Und endlich kommt hinzu, daß die rein äußerlichen Mittel, durch welche Cheiron seinem Schutzbefohlenen moralische Eigenschaften beizubringen sucht (Herzessen o. S. 52), eine

1) Th. Bergk, Griech. Literaturg. 1872. I, 310 ff. 317 ff.

hinter der Weltanschauung des homerischen Zeitalters weit zurückliegende Auffassung der Dinge verraten. Während also die homerischen Andeutungen sich vollständig als Nachhall der bei Apollodor aufbewahrten, der echten Volkssage noch ganz nahe stehenden Tradition erklären, *konnte diese nimmermehr umgekehrt aus der homerischen Überlieferung erwachsen.* Wenn nun alle drei als vorhomerisch nachzuweisenden Sagen in dem apollodorischen Stücke unmittelbar mit einander vereinigt nebeneinanderstehen und zwar derart, daß dreimal Cheiron augenscheinlich in den Vordergrund tritt, so liegt es nahe, darin eine bewußte künstlerische Anordnung zu erblicken, und es dürfte vielleicht die Vermutung nicht allzukühn sein, daß ein günstiges Geschick uns in diesen zusammengehörigen Stücken durch eine Anzahl unbekannter Mitglieder hindurch den Inhalt einer altthessalischen Rhapsodie, eines vorhomerischen Peleusliedes mit einiger Treue erhalten habe. (Siehe Nachtrag S. 345.)

Wie dem nun auch sei, die festgestellten Tatsachen gewähren einige überraschende Einblicke in das Leben des griechischen Heldengesangs vor der Ausbildung der großen Nationalepik. *Einfache mythische Volkssagen, nach Art, Form und Umfang genau solchen kurzen Erzählungen* (Märchen oder Sagen) *entsprechend, welche jede nordische Sagensammlung als noch heute im Volksmunde lebendig ausweist, waren die Keime, aus welchen unter Dichterhänden die Heroengestalt des Peleus und seiner Angehörigen allmählich emporwuchs.* Zuerst speziell Magnesia und dem Peliongebirge angehörig und der dort im lokalen Gesange gefeierte Held, ward er von den Hellenen in Phthia aufgenommen und zum eigenen Nationalheros und Landeskönig gemacht, sodann mit den genealogischen Lokalsagen auch noch anderer Landschaften in Verbindung gesetzt. Seine Schicksale erleben so im thessalischen Epos mehrfache Umwandlungen, ehe seine Sage, in das große homerische Nationalepos verpflanzt, ihrem Hauptstamme nach erstirbt, aber in der Gestalt des Achilleus einen zu üppigstem Wachstum gedeihenden Seitenzweig treibt. So lassen sich z. B. in Entwickelung der Sage von seiner Verbindung mit Thetis noch folgende Ringe deutlich unterscheiden: 1) Peleus umarmt die geraubte Meermaid in einsamer Waldgrotte. 2) Regelrechte Schließung einer legitimen Ehe daselbst, Cheiron und Poseidon geben Geschenke. 3) Glänzende Vermählungsfeier; alle Götter sind zugegen, Apoll spielt die Lyra. *Jene Volkssagen, welche den Kern der Peleussage bildeten,* decken sich mit einer Elfensage und einem sogenannten Sigfritsmärchen. *Hier liegt ein unumstöſslicher Beweis gegen Benfeys Behauptung vor, daſs die Märchenstoffe durchweg buddhistischen Ursprungs und in verhältniſsmäſsig später Zeit nach Europa gelangt seien.* Ein anderes Beweisstück glaube ich in meinem Aufsatze über „lettische Sonnenmythen“ (Bastian-Hartmanns Zeitschrift für Ethnologie VII, 1875. S. 235—243) geliefert zu haben, indem ich dartat, daß die älteste Aufzeichnung einer noch heute in Südeuropa (Griechenland, Rumänien, Südrußland) weit verbreiteten Märchenfamilie in dem altägyptischen Roman von den beiden Brüdern Batau und Anepu erhalten ist. Von nicht geringerem Gewicht dürfte die Beobachtung sein, daß *gerade dieselben Sagenstoffe es waren,* welche beim ersten Erwachen höherer Kultur von Griechen und fast zweitausend Jahre später unter ähnlichen Verhältnissen von Germanen und Kelten aus der Tiefe der Volksseele heraufgehoben und zum Ausgang und Mittelpunkte epischen Gesanges gemacht wurden, ein Anzeichen dafür, daß eben vor und bei dem ersten Zusammenstoß mit der christlichen Kultur die Germanen, eben vor dem Eintritt ihrer Völkerwanderung und des fruchtbaren Austausches mit der höheren vorderasiatischen Civilisation die Griechen von den nämlichen geistigen Mächten bewegt, von einer sehr ähnlichen Weltanschauung erfüllt waren.

§ 5. **Gestalt der Kentauren.** Nach langer Abschweifung kehren wir zur Untersuchung über das Wesen der Kentauren zurück. Wenn unsere Untersuchungen in dem Punkte die Wahrheit trafen, daß Achilleus kein Gebilde des Mythus, sondern einzig und allein des epischen Gesanges war, so sind wir berechtigt, die Ursache seiner *Schnellfüſsigkeit* (o. S. 71) nicht aus seinem Wesen, sondern wie die Kenntniß der Heilkunst aus dem Vorbilde seines Lehrmeisters Cheiron abzuleiten, und da kein Grund vorhanden ist, weshalb diesem die genannte Kunst oder Eigenschaft individuell zukommen sollte, *dieselbe folgerichtig als ein Zubehör der Kentauren überhaupt anzusehen* (vgl. a. o. S. 76). Einen characteristischen Zug bewahrt der sogenannte homerische Hymnus auf Hermes. Der neugeborene Gott hat dem Apollo Rinder gestohlen; um ihre Spur zu verwischen, trieb er sie rückwärts; *er selbst aber band sich jungbelaubte Zweige von Tama-*

risken und Myrten mit allem Blätterwerk unter die Füfse. Als nun später Apollo die dadurch entstandenen Eindrücke im Sande sieht, erstaunt er über die *riesengrofsen seltsamen Fufsspuren:* „Das sind keines Mannes Schritte, noch eines Weibes, noch gehören sie Löwen, Bären oder Wölfen an. *Ich will doch nicht fürchten, dafs sie einem Kentauren eignen,* der mit *schnellen* Füßen so gewaltig einherschreitet (*οὐδέ τι Κενταύρου λασιαύχενος ἔλπομαι εἶναι, ὅςτις τοῖα πέλωρα βιβᾷ ποσὶ καρπαλίμοισιν*).“ Hymn. in Merc. 219 ff. Man schrieb also zur Zeit des Dichters den Kentauren ungeheure, ungestalte Füße zu, welche mit jenen um eine breitere Grundfläche herum sich verästelnden Baumzweigen wenigstens annähernd verglichen werden konnten. Näheres läßt sich über diese Anschauung nicht sagen; sie erinnert aber an mancherlei nordischen und sonstigen Volksglauben hinsichtlich der Füße von Waldgeistern und andern Dämonen. So ist es gefährlich in die Spur des russischen Waldgeistes Ljeschi zu treten, doch verdeckt er dieselbe mit Sand oder Laub. Bk. 140. Beim peruanischen Waldgeist wird der Abdruck seiner ungleichen Füße als unheimlich und gefahrbringend hervorgehoben. Bk. 144. Die *wilden Leute* der deutschen Sage haben häufig Ziegenfüße oder *Gansfüfse,* den letzteren könnten die beschriebenen Kentaurenfüße ähnlich erscheinen.

Einen solchen Vergleich machte augenscheinlich niemand, der die Kentauren nach der Weise der späteren Kunstwerke als Mischgestalten aus menschlichem Oberkörper und tierischem Unterkörper mit vier Pferdefüßen sich vorstellte. Von der Kunst aus drang letztere Darstellungsweise seit dem sechsten Jahrhundert auch in die Poesie und die durch sie bewirkte Fortbildung der alten Sage ein und verdrängte jede abweichende Vorstellung über das Aussehen der Kentauren. Es ging ihr aber in der älteren griechischen Kunst eine andere Auffassungsweise vorher, wonach der Kentaur vom Kopf bis zum Zeh die Gestalt eines Mannes hatte, dem rückwärts die hintere Hälfte eines Pferdes angewachsen war.[1] Das älteste Kunstwerk dieser Art, von dem wir Kunde haben, war die Darstellung des Cheiron als

---

1) Nachweisungen über solche Darstellungen auf Vasen von Clusium und Volci, Bronzen, Gemmen und Reliefs bei O. Müller, Handbuch d. Archäol. d. Kunst, 1835. § 389, 2. S. 584. Roß, Archäol. Aufs. S. 104.

Trösters Achills nach dem Tode des Patroklos auf der zur Aufbewahrung heiliger Gewänder bestimmten Lade im Heratempel zu Olympia, welche angeblich das Weihgeschenk eines korinthischen Fürsten aus dem Hause des Kypselos im siebenten Jahrhundert v. Chr. gewesen ist.[1] Auch die von Herakles mit Pfeilen verfolgten Kentauren (Pholossage) auf derselben Bildfläche müssen die gleiche Gestalt getragen haben, da sonst Pausanias die Abweichung angemerkt hätte. Der Verfertiger des Kastens war somit der erste nicht, der die Kentauren so abbildete; die typische Verwendung der Mischgestalt setzt eine bereits voraufgegangene längere künstlerische Tradition voraus. Quelle der Künstler war die Poesie; doch in dieser suchen wir einen deutlichen Anlaß der in Rede stehenden Darstellungsform vergebens; weder Homer noch Hesiod oder irgend welche andere auf uns gekommene Bruchstücke der älteren Epik schildern die Kentauren als Halbrosse, noch enthalten die aus dem alten Epos abgebildeten Kentaurensagen irgend eine Situation, welche die Dämonen als solche zu zeichnen Veranlassung geben könnte. Zwar heißen die Kentauren Tiere (φῆρες, Il. I, 268. II, 743), und dabei haben sie Hände, mit denen sie Baumstämme schwingen (Hesiod. sc. Herc. 187). Im übrigen werden sie nur durch die Beiwörter μελαγχαίτης (Hes.), λασιαύχην (Hymn. in Merc.), λαχνήεις (Hom.) mit dunkelm herabwallendem Haupthaar (Mähne?), mit zottigem Nacken, rauhhaarig characterisiert. Wollte man diese Epitheta auf Tiergestalt deuten, so würde sich zwar auch eine Zwitterform der Kentauren, und zwar eine den indischen Kinnaras oder Kimpurushas ähnliche (Menschen mit menschlichen Armen und Pferdekopf), nicht aber diejenige der griechischen Kunst (Pferde mit menschlichem Vorderleib) ergeben. Eine so eigenartige und ungewöhnliche Vorstellung wäre schwerlich — und am wenigsten in der absichtlich ausmalenden Beschreibung Hesiods — durch die obigen Beiwörter allein und ohne weiteren Zusatz, d. h. mit Verschweigung der Hauptsache ausgedrückt worden. Da außerdem die Wörter χαίτη, αὐχήν häufiger vom Haupthaar und Nacken des Menschen, als von der Mähne und dem Halse der Tiere gesetzt werden, liegt kein Grund vor, jene

1) Pausan. V, 17, 2. 19, 2. Vgl. J. J. Schubring, De Cypselo Corinthior. tyranno. Gotting. 1862. p. 24—29.

Epitheta in theriomorphischem Sinne zu verstehen [1], und es wird deshalb wol bei der zuerst von J. H. Voß, Myth. Br. II, n. 33 ausgesprochenen Deutung sein Bewenden haben, daß die Bezeichnung Tiere bei Homer nur auf Tierähnlichkeit gemünzt war, daß die Sänger des alten Epos dabei nur eine etwas wildere, durch zottigen Haarwuchs am ganzen Leibe, vorzüglich an Kopf und Nacken entstellte Menschengestalt im Sinne hatten.

Woher kam dann den Bildnern die kentaurische Mischgestalt? Wir antworten auf diese Frage mit dem ehrlichen Geständniß des Nichtwissens, vermuten aber, daß eine verschollene Sage dazu Veranlassung gegeben hatte, welche neben den auf uns gekommenen Kentaurensagen herlaufend und für sich Gegenstand epischer Bearbeitung geworden, einen oder mehrere Kentauren vielleicht in Folge einer bestimmten Situation derartig geschildert hatte, daß in der Zeichensprache der Kunst die nachmals durch Generalisierung für die Darstellung auch aller übrigen Kentaurensagen maßgebend gewordene Zwiegestalt als der getreueste Ausdruck dieses Gedankens gelten konnte.

Die Betrachtung einiger Analogien wird vielleicht für das Verständniß unseres Falles förderlich sein. Auf dem Kypseloskasten waren mehrere Menschen- und Tiergestalten mit fremdartigen Zutaten dargestellt, Artemis und die Rosse sowol des Pelops als diejenigen der Thetis mit Flügeln, Boreas mit Schlangenfüßen und vermutlich ebenfalls mit Flügeln (s. Voß, Myth. Br. I, Br. 35 p. 239), Ker mit Krallen an den Händen, der personifizierte Schrecken (Phobos) als Mann mit Löwenkopf. Hier überall waren die fremden Gliedmaßen der allegorische Ausdruck einer dem dargestellten Wesen innewohnenden Eigenschaft. Manche dieser Zeichen mögen zuerst von den nach einem Notbehelf suchenden Bildnern eingeführt sein, vielfach aber hatte diesen die Poesie bereits vorgearbeitet, sei es durch Vergleiche, welche ihnen Anregung gewährten, sei es durch Phantasiegebilde, welche den Gedanken bereits in anschaulichen Gestalten verkörperten.

---

1) Durch diese Bemerkung und das Ganze unserer obigen Auseinandersetzungen erledigt sich J. H. Vossens irrige Ansicht, zur neueren Fabel gehörten die Kentauren im Hymn. in Merc. v. 224 mit ihrem haarigen Nacken und unmenschlichen Fußspuren, wodurch Halbrosse angezeigt würden.

So gingen die Flügel, welche der göttlichen Jägerin Artemis den in der Wettfahrt siegenden göttlichen Rossen des Pelops, dem über Land und Meer schwebenden Gespanne der Nereiden zur Bezeichnung wunderbarer Schnelligkeit beigelegt wurden, unzweifelhaft in letzter Instanz auf Vergleiche im Epos, wie Hymn. hom. in Cer. v. 43 von Demeter „*σεύατο δ' ὥστ' οἰωνός*" zurück. Die Keren haben bereits auf dem Schilde des Herakles bei Hesiod als dahinraffende Todesgöttinnen Krallen, aus demselben Grunde die Moiren und Achlys (tiefe Bekümmerniß). Vgl. Mannhardt, Germ. Myth. S. 626. Boreas wird noch von Tyrtaios als laufend geschildert; die Drachenschwänze an Stelle der Füße auf dem Kypseloskasten setzen eine andere poetische Auffassung gewisser Erscheinungen des Naturereignisses voraus, und Lieder, in denen das geschah, müssen damals neben anderen, welche Boreas ganz menschlich schilderten, hergelaufen sein. Ähnlich, meine ich, werde die Zwiegestalt der Kentauren die Versinnlichung einer dem Wesen derselben einwohnenden Eigenschaft sein, welche eine nur noch in fernen Nachwirkungen fortlebende Dichtung hervorgehoben hatte. Vielleicht ist es nicht zufällig, daß auf dem Kypseloskasten grade Cheiron als Halbroß uns begegnet, daß eine schon vom Logographen Pherekydes nacherzählte genealogische Mythe zur Erklärung speziell dieser seiner Mißgestalt ersonnen war. War Cheiron etwa Träger jener verschollenen Sage, aus welcher der Roßleib der Kentauren entnommen ist? Er war ja der Lehrer des fußschnellen (*ποδώκης*, *ποδάρκης*, *πόδας ὠκύς*) Achilleus und soll diesen darin unterwiesen haben, „schnell wie der Wind," *ἶσος ἀνέμοις*, das Wild im Lauf einzuholen. Der Vergleich schnelles Laufes mit dem Winde war und blieb den Griechen sehr geläufig (vgl. die Worte *πόδαυρος*, *ἀελλόπους*, *ἀελλόπος*, *πνοήπους* und *Ποδάνεμος*); Tyrtaios I, 3 bekennt, den unkriegerischen Mann nicht zu achten:

Nein, und wär' er Kyklopen an Riesenwuchs und Gestalt gleich,
Siegt' er im Laufe sogar über den thrakischen Nord.

In einer Gigantomachie und demnächst bei Pherekydes, Dositheos und Hygin[1] ist die Sage erzählt, Kronos habe sich in ein Roß

1) Pherec. Fragm. 33. Schol. Apoll. Rhod. I, 554. II, 1233. Cf. Duentzer, Fragm. ep. p. 3. Dosith. p. 71. Hygin. f. 138, p. 16. Schmidt. Schol. Apoll. Rhod. II, 1235.

verwandelt und mit der Philyra den Kentauren Cheiron erzeugt. Diese Überlieferung setzt die Halbroßgestalt des Cheiron voraus, zu deren Erklärung die ganze Erzählung ersonnen scheint. Die Erfindung schmeckt nach dem Zeitalter der Göttergenealogien resp. Hesiods; Kronos, der Herrscher einer noch halb chaotischen Urzeit, ist der Vater, damit nicht *Zeus* eine unmenschliche Mißgestalt erzeugen soll. Eine ähnliche, aber offenbar noch spätere Dichtung läßt die Roßkentauren aus der Begattung des Ixionsohnes Kentauros mit magnesischen Stuten hervorgehen. So las Pindar (Pyth. 2, 78 ff.) in irgend einem Gedichte; aber ohne Zweifel war dies ein zugedichteter Zug, erst in junger Zeit einer älteren Mythe ganz lose angefügt, welche vom Kentauros berichtete, ohne seine Roßgestalt zu kennen oder zu erwähnen.

Die Mythe lautet nach Pindar und Scholien folgendermaßen: *Ixion* (nach Aischylos des Antion, nach Pherekydes des Peision, nach einigen des Ares und nach Asklepiades des *Phlegyas* Sohn) hat Dia, die Tochter des *Deioneus*, geheiratet, der mit Gewalt das Brautgeschenk vom Schwiegersohne eintreibt. Dafür rächt sich dieser, indem er eine Grube gräbt und mit Feuer füllt (*διορύξας βόθρον καὶ πληρώσας πυρός*), in welche er den treulos zum Schmause geladenen Deioneus *fallen läßt*. Derselbe verbrennt (*εἰσελθὼν εἰς τὴν πυρὰν ἔνδον ἔπεσε καὶ κατεκαύθη*). Niemand habe den Ixion vom Morde reinigen wollen, nur Zeus erbarmte sich seiner, entsündigte ihn, führte ihn in den Himmel und nahm ihn sogar zu seinem Tischgenossen. Doch der Schändliche vergaß die Woltat und trachtete der Hera nach. Da schob Zeus eine der Götterkönigin ähnliche Wolke unter. Ixion umarmte sie stürmisch (*τὸν δὲ Ἰξίονα θεασάμενον ἐφορμῆσαι καὶ παρακλιθῆναι*), und aus beider Verbindung ging ein *wilder* (*ἄγριος*) und wunderlicher (*τερατώδης*) Kerl hervor, den man *Kentauros* hieß. Nachmals fesselte Zeus die Füße und Hände des Ixion auf *ein ewig sich drehendes Rad*, indem er ausrief, es gezieme sich Woltätern mit Gutem zu vergelten, nicht ihnen zu schaden. Pindar legt diese Sentenz dem „*am flugschnellen Rad allwärts im Kreise gerollten*“[1] Ixion in den Mund als eine Mahnung, die er nach der Götter Gebot allem Volke zurufen muß. Es ist deutlich, daß Pindar die Fabel als bekannt

1) *Ἐν πτερόεντι τροχῷ παντᾶ κυλινδόμενον.* Pind. Pyth. II, 40.

voraussetzt, und daß schon frühere Dichter (Simonides? Bakchylides?) dieselbe als Beispiel für einen ethischen Satz bearbeitet hatten. Das weist auf noch ältere Quellen zurück. Weiter hinauf führt kein äußeres Zeugniß; der Widerspruch gegen Homers Angabe, der Ixion zum Vater des Peirithoos macht, scheint sogar auf den ersten Blick die ganze Erzählung zu einer neueren Erfindung zu stempeln. Eine genauere sachliche Analyse ergiebt jedoch, wie es scheint, überzeugend das Alter derselben und ihren Ursprung aus einem Naturmythus.

Die Verflechtung Ixions auf ein ewig rollendes Rad ist eine so singuläre Strafe, daß sie als epische Entwickelung aus der Verschuldung des Heros nicht verstanden werden kann, vielmehr wird sie den Kern der Fabel gebildet haben,[1] um den sich das Übrige anspann. Und in der Tat hat dieser Zug alle Vermutung des Alters und der Echtheit für sich, wenn man erwägt, daß bei Homer des Ixion Sohn mit offenbarer Anspielung auf eine Eigenschaft des Vaters *Peiri-thoos* der *Ringsumläufer*[2] heißt; wenn Il. XIV, 318 Zeus sich rühmt, denselben mit des Ixions Ehegemahl erzeugt zu haben, so setzt dies als frühere Sagengestalt die wirkliche Vaterschaft des Ixion voraus; nur der Wunsch, das Ansehen des Helden Peirithoos noch zu vergrößern, hatte einen Rhapsoden veranlaßt, den Göttervater einzumengen. Berechtigt uns diese frühe Spur des Mythus nach verschiedenen Analogien an ein zu Grunde liegendes Naturbild zu denken, so bietet sich von selbst eine Erklärung, auf welche schon alte Dichter verfallen waren, deren einer dem Logographen Pherekydes als Gewährsmann diente. Asclepiad. Fragm. 3; Schol. Pind. Pyth. II, 39: *προςιστοροῦσι δὲ ἔνιοι, ὡς καὶ μανείη ὁ Ἰξίων ὡς καὶ Φερεκύδης· καὶ τὴν ἐπὶ τοῦ τροχοῦ κόλασιν αὐτῷ παρεγκεχειρήκασιν· ὑπὸ γὰρ δινῆς καὶ θυέλλης αὐτὸν ἐξαρπασθέντα*

1) Der Name Ixion ist wohl Hypokorisma einer zweistämmigen Form, etwa *Ἀξί-στροφος* auf dem Rade, mit der Achse herumgedreht. Vgl. Ficks Auseinandersetzungen über die Bildung der griech. Eigennamen auf *-ιων*. Personenn. S. XXXIV. Schon Kuhn (Herabk. 69) und Bréal (le mythe d'Oedipe 10) nahmen den Anlaut von Ixion als Schwächung von a; nach ihnen liegt eine Form *'ΙξιϜον* = skr. Akshîvan, Achsenträger, Radmann (vgl. gr. *ἄξων* Achse, *ἅμ-αξα*, Wagen, skr. akshas, lat. axis, ahd. ahsa) zu Grunde. Vgl. auch Curtius, Grundz³ 643 Anm.

2) Vgl. Pott in der Zs. f. vgl. Spr. VII, 93.

φθαρῆναί φασιν. Ixion war der Wirbelwind, das Rad die Umdrehung einer Trombe (o. S. 38). Ein Knabe aus Zoppot bei Danzig beschrieb mir 1864, sein Vater habe auf der Chaussee nach Koliebke ein *feuriges Rad* mit großem Geräusch „schisch! schisch!“ in horizontaler Lage fliegend sich fortbewegen gesehen. Der deutsche Volksglaube behauptet, im Wirbelwind sitze der Teufel, ein Hexenmeister oder eine Hexe; sobald man ein Messer, Hut oder Mütze hineinwerfe, höre er auf [vgl. das Abschießen der Kanonenkugel, u. S. 86 Anm. unten]; der Hut sollte Oberherrschaft über den Dämon begründen (vgl. RA. 148 ff. Bk. 392), das Messer denselben verwunden.[1] Dann fällt nach manchen Sagen der Zauberer oder die Hexe nackt oder mit *ausgestochenem Auge* aus dem Wirbel herab. Dem Neugriechen schreitet oder tanzt im Wirbelwinde die Neraide (o. S. 37 ff.) oder der Teufel, der daher auch *ὁ ἄνεμος* heißt.[2] Ganz ähnlich sehen wir im Typhôs auch schon eine griechische Verbildlichung des Wirbelsturms als ein persönliches, unholdes Wesen, dem bei plötzlichem Sturm, Stoßwind, Wirbelwind (*καταιγίς, ἐριώλη, στροβιλώδης ἄνεμος*) — aller dieser Vorsteher war Typhôs, Typhôn — das Opfer eines schwarzen Lammes gebracht wurde, damit er aufhöre (Schol. Arist. Equ. 511. Ran. 847).[3] In den homerischen und hesio-

1) Vgl. Mannhardt, Götterwelt d. d. u. nord. Völker 99. Kuhn, Nordd. Sag. 454, 405. 406.

2) Schmidt, Volksleben der Neugriechen 175. 177.

3) Da es für unsere Untersuchung von Wichtigkeit scheint, lasse ich eine Beschreibung des Naturphänomens aus dem Munde der Alten und nach neueren wissenschaftlichen Beobachtungen folgen. Plin. histor. nat. II, cap. 48: Nunc de repentinis flatibus qui exhalante terra coorti, rursusque dejecti interim obducta nubium cute, multiformes existunt. Vagi quippe et ruentes torrentium modo tonitrua et fulgura edunt. Majore vero illati pondere incursuque, si late rupere nubem, procellam gignunt, quae vocatur a Graecis Ecnephias (*ἐκνεφίας*). Sin vero depresso sinu arctius rotati effregerint, sine igne hoc est sine fulmine verticem faciunt, qui Typhon vocatur, id est vibratus Ecnephias. Defert hic secum aliquid abruptum e nube gelida, convolvens versansque, et ruinam suam illo pondere aggravans, et locum ex loco mutans rapida vertigine: praecipua navigantium pestis, non antennas modo, verum ipsa navigia contorta frangens, tenui remedio aceti in advenientem effusi, cui est frigidissima natura. Idem illisu ipse repercussus, correpta secum in caelum refert, sorbetque in excelsum. Quod si majore depressae nubis eruperit specu, sed minus lato, quam procella, nec sine fragore Turbinem vocant, proxima

deischen Gestalten Typhôens und Typhaon ist die Personification dieser Naturerscheinung mit der poetischen Auffassung des Vulcans vermischt. Auch der Araber sieht im Wirbelwind einen Dschin, wirft ein Stück Eisen hinein und ruft: „Eisen, *o Unseliger!*“ (Bk. 132 Anm. 1). Wie leicht also konnte es geschehen,

quaeque prosternentem. Idem ardentior, accensusque dum furit, Prester vocatur, amburens contacta pariter et proterens. Hiezu vergl. man die Schilderung bei Martins, Trombes terrestres in Poggendorfs Annal. 81, 444. Schmid, Meteor. 1860 S. 552, der wir aus Arago's wertvoller Zusammenstellung vielfacher Einzelbeobachtungen (Werke, Lpzg. 1860. B. XVI, S. 254 bis 286) noch einige Züge hinzufügen. „Nicht selten geht der Windhose ein Gewitter voraus oder begleitet sie.“ Fast immer entwickelt sie sich aus einer Wolke, die sich in Form eines Kegels oder Schlauches der Erde nähert. Das Aussehen dieser Wolke gleicht dem Rauche einer Feuersbrunst oder eines mit Steinkohlen gespeisten Ofens, und fast immer bemerkt man darin unter Begleitung von Blitzen [daraus hervorsprühenden Flammen, Feuerkugeln, Funken] heftig wallende und wirbelnde Bewegungen. Fast alle Beobachter haben beim Herannahen der Windhose ein starkes Geräusch bemerkt, vergleichbar mit dem Dröhnen eines schweren Lastwagens auf steinigem Damm oder eines Eisenbahnzugs [„Den raschen Lauf der Trombe begleitete ein Geräusch wie das Rollen eines galoppierenden Wagens über das Steinpflaster; die Explosion der Feuer- und Dampfkugeln hörte sich an, wie das in Intervallen rasch aufeinanderfolgende Geknatter von Flintenschüssen, und der stürmische Wind ließ dazu ein entsetzliches Pfeifen vernehmen“]. Der Weg der Windhose über die Erdoberfläche ist mit Trümmern bezeichnet, Bäume werden entwurzelt und gestürzt, verdreht, zerspellt und zugleich ausgedörrt, [Steine und Felsblöcke weit hinweggeschleudert, Gebäude zertrümmert, erschüttert, abgedeckt, Sand, Erde, Pflanzen, Dachziegel, Heuschober, Kornhaufen, zuweilen Menschen und Tiere vom Wirbel ergriffen, zerstreut und Strecken weit durch die Luft fortgeführt]. Das Phänomen ist von einem sehr stinkenden schwefelartigen Geruch begleitet. Die Wirbelsäule hat nicht selten das Aussehen eines von einem starken Luftstrom bewegten Bandes oder die Gestalt einer mehrere Hundert Schritte langen Schlange. Während des Wirbelsturms herrscht nicht selten völlige Dunkelheit. [„Die Sonne soll, wie die meisten Zuschauer versichern, um diese Zeit gar nicht geschienen haben.“ „Die Säule verbreitete sich an der Oberfläche der Erde und ließ einen sehr schwarzen Rauch ausströmen, welcher die ganze Ebene bedeckte und eine solche Finsterniß erzeugte, daß die Bewohner der umliegenden Anhöhen glaubten, die Commune von St. Seurin sei ganz verschwunden und vom Meteore verschlungen worden.“] Sobald aber die Trombe sich zerteilt, tritt plötzlich Windstille und Sonnenhelle ein, und zugleich schweigt der Donner, der vorher von allen Seiten des Firmamentes vernehmbar gewesen ist. Man kann die Windhose zerreißen, wenn man eine Kanonenkugel oder Flintenkugeln dahinein abfeuert.

daß der Glaube, in der Trombe sitze ein böser Dämon, in die Vorstellung von einem unseligen Geiste umschlug, der verwünscht sei, im Rade oder auf einem Rade sich zu drehen. Mit dieser Deutung stimmen alle Einzelheiten des Mythus auf das vollständigste und beste zusammen. Das Phänomen berührt und verdüstert den Himmel und kann, wie des Typhôeus Ansturm gegen Zeus lehrt, als ein Angriff auf die höchste Himmelsmacht (hier Hera) aufgefaßt werden, aber die *Wolke* schiebt sich unter, welche jedesmal von oben sich herablassend den Beginn des Schauspiels bildet, woher der griechische Name ἐκνεφίας (o. S. 85). Ihr steigt vom Erdboden ein Wirbel entgegen, so daß die ganze Erscheinung als Vermählung zweier Wesen aufgefaßt werden konnte, wie in Rußland, wo der Wirbelwind der Brautzug des Ljeschi oder der Tanz des Ljeschi mit seiner Braut genannt wird (Bk. 143). Jene von Ixion umarmte Wolke konnte aber auch *Δῖα*, die himmlische, genannt werden, und aus dem *Dampf* und den *feurigen* Entladungen, welche das Phänomen des Wirbelsturmes jedesmal begleiten, erklärt sich von selbst, weshalb *Dêi-on-eus* (doppeltes Hypokorisma eines mit δήϊο-ς, sengend, brennend, verzehrend, [vgl. δήϊον πῦρ] zusammengesetzten Namens, wahrscheinlich *Δηΐπυρος*)[1] von seinem Schwiegersohne in der mit Kohlen gefüllten Grube *verbrannt* wird; ja sogar die *Grube* hat in der Wirklichkeit ihr Vorbild, insofern die Säule des Wirbelwinds, wo sie die Erde berührt, jedesmal eine *Vertiefung bewirkt*.[2] Ursprünglich bestand die Legende aus zwei Erzählungen, in deren einer Nephele, in deren anderer Dia das Weib des Ixion hieß. Zu welcher von beiden die Bestrafung des Ixion mit dem Wirbelrade gehörte, wie und wann die Durchdringung

---

1) Cf. Pott in der Zs. f. vergl. Sprachf. VII, 428.

2) Vgl. das Phänomen, Assonvalle bei Boulogne 6. Juli 1822 Mittags: Mehrere Wolken von verschiedenen Seiten sammelten sich zu einer einzigen Wolke, die den ganzen Horizont überdeckte. Aus dieser senkte sich alsbald ein Kegel dichten Dampfes von der bläulichen Farbe des brennenden Schwefels herab, dessen Grundfläche auf der Wolke ruhte, während die Spitze sich zur Erde senkte, bald darauf eine von der Wolke gelöste, sich drehende Masse bildete. Diese erhob sich mit dem Geräusch einer explodierenden Bombe und ließ auf der Erde eine Vertiefung in Gestalt einer kreisförmigen Höhlung von 8 Meter Umfang zurück.

derselben mit ethischen Motiven und ihre Vereinigung vor sich ging, ist nicht mehr auszumachen.

Der Sohn der Wolke und des Wirbelwindes, *Κένταυρος*, muß selbst eine meteorische Erscheinung sein, sei es, daß er eine bloße Wiederholung gewisser Wesensseiten des Vaters, wie *Φαέθων* des *Ἥλιος*, war, oder daß man schwächere Windtromben, von geringer Ausdehnung und weniger verderblicher Wirkung, wie sie bei heißen Sommertagen häufig über Äcker und Wald tanzen, als Kinder eines stärkeren Wirbelsturmes ansah, oder daß der die Trombe begleitende oder ihr nachfolgende sonstige Luftzug als ihr Sprößling betrachtet worden ist. Hiemit dürfte sich auch die Etymologie des Wortes *κέντ-αυρος* als Luftstachler, Luftansporner vertragen, insofern der im Wirbel oder Luftzug inwohnende Geist die Luft anspornt, zum Laufe antreibt (vgl. *κένσαι*, Il. XXIII, 337 vom Anspornen der Pferde, *κεντέω*, *κέντρον*). Vielleicht wäre sogar die Auffassung als *„Rofs-ansporner"* erlaubt, wenn mit Kuhn und Ebel (Zs. f. vgl. Spr. IV, 42; V, 392) ein Substantiv *αὖρος*, Renner, Pferd = skr. arvan, aus dem bei Grammatikern angeführten Adj. *αὖρος* = *ταχὺς* und *αὖροι*, *λαγωοί* Lobeck, Aglaoph. II, 848 erschlossen werden dürfte. Diese Deutung empfiehlt sich doch wol noch eher als A. Kuhns nach eigenem Geständniß auf lauter sprachlichen Ausnahmen beruhende Gleichstellung von Kentauros mit dem indischen *Gandharva*,[1] zumal da auch die ausführlich begründete sachliche Übereinstimmung bei näherer Prüfung unter den Händen verschwindet. Denn

1) Cf. Zeitschr. f. vgl. Sprachf. I, 514—542, bes. S. 514—516. Vgl. Kuhn, Herabkunft des Feuers S. 132. 173. 253. — Ixion wird dabei (Zs. f. vgl. Spr. I, 525) auf das Sonnenrad, Cheiron wird als Beiname des Sonnengottes wegen der Sonnenstrahlen nach Analogie von hiraṇyapâṇi, (goldhandig) für den indischen Helios Savitar und von *ῥοδοδάκτυλος Ἠώς* (a. a. O. 536), der nach jungen Quellen von Cheiron als Lehrer der Jagd geführte Bogen wird auf den Regenbogen (Herabkunft S. 253), die von den silbernen Kentauren auf dem Schilde des Herakles geschwungenen goldenen Fichten werden (Zs. f. vgl. Spr. I, 540) als die hinter Wolken hervorbrechenden Sonnenstrahlen (vgl. engl. beam) gedeutet. Kuhns Hypothese hat mannigfache Zustimmung gefunden (z. B. bei W. Schwartz, Urspr. d. Myth. S. 10. Ebel, Zs. f. vgl. Spr. V. 392. A. Maury, Histoire des religions de la Grèce antique S. 202. Bréal, le mythe d'Oedipe S. 10); sprachliche Bedenken erhob schon Pott, Zs. f. vgl. Spr. VII, 88. S. auch Fick, Die Spracheinheit der Indogermanen S. 153. Übereinstimmend mit Kuhns Deutungen hatte Lauer, System d. gr. Myth. 280 Ixion für eine Epiphanie des Apollon erklärt.

wenn Gandharva die hinter der Wolke und den Nebeln verborgene *Sonne* ist (Kuhn a. a. O. 518 ff.), so entspricht dem auf Seite der Kentauren kein Zug. Die Übereinstimmungen, daß die Gandharven nach Trunk und Weibern lüstern und Sammler heilkräftiger Kräuter, dazu die Gatten der Apsarasen, d. h. der Wasser- oder Wolkenfrauen sind, wozu ich nach Atharvav. IV, 37, 11 bei Muir, Orig. Sanscr. Texts V, S. 309 noch füge, daß sie gleich Hunden oder Affen haarig erscheinen, während eine Abart von ihnen, die Kinnaras (d. h. Halbmenschen) als Männer mit Pferdeköpfen geschildert werden, diese Übereinstimmungen reichen unter den erörterten Umständen nicht hin, um das Urteil der historischen Identität beider Wesen zu begründen, so lange die Grundvorstellung — so viel wir erkennen können — auseinandergeht. Die Natur der Kentauren als Windgeister, Dämonen des Sturms und Wirbelwindes bestätigt sich dagegen durch die von ihnen *als Waffen geschwungenen Bäume* und *im Kampf geschleuderten Felsstücke* (o. S. 41 ff.), während auch ihre *langen und wirren Haare* ein auch sonst den Sturmgeistern eignendes Attribut sind (Bk. 148). In einem Dithyrambos, welchen Aristophanes Nubb. 336 verspottet, war die Rede von *den Locken* (*πλόκαμοι*) des *hundertköpfigen Typhôs.*[1] Als Windgeister mochten die Kentauren endlich *fußschnell* genannt (vgl. die *πόδες ἀκάμαται* des Typhôeus Hes. Theog. 824, o. S. 86) und roßfüßig, roßgestaltig, sich in ein Roß wandelnd oder auf einem Roß reitend geschildert werden. Der russische Waldgeist Ljeschi kreischt, lacht, klatscht, *bellt* wie ein Hund, *brüllt* wie eine Kuh [auch Typhôeus brüllt wie ein Stier, und belfert wie Hündlein], sodann *wiehert er wie ein Pferd.* Bk. 139. Der vom Roß entnommene Name *Κένταυροι*, Luftsporner, läßt beinahe vermuten, daß man sich die Kentauren u. a. auch als Sturm*reiter* gedacht habe.

Wie fügt sich zu diesen Deutungen die homerische Angabe, daß Ixion und Peirithoos *Lapithen*, die Lapithen aber Menschen (*ἄνδρες*) waren im Gegensatze zu den Kentauren, die von ihnen aufs heftigste bekämpft wurden? Macht nicht die früher bezeugte

1) *Ταῦτ' ἄρ' ἐποίουν ὑγρᾶν Νεφελᾶν στρεπταίγλαν δάϊον ὁρμάν, πλοκάμους θ' ἑκατογκεφάλα Τυφῶ, πρημαινούσας τε θυέλλας.* Rudra, der Sturmgott, heißt ebenso der Gelockte (kapardhin, keçî), auch die Gandharven einmal windhaarig, vayukeçau.

und innerlich bewährte Genealogie Ixion-Peirithoos Lapithenkönig die später auftauchende Ixion-Kentauros von vorneherein unglaubwürdig? In dem Falle nicht, wenn die zuerst bei Pindar auftauchende Mythe als eine einst neben Homer herlaufende gleichalte Variante der ersteren Sage sich erweisen ließe. Und das tut sie wirklich, wie es den Anschein hat. Um es gleich herauszusagen, auch die Lapithen waren kein wirkliches „halbmythisches“[1] Volk, sondern ganzmythische Gestalten, ursprünglich Personifizierungen von Sturmerscheinungen, und deshalb konnte ihnen derselbe Ahnherr zugesprochen werden, wie den Kentauren. Wenn *Peirithoos* den Herumläufer bedeutet, mithin ein *Doppelgänger* Ixions ist, müssen auch die Lapithen im allgemeinen derselben Art gewesen sein. *Λαπ-ίθ-αι* (gebildet wie *ἔρ-ιθ-ος*, Lohnarbeiter von *αρ*: Curtius, Grundz.[2] S. 306) entsprießt dem Stamme *λαπ*, reißen, raffen, zerstören, welcher in *λαΐ-λαψ*, *-απος*, (*λαι-*, *λα-* verstärkende Vorsatzpartikel) Sturmwind mit Regen erhalten ist, von Düntzer (Zs. f. vgl. Spr. XII, 12 ff.) auch in *λαπάζω*, *ἀ-λαπάζω*, ausleeren, zerstören und plündern (Il. II, 367. XXIV, 245 u. s. w.) gesucht wird. Es ist eine Nebenform von *ῥαπ*, griech. gewöhnlich *ἁρπ-*, wozu lat. rapio, rapax, griech. *ἅρπαξ*, *ἁρπαλέος* und der Name der raffenden Sturmgöttinnen *Ἅρπυιαι*. Eine Nebenform wiederum der Wurzel *rap* war *rup*, brechen, zerreißen, wohin lat. rumpo, griech. *λυπ-έω*, betrübe, skr. lump-ami, breche, verderbe. S. Curtius, Grundz.[2] S. 238. 240. Mithin stehen die *Lapithen* den *Harpyien* etymologisch und auch wol dem Wesen nach ganz nahe. Dies führt uns zu einer kurzen Untersuchung über diese Halbgottheiten.

Die *Harpyien* des griechischen Altertums entsprechen genau gewissen Gestalten unserer deutschen Sagen. Bei Homer sind sie *Göttinnen* des Sturmes, welche unversehends Menschen aus Gesicht und Gehör wegraffen; Telemach und Eumaios geben ihnen des Odysseus Entführung Schuld.[2] Dieselbe Meinung erhellt aus der Rede der Penelope Od. XX, 63 ff., wo sie den Wunsch ausspricht, ein Sturmwind (*θύελλα*) möge sie in die Höhe raffen (*ἀναρπάξασα*) und, weit hinweg über dämmernde Pfade fortschreitend, sie dahintragen und hinwerfen, wo kreisend die Flut

1) Bursian, Geogr. v. Griechenland I, 45.

2) *Νῦν δέ μιν ἀκλειῶς Ἅρπυιαι ἀνηρείψαντο.* Od. I, 241. XIV, 371.

des Okeanos ausströmt. So hätten einst die Sturmwinde (θύελλαι) des Pandareos Töchter in die Höhe gerissen. Der verwaisten Kinder hätten Athene, Artemis, Here und Aphrodite gepflegt und ihnen alle bei Frauen begehrenswerten Eigenschaften mitgeteilt. Als nun Aphrodite sie vermählen wollte, *hätten die Harpyien die Mädchen geraubt* und den Erinnyen dienstbar gemacht. Hesiod (Theog. 267) denkt sich die Harpyien *Sturmfufs* und *Schnellfliegerin* (Aello, Hypokorisma wol von Aellopus, Sturmfuß Okypete) als *schöngelockte* (ἠΰκομοι) Göttinnen (vgl. o. S. 89), welche mit der Fittige Schwung des Windes Anhauch und himmlische Vögel erreichen. In die Argonautensagen war ferner der alte schon von Hesiod[1] behandelte Mythus von Phineus verflochten. In der sehr altertümlichen Form, welcher Apollodor I, 9, 21 folgt, lautet er der Hauptsache nach folgendermaßen: Der *geblendete* Phineus wurde von den Harpyien belästigt, welche, sobald ihm der Tisch gedeckt war, vom Himmel *mit Geschrei* herabflogen, die meisten *Speisen wegraubten* und die übrigen Brocken mit solchem *Gestank behaftet* zurückließen, daß sie zum Essen untauglich waren. Vom Schicksal war ihnen bestimmt durch die *Boreaden* umzukommen, diesen hinwiederum selbst zu sterben, wenn sie mit der Verfolgung nicht zum Ziele gelangen könnten. Als nun die Nordwindsöhne *Zetes* und *Kalais*, mit den Argonauten nach Thracien gekommen, die Not des Phineus sahen, rissen sie ihre Schwerter heraus und verfolgten die Harpyien durch die Luft bis zu den *strophadischen* Inseln, die, vorher Echinaden genannt, ihren Namen daher bekamen, daß hier die eine Harpyie, nachdem die andere schon abgefallen war, umkehren wollte; als sie aber gegen das Ufer kam, fiel sie vor großer Ermattung mit ihrem Verfolger zugleich nieder. Die von Hesiod benutzte Fassung der Sage scheint mehrere Eigentümlichkeiten gehabt zu haben. Er erzählte (Strab. VII, p. 463. C.), die Harpyien hätten Phineus in ein fernes Land, das der Milchesser (*durch die Luft*) *entführt* (τὸν Φινέα ὑπὸ τῶν Ἁρπυιῶν ἄγεσθαι „Γλακτοφάγων εἰς αἶαν ἀπήναις οἰκί' ἐχόντων"), wozu Heyne, Observ. ad Apoll. I, 9, 21 bemerkt: Ceterum Hesiodeam narrationem habemus adhuc in Orphicis quae hinc illustranda v. 675.

1) Fragm. CLXXXIX (dazu vgl. Kirchhoff im Philol. XV, 10 und Bergk, N. Jahrb. f. Phil. 1873, 39, 6) und CCXI, p. 205. 299 Göttling.

6. 7: *αὐτὰρ ἐπιζαμενὴς Βορέης στροφάδεσσιν ἀέλλαις ἁρπάξας, ἐκύλινδεν ὑπὸ δρυμὰ πυκνὰ καὶ ὕλας Βιστονίης, ἵνα κῆρ᾽ ὀλοὴν καὶ πότμον ἐπίσπῃ.* In den hesiodeischen Eoeen, welche die Blendung des Phineus damit motivierten, daß er Phrixos den Weg gezeigt habe, war die *Beraubung des Mahles durch die Harpyien* mit sehr altertümlichen Zügen geschildert, „*εἰς τὰς πνοὰς ἔτρεχον,*" „in die Windhauche *liefen sie*" (die Harpyien) Schol. Apoll. Rhod. II, 178 ff. 276 ff; wozu die Beschreibung des Theognis (um 540 v. Chr.), Paraen. v. 534 stimmt:

> *ὠκύτερος δ' εἴησθα πόδας ταχεῶν Ἁρπυιῶν,*
> *καὶ παίδων Βορέου, τῶν ἄφαρ εἰσὶ πόδες.*
> Ob du auch hurtiger wärst, wie die fußgeschwinden Harpyien,
> Oder des Boreas Söhn', eilend mit flüchtigem Fuß.

Für *εἰς τὰς πνοὰς ἔτρεχον* hätte gesagt werden können und ist auch wol einmal gesagt *εἰς τὰς στρόφαδας* sc. *ἀέλλας* (vgl. o. Z. 1). So offenbart sich auf einmal, durch welches Mißverständniß man dazu kam, die Verfolgung der Harpyien bis zu den gleichnamigen Strophadeninseln gehen zu lassen. — Zuweilen nehmen die windschnellen Harpyien *Rofsgestalt* an. Homer erwähnt Il. XVI, 149 ff. die unsterblichen *Rosse* des Achilleus, welche die Harpyie Fußschnell (*Ποδάργη*) dem Westwind gebar, als sie auf der Wiese am Okeanos *geweidet.* Die Bildersprache dieser Mythen blieb völlig durchsichtig. Die Harpyien sind eine weibliche Personwerdung einer milderen Form der nämlichen Naturerscheinung, deren furchtbarste Gestaltung eine andere griechische Landschaft als den männlichen Dämon Typhôeus auffaßte, d. h. des Menschen mit sich fortreißenden Wirbelwindes, der ja auch bei Neugriechen als Lebensäußerung der Neraide gedacht wird (o. S. 37). Ganz genau entsprechen deutsche und nordische Auffassungen. In den Niederlanden sagt man, wenn Wirbelwinde auf Erden wüten und alles mit fortreißen, *die fahrende Mutter halte ihre Umzüge.*[1]) Am Niederrhein heißt es, im Wirbelwind sitze eine böse Hexe,[2] ebenso im Lechrain. Die Hexen können einen Sturmwind erregen, in dessen Windgäspeln sie sich dann verbergen und *Getreide oder Heu* mit sich fort nach Hause führen.[3]

1) J. W. Wolf, Niederl. Sag. 1843 S. 616. n. 518.
2) Kuhn, Westf. Sag. II, 93.
3) Leoprechting, Aus dem Lechrain S. 15. 101.

In Westfalen denkt man beim Wirbelwinde an *mehrere dämonische Weiber*, „da fliegen die Buschjungfern" (Bk. 86). Seit alten Zeiten heißt der einem Gewitter vorausgehende Wirbelwind in Deutschland *Windsbraut*, Windis prût oder das *„fahrende Weib."* Vgl. *„Lief spilnde* als ein windis brût durch daz gras."[1] „Die Windsbraut ist *Vorläuferin einer Witterung, eines Unwetters, das kommen wird.* Den Staub treibt sie wie Rauch von großem Feuer in die Höhe und führt ihn weit fort."[2] Geht man voraus nicht auf die Seite, *so nimmt sie einen mit.* — Jemand war unterwegs; da kam die Windsbraut daher. Er ward zornig und rief: „Komm nur wieder, du Hexe!" und warf sein Messer hinein. *Da nahm ihn der Wind mit und führte ihn zweihundert Stunden weit.* Hier harrte seiner im Wirtshause ein Mann mit einem Auge; der zeigte ihm sein Messer und sagte: „Schau, das zweite Auge hast du mir ausgestochen!" Er warnte ihn für die Zukunft und *liefs eine Windsbraut kommen, die ihn wieder heim führte.*[3] In Schweden wird dieser Wirbelwind als ein Mädchen (Thors pjäska) gedacht, das dem Blitz vorherläuft (Bk. 128), oder als ein Trollweib, eine Skogsnufva (Waldfrau), welche der gute Vater (Gofar), d. i. der Donner, *verfolge* (Bk. a. a. O.). Diese Vorstellung wendet sich zuweilen dahin, daß der personifizierte Sturm, König Oden, hoch zu Roß, mit seinen Jagdhunden und begleitet vom Donner, der Trollfrau nachjage, sie endlich erlege und quer über sein Roß hänge (Bk. 137 ff.). Dieser schwedischen entsprechen zahlreiche deutsche Sagen, in welchen *vom wilden Jäger oder von den wilden Jägern* (den Geistern des Sturmes) ein gespenstiges Weib (Wetterhexe mit roten fliegenden Haaren, weißes Weib), die Buhle des Verfolgers, oder eine ganze Schaar wilder Frauen, Unterirdischen u. s. w. verfolgt werden. Jemand sieht ein Weib ängstlich *vorüberlaufen*, bald darauf stürzt ein Reiter, der wilde Jäger mit seinen Hunden, ihr nach, und es dauert nicht lange, so kehrt er wieder und hat die Frau, welche nackt ist, quer vor sich auf dem Pferde liegen.[4]

1) Myth.[2] 598. 599.

2) Schönwerth, Aus der Oberpfalz II, 112.

3) Schönwerth a. a. O. 115.

4) Vgl. W. Schwartz, Der Volksgl. u. d. a. Heidentum 2. Aufl. S. 22 ff. 43 ff. Bk. 82 ff. 86. 105 ff. 109 ff. 112. 115. 116. 121. 122 ff. 128. 149 ff.

In Mecklenburg jagt Fru Wauer die unterirdischen oder *weifsen Weiber*. Einst kam Mutter Warncke in Sukow aus der Backkammer und hatte eben *den Teig eingesäuert*, um am anderen Morgen zu backen. Da hörte sie in der Lowitz das Getöse der wilden Jagd, und im Nu waren die Hunde da, drangen groß und klein mit „Juckjack huuch!“ in die Backkammer, fielen über den Teig und schlürften, als ob sie bei der Tranktonne wären, die alte Frau rief in ihrer Angst: „Nu frett dat Düwelstüg mi all den Dêg up!“ Zu gleicher Zeit gab Fru Wauer ein Hornsignal, und die Meute stürzte zur Tür hinaus. Neugierig schielte Mutter Warncke aus der Tür und sah Fru Wauer hoch zu Roß *die beiden weifsen Weiber mit den Haaren zusammengeknüpft vor sich über dem Pferde hängend.*[1] Auch sonst heißt es von der wilden Jagd: „Läßt man die Tür auf, so zieht der Wode hindurch, und seine Hunde *verzehren* alles, was im Hause ist, sonderlich den *Brodteig*, wenn eben gebacken wird.[2] Von der wilden Jägerin Frick wird erzählt, daß sie einem Bauer, der mit Mehlsäcken von der Boitzenburger Mühle kam, begegnete. In seiner Herzensangst schüttete er seine Mehlsäcke den anstürmenden Hunden dahin, die sogleich darüber herfielen und *alles Mehl auffrafsen.* Auch in einem norwegischen Märchen *nimmt der Nordwind einem Burschen dreimal das Mehl weg*, wie es in manchen Gegenden Sitte war, bei starkem Winde einen Mehlsack auszustäuben, um den Wind zu füttern.[3] Vom Wirbelwinde im Frühjahr sagt der Schwede: „Der Troll ist draußen *Saat zu stehlen*“ (Bk. 128). In Franken ruft man, wenn der Wirbelwind etwas von Heu oder *Getreide* in die Luft und mit sich fortgedreht hat, der vermeintlich im Wirbel steckenden Hexe (Truhte) zu: „Du Luder, *hast doch etwas mitgenommen.*“[4] In Böhmen heißt der Wirbelwind Rarašek. Er ist ein boshafter Geist, der die Menschen neckt und ihnen schadet, *indem er plötzlich die Garben vom Felde wegträgt.* Oft ist er so stark, daß er dem Menschen unvermutet in die Augen fährt und ihn *des Augenlichts beraubt.*[5]

1) Niederhöffer, Mecklenburgs Volkssagen III, S. 191.

2) Müllenhoff, Schleswig-holst. Sag. n. 500 S. 372.

3) W. Schwartz a. a. O. 25—27.

4) Reynitsch, Truhten und Truhtensteine. 1802. S. 78.

5) V. Grohmann, Aberglauben und Gebräuche aus Mähren S. 15, 73.

Nach diesen Analogien wird wol kein Zweifel sein, *daſs die Mythe von Verfolgung der Harpyien durch die Boreaden eine griechische Variation der germanischen von Verfolgung der Trollweiber, Holzfräulein, weiſsen Frauen u. s. w. durch die wilden Jäger, Oden u. s. w. war*; und daß zu ihr der Kampf des Zeus mit Typhôeus sich gradeso verhält, wie zu der ihr entsprechenden deutschen Sage der Feindschaft Thors gegen die Trolle, des Donners gegen die Waldweiber, Riesen u. s. w. (Bk. 109. 128). Die Blendung oder Blindheit des Phineus (des Himmels? Himmelsriesen?[1]) erklärt sich durch die Verdeckung des Sonnenlichtes (o. S. 86) beim Phänomene des Wirbelsturms. Der Raub der Speisen scheint mir aus dem Fortführen des Getreides vom Erntefelde durch den Wirbelwind, oder aus Sagen, welche jenen deutschen von Ausschüttung des Mehls parallel gingen, *jedenfalls aus der Vorstellung von Gefräſsigkeit des Windes (Wirbelwindes)* notwendig hervorgegangen.[2] Sollte der Zug, daß die Harpyien, indem sie das Mahl des Phineus entraffen, zugleich die übriggelassenen Brocken mit *übelriechendem Unrat besudeln*, welchen Apollonius (Argon. II, 189 ff. 228 ff. 270 ff.) vorträgt, noch auf alte und echte Quellen zurückgehn, so ließe er sich füglich auf den nach dem Aufhören des Wirbelwindes bemerkbaren *stinkenden* Schwefelgeruch (o. S. 86) deuten.[3] — Endlich hat auch die Verwandlung der Harpyie in ein Roß nordeuropäische Analoga. Beweisend wäre schon die Anführung eines Volksausdrucks in Masuren. Wenn der Wirbelwind so stark ist, daß auch Erde aufgerührt und mitgeführt wird, so sagt man: „*Ein Pferd fliegt durch die Wolken.*“[4] Wir sind aber sogar im Stande, wenigstens an einer besonderen Form der in Rede stehenden nordeuropäischen Überlieferungen noch beide Hauptzüge der Harpyiensage (die im Sturme verfolgten Weiber und deren Roßgestalt) beisammen nachzuweisen. Die im Sturme gejagte Frau, dieser unselige Geist, wurde vom regen Gewissen des christlichen Volkes in die Seele der größten Frevlerin am Heiligen, der Pfaffenhure umgedeutet. Bald ist nun von einer

1) Vgl. W. Schwartz, Ursprung der Myth. S. 199.

2) Vgl. W. Mannhardt, Götterwelt S. 100.

3) Vgl. auch W. Schwartz, Ursprung der Myth. S. 197.

4) Töppen, Abergl. a. Masuren. 2. Aufl. S. 34.

einzelnen Concubina sacerdotis die Rede, welche ein wilder Jäger verfolgt, bald, (wie bei den Harpyien) bilden Verfolger und Verfolgte eine ganze Schaar. Diese Pfaffenköchinnen heißen aber auch die *Reitpferde* des Teufels, der sie nach manchen Sagen mit Hufeisen beschlagen läßt. Sie werden also auch als *Rosse* (= Wirbelwinde) gedacht.[1] Beide Vorstellungen combiniert die Sage, daß *die wilden Jäger* (das wilde Gjaid) in einem schiffsartigen Schlitten, vor den die in der Christnacht mit Hufeisen beschlagenen Seelen böser Dienstmägde als Pferde gespannt sind, die Wildfrauen jagen. Bk. 120.

Wenn der Name die Lapithen den Harpyien äußerlich verwandt erscheinen läßt, so zeigt der *„Ringsumläufer"* Peirithoos nun auch ihre innere Verwandtschaft. Sie sind gleichsam männliche Harpyien, eine schwächere Auflage des (ursprünglichen) Typhôeus oder Typhaon. Typhaon wird von Hesiod als ὑβριστὴς ἄνομος (oder ἄνεμος) bezeichnet (Theog. 307), gradeso bedeutete λαπίζω sich übermütig betragen, λαπιστής ein Prahler. In Böhmen sagt man, im Wirbelwinde fahre die *Braut*, die sich der Teufel von der Erde holt, in Masuren: *„der Teufel fährt zur Hochzeit,"*[2] in Rußland ist der Wirbelwind die *Vermählung* des Waldgeistes und der Tanz desselben mit seiner Braut (Bk. 143); in Deutschland hieß die Erscheinung seit alters auch *Windsbraut*, Pfaffen*hure*, *Concubina* sacerdotis. Halten wir dazu, daß die Kentauren als Waldgeister *lüstern* sind (o. S. 39. 45), daß dem russischen Bauer *die Verwüstungen der Orkane aus*

1) Vgl. Bk. 120. 123 Anm. 4. Germ. Myth. 711. Wolf, Beitr. II, 143. 145. Noch ein Belag aus Frankreich: „Nos moissonneurs appellent servantes de prêtres ces soudaines et violentes bouffées de vent qui, par un temps calme, surviennent tout à coup, soulèvent, chassent devant elles, et emportent en tourbillonnant, souvent à de grandes distances, les javelles des champs, les andains des prés, la poussière des chemins. Laisnel de la Salle, Croyances et légendes du centre de la France II, 133. „Une meschine de prestre, perseverant et mourant on pechié, est chevalet au dyable." „Quant vous veez un cheval si terrible, qu'il ne veult souffrir qu'on monte sur lui, ou ne veult entrer en un navire ou sur un pont, distes luy en l'oreille ces parolles: Cheval aussi vray que meschine de prestre est cheval au dyable, tu vueilles que je monte sur toy. Et tantost il sera paisible, et en ferez vostre volonté. Évangiles des quenouilles Saec. XV (Nouv. éd. p. P. Janet. Paris 1855. p. 133. 90). Vgl. auch Schottmüller, Die Krügerin von Eichmedien. Bartenstein 1875.

2) Grohmann, Abergl. a. Böhm. S. 35, 195. Töppen, Abergl. a. Masuren.[2] 34.

dem Kampfe der Waldgeister (Liesowiki) gegeneinander entspringen, wobei die Kämpfer hundertjährige Baumstämme und viertausend Pfund schwere Felsstücke auf Entfernungen von hundert Werst gegeneinander schleudern,[1] sowie daß nach neugriechischer Vorstellung die Ortsgeister in den Stürmen einander wütende Schlachten liefern:[2] so liegen nun die Elemente völlig klar, aus denen die Sage von der *Hochzeit* des Peirithoos, von dem bei dieser erfolgten Angriff der Kentauren auf die Braut, und von dem Kampfe zwischen Lapithen und Kentauren entsprossen ist. Die beiden Gegner in diesem Streite waren also ursprünglich gleichartig,[3] Lapithen und Kentauren synonym, oder doch höchstens so verschieden wie Wirbelwind und Sturm,[4] und daher konnten sie in zwei verschiedenen Sagen sehr wol als Kinder desselben Vaters genannt werden. Mit der Verflechtung der Sage ins Epos beginnt der Prozeß der Vermenschlichung, welcher an beiden Teilen in ungleichem Maße, an den Kentauren sehr unvollkommen, an den Lapithen aber fast vollständig sich vollzogen hat, weil für letztere als erfolgreicher Factor der Humanisierung die Gemeinschaft mit den geehrtesten Helden der Vorzeit (Theseus u. s. w.) wirksam wurde, welche die der Naturgrundlage des Mythus vergessene Dichtung nach und nach ihnen als Helfer zugesellte.

1) Bk. 139. Afanasieff, Poet. Naturansch. II, S. 333. Vgl.: Um Altbunzlau sagt man, wenn ein starkes Gewitter ist und die Winde gegeneinander wehen, „die bösen Engel streiten wider einander“, und der gemeine Mann um Außig erklärt sich den Hagel daraus, daß böse Geister sich in der Luft bekämpfen. Sie schleudern Mühlsteine gegeneinander, die aufeinanderstoßend in tausend kleine Stückchen zerspringen und als Hagelkörner herunterfallen. Grohmann, Abergl. a. Böhmen S. 33, n. 183. 184.

2) S. Schmidt, Volksl. d. Neugriechen S. 189. In Rumelien kämpft der Meergeist mit dem Geiste einer tausendjährigen Platane. Wenn einer besiegt wird, sterben in der Nachbarschaft viele Menschen. Auf dem Gipfel des Parnasos liefern sich die verschiedenen Ortsgeister dieses Gebirges tobende Schlachten, und von diesen leiten die Arachobiten die Schneestürme ab.

3) Die Gleichheit würde noch stärker hervortreten, wenn die bei Eustath. ad Hom. p. 102, 2 erhaltene Etymologie eines Grammatikers (Herodians? Ahrens, Dial. Dor. 160), Peirithoos habe den Namen (Ringsumläufer), weil Zeus in Roßgestalt werbend dessen Mutter umkreiste, auf eine ältere und echte Überlieferung gebaut wäre. Doch beruht dieselbe wahrscheinlich auf einer bloßen Verwechselung der Lapithen mit den roßleibigen Kentauren von Seiten eines gelehrten Grüblers.

4) Oder wie Fangga und wilder Mann (Bk. 89), Skogsfru und Hulte (Bk. 127).

Nunmehr sehen wir uns ausgerüstet, durch eine einfache Zusammenstellung der an den Kentauren wahrgenommenen Eigenschaften die im Anfange unseres Aufsatzes ausgesprochene Behauptung ihrer Einerleiheit mit unseren *wilden Männern* zu erhärten. Die Kentauren sind *Berg-* und *Waldgeister*; das Peliongebirge, welchem sie am nächsten zugehören, war besonders waldreich (vgl. *Πήλιον ὑλῆεν* o. S. 48),[1] nicht minder die Pholoe, wohin die Verpflanzung der Sage ihren Sitz übertrug. Aus Bäumen nahmen sie ihren Ursprung, Cheiron aus der Linde, Pholos aus der Esche (o. S. 43. 48), ganz ähnlich sind die Fanggen Kinder der Stutzföhre, Rohrinde, oder sie heißen selbst wie diese Waldbäume (Bk. 89. 91). Die Kräuter des Waldes und Gebirges wuchsen unter ihrer Obhut. Im Luftzuge, der den Wald belebt, äußerten sie sichtbar ihr Dasein, sei es, daß derselbe in Sturm und Wirbelwind zu furchtbarer Größe anschwillt und alles mit sich fortreißt, sei es, daß er als sanfterer Hauch den Wanderer umfächelt. Darum sind die Kentauren einerseits schreckhafte Unholde, welche Felsblöcke und entwurzelte Bäume als Waffen schleudern; auch das Geschenk Cheirons an Peleus, die auf dem Pelion geschnittene Esche, welche kein gewöhnlicher Sterblicher als Lanze heben kann, ist noch epische Verwertung dieses Zuges. Es lag daher nahe, daß eine andere Auffassung die Kentauren vom Wirbelsturm (Ixion) abstammen ließ. Andererseits aber erweisen sie sich dem Menschen freundlich und hilfreich. Diese Seite ihres Wesens hat ihren typischen Ausdruck gefunden in Cheiron, dessen Name, wenn wir recht sahen, mit der rettenden Tat einer Todtenerweckung in einer berühmten Heldensage zusammenhing, und daher zum leuchtenden Vorbilde ärztlicher Kunst, ja der Lebensrettungen und Auferweckungen des Asklepios wurde. Wie die deutschen wilden Leute und andere im Winde waltende Wesen waren sie von rauher, mit langen Haaren behangener Gestalt; dazu passen ihre riesigen, unförmlichen, den Waldgeist anzeigenden Füße im hom. Hymnus (o. S. 79); daß spätere Bildner sie als Halbrosse darstellten, muß auf eine verlorene Sage zurückgehn, in welcher ein Kentaur als Roß oder teilweises Roß geschildert war. Gradeso erscheint die den Kentauren nahverwandte Harpyie bei Homer gewöhnlich als Weib,

1) Vgl. Bursian, Geogr. v. Griechenl. I, 97.

in einer Stelle als weidendes Roß. Das Roß ist eine Gestalt des Wirbelwindes (o. S. 95); der russische Waldgeist Ljeschi *wiehert wie ein Pferd* (Bk. 139); beim Umzug der wilden Jagd hört man, wie unten im Walde die Eichen krachen, oben in der Luft die Hunde bellen, die Wagen rollen, die *Rosse wiehern.*[1] Da überdies die nordischen Wald- und Windgeister teils ganz, teils teilweise in zeitweiliger Tiergestalt erscheinen, der *vollen* Kuhgestalt der dänischen Waldfrau der *Kuhschwanz* der schwedischen Skogsnufva und norwegischen Huldra (Bk. 126. 128 ff.), der vollen Geißgestalt der Delle Vivane (Bk. 116) die Bockshörner und Bocksfüße der Dialen und Ljeschie (Bk. 95. 138) entsprechen, der in Baiern zuweilen *Windsau* genannte Wirbelwind in Thüringen und Franken auch Sûstêrt, Schweinezagel, Sauzagel angeredet wird:[2] so sehen wir durch diese Analogie zahlreicher

1) Myth.[2] 877. Schwartz, Der heutige Volksglaube. 2. Aufl. S. 29. Ein romanisches Seitenstück der Kentauren ist der zumeist boshafte südtirolische Orco (Bk. 110. 338), der bald als Mensch, bald als Roß erscheint. Häufig zeigt er sich als Kugel (Alpenburg, Myth. 74, 16. Staffler, Tirol II, 2, 294. S. v. Hörmann, Mythol. Beitr. a. Wälschtir. 12 ff.) oder als Knäuel (Schneller, Sag. a. Wälschtir. 219. VI, 6); er entführt Bauern, die ihm nachspotten, zwei Stunden weit durch die Luft fort (Alpenb., Myth. 74, 17) und hinterläßt beim Verschwinden einen ekelerregenden Gestank (Alpenb., Myth. 78, 15. Staffler a. a. O.). Diese Züge führen unverkennbar auf eine Personification des Wirbelwindes hin; geradeso stürzen die schwedischen Trolle vor dem Donner flüchtend (Bk. 128. 149) in Gestalt einer Kugel oder eines Knäuels oder eines Tieres vom Berg auf die Wiesen hinab; gleich hinterher schlägt der Blitz ein (Afzelius, Sagohäfder I, 10. Grimm, Myth.[2] 952. Rußwurm, Eibofolke II, § 380), und die norweg. Huldre fahren ebenfalls sausend daher wie graue Garnknäuel. Asbjörnsen, Huldreeventyr I, 51, vgl. 47. Als Tiergestalten des Orco werden Hund, Geiß, Lamm, Esel genannt; am liebsten jedoch erscheint er als Pferd mit feuersprühenden Hufen (Alpenburg, Myth. 72, 14), als Kaufmann, der später plötzlich als weißes Pferd dasteht (Schneller a. a. O. 218, VI, 1), als weidendes Roß, das zum Besteigen einlädt. Wagt dies jemand, so verlängern sich die Beine des Gauls dergestalt immer höher und höher, daß der erschreckte Reiter aus schwindelnder Höhe kaum mehr den Erdboden unter sich sieht, und dann gehts in sausendem Galopp in die grauseste Wildniß über Stock und Block, bis der unglückliche Phaeton aus seiner Luftregion niederstürzt und an Gesicht und Händen zerschunden sich aus dem Dorngestrüpp herauswindet (Staffler a. a. O. v. Hörmann a. a. O.).

2) Vgl. Panzer, Beitr. z. D. Myth. II. 216. Schwartz, Der Volksgl. 2. Aufl. S. 61. Mannhardt, Roggenwolf. 2. Aufl. S. 1.

Beispiele von Roßleib, sonstigem Tierkörper oder tierischer Beimischung zu menschlichem Körper als Ausdruck für das Wesen mehrerer den Kentauren nahverwandter Naturgeister die Bedeutung und Entstehung des von der bildenden Kunst fixierten Kentaurentypus, so gut, als wir es noch irgend hoffen konnten, verdeutlicht. Wie die Skogsnufvar und Ljeschie durch angezündete Holzstücke verscheucht werden (Bk. 133. 615), so bekämpft Herakles die Kentauren mit Feuerbränden, die er auf sie schleudert (o. S. 43).[1]

Soweit die Kargkeit unserer Quellen einen Schluß erlaubt, mag der Unterschied zwischen Lapithen und Kentauren, wenn ein solcher ursprünglich bestand, darin zu suchen sein, daß erstere Personificationen des Wirbelwindes an sich waren, letztere in sich die Beziehung auf das Local und die Pflanzenwelt des Berges und des Waldes trugen, sie waren Berg- und Waldgeister und die Bewegungen der Luft ihre Lebensäußerung. Typhaon oder Typhôeus und die Harpyien sind mit den Lapithen gewissermaßen Synonyma, mythische Ausdrücke für gewisse Formen des Wirbelwindes, aber unzweifelhaft in anderen griechischen Landschaften gewachsen. Gradeso ist dem Neugriechen der Wirbelwind hier eine Neraide (o. S. 37), dort der Teufel (o. S. 38). Zwar die Überlieferung Il. XVI, 151, daß die Harpyie Podarge des Achilleus unsterbliche Rosse geboren, scheint auch die Harpyien schon der vorhomerischen Sage am Pelion zuzuweisen. Allein wenn auch die Ersetzung der als Urform der Sage zu erschließenden Erzählung, daß Peleus in verschwiegener Waldnacht des Pelion mit seiner schönen Gefangenen sich vermählte, durch eine Hochzeitfeier in Cheirons Höhle einer frühen Er-

1) So in der von Apollodor bewahrten Tradition. Erst in der, wie schon die Kentaurennamen zeigen, abweichenden und jüngeren Dichtung, welche Diodor IV, 12 (nach dem Kyklographen Dionysios von Samos?) auszog, sind die Feuerbrände von Herakles auf die Kentauren übertragen. Die Vertreibung der Dämonen durch Feuerbrände blieb aber im griechischen Volksglauben lebendig. In den jüngeren Interpolationen des Briefes Alexanders an Olympias beim Pseudokallisthenes werden nackte, schwarzbehaarte Menschenfresser, welche die Macedonier mit Knütteln und Steinen anfallen, durch Feuer vertrieben. Zacher, Pseudocallisthenes. Halle 1867, S. 137 (33). 138 (34). Noch der neugriechische Volksglaube schreibt vor, durch einen vor dem Hause aufgesteckten Feuerbrand die Kallikantsaren fern zu halten. Schmidt, Volksl. d. Neugr. S. 150.

weiterung des ältesten Peleusepos (o. S. 51) angehört, wobei Poseidon als Herr der Nereiden und zugleich der Winde und Wogen (*Ποσειδῶν ἵππιος*) zwei wunderbare, windschnelle Rosse, Cheiron, des Peleus Retter und Freund, als baumschwingender Kentaur die wuchtige Esche schenkend genannt wurden, so fällt die weitere Entwickelung der Hochzeitgeschichte, die Heranziehung aller Götter, namentlich des Apollo und der Musen, der Eris u. s. w. der späteren Weiterbildung des Epos zu (o. S. 77). Eine solche von Homer bereits vorausgesetzte und vielleicht schon in Europa vollzogene Erweiterung der alten Tradition ist denn auch der Zug, daß die Rosse, welche nach dem Sinne der ursprünglichen Dichtung ihre wunderbaren Eigenschaften als Schöpfungen oder Gaben des Poseidon besitzen, dieselben nun erst als Zeugungen des Zephyros und der Harpyia empfangen haben sollen. Höchst wahrscheinlich jedoch entstand diese Umdichtung nicht mehr in unmittelbarer Nähe des Pelion; schon in kurzer geographischer Entfernung aber konnte allenfalls noch in Thessalien selbst statt der männlichen Personification des Wirbelwindes in den Lapithen die weibliche Harpyia herrschender Volksglaube sein. Auf diese Weise löst sich die bedenkliche und für eine einzelne Landschaft unwahrscheinliche Vielheit gleichbedeutender Personifizierungen desselben Meteors (Kentauren, Typhaon, Typhôeus, Ixion, Peirithoos, Lapithen, Harpyia) in kleinere Reihen teils durch landschaftlichen Entstehungsort, teils durch sachliche Nüancen unterschiedener Varianten auf.

Durch die gegebenen Nachweise hoffe ich einer ausführlichen Widerlegung der Ansichten meiner Vorgänger überhoben zu sein. Übrigens vereinigte sich die neuere Forschung bereits in dem Gedanken, daß die Kentauren Personificationen von Naturgewalten waren. Über Kuhn ist o. S. 88 berichtet. Klausen (Aeneas und die Penaten 495 ff.), Hartung (Relig. u. Myth. der Griechen II, 34), W. Roscher (Jahrb. f. class. Phil. 1872 S. 421) erklärten sie für baumentwurzelnde Bergströme; Preller (Griech. Myth.³ II, 16) schwankte zwischen Gießbächen und Stürmen; W. Schwartz, obgleich er Kuhns Zusammenstellung mit den Gandharven billigt, sieht in den Kentauren doch ausschließlich Gewittererscheinungen. Demgemäß ist ihm sowol Philyra das „Wetterbaum“ genannte Wolkengebilde, um welches Kronos im Gewittersturm buhle (Urspr. d. Myth. 170), als auch Ixions *Rad* das „*rollende* Blitzfeuer“ (a. a. O. 83); die Roßfüße des Kentaurs Cheiron gehen auf den *hallenden*, gleichsam galoppierenden *Donner* (a. a. O. 165). Blitze sind auch die himmlischen Heilkräuter, welche Cheiron austeilt (a. a. O. 179); der *Blitz* ist die Esche, welche Cheiron dem Peleus als Lanze schenkt (a. a. O. 141) u. s. w.!!!

Der Unterschied meiner Auffassung von diesen Deutungen W. Schwartz's beruht, abgesehen von der nach ersterer notwendigen Scheidung jüngerer oder älterer Überlieferungen, nicht allein auf der Annahme verschiedener Naturgrundlagen der auf solchen beruhenden mythischen Bilder, sondern weit mehr noch darin, daß ich überhaupt die Kentauren nicht für Personifizierungen atmosphärischer Erscheinungen schlechthin, vielmehr für Wald- und Berggeister erkenne, als deren Lebensäußerung jene meteorischen Vorgänge angesehen wurden. Die Genealogien Philyra-Cheiron und Melia-Pholos, von denen die letztere, möglicherweise der ersteren einfach nachgebildet sein könnte, sind nur ein schwaches Band, welches diese Wald- und Berggeister mit der Pflanzenwelt verbindet, sie mit den Seelen der Waldbäume identisch erscheinen läßt; aber die folgende Analogie kann lehren die Stärke dieses Bandes durchaus nicht zu unterschätzen. Im Gouvernement Archangel stritten sich zwei Ljeschie mit einem dritten um Teilung der Waldgaben, warfen ihn nieder und banden ihn. Ein Jäger, der zufällig auf ihn stieß, befreite ihn. Aus Dankbarkeit trug der Waldgeist seinen Retter *mit einem Wirbelwinde* aus der Fremde in das Vaterland, trat für ihn als Rekrut ein und machte eine schwere Dienstzeit durch.[1] Im wesentlichen dieselbe Geschichte erzählt der Este vom *Baumelf*, der vor dem Gewitter flieht (Trombe vor dem Wetter, Bk. 128), zugleich *in den Wurzeln der Birke Sitz und Wohnung hat*, und seinen Retter durch die Luft gedankenschnell aus der Fremde in die Heimat sendet (Bk. 68). Hier sind deutlich Baumgeist, Waldgeist und Personification des Wirbelwindes identisch. Und gradeso schreibt der Neugrieche, der gerne Teufel und Wirbelwind identifiziert, das *Einschlagen des Blitzes in grofse Bäume* der Absicht Gottes zu, die darin hausenden Dämonen zu vernichten.[2]

1) Afanasieff, Poet. Naturansch. der Russen II, 335.
2) Schmidt, Volksleben der Neugr. S. 33.

§ 6. **Kyklopen.** Unzweifelhaft haben die Kentauren als Gestalten des wirklichen Volksglaubens nur locale Geltung gehabt; erst die Kunst machte sie zum Gemeingut der griechischen Welt. In anderen hellenischen Landschaften erwuchsen andere Gegenbilder der nordeuropäischen *wilden Leute*; wir nennen die Kyklopen, Pane, Satyrn, denen sich die griechischen Seilene, die italischen Faune und Silvane anschließen.

Meine Behauptung, daß die *Kyklopen* den Wald- und Berggeistern der griechischen Sage einzureihen und den *wilden Leuten* der nordeuropäischen Volksüberlieferung, den Kentauren der thessalischen an die Seite zu stellen seien, gründet sich auf nachstehende Tatsachen. Von den nordischen Berggeistern wird mehrfach berichtet, daß sie *einäugig* seien. So hat der russische *Ljeschi* nur *ein Auge* (Bk. 94. 139), woher schon Afanasieff auf seine Verwandtschaft mit den Kyklopen schloß; er ist es, der — wie wir gesehen — in Sturm und Wirbelwind sein Dasein bemerkbar macht; er hütet aber auch, günstig gestimmt, *die im Walde grasende Heerde des Dorfes.*[1] Giebt ihm im Gouvernement Olonetz der Hirte bei Sommeranfang keine Kuh zu eigen, so wird er böse und verdirbt die ganze Heerde.[2] Nach andern soll der russische Waldgeist, wie Hexen und Feuerdrachen, den Kühen die Milch aussaugen. — In Norwegen glaubt man, daß im Herbste, wenn Hirt und Heerde die Sommerweide (sæter) auf dem Gebirge verlassen, die *Huldren* (das Huldrefolk) mit ihren *Kühen* (Hulderkyr, Hulderfe, Huddekrætur) und Hirtenhunden (Huddebikkjer) von den still gewordenen Plätzen und Sennhütten Besitz nehmen,[3] sie, denen man Sommers im Walde begegnet, wie sie (Männer wie Weiber) hinten durch langen Kuhschwanz entstellt, bei rauhem Wetter ihre Heerde, schwarzgraue Kühe oder Schafe, vor sich her treiben, oder (den Melkeimer in der Hand) an der Spitze derselben einhergehen. Sie wohnen Sommers in *Höhlen*, finden besonderes Gefallen an Frauen und sind einerseits, wie der schwedische Hulte (Bk. 127) und die nieder-

---

1) Gedächtnißbuch des Gouvernem. Archangelsk auf das Jahr 1864 bei Afanasieff, Poet. Naturansch. II, 332. Bk. 141.

2) Bk. 141. Afanasieff a. a. O. nach Daschkoff, Beschreibung des Gouvern. Olonetz.

3) Asbjörnsen, Norske Huldreeventyr I, 1859, S. 77 ff.

rheinischen Holden (Bk. 154) erweisen, die nächsten Verwandten der Skogsnufvar, seligen Fräulein und wilden Leute, während sie andererseits in kinderabtauschende, hügelbewohnende Unterirdische und seebewohnende Wassergeister übergehen.[1] Gradeso erzählt man nun auch in den Tiroler Alpen von den *„Alpabütz,“* welche alljährlich im Herbst, wenn die letzte Kuh bei der Abfahrt das Gebiet der Alpe verläßt, die traulichen Deihjen (Alphütten) beziehen, dort sennen und käsen, brühen und Milchkübel fegen und wieder in *Wälder* und Töbler (Schluchten) zurückfliehen, sobald bei der Auffahrt die erste Kuh von neuem ihren Fuß auf die Alpe setzt. Im Ultentale in Tirol heißen diese Geister nach den zur Käsebereitung dienenden Hütten auf den Almen (Kaser), *Kasermandl.* Im übrigen denkt man sie sich entweder einzeln auf der Alpe hausend, und dann führen sie den Namen von den Almen, z. B. Huttlabutz, Novabutz, Bolzifenzerwîbli nach den Alpen Huttlas, Nova, Balzifenz; oder sie kehren in Haufen über Winter in die Kaser und Sennhütten ein. Da hört man denn am St. Martinsabende das Geläute von Almschellen und das Geklingel der Geißglöcklein; oft vernimmt man den Almgeist oder Alberer *heftig lärmen, er wirft mit Steinen um sich,* oft arbeitet er still in der Hütte, „er tut abkasen,“ „Seine Eigenheit ist,“ sagt ein Bericht vom Kasermandl auf der Hochalm im Unterinntal, „nächst der, daß er auf der Alm aufzieht, wenn das Vieh abzieht, sich *durch Lärmmachen auszuzeichnen.“* Das tut er den ganzen Winter hindurch, aber auch im Sommer läßt er sich hören und macht oft in dunkeln Nächten einen Lärm, wie die wilde Jagd, um die Almhütten her, mit Schellengeläute, Peitschengeknalle, und es ist, als sprengten *Hunderte von wilden Pferden* gegen die Hüttentüren; bisweilen verläßt er auch die Alm und geht gegen die Talweiden zu. So hörten ihn am 10. Aug. 1854 mehrere Grenzjäger, die in der Sennhütte auf der Hochalm übernachteten. Es entstand ein furchtbares Getöse außerhalb der Hütte, wie wenn die wilde Jagd vorbeiziehe. Es war, als würden alle Kühe um die Hütte gejagt und auch die Rosse, denn es war ein stetes Schellenläuten und Stampfen. Auch der als Kaser gekleidete kopflose Almputz auf der Alpe

1) Vgl. Faye, Norske Sagn S. 39. 42. Müllers Sagabiblioth. übers. von Lachmann S. 274. Mannhardt, Germ. Myth. 8.

Verwall nimmt von der Alpe erst Besitz, wenn die Heerde abgezogen ist, *aber an Vorabenden gefährlicher Gewitter läfst er sich auch im Sommer wahrnehmen und heult, wie das Sausen der Windsbraut.* Sichtbar wird er als Mensch, grau vom Kopf bis zu Fuß, *wie wenn er ganz in Baumbast gewickelt wäre*; oder in *Tiergestalten*, z. B. als Hund, Katze, Roß. Als einer einmal beim Einwintern auf die Fludrigaalm in Vorarlberg wieder hinaufstieg, um noch etwas aus der Alphütte zu holen, da saß da auf dem Boden eine *schwarze Katze*, hatte eine Maultrommel in der linken Pfote und spielte darauf. Das war der Alpbutz, der also zuweilen in Katzengestalt erscheint, geradeso wie in andern tirolischen Landschaften die Fanggen (Bk. 89 ff. 146. 147). Ein andermal aber eignet ihm zeitweise Roßgestalt, wie den Kentauren. Ein Heuer, der mit seinem Kameraden in einer Barga auf dem Heustocke übernachtete, ließ, mit Respect zu vermelden, einen Wind streichen und rief: „*Der gehört dem Bargabutz.*" Da rauschte es rückwärts im Heustock, und *ein schwarzer Rofskopf mit feuersprühenden Augen* hob sich aus dem Heustocke. Die Tiergestalt wechselt aber wie beim Ljeschi mit Menschengestalt, ja letztere ist die gewöhnlichere. Eine Überlieferung bewahrt sehr altertümliche Züge. Einst kehrte ein Wildschütze im Spätherbste bei der verlassenen Klapfbergeralpe im Ultentale ein, um droben zu übernachten, da hörte er in der Nacht alsbald ein Kasermandl in die Nähe kommen und verbarg sich in einer Ecke der Hütte. *Das Kasermandl öffnete die Türe, trat herein und hatte nur ein einziges grofses Auge mitten auf der Stirne.* Das Mandl machte Feuer an, kochte schwarze Speise, aß sie, verweilte ziemlich lange Zeit beim Feuer, löschte es endlich aus, reinigte das Kochgeschirr, ging hinaus ins Freie und war verschwunden.[1] Da haben wir also aus Rußland und Tirol je ein Beispiel eines *heerdehütenden, melkenden oder käsenden Berg- oder Waldgeistes mit dem einen Auge vorn auf der Stirn*, und die vorstehende Zusammenstellung, sowie die breiteren Ausführungen in Kap. II des Baumkultus lassen wohl keinen Zweifel darüber bestehen, daß beide, der einäugige Ljeschi und das *einäugige Kasermandle*,

1) Zs. f. D. Altert. XI, 171 ff. Vonbun, Beitr. z. D. Myth. Chur 1862. S. 71—78. Alpenburg, D. Alpensagen. Wien 1861. S. 265, 277. Alpenburg, Mythen 171, 34. 178, 46. 162, 25. 175, 43.

Einzelgestalten einer zusammengehörigen, in mannigfachen Nüancierungen abgestuften Reihe gleichartiger Dämonen sind, der auf griechischem Boden auch die Kentauren zugezählt werden müssen. Da nun, wie das Verhältniß der riesigen Fanggen zu den zwerghaften Waldfänken und Fenggen lehrt (Bk. 94), bei den Wald- und Berggeistern der Unterschied der Körpergröße keinen Unterschied des Wesens begründet, so liegt es nahe, den homerischen Kyklopen (Odyss. IX) *Polyphemos* (*Rôpenkêrl*, Bk. 127 Anm. 2) zu vergleichen, den *Einäugigen*, der (wie die wilden Männer entwurzelte Tannen) einen wilden Olivenbaum als Keule trägt und im Gebirge seine Schafe und Ziegen hütet, melkt und Käse macht. Nicht Menschen sieht er ähnlich, sondern dem bewaldeten Gipfel eines einsam ragenden Felsgebirgs. Zu Menschenfressern werden in der Sage zuweilen auch andere Berg- und Waldgeister (vgl. den rom. orco, huorco, fr. ogre „je sens la chair fraische," Myth.² 459, o. S. 99; die Bregostane, Bk. 113, L. v. Hörmann, Myth. Beitr. 4, der wilde Mann; Alpenb., Myth. 26). Verstärkt wird unsere Berechtigung, den Kyklopen Polyphemos und seine Sippschaft mit den wilden Leuten, Almputzen, Ljeschie, Huldre der nordeuropäischen Tradition zusammenzustellen durch den Umstand, daß noch ein anderer Zug seiner Sage sich grade bei unsern *wilden Leuten* und verwandten elbischen Wesen wiederfindet. Von einem Menschen mißhandelt nennen sie dessen vermeintlichen Namen: „*Ich selbst*" als Täter (Bk. 94. 95), wie Odysseus den Niemand; eine estnische Variante, welche den Ausruf: „Selbst tats," dem *seiner Augen beraubten Feldteufel* beimißt (Myth.² 979), verbürgt die Identität mit der Polyphemossage. Der uralte Mythus vom Fortgange eines Sommergottes in die Unterwelt für den Winter, seine Wiederkehr übers Meer her im Frühling und die Befreiung seiner verlassenen, inzwischen von winterlichen Mächten, zudringlichen Freiern umworbenen Gattin[1] ist im meerumschlungenen Griechenland frühzeitig zur Sage eines Heros der Seefahrt, Odysseus, d. h. des Führers, geworden, auf den jonischen Inseln localisiert, sodann in den troischen Sagenkreis verflochten und zum beliebten Thema epischen

1) Bk. 444 ff. W. Müller, Nieders. Sag. 396—407. Steinthal in der Zs. f. Völkerpsychol. VII, 82.

Gesanges gemacht.[1] Das Abenteuer bei dem Kyklopen bildete eine der frühesten Erweiterungen der Erzählung von Odysseus Fahrt, die Beschreibung desselben machte schon einen Bestandteil des ältesten, von Kirchhoff als „der alte Nostos“ bezeichneten Stückes der uns erhaltenen homerischen Odyssee aus. An und für sich aber hat es mit dem Mythus und der Person des Odysseus nichts zu tun, sondern ist anderswoher auf ihn übertragen.[2] In der Tat ist uns in verschiedenen Aufzeichnungen aus Frankreich (historia septem sapientum, Dolopathos, saec. XII. XIII), Turkestan (Korkuds Geschichte der Oghuzier, saec. XIII. XIV.), Arabien (Sindbads Reisen), Serbien (Wuk, Märchen), Siebenbürgen (Obert),[3] eine Fassung erhalten, welche der griechischen möglichst nahe stehend in einigen Stücken (wohin namentlich der Zug zu rechnen ist, daß der Held in die Haut eines Widders hineinschlüpft) die der homerischen soeben vorangehende Entwickelungsstufe der Tradition vergegenwärtigt.[4] Dieser Fassung fehlt die List, womit sich Odysseus einen irreleitenden Namen (Niemand) beilegt, sie ist reicher um den Zusatz des am Ring oder Stabe haftenden Zaubers, durch welchen der geblendete Riese den entflohenen Helden beinahe dennoch in seine Gewalt gebracht hätte; sie bezeugt als schon alte Bestandteile die Blendung eines menschenfressenden Riesen mit *einem Stirnauge* (Depé Ghöz heißt Scheitelauge) und die Flucht des Täters in Gestalt eines Bocks aus der vom Riesen gepflegten *Heerde*. Es wäre ja nun sehr wol möglich, daß diese Geschichte ursprünglich gar nicht griechisch, sondern in vorhomerischer Zeit aus der Fremde entlehnt wäre: allein die einäugigen Kyklopen sind auch sonst der griechischen Sage bekannt, so daß sie Haft und Halt im Volksglauben gehabt haben müssen. Nach der Vorstellung der Kreise, aus denen die ältesten Bestandteile der Odyssee herrühren, standen die Kyklopen mit den unholden Giganten und mit den Phaiaken, dämonischen Wesen von menschenfreundlichem

1) Cf. Müllenhoff, D. Altertumskunde I, 31. 42.

2) W. Grimm, Die Sage von Polyphem. (Abhandl. der Berl. Akad. der Wiss. 1857.) S. 18 ff.

3) W. Grimm, a. a. O. S. 4—16.

4) W. Grimm, a. a. O. S. 18. 20. 23.

Sinne, unsern Lichtelben vergleichbar,[1] in nahem Zusammenhang und waren gleich ihnen den Göttern nahestehend (Od. VII, 55 ff. 206); ja die Kyklopen sind stärker als die Götter (φέρτεροι Od. IX, 276) und Verächter derselben; ihr Wohnsitz ein von den Menschen geschiedenes, geräumiges mythisches Land, *Hypereia* das Oberland, wo ehedem auch die Phaiaken ihre Nachbarn waren (Od. VI, 4), zu deren seligem, von allen Gütern der Kultur verschönten Wunschleben sie jedoch als Vertreter äußerster Rohheit und wilden Naturzustandes in schroffem Gegensatz stehen. Aus allen diesen Stücken geht jedenfalls soviel hervor, daß die Kyklopen nicht eine ungewöhnliche Art wilder Menschen, sondern übernatürliche Wesen von älterem Datum als die Götter waren. Ich vermag nicht mit Müllenhoff (a. a. O. 47) in ihnen Personificationen der wilden und wüsten Naturgewalt Poseidons zu erblicken, vielmehr vermute ich, daß der von Odysseus geblendete Polyphemos erst deshalb zum Sohne des Poseidon und der Meernymphe Thoôsa, Phorkys Tochter, gemacht ist (Od. I, 70), um in dem Zorne des Vaters einen Grund zu haben für die Zertrümmerung der Schiffe des Helden und seine in der ursprünglichen Sage begründete alleinige Ankunft bei Kalypso. Hesiod (Theog. 139 ff.) trägt eine ganz abweichende Genealogie vor. Aus der Verbindung von Himmel und Erde (Uranos und Gaia) entsprießen die drei Kyklopen mit dem Herzen voll Übermut, Blitz, Donner und Wetterstrahl (Brontes, Steropes und Arges), welche dem Zeus den Donner schenkten und den Donnerkeil schmiedeten; in allem übrigen waren sie den unsterblichen Göttern ähnlich, nur trugen sie mitten auf der Stirn ein einziges Auge. Unzweifelhaft hat Klausen recht, wenn er diese hesiodeische Form der Kyklopen für im ganzen älter ansieht, als die homerische,[2]

1) Dies ist das Ergebniß, welches die von Gerland (Altgriech. Märchen in der Odyssee. Magdeburg 1869, S. 10–16) angestellte Vergleichung der Phaiaken mit den indischen Vidyâdharen zu ergeben scheint; einen engeren Zusammenhang der beiden letzteren Dämonengeschlechter kann ich ebenso wenig einsehen, als eine nähere Verwandtschaft zwischen dem Märchen von Saktideva und dem Inhalt der Bücher X–XII der Odyssee (Gerland a. a. O. 17 ff.). Preller (Griech Myth.[3] I, 517) und Müllenhoff, (D. Altertumsk. I, 47) suchen in den Phaiaken die guten Geister der Schiffahrt, Personificationen der guten Fahrwinde.

2) Die Abenteuer des Odysseus aus Hesiodus erklärt. Bonn 1834, S. 2 ff.

mit der sie bei aller Abweichung doch die characteristische Ausrüstung mit dem Stirnauge und die übermütige, freche Gesinnung gemein haben, ein Epitheton, das aus Hesiods Darstellung sich nicht erklärt, sondern nur eine breitere, von dem Dichter verschwiegene Überlieferung von ihnen voraussetzt.[1] Eine Verbindung des homerischen Zuges der Wesenähnlichkeit mit den Giganten und des hesiodeischen der Kunstfertigkeit tritt in den Sagen zu Tage, wonach entweder Kyklopen oder Giganten für die Baumeister aus verschollener vorhistorischer Vorzeit übriggebliebener, als Riesenwerk erscheinender Städtemauern oder Schatzkammern ausgegeben wurden.[2] Hesiod schöpfte entweder schon aus einer Titanomachie, oder seine Darstellung wurde bald nachher in einer solchen benutzt, von der uns Apollodor (Bibl. I, 1, 2. 2, 1) eine Vorstellung bewahrt hat. Danach waren die Kyklopen sammt den Hekatoncheiren von ihrem Vater Uranos in den Tartaros geworfen, Zeus befreite sie, indem er ihre Wächterin Kampe tödtete, und sie gaben dafür ihm Blitz, Donner und Donnerkeil zum Kampfe gegen Kronos, dem Pluton einen unsichtbar machenden Helm, dem Poseidon den Dreizack. Erst der neueren nachhesiodeischen Dichtung gehört die Verbindung der Kyklopen mit Hephaistos an, der in allen älteren Quellen ohne Gehilfen, und zwar allerlei kunstvolle Werke, aber nicht den Blitzstrahl schmiedet, und am allerwenigsten in der Tiefe feuerspeiender Berge (Aetna u. s. w.) seine Werkstatt hat, sehr natürlich, wenn unser an einem anderen Orte (Zs. f. Ethnologie 1875 S. 322) versuchter Nachweis recht hätte, daß Hephaistos ursprünglich der im Morgenrot die Sonne schmiedende Himmelsschmied gewesen sei. Wir dürfen mithin diese secundären Sagen bei Seite lassen und uns auf die Erörterung der Frage beschränken, wie Homers und Hesiods Kyklopen zu vereinigen seien. Wir antworten mit Schömann a. a. O., beide gehen aus einer dritten, älteren Form hervor. Sowol die Analogie des einäugigen russischen Ljeschi und des Tiroler Kasermandl zum homerischen Polyphem, als die Verfertigung der Blitze durch die hesiodeischen Kyklopen, sowie deren Verflechtung

---

1) Falls nicht etwa, wie Flach will (System der hesiodeischen Kosmogonie S. 27) die Verse Theog. 142—146 durchweg unecht sind.

2) S. die Belege in G. F. Schömanns Schediasma de Cyclop. Opusc. Acad. IV. Berol. 1871, S. 326 ff.

in den Titanenkampf weist auf meteorische, mit elektrischen Entladungen verbundene Phänomene, auf Gewitterstürme und Wirbelwinde als eine Naturgrundlage ihres Wesens hin. Von solchen konnte ebensowol gedichtet werden, daß sie Zeus Blitz und Donner liefern, als sie als Lebensäußerungen von Berg- und Waldgeistern aufgefaßt werden konnten. Was aber bedeutet ihr kreisförmiges oder radförmiges Stirnauge und seine Vernichtung? Man könnte die deutsche Sage zur Erläuterung heranziehen, daß jemand durch ein in den Wirbelwind hineingeworfenes Messer dem darin sitzenden Dämon ein Auge *ausstach*,[1] d. h. das Phänomen aufhören machte. Dürfte man das, so böte sich eine ziemlich einfache Erklärung des Auges in Form eines Kreises oder Rades. Wir sahen bereits bei Ixion, daß der Grieche die Erscheinung des *Wirbelwindes* als *feuriges Rad* auffaßte (o. S. 85). Ebensowol, als sich daraus in Verbindung mit dem Glauben an seine Natur als dämonisches Wesen die Vorstellung eines aufs Rad Gebundenen entwickelte, konnte daraus ein andermal die Meinung von einem Riesen entstehen, dessen hauptsächlichstes Glied ein *gewaltiges Rad-* oder *rollendes Auge*[2] sei. Damit wäre der Kyklop den Kentauren und den Wald- und Berggeistern der nordeuropäischen Sage[3] in der Tat ganz nahe gerückt und zugleich erklärt, warum der Ljeschi und das Kasermandl auch nur ein Auge haben. Ganz anders freilich haben meine nächsten Vorgänger die Frage zu lösen versucht, was unter dem *Kreisauge* oder *Radauge* zu verstehen sei. W. Grimm antwortete darauf, die Sonne, das Weltauge, das den Kyklopen als Zeichen ihrer göttlichen Abkunft geblieben sei. Ihm haben sich namhafte spätere Forscher angeschlossen. Man darf jedoch nicht behaupten, daß durch diese Deutung ein Verständniß der Sage erreicht wäre. Wenn das Auge die Sonne sein soll, wer war denn der geblendete Riese, wer der ihn verstümmelnde Held? W. Schwartz sagt,

1) Schönwerth, Aus der Oberpfalz II, 113.

2) Vgl. Hesiod. Theog. 826 vom riesigen Typhöeus „*ἐκ δέ οἱ ὄσσων θεσπεσίῃς κεφαλῇσιν ὑπ' ὀφρύσι πῦρ ἀμάρυσσε.*“

3) Vgl. den Grinkenschmied, welcher wie ein feuriger runder Kornscheffel den Knecht verfolgt, der ihm seinen Braten aufgegessen hat (Kuhn, Westf. Sag. I, S. 91 n. 89), und die Âlke, welche in Gestalt eines glühenden Rades, wie ein Blitz hinter dem hersaust, der ihr zugerufen hat: „Alke, gehst du mit?“ Ebds. S. 33 n. 3[illegible].

ersterer sei der Himmelsriese (also der Himmel selbst) mit dem Sonnenauge, der im Gewitter geblendet werde,[1] im Sturm und Wetter auf die verschiedenste Weise sich bekunde,[2] im Wetterleuchten sein Schmiedefeuer blinken lasse, als dessen Funken die Sterne(?) gefaßt seien,[3] während er im „sich auftürmenden" Unwetter die Wolkenburg aufrichte, sich als Baumeister erweise.[4] Diese Auffassung wird weder der homerischen, noch der hesiodeischen Sage gerecht. Denn wenn der Himmel im Unwetter des Gesichts beraubt, d. h. der Sonne Schein ausgelöscht wird, wie wäre er dann zugleich als Menschenfresser aufgefaßt? Und wenn andererseits der Himmel selbst im Gewitter tobend, frevelnden Übermut beweisend, den Donnerkeil schmiedet, wie kann es da heißen, daß er die Sonne als Auge trage, und daß er dem lichten Himmel, Zeus, zum Titanenkampfe die Waffen liefere? Kaum liegt hier derselbe Fall vor, wie in der Herakles- und Simsonsage, in welcher die Tödtung des Löwen einen Sieg der Sonne über die Sonne, die Überwindung des verderblichen Sonnendämons durch den segnenden Sonnengott, der heißen Glutsonne der Hundstage durch den milderen Schein des Spätsommers bedeuten soll. Auch Kuhn's Deutungen führen nicht zu einem befriedigenden Verständniß. Er meint doch auch wol den Himmel selbst, wenn er den Kyklopen für den sonnenäugigen Riesen erklärt, der morgens seine Schafe, d. h. goldige Lichtwolken austreibe, nachts dieselben in eine finstere Höhle, den Nachthimmel, einpferche[5] und dieselbe mit einem Stein, dem Ball der untergehenden Sonne, zuschließe.[6] Eine andere Erzählung wird Herabkunft S. 69 vorgetragen. Der gefräßige Kyklop („Radauge") sei gleich dem gefräßigen, versengenden Dämon der Inder, dem Çushna, dem Austrockner (d. i. der verzehrenden, ausdörrenden Gluthitze des Hochsommers), der *das Sonnenrad* besitzt oder gestohlen hat, und welchem Indra, mit den Rossen des Windes herbeieilend, im Gewitter dasselbe entreißt.[7] Ich halte die vorhin von mir vor-

1) Sonne, Mond und Sterne I, 83.

2) Urspr. der Myth. 17.

3) Sonne, Mond und Sterne 105.

4) Urspr. d. Myth. 16.

5) Entwickelungstufen der Mythenbildung S. 141.

6) A. a. O. S. 150.

7) Vgl. auch Hartung, Griech. Myth. II, 89 ff., der u. a. an den dreiäugigen Zeus Ἑρκεῖος zu Argos erinnert.

getragene Deutung für wahrscheinlicher, glaube aber, daß ein endgiltiges Urteil noch verfrüht sein würde, so lange nicht die möglicherweise analogen Sagen von den Dorftieren (Hund, Kalb u. s. w.) mit *Augen gleich einem glühenden Teller* oder *runden Fenster*[1] und deren etwaige Verwandtschaft mit den beiden vieräugigen Hunden des Yama, den Sarameyau,[2] und der vieräugigen Augenhündin Sükjenitza[3] der Albanesen, sowie die Mythen vom einäugigen Fisch und einäugigen Tier der wilden Jagd[4] in ihrer Bedeutung an sich und in ihrem Verhältniß zur Kyklopensage klar liegen.

1) Rochholz, Aargausagen II, S. 36 n. 265 b. 38 n. 265 r. Vgl. 37 n. 265 p. Stöber, Elsäss. Sag. 30, 24. Schambach-Müller, Niedersächs. Sag. S. 194. n. 210, 2. 195 n. 212, 2. Schmitz, Sag. d. Eifel II, 34. Schambach-Müller S. 196. n. 214, 3. Schmitz a. a. O. II, 36. Colshorn, Märchen u. Sag. Hannov. 1854, S. 114 n. 35. Vgl. auch den Vegetationsdämon, die Gloso.

2) Muir, Original Sanscrit Texts Vol. V, S. 294. Kuhn in Haupts Zs. f. D. Altert. VI. 125 ff. Derselbe Zs. f. vergl. Spr. II, 314 ff. M. Müller, Vorles. üb. Wissensch. d. Spr. II, 438.

3) Hahn, Albanesische Studien S. 162. Ders. Neugriech. und alban. Märchen II, S. 110 n. 95.

4) Kuhn, Westfäl. Sag. I, S. 324. 326 ff.

Kapitel III.

Die wilden Leute der antiken Sage II.

§ 1. **Faunus und die Faune.** In Besprechung der antiken Gestalten, welche unsern wilden Leuten wesenähnlich sind, wenden wir uns nun der zumeist bocksgestaltigen Gesellschaft der Faune, Silvane, Pane, Satyrn, sowie ihren Verwandten, den Seilenen, zunächst aber den beiden erstgenannten zu. Auch sie sind Wald- und Feldgeister, welche mit ihren nordischen Vettern in mehr als einem Zuge übereinstimmen. Den Nachweis dieser Übereinstimmung im Einzelnen geben wir am Ende der ganzen Reihe, nachdem wir die griechischen und italischen Dämonen zunächst für sich betrachtet haben werden. Die italischen Bauern erzählten bald von einem einzelnen Dämon *Faunus*, bald von einer ganzen Schaar von *Fauni* oder, wie sie bei den Umbrern hießen, *Fônes* (Zusammenziehung aus Faunes), d. i. die Holden, Gnädigen, vom Verbalstamm fav- (favere) mit Suffix no (vgl. lenis, seg-nis, pro-nus) abgeleitet. Vgl. umbr. fô-ns gnädig, günstig.[1] Diese Wesen waren Waldgötter.[2] Als Waldgott hat Faunus nach einigen den göttlichen Schwarzspecht, den Picus, zum Vater,[3] und die Dryaden sind die Gespielinnen der Faune.[4] Horaz schildert den Anteil der Natur an dem winterlichen Feste des Faunus, den ländlichen Faunalien im December, mit den an

1) Aufrecht und Kirchhoff, Umbr. Sprachdenkm. II, 139. Bugge in der Zs. f. vgl. Spr. III, 41.

2) Fones dei silvestres. Gloss. Isid. Mart. Cap. II, 167. Ruricolae silvarum numina Fauni. Ovid. Metam. VI, 392. Picus und Faunus heißen silvestria numina, di nemorum. „Di sumus agrestes et qui dominemur in altis montibus. Ovid. Fast. III, 303. 309. 315.

3) Fauno Picus pater. Verg. Aen. VII, 48.

4) Quin et Silvanos Faunosque et dearum genera silvis, ac sua numina, tanquam et caelo, attributa credimus. Plin. hist. nat. XII, 2. Semideae Dryades Faunique bicornes. Ovid. Heroid. IV, 49. Et vos agrestum praesentia numina, Fauni, ferte simul Faunique pedem Dryadesque puellae. Verg. Georg. I, 10.

den Gott gerichteten Worten: „Spargit agrestes tibi silva frondes“ (Od. III, 18). Der Wald war somit der Faune eigentlicher Aufenthalt, doch zeigten sie sich nicht selten auch in den Getreideäckern. Die Landleute in der römischen Campagna wollten sie häufig auf der Waldweide oder auf den Feldern erblicken;[1] *deren Früchte durch ihren Einfluſs Gedeihen hatten.*[2] Deshalb macht die Sage auch zu Faunus' Sohn den Stercutius (Plin. hist. nat. XVII, 6), oder setzt ihn selbst zu Mars, dem agrarischen Gotte, ins Sohnesverhältniß.[3] Hier auf den Feldern hat er seine Wohnung in der Erde.[4] Auf den Feldern sonnt er sich in heißer Mittagsstunde, es ist unheilvoll ihn zu belauschen oder zu stören.[5] Für gewöhnlich sind die Faune unsichtbar, nur die geistersichtigen Hunde (vgl. Myth.[2] 632. Odyss. XVI, 160), und unter diesen zumal weibliche Erstgeburten nehmen ihrer wahr.[6] Eine genaue deutsche Parallele dieses Glaubens ist Bk. 406 nachgewiesen. Wenn sie sich aber zeigen, so bemerkt man an ihnen *halbtierische Gestalt, Ziegenhörner und Geiſsfüſse.*[7] Ihr Haupt umkränzt gerne, der Natur der Waldgötter entsprechend, ein grüner Fichtenzweig. Als Waldgeister segnen und behüten sie die im Walde weidende Heerde, als Waldgeister werden sie auch durch einige in der römischen Sage bereits ziemlich verdunkelte Züge characterisiert. Im stillen Urwalde, zumal zwischen Bergen, schallt jeder Laut, sei es das Geräusch eines brechenden oder sich reibenden Astes oder Stammes, die Stimme eines Tieres oder Windespfeifen im hohlen Baum doppelt, ja vielfach verstärkt, und oft vernimmt man unvermutet sporadische, uner-

1) Plures autem existimantur esse etiam praesentes. Idcirco rusticis persuasum est incolentibus eam partem Italiae, quae suburbana est, saepe eos in agris conspici. Probus z. Verg. Georg. I, 10.

2) Quidam Faunos putant dictos ab eo, quod frugibus faveant. Serv. ad Verg. Georg. I, 10.

3) Dionys. Hal. I, 31.

4) Faunus infernus dicitur deus — — Nam nihil est terra inferius, in qua habitat Faunus. Serv. ad Verg. Aen. VII, 91.

5) Nec nos videamus Faunum medio quum premit arva die. Ovid. Fast. IV, 761.

6) Et ab ea (cane) quae femina sit ex primipara genita Faunos cerni. Plin. H. N. VIII, 40, 62.

7) Daher heißen Faunus und die Faune semicaper. Ov. Fast. IV, 752. V, 101. Cornipes Ov. l. l. II, 360. Quatiens cornua Faunus Ov. l. l. III, 312. Capripedes Fauni. Plin. H. N. Fauni Bicornes. Ov. Heroid. IV, 49.

klärliche, durch das Grauliche der Einsamkeit schreckhaft gemachte Töne, durchdringende Schreie,[1] welche die Phantasie des Wanderers bei den verschiedensten Völkern als einen Ruf oder als höhnisches Lachen des Waldgeistes aufzufassen pflegt. Der brasilische Indianer schreibt dem Curupira oder wilden Manne jene unerklärlichen Töne zu; der Peruaner glaubt, daß der Waldgeist Uchuclachaqui den Reisenden in erlogener Gestalt in die Öde des dunkelsten Dickichts locke und zuletzt mit *Hohngelächter* verschwinde (Bk. 143 ff.). Wenn im Sturmwetter das Knarren der Äste, das Krachen der Stämme wiederhallt, vernimmt der russische Bauer kein Echo, sondern *den Ruf* der Ljeschie, welche einen unvorsichtigen Jäger oder Holzhauer auf gefährlichen Grund zu verlocken trachten und zu Tode *kitzeln*, sobald sie ihn in ihrer Gewalt haben (Bk. 139). Der Waldmann (Skougman) in Schonen führt Menschen in die Irre und *lacht* dann: ha! ha! ha! Wenn der Berguhu im Walde sich hören läßt, sagt man, der Skougman sei draußen und *schreie* (Bk. 127). In deutschen Sagen entspricht ein Waldgeist, der von einem Rufe hehe! oder hoho! den Namen Hoimann (Oberpfalz), Hemann (Böhmen), das Homännchen, de Rôpenkêrl (Westfalen) führt (Bk. a. a. O.). Ganz so schrieb man dem in verschiedene Gestalten sich wandelnden Faunus die spukhaften Bilder zu, die den Wanderer im Zwielicht der Waldschluchten äffen, sowie die gespenstischen Laute im Rauschen des Laubes und der Blätter.[2] Aus dem Walde, zumal in der Morgenstille plötzlich hervorbrechende Töne wurden auf ihn zurückgeführt, woher die Sage rührt, daß des Faunus Stimme, die Feinde erschreckend, den Römern in der Schlacht zu Hilfe gekommen sei.[3] In andern

---

1) So tönt z. B. der Schrei der Waldelster, das Geschrei des Falken u. s. w. (Siehe Nachtrag S. 345.)

2) Vgl. Schwegler, Röm. Gesch. I, 215.

3) Cf. Dionys. Halicarn. V, 16 vom Kampfe der Römer mit den Söhnen des Tarquinius. Aruns und Brutus sind gefallen, die Römer denken daran das Lager zu verlassen. *Τοιαῦτα δ' αὐτῶν διανοουμένων καὶ διαλεγομένων πρὸς ἀλλήλους, περὶ τὴν πρώτην που μάλιστα φυλακὴν, ἐκ τοῦ δρυμοῦ, παρ' ὃν ἐστρατοπεδεύσαντο, φωνή τις ἠκούσθη ταῖς δυνάμεσιν ἀμφοτέραις γεγονυῖα, ὥσθ' ἅπαντας αὐτῆς ἀκούειν, εἴτε τοῦ κατέχοντος τὸ τέμενος ἥρωος, εἴτε τοῦ καλουμένου Φαύνου. τούτῳ γὰρ ἀνατιθέασι τῷ δαίμονι Ῥωμαῖοι τὰ πανικὰ καὶ ὅσα φάσματα ἄλλοτε ἀλλοίας ἴσχοντα μορφὰς εἰς ὄψιν ἀνθρώπων ἔρχονται, δείματα φέροντα, ἢ φωναὶ δαιμόνιοι τα-*

Überlieferungen sind die ahnungsvollen Stimmen des Waldes zu prophetischen Verkündigungen des Faunus geworden, dessen Orakelsprüche man im Walde und unter Bäumen zu erlauschen sucht; und wenn es heißt, daß die Faune in den Wäldern die ältesten (saturninischen) Verse gesungen hätten, wer verkennte darin das urälteste aller Lieder, das die Wipfel der Eichen und Buchen im Winde rauschen?[1] Als Waldgeister endlich stellen sich die Faune dar durch ihre enge Verbindung und gelegentliche Identifizierung mit den Silvani,[2] mit denen sie auch die Eigenschaft der Weiberliebe teilen.[3] Vorzugsweise scheint man die letztere den unter Feigenbäumen oder in Feigenbäumen hausenden Faunen nachgesagt zu haben.[4] Aus griechischer Dichtung und Kunst dürfte entlehnt sein, daß die Faune die flüchtigen Nymphen haschen. Beängstigende Träume und Alpdrücken wurden ebenfalls dem Faunus beigemessen. Eine merkwürdige Tradition aus später Quelle, von der es zweifelhaft bleibt, ob sie aus altem römischen Volksglauben stammt oder dem einheimischen Aberglauben von Provinzialen entnommen ist, setze ich gleichwol hieher, da sie sich mit dem deutschen Glauben an die Hollen, Holden (Bk. 14 Anm. 3. 65. 154 Anm. 1) eng berührt. Der Anonymus de monstris c. 6,[5] den Berger de Xivrey ins

---

ῥάττουσαι τὰς ἀκοάς, τούτου φασὶν εἶναι τοῦ θεοῦ τὸ ἔργον. ἡ δὲ τοῦ δαίμονος φωνὴ θαῤῥεῖν παρεκελεύετο τοῖς Ῥωμαίοις ὡς νενικηκόσιν, ἑνὶ πλείους εἶναι τοὺς τῶν πολεμίων ἀποφαίνουσα νεκρούς. Cf. adjiciunt miracula huic pugnae; silentio proximae noctis ex silva Arsia ingentem editam vocem; Silvani vocem eam creditam. Liv. II, 7. Saepe Faunorum voces exauditae, saepe visae formae deorum quemvis non aut hebetem aut impium praesentes deos confiteri coegerunt. Cicer. Nat. Deor. II, 2, 6. Saepe etiam in proeliis Fauni auditi. Cicer. Div. I, 45.

1) Vgl. Preller, Röm. Myth. 338.

2) Hunc Faunum plerique eundem Silvanum a silvis — dixerunt. Aurel. Vict. Orig. gent. Rom. 4.

3) Multique se expertos vel ab eis qui experti essent, de quorum fide dubitandum non est, audisse confirmant, Silvanos et Faunos, quos vulgo incubos vocant, improbos saepe exstitisse mulieribus et earum appetisse et peregisse concubitum. Aug. C. D. l. XV, 23.

4) Vel incubones vel satyros vel silvestres quosdam homines, quos nonnulli Faunos ficarios vocant. Hieronym. in Is. V, 13, 21. Vgl. o. S. 31 den spiritu di ficu.

5) S. Berger de Xivrey, Traditions tératologiques p. 20. Vgl. p. XXXIV und 16. Liebrecht, Gervasius v. Tilbury S. 76.

6. Jahrhundert setzt, giebt an: *Fauni nascuntur de vermibus, natis inter lignum et corticem*, et postremo procedunt ad terram et suscipiunt alas et eas amittunt postmodum *et efficiuntur homines silvestres*. Et plurima cantica de iis poetae cecinerunt. Zweimal im Jahr beging man dem Faunus zu Ehren ein Fest, einmal beim Herannahen der Wintersonnenwende, an den Nonen des Dezembers (Dez. 5). Dann kam das ganze Dorf zu festlichem Tanz auf dem Anger zusammen, ein Böcklein wurde zum Festmahl geschlachtet, der Weinschlauch zum Festtrunk geöffnet und der alte Altar mit Weihrauch bestreut. Menschen und Tiere feierten von aller Arbeit. Dann flehte der Landmann, daß Faunus gnädig über seine Grenzen und sonnigen Felder gehen und den jungen Anwuchs der Heerde schonen möge. Alles freut sich, sagt der Dichter, das Vieh hüpft auf kräuterreicher Weide, das Lamm fürchtet nicht den Wolf, und der Wald streut dem Gotte seine Blätter.[1] Mit Recht entnimmt Preller dieser Schilderung die Andeutung, daß des Faunus Gunst den Viehstand vermehre, sein Zorn, wenn er nahe, Seuche unter den Tieren hervorbringe. Das zweite Faunusfest hatte im Beginne des Frühlings statt. Am 15. Februar hielten die in Bocksfelle gekleideten Luperci, vermutlich irdische Abbilder von Faunen, einen Umlauf um die palatinische Altstadt. Wir kommen in einem eigenen Aufsatze auf diese aus den frühesten Tagen Roms herrührende Begehung zurück. In späterer Zeit sehen wir, vermutlich anderswoher, das Faunusfest in Rom in noch anderer Form eingebürgert. In dem im Jahre 196 v. Chr. erbauten Faunustempel auf der Tiberinsel wurde, offenbar in Nachahmung ländlicher Sitte, am 13. Februar (Id. Febr.) ein Opfer begangen. Eine Volkssage erzählte, daß aus einer vom Dickicht mächtiger Steineichen umschatteten Quelle am Fuße des Aventin Picus und Faunus zu trinken pflegten. Numa, der von ihnen das Geheimniß herauslocken will, den Blitz zu sühnen, *stellt mehrere mächtige, mit Wein gefüllte Becher hin und wartet mit zwölf erlesenen Jünglingen in naher Höhle versteckt, bis die beiden Waldgötter den duftigen Trank gefunden und versucht haben und davon berauscht ins Gras gesunken sind.* Schnell legt man ihnen Fesseln an und nötigt so die Erwachten, die Zauberformel mitzuteilen, durch welche Jupiter vom Himmel

1) Horat. Od. III, 18.

herabgelockt wird, den Numa dann durch seine Schlauheit dahin bringt, das Menschenopfer aufzugeben. Diese Gestalt der Sage (bei Arnobius V, 1, 7. Ovid. Fast. III, 285. 344. Plutarch Numa 15) stammt aus dem zweiten Buche der Annalen des Valerius Antias, eines Zeitgenossen des Sulla, der wahrscheinlich wieder aus Calpurnius Piso Frugi, einem Historiker der gracchischen Zeit, schöpfte.[1] Selbst die aufklärerische Richtung dieses Autors hat die schlichte Einfalt der weit älteren zur Erklärung der Fulguritalgebräuche aus echtem mythischen Material geformten Sage nicht vernichtet. Plutarch verwebt in seine Darstellung noch eine zweite unabhängige, aber sichtlich volkstümliche Version der Sage aus unbekannter Quelle, wonach Numa den Waldbronnen selbst mit Wein mischte und von den gefangenen Dämonen unmittelbar das Geheimniß der Blitzsühnung erfuhr. Fassen wir rückblickend die erläuterten Züge zusammen, so stellen sich uns die Faune als Waldgeister dar in teilweiser Tier- (Geiß-) Gestalt (cf. Bk. 146); die Stimmen des Waldes, zumal die Windhauche, sind ihre Lebensäußerung (cf. Bk. 127 ff. 139. 143 ff. 149); sie behüten und bringen zu Gedeihen die im Walde weidende Heerde (cf. Bk. 96 ff. 141), sie fördern aber auch das Wachstum der Kulturfrucht auf den Äckern (cf. Bk. 148 ff.). Sie sind lüstern, stellen den Frauen nach (cf. Bk. 152 ff.), und gehen in den nächtlich drückenden Alp über.

§ 2. **Silvanus und Silvane.** Noch entschiedener als die Faune characterisieren sich schon dem Namen nach Silvanus und die Silvane als Waldgeister. Zwar die Quellen, aus denen wir diese Wesen kennen lernen, sind ebenso wie bei den Faunen großenteils sehr jungen Datums, Dichtungen und Inschriften der römischen Kaiserzeit. Es ist somit wol begreiflich, daß mehrfach nicht die ursprünglichen, sondern durch historische Verhältnisse modifizierte Formen der Überlieferung in den auf sie bezüglichen Kultusgebräuchen und Sagen uns entgegentreten, doch hat uns die Gunst des Schicksals auch einige Stücke aufbehalten, welche uns den älteren Zustand deutlich erkennen lassen. Vergil (Aen. VIII. 601) nennt Silvanus einen Gott des Viehs und der Äcker (arvorum et pecoris deus) und sagt, schon die ältesten Einwohner von Latium hätten ihm einen heiligen Hain und einen Fest-

1) Cf. Siebald, De Val. Ant. p. 20. Peter, Die Quellen Plutarchs S. 167.

tag (lucum et diem) geweiht. Erläutert wird diese Nachricht durch ein altes Opferritual, welches Cato (R. R. c. 83) aufbewahrt. „Das Gelübde für *die Rinder, dafs sie wol seien,* sollst du also tun. Dem *Mars Silvanus* sollst du *in einem Walde* unter Tags für jedes Stück Rind geloben drei Pfund Dinkel und vier Pfund Speck und vier Pfund von den Knochen gelöstes Fleisch und drei Nößel Wein. Das kannst du in ein Gefäß tun, und den Wein kannst du gleichfalls in ein Gefäß tun. Das Opfer kann ein Sklave oder ein Freier verrichten, das ist einerlei. Wenn das Opfer verrichtet ist, soll er (den Anteil) gleich ebendaselbst verzehren. Ein Weib darf bei diesem Opfer nicht zugegen sein und nicht zusehen, wie es geschieht. Dies Gelübde kannst du, so du willst, alljährlich wiederholen.“[1] Man identifizierte also Silvanus mit Mars als argrarischem Gotte oder hielt ihn seinen Wirkungen nach für nahverwandt mit diesem, den der Römer zur Zeit der Saatblüte, die Opfertiere um das Getreidefeld herumführend, *um das Wachstum und Gedeihen* (grandire et evenire sinas) *der Gewächse*, sowol des Getreides und der sonstigen Früchte, als auch der Weinstöcke und Gesträuche, zugleich aber um die Gesundheit der Heerden und Hirten, und das Wolsein der eignen Person, Familie und Hausgenossenschaft anrief.[2] Ganz die nämliche Verbindung von Pflanzen, Menschen und Tieren tritt in deutschen Gebräuchen hervor, z. B. bei dem sogenannten Schlag mit der Lebensrute (Bk. 269—278), bei den Frühlings- und Sommerfeuern (Bk. 521), und bei Maibaum und Erntemai; auch in den römischen und griechischen Begehungen der Lupercalien, Palilien und Thargelien begegnet — wie wir sehen werden — dieselbe Erscheinung. In allen diesen Ceremonien handelt es sich um den Parallelismus des Wachstums bei Menschen, Tieren und Pflanzen und um Übertragung der

---

1) Votum pro bubus, ut valeant, sic facito. Marti Silvano in silva interdius, in capita singula boum votum facito farris adorei libras III et lardi p. IV s. et pulpae p. IV s. vini sextarios tres. Id in unum vas liceto conjicere, et vinum item in unum vas liceto conjicere. Eam rem divinam vel servus, vel liber licebit faciat. Ubi res divina facta erit, statim ibidem consumito. Mulier ad eam rem divinam ne adsit, neve videat, quo modo fiat. Hoc votum in annos singulos, si voles, licebit vovere. Cato R. R. LXXXIII.

2) Cato R. R. CXLI.

Vegetationskräfte auf Wesen mit willkürlicher Bewegung. Es ergiebt sich aus diesen Analogien, daß Silvanus nicht allein deshalb Hirtenstelle bei den Weidetieren vertrat[1] und dem Zahne des Wolfes wehrte,[2] weil auch der Italer ursprünglich sein Vieh auf Waldlichtungen grasen ließ,[3] wie er denn auch gleich anderen Waldgeistern (Bk. 117. 131. 141) das Wild des Waldes als Herr befehligt und dem Jäger Jagdglück verleiht oder versagt;[4] sondern es muß in seinem Wesen gelegen haben, Wachstumskräfte zu verleihen. Aus diesem Grunde wurde er in dankbarer Gesinnung bei Erntefesten nächst Tellus als derjenige, welcher dem Korne Gedeihen verlieh, mit einem Opfer bedacht, indem man ihm Milch darbrachte,[5] die man unzweifelhaft über die Wurzeln des ihm heiligen Baumes oder Haines ausgoß (cf. Bk. 11). Wie die Holzfräulein in Franken, denen die Erstlinge der Früchte geopfert werden (Bk. 77 ff.), Vegetationsgenien des Waldes, Personificationen von Bäumen oder Baumcomplexen sind (Bk. 75 ff.), werden auch Silvanus und die Silvane von diesem Begriffe ausgegangen und in einzelnen hervorragenden Baumexemplaren oder

1) „Magne deus, Silvane potens **sanctissime pastor**" Henzen, Inscr. Lat. n. 5751.

2) **Luporum exactor** heißt er in einem Fragment des Lucilius (Nonius Marc. p. 110. Cf. Demster zu Rosini antiqq. Rom. p. 184). So ruft auch die finnische Hauswirtin in ihren langen Gebeten bei Entlassung der Heerde den (mit grünem Pelz aus Baummoos und hohem Hut aus Föhrennadeln bekleideten) Waldgott Kuippana oder Tapio an, er möge seinen Hunden, den Wölfen, Eicheln und Schwämme in die Nasenlöcher stecken, damit sie nicht nach der Heerde schnuppern, er möge ihnen Ohren und Augen verstopfen und verbinden, oder noch besser sie fern von den Weideplätzen mit goldgeschmückter Fessel in Waldeshöhlen festbinden. Kalewala R. XXXII, 493 ff. Schiefner.

3) **Saltum** Gallus Aelius l. II significationum ... ita definit. **Saltus** est ubi silvae et pastiones sunt. Fest. p. 302. Cf. Roscher, Apollon und Mars S. 67.

4) Vgl. die Weihinschrift eines Jagdfreundes, des Praefecten Ctetius Veturius Micianus zu Stanhope in Britannien: Silvano invicto Sacrum ob aprum eximiae formae captum, quem multi antecessores ejus praedari non potuerunt. Donati I, p. 40, 4. Orelli n. 1603.

5) Hor. Epist. II, 140 ff.:

Condita post frumenta, levantes tempore festo
Corpus et ipsum animum spe finis duro ferentem,
Cum sociis operum pueris et conjuge fida,
Tellurem porco, **Silvanum** lacte piabant.

Baumgruppen verkörpert gedacht sein. Deswegen liebte man es bis in späte Zeit, das Bild des Gottes unter einem Baume aufzustellen oder aus einem solchen hervorwachsen zu lassen.[1] Vermutlich hatte jedes Grundstück in alter Zeit hinter dem Hofe oder auf der Grenze einen solchen Baum oder Hain, der den Silvan vorstellte oder ihm geweiht war und vermöge jenes o. S. 23 ff. beobachteten Glaubens an einen Parallelismus des Baum- und Menschenlebens als alter ego, Lebens- und Schicksalsbaum der auf dem Grundstück wohnenden Familie und ihrer Haustiere galt (vgl. Bk. 51 und den Hain des Mahjas kungs Bk. 52). Mit der Zeit wurde dieser eine Silvanus nach den (nur scheinbar) verschiedenen Seiten seiner Wirksamkeit in drei differenziert. Wir erfahren nämlich aus einer Stelle in den Schriften über die Feldraine, daß jede Besitzung (possessio) drei verschiedene Silvane hatte, den *Haussilvan* (S. domesticus), der für Haus und Hof Sorge trug, den *Flursilvan* (S. agrestis), dem der Schutz der Heerden und Hirten befohlen war, und den *Grenzsilvan* (S. orientalis), dem auf der Zusammensetzung zweier oder mehrerer Grundstücke, deren Marken von dort ausgingen (oriebantur), ein ganzer Hain geweiht zu werden pflegte. Man hat sich vorzustellen, daß drei Standbilder des Gottes nebst dem betreffenden Baume, das eine beim Hause, das andere auf der Flur, das dritte auf der Grenze zu sehen waren. Diese Angabe der Feldmesser wird durch die Inschriften vielfach bestätigt und ergänzt. Die-

1) Ein Simulacrum Silvani stand z. B. unter einem Feigenbaum beim Saturnustempel auf dem Capitol; als der Baum durch seine Ausbreitung das Bildwerk umzustürzen drohte, entfernte man ihn nach einem von den Vestalinnen, den Hüterinnen des heiligen Staatsherdes, gebrachten Opfer im J. d. St. 260 (=494 v. Chr.). So erzählt Plinius h. n. XV, 18, 20. Eine zu Aixme gefundene Inschrift (Orelli n. 1613) redet den Gott an: Silvane sacra semicluse fraxino. Vgl. das Bildwerk bei Millin, Mythol. Gallerie, Berl. 1836. Tab. CXVI n. 289. Silvan mit Tannenzapfen gekränzt, einen großen Tannenast in der einen, eine Sichel oder Gartenmesser in der andern Hand, Weintrauben und Baumfrüchte im Mantel tragend, steht neben einem Altar, bei dem der Hund der Laren liegt, unter einem Tannenbaum, der mit einem Kranze geschmückt ist. Bauern bringen ein Opfer. Cf. ähnliche Darstellungen auf dem Marmor 28 der antiken Sculpturen des Berliner Museums bei Bötticher, Baumkultus der Hellenen Taf. II, Fig. 6; Clarac, Mus. Pl. 259, Fig. 567. Bötticher a. a. O. Taf. VI, Fig. 16. 17; Moses, Collection Pl. 52. Bötticher a. a. O. T. VI, F. 16; Gerhard, Ant. Bildw. T. 42. Bötticher a. a. O. T. X, F. 32.

selben reden ebenfalls von dem *Silvanus domesticus* (Or. n. 1601. 4960. Henzen n. 5746), *casanicus* (Or. 1600) oder *villicus*, und zwar rufen sie ihn an als *Erhalter* (Conservator, Henzen n. 5742), *Behüter* (Custos), *Heilgeber* (Salutaris, Or. 1609), *Wiederhersteller* der Gesundheit und des Vermögens (Restitutor, Henzen n. 5750) einzelner Personen[1] oder ganzer Familien,[2] als deren Zugehörige die Verwalter und Freigelassenen derselben sich mit einrechnen.[3] Die Bewahrung auf Reisen und die glückliche Zurückführung zur Heimat wird ebenfalls als Werk des Silvanus angesehen[4] (Bk. 48). Die Bezeichnung Silvanus domesticus wechselt auch mit einem vom Namen des Grundeigentümers oder des Gutes hergenommenen Beiwort (Silvanus Staianus, Sinquas, Pegasianus, Caesariensis, Caminensis u. dgl.). Den Silvanus agrestis erkennen wir wieder in dem *Silvanus lar agrestis* einer römischen Inschrift;[5] daß er Gras und Kräuter auf der Viehweide wachsen läßt, drückt wol der Name Silvanus (h)erbarius[6] aus. Den Silvanus orientalis meint Horaz, wenn er Epod. II, 22 vom Silvanus tutor finium redet, und der Divus Sylvanus portae Romanae zu Venafrum[7] wird in dieselbe Kategorie gehören. Als in einem großen Teile Italiens die Latifundien der römischen Großen den kleinen Grund-

---

1) Silvano custodi Papirii. Henzen n. 5743. Silvano domestico pro S. T. (pro salute) T. Flavi Crescentis. Orell. n. 1601.

2) Cf. Silvano Flaviorum. Henzen n. 5748. Numini domus Augustae et san (cti Silvani) salutaris sacrum. Orell. n. 1596.

3) Diese errichten Bild und Altar des Gottes öfter für das Gedeihen ihrer Herrschaft. Henzen n. 5751. Pro salute et incolumitate indulgentissimorum dominorum Marcio Lib. proc. sacris eorum judiciis gratus Silvano Deo praesenti effigiem loci ornatum religionem instituit consecravitque libens animo. Or. n. 1608. Haec ego quae feci dominorum causa salutis et mea proque meis orans vitamque benignam officiumque gerens fautor tu dexter adesto. Henzen n. 5751.

4) Pro salute et reditu L. Turselli Maximi, L. Tursellius Restutus L (ibertus) Silvano Casanico vol. lib. solvit. Orell. n. 1600; cf. n. 1612. 1587; cf. das Bildwerk mit der Dedication „Silvano D. D.", worauf eine Herme des Gottes unter der ihm heiligen Fichte, daneben als Weihgeschenk, unzweifelhaft für die glückliche Rückkehr von gefahrvoller Handelsreise, ein Ballen Kaufmannswaare und ein Hermesstab dargestellt sind. Moses, Collect. Pl. 52. Bötticher, Baumkultus Taf. VI, 18.

5) Orelli n. 1604. Vgl. dazu Henzens Bemerkung.

6) Henzen n. 5747.

7) Henzen n. 5745.

besitz verdrängten und Land und Stadt mit weitläuftigen Park- und Gartenanlagen füllten, wurden die Bäume und Haine, Statuen und Kapellen des Silvanus in die neuen Gründungen mit aufgenommen und, indem sie im allgemeinen ihren alten Platz hinter dem Hause oder auf der Grenze des Grundstücks behaupteten, den veränderten Zwecken und Verhältnissen angepaßt. An die Stelle der einheimischen Waldbäume traten jetzt vielfach die aus der Fremde entlehnten[1] Gartengewächse Pinie und Cypresse; Silvanus wurde nun neben Priapus zum Schützer der Gärten.[2] Schon früher mag man ihn mit einer entwurzelten Fichte oder einem anderen Waldbaum in der Hand sich vorgestellt haben, wie die griechischen Kentauren und deutschen wilden Männer, und aus gleichem Grunde. Denn daß auch die Geräusch verursachenden Bewegungen und Windhauche im Walde als Lebensäußerungen des Silvanus gefaßt wurden, geht aus dem Umstande hervor, daß man plötzliche Laute ihm, wie dem Faunus, zuschrieb.[3] Die als Waffe getragene, sturmentwurzelte Fichte oder Tanne wurde unter dem Einfluß der neuen Verhältnisse zu einem Bäumchen umgedeutet, das der sorgsame Pfleger der Gärten mit der Wurzel ausgehoben hat, um es an einen geeigneteren Ort zu verpflanzen.[4] Eine andere Deutung, welche aufkam, um die Cypresse in der Hand des Gottes zu erklären, ging dahin, Cyparissus sei der Liebling Silvans, ein schöner Knabe, gewesen, welcher aus Gram über den Tod seiner zahmen Hirschkuh starb und vom Gotte in den Baum gleiches Namens verwandelt wurde, den derselbe, um sich zu trösten, stets in der Hand trägt.[5] Das ist aber nur eine Übertragung aus der

1) Vgl. V. Hehn, Kulturpflanzen und Haustiere 1870, S. 192 ff. 205 ff.

2) Vgl. Silvane sacra semicluse fraxino et hujus alti summe custos hortuli. Orell. n. 1613; cf. 1596. Hor. Epod. 2, 21 ff.

3) Livius I, 7. o. S. 115 Anm. Cf. Valer. Max. l. I. c. VIII, 5. Ingens repente vox e proxima silva Arsia, quae ore Silvani in hunc pene modum missa traditur: uno plus Hetrusci cadent, Romanus exercitus victor abibit. Martial nennt Silvanus tonans von dem donnerlauten Hall seiner Stimme im Walde X, 92, 5: Semidocta villici manu structas tonantis aras horridique Silvani.

4) Verg. Georg. I, 20: Et teneram ab radice ferens Sylvane cupressum. Servius Comm. l. l. Quidam Sylvanum primum instituisse plantationes dicunt. Cf. das Weintrauben und Obst tragende Bild des Silvan o. S. 121 Anm.

5) Servius zu Verg. Georg. I, 20.

älteren griechischen Sage, welche Apollon an Stelle des Silvanus nennt.[1] Und weil die Cypresse den Alten auch ein Symbol der Trauer war und vor dem Sterbehause aufgepflanzt wurde,[2] so wurde der Cypressenbaumträger Silvanus zum Schutzgott von Sterbeladen, Verbindungen, die unter dem Namen collegia oder sodalitia dendrophororum zum Zwecke gegenseitiger Unterstützung bei Begräbnissen zusammengetreten.

Man glaubte, daß die Silvane die Wöchnerin belästigten und Kinder raubten (vgl. Bk. 153), ohne Zweifel, um sie zu sich in den Wald zu tragen, wie unsere Elben, wilden Weiber (Bk. 108). Mulieri fetae post partum tres deos custodes commemorat adhiberi (Varro), *ne Silvanus deus per noctem ingrediatur et vexet;* eorumque custodum significandorum caussa tres homines noctu circumire limina domus et primo limen securi ferire, postea pilo, tertio deverrere scopis, ut his datis culturae signis deus Silvanus prohibeatur intrare, quod neque arbores caeduntur ac putantur sine ferro, neque far conficitur sine pilo, neque fruges coacervantur sine scopis; ab his autem tribus rebus tres nuncupatos deos, Intercidonam a securis intercisione, Pilumnum a pilo, Deverram a scopis, quibus diis custodibus contra vim dei Silvani feta conservaretur. Es muß einer späteren Gelegenheit aufbehalten bleiben, diesen Glauben und Brauch zu deuten; nur soviel dürfte ohne weiteres klar sein, daß Varros Auffassung an mehreren Unrichtigkeiten leidet. Intercidona und Deverra und in diesem Zusammenhange auch Pilumnus sind lediglich Personificationen, Schutzgottheiten der von den drei Männern als Averruncation geübten Tätigkeiten des Durchhauens der Schwelle, des Schlagens mit der Mörserkeule und des Ausfegens, welche die Averrunzierenden in einer einzelnen Verrichtung dramatisch nachbildeten, nicht Götter von selbständiger und umfassenderer Bedeutung. Das Durchhauen der Schwelle soll dem Silvan unmöglich machen, darüber hineinzukommen, das Ausfegen den etwa schon ins Haus gedrungenen bösen Zauber hinausschaffen. (Cf. die zahlreichen ähnlichen Indigitalgötter. Preller, Röm. Myth. S. 572

1) Servius zu Verg. Aen. III, 64. 680. Ovid. Metamorph. X, 106—142. Cf. Philostrat. Vit. Apoll. I, 16. Vgl. die Sage von Daphne o. S. 20.

2) Servius zu Verg. Aen. II. 714. Plin. Hist. nat. 16, 60. Festus p. 63. Bötticher, Baumkultus S. 488.

bis 596). Jedenfalls liegt also der Gegensatz des wilden Waldes, in den Silvanus die Neugebornen zurückzuholen sucht, und der davon befreienden Tätigkeit des die Kulturfrucht erbauenden Landmanns mindestens nicht in der Weise in den von Varro beschriebenen Handlungen ausgedrückt, wie er meint.[1] Höchstens könnte die Androhung, den Silvan mit dem *Kornquetscher* zu zerstoßen, auf eine Vermischung des ersteren mit *Korndämonen* (vgl. die Holzfräulein und den Waldmann, Bk. 77. 410) hindeuten. — Wie die Kentauren langhaarig, die wilden Leute der deutschen, die Ljeschie der russischen Sage mit rauhem Haarwuchs, wird auch Silvan als zottig (*horridus*) gedacht,

1) Varro bei Augustin Civ. D. VI, 9. Nur eine andere Form desselben Gebrauches ist es, wenn man so lange bis das Kind vom Boden erhoben, für lebensfähig erklärt, vom Vater anerkannt war, im Hause dem Pilumnus und Picumnus ein Lectisternium breitete als einen Sitz, worauf ruhend sie den Silvan vom Säugling abwehren sollten. Varro, De vit. pop. Rom. Cap. I. Nonius s. v. Pilumnus: Natus si erat vitalis ac sublatus ab obstetrice statuebatur in terra, ut auspicaretur rectus esse, diis conjugalibus Pilumno et Picumno in aedibus lectus sternebatur. Serv. ad Verg. Aen. X, 76. Varro Pilumnum et Picumnum deos esse ait eisque pro puerpera lectum in atrio sterni, dum exploretur an vitalis sit qui natus est. So brennt in deutschen Bauernhäusern ein Licht neben der Wiege, bis das Kind getauft ist, damit die Unterirdischen, Zwerge, die Roggenmuhme u. s. w. es nicht abtauschen. Ganz dasselbe geschah bei den Römern, und dieser Handlung stand eine Göttin Candelifera vor. Pilumnus, d. h. der mit der Mörserkeule Versehene oder der Keulenschwinger (vgl. Zeyß, Zs. f. vgl. Spr. XVII, 419. 420) ist uns auch noch sonst bezeugt als eine von den Bäckern verehrte Gottheit, eben die Personification des Kornquetschens zum Brotbacken. Servius ad Verg. Aen. IX, 4. (Invenit usum Pilumnus pinsendi frumentum, unde et a pistoribus colitur.) Das Zusammenauftreten mit ihm, wie die sprachliche Form machen gewiß, daß wir auch in Picumnus nichts anderes als eine analoge Personification einer averrunzierenden Tätigkeit zu suchen haben, zu deren Verständniß uns jedoch mit dem Etymon, wovon es abgeleitet ist, das Material verloren gegangen ist. Denn in Wahrheit erfahren wir aus der römischen Literatur außerdem keinen echten Zug über den lediglich den Göttern der Indigitamenta angehörenden Gott Picumnus. Nur eine falsche Etymologie hat die römischen Antiquare schon vor Varro verleitet, ihn mit Picus zu identifizieren, und dessen Beinamen Sterquilinus auf ihn (Serv. ad Verg. Aen. IX, 4), ja auf Pilumnus (Serv. ad. Aen. X, 76) zu übertragen. Das Verhältniß ist noch durchsichtig selbst in der Notiz des Nonius Marcellus s. v. Picumnus: Picumnus est avis Marti dicata, quam picum vel picam vocant (die falsche Combination) et deus qui sacris Romanis (in dem angeführten Brauch) adhibetur.

ein rechtes Abbild des Waldes.[1] Wie bald von einem Faunus, bald von einer Gesellschaft der Faunen die Rede ist, sprach man auch von vielen *Silvanen*,[2] sowie von weiblichen Waldgeistern, *Silvanae* (Orell. 2103), Sulevae (Or. 2101. 2099), Suleviae Or. 2100), welche zuweilen Feldnymphen, *Campestres* (Or. 2101. 2102) oder Nymphen der Kreuzwege, Quadriviae, Quadribae (Or. 2103) gesellt sind.

§ 3. **Faune und Silvane im romanischen Volksglauben.** Als ein noch heute lebender Nachklang dieser antiken Elementargeister müssen die wilden Leute, *gente salvatica*, in Norditalien bezeichnet werden. Um Mantua werden sie beschrieben als Geister, *halb Mensch, halb Tier*, mit einem Schwanze hinten, welche die Menschen mit sich forttragen und auffressen (Bk. 113); schon im frühen Mittelalter werden feminae *agrestes, quas Silvaticas vocant*, genannt, welche Liebschaften mit sterblichen Männern suchen (Bk. 113). In Wälsch-Tirol heißt der wilde Mann *l'om Salvadegh*, d. i. homo silvaticus oder *Salvang*, d. i. Silvanus. Salvanel oder Salbanel, d. i. Silvanellus. Die Form Salbanel hat bereits in einer antiken Inschrift „Silbano sacrum“ (Marini, Atti II, 367. Or. 1617) ein Vorbild. Der Salvanel in Valsugana läßt Leute, die in seine Fußtapfen geraten, im Wald in die Irre gehen. *Er raubt wie Silvanus* (o. S. 124) *kleine Kinder, besonders Mädchen*, nährt sie in seiner Höhle und behält sie mit ungemeiner Liebe bei sich. Er stiehlt gern den Hirten die Milch. Einst setzte der Bestohlene ihm zwei mit Wein gefüllte Milchgefäße hin; er trank, wurde berauscht, gefangen und gebunden, lehrte den Hirten gegen seine Freilassung Käse machen und rief im Verschwinden: „Hättest du mich noch ein wenig festgehalten, so hätte ich dich gelehrt aus Milchabguß Wachs zu machen.“[3] Diese möglichst genau mit der altrömischen Sage von Picus und

1) Horridi dumeta Silvani, Hor. Od. III, 29, 22; silva dumis horrida, Hor. Vgl. Martial X, 92, 5; o. S. 39. 41 und die Bildwerke.

2) Calybe Silvanis v. s. l. m. Marini, Atti delli fr. Arv. II, p. 543. Orelli n. 1616. Quin et Silvanos Faunosque et deorum genera silvis ac sua numina tanquam et caelo attributa credimus. Plin. H. n. XII, 1, 2.

3) Bk. 113. C. Schneller, Märchen und Sagen aus Wälsch-Tirol. Innsbruck 1867, S. 214 ff. Vgl. L. v. Hörmann, Mythol. Beiträge aus Wälsch-Tirol. Innsbr. 1870, S. 3.

Faunus übereinstimmende Sage erweist die Identität der gente silvatica, der Salvanelli u. s. w. mit den antiken Faunen und Silvanen. Auch als Baumeinwohner zeigt sich noch der Salvanel, insofern man im Etschlande von krankhaften Stellen am Baume sagt, derselbe habe den Salvanel. Und wenn um Mantua eine menschlich gestaltete Puppe im Saatfeld „*Salbanello*“ heißt, so ist das genau der Silvanus agrestis, o. S. 121. Auch sonst finden sich nämlich Spuren, daß die Popanze oder Vogelscheuchen im Saatacker ursprünglich nicht sowol aus nüchtern praktischen Zwecken hervorgegangene Schreckmittel für die Vögel gewesen sind, sondern daß sie Darstellungen des Vegetationsdämons waren, der in positiver und negativer Richtung zugleich wirksam Ungeziefer vertreibt und Wachstum fördert. So wird in Königswartha Kr. Bautzen die den Korngeist darstellende beim Ausdrusch der letzten Roggengarbe aus einem mit Stroh umwundenen Holzkreuz gefertigte Menschenfigur, der Alte oder Stary, bis zum Frühjahr verwahrt und dann mit Rock und Hut bekleidet und mit einem Besen in der Hand ins Krautfeld gesteckt. — In Fassa stellte man sich die Salvegn (Plur. v. Salvang), *welche gern Kinder abtauschten*, von Ansehen wie große Affen vor, stark, haarig und mit langen Nägeln an den behaarten Fingern.[1] Die wilden Weiber heißen in Wälsch-Tirol Bregostane, Enguane oder Delle Vivane. Ein Mann von Mazin hatte eine solche gefangen, und sie willigte ein, sein Weib zu werden, wenn er sie nie *Geiſs* nennen wolle. Sie gebar ihm Kinder, und unter ihren Händen mehrte sich der Wolstand des Hauses, bis nach 5 Jahren der Gatte sie bei einem Wortwechsel *Geiſs* schalt. Da entstand im Zimmer ein *Staubwirbel*, in dem sie verschwand.[2] Offenbar glaubte man, daß diese Wesen, wenn sie in ihrer wahren Gestalt sichtbar würden, die Gestalt einer Geiß zeigten, oder daß sie sich zeitweilig in eine solche zu wandeln vermöchten. Vermutlich leben die Faune und Silvane auch in der lebendigen Volksüberlieferung Mittel- und Süditaliens fort, doch ist es mir noch nicht gelungen, darüber Auskunft zu erhalten.

§ 4. **Pan und Pane.** Unzweifelhaft richtig war die bereits von den Alten gemachte Annahme, daß der griechische Pan und

1) L. v. Hörmann a. a. O. S. 3.
2) Hörmann a. a. O. S. 8.

die Pane den Silvanen und Faunen der Hauptsache nach identisch seien. „Wir haben“, sagt darüber Welcker[1] treffend, „in Pan bei den jüngsten Nachrichten, da Homer und Hesiod ihn nicht einmal kennen, einen der ältesten Götter auf altgriechischem Boden, zum Teil die einfachsten Anschauungen der ältesten Zeit, zum Teil armselige Volksvorstellungen.“ Seine früheste Erwähnung in einem dem Epimenides (um 600 v. Chr.) zugeschriebenen Verse lehrt ihn uns als eine locale, aber schon auswärts bekannt gewordene Mythengestalt der Arkader kennen. Pan und Arkas werden als Brüder bezeichnet.[2] Auch Simonides (490 v. Chr.), Pindar (490 v. Chr.), Pausanias, Dionysios nennen ihn Arkader, Arkadiens Herrscher, der Arkader ältesten und geehrtesten Gott. Erst nach der Schlacht bei Marathon ist der Kult des Pan nach Athen verpflanzt,[3] und von hier aus wurde der Gott in Griechenland allbekannt, mit mehreren der nationalen Götter in Verbindung gesetzt und auf verschiedene Weise in die genealogischen Systeme eingereiht.[4] Nach Böotien scheint ihn Pindar gebracht zu haben, der ihn schon der phrygischen Göttermutter zugesellt. In den dionysischen Thiasos aufgenommen ward er und sein Geschlecht ein beliebter Gegenstand der Kunst. Aus diesen späteren Quellen muß auf sein ursprüngliches Wesen zurückgeschlossen werden. Am reinsten und altertümlichsten zeigt dasselbe noch der sogenannte homerische Hymnus auf Pan. Zwar ist diese Dichtung, welche uns Pan ebenfalls schon als Maskenfigur in den dionysischen Festtänzen kennzeichnet, nur die mit Geist und Feinheit freierfundene humoristische Nachahmung älterer, zu heiligem Gebrauche bestimmter, die Geburts-

1) Götterlehre I, 452.

2) Schol. Theocr. I, 3. Schol. Rhes. 36. Welcker a. a. O. 453.

3) Herod. II, 145. Voss, Myth. Br. I, 13.

4) S. dieselben bei Jacobi, Handwörterbuch d. griech. u. röm. Myth. II, 694 Anm.*. Unter diesen Genealogien beruht diejenige, welche *Pan* zum Sohne der *Penelope*, sei es mit Hermes (Herod. II, 145. Schol. Theocr. I, 123. Verg. Aen. II, 43), mit Odysseus (Serv. Verg. Georg. I, 16. Schol. Theocr. a. a. O.) oder mit allen (*πάντων*) Freiern (Duris. Schol. Lyk. 772. Schol. Theocr. I, 3) machte, nach Meinekes treffender Bemerkung (Anal. Alex. p. 159) lediglich auf etymologischer Spielerei mit dem Gleichklang der Namen. Man sieht, wie fernab von jeder Wahrheit die Deutung von W. Schwartz (Sonne, Mond und Sterne, S. 70—71) liegt, Pan sei ein Numen des gehörnten Blitzes, den Penelope, die spinnende Sonnengöttin, gebäre.

legende irgend einer Gottheit mit religiösem Ernste verherrlichender Rhapsodien.[1] Der Dichter kannte aber noch den Volksglauben von Pan und benutzte den Contrast desselben mit der höher entwickelten Vorstellung von den Olympiern zur Komik. Uns gehen nur die Spuren der volkstümlichen Überlieferung in dem Mythus an. Pan war danach zunächst und eigentlich Waldgeist oder Baumgott, wie ihn denn ein von Macrobius aus unbekannter Quelle ausgehobenes griechisches Zeugniß geradezu *τὸν τῆς ὕλης κύριον* nennt.[2] Deshalb macht ihn der Dichter zum Enkel eines Dryops, wie denn auch ein Fichtenkranz auf dem Kopf oder ein Fichtenzweig in der Hand zu seinen Attributen in der künstlerischen Darstellung gehört; und eine ihm geheiligte Eiche oder Fichte pflegt neben seinem Heiligtum zu stehen.[3] Auf baumbewachsenen Wiesen (*ἀνὰ πίση δενδρήεντα*) treibt er sich mit tanzliebenden Nymphen um, er wandelt hin und her durchs dichte Gebüsch (*φοιτᾷ ἔνθα καὶ ἔνθα διὰ ῥωπήϊα πυκνά*). Doch geht er bereits über in das Numen der Bergwildniß überhaupt; alle beschneiten Höhen, Bergfirsten und Felsenpfade gehören ihm, und eine Berghöhle ist seine Wohnung, weshalb ihm später als Kultstätten in Marathon, Athen, Delphi u. s. w. Grotten eingerichtet wurden. Als Waldgeist ist er Gebieter und Jäger des Wildes[4] und zugleich Schützer und

1) Vgl. Welcker, Gr. Götterl. II, 660.

2) Hunc deum (Pana) Arcades colunt appellantes *τὸν τῆς ὕλης κύριον*. Macrob. Saturn. I, 22.

3) *Διαβάντι δὲ τὸν Γαράτην καὶ προςελθόντι σταδίους δέκα Πανός ἐστιν ἱερόν, καὶ πρὸς αὐτῷ δρῦς ἱερὰ καὶ αὕτη τοῦ Πανός.* Pausan. VIII, 54, 3. Pans unter einer Pinie stehendes Bild, dem ein mit Fichtenlaub bekränzter Bock, Kränze und Trauben geopfert werden. Longus II, 24. 31. Vgl. die Pansherme unter einem Baume. Gerhard, Antike Bildw., T. 48. Bötticher, Baumkultus S. 148.

4) *Ἀγρεύς· ὁ Πὰν παρὰ Ἀθηναίοις, ὡς Ἀπολλόδωρος.* Hesych. s. v. — Wenn keine Jagdbeute da war, peitschten die Arkadier sein Bild. Theocr. 7, 107. Wie die seligen Fräulein und andere wilde Weiber das Wild, welches sie nicht dem Jäger preisgeben wollen, vor dem Geschosse desselben in ihren Grotten bergen (Bk. S. 100. 131—132), so erzählt Aelian, in Arkadien gebe es auf dem Gipfel des Lykaion einen dem Pan heiligen Ort, *Αὐλή* (Hof) geheißen. Alle Tiere, welche dahin gleichsam hilfeflehend fliehen, nimmt der Gott auf und schützt ihr Leben. Denn die verfolgenden Wölfe wagen es

Mehrer des auf den Waldwiesen weidenden Viehes, wo Krokos und Hyazinthen duften. Besonders die letztere Eigenschaft wird an ihm hervorgehoben. Der Hymnus nennt ihn νόμιος θεός; Pindar heißt ihn Genossen der Böcklein (Fragm. 18), Platon (Krat. p. 280 D) Ziegenhirt; von des Daphnis sorgfältig gepflegter Heerde, der der junge Hirt die Hörner salbt und die Haare kämmt, äußert Longus, man hätte meinen können, eine heilige Heerde des Pan zu sehen.[1] Das bocksfüßige und gehörnte Bild des Pan unter der Pinie hat in der einen Hand eine Syrinx, in der andern einen springenden Bock.[2] Auch die Heerden von Menschen stehen zuweilen unter der Pflege Pans. Als Feinde die Schafe und Ziegen des Daphnis weggetrieben, erscheint der Gott dem Feldherrn im Traum und schilt ihn, daß er Tiere, die unter seiner Obhut seien, geraubt habe.[3] Auch der Bienenstöcke nimmt Pan sich an, die der Hirt im Walde aushebt,[4] und Milch und Honig bringt man ihm als Opfer dar (vgl. o. S. 38). Abends spielt er die Syrinx, seine Erfindung;[5] kein Vogel übertrifft ihn, der im Frühling in den Zweigen hüpfend süßen Klagegesang flötet. Mit dem Pan singen und tanzen die lautsingenden Nymphen, und um den Berggipfel tönt der Widerhall. Wer erkennte nicht in dieser Schilderung den vergeistigten Reflex der nämlichen Naturerscheinung, welche ein feiner Naturbeobachter, Berthold Sigismund, im Thüringer Walde folgendermaßen vernahm? „Abends nach Sonnenuntergang sang der Wald sein Abendlied, schöner als je. Die Vögel waren verstummt, kein Lüftchen regte sich. Da ließ sich von fern ein leises Murmeln hören, wie ein ernster Männerchor. Die tiefen Töne wogten in schwankenden Accorden auf und nieder, wie wenn eine Windharfe rauscht, endlich schwollen sie zum Brausen einer vollen Orgel an. *Es tönte wie ein ernster feierlicher Gesang,* gleich als wolle

nicht das Asyl zu betreten. Aelian, Hist. anim. XI, 7. Pan nährt das Wild auf den schneewipfeligen Bergen; daher nennt ihn das Lied des Kastorion θηρονόμος.

1) Hirtengesch. IV, 4.

2) Ebendas. II, 24.

3) Ebendas. II, 27.

4) Anthol. Pal. IX, 226. Welcker, Gr. Götterl. II, 662. Theokr. 5, 53.

5) Pausan. X, 32, 5. Welcker a. a. O. II, 664.

der Wald das tiefe Geheimniß aussprechen, das in allem Lebenden und Wachsenden verschleiert liegt."[1] Wenn nach einem platonischen Epigramm Pan mit seiner Syrinx die Baumnymphen (Hamadryaden) und Quellnymphen (Hydriaden) zum Tanzen bringt, wenn er die Pitys, die personifizierte Fichte, geliebt haben soll,[2] so ist deutlich zu erkennen, wie man im Sausen des Windes, der die Bäume tanzen macht, seine Gegenwart spürte.[3] Dann buhlt er, gleich Faunus, um die *Dryaden*, woher er auch, gleich sonstigen Waldgeistern, als lüstern, geil, befruchtend, *κήλων* (Kratinos), *πολύσπορος*, *πάνσπορος*, geschildert wurde; Heraklit braucht *πανεύειν γυναῖκας* im Sinne von beschlafen. Auch jene plötzlichen, oft erschreckenden Töne und Widerhalle des Waldes (o. S. 114) schrieb man Pan zu,[4] und plötzlicher Schrecken hieß daher ein panischer.[5] Sein Zorn bewirkt Irrsinn[6] (vgl. o. S. 36).

Die Gestalt, in welcher die städtischen Künstler Pan aus dem Volksglauben der Bauern überkamen, war nach Herodot II, 46 die eines Menschen mit Bocksbeinen und Bocksgesicht, d. h. er trug Bocksschenkel und Geißfüße, sowie zwei Hörner auf dem Kopf und

1) B. Auerbachs Volkskal. 1860. S. 129.

2) Longus II, 39: *ἠράσθη μὲν Πίτυος, ἠράσθη δὲ Σύριγγος, παύεται δὲ οὐδέποτε Δρυάσιν ἐνοχλῶν καὶ Ἐπιμηλίσι νύμφαις παρέχων πράγματα.* Aristides (I, 249 Jebb) sagt: bei den Dichtern hallen die Pane und Satyrn auf den Bergen und um die Bäume sich ergötzend in der Sommerzeit als die musikalischsten der Götter.

3) Vgl. M. Müller, Essays II, 142: „Gab es irgendwo in Hellas eine mit Fichten bedeckte Seeküste, wie die Küste von Dorset, so mochte wohl ein griechischer Dichter, der ein Ohr hatte für das weiche, klagende Gespräch des Windes und der zitternden Fichten und ein Auge für die Verwüstung, die ein wilder Nordwind anrichtete, seinen Kindern von den Wundern des Waldes erzählen und von der armen Pitys, der Fichte, um die Pan, der sanfte Windhauch, wirbt und die vom eifersüchtigen Boreas, dem Nordwinde, niedergestreckt wird." Vgl. auch Welcker, Gr. Götterl. II, 666—67.

4) Cf. Apollod. bei Schol. Eur. Rhes. 36: *τὰ ὄρη καὶ αἱ νάπαι καὶ πάντα τὰ ὕπαντρα τῶν ὀρῶν ἐστιν ἠχώδη, ποικίλων καὶ παντοδαπῶν φωνῶν ἐν τοῖς ὄρεσι γινομένων ὑπό τε κυνηγῶν καὶ ζώων ἡμέρων τε καὶ ἀγρίων ἦχοι δὲ μιμητικοὶ γίνονται τούτων. ὅθεν πολλάκις τινὲς τὰ μὲν σώματα τῶν φωνούντων οὐχ ὁρῶντες, αὐτὴν δὲ μόνην τὴν προσπίπτουσαν φωνὴν, φασὶ Πᾶνα σὺν ταῖς νύμφαις ἐν τοῖς ἄντροις μετ' αὐλῶν καὶ συρίγγων φωνεῖν.*

5) *Πὰν νομεῦσιν ἀγαθὸς διὰ τὸ νόμιον, καὶ κυνηγοῖς διὰ τὸ ἄγριον. Τοῖς δὲ λοιποῖς ἀκαταστασίας καὶ θορύβους σημαίνει.* Artemidor. II, 37.

6) Eurip. Med. 1162. Welcker, Gr. Götterl. II, 669. Anm. 57.

einen oft tierischen Gesichtsausdruck,[1] wie er auf vielen erhaltenen Denkmälern zu sehen ist.[2] Auch der homerische Hymnus bezeichnet ihn als *αἰγιπόδης, δικέρως,* Aristophanes Ran. 232 als *κεροβάτης*, Simonides als *τραγόπους*, und mehrfach wird er als *Αἰγίπαν* bezeichnet. Den übrigen Stücken der Tiergestalt gesellt sich zuweilen ein Schwanz hinzu. Noch näher an tierisches Wesen streift das dem Bock zukommende Beiwort *αἰγιβάτης,* welches Theokrit IX, 433 dem Pan beilegt; übereinstimmend stellt ihn eine in Neapel befindliche Marmorgruppe dar, wie er sich mit einer Ziege begattet.[3] Vermutlich dachte man sich ihn ursprünglich als ein zuweilen ganz ziegengestaltig erscheinendes Wesen mit menschlichem Bewußtsein. Als ein geisterhaftes Wesen bekundet sich Pan auch dadurch, daß er wie Faunus dem Alp, Ephialtes, gleichgesetzt wurde.[4] Schon Aeschylus, Sophokles und Aristophanes kannten eine ganze Klasse von *Πᾶνες* oder *Πανίσκοι*, bocksgestaltige Waldteufel und Dämonen, die in allen Stücken dem einen Pan ähnlich von den bildenden Künstlern häufig auch mit Weib und Kind beschenkt wurden. Es ist kein Beweis vorhanden, daß diese mehreren Pane nicht aus volkstümlicher Quelle geflossen seien.[5]

Es liefen verschiedene Volkssagen um, nach denen Pan und die Pane im Gebirge oder auf einem am Meere liegenden Vorgebirge Vorübergehende angerufen haben sollten. Eine solche Volkssage gab Veranlassung, daß vor der Schlacht bei Marathon Pheidippides, der nach Sparta gesandte Herold, da die Lacedämonier den Ausmarsch aufschoben, den Athenern Mut machte, indem er vorgab, am Parthenischen Gebirge bei Tegea sei ihm Pan begegnet, habe ihn angerufen und gesagt, daß er den Athenern gewogen sei und bei Marathon für sie kämpfen

---

1) Herod. II, 46: *γράφουσί τε δὴ καὶ γλύφουσι οἱ ζωγράφοι καὶ οἱ ἀγαλματοποιοὶ τοῦ Πανὸς τὤγαλμα, κατάπερ Ἕλληνες, αἰγοπρόσωπον καὶ τραγοσκελέα.*

2) Vgl. Wieseler, Zur Kunstmythologie Pans. Götting. Nachrichten d. Gesellsch. d. Wissensch. 1875 n. 17, S. 433—78. Ebenders.: Ind. lect. aest. Georg. Aug. 1875. Commentatio de Pane et Paniscis.

3) S. O. Müller, Handbuch der Archäologie § 387, 4.

4) Hesych.: *Πανὸς σκότος οἷον νυκτερινὰς φαντασίας.* Artem. II, 34: *Ἑκάτη καὶ Πὰν καὶ Ἐφιάλτης.* 37: *ὁ δὲ Ἐφιάλτης ὁ αὐτὸς εἶναι τῷ Πανὶ νενόμισται.*

5) Schol. Theocr. IV, 62. Aristoph. Eccles. 1069. Cic. Nat. Deor. 3, 17.

werde.[1] Nachahmung einer solchen Volkssage ist auch erkennbar in der Erzählung des Longus, wie die Flotte der Metymnäer nach einem Raubzuge in das Gebiet der Mytilenäer bei einem Vorgebirge Anker warf. Da hörte man am Lande Schlachtgetöse, und von dem sehr schroffen Felsen, der das Vorgebirge krönte, ward furchtbar wie Drommetenhall der Ton einer Syrinx vernommen; um die Mittagszeit aber erschien Pan dem Feldherrn selbst im Traum und mahnte ihn, seinen Schützling, eine geraubte Jungfrau, sammt ihrer Heerde herauszugeben. Als dies geschehen, tönte die Syrinx wieder vom Felsen her, aber nicht mehr furchtbar kriegerisch, sondern hirtlich.[2] In die Reihe solcher noch spät umlaufenden Volkssagen gehört auch die von Plutarch[3] aufbewahrte Erzählung, welche ich um der Wichtigkeit willen, die sie für unsere Untersuchung erweisen wird, ganz hieher setze. Der Rhetor Aemilianus, ein durchaus ernsthafter Mann, pflegte zu erzählen, sein in Chäronea ansässiger Vater Epitherses habe in der Absicht, nach Italien zu fahren, ein schwerbeladenes Kauffahrteischiff bestiegen. Als sie in die Nähe der Echinaden, gegenüber Akarnanien, gekommen waren, trat Windstille ein, und sie kreuzten bis zu den Paxiinseln (weiter nördlich gegenüber Epirus). Viele von den Fahrgästen wachten auf Deck, während andere nach aufgehobener Tafel noch beim Weine saßen. Da hörte man plötzlich von der Paxiinsel her eine Stimme, welche zu aller Verwunderung einen gewissen Thamus mit Namen rief. Dieser Thamus war ein ägyptischer Steuermann, dem Namen nach den wenigsten Mitreisenden bekannt. Er schwieg auch, als er zum zweitenmale gerufen wurde. Als aber der Ruf zum drittenmale ertönte, antwortete er, und nun sprach die Stimme in erregtem Tone: *„Wenn du nach Palodes kommst, melde, dafs der grofse Pan gestorben ist"* (ὅταν γένῃ κατὰ τὸ Παλῶδες ἀπάγγειλον, ὅτι Πὰν ὁ μέγας τέθνηκε). Alle waren bestürzt, so erzählte Epitherses, und stritten darüber, ob man den Auftrag ausführen müsse oder nicht. Thamus aber entschied, wenn guter Wind wehe, wolle man, ohne ein Wort zu sagen, vorüberfahren; wenn aber Windstille eintrete, werde er melden, was er gehört habe. Als man nun nach Palodes kam,

---

1) Herod. VI, 105. Pausan. II, 28, 4.
2) Longus II, 26—28.
3) Plutarch, De defect. orac. XVII. Moralia II, 490 Wyttenbach.

lag das Meer spiegelglatt da, und kein Lüftchen regte sich. Da stellte sich Thamus auf das Hinterteil des Schiffes und rief, gegen das Land hin blickend, wie er gehört hatte: *„Der grofse Pan ist todt.“* (Ο μέγας Πὰν τέθνηκεν). Kaum hatte er geendet, *so hörte man ein lautes Wehklagen nicht von einer, sondern von vielen Stimmen.* Wie aber wol geschieht, wenn viele Zeugen zugegen sind, der Kaiser Tiberius hörte von der Sache, ließ Thamus holen und glaubte seine Erzählung so fest, daß er seine Hofgelehrten befragte, was das für ein Pan sein könne, und sie entschieden, es müsse der Sohn des Hermes und der Penelope (o. S. 128) sein.[1] Wir werden es später (u. S. 148) bestätigt finden, daß Epitherses nur einer älteren Volkssage dadurch Interesse zu verleihen suchte, daß er sie in der Gegenwart localisierte und als sein eigenes Reiseabenteuer erzählte. In derselben war unzweifelhaft der Ausdruck ὁ μέγας Πάν in demselben Sinne gemeint, wie Zeus μέγας θεῶν βασιλεύς, der Perserkönig Oberkönig, Großkönig, μέγας βασιλεύς genannt wird, als der *Ober-Pan*, der große Pan zum Unterschiede von der untergeordneten Schaar der Panisken. Zu einer Deutung des materiellen Inhalts der Sage selbst gebricht uns das Material.[2]

Fassen wir alle Züge der populären Gestalt des Pan zusammen, so erscheint er als bocksgestaltiger „die geheime Lust

1) Dieser Zusatz zur Volkssage entsprang daher, daß Kaiser Tiberius als Liebhaber spitzfindiger mythologischer Gelehrsamkeit allbekannt war. Vgl. Sueton, Tiber. 70: Maxime tamen curavit notitiam historiae fabularis usque ad ineptias atque derisum; nam et grammaticos, quod genus hominum praecipue, ut diximus, appetebat, ejusmodi fere quaestionibus experiebatur, quae mater Hecubae, quod Achilli nomen inter virgines fuisset, quid Sirenes cantare sint solitae. Es war Sitte, Naturseltenheiten den Kaisern zu senden oder zu melden; dem Tiberius berichtete man aus Lissabon, ein Triton sei gesehen worden. Plin. H. N. IX, 9. Friedländer, Sittengesch. R. 1873. I, 43.

2) Mit diesen tatsächlichen Nachweisen werden auch alle bisherigen Erläuterungen der Erzählung hinfällig. Welcker (Götterl. II, 671) meinte, ein weitblickender Heide, der den nahenden Untergang des großen Pans, d. h. des Allgotts, anders gesagt des Pantheismus der neuplatonischen Philosophie wie der vulgären flachen Auffassung des Heidentums, gegenüber der neuen christlichen Bewegung der Geister ahnte, habe dem Edelstein dieses tiefsinnigen Gedankens die Anekdote als kunstreiche Einfassung gegeben. Preller (Gr. Myth.[3] I, 616) glaubt, das seltsame Märchen erkläre sich aus der in Plutarchs Zeit natürlichen Geneigtheit, den älteren Wald- und Berg-Pan des arkadischen Volksglaubens neben dem jüngeren All-Pan der Philosophie für einen sterblichen Dämon nach Art der Nymphen zu halten.

und das dunkle Grauen der wilden Waldeinsamkeit,"[1] wie die üppige Wachstumsfülle des Waldes darstellender Waldgeist, der in einen Dämon der Vegetation und des Lebens im ganzen Waldgebirge übergehend bald als Einzelgestalt, bald zu einem Schwarme vervielfältigt erscheint. Denn er ist Befruchter, und in Trözen verehrte man ihn unter dem Namen *Λυτήριος*, weil er der Obrigkeit daselbst Heilmittel gegen die Pest gezeigt, sich als Lebenserhalter erprobt hatte.[2] Die Verallgemeinerung seines Wesens zu einer Personification des gesammten Lebens im Waldgebirge spricht sich deutlich im Volksglauben aus, daß bei der Gluthitze der südlichen Mittagssonne von der Jagd ausruhend der Gott, gleichsam die Natur selbst, schlafe; niemand darf ihn stören, und der Hirt scheut sich die Syrinx zu blasen.[3] Nur muß diese volkstümliche Anschauung streng geschieden werden von der durch Orphiker aufgekommenen philosophischen Deutung Pans als Allgottes, welche aus einem etymologischen Irrtum entsprang. *Πάν*, Gen. *Πανός* hat nur mittelbar etwas mit *πᾶς*, Gen. *παντός* zu tun, ist auch nicht mit M. Müller a. a. O. von pu, reinigen als Name des fegenden und reinigenden Windes abzuleiten und einer hypothetischen Sanskritform pavan gleichzustellen, sondern muß (nach der Analogie von *μήν*, *μηνός*, Monat aus Wurzel mâ, messen) von dem Stamme pâ, hüten, schützen, weiden, mit der Nebenform pan, nähren, abgeleitet sein, welche

1) Cf. O. Müller, Handbuch der Archäol. S. 378 § 387.

2) Pausan. II, 32, 5.

3) Theocr. Id. I, 15. 18. Dieser Vorstellung vergleicht sich zunächst die czechische von der Polednice u. dem Poledniček. Die Polednice (Mittagsfrau, von poledne, Mittag) wird in der altböhmischen Glosse von Wacehrad als Dryas bezeichnet (Hanka, Zbirka p. 6), und noch Krolmus hörte von seinem Großvater, daß in der zantischen Linde bei Břczinka, unter der alle Frühlingsspiele gehalten wurden, eine Polednice oder wilde Frau, eine bald gute, bald böse Alte, wohne und zuweilen unter vielem Glanze aus derselben herauskomme. Nach der gangbaren Vorstellung aber ist die Polednīce ein Waldweib, das nur um die Mittagsstunde ausgeht und im Walde oder auf dem Erntefelde Wöchnerinnen ihre kleinen Kinder fortholt oder verwechselt. Ebenso durchsucht der Poledniček Mittags zwischen 11—12 die Felder und Wälder. S. Grohmann, Sagen aus Böhmen S. 111. Ders., Aberglaub. aus Böhmen S. 13. Auch die deutsche Sage kennt eine Mittagsfrau Ên-ongermôer (von onger = d. i. undorn, die mittlere Stunde zwischen Sonnenaufgang und Mittag), welche in den Getreidefeldern umgeht. Eine Parallele a. Japan s. Ausland 1875 n. 48. S. 952. Vgl. a. Schelling, Phil. d. Offenb. Werke 1858. II, 3. S. 489.

in den gr. Worten *πῶϋ*, Heerde, *ποά*, Gras, eigentlich Weide, *ποιμήν*, Hirt, *παν-ί-α*, Fülle und in lat. pa-sco, weide, pabulum, Weide, pan-is, Brod, pen-us, Nahrung, Vorrat steckt.[1] Der Name *Πάν* bedeutet sonach den Hirten (vgl. den wilden Küher, wilden Geißler, Bk. 96) oder den Nahrungsgeber, genau mit dem von uns entwickelten sachlichen Inhalt der an ihn geknüpften Vorstellung übereinstimmend.

§ 5. **Satyrn.** Auf das nächste mit den Panen verwandt, ursprünglich vielleicht nur eine argivische Variante derselben, waren auch die Satyrn Elementargeister der Wälder und Berge von halbtierischer Gestalt.[2] Ihre älteste Erwähnung weist auf Argos als ihre Heimat hin. Hesiod[3] nennt sie „das Geschlecht der nichtsnutzigen und durchtriebenen Satyrn" (*γένος οὐτιδανῶν Σατύρων καὶ ἀμηχανοεργῶν*), nämlich Enkel des Urkönigs von Argos, Phoroneus, von dessen Tochter sie sammt den Nymphen der Berge und den Kureten entsprossen. Die Zusammenstellung mit den Kureten, den Waffentänzern im kretischen Zeuskultus[4] (*Κουρῆτές τε θεοὶ πολυπαίγμονες ὀρχηστῆρες*), macht wahrscheinlich, daß der Dichter die Satyrn bereits als Characterrollen in irgend einem Thiasos, die Verbindung mit den Bergnymphen, daß er sie zugleich noch als Nachbildungen elementarer Dämonen kannte. Hiemit stimmt die Nachricht, daß in Korinth unter der Regierung des Tyrannen Periander (v. Chr. 625—585) Arion dem an den Dionysosfesten gesungenen Dithyrambos, dem Vorläufer der Tragödie, eine derartige Einrichtung gegeben habe, daß der bis dahin seinen Standort beliebig wechselnde Chor einen festen Platz in einer geordneten Festversammlung erhielt und von *den dramatischen Rollen der Satyrn* unterschieden wurde, denen man nun einen versifizierten Text in den Mund legte.[5] Mithin müssen

1) Vgl. Curtius, Grundz. 2. Aufl. S. 244. Preller, Griech. Myth. 3. Aufl. I, S. 611.

2) Vgl. Preller, Griech. Myth. 3. Aufl. ed. Plew. I, 599.

3) Fragm. bei Strabo X, 471. Cf. Preller a. a. O. 540. Anm. 3. *Σάτυρος ὄρειος δαίμων.* Kallistr. 1.

4) Vgl. Preller a. a. O. 540 ff. Hermann, Gottesdienstl. Altert. 2. Aufl. § 29, 21. § 67, 27.

5) *Λέγεται καὶ τραγικοῦ τρόπου εὑρετὴς γενέσθαι καὶ πρῶτος χορὸν στῆσαι καὶ διθύραμβον ᾆσαι καὶ ὀνομάσαι τὸ ᾀδόμενον ὑπὸ τοῦ χοροῦ, καὶ Σατύρους εἰσενεγκεῖν ἔμμετρα λέγοντας.* Suidas. Vgl. Bernhardy, Griech. Literaturgesch. II, 575 ff.

schon vor Arion im 7. Jahrhundert im nördlichen Peloponnes die Festgenossen und Chöre, welche den Dionysos an seinen Festen feierten, in ihren Verkleidungen vorzugsweise Satyrn nachgeahmt und dargestellt haben.[1] Auch noch später blieben sie Hauptfiguren der dionysischen Pompe,[2] sie führten dabei einen aus bocksähnlichen Sprüngen bestehenden Tanz, *σίκιννις*, auf, wovon sie *σκιρτοὶ*, Springer[3] zubenannt wurden. Ihr Wesen spricht sich in Volkssagen aus, die noch in später Überlieferung aus älteren Quellen zu uns herübertönen. Argos stellte sich einem Satyr, der den Arkadern Beleidigungen zufügte und ihre Heerden wegtrieb, entgegen und tödtete ihn.[4] Danaos schickt bei großer Dürre seine Töchter in den Wald, um Wasserquellen aufzusuchen. Die eine von ihnen, Amymone, schreckt dabei einen Hirsch auf, ihr Pfeil verfehlt aber sein Ziel und trifft einen im Gebüsch schlafenden Satyr. Derselbe springt in die Höhe und begehrt dem Mädchen beizuwohnen.[5] Apollonius von Thyana kommt in Äthiopien an ein Dorf, wo ein Satyr den Weibern nachstellt. Er geht zum Komarchen und erbietet sich, den Unhold zu bannen. „Wenn die Dorfleute Wein haben,“ sagt er, „wollen wir ihn dem Satyr mischen.“ Dieser Rat gefiel, und man schüttete 4 ägyptische Amphoren Wein in den Trog, aus welchem die Schafe zu trinken pflegten. Dann rief Apollonius den Satyr bei Namen und fügte heimlich einige Verwünschungen hinzu. Der Satyr wurde nun zwar nicht sichtbar, aber man merkte, wie der Wein im Troge abnahm. „Spenden wir dem Satyr,“ sagte Apollonius, als das Gefäß leer war, „er schläft schon.“ Und mit diesen Worten führte er die Dorfleute zur Nymphengrotte, welche nur hundert Schritte vom Dorfe entfernt lag, zeigte ihnen darin den schlafenden Dämon, hieß sie aber denselben weder schlagen noch schelten, denn er werde jetzt von

---

1) Vgl. Bernhardy a. a. O. 572. Pauly, Realencyclop. s. v. Tragödie.

2) *Συγχορευταὶ Διονύσου Σάτυροι.* Aelian, Var. hist. III, 40. *Σκιρτητὴς Σάτυρος.* Mosch. Id. VI. 2.

3) Cornut. C. XXX, daraus Malela II, p. 17. Cedren. p. 24 B. Lobeck, Aglaoph. 1311. Hermann, Gottesd. Altert. 2. Aufl. § 29, 20. Über den Sikinnis vgl. Wieseler, Das Satyrspiel, Göttingen 1848 S. 51 ff. 62 ff.

4) Apollod. Bibl. II, 1, 2, wol nach des Hellanikos Phoronis.

5) Apollod. II, 1, 4.

selbst aufhören ihnen Streiche zu spielen.[1] Das ist, auf Apollonius übertragen, im wesentlichen dieselbe Volkssage, welche wir vorhin (o. S. 117) von Numa und Faunus erzählt fanden. Wenn sie nicht von Faunus oder Silen entlehnt ist, zeugt sie für die alte Verwandtschaft der Satyrn und Faune. Philostratos fügt hinzu, er habe auf Lemnos einen Mann gekannt, dessen Mutter es mit einem Satyr zu tun gehabt haben sollte, weil er einen dicht behaarten Rücken hatte, der wie ein auf dem Leibe angewachsenes Tierfell (*νεβρίς*) aussah, dessen Vorderzipfel über der Brust zusammengefügt seien.[2] In den Darstellungen der frühesten Kunst dürfen ebenfalls noch aus dem Volksglauben oder den auf diesem beruhenden Darstellungen der älteren Dionysosfeste herrührende Motive vermutet werden. Auf den sehr alten Münzen von Thasos umarmt der Satyr eine Nymphe oder verfolgt die vor ihm fliehende,[3] wie denn auch die ältere Vasenmalerei die Satyrn gern als Nymphenräuber darstellt. Die Gestalt der Satyrn in der Kunst war die vermenschlichte von Böcken; kräftige Gliederformen, gemeines, in der älteren Zeit stets ein langbärtiges Gesicht voll niederer Sinnlichkeit oder Bosheit, Plattnasen, ziegenartige Spitzohren, zwei Knollen, sogenannte Ziegenwarzen (*φήρεα*) am Halse, zuweilen sprossende Hörner, tierisch geformte Geschlechtsteile, hinten ein Schwänzchen. Dazu hatten wol die Masken im Mummenschanz der Dionysosfeste ein erstes Vorbild gegeben. Bei diesen indeß sehen wir in den Darstellungen des daraus abgeleiteten attischen Satyrdramas noch viel deutlicher die Bocksgestalt bewahrt. Nach Pollux und nach Ausweis mehrerer uns erhaltener Abbildungen bestand das Hauptstück derselben, die *σατυρικὴ ἐσθής*, aus einem Schurz von Ziegenfell mit Phallus (*αἰγῆ, ἣν καὶ ἰξαλῆν ἐκάλουν καὶ τραγῆν*[4]).

1) Philostrati, Vita Apollonii VI, cap. 27, p. 123 Kayser.

2) U. a. O. Wenn Macrobius, Saturn. I, 16. erzählt: „in hoc monte Parnaso — ubi et Satyrorum, ut afferunt, frequens cernitur coetus et plerumque voces propriae eorum exaudiuntur,“ so muß es eher für wahrscheinlich gehalten werden, daß hier Verwechselung mit den Panen vorliegt.

3) O. Müller, Handb. d. Archäol. d. Kunst 78 § 98, 3.

4) Pollux, Onomast. IV, 118. Vgl. Wieseler, Das Satyrspiel, Göttingen 1848. Monum. de Inst. di corresp. arch. III, T. 21. Wieseler, Theatergebäude u. Denkm. Taf. VI, 2.

Die Satyrn werden daher auch gradezu als *τίτυροι*[1] oder *τράγοι*, Böcke,[2] als *θῆρες* oder *φῆρες*[3] bezeichnet. Ja der Name *σάτυρος* soll gleich *τίτυρος* Bock bedeuten.[4] Die Vergleichung dieser Tatsachen wird uns das Geständniß abnötigen, daß die Zeugnisse über die ursprüngliche Gestalt und Bedeutung der Satyrn zwar noch viel lückenhafter sind, als die auf den Pan bezügliche Tradition, daß aber dieselben hinreichen, um mit Wahrscheinlichkeit auch in ihnen theriomorphische peloponnesische Waldgeister erkennen zu lassen. Mit der Bocksgestalt mag aber dem Volksglauben nach in den Aufführungen der Dionysien Roßgestalt und pferdeartige Maske gewechselt haben, da in den älteren Kunstdarstellungen der Schwanz des Satyrs häufig ein Roßschweif ist.[5]

§ 6. **Bocksgestaltige Wald- und Feldgeister im heutigen Griechenland.** Wie die Faune im Volksglauben der Italiener als gente salvatica u. s. w. fortleben, bestehen Pane und Satyrn auf dem Boden des heutigen Griechenlands ebenfalls noch in mannigfachen Gestalten des lebendigen Volksglaubens fort. Im epirotischen Zagori ist der Gamotzaruchos ein ziegenbockartiger Unhold mit Hörnern auf dem Kopf, langem, bartvollem Kinn, von Haaren umstarrten Augen und meckernder Stimme, der Schwangere und Wöchnerinnen verfolgt und stößt, jungen Mädchen Gewalt antut.[6] Die auf dem Parnaß weidenden Hirten glauben an einen Dämon, der die Hasen und wilden Ziegen hütet und schützt; auf Zakynthos soll derselbe noch heute *Πάνος* oder *Πάνιος* genannt, als Vorsteher der Ziegen betrachtet und in den Höhlen und Schluchten der Berge wohnhaft gedacht werden.

---

1) *Τίτυροι* Satyre. Eustath. Il. 18 p. 1214. Schol. Theocr. 7, 172. *ὅτι οἱ συγχορευταὶ Διονύσου Σάτυροι ἦσαν, οἱ ὑπ' ἐνίων Τίτυροι ὀνομαζόμενοι.* Ael. Var. hist. III, 40. Laconum lingua tityrus dicitur aries major, qui gregem anteire consuevit. Servius ad Verg. Bucol. Ecl. 1.

2) *Τράγους Σατύρους διὰ τὸ τράγων ὦτα ἔχειν.* Bei Aeschylos, Fragm. 219 (p. 88) wird ein Satyr angeredet: *τράγος γένειον ἆρα πενθήσεις τάχα.* Bock, Bock, du wirst dir gleich den Bart verbrennen.

3) Euripid. Cycl. 620. Galen bei Hippokr. Epid. 6.

4) Plin histor. n. VIII, 60 und Solin 27 nennen Satyre eine Art zahmer Affen, die beim Theophrast (Charact. VI) Tityre heißen.

5) Bei Bekk. Anecd. Gr. p. 44 wird der Satyrschwanz als *ἵππουρις* bezeichnet.

6) B. Schmidt, Das Volksleben der Neugriechen. 1871. B. I., 154—155.

Zuweilen mit ihm identifiziert, zuweilen von ihm geschieden wird der mit dem Namen *λάβωμα* (Schaden, Verderben) bezeichnete Dämon, der in Gestalt eines Bockes mit langem Barte die Ziegen zu besteigen und dadurch ihren raschen Tod herbeizuführen pflegt. [Vgl. den *Πὰν αἰγιβάτης* o. S. 132.] Man entzieht ihm die Tiere durch Versetzung in eine andere Gegend. Auch im Peloponnes ist das Laboma den Schafen gefährlich; es besteigt dieselben jedoch nächtens in Gestalt eines Hundes oder einer *Katze*.[1] Nach dem Glauben der Moreaten, welche das sogenannte Pentadaktylon, einen Teil des alten Gebirges Taygetos in Lakonika bewohnen, tanzen auf dem Gipfel des Berges Skardamyla drei Mädchen von bezaubernder Schönheit mit *Ziegenfüfsen* beständig im Kreise umher. Jeder, der sich ihnen nähert, muß sie umarmen und wird darauf zur Strafe für seine Frechheit von der Höhe des Berges in den Abgrund gestürzt.[2] Auf Rhodos wiederum hausen nach der Vorstellung des Landvolks *in den Wäldern* Dämonen, und ein dortiger Bauer antwortete auf die Frage, wie sie aussähen, er glaube, sie hätten *Ziegenbeine und Ziegenschwänze* und seien ähnlich den auf griechischen Vasen gemalten Figuren.[3] Die Albanesen in Griechenland hinwiederum haben die Dämonen brotomorphisiert und sind nun überzeugt, daß es Menschen von großer Stärke *mit Ziegenschwänzen oder kleinen Pferdeschwänzen* gebe. So tief wurzelt dieser Volksglaube, daß mehrere Leute, mit denen von Hahn sprach, behaupteten, solche Leute gesehen zu haben.[4]

§ 7. **Seilene.** Die Albanesen sind wahrscheinlich Überbleibsel der Illyrier, welche den geographischen wie ethnographischen Übergang bilden zu dem phrygischen Stamme, der zu beiden Seiten des Hellespont angesessen neuerdings von Fick seiner Sprache nach als dem europäischen Zweige der indogermanischen Familie angehörig nachgewiesen wurde. Bei ihm scheinen die Seilene den Panen und Satyrn der Griechen entsprochen zu haben. Die älteste Nachricht von ihnen findet sich im homeridischen Hymnus auf Aphrodite, von dem schon oben

1) Schmidt a. a. O. 156. Der übliche Ausdruck ist *μαρκαλάει τὰ γίδια*, derselbe, den man von wirklichen Böcken braucht.

2) Firmenich, *Τραγούδια Ῥωμαικα*. Berlin 1840 S. 57.

3) Newton, Trav. a. Discover. I, 211. Schmidt a. a. O. 111.

4) v. Hahn, Albanes. Studien S. 163.

S. 6 erwähnt ist, daß sein neuester Erklärer, R. Thiele, ihn auf Grund troisch- (phrygisch-) griechischer Sagen im 9. Jahrhundert v. Chr. in Gergythium bei Kyme an der kleinasiatischen Küste verfaßt sein läßt.[1] Die Seilenen, heißt es da, und Hermes begatten sich im Dunkel der Grotten mit den bergbewohnenden Nymphen (Baumgeistern), welche zugleich mit den Eichen entstehen, aufwachsen und sterben.[2] Scheiden wir das Local der Liebeswerbung in den Grotten als späteren epischen Zusatz des die mythologische Anschauung nicht mehr verstehenden Dichters aus, so bleibt hier dieselbe Vorstellung, wie wenn Pan die Pitys umfreit. Den wilden Männern der Tiroler (o. S. 39), den Faunen und Satyrn dagegen begegnen die Seilene in der Sage von der Weinberauschung, die zuerst Bakchylides (Fr. 2) um 450 v. Chr. erwähnt, Theopomp aber, der in Karien um 350 v. Chr. schrieb, im achten Buche seiner Philippischen Geschichten zur Einkleidung für seine lehrhafte Dichtung benutzte. Nach ihm wurde Seilen von den Hirten des König Midas im Weinrausch gefesselt; und so gezwungen offenbarte er dem Könige sein geheimstes Wissen, er sang ein Lied über den Ursprung und die Beschaffenheit der Welt,[3] und beschenkte ihn mit dem Satze, daß es für den Menschen am besten sei, nicht geboren zu werden, nächstdem aber, sobald als möglich zu sterben,[4] offenbar die Umwandlung einer älteren, einfacheren Fabel, in welcher der mitgeteilte Weisheitssatz mehr populärer Natur war. Einen verblaßten Rest einer einfacheren Form der Sage bewahrt Philostratos. Als Midas Eselsohren bekam, habe ein Satyr (Silen) singend und blasend das Geheimniß in die Welt hinausposaunt.

1) R. Thiele, Prolegg. ad hymn. in Vener. Halis 1872. p. 79.

2) Hymn. in Vener. 257—275.

3) S. Servius ad Verg. Bucol. VI, 13. 26. Cf. Aelian, Var. hist. III, 18. Dem elenden Loose der Menschen ließ Theopomp den Seilen die sentimentale Idylle der Meropis, eines glückseligen Landes am fernsten Erdrande gegenüberstellen. Über diese Dichtung Theopomps und ihre Stellung in der Literatur s. Rhode, Der griechische Roman. Leipzig 1876. 204 ff. Nach dem Vorgange des Theopomp läßt Vergil (Ecl. VI, 13 ff.) den beim Gelage eingeschlafenen Silen, dem im Rausche der Kranz vom Kopfe gefallen, von zwei Satyrn gefunden und mit aus dem Kranze geflochtenen Fesseln gebunden werden, worauf er, um sich zu lösen, ihnen in begeisterndem Liede den Ursprung der Welt singt.

4) Cicero, Tuscul. I, 48, 114.

Midas aber hatte von seiner Mutter gehört, wie man solchen Gesellen zur Vernunft bringen könne, er ließ die Quelle neben der Königsburg mit Wein füllen und schickte den Spötter dahin. Dieser trank und wurde gefangen.[1] An mehreren Orten in Phrygien zeigte man Midasbrunnen, welche der König, um den Seilen zu fangen, mit Wein gemischt haben sollte, so zu Ankyra,[2] zu Thymbrium zwischen Keramus und Tyriaeum.[3] Die phrygische Bevölkerung in Makedonien endlich verlegte den Schauplatz der Begebenheit in die sogenannten Gärten des Midas am Berge Bormios, wo die sechzigblättrige süßduftende Rose ohne menschliches Zutun aus dem Boden sproßte.[4] Unzweifelhaft erweisen diese Zeugnisse, daß die Sage von der Gefangennehmung des trunkenen Silen den Phrygern nicht bloß angedichtet, sondern in ihrem Volksglauben heimisch war. Die Verwandtschaft der Seilene mit den Satyrn geht auch daraus hervor, daß erstere schon früh aus kleinasiatisch-griechischer Überlieferung in das Satyrdrama übernommen und den Satyrn als eine besondere Art beigesellt wurden.[5] Der Seilen galt für einen greisen Satyr[6] und behielt als solcher den phrygischen Namen *πάππος*, Papa, Großpapa.[7] Und zwar unterschied man deutlich, wie den Oberpan (*ὁ μέγας Πάν*, o. S. 134), so den Papposilen, den greisen Vater der Satyrn, als bestimmte Person von der Mehrzahl der andern Silene.[8] Auf Bildwerken trägt Seilen eine zottige, enganschließende, den ganzen Körper bedeckende Kleidung von Ziegenfell. So sieht man an einer Statue der Villa Albani Anagyriden (Beinkleider) von Ziegenfell und einen bis zu den Knien herabreichenden Chiton aus gleichem Stoff mit langen bis an die

1) Philostr. Vit. Apoll. a. a. O. p. 124.

2) Pausan. I, 4, 5.

3) Xenoph. Anab. I, 2, 13. Hier wird aber statt des Silens ein Satyr genannt.

4) Herod. VIII, 138. Cf. Conon narrat. 1. Nicander Fr. 74, 11 ff.

5) Gerhard, Del Dio Fauno p. 17.

6) *Σατύρων ὁ γεραίτατος*. Eurip. Cycl. v. 103. Cf. 85. 274. 436. 601.

7) Pollux, Onomast. V, 132: *σατυρικὰ δὲ πρόσωπα Σάτυρος πολιός, Σάτυρος γενειῶν, Σάτυρος ἀγένειος, Σειληνὸς πάππος. τἆλλα ὅμοια τὰ πρόσωπα, πλὴν ὅσοις ἐκ τῶν ὀνομάτων αἱ παραλλαγαὶ δηλοῦνται, ὥσπερ καὶ ὁ πάππος Σειληνὸς τὴν ἰδέαν ἐστὶ θηριωδέστερος.*

8) Lanzi, De vasi ant. dip. dissert. II, § 6. in Opusc. raccolt. da accad. Ital. Vol. I, p. 96. Gerhard, Ant. Bildw. Text S. 299. O. Müller, Handb. d. Archäol. § 386, 5. Wieseler, Satyrsp. S. 29.

Hand herabgehenden Armeln.[1] Eine Gemme bei Wieseler, Denkm. d. Bühnenwesens, beweist, daß diese Kleidung für die Silenen der Bühne angewendet wurde. Die Silenstatue im Palast Giustiniani alle Zechere in Venedig hat am Leibe lauter kleine Zotteln. Auch in der Literatur ist oft von einem ringsum zottigen (*μαλλωτός, ἀμφίμαλλος*) Chiton der Seilene die Rede.[2] Wieseler glaubt, daß man anfangs rohe haarige Felle zur Bekleidung des Seilen im Drama verwandte, später dieselben aus Wolle mit künstlich gearbeiteten Haaren nachahmte.[3] Wir werden darin vielleicht den Rest einer Vorstellung erblicken dürfen, welche sich den Seilen gleich den deutschen wilden Männern (Bk. 147), Kentauren u. s. w. als einen zottigen, behaarten Waldgeist dachte. Nach Wieseler ist dieser zottige Anzug der *χορταῖος χιτών*, der als Bekleidung der Seilene im Satyrspiel mehrfach erwähnt wird,[4] indem er ihn mit dem vorhin genannten *χιτὼν ἀμφίμαλλος, μαλλωτός* identifiziert und annimmt, der Ausdruck habe ursprünglich einen Anzug bedeutet, der für den Viehhof oder Weideplatz im Freien paßte (vgl. *ἀγοραῖος χιτών*), also einem *Hirten* (vgl. oben S. 130. 136) zukam. Es bleibt jedoch zu erwähnen, daß andere Gelehrte[5] durch den *μαλλωτός, ἀμφίμαλλος, χορταῖος χιτών* verschiedene Kleidungsstücke bezeichnet glauben, und daß hinsichtlich des letzteren die Ansicht aufgestellt ist, derselbe sei die spätere Nachbildung eines in den ältesten Aufführungen für den Seilen gebräuchlich gewesenen Anzugs, welcher aus einem enganschließenden Gewand *mit darauf genähten Gräsern* (*χόρτος*) bestanden habe.[6]

§ 8. **Bocksgestaltige Wald- und Feldgeister in semitischen Ländern.** Die ethnographischen Grenzen des Indo-

---

1) Clarac, Musée de Sculpt. T. V, pl. 874. A. 2221. Wieseler, Denkmäler des Bühnenwesens T. VI, 8.

2) Ἐσθὴς δ' ἦν τοῖς Σειληνοῖς ἀμφίμαλλοι χιτῶνες. Aelian, Var. hist. III, 40.

3) Wieseler, Satyrspiel 101.

4) Καὶ χορταῖος χιτὼν δασύς, ὃν οἱ Σειληνοὶ φοροῦσιν. Pollux IV, 118.

5) Caes. Scaliger, De com. et trag. CXIII im Thesaur. Graec. antiqu. VIII, 1521. Welcker, Zeitschr. f. Gesch. u. Anal. d. alt. Kunst S. 535 A. 19. Schneider, Theaterwesen S. 166.

6) Casaubon. p. 107 ff. H. Stephan, Thesaur. V. VII, p. 10680. London. Toup, Opusc. crit. P. II, p. 53 ff. Welcker zu Theogn. p. XI. Nachtr. zur aeschyl. Trilog. 214.

germanentums überspringend finden wir bocksgestaltige, offenbar den Faunen, Panen und Satyrn ähnliche Feldgeister auch im semitischen Asien verbreitet. Das Wort saîr, Bock, Plur. seîrîm bezeichnet dem Hebräer einen Feldgeist, der zwischen Nesseln und Disteln in lautloser Wildniß seinen Ruf ertönen läßt[1] und der einst mit religiöser Scheu geehrt sein muß, da mehrfach die heidnischen Götter, denen Israel nicht opfern soll, in verächtlichem Sinne mit dem Namen der im Aberglauben fortdauernden Seîrîm belegt werden.[2] Aus syrischem oder babylonischem Volksglauben lehrt uns das entsprechende Wesen Jamblichus kennen, der ein Zeitgenosse des Lucian und Apulejus in Syrien geboren, aber in Babylon erzogen war und seinem dortigen Pflegevater den Stoff zu den *ἱστορίαι Βαβυλωνικαί* verdankte. In diesen erzählt er, wie zwei Liebende, Rhodanes und Sinonis, vor König Garmus von Babylon fliehend auf einer Wiese Zuflucht suchten. Hier zeigte sich plötzlich ein gespenstiges Ungetüm *einem Bocke* ähnlich (*τράγου τι φάσμα*), welches die Sinonis zu umarmen strebte. Mit Zurücklassung ihres Kranzes floh sie von der Wiese, um seinen seltsamen Anträgen zu entgehen.[3]

§ 9. **Verwandte nordeuropäische Waldgeister.** Viel entschiedener gleichen den Faunen, Panen und Satyrn nordeuropäische Wald-, Feld- und Pflanzengeister, über deren Natur wir eingehender und noch unmittelbar aus volkstümlichen Quellen unterrichtet sind, so daß sie vorzüglich geeignet erscheinen zu einer Vorstellung von dem Urbild und der Grundbedeutung der gräco-italischen Dämonen uns zu verhelfen. Wir wiederholen

---

1) Vgl. Jes. 34, 14 von der Zukunft Edoms. „Und Dornen schießen auf in seinen Palästen, Nesseln und Disteln in seinen Wegen. Und er wird der Schakale Behausung, ein Gehöfte für die Straußen. Da treffen sich die wilden Katzen und Wölfe, ein Feldteufel (saîr) ruft dem andern zu. Dort, wie nirgend sonst, rastet das Nachtgespenst (lilîth, ein Unhold, in Gestalt eines schöngestalteten Weibes, der besonders den Kindern nachstellt).“ Cf. Jes. 13, 21. Baruch 4, 35. Offenb. 18, 1.

2) 3 Mos. 17, 17; 2 Chron. 11, 15; 5 Mos. 32, 17. Über die richtige Auffassung dieser Stellen s. Baudissin, Studien z. sem. Religionsgesch. Lpzg. 1876. I, S. 129. 136—139.

3) Passow, Corp. script. erot. I, p. 31 ff. Photii excerpt. e Jambl. hist. Bab. cap. 3. 4. Vgl. auch Grenzboten, Jahrgang XXX, 1871, n. 46 S. 762. 764. Dunlop., Gesch. d. Prosadicht. übers. v. Liebrecht S. 6. Rohde, Der griech. Roman, Lpzg. 1876. S. 361 ff.

hier in größter Kürze für unsern gegenwärtigen Zweck neu gruppiert und etwas vervollständigt, was wir über sie Bk. Kap. II ausführlich auseinandergesetzt haben. Am auffälligsten zeigt sich die Übereinstimmung bei den russischen Waldgeistern (Bk. 138—143). Der Ljeschak, Ljesowik, Liesnik, Lisun, Polisun oder Ljeschi der Waldgeist (von ljes, Wald abgeleitet) erscheint oft und gern von Ansehn wie ein Bauer im ungegürteten Kittel von Schaffell; zeigt er sich aber in seiner wahren Gestalt, *so bemerkt man an seiner Stirn zwei Hörner, am Unterkörper Bocksbeine, am Kopf und Körper zottige Haare von grüner Farbe* [vgl. den χιτὼν χορταῖος o. S. 143??], *an den Armen lange Klauen.*[1] In manchen Gegenden heißen die Waldgeister Waldhospodare. In der Nähe von Rjäsan (Großrußland) sagt man, daß in den Wäldern solche *Czarki* (Herrscher) *mit goldenen Hörnern* wohnen.[2] Der Ljeschi oder Lisun kann seine Statur beliebig ändern, oft ist er so groß als die Bäume, oft so klein als das Gras. Nach der Versicherung der Weißrussen ist sein Wuchs nämlich abhängig von der Höhe derjenigen Bäume, in deren Nähe er geht oder steht, auf Wiesen macht er sich den Gräsern gleich.[3] In den Gouvernements Kiew und Tschernigow unterscheidet man den Lisun, einen Riesen von aschgrauer Farbe, und den Polewik, der der Höhe des im Felde wachsenden Kornes gleichkommt und nach der Ernte so klein geworden ist als die übriggebliebenen Stoppeln. Mit andern Worten, die Ljeschie sind als die Lebensgeister der Bäume selbst zu denken, denen die Geister der Getreidehalme, die Polewiki, parallel gehen. Hieraus erklärt sich auch der Volksglaube, daß die im Walddickicht lebenden Ljeschie mit den ersten Nachtfrösten im Oktober in die Erde sinken und für den ganzen Winter verschwinden, um im Frühjahr wieder aus der Erde hervorzukommen, als wären sie gar nicht fortgewesen.[4] Der Ljeschi äußert sein Leben im Winde oder Sturm, zumal beim Wirbelwinde. Im Sturme fährt er daher, wie Silvanus und die Kentauren mit einem entwurzelten Baumstamm bewaffnet. Wenn

1) Daschkoff, Beschr. d. Gouvern. Olonetz 217 ff. Tereschtschenko VI, 128. Abeff 234. Afanasieff, Poet. Naturansch. II, 334.

2) Abeff 234. Riäzan Gouvernementazeitung 1846, 16. Moskauer Beobachter 1837 Mai, B. II, 247. Afanasieff, Naturansch. II, 332.

3) Afanasieff II, 330. Kayssarow, Vers. e. slav. Myth. S. 71.

4) Afanasieff II, 326.

beim Unwetter das Echo das Krachen der Äste widerhallt, vernimmt der Bauer darin den Pfiff des Waldmanns; der prickelnde, Sandkörner aufwirbelnde Wirbelwind gab Veranlassung zur Vorstellung, daß der Ljeschie Holzhauer oder Jäger verlocke und *zu Tode kitzele.*[1] Zumal wenn er sich vom Walde trennt, (also wol im Herbste) wird er rasend, zerbricht Bäume wie sprödes Rohr, vertreibt alle Tiere aus ihrem Lager, und es heult an diesem Tage im Walde fürchterlicher Wind.[2] Der Ljeschi entführt gerne sterbliche Jungfrauen und schließt mit ihnen eheliche Verbindungen; die Wirbelwinde gelten im Archangelschen als *Tänze* solcher Paare bei ihrer Vermählung oder als der Brautzug des Waldmanns mit der Waldfrau (Lisunka). Vgl. das Verschwinden der Geiß gescholtenen wälschtirolischen Waldfrau im Wirbelwinde Bk. 116 und o. S. 127. Mitleidige Menschen, welche sich der rauhhaarigen Kinder annehmen, werden von ihnen mit Kohlen beschenkt, die sich nachher in Gold verwandeln. Waldweidende Heerden schützt der Ljeschi, wenn er dem Hirten gewogen ist; er vernichtet dieselben oder saugt den Kühen die Milch aus, wenn er zürnt. Im Gouvernement Olonetz schenkt ihm deshalb jeder Hirte bei Sommeranfang eine Kuh, damit er nicht böse werde und alle Tiere vernichte; im Gouvernement Archangelsk hütet er, wenn es gelang ihn zu gewinnen, selber die Heerde. Das Wild des Waldes steht unter seiner Obhut, und er ist es, von dem das Glück des Jägers abhängt.

Wer sieht nicht, daß die Übereinstimmung des Ljeschi mit dem Pan und den Panen so vollkommen als möglich ist? Diese russische Überlieferung leitet aber hinüber zum Verständniß des Einsseins der antiken Waldgeister mit germanischen, welche nicht mehr oder nicht grade in Bocksgestalt auftreten, sondern die Überreste anderer Tierformen aufzeigen, im Übrigen aber auf unzweideutige Weise ihre Wesensgleichheit mit der gesammten Gevatterschaft der Faune und Pane kundgeben. Ähnlich dem Ljeschi ist der schwedische Waldmann (Skougman) für gewöhnlich so groß als ein Mann; stiert man ihn aber an, so wird er so hoch als ein Haus. Oft hört man ihn im Walde schreien oder lachen: ha! ha! ha! Er ist sehr sinnlich und strebt nach Ver-

1) Afanasieff II, 325. Kayssarow a. a. O.
2) Sacharoff, Skazanija Russkago naroda II, 60—61.

bindung mit christlichen Frauen. Sein Weib ist die im Wirbelwind umfahrende, in Tierfelle gekleidete, hinten mit einem *Kuhschwanz* ausgerüstete Waldfrau (Skogsnufva), die in der Sage viel bedeutsamer hervortritt als ihr Mann. Ihr *Kuhschwanz* darf als Anzeichen davon betrachtet werden, daß man sich einst die *Kuh* als genuine theriomorphische Form der Skogsnufva gedacht hat (Bk. 126—138).

Ebenso spielen in der deutschen Volksmythologie die Waldweiber die erste Rolle unter den Waldgeistern, die unter dem Namen Moosleute, Buschleute, wilde Leute, Fanggen bekannt sind und gleich dialektischen Varianten den russischen Ljeschie entsprechen.

Im Voigtlande kennt man sie als Moosleute, die Frauen als Holzfräulein, Buschweibchen. Ihr Leben ist an das Leben der Waldbäume gebunden; mit jedem Stämmchen, das man abdreht, stirbt eines von ihnen. Frauen, die ihnen ihre Waldkinder mitleidig säugen, schenken sie Baumrinde, die sich in Gold verwandelt. Sie walten in der Vegetation des Waldes, aber auch der Segen des Ackers ist ihr Werk, und man läſst für sie die letzten Korn-, Flachs-, Grashalme auf dem Felde liegen. Im *Wirbelwinde fliegen die Buschjungfern.* Sie gehen in Hausgeister über und helfen den Bauern bei den Feldgeschäften (Bk. 74—86). Bei den Czechen stehen den Waldmännern (lešni mużové), *welche Mädchen rauben* und sie zwingen mit ihnen in Ehe zu leben, *Waldjungfern* (lešni panny) oder *wilde Weiber* (divé żeny) zur Seite, die — wie Pan — die *Musik lieben* und in der Luft leidenschaftliche Tänze ausführen. Mit Mädchen tanzen sie wol den lieben langen Tag; Knaben, die in ihre Gewalt kommen, *kitzeln sie zu Tode,* wie der Ljeschi (o. S. 146). Blätter, die sie schenken, wandeln sich in Gold (vgl. o. S. 146 u. 147 Z. 17. Bk. 86). Die hessischen Wildmänner gehen entweder *baumgroſs* über die Berge und rütteln an den Wipfeln des Waldes, oder sie wandeln, sich klein machend, zwischen den Schachtelhalmen einher. Ihre Frauen steigen oftmals in Mondnächten in die Lüfte. Ihre Kleidung *ist grün und rauh, gleichsam zottig, ihr* Haar lang und aufgelöst. Oder sie zeigen sich fast ganz unbekleidet, *wie Tiere am ganzen Körper behaart.* Auch sie unterstützen die Einwohner der benachbarten Dörfer bei den Ackergeschäften. Sie kennen heilsame Kräuter, namentlich solche, welche gegen die

Pest gut sind. (Vgl. Pan Lyterios o. S. 135. Bk. 87.) In Tirol heißen die Wildfrauen Fanggen. Sie sind ungeheure Gestalten, *am ganzen Körper behaart*, ihr schwarzes Haupthaar hängt voll Baumbart (lichen barbatus); ihr Wamms besteht aus Baumrinde, und ihre Schürze bildet ein Wildkatzenfell. Sie sind an den Wald, ja an bestimmte Bäume gebunden; mit dem Walde oder Einzelbaume gehen auch sie zu Grunde, und demgemäß führen sie auch Namen wie *Hochrinta* (Hochrinde), *Rûchrinta* (Rauhrinde), *Stutzforche* (Stutzföhre). Daneben weist der Name *Stutzemutze* (Stutzkatze), der ebenfalls bei den Fanggen geläufig ist, darauf hin, daß man sie sich auch in der Tiergestalt von Wildkatzen dachte. Der Gemahl der Fangga ist der *wilde Mann*, der riesenhaft *einen mächtigen entwurzelten Baumstamm* in der Hand tragend im Sturm durch die Lüfte fährt. Auch die Fangga äußert ihr Leben im Wirbelwind. Wie der Ljeschi, die hessische Waldfrau *zu Tode kitzelt*, reibt sie, kommen kleine Buben in ihre Gewalt, dieselben an alten dürren Bäumen, bis sie zu Staub geraspelt sind. Auch stiehlt sie, wie Silvanus, Kinder aus der Wiege. Andererseits gehen auch die Fanggen in Hausgeister über, treten bei Menschen in Dienst und helfen ihnen bei der Arbeit. Nach allem diesem kann kein Zweifel sein, daß die Fanggen und ihre Gatten, die Wildmänner, den Ljeschie entsprechen. Wenn es nun andererseits richtig ist, daß die letzteren dem Geschlecht der Pane gleichstehen, so müssen nach einem unfehlbaren mathematischen Satze auch die Fanggen diesen dem Wesen nach entsprechend sein. Und in der Tat finden wir dieselbe Sage, welche Epitherses (o. S. 133) von Pan erzählte, unter dem oberdeutschen Volke von Fanggen und Wildfrauen berichtet (Bk. 90—93). Aus den vielen Varianten der deutschen Tradition wollen wir hier nur einige wenige mitteilen. Bei einem Bauer in Flies stand eine unbekannte, riesenstarke Dirne in Dienst, welche aber nichts vom Christentum wußte. Einst vom Markte nach Hause kehrend, kam der Bauer durch den Bannwald, die Joche der verkauften Öchslein über die Schulter gehängt. Da hörte er aus der Mitte des Waldes eine sehr laute, unbekannte Stimme: *„Jochträger, sag' der Stutzkatze, die Hochrinde sei todt!“* Darauf ward alles wieder still. Als der Bauer zu Hause beim Abendessen das Abenteuer erzählt, springt die Magd mit dem Geschrei *„meine Mutter ist todt“* vom Tische auf und ist bald im Bannwalde verschwunden, wo sie das Geschäft der Mutter, Kinderstehlen u. s. w. fleißig fortsetzt.[1] Noch viel deutlicher stimmt die folgende Version mit der Pansage überein. Einem Bauern in Tirol bot eine Magd ihre Dienste an, unter deren Händen sein ganzes Hauswesen, besonders der Viehstand, wie mit einer Fülle von Segen überschüttet, gedieh. Einst saßen sie beim Mittagessen, als dreimal eine unsichtbare Stimme durchs Fenster ertönte: *Salome, komm!* Die Magd sprang auf und verschwand, und *sogleich wich der Segen vom Hause.* Einige Jahre später ging ein Metzger um Mitternacht durch den Hohlweg von Saalfelden im Pinzgau. *Da rief eine Stimme aus der Felsenwand:* Metzger, *wenn du bei der langen Unkener Wand vorbeikommst, so rufe in die Spalte hinein „Salome ist gestorben!“* Noch vor Tagesanbruch an die lange Wand gekommen, ruft er das Aufgetragene dreimal hinein. *Da ertönte aus der Tiefe des Berges ein lautes vielstimmiges Wehklagen und Jammern,* und der Metzger eilte voll Schrecken seines Weges.[2] Dieselbe Geschichte wird durch alle deutschen Gaue von Tirol und Baiern bis in die dänisch redenden Landschaften Nordschleswigs hinauf erzählt; die handelnden Personen derselben sind wilde Weiber, Holzweiblein, Buschmännchen oder auf dem Felde unter der Erde wohnende Zwerge. In ihrem Munde lautet die Nachricht bald „die Mutter Pumpe ist todt“ oder „der König ist todt“, was noch näher an den Ausruf „ὁ μέγας Πὰν τέθνηκε“ heranreicht. Knüpft diese Erzählung sich vorzugsweise an die wilden Weiber, so wird von den wilden Männern eine Mythe erzählt, welche sie den Faunen, Satyrn und Seilenen gleichstellt. Die wilden Männer werden in Tirol, Vorarlberg, der Schweiz bald riesig, bald klein und in Hauskobolde oder Zwergmännchen übergehend, immer aber als *von grofser Körperstärke, ganz behaarten Leibes und mit Tierfellen bekleidet* geschildert, eine mit den Wurzeln ausgerissene Tanne in der Hand tragend. Sie treiben *Heerden von Kühen oder Geifsen in den Wald* und hüten den Menschen, welchen sie wolwollen, hoch oben im Gebirge das Vieh, weswegen sie oft als *wilde Geifsler* oder *wilde Küher* bezeichnet werden. Morgens treibt man ihnen bis vors Dorf zu einem Steine,

1) Alpenburg, Mythen u. Sagen S. 67.

2) Panzer, Beitr. z. D. Myth. II, 48—63. Vgl. hinten den Nachtrag z. d. S.

auf den man von Zeit zu Zeit als Lohn einige Käse hinlegt, die Heerde zu, abends kommt dieselbe mit strotzendem Euter zurück. Entweicht der wilde Mann, so geht mit ihm *der Wolstand und Segen des Dorfes verloren.* Den stets Schweigenden suchten Mutwillige zur Mitteilung seiner Geheimnisse zu bewegen, indem sie ihn berauschten. Meist ist es ein *Mittel gegen die Pest,* was ein Bauer ihm entlocken will; der füllt deshalb die Höhlung seines Lieblingsplatzes mit Wein. Er kommt, kostet nach längerer Zeit neugierig und vorsichtig. Endlich lustig geworden, wird er von dem aus dem Versteck Hervorspringenden überrascht und nach dem Heilmittel befragt. „Ich weiß es wol, sagt er, Bibernell und Eberwurz, aber das sage ich dir noch lange nicht." Oder man füllt zwei Brunnentröge mit Wein, den einen mit rotem, den andern mit weißem. Der Waldfänke trinkt von letzterem, da er die Farbe des Wassers hat, wird im Rausch gebunden und soll als Lösegeld seinem Peiniger die Kunst, aus Milchschotten Gold zu bereiten, oder ein anderes seiner Geheimnisse verraten. Losgebunden findet er sich schelmisch mit einer Wetterregel ab. Auch diese Sage ist in mannigfachen Varianten verbreitet (Bk. 96—98. 112. 113). Sie stimmt genau zu den von Faunus, dem Satyr und Seilen erzählten antiken Überlieferungen o. S. 117. 118. 137. 138. 141. 142; in weiterem Kreise zu denjenigen Formen der o. S. 60 ff. behandelten Elfensage, in welchen der Meergreis gebunden und zur Weissagung gezwungen wird.[1]

Endlich wird von einem Fenggaweibchen (in Unterengadin von einer *ziegenfüfsigen* Diale) und einem schlauen Bauer, der sich listiger Weise *Selb* nennt, dieselbe Geschichte erzählt, welche Homer an den Kyklopen Polyphem und Odysseus knüpft (Bk. 94. o. S. 106).[2] Es kann nicht daran gedacht werden, daß diese Sagen von der Todankündigung, von der Gefangennehmung im Weinrausch und von der Überlistung des Geschädigten durch den Namen Selb (= Niemand) aus Plutarch, Ovid, Homer in die deutsche Volksüberlieferung gekommen sein sollten. Denn erstens würden sie aus gelehrter Quelle stammend nicht eine so

---

1) Vgl. auch die entsprechende aus Indien stammende altfranzös. Sage von Merlin. (Val. Schmidt, Straparola p. 336 ff. Liebrecht und Benfey, Orient und Occident I, 341—354. Rohde, Der griech. Roman S. 204, Anm. 3.)

2) Vgl. auch Rohde a. a. O. S. 173.

einfache, naive und vielfach eigentümliche Gestalt aufweisen, zweitens nicht so weit verbreitet und jedesmal an elbische Wesen und nur solche geknüpft sein, noch würden sie drittens in einem und demselben Sagenkreise (von den Wildleuten) beisammen gefunden werden. Wer bis dahin hätte jemals die Kenntniß und das Interesse gehabt, aus der Literatur der Alten, und zwar aus entlegenen Schriftstellern diese Stücke als zusammengehörig herauszulesen, auf den Panen und ihrer Sippe wirklich entsprechende Wesen der deutschen Volksmythologie zu übertragen und so dem gemeinen Manne zu erzählen? Und wenn dies an einem Punkte geschehen wäre, wie ließe sich erklären, daß bei der Weiterverbreitung von da auch die Weiterübertragung auf echte verwandte Mythengestalten erfolgte? Somit müssen wir annehmen, daß diese Geschichten sich auf mündlichem Wege seit den Zeiten des Altertums fortgepflanzt haben, und niemand kann die Möglichkeit leugnen, der unseren Nachweis der Identität der Peleussage mit dem Märchen von den zwei Brüdern anerkennt.[1] Zum Überfluß aber kommt dieser Auffassung noch eine andere schlagende und sichere Analogie zu Hilfe. In Valsugana knüpft sich an den wilden Mann genau dieselbe Sage, welche die Edda von Thórr und seinen Böcken zu berichten weiß (Bk. 116). Ist hier eine literarische Vermittlung noch gewisser ausgeschlossen, als bei den Parallelen jener antiken Sagen, zumal da diese Erzählung nur die Variante einer in den Alpen weitverbreiteten ganz eigentümlichen, aber aus der nordischen Mythenform keinesfalls abzuleitenden Sagenversion ist (Germ. Myth. 57—62); haben wir also hier ein sicheres Beispiel der ursprünglichen Übereinstimmung eines mindestens im 10. Jahrhundert in Norwegen

1) Hiezu stimmen die vielfachen Nachweise echt volksmäßiger Märchentrümmer in der griechischen und römischen Literatur, welche Friedländer in seinem Aufsatze über „das Märchen von Amor und Psyche und andere Spuren des Volksmärchens im Altertum.“ Sittengesch. R. I, 1873. S. 509 ff. und Rohde, Der griechische Roman. Lpzg. 1876. a. m. O. (s. das Inhaltsverz. u. Märchen) gegeben haben. Hinzuweisen ist ferner auf die von mir dargelegten Übereinstimmungen des ägyptischen Märchens von Batau und Anepu mit K. H. M. n. 88 (Bastian-Hartmanns Zs. f. Ethnologie 1875. S. 235 ff.) und der von Ovid bearbeiteten griechischen Volkssage von der Klytia mit deutschen und rumänischen Volkssagen und Volksliedern. (Klytia in Virchows und Holtzendorffs Sammlung gemeinverst. wissensch. Vorträge. Heft 39. Berlin 1875.)

verbreiteten heidnischen Mythus mit der Tiroler Volkstradition von heute: so ist anzuerkennen, daß nichts hindert, ganz analog auch die nahe Verwandtschaft jener altrömischen und tirolischen Sagen auf Rechnung alter Mythengleichheit zu setzen. Schon daß der wilde Mann in den Fesselungssagen als Geißler oder Küher auftritt, wie Pan als *νόμιος*, sichert denselben Selbständigkeit und Altertümlichkeit gegenüber den römischen und griechischen Versionen, die von diesem Zuge in dieser Überlieferung nichts wissen.

Die soeben erörterte Übereinstimmung in den genannten Sagen festigt nun das schon vorher gewonnene Ergebniß, daß die Pane, Faune, Satyrn und Seilene (resp. Kyklopen) den wilden Leuten der nordeuropäischen Sage aufs nächste und engste verwandt sind, mythischen Wesen, welche aus Geistern der Bäume zu Genien des Waldes, ja zu Kornwuchs befördernden Vegetationsgeistern überhaupt sich erweitern, im Winde ihr Leben und Dasein äußern, bei menschenartigem Bewußtsein ganz oder teilweise die Gestalt von Tieren (z. B. Böcken, Kühen, Katzen) führen, endlich vielfach in Hauskobolde oder zwergische Feldgeister übergehen. Und wenn irgend etwas die Glaubwürdigkeit dieses Resultates noch verstärken kann, so ist es einmal der Übergang, den die norditalische Gente salvatica und die geißgestaltigen Delle Vivane (o. S. 127) zu den wilden Leuten der alten Griechen und Römer machen, sodann der Umstand, daß im Schweizer Jura Zwerge und Zwerginnen, die Härdleute, Erdleute oder Heidenleute, welche im Walde Berghöhlen bewohnen und wie die Holzleute und wilden Leute daraus hervorkommend den Menschen bei den Feldarbeiten helfen, übrigens aber mit langen Mänteln stets die Füße bedeckt halten, sobald man ihnen aber Asche oder Kleie hinstreut, den Abdruck von Entenfüßen oder *Geifsfüfsen* oder je eines Menschenfußes und eines Geißfußes zurücklassen.[1] Gradeso erzählt man in Schottland von den Uriskin, Waldgeistern *von einer Gestalt, welche zwischen Geifs und Mensch die Mitte*

Grimm, Myth.[2] 419, Anm.** Vgl. Grimm, D. S. n. 149. Rochholz, Aargaus. I, 270, 184 b. 280, 193, 12. Rochholz, Naturmythen S. 103. 123. Daß dabei diese Wesen noch immer als Geister gedacht seien, geht aus mannigfachen Analogien hervor. Vgl. Tylor, Anfänge der Cultur II, 198. Zingerle, Sitten[2] 227, 1790.

hält. Sie wohnen in unzugänglichen Waldhöhlen, kommen aber gerne zu den Menschen, um Dienste als Hausgeister zu leisten.[1] Und auch das estnische Epos Kalewipoeg schildert *Erdmännchen* (Härjapôlwelase poeg) in ganz ähnlicher Weise:

---

1) Walter Scott, Lady of the Lake, Canto III. (Works, Frankf. a. M. 1834. p. 102):

By many bard in Celtic tongue
Has Coirnan-Uriskin been sung,
A softer name the Saxons gave
A cal'd the grot the Goblin-cave.

Dazu die Anm. (p. 429): Coir-nan-Uriskin. This is a very steep and most romantic hollow in the mountain of Ben-venue, overhanging the southeastern extremity of Loch-Katrine. It is surrounded with stupendeous rocks and overshadowed with birchtrees mingled with oaks, the spontaneous production of the mountain, even where its cliff appear denuded of soil. The name litterally implies the corri or Den of the wild or shaggy men. Perhaps this may have originally only implied its being the hount of a ferocious banditti. But the tradition has ascribed the Urisk, who gives name to the cavern, a figure between a goat and a man, in short howewer much the classical reader may be startled, precisely that of the Grecian Satyr. The Urisk seems not to have inherited with the form the petulance of the silvan deity of the classics: his occupations on the contrary ressembled those of Miltons Lubber Fiends or of the Scottish Brownies, though he differed from both in name and appearence. „The Urisks, says Mr. Graham, were a sort of lubberly supernaturals, who like the Brownies could be gained over by kind attention, to perform the drudgery of the farm, and it was believed, that many of the families in the Highlands had one of the order attached to it. They were supposed to be dispersed over the Highlands, each in his own wild recess, but the solemn stated meetings of the order were regularly held in the cave of Ben-venue.“ Hiermit vergleiche man die Aussage von Reginald Scot (Discoverie of Witchcraft 1655, II. c. 4). Ein Brownie Namens Luridan bewohnte lange Jahre die Insel Pomona, die größte der Orkneys bei Schottland, und ersetzte die Stelle einer Magd mit bewunderungswürdiger Emsigkeit bei den Familien, bei welchen er zu spuken pflegte, indem er ihre Zimmer kehrte, ihre Schüsseln wusch und Feuer anmachte lange vorher, ehe sie morgens aufstanden. Nach 70 Jahren müsse er seinen Platz an Balkin, den Herrn der nördlichen Berge abgeben, dieser sei wie ein Satyr gestaltet, habe 12000 Weiber und Kinder aus dem Geschlechte der nördlichen Elfen, welche die Höhlen in den Felsen von Southerland, Catanes und den umliegenden Inseln bewohnen. Mit diesen Sagen wird der schottische Volksglaube in Verbindung stehen, daß die Ziegen ein gutes Einvernehmen mit den Elfen haben, deren gute Bekannte sind und mehr wissen, als man glauben sollte. Grimm, Ir. Elfenmärch. XL.

Da aus tiefem Rasengrunde
Stieg hervor von Furcht befangen
Mit geheimnißvollen Schritten
Einer von dem Zwerggeschlechte,
Mochte drei der Spannen messen,
Trug am Hals ein goldnes Glöckchen,
Kleine Hörner hinterm Ohre,
Unterm Kinn ein Ziegenbärtchen.[1]

Die Erzählung, in welcher dieser Zwerg handelnd auftritt, ist identisch mit dem Märchen „dat Erdmänneken“ K. H. M. n. 91. Vgl. K. H. M. III³, 162. Raßmann, D. Heldens. I, 360—373 und o. S. 54. Bemerkenswert ist das goldene Glöckchen am Halse des Zwerges, das der Kalewide im Verfolg demselben abnimmt und auf seine Stirne schlägt, worauf *„gleich als käm' der Donneralte, als ob Aike* (der Donnergott) *selber käme,“* das Zwerggebilde mit krachendem Gepolter in der Erde Schoß hinabfährt (v. 625—683). Diese Schelle des estnischen Erdmännchens gleicht dem Glöckchen auf der Zwergenmütze in den Zwergsagen von Rügen.[2] Sie bewährt einerseits die Selbständigkeit der estnischen Überlieferung und stellt andererseits den estnischen Dämon zu den schwedischen im *Wirbelwind* umfahrenden, *vom Donner verfolgten* Trollen und Skogsnufvar (Bk. 138). In Norwegen spricht man von *Hügelböcken (Houbukke).* „Sie haben — sagt der Berichterstatter — ihren Namen von den Hügeln, in denen sie sich aufhalten; sie kommen nach dem Begriffe des gemeinen Volkes *ganz überein mit den heidnischen Satyrn oder Waldgeistern.* Daß man ihnen *in alten Tagen Speise hinsetzte,* gleichsam opferte, ist noch bekannt genug.“[3] Ist auch die Geißgestalt nicht ausdrücklich bezeugt, weist auf ein den Hügelböcken ähnliches oder gleiches Wesen dennoch deutlich hin eine gotländische Überlieferung, die Lovén beibringt: Wettis tanquam Diis terrestribus *libarunt sine dubio*

1) Kalewipoeg, verd. v. Bertram, Dorpat 1861, XVII, v. 423 ff. S. 553. Vgl. S. 546—567. Vgl. a. Blumberg, Quellen und Realien des Kalewipoeg S. 15.

2) S. E. M. Arndt, Märchen und Jugenderinnerungen. Berlin 1818. Keigthley, Mythologie der Feen und Elfen, übers. v. O. L. B. Wolf I, 378.

3) (Hans Ström) Physisk og oekonomisk Beskrivelse over Fogderiet Söndmör i Bergens Stift. Soroe 1762, S. 537. Vgl. den Bock der Trolle Odmanns Bahuslän S. 224. Myth.⁴ 426. Hov, im zweiten Teil von Zusammensetzungen houg (altn. haugr), ist eine kleine Erhöhung auf der Erde, ein kleiner Hügel, in Telemarken eine größere Erhöhung, ein kleiner Berg.

varii generis esculenta et *caprarii hodierni* retinuerunt morem. Nam, cum in pascuis coenantur, *portiunculas panis*, *casei aliorumque* Wettis sive *Goda-Hett-Nisz* seponunt et cespite vivo superstitione tegunt, ne pecori vel gregibus noceant implacata et laeva numina.[1]

§ 10. **Bocksgestaltige Korn- und Feldgeister in Nordeuropa.** Wir sahen die Waldgeister einerseits im Winde ihr Leben kundgeben, andererseits mit ihrem Leben an das Leben der Waldbäume gebunden, gleichsam als Genien, Beseelungen derselben auftreten, sodann ihre Wirksamkeit nicht bloß im Waldwuchs, sondern auch im Getreidewachstum äußern. Es gab Ljeschie des Waldes und Ljeschie des Kornfeldes (o. S. 145), und auch sonst ergeben sich die bald anthropomorphischen, bald theriomorphischen Getreidegeister in der deutschen Überlieferung den Waldgenien als wesensgleich (Bk. 603 ff.). So heißt die den Getreidedämon darstellende letzte Garbe in der Gegend von Eisenach *Waldmann* (Bk. 410); in St. Pölten ob dem Wiener Walde warnt man die Kinder ins Korn zu gehen, darin hause der *Waldteufel*, der sie vom rechten Wege ab in die Irre führe. Mehrfach heißt es, der Hemann (Bk. 127, o. S. 115) fahre im Winde durchs Korn und weile zwischen den letzten Halmen des Ackers, woher auch die letzte Garbe nach ihm benannt wird (Böhmen, Mähren, Österreich). In Aurich in Ostfriesland warnt man, wie sonst vor dem Schotenhund, Weizenbeller, Kornmops, vor den *Kiddelhunden* im Kornfeld, welche Kinder zu Tode kitzeln, wie die wilde Frau, Fangga und der Ljeschi (o. S. 146. 147. 148). Mithin ist es deutlich, daß wir in dem bocksgestaltigen Getreidedämon den Bruder oder nächsten Anverwandten des bocksgestaltigen Waldgeistes zu suchen haben. Dieses Wesen tritt in einer reichen Fülle von Überlieferungen hervor. Zunächst macht es sich auch *im Windeswehen* bemerkbar und zwar entweder als einzelner Dämon oder zu ganzen Schaaren. Wenn das Korn in Wellen auf- und abwogt, *„jagen sich die Böcke,“ „treibt der Wind die Böcke durchs Korn,“ „weiden da die Böcke,“* und man erwartet eine sehr günstige Ernte. (Umgegend von Königsberg, Lyck, Oletzko, Prov. Preußen). Bei Sensburg und Krentzburg (Pr. Preußen) heißt es dann, „der Haferbock sitze im Hafer-

1) Lovén, Dissertatio gradualis de Gothungia. Londini Gothor. 1745. S. 20.

feld, der Kornbock im Roggenfelde," und bei Gardelegen sagt man vom wogenden Korn „dat Koarn *buckt*." In diesen Redensarten macht sich dasselbe Verhältniß zwischen dem einen Kornbock und mehreren Getreideböcken geltend, welches zwischen Faunus und Faunen, Pan und Panen obwaltet.[1]

1) Hängt mit diesen Vorstellungen zusammen, daß dem Litauer am kurischen Haff der Südostwind ożinnis (trumpas ożinnis Ostsüdostwind, ilgas ożinnis Südsüdostwind) d. h. der böckische, vom Bock ausgehende heißt? Auch Wolken werden als Böcke gefaßt. Bei Oschersleben heißen schwarze Massenwolken de Murrkater, Bullkater, aber auch de Bockkêrl (Bockmann). Zu Untrup Amt Rhynow Kr. Hamm Rgbz. Arnsberg nennt man die leichten Wolken, welche bei heißen Tagen nach und nach aufsteigen, Gewitterböcke. Damit stimmt die Benennung Thórs bockar für diese kleinen schwarzen Wetterwolken im Dialekt der Insel Gotland (C. Säve, Om de nordiska Gudenamnens Betydelse. Upsala 1860, p. 78) überein. Cf. Thórs Böcke Tanngrisnir und Tanngniostr. Kinderlieder, welche die Auffassung der Wolken als Böcke zu enthalten scheinen, habe ich nachgewiesen. Germ. Myth. 390—391. Dazu vgl. Bk. 116. Bemerkenswert ist die Sage vom Holzenberg (Baselland). Auf demselben läßt sich zuweilen zur Zeit der Ernte eine Ziege hören, welche fürchterlich brüllt; dann stellt sich jedesmal schlechte Witterung ein. (Lenggenhager, Volkssagen a. Kanton Baselland. Basel 1874, S. 99.) Da im Baselland Erzählungen von Witterungswechsel ankündigenden Geistern sehr verbreitet sind, und jedesmal Töne von sich gebende Geister des Sturmes (Schloßherr, der den Kopf zum Berge heraussteckt und schreit; a. a. O. S. 111; luftfahrende Männer 117, Schimmelreiter 118, wilde Jäger 118, Geister in der Kutsche u. s. w. 96) oder als Windpersonificationen bekannte Tiere (bellender Hund 15, Pferd 115) als solche genannt werden, wird auch diese brüllende Geiß eine Naturauffassung des dem Gewitter vorangehenden Windstoßes (Windsbraut) oder Wirbelwindes sein. Diese Auffassung scheinen zwei andere Sagen aus Baselland (a. a. O. 65. 37) zu festigen. Ein schwarzer Mann in altmodischer schwarzer Tracht mit breitkrämpigem Hut geht auf dem Fußweg unter der Alp von Sissach, Reiser ausziehend und in kleine Stücke zerteilend. In einem kleinen Gehölz purzelt er den Abhang kopfüber hinab und hinauf und geht dann an das vorige Geschäft. Bald folgt ein schwerer Gewitterregen. — Zu Häfelfingen schreitet bei der Heuernte ein unbekannter Mann in grauem Kittel mit breitrandigem Hute daher, grußlos an Kindern vorbei und scheinbar in die Sense des am Wege mähenden Bauern hinein, der nichts von der Erscheinung sieht, welche bald darauf verschwindet und durch ein mächtiges Gewitter abgelöst wird. (Vgl. bei einem während der Ernte heraufziehenden Gewitter pflegt der aargauische Bauer zu seinen im Acker helfenden Kindern zu sagen: „Buben macht schnell, der schwarze Mann kommt!" Rochholz, Sag. a. d. Aargau I, 198.) Aufs nächste stellt sich die Häfelfinger Sage zu der schwedischen bei Afzelius, Sagohäfder I, 10 (übers. v. Ungewitter I, 23), wonach die Bergtrolle beim Gewitter in allerhand Gestalten, besonders in

Andererseits warnt man die Kinder ins Kornfeld zu gehen, um *die blauen Kornblumen* (Cyanus centaurea) abzupflücken, oder in die Erbsenbeete, um Schoten zu naschen, denn da sitze oder liege der *Roggenbock* (Gardelegen), *Kornbock* (Mohrungen, Neuhaldensleben, Ilsenburg, Kr. Wernigerode), *Haferbock* (Gardelegen), *Arftenbuck*, Erbsenbock (Mohrungen, Wanzleben, Verden, Stade, Grafsch. Hoya), *Bohnenbock* (Göttingen, Lüneburg), die

---

Gestalt großer Kugeln oder Knäuel vom Berge heruntergerollt gekommen Schutz bei den Heumähern gesucht hätten, welche die Gefahr wol erkennend sie stets mit den Sensen von sich abgewehrt, wobei es denn oft vorgekommen, dafs der Blitz herabgefahren und die Sensen zertrümmert, worauf der Kobold mit kläglichem Gewimmer in den Berg zurückgeflohen". (Vgl. o. S. 99.) Diese Erscheinung ist deutlich die Trombe, deren rauchwolkenartiger Anfang das sich herabsenkende Knäuel darstellt. Die Bauern wehren den Dämon mit der Sichel ab, wie sonst durch Messerwurf oder Kanonenschuß (o. S. 86. 110); die Heuernte ergiebt sich aus der Jahreszeit. [Man sieht, wie ungegründet die von W. Schwartz aufgestellte Deutung des Knäuels auf das dicke Blitzende (?) und der Sichel auf den Regenbogen war. Schwartz, Urspr. d. Myth. S. 136. Der Volksglaube. 2. Aufl. S. 44.] Nun aber erwäge man die folgende Erzählung aus Litauen. Der als Lehrer Schleichers bekannte Schullehrer Kumutatis in Groß-Kakschen teilte mir mit, seine Nachbarin habe ihm erzählt, als ihre Mutter noch ein unverheiratetes Mädchen war, wurde auf den Sommerwiesen an einem schwülen Sommertage Heu geharkt. Während dessen stieg ein Gewitter auf; und als es schon ganz in der Nähe der Harker war, kam ein Ziegenbock gelaufen, mitten durch die Leute, welche aber den Bock seiner Schnelligkeit wegen mit den Blicken nicht verfolgen konnten. Unmittelbar darauf kam ein Jäger, grün gekleidet, und fragte die Leute, ob sie nicht einen Ziegenbock gesehen. Kaum hatte der Jäger sich in der ihm angedeuteten Richtung von den Leuten entfernt, so fuhr ein heftiger Wetterschlag in einen Heuhaufen, zündete ihn an und verbrannte ihn. Ein Mann in Puskeppeln sah vor dem Gewitter einen großen schwarzen Hund durchs Dorf ins Feld laufen, worauf alsbald ein heftiger Blitzschlag folgte, der den grausig heulenden Hund erschlug, wobei der Bauer bemerkte „ach Gott sei Dank! da ist wieder ein Teufel todtgeschlagen!" Sind hienach Thors Böcke, die gotländischen Thors bockar und der litauische und Basellländische Ziegenbock deutlich Naturbilder bald für die dem starken Gewitterausbruch vorangehenden Winderscheinungen (Windsbraut, Wirbelwind), bald für die voraufgehenden Wolkenbildungen, so darf an eine Übertragung von einem Bilde aufs andere gedacht werden, und da werden wir den oft schon mit feurigen Phänomenen gemischten Winderscheinungen den Vorzug geben. (Vgl. o. S. 99 den Orco.) Hier ist nun auch der Punkt, wo sich die schon von Preller auf die „Wetterwolke" gedeutete Aegis des Zeus an die von uns behandelten Vorstellungen anschließt. Vgl. auch die estnischen Erdmännchen o. S. 154.

Habergeiſs (Ramsau Obersteiermark), der *Nickelbock* (Neuhaldensleben) und nehme sie mit, stoße oder tödte sie. Der Name Nickelbock weist auf Verwechselung oder Vermischung des Kornbocks mit dem Nix des den Acker durchrieselnden Baches. Zuweilen braucht man den Ausdruck *Bohnenbock* auch dann, wenn Kinder davor gewarnt werden, in ein *Weizenfeld* oder *Roggenfeld* zu laufen. (Fallersleben, Lüneburg, Weeke bei Göttingen). In der Altmark schreckt man vom Kornfelde zurück, indem man sagt: *de Bockkêrl* sitt'r *inne un nimmt dick midde*, womit denn, noch augenfälliger an Pan erinnernd, die um Zusmarshausen (Kr. Schwaben und Neuburg) gebräuchliche Redensart, die Kinder vom Verlaufen in den *Wald* abzuhalten, parallel geht *„da sei der Bockemâ“* (Bockmann); und hiezu gesellt sich die schon im 16. Jahrhundert nachweisbare Kinderscheuche *Bockelmann.*[1]

1) Vgl. Grimm, D. W.-B. II, 224 aus Seb. Franck, Heillosigkeit 33: „Pan wird geacht der gott sein, der die leut erschreckt und förchtig macht, den die Kinder Bockelmann oder Bercht heißen“. A. Bastian (Der Mensch II, 113) führt aus Luther folgende Stelle an: „Da droben in der Luft schweben die bösen Geister, wie die Wolken über uns, flattern und fliegen allenthalben um uns her, wie die Hummeln in großen unzähligen Haufen, lassen sich wol auch sehen in leiblicher Gestalt wie die Flammen daherziehen in Drachengestalt oder andern Figuren, item in Wäldern und bei dem Wasser, da man sie siehet wie Böcke springen oder börnen wie die Fische“. Von diesem Bockelmann handelt die Sage bei Panzer II, 59. Ein bocksfüßiger Teufel in grüner Jägerkleidung kam jedesmal aus dem Walde, so oft eine gewisse Bauermagd auf einer Wiese bei Nürnberg heuen sollte, schäkerte und liebelte mit ihr und besorgte inzwischen unsichtbar das Grasschneiden, so daß sie nichts anderes zu tun hatte, als das Heu einzuraffen. Der Pfarrer gab ihr zwei Kräuter auf der Brust zu tragen, die vertrieben ihn. Oft strich er um ihr Haus und jammerte „Wireutla und Mireutla, das bringt mich um mein schöns Bräutla“. So helfen die Holzfräulein (Bk. 79), Wildfräulein (Bk. 88), Seligen (Bk. 104. 107) beim Heuen und Kornschneiden und die Kräuter Dorant (antirrhinum) und Dosten (origanum) werden getragen, um Nixen und Kobolde davon abzuhalten, Kinder zu vertauschen (vgl. Wuttke, Abergl.[2] § 56. 135. 576. 581); Kümmel vertreibt die Moosleute (Bk. 75). Somit erweist sich der Inhalt obiger Sage als echt volkstümlich und höchstens leicht beeinflußt, nicht etwa abgeleitet von den spätmittelalterlichen Vorstellungen der Theologen und Juristen von einem bocksgestaltigen Teufel, welche aus den seit Mitte saec. XIII (vgl. Nicola v. Pisa: s. Piper, Mythol. u. Symbol. d. christl. Kunst I, 1, 495. 405) aufgekommenen Kunstdarstellungen des Teufels als antiker Satyr in die Literatur (Matth. Parisiensis, Histor. maj. ad. a. 1100, bei Soldan, Gesch. d. Hexenproz. S. 150), im 15. Jahrh. in das Gewebe der den Ketzern und Hexen

Durch Metonymie vom Getreidedämon heißt die *blaue Kornblume* selbst landschaftlich *Ziegenbock oder Ziegenbein,*[1] sie muß als eine Erscheinungsform jenes Geistes gegolten haben und sollte deshalb nicht gebrochen werden. Daß man den Getreidebock als einen wirklich wesenhaften und wirksamen Dämon fürchtete oder ehrte, geht aus der Vorstellung hervor, daß der bis dahin im Acker verborgene, beim Schneiden des Getreides aber zum Vorschein kommende es verschulde, wenn ein Arbeiter (Arbeiterin) während der Ernte, zumal in den ersten Tagen derselben, krank wird oder hinter seinen Genossen aus Schwäche, Ermüdung, Trunkensein zurückbleibt. Dann ruft man letzterem (ihr) zu, oder sagt von ihm (ihr): *„De Austbuck het em (är) stött“*, d. i. „der Erntebock hat ihn (sie) gestoßen,“ *„er hat sich vom Kornbock stofsen lassen“* (allgemein Mecklenburg-Strelitz, Hannover, Lüneburg). Namentlich gebraucht man diese Redeweise von einem Mädchen, das während der Erntezeit erkrankt.[2] Junge Dirnen, die zum erstenmale binden, warnt man in Mecklenburg: „Laß dich nicht vom Erntebock stoßen“ (låt di nich von'n Austbuck stöten). Wird eine von Aufregung, Hitze u. s. w. wirklich krank, so hört man *„de Austbuck het är unnerkrägen“*, und kommt eine Magd in interessante Umstände und zwar so, daß nach der Rechnung, welche jede Kameradsch unfehlbar anstellt, die Ursache davon in der alle Sinne aufregenden Zeit der Roggenernte zu suchen ist, so lautet der Spottruf: *„Du hest di wol von'n Austbuck 'n Ding stäken låten“*, oder: *„Di het wol de Austbuck wat unnere Schört stäken.“* Siehe da, das Seitenstück zum Faunus ficarius (o. S. 116) und seinen weiberfreundlichen Collegen Pan, Satyr und Seilen! Neben dem Getreidebock gab es auch, wie wir sehen werden, einen bocksgestaltigen Dämon des Grases. Zuweilen wird

---

vorgeworfenen, erträumten Beschuldigungen gerieten. Soldan, Gesch. d. Hexenproz. 161. 205. Vgl. auch Blomberg, Der Teufel u. s. Gesellen i. d. bildenden Kunst S. 25. 32.

1) Heinsius, Volkstüml. W.-B. der d. Spr. S. 1757. Ein ähnliche Metonymie ist vielleicht der Name Bockahorn, Bockshorn für das Mutterkorn secale cornutum (Moller, Ordbog ofver Hallandska Landskapsm. Lund 1858), da auch die sonstigen Namen desselben Kornmutter, Wolf, Hundebrod auf Korndämonen (Kornmutter, Kornwolf, Kornhund) zurückzuweisen scheinen. S. Mannhardt, Roggenwolf S. 22 ff.

2) Ütze bei Lüneburg: „Deck het de Kornbuck stött.“ Vgl. Heyse, Punschendörp S. 231: Smidten het de Austbuck stött.

derjenige, der bei der Heuernte auf diesen gestoßen ist, so zu sagen mit ihm identifiziert. So spotten die Esten auf der Insel Dagden an der russischen Ostseeküste, wenn beim Schnitt ein Arbeiter mit den andern nicht Strich halten kann „se on Olepäwa ois, mis numa päle jääb“, d. i. *das ist des Olewstags Böckchen*, welches auf der Mast bleibt.[1] Olewstag, d. h. St. Olafstag (29. Juli),[2] ist ein altes Erntefest, dann feierte man den Schluß der Heumahd und den glücklichen Beginn der Kornernte.[3] Dann schlachteten die Esten und Finnen unter sehr altertümlichen Ceremonien ein Tier, meistens ein Lamm,[4] ohne Zweifel zuweilen

1) Holzmayer, Osiliana. Verhandl. d. estn. Gesellsch. zu Dorpat. B. VII, S. 115.

2) Holzmayer a. a. O. S. 64 nennt irrtümlich 29. Juni statt 29. Juli (10. August n. St.).

3) Vgl. Finn Magnussen (den förste November og den förste August, to kalendariske Undersögelser. Khvn. 1829, p. 77 ff.): „Der 29. Juli ist ein St. Olaf geweihtes Hauptfest im ganzen Norden. Auf ein älteres gleichzeitiges Erntefest gründete sich wol die Legende, daß der König kurz vor seinem Tode durch Gebet und Besegnung ein von Pferden niedergetretenes Kornfeld in ein üppig gedeihendes umwandelte. Die norwegischen Kirchengesetze verordnen eine Kornlieferung an den königlichen Heiligen unter dem Namen Olafskorn (Olafs-korn, Olafs-told, Olafs-penge) — ohne Zweifel als Abgabe von den ersten Früchten des Feldes — um davon in der Domkirche zu Drontheim, der Landeshauptkirche, Messen für Frieden und Fruchtbarkeit lesen zu lassen. Am Abend vor diesem großen Nationalfest begann auch der sogenannte Olafsfrieden (Olofsfreden) oder Erntefrieden (Höstens Helighed, Hösthelgen), der bis Michaelis dauerte, begleitet von großen Märkten, die an manchen Orten bis Michaelis währten. In Österbotn wird am Olafstage der Slåtterost (Mäherkäse) bereitet, ein Käse, mit welchem die Hausleute zur Feier des Schlusses der Heuernte bewirtet werden. In Schweden und Norwegen hat seit uralter Zeit um diese Tage ein Gastgebot und Trinkgelage stattgefunden, das in beiden Reichen Slåtöl, Slåttöl u. dgl. hieß und zugleich als Dankfest für die vollbrachte Heuernte und froher Bettag für die Kornernte diente.

4) Die Esten auf Ösel halten für unerläßliche Pflicht, am Olaustage (Olewi-pä) in jedem Hofe ein eßbares Tier zu schlachten; „denn, sagen sie, am Olaustage muß das Messer blutig gemacht werden.“ Holzmayer a. a. O. 64. In Wierland und Allentacken wurde ein Lamm (Olewi-lammas) geschlachtet, dessen Blut den Schutzgeistern des Hauses geopfert wurde; die Eingeweide brachte man auf den Ukkostein (Opferstein des Donnergottes), das Fleisch verzehrte das Hausgesinde. Boecler-Kreutzwald, Der Ehsten abergl. Gebr. S. 87. Die Karelen in Finnland braten am Olewstage, an welchem sie von aller Arbeit ruhen, ein ganzes Lamm, das ohne Messer getödtet ist, und dessen Knochen nicht zerbrochen werden dürfen. Es ist seit dem Frühjahr

ein Ziegenböckchen. Man wird die Vorstellung gehabt haben, daß das am Olewstage verzehrte Lamm oder Böckchen den Vegetationsdämon des Grases darstelle, der beim Schluß der Heuernte zum Vorschein komme und als segnendes Heiltum von den Hausgenossen genossen werde, weswegen kein Fremder am Mahle teilnehmen darf. Verlangsamt sich ein Mäher, so hat er schon vorher unerwarteten Widerstand gefunden, er ist auf den Dämon gestoßen. Gleiche Vorstellungen muß es bei der Kornernte gegeben haben. Denn abgeleitet daher ist es, daß man zu Fischhausen im Samlande zu dem Schwächsten bei irgend einem Spiele oder zu demjenigen, der am wenigsten vom Spiele versteht, sagt: *Du gehst für Haferbock.* Nicht minder nennt man in der Grafschaft Glatz einen rohen und ungeschickten Menschen *Håberbock.* In der Gegend von Braunsberg (Ermeland) sputet sich deshalb beim Haferbinden ein jeder, *damit ihn nicht der Kornbock stofse.* Am meisten jenem estnischen Olafstagsbrauche ähnlich ist der folgende norwegische. In Oefoten schneidet bei der Kornernte jeder sein bestimmtes Stück (Fei); und wenn nun einer, der in der Mitte steht, später fertig wird, so schneidet (skjærer) der andere sein Stück, und man sagt von ihm, dessen Stück geschnitten wurde, er bleibe auf dem Holme (Insel)[1] stehen (han bliver staaende paa Holme). Ist er ein Mann, so tut man, *als locke man einen Bock* (kalder man paa Bukken) *„kille Bukjen!“*[2],

nicht geschoren. Wird es auf den Tisch getragen, so spritzt man mit Baumzweigen von Eller oder Föhre Wasser über die Türschwelle und setzt etwas von der Mahlzeit in einen Winkel oberhalb der Bank am Tischende (für die Hausgeister), einen andern Teil schüttet man aufs Feld und neben die Birkenbäume, welche dazu ausersehen sind im nächsten Jahre als Maistangen beim Mittsommerfest ins Gehöft (Bk. 159 ff.) gepflanzt zu werden. Die Eingeweide werden in die Erde vergraben. Kein Fremder darf vom Fleische kosten. Diese Gebräuche, sagt Finn Magnussen, gehörten höchst wahrscheinlich zu dem ersten oder vorläufigen Erntefest der Finnen. Finn Magnussen a. a. O. 78. Ders. Lexicon mythol. 830. Nach Lencquist, De superst. vet. Fenn. 31 heißt das Lamm willa-wuona (Wollelamm).

1) Holm 1. eine Insel, 2. ein Fleck, der sich von der umliegenden Erde unterscheidet. Z. B. ein Grasplatz auf einem Acker, ein Stück unabgemähte Wiese u. s. w. Aasen.

2) Kille, aus kidla Zicklein, ist Lockwort, womit man Geiße zu sich ruft. (Aasen). Vom Schafbock gebraucht findet sich das Wort als Koseform „liebes Böckchen“ in Björnstjern Björnsons Arne. Bergen 1858. S. 40. „killebukken, lammet mit.“

ist er ein Mädchen, so stellt man sich, *als locke man die Geiſs „kille gjeita!“*

Der im Ackerfelde sich aufhaltende Getreidebock wird von den Schnittern bis in die letzten Halme verfolgt und in diesen oder beim Schneiden oder beim Binden der letzten Garbe ergriffen. Er ist natürlich ein unsichtbares Wesen, wird aber gerne auch äußerlich dargestellt. Man ruft deshalb der Binderin der letzten Garbe zu, *in der Garbe sitze der Bock* (Kreutzburg, Ostpreußen). In der Gegend von Straubing (Niederbayern) sagt man von demjenigen, der das letzte Getreide schneidet, je nach der Fruchtart *„er hat die Korngeiſs, Weizengeiſs, Habergeiſs.“* Dem letzten der Korn- oder Weizenhaufen (Mandel) werden zwei Hörner aufgesetzt; derselbe heißt dann *der gehörnte Bock* (Grafenau bei Straubing, Niederbayern). Im Hausruckviertel in Oberösterreich heißt es bei jeder Getreidesorte, sei es auch Korn oder Weizen, von demjenigen, der beim Abmähen der Stoppeln den letzten Sensenhieb führt, *er hat die Habergeiſs.* Wenn in Gablingen (Schwaben) das letzte Haferfeld eines Bauerhofes geschnitten wird, *schnitzen die Schnitter aus Holz eine Geiſs.* Durch die Nasenlöcher und das Maul stecken sie in entgegengesetzter Richtung je zwei Haferähren (Haberspitz) und auf das Genick eine. Auf dem Rücken der Geiß liegt von den Hörnern bis zum Schweif eine Blumenkette, an welcher noch andere Blumenketten befestigt sind, die über den Leib herabhangen. Die Geiß wird auf den Acker hingestellt und heißt *die Habergeiſs.* Wenn die Schnitter das letzte zwischen zwei Furchen liegende Ackerbeet (Strang) schneiden, beeilt sich jeder zuerst fertig zu werden. Wer der letzte ist, *„bekommt die Habergeiſs.“* [1]

Es ist ganz natürlich, daß auf die letzte Garbe, in welcher der Bock ergriffen wird, der Name desselben übergeht. So heißt in Schweden (Umgegend von Linkjöping) die erste Garbe, welche in die Scheuer gelegt wird, (also die oberste, letzte des letzten Erntewagens) an manchen Orten *Vorherresbock*, Herrgottsbock. Verlangt ein Neugieriger den Bock zu sehen, so umklammert man ihm mit den Händen den Kopf und hebt ihn in die Höhe.[2]

---

1) Panzer, Beitr. z. d. Myth. II, 232, 426.

2) In gleicher Weise verfährt man, indem man ein Kind fragt: „Har du sett herrans höns?“ H a s t d u d i e H e r r g o t t s h ü h n e r (Marienkäfer; vgl.

Im Tale der Wiesent in Oberfranken heißt die letzte Garbe, die auf dem Acker gebunden wird, *der Bock* und man sagt sprichwörtlich „der Acker muß einen Bock tragen."[1] Im Kreise Rheinbach Rbgz. Köln heißt die letzte Einfuhr die *Mahlegeiſs, Mahldegeiſs* oder *Mahdegeiſs.* Eine Garbe wird aufrecht gestellt, mit Bändern und Blumen, Taback, Weißbrod und Branntweinflaschen als Lohn für die Arbeiter geschmückt. In Spachbrücken (Großhrzt. Hessen) heißt die letzte Handvoll, die geschnitten wird, *Geiſs,* und wer sie schneidet, muß viel Gespötte darum erdulden. Und ebenso wird im Ostkreis des Herzogtums Altenburg der Schnitter der letzten Handvoll Winterfrucht damit geneckt, daß er *„die Ziege"* geschnitten habe.

In vielen Gegenden wird die letzte Garbe nur dann, wenn sie unvollständig gerät, also kleiner ist als die anderen, *Bock* (Kr. Schleusingen Rgbz. Erfurt; Kreuznach, Wetzlar Rgbz. Coblenz; Kr. Neustadt, Dieburg, Lindenfels Prov. Starkenburg im Großhrzgt. Hessen; Ämter Welzen, Diez, Usingen in Nassau), in Mittelfranken *Bock, Böckla* (Böckchen) genannt.[2] Entweder läßt man es auf den Zufall ankommen, ob die Garbe klein wird, und betrachtet dies dann als ein gutes Vorzeichen für das Gedeihen der Frucht im nächsten Jahr:

heuer a Böckla,
s' nächst Jahr a Schöckla! (Oberfranken.)

Der karge Ertrag in diesem Herbste giebt Anwartschaft auf einen größeren in der Zukunft. Wem alle Garben klein geraten,

---

meine Germ. Myth. 243—255 und meinen Aufsatz: Lettische Sonnenmythen in Bastian-Hartmanns Zeitschr. f. Anthropologie VII, 1875, S. 98. 209. 211. 217. 232. 296) gesehn? Arwidsson, Svenska Fornsanger III, 494. In Holstein fragt man das Kind „Willst du Bremen sehen?" Wenn es ja antwortet, faßt man es es mit beiden Händen am Kopf oder den Ohren und hebt es in die Höhe. Schütze, Schleswigholst. Idiotik. I, 152. Handelmann, Volks- und Kindersp. S. 40. In der Oberpfalz „zeigt man einem Paris," indem man ihn „knirren läßt" d. h. schreien macht dadurch, daß man ihm die Finger hinter den Ohren eindrückt. Schmeller, Bair. W.-B. II, 375 (2. Aufl. I, 1353). Bremen und Paris stehen hier höchst wahrscheinlich an Stelle eines mythischen Ortes.

1) Panzer, Beitr. z. d. Myth. II. 228, 422.

2) Vgl. jedoch auch den metaphorischen Gebrauch von Bock 1. für den kleinen Kohlenmeiler, der am Schlusse des Brandes aus den Resten des großen gebaut wird, 2. im Bergbau für einen Rost, der nicht den gewöhnlichen Erzgehalt hat, unvollständig ist. Grimm, D. W.-B. II, 204.

der heißt *„der Bockbinder“* (Kr. Friedberg Oberhessen). Oder man richtet es mit Absicht so ein, daß auf jedem Acker die zuletzt gebundene Garbe kleiner werde, als die anderen. Fragt man dann den Bauer, wie groß seine Ernte sein werde, so antwortet er: „so und so viel Garben, Haufen und *Böcke,*“ [1] letztere zeigen die Zahl der bestellten Äcker an (Oberbeerbach Prov. Starkenburg Großhrzgt. Hessen). Auch giebt man der letzten, absichtlich dünneren Garbe mitunter *die Gestalt eines Bocks* (Sonneberg Meiningen) und sagt: *„der Bock sitzt drin“* (Eisfeld Meiningen). Der Name *Bock* geht von der *letzten Garbe* auch über auf die Schwaden oder Haufen, in denen das Getreide einstweilen auf dem Felde zu liegen oder stehen kommt. Sechs Gelege werden zu *einem Bock* zusammengestellt und dieser später mittelst Strohseils zu einer Garbe zusammengebunden (Wünschensuhl bei Eisenach). Oft besteht der *Bock* nur aus zwei Gelegen, die Arbeit des Aufsetzens heißt *„böckeln“*; oder das mittelste Gelege ist *Bock,* und in den letzten Bock wird ein grünes Reis gesteckt (Unterellen a. d. Elda). In der Kreisdirection Dresden bleibt (Ölsnitz bei Großenhain) das Haidekorn in Schwaden liegen und wird dann in *„Böckchen“* gesetzt. Um Krems (Niederösterreich) setzt man auf 9 nebeneinandergestellte Garben die zehnte als Hut. Diese Form der Aufstellung bezeichnet man als *Kornbock* oder *Bockerl.* [2] Eine andere Übertragung der Benennungen des dämonischen Getreidenumens findet statt auf die Personen, welche die letzten Halme geschnitten, resp. die letzte Garbe gebunden haben. Der Binderin ruft man zu *„du bist Austbock“* (Amt Grabow Mecklenburg). In der Gegend von Ülzen (Hannover) beginnt das Fest des Großaust mit *dem Bringen des Erntebocks,* d. h. *die Schnitterin,* welche die letzte Garbe band, wird *mit Stroh umwickelt,* mit einem Erntekranz gekrönt und so auf einer Schiebkarre ins Dorf gefahren, wo alsbald ein Rundtanz beginnt. Auch um Lüneburg wird die Binderin des Letzten mit einem Ährenkranze geziert und *Kornbock* geheißen; ganz ähnlich führten in Unterfranken (Gerolzheim) Schnitter und letzte Garbe den gleichen Namen *Bock.* Auch im Kanton St. Gallen

1) Nach Grimm, D. W.-B. II, 204 heißt irgendwo Bock auch die erste Armvoll Getreide, die man nach Beendigung des Schnitts aufsetzt; es ist wol die letzte geschnittene.

2) K. Landsteiner, Reste des Heidenglaubens in Niederösterreich S. 65.

(Gem. Henau) ruft man *Korngeifs, Roggengeifs* oder einfach *Geifs* (*Goafs*) die Person, welche auf dem Ackerfelde die letzte Handvoll Ähren schneidet, welche zuletzt ablegt oder den letzten Erntewagen in die Scheuer führt. Im Bezirk Tobel (Thurgau) wird sie *Kornbock* geheißen, gleich einer Geiß *am Halse mit einer Almglocke behangen*, im Triumphe umhergeführt und mit Getränk überschüttet. Auch in Kr. Graz (Steiermark) ist *Kornbock, Haberbock* u. s. w. der Schnitter des Letzten. In der Regel verbleibt der Name *Kornbock* u. s. w. seinem Träger ein ganzes Jahr bis zur nächsten Ernte, gradeso wie der Maigraf, Maikönig seine Würde ein Jahr lang behält. (Vgl. Bk. 606. 612.)

Der in den letzten Halmen des Ackerfeldes erhaschte Bock (Geiß) überwintert nach einer Vorstellung auf dem Gehöfte des Bauern. Danach hat die Feldmark jedes Ackerwirts ihren besonderen Getreidedämon. Nach anderer Betrachtungsweise ist derselbe jedoch das Numen des gesammten Kornwuchses. Durch die vollendete Ernte von dem Acker des einen Landmanns vertrieben, flüchtet er natürlich in das noch unabgemähte Feld des zunächst Wohnenden. Dies wird symbolisch in der Erntesitte auf der Insel Skye an der schottischen Küste dargestellt. Der Grundbesitzer, welcher zuerst mit dem Kornschnitte fertig wird, sendet einen Mann oder ein Mädchen zu dem nächsten Nachbar, der noch nicht fertig ist, mit einem Bund Ähren; dieser schickt dasselbe, sobald er fertig wurde, zu seinem Nachbar, der noch ungeerntete Felder hat, und so fort, bis im ganzen Dorfe die Ernte vollendet ist. Jenes Ährenbund heißt *goabhir-bhacagh* d. i. *die lahme Geifs.*[1] *Lahm* heißt die Geiß, weil dem Dämon durch das Fortnehmen des Getreides ein Teil seiner Kraft entzogen wurde. Wenn im Böhmer Walde zwei Hausbesitzer zugleich einfahren, so wetteifern sie zuerst nach Hause zu kommen. Wer zuletzt ankommt, dem setzen die Dorfbursche in der folgenden Nacht aufs Haus *die Habergeifs, eine kolossale Strohfigur in Gestalt einer Ziege, die von einem Ende des Daches bis zum andern reicht.* Darauf sitzt ein kolossaler Strohmann, in der einen Hand eine Geißel, in der andern einen Knüttel.[2]

---

1) Gentlemans Magazine. February 1795, p. 124 bei Brand, Pop. antiqu. ed. Ellis. II, 24.

2) J. Rank, Aus dem Böhmerwalde S. 110.

Der Kornbock ist die Seele, das Numen der Pflanze und kann deshalb, wie die Dryas, bald in und mit derselben lebend, bald aus ihr heraus und neben sie hin heraustretend vorgestellt werden. Im ersteren Falle modifizieren sich die bisher betrachteten Anschauungen dahin, daß der Dämon nicht nach der Ernte fortlebend, sondern mit dem Korne zugleich sterbend, durch die Sichel oder Sense getödtet gedacht wird. Im Kreise Bernkastel (Rbz. Trier) wird durchs Loos bestimmt, in welcher Reihe die Schnitter auf einander folgen. Der erste heißt der Vorschnitter, der letzte *der Schwanzträger.* Vorsichtig teilt man das Feld in gleiche Gänge ein, damit der eine nicht mehr zu tun bekommt als der andere. Holt ein Schnitter seinen Vordermann ein, so schneidet er rasch an ihm vorbei und biegt dann so um, daß für diesen ein kleiner bloßgelegter Streifen (die Insel jenes norwegischen Berichtes o. S. 161) übrig bleibt, „*die Geifs.*" Das begegnet nur unbeholfenen oder unaufmerksamen Schnittern. Hat man aber einem „*die Geifs geschnitten,*" so bleibt dieser den ganzen Tag dem Gelächter ausgesetzt und muß spitzige Reden hören. Ist *der Schwanzträger* so weit vorgedrungen, dann „*schneidet er der Geifs den Hals ab.*" In der Dauphiné (Umgegend von Grenoble) schmückt man vor Beendigung des Kornschnitts eine *lebendige Ziege mit Blumen und Bändern* und läßt sie in das Feld laufen. Die Schnitter eilen hinterher und suchen sie zu haschen (sie stellt ja den vor der Sichel entweichenden theriomorphischen Korndämon dar). Ist sie gefangen, so hält die Bäuerin sie fest, indeß der Bauer *ihr den Kopf abschneidet.* Vom Fleische wird die Erntemahlzeit ausgerichtet. Ein Stückchen desselben pökelt man ein *und bewahrt es, bis zur nächsten Ernte wieder eine Ziege geschlachtet wird.* Dann essen *alle* Arbeiter davon. Noch denselben Tag verfertigt man aus dem Ziegenfell ein Mäntelchen, *manteau,* das der mitarbeitende Hausherr zur Erntezeit stets tragen muß, wann Regen oder schlechtes Wetter eintritt. Bekommt ein Arbeiter Kreuzschmerzen u. dgl., so giebt man statt des Herren ihm das Mäntelchen zu tragen.

Doch ist es auch damit der Verschiedenheit der Auffassungen nicht genug. Eine neue Anschauung läßt den beim Kornschnitt eingefangenen Dämon im Getreide der Scheuer sich verstecken und erst beim *Ausdrusch* im letzten Gebunde zum Vorschein kommen. Deshalb wiederholen sich beim Dreschen alle jene

Züge, welche wir beim Kornschnitt beobachteten. Bemerkenswert scheint die Sitte von Tiefenbach (Oberpfalz). Die Habergeiß zeigt nämlich, sobald der Moment des Ausdreschens naht, ihre eigene Gegenwart an. Am Tage, bevor das letzte Getreide ausgedroschen wird, macht sich der Oberknecht *eine hölzerne Geifs*, hängt sie sich an einem Bande über die Schulter und nimmt sie zwischen die Beine. Er selbst verkleidet sich und bedeckt sich und die Geiß mit einem großen Mantel, so daß man seiner Füße nicht ansichtig wird und es den Anschein hat, als reite er wirklich auf der Geiß. So reitet er zuerst zur Bäuerin und meldet ihr, daß morgen ausgedroschen werde, sie also zum „Ausdrisch" (Festmahl bestehend aus Mehlspeise von 4 Getreidesorten) sich richten möge. Dann zieht er von Haus zu Haus, ruft zum Fenster hinein *„Hobagoafs!"* und benennt dabei die Bauern, bei denen gedroschen wird.[1] Eigentlich jedoch ist der Bock in dem zum Ausdrusch kommenden Getreide verborgen. Dies sagt deutlich die Sitte bei der Buchweizenernte zu Marktl und Umgegend in Oberbayern. Die Garben werden unter den Ähren gebunden und aufrecht hingestellt. Die Garbe heißt *Halmbock* oder auch nur *Bock*. Die Halmböcke werden auf freiem Felde in einen großen Haufen zusammengelegt und dann von zwei einander gegenüberstehenden Drescherreihen ausgeklopft, wobei sich die Nachbarn gegenseitig unterstützen. In dem während der Arbeit gesungenen Liede heißt es:

Dàl dàl inn halm drin
dàl dàl is dr Halmbock drin,
dàl dàl hân i einigschaut,
dàl dàl wars laut.[2]

d. i.

Dort, dort im Halme drin
Dort, dort ist der Halmbock drin;
Dort, dort hab' ich hineingeschaut,
Das war ein schöner Anblick!

Wenn der letzte *Bock* auf den Haufen geworfen wird, sagen sie:

---

1) Schönwerth, A. d. Oberpfalz I, S. 402.

2) Vgl. Schmeller, W.-B. I, 347 (N. Ausg. I, 475) dà-l, dà-n dort, damals. Ebendas. II, 515—16 (N. A. I, 1530) laud, laut auffallend, woltönend, schönschmeckend, schön anzusehen, prächtig.

Hab' mer emal nix mêer ghabt,
habms uns en **alte gâes** herbracht
und en bock âch!
Hopsasa!
d. i.
Haben wir einmal nichts mehr gehabt,
Da haben sie uns 'ne alte Geiß hergebracht
Und 'n Bock auch!
Hopsasa!

Dieser letzte Bock wird mit einem schönen Kranze von Amberten (Ampferstauden? Laubbirken? betula ovata?), *Veilchen und andern schönen Blumen, sodann mit einer Schnur von Kuchen behängt* und schön in die Mitte des ausgedroschenen Haufens geworfen. Nun fallen einige darauf und reißen das Beste heraus, andere aber schlagen mit ihren Drischeln zu, daß es oft schon blutige Köpfe gesetzt hat. Dieses Dreschen des *letzten Halmbocks* heißt κατ' ἐξοχὴν Drasch; dabei läßt jede der einander gegenüberstehenden Reihen ihre Drischeln zu gleicher Zeit fallen, *indem in gereimten gegenseitigen Spottreden ein Teil dem andern vorwirft, was jeder sich das Jahr über hat zu Schulden kommen lassen.*[1] Im Oberinntal (Tirol) wird der letzte Drescher *Bock* genannt.[2] Wer in Tettnang (Würtemberg) bei der letzten Kornlage, bevor dieselbe gewendet, den letzten Streich mit dem Flegel tut, heißt *der Bock.* Man sagt *„der hat den Bock verschlagen!“* Wer dann nach dem Umwenden den allerletzten Schlag tut, wird *die Geiſs* genannt.[3] Hier wird deutlich ein Paar von Korngeistern, *Bock* und *Ziege,* als Inwohner des abgeschnittenen Getreides gekennzeichnet. In Fruchtlaching a. d. Spitze des Chiemsees wird [um anzudeuten, daß er das Numen des Kornes darstelle] ein Knecht, *der „Haring“ d. i. magere Person, in die zuletzt ausgedroschene Garbe gebunden* und dann mit Peitschenhieben auf der Tenne umhergetrieben. Mager heißt er augenscheinlich, weil der Dämon durch Verlust der Körner seine Fülle verloren hat, dünn wird, wie ein ausgenommener Häring. In einigen Orten des Bezirks Traunstein (Oberbayern) pflegen sich *bei dem auf das Dreschen folgende Mahl einige Personen zu vermummen und besonders den Kindern nachzusetzen, schlieſslich dieselben, falls sie als brav*

1) Panzer, Beitr. z. D. Myth. II, 225—229, 421.
2) L. v. Hörmann, Der heber gât in litum 35, 68.
3) E. Meier, Sagen a. Schwaben S. 445, 162.

befunden werden, mit Obst und Spielsachen zu belohnen. Diese Vermummten heifsen Habergeifse.

Das ergriffene Korntier wird dem *Nachbar* zugeschoben. In der Franche Comté (Dép. Jura) setzen die jungen Leute sofort nach beendigtem Ausdrusch dem Nachbar, der noch nicht fertig ist, *eine Ziege von Stroh* (chèvre de paille) auf den Hof. Er muß das Geschenk mit einer Gegengabe von Wein oder Geld entgelten. Bei Ellwangen (Neuenheim) in Würtemberg *verfertigt man beim Dreschen aus dem letzten Gebunde Korn einen Bockel* (Bock), *indem vier Stecken die Füfse, zwei Stecken die Hörner bilden und eine mit Stroh ausgestopfte Zipfelmütze untergebunden wird.* Wer den letzten Streich mit dem Flegel macht, muß diesen Bock dem noch dreschenden Nachbar in die Scheune werfen; wird er dabei erwischt, so bindet man ihm den Bockel auf den Rücken. Zu Indersdorf in Oberbayern werfen nicht minder die Dienstboten, wenn sie früher ausgedroschen haben, dem Nachbar *meckernd* einen aus Stroh geformten Bock in die Scheuer. Der dabei erwischte Knecht (oder Magd) wird im Gesicht geschwärzt und ihm der Bockel auf den Rücken gebunden.[1] Bei Zabern (Elsaß) dagegen setzen die Nachbarn demjenigen, der gegen sie 8—14 Tage mit dem Dreschen im Rückstande ist, *einen wirklichen ausgestopften Ziegenbock* oder Fuchs vor die Tür. Statt des wirklichen Tiers stellt dann im Mühlviertel (Oberösterreich) eine symbolische Miniaturgestalt den Korndämon dar, indem man nach Beendigung des eigenen Ausdrusches dem noch unfertigen Nachbar als „*Habergeifs*" einen ausgehöhlten, *mit Weizenkörnern gefüllten,* mit drei Spänchen als Füßen versehenen Erdapfel schickt.[2] Diese *dreifüfsige* Habergeiß entspricht der schottischen lahmen Geiß o. S. 165.

Endlich tritt auch hier beim Dreschen die Vorstellung ein, daß durch dasselbe die Korngeiß des alten Jahres getödtet werde.

---

1) Panzer, Beitr. z. D. Myth. II, 224, 420.

2) Bemerkenswert sind antike Analogien. Die Athener opferten dem Herakles Alexikakos statt des entflohenen Ochsen einen Apfel (*μῆλον*) mit 4 Zweigen (*κλάδοι*) als Beinen und zwei Hörnern. (Zenob. Cent. V, 22.) Die Lokrer *ἀποροῦντές ποτε βοὸς πρὸς δημοτελῆ θυσίαν, σικύοις ὑποθέντες ξύλα μικρὰ καὶ σχηματίσαντες βοῦν, οὕτω τὸ θεῖον ἐθεράπευσαν.* (Zenob. Cent. V, 5.) Vgl. Hermann, Gottesd. Altert. Th. II, c. II. § 25, 14. Vgl. die Darstellung des Todes in Nürnberg. Bk. 412.

Im Bezirk Traunstein (Oberbayern) meint man von der letzten Hafergarbe, *in ihr stecke die Habergeiſs, die so letz* (verkehrt, nicht geheuer) *ist.* Abgebildet wird diese, indem man einen alten Rechen aufstellt, einen alten Topf als Kopf darüber stülpt und ein altes Leintuch darauf hängt. Den Kindern wird die Aufgabe gestellt, *„die Habergeiſs zu erschlagen."* Selbst hiemit ist der Kreis der auf den Dämon bezüglichen Vorstellungen noch nicht beendigt. Auch *die* Wendung nimmt die Vorstellung von ihm, daß das Korn eigentlich sein Eigentum, seine Nahrung sei und daß er in der Ernte von den Menschen darum beraubt werde. Nach dieser Vorstellung bleibt er über Winter auf dem Felde, und so wird völlig verständlich sein, weshalb man noch vor 20—30 Jahren zu Wannenfeld bei Gardelegen und zwischen Salzwedel und Calbe die letzten Halme unabgeschnitten auf dem Acker stehen ließ mit den Worten: *„Dät sall de Buck beihollen!"* (Das soll der Bock behalten!) Wenigstens ein kleiner Rest soll ihn gegen das Verhungern schützen. Nach sicheren Analogien dürfen wir diese Vorstellung dahin ergänzen, daß der Bock dem Bauern über Winter in die Scheune falle und sie von Korn leer fresse, wenn ihm dieser Rest nicht bleibe.[1]

Ein Unbekannter, *Fremder*, welcher an einem Erntefelde vorüberging, kam in den Verdacht, für den entweichenden Getreidedämon gehalten zu werden. Hieraus möchte ich die süderditmarsische Sitte erklären, daß alle zur Erntezeit auf dem Felde Beschäftigten, wenn ein Fremder vorbeikommt, wie aus einer Kehle: „Hôrbuck! Hôrbuck!" schreien. Im Schleswigschen (Eiderstedt, Husum, Tondern) ertönt beim Rappsaatdreschen, das meistenteils auf dem Felde geschieht, derselbe Ruf, falls der Fremde nicht seinen Hut zieht.

Schon vorhin lernten wir den Kornbock als nächstverwandt oder identisch mit dem im Wachstum des Waldes waltenden Bocke kennen. Dasselbe Ergebniß gewährt eine niedersächsische Sitte. Zu Sievern bei Stade binden einige Leute am Weihnachtsabend Stroh um ihre Obstbäume. Man nennt dieses Verfahren: *„de Böm bi den Buck bringen"* und erhofft davon einen besonders ergiebigen Fruchtertrag. Damit stimmt die westfälische Redensart: *„de Böm böcket,"* wenn der Wind in den Zwölften so recht in den

1) Siehe m. Korndämonen S. 8. 32.

Bäumen geht, nun gebe es im nächsten Jahre reichlich Obst, sowie die schwäbische und westfälische, *„die Bäume rammelet, es giebt wieder Obst.“* [1] (Cf. Rammel, Schafbock und „der Bock rammelt“ aries, caper coit.) *Hier* haben wir das genaue Gegenbild des im Winde um die tanzenden Dryaden werbenden Pans (o. S. 131), der mit den Baumnymphen buhlenden Seilene (o. S. 141).

Es war sicherlich nur Zufall, daß bis jetzt so geringe Spuren des *Grasbocks* oder *Heubocks* neben dem *Baum-* und *Kornbock* in unsern Quellen aufgetaucht sind. Auf dem Schwarzwalde heißt der letzte Wagen Heu *die Heugeifs.* Nachher werden Kuchen gebacken, an Wein Überfluß aufgetragen, damit *„die Heugeifs“* recht getrunken werden könne; man lädt Bekannte, besonders auch die Mähder, zum Schmause ein.[2] Nach diesem Brauche dürfen wir den Grasbock um so gewisser nach Analogie anderer Grasdämonen (Heupudel, Heukatze, Heumockel, Heuhahn, Grummetkêrl u. s. w.) voraussetzen, als J. Grimm, D. WB. II, 204 *Bock* auch als figürliche Bezeichnung für einen Heuhaufen anführt. Hiemit stimmt die zu Rimberg von Weibsleuten, welche beim *Grasschneiden, Heumachen* oder sonst auf dem Felde beschäftigt, dabei müßig zusammenstehen oder sitzen und plaudern, gebrauchte Redensart: *„den Bock schinden.“* Die Metapher will sagen, den Bock langsam und schmerzhaft statt durch tüchtige Arbeit schnell und leicht zu Tode zu bringen.[3]

Wir sahen o. S. 138. 152 ff., daß die Waldgeister in Hausgeister übergingen. Denselben Vorgang können wir bei den Korndämonen beobachten. Der Geist des Wachstums, der Vegetation, der in Feld und Wald tätig ist, wird eben auch in Haus, Viehstall und Kornscheuer segnende Wirksamkeit entfaltend gedacht. Was den *Kornbock* insbesondere betrifft, so heißt in Dänemark der Hausgeist, Nisse, *Gaardbuk* (Hofbock), *Husbuk* (Hausbock). Man muß also ehedem geglaubt haben, daß der in Haus und Hof waltende spiritus familiaris zeitweilig in Bocksgestalt sichtbar werde, wie anderswo der kornbringende Kobold als Katze, Hund, Hahn, Huhn oder Schlange sich sehen läßt. Der *Gaard-*

1) Kuhn, Westfäl. Sag. II, 116, 356. E. Meier, Sag. a. Schwab. 258, 288. Woeste in der Zeitschr. f. D. Myth. I, 394.

2) Birlinger, Aus Schwaben 1874. II, 333.

3) Schmeller, WB. I, 151. N. A. I, 204.

buk füttert die Pferde im Stall und trägt durch die Luft seinen Verehrern die Kornähren zu, die er der Scheuer eines bei ihm in Ungnade stehenden Nachbars entnimmt. Dadurch verhilft er ihnen zu großem Reichtum. Man setzt ihm als Opfer eine Schüssel Grütze hin mit einem tüchtigen Stück Butter in der Mitte.[1] Eine Volkssage in Aistrupsogn erzählt von ihm genau dasselbe, was die Tiroler Sage (o. S. 148) von der Fanggin, die griechische (o. S. 133) von Pan berichtet. Auf einem Hofe hielt sich ein *Husbuk* auf. Die Leute versäumten niemals ihm Abends Grütze hinzusetzen und ihn aufs beste zu pflegen. Zum Lohne dafür glückte ihnen alles vortrefflich, und Geld strömte ihnen von allen Seiten zu. Eines Abends, als der Mann über einen Bach heimkehrte, trat ein kleines Männlein an ihn heran und sagte: „*Sage doch Atfod, wenn du heimkommst, dafs Vatfod todt ist.*" Als der Mann das zu Hause erzählte, erhob sich der Husbuk, rief aus: „Ist Vatfod todt, so muß ich heim. Lebt wol, habt niemals Mangel!" und verschwand. Diesem *Husbuk* entsprechend hat in einer Thüringer Sage ein von einem alten Weibe zu Frauenbreitungen in einer Schachtel unter einem Birnbaum vergrabener Kobold von kohlschwarzer Leibesfarbe, glühende *Tellcraugen* (vgl. o. S. 112), *Bockhörner* und Pferdehufe.[2] In Straußberg besaß ein Weber Kobolde, die ihm während der Nacht die Arbeit fertig stellten. Als die Dienstmagd einmal durch die Türritze schaute, sah sie *zwei Ziegenböcke am Webstuhle sitzen.*[3]

---

1) Sv. Grundtvig, Gamle Danske Minder i Folkemunde I, 155, 203. 142, 171. 138, 160. 126, 130.

2) L. Bechstein, Sagenschatz des Thüringer Landes. IV. Hildburghausen 1864, S. 138.

3) Kuhn, Märk. Sag. S. 191 no. 180. Die Richtigkeit der obigen Zusammenstellungen scheint nicht wenig dadurch bewährt zu werden, daß dieselben Stücke von der Katze, als Gestalt des Vegetationsdämons, ausgesagt wiederkehren. Nur ganz kurz, mit wenigen Beispielen belegt, sei diese Reihe hier vorgeführt. Die Waldgeister, Fanggen (Bk. 89. 90) und wilden Weiber (Bk. 112) werden zeitweilig als Katzen gedacht. In Eisfeld (Herzogt. Meiningen) sagt man, wenn Kinder auf dem Felde sind und nicht folgen wollen: „die Holzkatze kommt!" und auf dem Fichtelgebirge schreckt man die Kinder mit dem Waldgeist „Katzenveit" (Der Katzenveit kommt! Myth.² 448). Im Bremischen sagt man, wenn der Wind im Getreide geht: „die Windkatzen laufen im Getreide," „die Wetterkatzen sind im Korn." Gradeso heißt es im Saterlande, wenn im Frühling und Sommer die

Wir verstehen jetzt die von J. Grimm (DWB. II, 203) angeführte und mit Beispielen belegte fränkische und schwäbische

---

Sonne heiß aufs feuchte Moor scheint, „de Summerkatten lôpe" (Strakerjan II, 89, 375). Bullkater, Wetterkatze sind weitverbreitete (zumal pommerische) Benennungen für Wind- und Wetterwolken. In der Provinz Sachsen sagt man dafür auch Murrkater, schwarze Kater, „da kommt ein schwarzer Kater herauf," „da steht ein Murrkater," bei Liegnitz: „ach die grauen Wolken, die sind die rechten Katzen." In der Propstei bei Kiel warnt man die Kinder davor, ins Korn zu gehen, „da sitze der Bullkater drin," während in einigen Orten des Eisenacher Oberlandes bei gleicher Gelegenheit vor der Kornkatze gewarnt wird. (Die Kornkatze kommt und holt dich. Merkers bei Tiefenort. Der Kornkater geht im Korn. Kr. Buttstädt.) Der faule Schnitter soll nicht mit der beliebten Formel: „die Katze will mir auf den Buckel springen," die Mühen der Arbeit beklagen (Zürich). Im Kreise Freistadt in Schlesien wird beim Abmähen der Ähren „der Kater gehascht." Auch beim Dreschen heißt hier derjenige, der den letzten Flegelschlag tut, „der Kater." In der Gegend von Lyon heißt die letzte Garbe und das Erntemahl le Chat. Um Vesoul sagt man beim Abernten des Letzten, „man halte die Katze beim Schwanz" (nous tenons le chat par la queue). Zu Briançon (Dauphiné) wird im Anfang des Ährenschnitts eine Katze mit Bändern, Blumen und Ähren herausgeputzt und geschmückt. Sie heißt „le chat de peau de balle." Wird während der Ernte ein Arbeiter verwundet, so legt man die Katze zu ihm, damit sie ihm die Wunden lecke. Am Tage, wenn man das Letzte schneidet, putzt man die Katze abermals mit Bändern und Ähren, man tanzt und ist fröhlich. Nach beendetem Tanz wird die Katze von den Mädchen feierlich der Blumen und Ähren entkleidet. Bei Amiens sagt man statt die Ernte beendigen „on va bouffer (tuer) le chat." Wenn das Letzte geschnitten ist, tödtet der Eigentümer nach altem Herkommen auf dem Hofe eine Katze. Wer in Grüneberg in Schlesien beim Ernten, namentlich beim Kornabschneiden zuletzt fertig wird, ist Kater. Derselbe wird bei der Domanialernte mit Roggenhalmen und mit grünen Reisern umbunden und ausgeputzt und mit einem langen geflochtenen Schwanz versehen. Sämmtliche Erntearbeiter halten hinter ihm ihren Einzug vom Felde auf den herrschaftlichen Hof. Oft wird ihm zur Gesellschaft eine Kitsche (Katze) beigegeben, die ebenso ausgeschmückt ist. Beide werden übrigens immer durch männliche Personen dargestellt. Ihre Hauptaufgabe ist, den in Weg und Sicht Kommenden, namentlich Kindern, nachzulaufen und sie mit einer großen Rute zu hauen. (Englien und Lahn, Der Volksmund I, 1868 S. 235, 8). Und diese selbe Gestalt ging wieder zu Weihnachten um. E. M. Arndt (Erinnerungen aus Schweden, Berlin 1818 S. 367) berichtet (doch wol aus Pommern), daß in „Nordteutschland" zu Weihnachten den schwedischen Julböcken ähnlich, Masken auftreten, welche „mit einem mit Sand und Steinchen gefüllten Beutel und einer herzhaften Birkenrute bewaffnet auch Mädchen- und Knabenschrecken sind und mit der gräulichsten Zusammensetzung den

Redensart: „der Bock gehet jemanden an," welche einerseits soviel bedeutet als: „die Not ist groß," andererseits: *„er hat*

Namen Bullkater (Arndt übersetzt Stierkater) führen." In mehreren Orten des Kreises Franzburg, Rgbz. Stralsund ruft der Drescher seinem neugierigen Kinde zu: „warte, der Scheunkater wird dich kriegen!" und in den nämlichen Orten geht zu Weihnachten der Bullkater, d. i. ein Mann mit einer fürchterlichen Larve, auf einem Ziegenbock reitend, in die Häuser. In Pouilly (Gegend von Dijon) wird die letzte Garbe nicht ausgedroschen, sondern überm Kamine aufgehängt und bleibt da, bis sie ganz schwarz geworden ist. Unter das letzte Korn, das zum Ausdrusch kommt, legt man eine lebendige Katze und schlägt sie mit dem Dreschflegel todt (gewöhnlich richtet man es so ein, daß der Drischelschluß auf einen Samstag fällt), um das Tier am Sonntag als Festbraten zu verschmausen. In Norwegen im Stift Bergen sagt man an manchen Orten, wenn das Dreschen sich dem Ende zuneigt, unter dem noch übrigen Getreide liege ein Tier, ohne daß man noch die Gestalt desselben anzugeben wüßte, während in anderen Orten die erste auf die Tenne gelegte Garbe, als die zuletzt zum Ausdrusch gelangende, Logkatten (Tennenkatze), Vorherresbuk (Herrgottsbock) oder Stögubben (der Stadelalte) heißt. Verlangt jemand die Dreschkatze (Logkat) zu sehen, so legt man den Dreschflegel um seinen Hals und kneift ihn damit. Anderswo geschieht dies mit jedem, der beim oder kurz nach dem Ausdreschen des letzten Gebundes auf die Dreschdiele kommt. Man nennt das „at give Laavekat," „han faar Laavekatten." — Der Kornkatze steht wiederum eine Heukatze zur Seite. „Heukatze" heißt in schwäbischen Orten das Fest der Sichelhenke (Meier, Schwäb. Sag. S. 439. Birlinger, Aus Schwaben II, 333). Katzen sind Gestalten des getreidezutragenden Kobolds. Derselbe zeigt sich am Himmel als feuriger Streifen, auf Erden als schwarze Katze (Kuhn, Nordd. Sag. Gebr. 206). Nach Stender soll auch der lettische Kornalp in Gestalt einer schwarzen Katze von seinen Wirten gehalten werden. Vgl. die Sage von der Katze, die nach Begehr ihres Herrn Mäuse, Roggen oder Geld bringt. Müllenhoff, Schlesw.-Holst. Sag. n. 281. Hexen und Hausgeister lieben Katzengestalt; Katzen wie Hausgeister heißen Hinz, Hinzelmann; einen Katzebutz, Katzebutzerole wies J. Grimm (Myth.[2] 474), einen Kazroll ich (Zs. f. D. Myth. II, 197) nach. — Dieselbe Geschichte, welche wir oben an den Gaardbuk geknüpft sahen, ist bereits Bk. S. 93 aus England und Deutschland von der Katze nachgewiesen. Vgl. noch: Ein Bauer bei Tabor in Böhmen erschlug seinen alten Kater, worauf die junge Katze das Haus verließ und an der Brücke dem vorüberfahrenden Postillion zurief: gehe in jenes Wirtshaus und sage dem Kater, er möchte heut Nacht zur Leiche kommen, der Mirermauer (alter Kater) sei gestorben. Der Postillion vollzog staunend den Auftrag. Des Wirtes erschlagener Kater war verschwunden, erschien seinem Mörder aber jedesmal, so oft er durch einen Wald ging, in Gestalt eines großen Mannes mit breitkrämpigem Hut und langem Stabe. Vernaleken, Mythen u. Bräuche, 1859, S. 26, 8. Ein Mahlgast aus Dubna, der in die Kreseyner Mühle ging, sah am Berge Rohatec eine große Schaar Katzen,

viel Geld eingenommen,“ „er hat recht Glück gehabt.“ Ganz ähnlich geht der Getreidehahn in den unter Huhngestalt weizenspeienden Drachen, oder, was dasselbe ist, in den als Hahn resp. Huhn erscheinenden korn- oder geldtragenden Kobold über.[1] Wenn dieser Dämon und die ihm entsprechenden Geister ihren Besitzer oder Verehrer reich machen, ihrem Verächter aber die Scheuer ausleeren, um die Frucht ersterem zuzutragen, so stimmt das genau zu dem Zuge, daß der Korndämon dem Bauer, der ihm nicht etwas von der Ernte als Speise auf dem Felde stehen läßt, die Scheune leer frißt.[2] Andererseits erscheint der kornstehlende oder kornbringende Kobold (Stepke) oftmals so entschieden identisch dem das Heu oder die Ähren vom Felde entführenden, dem befruchtenden Gewitter oder dem die Ernte vernichtenden Hagelwetter voraufgehenden Wirbelwinde, daß der im Wind sein Leben bekundende Korndämon auch von dieser Seite her bis auf das engste mit dem Drachen oder Kobold sich berührt. Aus der zürnenden oder schädlichen Äußerung dieser Naturmacht möchte ich daher die Sage vom Pilwiz entstanden glauben, der wie Waldgeister im Baume (pilbisbaum) seinen Sitz hat (Myth.[2] 442), im Stall die Pferde besorgt, ihnen die Mähnen flicht, zugleich aber mit einer Sichel an den Füßen die reifenden Getreideäcker durchschreitet. Auf dem Teil des Feldes, den er umgrenzt hat, werden die Halme braun, alle Ähren körnerleer, oder alle Körner fliegen beim Dreschen durch die Luft in seine Scheuer oder in die des Bauern, dem er als Hausgeist dient, wenn er nicht euhemeristisch als Zauberer, sondern sachgemäßer als elbisches Wesen aufgefaßt wird.[3] Der Bilwisschnitt heißt

---

aus der ein Kater ihm zurief: „Sage dem Wau, er solle morgen zum Begräbniß kommen.“ In der Mühle erzählt er dies dem Altgesellen, da springt ein alter Kater vom Gesimse und fährt durchs Fenster auf Nimmerwiedersehn. Krolmus, Staročesk. pověst. II, 42. Grohmann, Sag. a. Böhmen S. 227. Ein Webergeselle zu Bamberg stand mit der großen grauen Katze seines Meisters in besonders gutem Einvernehmen. Sie war ein Teufel, der für den Gesellen die Arbeit tat. Als der Meister einmal Nachts in die Werkstube guckte, sah er die Katze am Webstuhl sitzen und mit ihren Füßen das Schifflein rasend hin- und herwerfen. Panzer II, 59, 76.

1) S. Korndämonen S. 18 ff. 41 Anm. 54.

2) Korndämonen S. 8. 25. 32.

3) Vgl. Myth.[2] 441 - 445. Simrock, Handb. d. d. Myth.[2] 459. Feifalik in der Zs. f. d. österr. Gymnas. 1858 S. 406 ff.

auch *Bocksschnitt*,[1] weil der Bilwisschnitter, *auf einem Bocke reitend* und *Hörner* wie der Teufel auf dem Kopfe, durch den Roggen reitet; wo er reitet, gehört alles sein. Oder er schwebt über den Äckern, *die Schnittsichel am Geifsfufse*, und wo der Fuß anstreift, werden die Ähren bis zur Hälfte des Halmes ab, dieser aber schwarz.[2] Der Kornbock oder halbbockgestaltige Korngeist selber — so scheint es — schafft in seinem Zorne das Gegenteil seiner sonstigen Wirkungen, taube Ähren oder Krankheit der Halme. Der *Bockreiter* ist nichts als ein von der Gliedermischung abweichender Versuch, den Anthropopathismus des Getreidebocks zur Anschauung zu bringen.

Stellt der *Bockschnitter* — falls wir Recht haben — die Kehrseite der Vorstellungen vom kornzutragenden Kobolde dar, so begegnet uns namentlich in der Schweiz und Frankreich *die Ziege* ganz in der Rolle des die Geschicke des Hauses und der Familie bewachenden Hausgeistes. So erscheint am Fenster des Schlosses von Gümoens im Canton Waadt jedesmal eine *weifse Ziege*,[3] so oft den Bewohnern der Landschaft ein freudiges Ereigniß bevorsteht.[4] Nicht selten haben ganze Dörfer einen gemeinschaftlichen Gemeindekobold, „servant." Derjenige des Waadtländischen Dorfes Belair wälzte sich bald *als Kugel* (vgl. o. S. 99. 157) rings um den Kirchhof, bald ließ er sich in Gestalt eines kopflosen Schimmels, *einer Geifs* oder eines ungeschwänzten Hundes sehen.[5] Auch in anderen Gegenden glaubt man an solche tiergestaltige Geister der Gebäude und der Gemarkung, genii loci, nur daß ihre Bedeutung als Schutzgeister nicht mehr so erkenntlich auf der Hand liegt. Sie treten oft als Bockreiter oder Böcke auf. Zwischen Sissach und Thürnen

---

1) Schmeller, WB. I, 151. N. A. I, 204. Myth.[2] 445.

2) Schönwerth, Aus der Oberpfalz I, S. 427. 429. Panzer, Beitr. z. d. Myth. I, S. 240, 266. II, 209, 370.

3) D. Monnier et A. Vingtrinier, Traditions populaires comparées. Paris 1854, S. 679.

4) Hiezu vgl. die Sage, daß zu Vallorbe (Neufchatel) eine Fee mit einer Heerde weißer Ziegen aus dem Berge herauskommt, um ein fruchtbares Jahr anzukündigen, ihre Tiere sind schwarz, wenn Mißwachs eintreten soll. Monnier a. a. O.

5) Vulliemin, Canton de Vaud 2. Abt. 2. p. 37 bei Rochholz, Aargausag. I, 130.

(Canton Baselland) reitet eine *weifsgekleidete Jungfrau auf einem Ziegenbocke* den Bach entlang mit fliegenden Haaren im Mondschein.[1] Im Hügel bei Zunzgen (Baselland) hält sich eine *goldene Jungfrau mit einem Ziegenbock auf*, auf welchem sie am Weihnachtsmorgen an den Bach reitet, sich wäscht und die Haare strählt.[2] In der Johanniskirche der Neustadt zu Wernigerode zeigt sich ein *Ziegenbockreiter*, besonders um *Weihnachten*, winkt den Kindern aus der Kirche und reitet ins Johannistor.[3] Auf dem Schloßberge bei Ilsenburg sieht man bei hellem Tage einen *Bockreiter*. Das Volk hält dafür, er sei der Geist eines ungerechten Gerichtsherrn.[4] Auf dem Knüppeldamm bei Stolberg geht ein Ziegenbock um und zupft die Kinder am Kleide, die dann dahinsiechen und sterben.[5] Auf Worms (Insel an der estnischen Küste) begegnete einem von der Jagd heimkehrenden Bauer *ein schwarzer Ziegenbock*, der sich in einen schwarzen Kerl verwandelte.[6] Auf der Iburg in Baden sahen zwei holzlesende Mädchen am Schlosse ein *Geifsböcklein* stehen, das sich zu ihnen gesellte und sie nach Art der Waldgeister stundenlang im Walde irre führte. Erst als sie die Schuhe umkehrten, verschwand es.[7] Im Kulzermoos in der Oberpfalz *verführt eine Geifs die Leute und verschlieft sich dann in die Erde*.[8] In einem kleinen *Birkenwäldchen* um Tiefenbach stoßen sich zwei Geißböcke, so daß man meinen sollte, es müsse einer von ihnen auf dem Platze bleiben.[9]

An diese Sagen schließt sich wieder eine niederdeutsche Redensart. In Schleswig-Holstein (Ditmarschen, Eiderstedt) sagt man, wenn ein Mädchen beim Torfstechen eine Karre mit Torf umfallen läßt: *„de Moorbuck het är stött“* (vgl. o. S. 159: de Austbuck het är stött). Bei Burg (Ditmarschen) heißt es, wenn jemand am Abend seine tausend Torfziegel nicht fertig brachte,

---

1) Lenggenhager, Volkssagen aus Baselland S. 70.
2) Ebend. S. 86.
3) Pröhle, Sagen des Unterharzes 68, 172.
4) Pröhle a. a. O. 111, 287.
5) Pröhle a. a. O. 169, 445. Vgl. 109, 272.
6) Rußwurm, Eibofolke II, S. 267. § 389, 5.
7) B. Baader, Volkssagen a. Baden. Karlsruhe 1851, S. 128, 141.
8) Schönwerth, A. d. Oberpfalz III, 193.
9) Schönwerth, a. a. O. 194.

„de Moorbuck het em stött.“ Im Budjadingerlande (Oldenburg) ist *Moorbuck* Schimpfwort.

So führt eine geschlossene Kette von Analogien ohne Unterbrechung von den bocksgestaltigen Waldgeistern und Korngeistern zu den Hausgeistern, und von diesen zu den Waldgeistern und Feldgeistern zurück. Überall treten Ähnlichkeiten mit Faunus und seiner Sippe hervor. Vollständigere Kunde würde noch mehrere derselben zu Tage fördern. Denn auch was noch zu fehlen scheinen könnte, ist einmal dagewesen. Auch das *Alpdrücken* ist, wie Faunus o. S. 116 und den Panen o. S. 132, in ehemals slavischen Distrikten Deutschlands einem *bockgestaltigen* Wesen zugeschrieben worden. Im Altenburgischen (Pöchau und Stolpen) nennt man ein Gespenst *„Bocksmårte.“*[1] Mårte aber oder Drût ist der Menschen, Tiere, Bäume, Steine reitende oder drückende Windgeist, der im Winde (Wirbelwinde, Drûtenwinde) daherfährt, Haare und Mähnen verwirrt (Mårklatt) und *Bäume* oder *Kornhalme* beständig zittern, verkümmern, verdorren macht, wenn er darauf ausruht.[2] Dieser Menschen und Bäume reitende Windgeist vermittelt den um die Dryaden buhlenden Pan mit dem Ephialtes (o. S. 131). Die Mârte oder der Mâr heißt polnisch mora, czech. masc. morous, fem. můra, Plur. moruzzi. Von ihm sagt der altböhmische Glossator Wacehrad (mater verbor.): *„moruzzi* pilosi, qui a Graecis panites, a Latinis incubi vocantur, *quorum forma ab humana incipit, sed bestiali extremitate terminatur.“* Nach Krok II, p. 360 bei Hanush, Wissensch. d. slav. Mythus S. 332 werden die moruzzi vom Volke als *Waldgeister* *„lešj“* (lies leschi) bezeichnet.

Wie ich (Bk. 177 ff. 492 ff. 515. 516 ff.) erwiesen zu haben glaube, hatte die in deutschen, skandinavischen, slavischen und keltischen Landen heimische Sitte, zu Fastnacht, Ostern, Maitag oder Johannis ein großes Feuer anzuzünden, ringsumher zu tanzen und *einen Baum,* Kräuter oder *lebende Tiere,* die Vertreter von Getreidedämonen, darin zu verbrennen, den Sinn einer Darstellung des Durchgangs der Vegetation durch das Feuer der Sommersonne. Das Passieren *der Menschen oder Tiere* durchs Feuer wird häufig durch ein bloßes Erscheinen bei demselben

1) Kuhn, Nordd. Sag. 520. XV.
2) Mannhardt, Germ. Myth. S. 45 ff. 712.

dargestellt (Bk. S. 494. 524). Dahin gehört augenscheinlich auch der Volksglaube in Norland (Schweden), daß beim Mittsommerfeuer sich öfter *ein Bock* oder *eine Ziege* sehen läßt, von dem (der) man meint, es sei der *Puken* (Teufel, kornzutragende Kobold).[1] Im Harze hieß ehedem das Osterfeuer *Bockshorn*,[2] wie ich nicht zweifle, weil man ehedem das Horn eines Bockes in die Flamme warf, als Ausdruck des Glaubens, daß aus dem abgehauenen Gliede (Reste) des im Herbste getödteten Getreidedämons durch Einfluß der Sonnenwärme des Frühjahrs sich die ganze Gestalt desselben beleben und zum Wiederaufleben gelangen werde.

§ 11. **Andere Tiere Stellvertreter des Kornbocks.** Der Kornbock wurde als ein geisterhaftes Wesen gedacht; man glaubte jedoch, daß derselbe mehrere Gestalten annehmen könne. Die blauen Kornblumen (o. S. 159), mehrere Insekten und Vögel scheinen als Gestalten gegolten zu haben, unter denen der Getreidebock zeitweilig dem Auge sichtbar wird. So heißt die grüne Heuschrecke (locusta acridium) in Holstein und Mecklenburg *Austbuck*,[3] in der Altmark Prov. Sachsen (Kr. Gardelegen, Salzwedel, Wanzleben u. s. w.) *Hawerbuck*. Die langfüßige Kornspinne (phalangium opilio) ist *Mä-bock* (Pr. Sachsen Kr. Oschersleben), *Hafergeiſs, Habergeiſs* (Pr. Sachsen Kr. Jericho, Rgbz. Coblenz, Oberfranken, Oberpfalz, Niederbayern u. s. w.) genannt. Wenn ihr Gewebe zu Anfang der Ernte oben an den Ähren sitzt, steigt das Korn im Preise, sitzt es am Wurzelende, so fällt der Kornpreis. In Meiningen nennt man ein vom Berichterstatter nicht näher bezeichnetes Insekt *Kornbock* und in Ichtershausen bei Gotha ebenso ein kleines schwarzes Tierchen, das in der ausgedroschenen Frucht, wenn sie lange auf dem Speicher gelegen hat, sich einfindet und dieselbe hohl frißt; wol in beiden Fällen der schwarze Kornwurm (calandra granaria), der anderswo auch *Kornwolf* genannt wird. Diese Benennungen (Kornbock, Kornwolf) gehen auf die Vorstellung von dem die Scheuer ausfressenden Getreidedämon zurück.[4] Dagegen ist es kaum zweifelhaft, daß

1) Dybeck, Runa 1844 S. 22.

2) S. Jakobs, Der Brocken und sein Gebiet S. 168—169. 241 belegt diesen Namen durch urkundliche Zeugnisse.

3) Vgl. Schiller, Zum Tier- und Kräuterbuche des mecklenburg. Volkes II, 18.

4) S. o. S. 170. Roggenwolf, 2. Aufl. S. 10—21. Korndämonen S. 8.

der gleichlautende Name der Beccassine, Heerschnepfe (scolopax gallinago) *Hawerzêg* (Pommern, Mecklenburg), *Hawerzicke* (Kr. Jericho II Pr. Sachsen, Kr. Czernikow Rgbz. Bromberg), *Hâwerbuck*, Hawerbock (Altmark, Angeln, Flensburg, Kr. Gardelegen, Wolmirstedt u. s. w.), *Habergeifs*, Habergâes (Kr. Neuhaldensleben; Kr. Ottweiler Rgbz. Trier, Bayern, Zürich u. s. w.) nicht von Hause aus oder unmittelbar in diese Reihe gehöre. Der Vogel hat nämlich mit dem Getreide nichts zu tun; seinen Vergleich mit dem Ziegengeschlecht verdankt er ganz offenbar dem Umstande, daß das Männchen zur Begattungszeit bei heiterem Wetter sich in ganz enorme Höhe in die Luft schwingt und dort mit den Flügeln ein dem fernen Meckern eines Bockes ähnliches Geräusch hervorbringt, weshalb er als Erforscher der höchsten Regionen Regen und nahendes Unwetter verkünden soll und auch *Gottesziege*, *Himmelsziege*, Donnersziege, lit. Perkuno ahsis, ożelis, Dĕvo ożys, Dangaus ożys, lett. Pêrkona kasa genannt wird. Es ist möglich, aber nicht erweislich, daß in heidnischer Zeit diese Benennungen eine Beziehung auf den persönlichen Himmelsgott oder Donnergott enthalten haben. Der erste Compositionsteil *hawer (haber)* aber soll nach J. Grimms Erklärung (G. d. D. Spr. 35) das alte Wort ags. häfer, altnord. hafr Bock, lat. caper bewahren, so daß Hafer-bock eine nicht beispiellose Tautologie enthielte.[1] In diesem Falle muß freilich der süddeutsche Name *Habergeifs* für den Vogel erst nachträglich aus Haberbock gebildet sein, wo nicht das dem lat. haedus, hoedus Laut für Laut entsprechende *gaifs* auch hier ursprünglich ohne Unterschied des Geschlechts ein Tier des Ziegengeschlechts bezeichnete.[2] Die kleine Eule (strix aluco, strix ortus) wird ihren Namen *Habergeifs* (Kr. Gardelegen, Kr. Delitzsch, Naumburg, Bayern, Tirol) auf gleiche Weise wegen des meckernden Tons ihrer Stimme erhalten haben. Sicher aber ist, daß diese Benennung für die beiden Vögel mißverständlich sehr leicht sowol etymologisch mit der Getreideart in Zusammenhang gebracht, als auch mit dem Glauben an den Getreidebock zusammengebracht werden konnte. Hiezu lud einmal der Umstand ein, daß ja auch der Kornbock, die Habergeiß z. T. in Wind und Wetter, speziell in *dem Gewitter*

1) Vgl. auch Schiller a. a. O. I, 8.
2) Doch ist goth. gaits bereits Femin.

vorhergehenden Wirbelwinde sein Leben kundgebend gedacht wurde, mithin außer dem Einklang der Namen zwei verwandte Vorstellungen von vorneherein sich anzogen (vgl. Bk. 250), andererseits mußte die Verbindung um so gewisser zu Stande kommen, wenn die Volksphantasie schon vorher ohnedies geschäftig gewesen war, den wirklichen Vogel in ein geisterhaftes Wesen umzuschaffen.[1] Der Sumpfschnepfe (Håwabuck) legt man z. B. in der Altmark den Ruf unter, den man *meckernd* hersagt: Is Håwa all såt? Ik håw mîn all mäht! (Ist der Hafer schon gesät? Ich habe meinen schon gemäht). In Oberdeutschland erzählt man sich viel von der gespenstigen Habergeiß. Um Nüziders im Walgau sagt man, sie sei ein Vogel mit gelbem Gefieder und der Stimme einer Geiß. Derselbe werde *beim Beginne der Maienzeit* nur den Blicken bevorzugter Sterblicher sichtbar, und seine meckernde Stimme sei so gut ein Frühlingsbote, wie der Ruf des Kuckucks. Andere sagen, die Habergeiß habe im *Ganzen die Gestalt einer Geiſs*, aber *Pferdefüſse*[2] und *ein Maul, das einer halbgeöffneten Hanfbreche gleiche*, noch andere halten die Habergeiß für eine junge Gemse mit Flügeln.[3] Dem Steiermärker gilt sie für das Gespenst einer Ziege, mit welcher ihr Herr sich vom Felsen in den Abgrund stürzte, als sein Gläubiger dem Armen dieses sein einziges Gut entreißen wollte. Sie verkündet mit ihrem Gekrächze Unglück.[4] Nach andern aber ist sie ein *Vogel mit drei Füſsen, der sich gewöhnlich in den Feldern hören läſst. Wer ihren Ruf nachäfft, den sucht sie nachts heim.* Oft erscheint der Teufel in ihrer Gestalt (Steiermark, Kärnten).[5] Sie entspricht keinem wirklichen Tier. Im Auswärts (Frühjahr) hört man sie nachts plärren, wie eine Geiß (Oberösterreich). Nach andern aber ist sie die Seele eines verstorbenen Menschen, der in Gestalt einer Ziege *in der Kornfeldern* um das Sterbehaus sich aufhält und dort um die Geisterstunde so lange umgeht, bis die nächste Leiche her-

1) Mehrere abergläubige Vorstellungen an die Heerschnepfe geheftet sind verzeichnet Myth.[2] 168. Zeitschr. f. d. Myth. III, 221 ff.

2) Die Stimme der Strix aluco spielt wol zuweilen auch in einen dem Gewieher ähnlichen Laut über, wie das der Heerschnepfe, die dem Skandinavier nicht Donnerziege, sondern dän. myrehest, schwed. horsgjöck, isl. hrossagaukr (Pferde-Kuckuck) heißt.

3) Vonbun, Beitr. z. d. Myth. a. Churrhätien S. 110.

4) Zeitschr. f. d. Myth. I, 244.

5) Weinhold, Weihnachtspiele S. 10.

ausgetragen wird (Reichenau Kr. unter dem Wiener Walde).[1] Oder sie soll eine verwunschene Jungfrau sein, die in Gestalt einer *weifsen Geifs in den Getreidefeldern*, namentlich zur Erntezeit kläglich schreit, auch wol der Teufel selber, der als *schwarze Geifs* umgehe (Erzherzogt. Österr. Umgegend v. Krems).[2] Auch der Tiroler beschreibt die Habergeiß als einen verwünschten Menschen, als ein Wesen, halb Vogel halb Geiß, als einen „Vogel, der wie ein Mann aussieht,“ welcher Leuten, *die nachts zum Fenster heraussehen, tüchtige Ohrfeigen giebt.* Sie wohnt auf der höchsten Steinwand. *Ihre Eigenschaften berühren und vermischen sich teils mit derjenigen der wilden Jagd, teils mit denen der Hausgeister, fliegenden Drachen und des Bilwisschnitters.* Das Jauchzen der wilden Jagd und das Schreien der Habergeiß soll man nicht nachäffen, sonst kommen sie herbei. Die Habergeiß jagt dem Nachrufer nach, zerkratzt oder frißt ihn und verfolgt ihn bis an seine Haustür, die er nur mit Not vor sich zuschlägt. (Vgl. die Sagen vom wilden Jäger resp. Nachtraben.) Sie hängt sich ihm als blutiges Fell vor die Türe, wie der wilde Jäger ein Viertel des Jagdtieres an die Türpfosten des Nachrufers heftet. Im Erzherzogtum Österreich nennt man mehrfach die Habergeiß als Teilnehmerin der wilden Jagd, des Zuges der Perchtl; der Teufel reitet auf ihr. Auch der niederösterreichische Glaube, daß sie bei starkem Gewitter (Hagel u. s. w.) *das schon geschnittene Getreide von einem Acker auf den andern fremden trage*, zeigt ebensowol Sturm, Hagelschlag und Wirbelwind als ihr Element, wie er an den getreidetragenden Drachen erinnert. Im Ötztal stellen sich die Leute die Habergeiß gradezu *als glühenden Drachen* vor. Schreit sie vor Ave Marialäuten, so bedeutet es Glück, später Unglück; schreit sie im Spätherbst, so kommt *langer Winter und grofse Heunot.* Wo sie hinkommt, bedeutet es Unsegen und Unrat, *das Korn verdirbt,* die Kühe magern ab, geben keine Milch und haben *verfilzte Mähnen.*[3]

1) Entstand wol aus Verschmelzung des Korndämons Habergeiß mit der Eule (strix aluco), die auf dem Baum vor dem Sterbehause sitzend die baldige Leiche ansagt und erwartet. Bei Meran sagt man, der Ruf der Habergeiß (strix aluco) verkündige baldigen Todesfall. Zingerle, Sitten[2] 81, 679.

2) Landsteiner, Reste des Heidenglaubens S. 66.

3) Mündl. — Zingerle, Tiroler Sitten[2] S. 80—82, n. 671—682. Zeitschr. f. d. Myth. I, 244. III, 30, 15. Alpenburg, Mythen 385. Landsteiner a. a. O.

Es bestätigt sich somit, daß mehrere Stücke, (der Name Habergeiß, der Aufenthalt im Kornfelde, die Lebensäußerung in Wind und Wetter, die Berührung mit fliegenden Drachen und Hausgeistern u. s. w.) dem gespenstigen Vogel und dem bald segnend, bald zürnend waltenden Getreidebocke gemeinsam waren, welche zu einer Verschmelzung von beiden führen mußten. Mehrere Züge, z. B. die an die *lahme Geifs* (o. S. 165) erinnernde *Dreifüfsigkeit*, das einer Hanfbreche ähnliche Gebiß mit langen, scharfen Zähnen mögen die Vorstellungen vom mythischen Vogel direct den Vorstellungen von dem Korndämon Habergeiß und dessen bildlichen Repräsentationen entlehnt haben. Dagegen weisen die letzteren wiederum den Einfluß des Glaubens an den gespenstigen Vogel mehrfach auf das deutlichste auf. Es ist die Volkssitte, in der wir das Produkt der angedeuteten Mischung kennen lernen.

§ 12. **Dramatische Darstellungen des Vegetationsbocks.** Nicht allein auf dem Erntefelde und der Dreschdiele, sondern auch unabhängig davon liebte man den Getreidedämon sich durch Darstellung zu vergegenwärtigen, zumal in feierlichen Umzügen *während des Frühjahrs* und um die *Wintersonnenwende*, durch welche der Wiedereinzug der segnenden Mächte des Sommers in die verödete Natur veranschaulicht werden sollte.

In Steiereck und Mühlviertel (Erzherzogt. Österr.) ist die Hauptfigur des Fastnachtumzuges ein Ungetüm, gebildet durch zwei Männer, welche unter hochemporgehaltener Plahe gehen, worauf ein *Geifskopf* sitzt. Ein dritter führt die Ziegengestalt; mehrere Wagen folgen, von denen die übrigen allerlei komische, bucklige oder kropfige Masken tragen, *einer ganz mit grünen Tannen- oder Fichtenzweigen bedeckt* einen Strohmann enthält, der an der Donau ins Wasser geworfen wird.[1] Diese Wassertauche ist — wie ich Bk. a. m. O. ausführlich erörterte — ein Regenzauber. Kein Zweifel, daß die ganze Begehung den im Lenze wieder ins Land einziehenden Vegetationsdämon darzustellen bestimmt war. In Böhmen (Kr. Tabor) geht um die Faschingszeit die *Habergeifs* um. Sie wird verschieden dargestellt, z. B. als Mensch, der *ganz in Stroh eingehüllt ist*, drei Füße, einen *Menschenkopf mit Hörnern*, zuweilen aber auch noch einen langen *Schnabel* zeigt. Die Einhüllung in Stroh macht abgesehen von

1) A. Baumgarten, Das Jahr und seine Tage. Linz 1860, S. 19.

den weiterhin anzuführenden norddeutschen und skandinavischen Parallelen gewiß, daß dieser Faschingsumzug mit der analogen Darstellung auf dem Erntefelde und der Dreschtenne (o. S. 168) zusammenhängt, daß nicht das Vogelgespenst, sondern der Getreidedämon Habergeiß dargestellt werden sollte; aber ersteres wirkte mit, die rohe und vielleicht von Anfang an schnabelartige Darstellung der Schnauze in diejenige eines wirklichen Schnabels umzuformen. Noch durchgreifender ist dies in Tirol geschehen, wenn zu *Fastnacht* und *Weihnachten* als *Habergeifs* ein ganz *in Stroh* gekleideter Bursch von Haus zu Haus geleitet wird, der mit *rot- oder buntangestrichenem Storch- oder Spechtschnabel* und gleichartig gefärbtem Strohschwanz ausgerüstet einem Vogel ähnlich sieht. *Seine Begleiter tragen ein grofses Netz als Vogelfänger.* Solche Darstellung der Habergeiß als Vogel hat jedoch nur beschränkte Verbreitung. In der Kreisdirection Leipzig (Wernersdorf) gingen früher zu Fastnacht *in Getreidestroh* gehüllte Personen von Tür zu Tür, wo man ihnen Bratwürste, Speck und andere gute Sachen schenkte. Diese Personen hießen *Habergeifs* und *Erbsenbär. Der Erbsenbär wird von uns durch positive Zeugnisse späterhin als Korndämon nachgewiesen, mithin spricht die gröfste Wahrscheinlichkeit dafür, dafs auch seine Begleiter Schimmelreiter und Geifs,*[1] *ja selbst der gleich zu erwähnende Nicolaus (Klaas, Ruklaas, Knecht Ruprecht u. s. w.) dieselbe Bedeutung haben.*[2] Wie in Leipzig und Bühl der irrtümlich hin-

1) In Bühl (Würtemberg) füllt man zur Fastnacht einen Sack mit Streu und Häcksel, an dem man mit den Zipfeln des darüber gehängten weißen Lakens einen Pferdekopf mit langen Ohren befestigt und wie ein Pferd aufzäumt. Dieser Schimmel heißt der Golisch*Bock (Meier, Schwäb. Sag. 372, 3). Im Münstertal (Elsaß) dagegen zogen die Weiber in der Fastnacht maskiert mit einem lebendigen aufgeputzten Bock und einem schellenbehangenen Pferde, das zwei Fässer Wein trug, durch die Straßen, und kein Mann durfte sich vor Abend selbst an den Fenstern sehen lassen. Der Brauch wurde im Jahre 1681 auf Anregung des Pastors Forster abgeschafft (Curiosités d'Alsace. Colmar 1861, I, p. 82 bei W. Hertz, Deutsche Sage im Elsaß. 1872, S. 26). Hiermit mag zusammenhangen, daß in der Gegend von Saulgau der in April Geschickte mit dem Rufe Aprillenbock! Aprillenbock! verfolgt wird (Birlinger, Volkstüml. a. Schwaben II, 93, 122).

2) St. Niclas (Ruhklas, Aschenklas u. s. w.) ist in diesen Gebräuchen mit nichten der kinderliebende Bischof von Myra und deshalb auch in dessen Legende kein Anhaltspunkt für die Entstehung der Sitte zu finden, sondern

* Golisch wol Abkürzung von gollathisch, riesig.

eingetragene Anklang an den Vogel fehlt, im Elsaß das lebendige Tier über die reine Ziegengestalt keinen Zweifel läßt, treffen

die einfache Personification des Kalendertages, 6. Dezember. Solche Personificationen sind im europäischen Volksglauben sehr gewöhnlich. In Rumänien glaubt man an gütige Wesen Swinta maica Duminica, swinta maica Mercuri, swinta maica Vinire oder Paraskeve, d. i. heilige Mutter Sonntag, Mittwoch und Freitag, von denen man manche Sagen erzählt (Tollhausen i. d. Didaskalia. Frankf. 1841, Nov. 25. Arthur Schott im Ausland 1849, n. 231. Ders. Walach. Märchen n. 11. 23. 25. J. K. Schuller, Kolinda. Hermannstadt 1860, S. 12). Gradeso werden in Schweden der Donnerstag und Freitag (Thorsdag, Fredag) als Thor und Frigg personifiziert. In der Nacht von Donnerstag zu Freitag muß jedes Spinnrad ruhen, denn dann spinnen Thoregud och Frigge darauf (Hyltén-Cavallius, Wärend och Wirdarne I, S. 188), wo offenbar nicht der Ásathor und Odins Gemahlin, sondern der Person gewordene Donnerstag und Freitag zu verstehen sind. In Oberdeutschland ist der Donnerstag (Pfinztag) zu einem mythischen Wesen, die Pfinze, geworden. „Dominae Habundiae vulgariter Pfinzen.“ Schmeller, W.-B.[2] 439. Die Russen haben aus dem Worte pjatnica, Freitag eine Heilige, Pjatnica (spr. Pjatnitza), gemacht, welche zornig sei, wenn die Leute ihr Fest nicht halten. An einem gewissen Festtage führt man in Kleinrußland eine Frauensperson mit fliegenden Haaren als Pjatnica in Kirchenprozession herum. J. Glenking, Gebr. d. griech. Kirche (deutsch 1773) p. 398. Wie in den bisher angeführten Beispielen die Wochentage, sind auch hervorragende Heiligentage des Kalenders zu Personen geworden, deren Namen dann natürlich mit dem Namen des Heiligen zusammenfallen, ohne mit seinem Wesen und seiner Legende etwas gemein zu haben. Wir nennen zuerst *Berchta, Perchta, welche bisher mit Ungrund nach Grimms Vorgang für eine Göttin unserer heidnischen Vorfahren gehalten worden ist.* Vielmehr ist sie lediglich die Personification des Epiphanientages (Berchtentag, Berchtennacht), und ihr steht eine ganz analoge Gestalt in der italienischen Fee Befania, Befana d. i. Epiphania zur Seite. [Für Berchte bietet die reichhaltigste Lese älterer Zeugnisse Schmeller-Frommann, W.-B.[2] I, 269—272, über Befana vgl. H. Usener im Rhein. Museum XXX, p. 197.] Am 6. Januar (Epiphania Domini, festum trium regum, adoratio magorum) feiert die Kirche die Anbetung der drei Weisen aus dem Morgenlande, welcher auf dem Fuße der bethlehemitische Kindermord folgte. Deshalb ist leicht einzusehen, woher der Volksglaube die Perchtl in der Perchtennacht umziehen läßt, in endloser Reihe von einem Heere zarter, ungetauft verstorbener Kinder gefolgt, denen der fromme Bauer mitleidig einen Tisch mit Speise hinsetzt (Alpenburg, Mythen Tirols S. 48). Diese Kinderseelen sind dann vielfach in Schretzlein, Heimchen u. s. w. umbenannt. Aus der einen von deutschem in slavischen Volksglauben übergegangenen (Zs. f. d. Myth. IV, 387) und weit verbreiteten Perchta sind dann vielfach mehrere Perchteln, Froberte u. s. w. geworden, bei denen der Zusammenhang mit dem Kalendertage sich verdunkelt hat. Im Bayerwalde glaubt man eine Personification

wir in Obersteiermark deutlich die Ziege, die Korngeiß, für sich. Hier geht nämlich die Habergeiß zur *Weihnachtszeit* in der

der Zwölften oder Rauchtnächte (d. i. der Tage zwischen Weihnachten und Neujahr) „die Rauhnacht," welche durch eine vermummte, stark verhüllte Weibsperson dargestellt wird. Schmeller W.-B.[2] II, 14. Der 13. Dec. St. Lucia, der im Mittelalter für den Tag der Wintersonnenwende galt [„Vitus et Lucia sunt duo solstitia" „Lucia bringt die längste Nacht" Schmeller W.-B.[2] 1549] ist ebenfalls zu einer mythischen Person geworden, Lucia, Lutz Schmeller I, 1549. Rank, A. d. Böhmerwalde S. 137. Aus Fronfasten d. i. den Quatembern hat man eine Frau Faste gemacht (Schwaben; Schweiz: Myth.[3] 742). Als männliche Personificationen von Kalendertagen im Volksgebrauch sind von uns bereits der Walber (von Walpurgis) Bk. 312. 316, Georg Bk. 313. 316. 317, St. Johannis Bk. 468, St. Stephan Bk. 404 (vgl. meinen Aufsatz „Die lettischen Sonnenmythen" in Bastians Zs. f. Ethnologie VII, 1875, S. 95) nachgewiesen. Auch Bartel, der am Bartolomäustage (24. Aug.) die Brombeeren beschmutzt, d. h. weißblau färbt und den Kohlpflanzen die Häuptchen einsetzt (Kuhn, Nordd. Sag. 400, 113. Wuttke, Abergl.[2] § 665), Martin (Pelzmärten u. s. w.) in den Martini- und Adventsgebräuchen sind keineswegs die Heiligen, oder gar Wodan; wenn Martin auf dem Schimmel reitet, so geschieht dies, weil und wann in der Zeit des Martinstages (11. Nov.) der erste Schnee fällt. (Vgl. Weinhold, Weihnachtspiele S. 7.) Die Ansätze zu solchen Personificationen der Kalendertage kann man vielfach in den Wetterregeln der europäischen Völker beobachten. Z. B.: Die heiligen drei Könige kommen zu Wasser oder gehen zu Wasser. (Brandenb.) St. Antonius macht die Brücke und St. Paulus (25. Jan.) zerbricht sie. (Venedig.) Sant Bastia la viola en má d. i. St. Bastian das Veilchen in der Hand. St. Mathias schickt Saft in den Baum. St. Agnes treibt die Lerchen aus der Stadt. St. Dorothee bringt den meisten Schnee. St. Severin wirft den kalten Stein in den Rhin, St. Gertrud mit der Maus holt ihn heraus u. s. w. (S. Reinsberg-Düringsfeld, Das Wetter im Sprichwort 1864, S. 64 ff.). Und wie die Wochentage und Heiligentage erleiden auch Monate und Jahreszeiten eine ähnliche Personification; Père Mai, Reine Maia, russ. Jarilo (Frühling) u. s. w., slav. Leto (Sommer) sind (Bk. a. a. O.) von uns als solche besprochen; wir glauben an den betreffenden Stellen zugleich nachgewiesen zu haben, daß mit diesen Personificationen der Jahreszeiten und Kalendertage sich ältere mythische Vorstellungen aus dem Kreise der Vegetationsdämonen, der Sagen vom wilden Heer u. s. w. verbunden haben. Einmal zu Gestalten des Volksgebrauchs geworden, haben sie durch Attraction und Assimilation ähnlicher Gebräuche dann häufig ihre Stelle im Kalenderjahr verrückt, ihr Gebiet rückwärts oder vorwärts erweitert. Berchta, die Person gewordene Epiphania, und St. Martin, der Dämon des 10. Novembers, gehen auch in der ganzen Advents- und Weihnachtszeit (als Perchtel, Pelzmärte u. s. w.) um. Auf gleiche Weise ist denn auch St. Niclas in den Advents- und Weihnachtsumzügen für den Person gewordenen Nicolaustag (6. Dezember) zu erachten, der mit dem um die

Begleitung des *Nikolo* um. Sie wird durch vier Männer gebildet, welche sich aneinander halten und mit weißen Kotzen bedeckt sind. Der vorderste *hält einen hölzernen Geißkopf* empor, dessen untere *Kinnlade beweglich ist,* und *womit er klappert* (Weinhold Weihnachtsp. S. 10). Im Böhmerwalde wird ebenfalls eine mit übergebreitetem Leintuch und durchstehenden Hörnern *als Ziege maskierte Person* von einer Art Niklo herumgeführt, hier aber entlehnt sie ihren Namen Luzia von der Personification des Heiligentages (12. Dec.); sie ermahnt die Kinder zum Beten, beschenkt gute mit Obst und droht den schlimmen, sie werde ihnen den Bauch aufschlitzen und Stroh und Kieselsteine hineinlegen (J. Rank, A. d. Böhmerwalde S. 366). In Oberösterreich ist die Darstellung ganz ähnlich. Auch hier tritt die Habergeiß im Gefolge des Nikla auf und zwar am Vorabende seines Tages (am 5. Dec.). Um sie darzustellen, nimmt man eine Plahe über sich und darunter zwei Stäbe, womit man bald vorwärts, bald rückwärts, bald in der Richtung nach oben, bald wieder nach unten herumschiebt, so daß das Ungeheuer bald Hörner, Kopf und Hals zu verlängern oder zu verkürzen, bald den Hinterleib mannigfaltig zu verändern

---

Wintersonnenenwende wieder ins Land einziehenden Vegetationsdämon verschmolzen ist. Letzteres ersieht man deutlich aus der oftmaligen Einhüllung in Erbsenstroh, wie sonst in Pelz, sowie aus der Ausrüstung mit obstgefülltem Korbe oder Sack und Gerte oder Rute. Darin gleicht er genau dem zu Weihnachten umgehenden, mit einer Birkenrute bewaffneten Bullkater (o. S. 174), der doch von dem der Ernteprozession voranschreitenden Kornkater, der den Getreidedämon vorstellt, nicht getrennt werden kann. Gegen diese Auffassung des Rauhklas, Aschenklas, Niclas kann auch der in einigen Gegenden (Böhmen, Halle, Insel Usedom) demselben zustehende Name Knecht Ruprecht nicht ins Feld geführt werden. Die von Kuhn (Zs. f. d. Altert. V, 482 ff.) aufgestellte und seitdem allgemein angenommene Meinung ist nicht zu halten: „kein Knecht sei in dem alten Pelzträger verborgen, sondern, wie schon der Name verkündet, ein ruhmglänzender Gott (Hruodpêraht), niemand anders als Wodan.“ Vielmehr werden wir auch in Ruprecht eine dem Niclas, Pelzmärten u. s. w. analoge Figur (vielleicht ursprünglich männliche Personification des Berchtentages; vgl. in der Schweiz Bertholdstag d. i. Jan. 3.) zu suchen haben. Die Gerte (Rute), welche Ruprecht, Pelzmärte, Niklo u. s. w. (wie der Bullkater o. S. 173) in der Hand führen, um die Begegnenden, namentlich Kinder, zu schlagen, ist nichts anders, als die auch vom Maikönig geführte, Wachstum hervorbringende Lebensrute (Bk. 365. 366), welche lediglich aus Mißverständniß umgedeutet wird in das pädagische Instrument des Schulmeisters. Vgl. die russ. Pfingst- und Sonnenwendpersonificationen Rusalky und Koljada. Miklosich, Rusalien. Wien 1864.

scheint. In jenem Bühler Fastnachtumzug (o. S. 184 Anm.) ist die Habergeiß mit dem Schimmelreiter zu einer Gestalt verschmolzen. Dasselbe geschieht im Weihnachtsbrauche in mehreren Gegenden mit dem Erbsenbär. Um Krakau besteht der Weihnachtsumzug aus drei Gestalten. Ein Mann ist *ganz in Ziegenfelle gehüllt und auf einen Schiebkarren gesetzt, die beiden anderen sind in Erbsenstroh* eingebunden. Merkwürdigerweise wird nun der in Felle gehüllte Mensch *Erbsenbär* (grochowej niedźwiedź) genannt, vor jedem Hause, wo man anlangt, *brummt* er, und *wird dies Brummen zuerst von einem Mädchen gehört, so soll es bald heiraten.*[1] Bei Marburg in Steiermark tritt noch ein dritter Geselle als Factor in den Verschmelzungsprozeß mit ein. *Wer beim Dreschen den letzten Schlag macht,* heißt *Wolf.* Alle Knechte laufen eiligst aus der Scheuer heraus und lauern ihm auf, hüllen ihn, wenn er herauskommt, in Stroh *in Gestalt eines Wolfes und führen ihn so im Dorfe herum.* Den Namen Wolf behält er bis Weihnachten. Dann steckt man ihn in ein Ziegenfell, hüllt ihn übrigens in Erbsenstroh und führt ihn als Erbsenbär an einem Stricke von Haus zu Haus. *Hier liegt (wie beim Kornkater o. S. 173 ff.) ein neuer, sicherer Belag für den Zusammenhang, die Identität des nach der Ernte angestellten, den Korndämon darstellenden Umgangs und des Umzugs in der Weihnachtszeit vor.* — In Böhmen (Neuhaus) besteht der Nikolausumgang aus vielen Masken. Da giebt es zwei Bischöfe (Vervielfältigung des einen h. Nikolaus, der Personification des Heiligentages), Soldaten, Husaren, Teufel, Kaminfeger, Quacksalber, Schacherjuden. Den Kern- und Mittelpunkt des Aufzuges aber bilden die folgenden Figuren. Einer scheint *auf einem künstlichen Schimmel* zu reiten, ein zweiter *auf einer ähnlichen Ziege,* der dritte und vierte endlich erscheinen in bärenartiger Gestalt, behangen mit mannigfachen Glocken und Schellen, mit denen sie unaufhörlich läuten. Dem Haufen werden Äpfel

1) Man erzählt sogar eine Geschichte, um die sonderbare Mischgestalt zu erklären. Vor jedem Hause wiederholen die Führer, dies sei der Erbsenbär, der den Sohn Gottes erschrecken wollte. Ein Müller hatte sich nämlich den üblen Spaß erdacht an einem Weihnachtsabend das Jesuskind zu ängstigen. Er steckte sich in ein Ziegenfell und umwand sich mit Erbsenstroh. Zur Strafe wurde er in einen Bären verwandelt. Der Umzug geschehe zum Andenken an diese Begebenheit.

und Nüsse vorhergetragen, welche die Bischöfe an die guten Kinder verteilen. Gewöhnlich geht diesem Zuge noch ein Vorläufer voraus, der in das Zimmer tretend den Hausvater fragt, ob der h. Niklas kommen dürfe, und ihn, fällt die Antwort bejahend aus, hereinruft. Nun giebt es vielerlei Spaß. Der Handelsjude stiehlt etwas aus dem Hause, bietet es dann zum Verkauf dem Hauswirt an, und dieser muß sein Eigentum mit Geld auslösen. In reicheren Häusern bekommen die Niklasumgänger *Getreide*, überall aber *Flachs*. Auch verkleiden sich *drei junge Leute* als Engel, Teufel und *Bock*. Letzterer hat die Aufgabe, die Kinder, welche nicht beten können, mithin vom Engel nicht beschenkt werden, *auf seine Hörner zu heben*, so daß der Teufel ihnen *einige Schläge mit seiner Rute geben kann*, ein Scherz, den sich übrigens selbst die erwachsenen Knaben und Mädchen gefallen lassen müssen.[1]

Unter anderem Namen finden wir *Geifs* und Bär auf der Insel Usedom wieder. Hier ziehen am Weihnachtsabend die Knechte mit Schimmelreiter, Erbsenbär und dem *Klapperbock* von Hof zu Hof. Letzterer ist ein Mensch, der eine Stange trägt, über welche eine *Bockshaut* gespannt wurde, mit daran befindlichem hölzernen Kopf, an dessen unterer Kinnlade eine Schnur befestigt ist, so daß, wenn der Tragende daran zieht, die beiden Kinnladen klappernd zusammenschlagen. Mit dem Klapperbock werden die Kinder, die nicht beten können, gestoßen.[2] In Ilsenburg (Harz) geht zu Weihnachten der *Habersack*, ein in Stroh gehüllter Mensch, *den Kopf mit Hörnern geziert.*[3] In Natangen (Ostpreußen) ziehen am Sylvesterabend ein Schimmel, *ein Bock* und ein Mensch umher. Der Bock ist ein mit Tüchern verhangener Kerl, welcher mit einem Flachsschwanz versehen, eine *Ofengabel reitet, deren Zinken Hörner darstellen.* Er stößt immer den mitziehenden buckligen Kerl.[4] Bei den Deutschen in Preuß. Litauen heißt *Neujahrsbock* ein mit Pelzen behangener Bursch, der in die Häuser dringt und daselbst seine Fratzen treibt. In manchem Ort sind der Schimmelreiter und *Neujahrsbock* zusammengeflossen, insofern jemand den letzteren darstellt, indem er einen

1) Reinsberg-Düringsfeld, Festkalender a. Böhmen S. 528. 529.
2) Kuhn, Nordd. Sag. 403, 126.
3) H. Pröhle, Harzbilder 51.
4) Reusch in d. N. Preuß. Provinzialbl. Kgbg. 1848, Bd. VI, S. 220, 55.

Pferdeschädel an zwei Stöcke bindet, die er an seinem Halse befestigt, in den Augenhöhlen des Kopfes aber Lichter anbringt, sodann seinen ganzen Körper mit zwei Laken bedeckt und auf einer langen Stange reitend, sich im Dorfe zeigt (Neuendorf bei Tilsit). Die Litauer in Pr. Litauen haben die Maske auch, aber die Entlehnung bezeugt der abgezogene Name derselben žaidynė d. h. Spiel. Merkwürdig ist der Gebrauch in der Umgegend von Gniewkowo bei Inowrazlaw. Dort gehen nämlich am Dreikönigstage ein *in Erbsstroh gehüllter Bär*, *eine in Haferstroh gehüllte Ziege* und ein mittels Werg und eines Leintuches, sowie mit langem Holzschnabel hergestellter Storch, suchen die Bewegungen dieser Tiere nachzuahmen und führen Tänze auf, wofür sie in jedem Hause ein Geschenk erhalten. Eine ganz singuläre Gestalt nahm der Umzug im Entlibuch (Canton Luzern) an. Am Donnerstag Abend in der vorletzten Woche vor Weihnachten sammeln sich die meisten Junggesellen und Jungmänner jeder Pfarre in ihren Dörfern, oft mehr als 100 starke Burschen, und verabreden das Dorf, welches das Ziel ihres Ausflugs werden soll. Mit Kuhglocken und Ziegenschellen, Kesseln und Pfannen, Peitschen und Blechen, Alp- und Waldhörnern bewaffnet, dazu schreiend und brüllend, vollführen sie einen betäubenden Lärm, mit dem sie über Berg und Tal nach dem bestimmten Orte ziehen, wo *in froher Erwartung* die Jünglinge des Dorfes zu ihrem Empfange bereit stehen. In der Mitte des Zuges, oder wol vielmehr an dessen Spitze, befand sich das Posterli, ein mythisches Wesen, welches durch einen Burschen in Gestalt einer alten Hexe, *einer alten Ziege* oder eines Esels, bisweilen durch eine Puppe dargestellt wurde, welche dann auf einem Schlitten mitgefahren und in einer Ecke des fremden Dorfes zurückgelassen wurde.[1] Da dieser Umzug offenbar nur eine eigentümliche Form des Bk. 539—543 erörterten, zur Hervorbringung besseren Gras- und Kornwuchses geübten Berchtenlaufens, da ferner der Empfang im fremden Dorfe ein freudiger war, werden wir in diesem Brauche nicht mit Usener[2] die Austreibung des alten Jahres, sondern den Einzug oder Umzug des Vegetationsdämons erkennen,

1) J. Stalder, Fragmente über Entlebuch. Zürich 1797, I, 101 ff. Vernaleken, Alpensagen S. 346.

2) Usener, Italische Mythen. Rhein. Museum XXX, S. 198.

von dem man durch den Lärm die feindlichen, wachstumhindernden Geister verscheuchen wollte, und den man im Nachbardorfe absetzte, wie bei der Ernte die Kornpuppe beim Nachbar (o. S. 165), weil die Nachbarn eigentlich verpflichtet waren, ihn weiter zu bringen. Der Name Posterli*jagen* für den Brauch und die Darstellung als *alte* Hexe oder *alte* Ziege bleiben bei dieser Auffassung als zufällig oder jüngeres Mißverständniß außer Acht gelassen. Und in der Tat, sobald das Volk den Umzug bei erloschenem Verständniß ins Komische und Schreckhafte umdeutete, lag es nahe, statt der (erwachsenen) Ziege überhaupt eine recht alte und garstige Geiß zu wählen und die Hexe so abschreckend als möglich zu bilden; das Vorangehen im Zuge mußte dann als Gejagtwerden erscheinen. Zu dem Entlibucher Brauch stellt sich die Tiroler Sage, daß zu Kössen sich vor einigen Jahren die eigentliche *Percht* (der Genius der Perchtennacht) am h. Dreikönigsabend unter die Perchtelläufer gemischt habe. Sie gab sich durch einen Riesensprung übers Brunnenhaus zu erkennen, und *man sah ihre Bocksfüfse.*[1]

Viel lebendiger ist die Darstellung des Getreidebócks unter dem Namen *Julbuck* noch in Skandinavien geblieben. Hier hat man noch entschiedene Erinnerungen an die eigentliche Bedeutung desselben bewahrt, indem man noch sehr wol weiß, daß die Julböcke in den Julspielen Darstellungen geisterhafter Wesen seien, welche bald *Jolasveinar* (Weihnachtsbursche), bald *Jolabukkar*, Julebokkar genannt werden.[2] Die Jolesveinar sollen ihren Aufenthalt in Hügeln und Bergen haben und nicht größer als die Zwerge sein (Mo in Helgeland). Gradeso hörte H. Ström im 18. Jahrhundert im Stifte Bergen, die Masken des *Julebuk* und der *Julegjed* seien Nachahmungen der Hügelböcke (o. S. 154). In Mandal (Stift Christiansand) sagt man, *der Julbock halte sich Sommers in den Wäldern auf,* aber jeden Tag kommt er ein Stückchen näher; Weihnachtsvorabend (lille Julaften 23. Dez.) ist er in der Badstube, Weihnachtsabend (24. Dez.) im Stubenwinkel, wo er darauf ausgeht, die Julgrütze zu schmecken

1) Zingerle, Sitten² 129, 1150.

2) Vgl. Aasen, W.-B.: Jolebukk m. og Jolegeit f. Maske eller maskeret Person i Juleleg. Jolesveinar pl. Vætter, som besoege Gaardene i Juletiden; Jolasveinar Hardanger, paa Söndmör Julebokkar.

und die kleinen Kinder fortzunehmen, welche in die Stube kommen. Ist ersteres geschehen, so geht er wieder fort. In Söndmöre nähert sich die Julgeiß (Julgjed; man hört hier selten oder nie Julebukken) *von den Bergen her* langsam dem Gehöft, das sie am Weihnachtsabend erreicht; ihre Gegenwart kündigte sich durch ein eigentümliches Brennen der Lichter an. In Nordmöre heißt es, daß der Julebuk, der im allgemeinen einem Bocke gleiche, um Mitternacht eintreffe, wo er *hinter dem Ofen* (wie ein Hausgeist) Platz nehme. Setzt man ihm dann kein Abendbrod dorthin, so verwüstet er alles in der ganzen Stube. In Mandal glaubt man denn auch nicht vergnügt sein zu können, ohne dem Julbuk eine Schale Julgrütze und eine Schale Julbier hinter den Ofen zu setzen, grade wie sonst dem Tomtegubbe. Vernachlässigt trinkt derselbe die Bierfässer im Keller leer und füllt sie mit Wasser, und in der Speisekammer verzehrt er die Julgrütze (Grebstad). Wer nicht zu Julabend *neue Kleider* bekommt oder irgend etwas *Neues*, wird von den Julesveinar fortgeholt. Dasselbe sagt man von der *Julegjed* am Weihnachtsabend und vom *Nytaarsbuk* (Neujahrsbock) am Neujahrsabend (Saltdalen). In diesen Schilderungen ist der Zug von dem langsamen Herankommen des Dämons und die Forderung, etwas Neues zu bekommen, deutlich einer Personification des Jultages und Neujahrs entlehnt; daß aber in der Tat dennoch der Getreidebock gemeint sei, geht aus der Sitte in Ibestad hervor, *in der Julnacht etwas von Stahl* (Axt, Messer u. dgl.) *in die Scheune zu legen, um den Julbuk und die Julgjed zu verhindern, hineinzukommen und vom Heu zu speisen. Geschehe das, so werde man den ganzen Winter hindurch Futtermangel und Unglück mit dem Vieh haben.* Das nämliche wird vom Getreidedämon ausgesagt, wenn man ihm den geringen Winterunterhalt auf dem Felde zu lassen verabsäumt hat (o. S. 170). Auch in Schonen wußte man im 17. Jahrhundert noch von den geisterhaften Urbildern der Julböcke. Ein Bericht a. d. J. 1730 sagt: „Vor 40 Jahren lagen hier in den Kirchspielen Gessin und Eskilstorp im Oxinhärad die Julspiele dem Volke sehr am Herzen; man pflegte da Julböcke von schrecklichem Ansehn auszurüsten. Da haben ein Ritter und mehrere junge Leute, des Bockes Führer, einen solchen abends in eine Spielstube gebracht. Doch nicht lange hatten sie ihren Spaß mit ihm getrieben, als die Lichter erloschen und man im

Mondschein einen andern, *gröfseren und viel furchtbarern Bock zu sehen bekam, der den Kornschober vor dem Fenster immer auf- und ablief,* ein Anblick, von dem der eine oder der andere der Alten noch jetzt nicht ohne Schauder berichten kann."[1] Das war der wahre Julbock gewesen, der Kornbock im Getreideschober, der die Nachäffung seiner Person übel nahm. Seinem Ursprunge entsprechend war denn der Julbock auch noch vielfach in Kornhalme gekleidet. In Bergslagshärad (Oerebro-Län in Schweden) führte man ehedem [jetzt geschieht es nur noch selten] *den Julbock herum, ganz in Getreidehalme gehüllt, mit den Hörnern eines Bocks oder einer Ziege auf dem Kopf.* Er glich so einem Bock, nur war er beträchtlich größer.

Anderswo aber wird der Julbock meistenteils mittels einer Vorrichtung fast genau so, wie die Habergeiß in Oberdeutschland, der Klapperbock in Usedom u. s. w. dargestellt. Bei den Dänen beschreibt ihn Sorterup[2] „capri Jolenses, qui olim machinâ quadam, capro simili at nolis crepitantibus tonante, sed *clavâ tundente* instructa inter Danos repraesentari soluerunt." In dieser oder einfacherer Gestalt bildet der Julbock (oder die Julziege resp. beide) eine stehende Figur in der zu allerlei lustigem Spiel dienenden Festversammlung zu Weihnachten, der sogenannten Weihnachtstube (Julestue), von der wir durch L. Holbergs lebendige Schilderung in seinem 1724 zuerst aufgeführten einaktigen Lustspiel „Julestue"[3] eine anschauliche Vorstellung zu gewinnen in Stand gesetzt sind. Der alte grämliche Hausherr Hieronymus will am Weihnachtsabend nichts von einer Julstube wissen und ohrfeigt den Knecht, der bereits als *Julbock* vermummt im Hause umherläuft. Die ganze Familie ist höchst betrübt; bei der Bescherung erlaubt er auf Bitten der Kinder die Julstube dennoch. Die Nachbarn kommen, man beginnt Pfänderspiele, der Knecht tritt als Julbischof auf, endlich spielt man Blindekuh u. s. w. Der Ausputz dieses dänischen *Julebuk* (resp. der Julegjed d. i. Julgeiß, wo sie auftrat) bestand darin, daß ein junger Bursch

1) Dybeck, Runa 1844, S. 64.

2) Prodromus calendarii ethnici medii aevi (Msc.) ap. Finn Magnussen, Lex. myth. 643.

3) L. Holbergs, Udvalgte Skrifter udgivne ved Rahbeck Bd. II, 157—192. VI, 322—363.

(Mädchen), in ein zottiges Fell oder weißes Laken gehüllt und mit zwei Hörnern an der Stirn versehen, die Stimme des Bocks nachahmte und durch seine Sprünge und Narrenstreiche die Gesellschaft belustigte. Besonders fuhr der Julbock über *die Dirnen und Kinder her,* um sie zu erschrecken oder zu stoßen, *oft hatte er auch eine lange Rute und geifselte sie damit;* der dabei gesungene Spielreim ist nicht erhalten.[1] Eine eigentümliche Form der Sitte schildert Finn Magnussen, Eddalœre III, 328. Man *schwärzte* einem Burschen das Gesicht (Bk. a. v. O.), band ihn in ein Laken ein, gab ihm einen Schwanz und einen mit *brennenden Lichtern* besetzten Stock in den Mund. In der Julstube ringsum laufend erhielt er Äpfel und Nüsse.

In Norwegen spielt man Weihnachtsabend Julbock (agjeres Julebuk). Dies geschieht in Mandal derart, daß jemand sich eine Stange verschafft, so lang als er selbst, sich dann eine bewegliche Kinnlade verfertigt, rot färbt und oben an der Stange befestigt, die vorne mit einer Gabel, hinten mit einem Schwanze versehen wird. Er setzt sich in reitender Stellung darauf, und über das Ganze werden Tierfelle gespannt. Er paßt es gerne ab, grade dann anzukommen, wenn die Julgrütze auf dem Tische steht. Es gehört dazu, den „Julbock“ mit Schnaps, Julbier und einigen Löffeln Grütze zu traktieren. In Ibestad war der Darsteller des Julebuk in ein Fell gewickelt und hatte einen mit großen Zähnen besetzten adlermäßigen Schnabel, auf den große Augen und bunte Streifen und Büsche gemalt waren, damit es recht prächtig aussehen sollte. Er ging in gebückter Stellung über die Diele, schielte nach allen Seiten hin, und es sah aus, als wolle er mit seinem Schnabel die Umstehenden hauen. Hier begegnen wir wieder einer Art Vogelgestalt. Aus einem Dorfe bei Mandal ist noch eine andere Art der Darstellung des Julbocks bezeugt. Man verfertigte aus einem Baumstock das Bild eines Bockes, welches die Jugend in der Weihnachtsnacht vor *dem einen* oder vor dem anderen Hause aufstellte, so daß es das erste war, was dessen Einwohner am Weihnachtsmorgen zu Gesicht bekamen. Siehe da, ein Seitenstück zur Aufstellung der den Korndämon darstellenden Puppe vor dem Hause (o. S. 169)!

1) Vgl. die wertvollen Mitteilungen von H. Handelmann, Weihnachten in Schleswigholstein. Kiel 1866. S. 67—76.

Und auf einem Hofe, Annex zu Mandal, war es gebräuchlich, zu Weihnachten *einen Julebuk auf Papier zu zeichnen*, der einen Reiter und sein Roß angreift, und dieses Bild während der Julspiele an die Wand zu hängen, wo es zwanzig Tage lang verblieb.[1] Wieder ein Beweis, daß man sich bewußt war, die Julbukmaske stelle ein geisterhaftes Wesen dar, dessen Gegenwart man durch die Abbildung während der ganzen Festzeit sich zu veranschaulichen suchte.

Aus Schweden vermag ich ziemlich ausführliche Nachrichten mitzuteilen, welche die Identität der Maske des Julbocks mit derjenigen des Klapperbocks und der Habergeiß außer Frage stellen. E. M. Arndt beschreibt sie nach eigener Anschauung so: „Junge Leute oder Knechte zogen sich das Fell eines Bockes an und setzten sich seine Hörner auf, und so fuhren sie über die jungen Dirnen und Knaben her; um sie zu erschrecken, auch wol *mit Ruten zu geifseln* und mit den fürchterlichen Hörnern zu stoßen.“[2] In Westerbottn stellt man den Julbock dar, indem man einen beim Teerschwälen gebrauchten Quirl an das Ende eines Felles bindet, so daß die rohe Gestalt eines Hauptes herauskommt. Im Kreuz befestigt man eine andere Ecke des Felles an eine Ofengabel vermittelst einer an ihr festgemachten Gerte. Auf die Ofengabel, dieselbe mit einer Hand festhaltend, steigt rittlings ein Bursche, der mit der andern Hand den Teerquast mit dem Fellhaupt hält und nun mit dem übrigen Teile des Felles ganz verhüllt wird. So ausgerüstet wandert der Julbock in der Gesellschaft herum, und von seiner Geschicklichkeit die Maske zu bewegen hängt das Ergötzen der Zuschauer ab.[3] Auch bei den Inselschweden an der russischen Ostseeküste (Dagö, Nuckö) verkleiden sich die jungen Kerle als Julbock, indem sie sich von Stroh zwei Hörner und einen langen Schwanz verfertigen und eine Decke über den Kopf ziehen, kommen brummend in das Zimmer, ergreifen einige Kinder, schleppen sie ins Vorhaus

---

1) Diese Notiz, wie einen Teil der übrigen Nachrichten über den norwegischen Julbock, entnehme ich der handschriftlichen Sammlung des verstorbenen Lehrers Storaker zu Mandal auf der Universitätsbibliothek zu Christiania.

2) E. M. Arndt, Aus Schweden 1818, S. 367.

3) Dybeck, Runa 1844, S. 119.

und lassen sie nach einiger ausgestandener Angst wieder frei.[1] Von den Schweden ist die Sitte zu den Esten übergegangen. Auf der Insel Ösel nehmen die jungen Kerle am Weihnachtsabend ein Krummholz, binden an das eine Ende einen Badequast, an das andere Ende einen *Bockkopf* fest, hängen es an einer Schnur so über die Schultern, daß sie rittlings darauf sitzen, und hüllen sich selbst in einen umgekehrten Pelz ein. Diese Vermummung heißt *Joulosak* (*Weihnachtsbock*). So gehen sie in die Gesinde (*Bauerhöfe*), *wo junge Mädchen sind, treiben mit ihnen allerhand Scherze*, werden aber auch oft genug recht arg von denselben mitgenommen. Besonders lustig ist es, wenn sich in einem Gesinde mehrere Böcke begegnen.[2] Auf der Insel Dagden macht ebenfalls ein in allerlei Kleider vermummter, auf einem Krummholz rittlings sitzender Mensch den Weihnachtsbock (Joulopuk).[3] In Willstad wickelt man am Weihnachtsabend nach dem Abendbrod, während der sogenannte Engeltanz (ängladansen) aufgeführt wird, *um eine gute Flachsernte zu erzielen*, einige *Halme* des während der Feiertage den Fußboden bedeckenden langen *Weizen- oder Roggenstrohs* (*Julstrohs*) zusammen und verfertigt daraus *die Gestalt eines Bockes*, den man mitten unter die Tanzenden wirft, indem man ihnen zuruft, sie *sollten den Julbock fassen* (sägande, at de skulle taga julabocken). In Dalarne hat man denselben Brauch, sagt aber statt Julbock *julgumse* (Julwidder).[4] Das gleicht sich wieder genau den Ernte- und Dreschersitten, wobei man auffordert, das Getreidetier zu haschen, oder eine dasselbe darstellende Kornpuppe dem Nachbar in die Scheune zu werfen mit den Worten „da habt ihr den Wolf, Bock u. s. w.“ In Upland (Langtora Säteri) verfertigt man aus den Halmen des Weihnachtstrohs *Bocksfiguren mit Hörnern und Füßen* zum Spielzeug für die Kinder.

Eine eigentümliche Wendung nimmt der Brauch im südlichen Schweden (Schonen, Blekingen, Öland u. s. w.). Der von zwei Führern in der Gesellschaft rings umhergeleitete Bock wird *erschlagen* und *lebt wieder auf* unter dem Gesange eines Liedes,

1) Rußwurm, Eibofolke II, 96. § 296.

2) Holzmayer, Osiliana. Verhandl. der estnischen Gesellschaft zu Dorpat. 1872. S. 56.

3) Ebds. S. 114.

4) Hyltén-Cavallius, Wärend och Wirdarne II, LIV. Tilläg § 124.

dessen Text von Strophe zu Strophe die einzelnen Akte der Handlung mit einem Commentar begleitet. Die in Blekingen gebräuchliche Version erzählt, die Führer hätten den Bock auf der Höhe der hohen Bergwand getroffen, da stand er so böse und schüttelte seinen Bart. Weil er Brod fraß (?), legten sie auf ihn einen *roten Mantel*. Einer drohte, *der andere schlug ihn, der Bock fiel nieder zur Erde.* Sie legten auf den Bock einen blauen Mantel, weil das Tier grau war, sie legten auf ihn einen weißen Mantel, *weil der Bock Leiche war.* Sie legten auf ihn einen gelben Mantel, weil die Weihnacht kommen sollte. Doch ehe er in Salz gelegt wurde, *sprang der Bock auf und schüttelte seinen Bart, und er schlägt* sein Haupt durch die fünfte Mauer. Bei den letzten Worten des Liedes erhebt sich der todte Bock vom Boden und erzeugt durch Sprung und Anprall großen Wirrwarr und Jubel unter den Versammelten.[1] Der Öländische Text des Liedes läßt die den Julbock begleitenden zwei Bauern, Vater und Sohn, ein Lied anstimmen, wie das Boot gebaut wird, wie sie das Vieh auf die Weide treiben, wie sie den Bock (auf der Gebirgswiese) aufspüren und erlegen. *Dabei feuert der Sohn die Pistole* ab und ruft: paff! Der Julbock fällt wie todt nieder. Dann geht das Lied weiter, wie der Bock eingehüllt und nach Hause gebracht wird, *dort aber wieder auflebt.* Der Refrain ist: „So laden sie den Bock ins Boot.“ Beim letzten Verse springt der Julbock wieder auf und beginnt umherzutoben.[2] Es scheint ursprünglich das Wiederaufleben des in der Ernte getödteten Vegetationsbockes oder des gestorbenen Jahresbockes gemeint gewesen zu sein. Um das Wiederaufleben zu veranschaulichen, mußte vorher die Tödtung dargestellt werden. Auf den gleichen Gedankenkreis leiten auch noch andere Stücke des Weihnachtsbrauches. So jene aus dem *Julstroh* gefertigten Bocksfiguren, insofern das Julstroh im Frühjahr auf die Äcker gestreut der Saat Gedeihen, um die Obstbäume gebunden denselben große Tragfähigkeit geben soll. Außerdem backt man zu Weihnachten in Dänemark und Schweden Weihnachtstollen aus feinem Mehl, welche den Namen *Julbock*, *Julgumse* (Julwidder) oder *Julgalt* (Juleber) führen und entweder die Gestalt des entsprechenden

1) Dybeck, Runa 1844, S. 119.
2) Arvidson, Svenska Fornsångor III, 525.

Tieres haben oder ein Abbild desselben auf ihrer Oberfläche tragen. *Dazu wird mehrfach das Korn der letzten Garbe verwandt.* Der Kuchen steht, mit Schinken, Butter, Käse, Bier und Branntwein auf den Tisch gesetzt, daselbst bis St. Knut. Häufig wird er, *bis zur Säezeit aufbewahrt, teils unter das auszustreuende Saatkorn gemengt, teils genossen und den Pflugochsen zum Essen gegeben*[1] *in Hoffnung einer glücklichen Ernte* und persönlichen besseren Wolseins und Gedeihens. Der dieser Sitte zu Grunde liegende Gedanke ist ja augenscheinlich der, daß mit den aufsprossenden Getreidepflänzchen der neuen Aussaat der Kornbock wieder ersteht. Da nun der Julbuk-Kuchen offenbar nicht von der Julbuk-Maske getrennt werden darf, haben wir in demselben einen neuen Beweis dafür, daß die Julböcke und ihre deutschen Verwandten Klapperbock und Habergeiß in der Tat — wie wir aus verschiedenen gewichtigen Gründen schließen zu müssen glaubten — Getreidedämonen darstellten.

Von diesem Ergebniß aus fällt erwünschtes Licht auf mehrere verdunkelte Stücke des ganzen Brauches. Zunächst nämlich ist deutlich, daß der Umgang der Julböcke von Haus zu Haus und in die Stuben hinein ursprünglich kein bloßer Spaß war, daß er einen ernsten religiösen Zweck verfolgte; mithin muß er den Vegetationsbock nicht als furchtbares, im Zorne schadendes Ungeheuer, sondern als segnenden, den Menschen und den Tieren Gedeihen, Wachstum, Vermehrung verleihenden Dämon zur Zeit seiner Wiedereinkehr ins Land mit der Wintersonnenwende gemeint und gefeiert haben. Hierauf aber weist noch weiter sehr deutlich der Zug, *daſs das Mädchen heiraten soll, wenn sie zuerst den in Ziegenfell gehüllten Umgänger hört*, und daß der Julbock in Schweden sich vorzugsweise *an junge Mädchen wendet* und mit ihnen Scherz treibt. Mit den hier zu Grunde liegenden Ideen hängt es nämlich höchst wahrscheinlich zusammen, daß auch auf *Hochzeiten* (Bulkesch in Siebenbürgen) ein Geißtanz aufgeführt wird, wobei ein *als Geiſsbock ausgekleideter, mit einem Plumpsack versehener Vortänzer* allerlei Sprünge und Bewegungen

---

1) Mündl. — Arndt, Erinnerungen a. Schweden S. 365. Über die dänische Sitte vgl. Finn Magnussen, Lex. myth. p. 779: Julegalt sive aper Jolensis vel etiam caper Jolensis, dictus Julbocken, qui panes deinde ad sementis tempus servati tunc ab operariis et equis religiose consumi debuerunt.

vormacht, welche seine Gespielen genau nachahmen müssen, wenn sie nicht seinen Plumpsack fühlen sollen.[1] Verschiedene tatsächliche Beobachtungen über die Rolle des Plumpsacks im Kinderspiel, welche an dieser Stelle zu erörtern zu weit führen würde, nötigen mir die Vermutung ab, daß dieser Plumpsack *an die Stelle jener Rute* (Lebensrute) getreten sein möge, welche wir gewöhnlich in der Hand des Knechts Ruprecht, Niklas u. s. w. (o. S. 184), mehrfach in der Hand des *Julbocks* antreffen.

Wie ganz unwillkürlich und aus sich heraus die Gestalt des Getreidebocks zur dramatischen Darstellung hindrängte, geht auch daraus hervor, daß dieselbe in mancherlei Kinderspiele Eingang fand. Zu Ichtershausen bei Gotha erzählten alte Leute von 70 Jahren aus ihrer Jugend von einem Spiele *„der Kornbock,“ bei dem sich Kinder in Stroh einhüllten.* Im Gerichtsamt Plauen (Kr.-Dir. Zwickau) ist im Reigen „kling, klang, kloria!“[2] das „Königstöchterlein“ durch den Kornbock ersetzt. Ein Mädchen setzt sich. Ihren Oberrock halten die übrigen Mitspieler, einen Kreis bildend, mit ihren zwei Händen fest. Ein Kind geht ringsumher und singt:

Ringel, ringel dorne.
Wer sitzt in diesem Korne?
Das kleine Kornböckelein,
Man kann es kaum ersehen.

Ist das Lied zu Ende, so schlägt der Umgehende dem zunächststehenden Kinde eine Hand vom Rocke ab. Sind alle Hände frei, so muß der Kornbock aufspringen, um von den Übrigen nicht gehascht zu werden. Auch in einem sonst ganz anders lautenden Abzählreim[3] treffen wir in Steiermark den *Haberbock* wieder:

1. 2. 3
pipa papa pei,
pipa papa Haberkorn!
Zehn Kinder sind geborn.
Liegt der Fisch
Auf dem Tisch,
Kommt der Katz und frißt den Fisch.
Hasel nudel Schock,
Komm' heraus Haberbock!

1) J. Haltrich, Zur deutschen Tiersage. Kronstadt 1855. S. 8. Anm. 13.
2) S. Mannhardt, Germ. Myth. S. 492. 504.
3) Mannhardt in der Zs. f. D. Myth. IV, 438.

Derjenige, auf den die letzte Silbe trifft, ist *Haberbock* und muß die andern haschen.

§ 13. **Die wilden Leute der griechisch-römischen Sage. Schlufsbetrachtungen.** Wenn vorstehende Untersuchungen ein stichhaltiges Ergebniß lieferten, so waren die bocksgestaltigen Geister der antiken Welt, Pane, Satyrn, Faune unseren Waldgeistern und wilden Leuten, die im Winde ihr Leben äußern, identisch, und da diese von den bocksgestaltigen Korndämonen nicht zu trennen sind, in weiterem Sinne auch den letzteren. *Sie sind Dämonen des Wachstums, welche wie ihre nordischen Verwandten z. T. in Feldgeister übergehen.* Wir vermögen dieses Resultat in Bezug auf die Faune und Satyrn noch durch einen neuen Umstand zu festigen. Wir sahen o. S. 117, daß dem Faunus zwei Feste (eines im *Februar*, das andere im *Dezember*) gefeiert wurden; bei dem ersteren fand eine Begehung statt, deren Teilnehmer, die Luperci, vermutlich Faune darstellten, gradeso wie Satyrmasken an den Dionysosfesten auftraten. Zu Athen erhielten noch in später historischer Zeit die im *Poseideon* (*Dezember*) begangenen ländlichen oder kleinen Dionysien und Lenäen und die im Elaphebolion (*März*) gefeierten großen Dionysien in vielfach gewandelter Form die Erinnerung an ein Winterfest und ein Frühlingsfest des Vegetationsgottes Dionysos fest, bei welchen unzweifelhaft einst ebenso, wie bei dem Erntefest der Weinlese, die Satyrn als Masken der Pompe eine Rolle spielten. Denn offenbar dieser Umstand war die Veranlassung, daß man auch die ausgebildeten theatralischen Vorstellungen der Tragödie u. s. w. auf diese Feste verlegte. Wir werden mit großer Wahrscheinlichkeit vermuten dürfen, daß besonders in der Jahreszeit, wann die Sonne wiederkehrt, um die Wintersonnenwende und Frühjahr (Februar, März, Fastnacht) die antiken, wie die nordeuropäischen Vegetationsdämonen gegenwärtig gedacht und festlich gefeiert wurden. Unsere Untersuchungen haben schon dargetan und werden es noch weiter dartun, daß *κατ' ἐξοχὴν* die Vegetationsdämonen die ausgesprochene Tendenz zeigen, in lebendiger dramatischer Darstellung dem nach Berührung des Göttlichen sehnsüchtigen Volke vergegenwärtigt zu werden. (Vgl. Pfingstquak, Maikönig, Wilde Mann Bk. Kap. IV; Erntebock, Roggenwolf, Halmstier, Kornkater, Erbsenbär u. s. w.) Schon auf dem Erntefelde beginnt in Nordeuropa diese Darstellung, sie setzt sich *freier geworden* im Weihnachtsumgange fort. So wird es erklärlich, wie die Alten dazu kamen, ihre Satyrn als dramatische Figuren zunächst des Erntebrauchs, sodann des Mittwinter- und Frühlingsfestes im Gefolge des der Vegetation vorstehenden Gottes Dionysos zu schaffen, und zugleich wird es deutlich, daß unsere *Habergeifse, Klapperböcke und Julböcke die lebendigen Gegenbilder, aus gleicher Wurzel hervorgewachsenen Seitenstücke zu den halb bocksgestaltigen Gesellen bilden, deren Gesange die Tragödie ihren ersten Ursprung und Namen verdankt.* Ob und inwiefern diese Wahrnehmung auch der Ästhetik von Nutzen sein und dazu dienen könne, ein tieferes Verständniß der Grundlagen des dramatischen Kunstwerks zu gewinnen, diese Frage zu erörtern muß einer anderen Gelegenheit vorbehalten bleiben. Beachten wir, daß in Skandinavien die dramatische Darstellung der Vegetations*böcke* zur Mittwinterzeit im Kampf um das Dasein allein den Platz behauptet hat [woneben nur in schwachen Spuren noch die Julsveinar, Julbagge (Julwidder), Julgalt (Juleber) bemerkbar sind], während sie in Deutschland zwar mit Schimmelreiter, Erbsenbär, Knecht Ruprecht die Bühne teilen, aber die Repräsentation anderer Korndämonen (z. B. des Kornkaters, Kornstiers, Roggenwolfs) bei gleicher Gelegenheit bis auf ganz vereinzelte Fälle zurückgedrängt haben: so wird durch diese Analogie vollkommen ersichtlich, wie es möglich war, daß auch in Griechenland Pane und Satyrn auf den ersten Blick scheinbar eine so vereinzelte Stellung einnehmen.

Doch ist diese Isolierung wirklich nur scheinbar. Wir wiesen ja nach, daß die halbroßgestaltigen Kentauren, vielleicht auch die Kyklopen, mit Satyrn und Panen in eine Reihe gehören. Zwar nur geringe Spuren waren es, welche bei ihnen auf einen Zusammenhang mit der Vegetation hindeuteten (o. S. 48. 98); vielmehr drängt sich die Beziehung zu Wind und Wetter so in den Vordergrund, daß man sie gradezu als Personificationen von Wirbelwinden und Stürmen aufzufassen versucht sein könnte. Allein diese Tatsache steht in keinem Widerspruch zu unserer Behauptung. Kein Stück im ganzen Kreise unserer Untersuchungen ist sicherer begründet, als dieses, daß sowol die *Baumgeister* und *Waldgeister* (Bk. 42. 43. 149 ff.), als auch die *Korndämonen* im Wetter und vorzüglich im Windwirbel ihr Leben äußern. Der vom Donner verfolgte Wirbelwind ist zugleich Baumelf (Bk. 68, vgl. o. S. 102). Und auch bei den Korndämonen tritt die Windnatur oft so stark hervor, daß sie auf den ersten Augenblick die Hauptsache, der Grundbegriff zu sein scheinen kann, wie denn in der Tat der Roggenwolf zuerst von diesem Gesichtspunkte aus von mir behandelt wurde. Dieses mythische Tier, welches in der letzten Garbe drin sitzt, beim Schneiden oder Dreschen aus derselben hervorspringt, also Genius des Kornes ist,[1] läßt in den Redensarten *„he rårt (brüllt) as en Roggenwulf, he fritt as'n Roggenwulf"* und in einem von Windstille handelnden Kinderspiel[2] gradezu nur seine andere Eigenschaft als Sturmgeist blicken. Ebenso ist das im Winde umgehende, wie im Halme drin sitzende Roggenschwein von der Windsau auf keine Weise zu trennen. Wer aber nur die Sagen von dem im Wirbelwinde fahrenden Teufel, dem Sauschwanz, Sûstêrt (Sausteiß) Windsau, Duivels zwijntje kennt, gewinnt keine Ahnung von diesem Zusammenhang. Die Kornmutter, welche in den Windtromben daherfährt, sieht der fahrenden Mutter und der von dem wilden Jäger gejagten Frau zum Verwechseln ähnlich; diese verraten durch nichts, daß sie mehr als reine Windwesen seien. Der Volksglaube, so werden wir sagen dürfen, stellt eine enge Verbindung des Pflanzengenius und des Windgeistes zu einer Persönlichkeit her, in der bald die eine; bald die andere Wesensseite deutlicher hervortritt. Daneben bemerken wir auch Pflanzendämonen und Windgeister, in welchen je einer der beiden Faktoren jenes Produktes noch unverbunden verharrte, oder wieder aus der Verbindung herausgelöst ist; im letzteren Falle zuweilen nicht ohne irgend ein Stückchen oder Merkmal der einstigen Vereinigung mitzuführen und an sich zu tragen. So darf es uns nicht Wunder nehmen, daß bei den Kentauren das vegetative Element gegen das meteorische fast ganz zurücktritt, und daß sie mit Geistern in Verbindung stehen (Lapithen), welche (wie die Harpyien) nur im Winde ihre Wirksamkeit entfalten.

Die Mythologie kennt theriomorphische Wesen verschiedener Art und verschiedenen Ursprungs. Ein Grundfehler bei Gubernatis ist es, sie allzuausschliefslich als Sonnenapotypome gefaßt zu haben. Sichere Beispiele einer Verbildlichung der Sonne in

1) Mannhardt, Roggenwolf[2] S. 33 ff.

2) Roggenwolf[2] S. 16—19. 44.

Tiergestalt sind aber z. B. das Sonnenroß,[1] der Sonnenwidder,[2] der Sonnenhirsch (Solarhjörtr), Sonnenschwan, auch wol der goldborstige Eber Freys. Wolkenrinder sind nicht bloß den Indern eigen, sondern auch in deutschem Volksglauben nachweisbar.[3] Die Sonnenrosse (Alsvîdr und Ârvakr) laufen in germanischer Mythe ebenso neben der Auffassung des Windes als Pferd einher, wie die Rosse des Helios neben der roßgestaltigen Harpyie (o. S. 92) in griechischer Sage; ein drittes roßgestaltiges Naturbild ist die Personification der Wogen fließender Gewässer als Rosse, wenn der Nix als Roß aus den Fluten steigt, oder in Schweden von vielen Wasserrossen (Vatnhestar)[4] die Rede ist. Neben der Wolke als Kuh, der Verbildlichung des Tages oder der Sonne als weiße oder bunte Kuh,[5] werden auch Wasserwellen mythisch als *Rinder* (waterbulls) appercipiert,[6] was genau der Stierbildung der Flüsse bei den Griechen entspricht.[7] Auf die Verbildlichung des Mondes sei an diesem Orte nicht eingegangen, noch weniger auf die Veranschaulichung geistiger Begriffe, wie Stärke, Klugheit u. s. w. durch Tiergestalten.[8] Wenn somit aus sehr verschiedenen Anlässen Theriomorphosen, die in der Mythologie eine Rolle spielen,[9] entsprungen sind, so haben doch kaum irgendwelche andere theriomorphische Bildungen eine gleiche

---

1) S. Mannhardt, Lettische Sonnenmythen in Bastians Zs. f. Ethnologie und Anthropologie VII, 1875, S. 93—96.

2) Ebds. S. 243 ff. 310.

3) Mannhardt, Götterwelt S. 89. German. Myth. 4 ff. Die an diesen beiden Orten beigebrachten, nur teilweise zutreffenden Nachweise ergänzen folgende unmittelbare Zeugnisse. Zu Derenburg (Kr. Halberstadt) heißt ein leichtes flockiges Gewölk Lämmergewölk; haben die Wolkenteile größere Ausdehnung, so spricht man von Himmelskühen. Um Kremsmünster (Österreich) hört man statt Lämmchen Kuh: „die Küh' stehn als still", d. i. die Wolken bewegen sich nicht. Regenwolken = Ochsen (Rakow Kr. Grimmen Rgbz. Stralsund). Leichte Wolken Schafe, dunklere Kühe, ganz dunkle Ochsen oder Bullkater (Görslow Amt Schwerin).

4) Hyltén-Cavallius, Wärend och Wirdarne I, S. 424 ff.

5) Lettische Sonnenmyth. S. 308. Daher wol die westpreußische Redensart „Weiß Gott und die bunte Kuh", d. i. „Weiß Gott und die allsehende Sonne, der allsehende Tag.

6) Mannhardt, Germ. Myth. 7 ff.

7) Preller, Griech. Myth.[3] I, 448. 449.

8) Vgl. Mannhardt, Götterwelt S. 17.

9) Ebds.

Aktivität im Volksglauben und Volksbrauch aufzuweisen, wie die derartigen Personificationen der Wind- und Wettererscheinungen und des Pflanzengeistes. Der strenge Parallelismus und die enge Verbindung beider legt nun den Gedanken nahe, daß beide einen gleichen Ursprung haben. Es kann die Frage entstehen, ob nicht der Glaube an die Tiergestalt zunächst an und aus gewissen Erscheinungsformen des Windes, zumal des Wirbelwindes (schneller Lauf, wiehernder Laut der Trombe = Pferd, Heulen, Bellen des Windes = Hund, springende Bewegung, meckernder Laut = Ziege, erdaufwühlende Gewalt = Schwein u. s. w.) sich entwickelte, bei der Verbindung mit den Pflanzengeistern das Produkt mit übernommen wurde, und bei abermaliger Trennung der Elemente, wo eine solche geschah, als Rest der Vereinigung an den Baum- und Korndämonen haften blieb. Doch ist das vorläufig nur ein Gedanke, dessen Beweis oder Widerlegung im jetzigen Augenblicke mir noch verfrüht erscheint.

Mit größerer Zuversicht darf ich als Frucht unserer Untersuchungen den Satz aussprechen und für bewiesen erachten, *die Dryaden, Nymphen, Nereiden, Kentauren, Satyrn, Pane, Seilene, Faune der Alten sind unsere Elbe.* Von Windgeistern durch Baum-, Wald- und Korngeister führt eine zusammenhangende Kette von Übergängen zu Berg- und Feldgeistern, Kobolden, Zwergen und Mahrten. Mit unsern Waldgeistern und wilden Männern sind die Pane, Faune, Kentauren und ihre Sippschaft ebenso eins, wie die Baumgeister mit den Dryaden; und von letzteren leitet eine ganz ähnliche Reihe zu den Nymphen und neugriechischen Neraiden, deren Umfahrt im Wirbelwinde (o. S. 37. 38) wieder an die Windgeister, an Skogsnufvar und an Kentauren anschließt. Wer erwägt, daß auf griechischer Seite das Material der alten Volkssage nur in lückenhaften Bruchstücken erhalten blieb, während die Mittelglieder verloren gingen, und wer zugleich die notwendige Verschiedenheit der individuellen Ausgestaltung gleicher Grundgestaltungen in Anschlag bringt, wird die Übereinstimmung mit dem nordeuropäischen Elfenglauben überraschend groß finden.

Wie unsere Wald- und Korngeister auf der einen Seite mit den Windgeistern in engster Verbindung stehen, nach einer zweiten hin in Kobolde und Zwerge sich verlieren, erweitern sie sich nach einer dritten Richtung zu Dämonen der von den Phasen des

Jahreslaufs bedingten Vegetation überhaupt und nehmen als solche häufig das Aussehen von Personificationen der Jahreszeit oder bezeichnender Abschnitte oder Momente derselben an. In diesem Falle stoßen oder rinnen sie zuweilen sogar mit ähnlichen Naturbildern des Wassers oder der Sonne zusammen. Man sehe später, was von uns bei anderer Gelegenheit über die schwedische Kornsau, die Gloso, und Freys goldborstigen Eber, sowie das zu Weihnachten oder Neujahr im Traum erscheinende *goldene Schweinchen* vorgetragen werden wird. Der Mythus vom Raube und nachherigen Verschwinden der elbischen Braut ist in altgriechischer Sage (Thetis) an ein Wasserwesen, im Norden vielfach an Waldfrauen, aber auch an die Valkyren geknüpft, als deren letzte, wenn auch tief zurückliegende Naturgrundlage man vielleicht einige Ursache hat die Sonne anzusehen.[1] Ebenso haftet die Erzählung von Selbgetan, Utis gleichmäßig an Kyklopen, wilden Weibern, Nixen (o. S. 106. 150. Bk. 94). Mehrere Züge unserer Waldgeister- und Zwergsagen, z. B. die aus dem Acker oder See emporsteigenden Kuchen, sowie von den durch die Zwerge während der Nacht geschmiedeten Schüsseln und Waffen wird man vielleicht anders, als ich es Bk. S. 80 getan habe, aus der Sonnenmythologie deuten müssen.[2] Auch einige der Vorstellungen, die in der *Legende* des Stephanstages ausgeprägt sind, ergeben sich sicher als Sonnenmythen,[3] während die *Gebräuche* dieses Tages Zusammenhang mit den dem Gedankenkreise der Vegetationsdämonen angehörigen Frühlings- und Erntegebräuchen zeigen (Bk. 403). Unter den Elben giebt sich eine ganze Klasse, diejenige der Lichtelfen (Liósálfar) als Personificationen von Lichterscheinungen zu erkennen. Ist aus diesen Tatsachen irgend ein Gegenbeweis gegen unsere bisher vorgetragenen Theorien abzuleiten? Mit nichten, *sondern nur dies werden wir daraus zu folgern haben, dafs die Wind- und Pflanzengeister keinesweges allein und isoliert als constante, starr gewordene Arten dastanden und dastehen, sondern als halbflüssige Gebilde inmitten eines lebendigen Kreises aus heterogenen Anlässen auf ähnliche Weise vollzogener mythischer Apperceptionen, welche fortwährend auf*

1) Mannhardt, Lett. Sonnenmythen S. 320.

2) Ebds. S. 101. 102. 321.

3) Ebds. S. 95.

einander einwirkten, sich gegenseitig anzogen oder abstiefsen, einem mannigfachen Assimilierungs- oder Mischungsprozesse unterlagen, oder zu Neubildungen und Umbildungen nach Analogie vorhandener, Macht gewinnender Vorstellungen Veranlassung gaben. Es ist für den Forscher schwer, in vielen Fällen unmöglich, die einzelnen Elemente reinlich zu sondern, weil die Wirklichkeit eben in einem Ineinanderrinnen des ursprünglich Verschiedenen ihr Bestehen hat.

Dies zeigt sich natürlich noch auffälliger, wo einzelne mythische Volkssagen durch freie Dichtung zu längeren epischen Sagenreihen mit einander verbunden und verschmolzen werden. Wenn irgend eine der von mir vorgetragenen Vergleichungen, scheint mir die o. S. 90 ff. gegebene Deutung der Phineussage in ihrer ältesten Gestalt auf das großartige Naturphänomen des Gewittersturms gesichert. Diese Sage muß längere Zeit für sich bestanden haben, ehe die Boreaden und mit ihnen Phineus und die Harpyien einerseits in die Argonautensage hineingezogen und verflochten wurden, deren Grundstock sich allem Anscheine nach aus dem Zusammenfluß mehrerer auf das Leben der *Sonne* bezüglicher poetischer Bilder kristallisierte,[1] und ehe andererseits der Name der Boreaden die Attraction der verwandten attischen Sage von Boreas und Oreithyia veranlaßte. Denn ursprünglich war *Ζήτης*, dor. *Ζάταςͅ*, der *Sturmwind* (Contraction von *Ζα-ήτης*, *Ζαάτας*, d. i. *δια-άήτης*. Vgl. *ἀήτης* Il. XIV, 254. *ζάει πνεῖ Κύπριοι.* Curtius, Gr. E.[2] 544) sicherlich *Ζήτης Βορεάδης*, d. i. *ἀήτης βορέω* genannt ohne Beziehung auf die Erzählung, daß der Nordwind vom Ilissosufer die *Oreithyia „die auf den Bergen Daherbrausende“*[2] entführte. Es war dies offenbar eine gleichbedeutende Variante der Mythe von Verfolgung der *fahrenden Frau*, der Harpyie u. s. w. durch den Sturmgott; wobei wir den Übergang dieses Wirbelwindwesens in eine echte Berg- und Waldnymphe (Oreade, Orestiade o. S. 33) genau ebenso beobachten können, wie beispielsweise bei den weißen Weibern (Bk. 122 ff.). Erst später können *Ζήτης* und sein Bruder Kalais[3] genealogisch

1) S. m. Aufsatz „Lettische Sonnenmythen“ in Bastian-Hartmanns Zeitschrift f. Ethnologie VII, 1875, S. 281 ff.

2) Vgl. *ἄνεμος σὺν λαίλαπι θύων.* Od. XII, 400. *ἀνέμων θύουσιν ἀῆται* Hes. O. e. D. 519, *θύ-ελλα, ἀνέμοιο θύελλα.*

3) Diesen wie *Ἀριστaΐς, Εἰρηναΐς, Ἑστιαΐς* gebildeten Kosenamen wage ich nicht zu erklären.

zu Söhnen dieses Paares gemacht sein. — Auch der Thetissage liegt eine Volksüberlieferung von schlichtester Form zu Grunde, wie ein Held die *Wassermuhme* raubte (o. S. 60 ff.): Thetis, *Θέτις*, *ΘΗΤΙΣ*, [nach dem von Fick (Bildung der griech. Personenn. S. LVI) vorgetragenen Gesetze vielleicht abgekürzt aus *ΚΥΜΟ-θέτις*, *Ἁλοθέτις* oder *ʽΥΔΑΤΟ-θέτις* [1]] bewahrt die ältere Form des durch Aspiration später gemodelten Wortes *τηθίς*, *Muhme*, *Tante*; lit. dė́dė, Muhme, Tante; vgl. *θεῖος*, Oheim; lit. dė́das Oheim (cf. Curtius, Gr. Etym.[2] 229. Lobeck, Ad Phryn. p. 1). Hier, wie beim Boreaden *Ζήτης*, steht die Bezeichnung des göttlichen Wesens noch ganz auf appellativer Stufe. Von der Wärme des Herzens eingegeben, war *θέτις* zutraulicher Ehrenname, ganz genau dem deutschen *Muome*, muomila, *Watermöme*, Wassermuhme für die weiblichen Elementargeister des Wassers,[2] und *Kornmuhme*, *Roggenmuhme* für den Korndämon entsprechend; während *Τηθύς*, Name der Gemahlin des Okeanos (abgekürzt aus *Κυμοτηθύς*, *Ἁλοτηθύς?*), die *Alte*, *Meermutter*, Wasseralte, eine Variation des Wortes *τήθη* Großmutter und eine Parallele zur deutschen *Watermôder*, lettischen *Jurasmâte*, Meeresmutter, estnischen *Wete-ema*, Wassermutter, finnischen *Weene-ukko*, Wasseralte darstellte. Diese Sage wurde durch Association mit dem *aus ganz anderen physischen Anregungen entstandenen* Mythus vom Kampfe mit den Ungeheuern verbunden, dessen Held (dahin glaube ich jetzt meine o. S. 53 vorgetragene Namensdeutung modifizieren zu müssen) den durch eine delphische Inschrift bezeugten Namen *Πηλε-κλέας* (Curtius, Grundz.[2] 430), d. i. *der Weithinberühmte*, oder einen ähnlichen, abgekürzt *Peleus* führte. *Die Gleichheit des Anlauts in den Namen Peleus und Pelion veranlaſste die Localisierung der Begebenheit auf letzterem Gebirge.* Erst die Vereinigung der Mythe vom Raube der Wassermuhme mit der nun in Raum und Zeit fixierten Heldensage vom Peleus und zugleich das durch das siegreiche Vordringen der jüngeren appellativen Form *τηθίς* für Muhme bewirkte Vergessen der älteren Form *θητίς* machten *Θέτις* zum vollen Eigennamen. Und noch weit später, erst in

---

1) Vgl. homer. *ἁλο-σύδνη* Meerestochter, *ʽΥδατο-σύδνη* (Kallimachos) Wassertochter, Nereide.

2) Myth.[2] 458.

Folge des ausgebildeten Epos, entstand der *Kult* der Thetis im Thetideion und am Sepiasstrande.

Mit diesen allgemeinen Betrachtungen sei die Untersuchung über die wilden Leute der griechisch-römischen Sage beschlossen, welche einzig darauf hinausging, soweit es möglich, die ursprüngliche Gestalt derselben im naiven Volksglauben aufzufinden und durch den Nachweis ihrer Übereinstimmung mit nordeuropäischen Analogien ins Licht zu setzen. Wir mufsten uns dabei versagen, die mannigfachen, übrigens zu großem Teile durchsichtigen Sproßformen aufzuführen, welche die dargelegten elementaren Anschauungen im Munde des Volks oder der Kunstdichter eingingen, wie wenn Pan Vater des Krotos (Getöse) oder Geliebter der Echo genannt, oder wenn die Ähnlichkeit der durch Geräusch in den Wäldern und Schluchten (die *Πανικὰ κινήματα*) scheu gewordenenen Heerden mit dem plötzlichen Grauen, der leeren Angst und Verwirrung (*θόρυβος, τάραχος Πανικός*), welche zumal im Dunkel der Nacht kämpfende Heerhaufen nicht selten ergreifen und in die Luft treiben, zu Erzählungen Anlaß gab und weitergebildet wurde, wie Pan in dieser und jener bestimmten Schlacht seinen Freunden zu Hilfe kam oder die feindlichen Massen durch Muschelblasen, Zuruf u. s. w. in Verwirrung brachte. Ausgeschlossen blieb auch die Erörterung der mannigfachen und immmer reicher werdenden Entwickelung, welche der Charakter dieser Wesen im Drama und der bildenden Kunst erfuhr. Doch möchte ich mir hierüber wenigstens einige andeutende Bemerkungen gestatten.

§ 14. **Die antiken Wildleute in der Kunst.** Schon im homerischen Zeitalter hatte der griechische Volksgeist, insoweit er in der Poesie sich offenbarte, die Stufe der Naturreligion überwunden; seine Götterwelt ist von ideellem Gehalt durchdrungen, besteht aus wesentlich ethischen Gestalten, in denen das physische Substrat, welches ihren Ursprung bedingte, oft wenig oder gar nicht mehr deutbar, vom Gemeinbewußtsein sicher nicht mehr verstanden, nur als elementare Bildung noch fortdauerte. Jeder historische Fortschritt war zugleich ein Fortschritt zur Humanität, vermehrte den an Wert steigenden Gehalt der geistigen Beziehungen, welche an diese anthropomorphischen Wesen sich knüpften, bis sie schliefslich zu Grunde gehen mußten an dem Widerstreit der in ihnen lebendigen Idee mit der Eierschale ihres physisch-geistigen Ursprungs, die sie unabstreifbar mit sich herumzutragen verurteilt waren. *Erst nachdem der Werdeprozeſs der olympischen Gottheiten in der Hauptsache längst vorüber war, traten die Pane, Satyrn, Seilene, Kentauren, die im niederen Volksglauben weit treuer den Zusammenhang mit der poetischen Naturanschauung bewahrt hatten, aber dafür leerer an geistigem Inhalt geblieben waren, in den städtischen Kult und in die Literatur ein.* Gewissermaßen vergleichbar erscheint es, daß erst tausend Jahre nach dem Beginne einer deutschen Literatur die Gestalten des wilden Jägers, der hochzeitfeiernden Zwerge, des gemsenhütenden Berggeistes durch Bürger, Goethe, Schiller aus den Tiefen der bis dahin unbeachteten Volkssage in die Poesie eingeführt wurden. Eine notwendige Folge des dargestellten Verhältnisses war es, daß die wilden Leute zwar an dem Prozesse der Vergeistigung teilnahmen, aber fortdauernd in weitem Abstande hinter den Olympiern zurückblieben und mit wenigen Ausnahmen[1] niemals zu so lebendiger, freier und individueller Characterausbildung gelangten, wie diese. Gleich unseren Kobolden allzusehr mit dem Gewichte der Materie behaftet und doch voll Anspruches auf religiöse Verehrung, ließen sie durch das Erbteil tierischer Körperteile den Contrast mit dem Adel göttlicher Wesenheit als Komik empfinden, und empfingen daher großenteils in Dichtung und bildender Kunst als Beigabe ihrer Eigentümlichkeit einen Zug von Schalkheit, Ironie oder Humor, der im Kultus und naiven Glauben der Landleute — wie noch Longus zeigt — natürlich nicht oder wenig hervortritt. Zwar in einigen dunkeln Reminiszenzen dauerte die Kenntniß der objectiven Naturanlässe fort, welche die Bildung ihrer Gestalt im Volksgeiste beeinflußt hatten, doch im allgemeinen verdichtete sie sich zu Spiegelbildern der wilden ursprünglichen, von der Herrschaft der Kultur gebändigten und unterworfenen, aber noch nicht veredelten Natur als Prinzip,[2] weiterhin wurden sie zu ideellen Typen

1) Vgl. Cheiron, der einzig durch die im Epos gegebene Rolle als Retter des Peleus und die dadurch hervorgerufene Auffassung als δικαιότατος Κενταύρων von seiner Sippe getrennt und mit der auf mannigfache Weise fruchtbar gewesenen Triebkraft zu ethischer Veredelung ausgerüstet wurde.

2) Nicht unzutreffend sind Schellings Bemerkungen (Philosophie der Offenbarung. Werke II, 3. 1858. S. 438. 439. 437): „Silenos ist das mild und zahm gewordene, eben darum seiner selbst bewußte und sich selbst mit

jener auch im höchsten Kulturleben nie aussterbenden Menschengattung, welche, von Naturkraft strotzend, die Schranke der Sinnlichkeit und des niederen Geisteslebens nicht zu durchbrechen, in das Reich der Ideen und wahrer Humanität nicht vorzudringen vermag. Sie dienen deshalb den Vertretern der letzteren als Folie; so die Kentauren als Barbaren dem Heldenideale (vgl. die Metopen des Parthenon u. s. w.), die Satyrn, Pane, Seilene dem Dionysos und seinen Mänaden. Was veredelte Menschen begeistert, weckt ihnen nur sinnliches Behagen (vgl. den Faun Barberini). Oft sind sie roh, feige, gemein, immer nur auf ihren augenblicklichen Nutzen bedacht (vgl. d. Kyklops des Euripides); nicht selten auch behende, aufgeweckt, lustig, munter in Einfällen, in ländlichen Scherzen, dabei lüstern, üppig, einem Teile nach gutmütig, wolgefällig, freundlich, aber zeitlebens an den Spielen, Tändeleien, Vergnügungen der Jugend haftend. Diese Menschenart führt die Kunst vor, wenn sie in jugendlicher Freude, unerfahrener Lüsternheit und Neugier hier einen Satyr mit unendlichem Appetit die süße Traube kosten, dort ein Faunchen die Nymphe belauschen und haschen, einen anderen mit kindischem Vergnügen die Flöte blasen läßt. So offenbaren Maler und Bildhauer Gestalten dieser Art von großer Schönheit. Aber indem sie hier ein Schweifchen, dort ein Hörnchen sprießen, ein spitzes Ohr lauschen, die Zunge lüsten lassen, und jene Wesen dadurch schon ihrer Art nach zum gaukelnden Sprunge, zur lüsternen Fröhlichkeit gemacht zeigen, zeichnen sie dieselben zugleich aus als der reinen Menschheit nicht ganz würdig. *Unser* Auge würde vielleicht nicht beleidigt, wenn ein *ganz menschlicher* Jüngling mit einer Nymphe scherzt, das Auge der Griechen ward es. Die Gestalt eines Jünglings war heilig, aber ein Satyr durfte so scherzen und tändeln. Diese characteristische Unterscheidung, die

Ironie betrachtende wilde Prinzip." „Pan, das Inwohnende der nun gewordenen beruhigten Natur, jenes unsichtbar Webende, das der Mensch in der Stille der Wälder, in dem Schweigen der Fluren um sich empfindet, eben darum vorzüglich der Gott der Landleute, der Hirten und aller, die in freier Natur ein einsames Geschäft verrichten. Es ist der nicht mehr gefürchtete, mild gewordene, dessen ehemalige Wildheit eben darum nur noch gleichsam scherzhaft, mit Ironie dargestellt wird, wie er selbst durch seine Ironie alle Götter ergötzt." „Die Satyri und Tityri stellen das Bild jenes ϑηριωδῶς ζῆν dar, jenes tierähnlichen Lebens, von welchem die Menschheit durch Dionysos befreit worden."

Begierden solcher Art gleichsam an die Grenze der menschlichen Natur rückte, war höchst sittlich gedacht, und die reine menschliche Natur, insonderheit der menschliche Jüngling ward durch sie hoch geehrt.

Dem aufmerksamen Leser wird nicht entgangen sein, daß ich in den letzten Sätzen, großenteils mit seinen eigenen Worten, wenig beachtete Gedanken Herders (Briefe zur Beförderung der Humanität, Samml. 6. Br. 69) wiederhole, an welche zu erinnern nicht ganz überflüssig schien. Man vgl., was derselbe a. a. O. über die Seilene, Kentauren und Kyklopen ausführt. Wie die Kunst den Humanisierungsprozeß weiterführte, indem sie Seilene und Satyrn, endlich sogar die Pane immer weiter vermenschlichte und ins Schöne verklärte, aber trotzdem den angedeuteten Character nicht austilgte, dies zu erörtern liegt außer unserer Aufgabe.

Es ist nun bemerkenswert, daß auch der nordeuropäische *wilde Mann* insofern eine den wilden Leuten der griechischen Sage analoge Entwickelung durchgemacht hat, als auch der in der Kunst und Heraldik des Mittelalters zum Typus der durch Rittertum und edle Weiblichkeit bezwungenen rohen Kraft geworden ist (Bk. 339), wie denn auch seine Darstellung als Maske bei Festlichkeiten, höfischen Schaustellungen z. T. auf diesen Gedankenkreis hinauslief. Nur in seiner völligen Loslösung von dem Boden der herrschenden Volksreligion und in den Geschicken der mittelalterlichen Kunstgeschichte liegt es begründet, daß er sich in eine abstracte und abgeblaßte Allegorie verflüchtigte und nicht zu der mannigfaltigen und lebensvollen Characteristik gelangte, welche die Gestalten seiner antiken Geschlechtsverwandten in immer steigendem Maße erfuhren.

14*

Kapitel IV.

Erntemai und Maibaum in der antiken Welt.

§ 1. **Erntemai und Maibaum in Nordeuropa.** Dryaden sind die typischen Gegenbilder der deutschen Baumgeister. Die Oreaden, Kentauren und Kyklopen, sowie die Sippschaft der Faune, Satyrn, Pane, Seilene und Silvane entsprechen ihrem Wesen nach vollkommen nordeuropäischen Waldgeistern, in denen allmählich der Begriff der Baumseele sich nahezu bis zur Unkenntlichkeit verflüchtigt, oder gegen Personificationen von Wettererscheinungen als Lebensäußerung dieser Dämonen fast gänzlich zurücktritt. Die sonstigen mythologischen Gebilde, welche wir im ersten Bande dieses Werkes als Ausflüsse oder als bald nahes, bald entfernteres Zubehör der Vorstellung Baumpsyche erörterten, hatten unter den Völkern des Altertums ebenfalls Vertreter. Auf den nachstehenden Blättern sollen zwei derselben, der *Erntemai* und der *Maibaum*, einer eingehenderen Betrachtung unterzogen werden.

Auf dem letzten *Erntewagen* pflegt man im westlichen Deutschland und dem größeren Teile von Frankreich einen *grünen Baum* oder *Baumzweig* heimzufahren, der mit *bunten Bändern* oder Papierstreifen, häufig auch mit farbigen Hals- und Taschentüchern, sowie allerhand Kleidungsstücken (Bk. 192. 193), mit allen möglichen *Getreidearten, Nüssen* (Bk. 195. 199. 205), auch wol *Äpfeln, Birnen, Blumen* (Bk. 205. 204. 201 Anm.), *Kuchen* oder anderem Backwerk, *Eiern,* verschiedenen Confitüren (Bk. 200. 202. 203), zuweilen sogar mit Wurst, Schinken, Tabacksrollen, Ringen, Nadeln (Bk. 200) behangen ist. Nicht selten werden auch *Flaschen mit Wein* (Bk. 203. 204. 205. 200) oder mit *Bierkrügen* an diesem Baumzweig befestigt, welcher die Namen *Mai*, Erntemai, Harkelmai, bouquet de la moisson zu führen pflegt. Er wird häufig während der Ernte auf dem abzumähenden Ackerfelde selbst eingepflanzt. Bei der Einfahrt prangt er inmitten derjenigen Garbe, welche *zuletzt gebunden* oder *zuletzt aufgeladen* wurde, oder ohne diese auszeichnende Stelle auf dem mit den letzten Garben einer bestimmten Fruchtart oder der gesammten Ernte heimkehrenden *Fuder*, oder man läßt ihn, mit einem Kranze geschmückt, *dem Wagen vorauftragen;* oder es sitzt ein Knecht oben auf dem Fuder und schwingt den mit Kranz und Bändern verzierten Tannenbaum in der Hand (Bk. 197. 202. 192). Zu Hause angekommen wird der Erntemai vom Hauswirt feierlich empfangen und *an der Einfahrt der Scheune, über der Tür oder dem Tor,* an Dach, First, Giebel des Hauses oder der Scheune, unter dem Rauchfang des Herrenhauses, vor den Türen oder auf dem Kornschober (Bk. 197. 198. 202. 204. 205. 206) aufgesteckt, und *verbleibt hier ein ganzes Jahr, bis sein Nachfolger ihn ersetzt.* Was bei diesem Wechsel mit den alten Maibüschen geschieht, darüber besitze ich keine Angaben. Wie aber die ihnen entsprechenden, am Palmsonntage oder Maitag aufgepflanzten Maibüsche bei Gelegenheit ihres Austausches nach Jahresfrist an manchen Orten feierlich *verbrannt* werden (Bk. 566), werden auch sie ehedem auf diese Weise, nachdem sie ausgedient, dem profanen Gebrauche für immer entzogen sein. Der *Erntemai* und die ihn einbringenden Arbeiter werden sodann (es ist dies ein Regenzauber) *mit Wasser begossen* (Bk. 197) oder *mit Wein besprengt* (Bk. 194. 207). Beim Aufstellen und Einfahren des Maibusches lassen die Arbeiter ein lautes *eigentümliches Jauchzen* oder *Gejuchze*, das häufig eher wie ein Klagegeheul klingt, hören (Bk. 191. 199. 202). In Form eines einfachen grünen Busches oder Baumes, der auf der letzten Fuhre oder in der letzten Garbe steckt, ist übrigens auch im östlichen Deutschland der Erntemai viel häufiger zu belegen, als ich früher annahm.

Die vorstehenden Gebräuche beziehen sich auf die Einbringung der letzten Fuhre irgend einer Frucht. Eine etwas andere Form nimmt die Sitte bei dem der Einerntung aller Früchte folgenden *allgemeinen Erntefeste* im Spätherbste an. In Chlumetz Kr. Gičin in Böhmen z. B. ladet der Gutsherr bei Überbringung der aus mehreren der allerletzten Schwaden der ganzen Jahresernte verfertigten großen Garbe, der „Baba“, die Arbeiter auf den nächsten Sonntag zum Erntefest ein. Dann läßt er auf einer Wiese eine hohe, glatte Stange (Abschwächung des grünen am

Stamm beschälten Baumes. Bk. 169) in die Erde stecken und mit wertvollen Sachen als Uhren, Kleidern, Geld, Hüten, seidenen Tüchern behängen und die Arbeiter danach *klettern.* An verschiedenen Orten findet dasselbe an einem weiter hinausgeschobenen Zeitpunkte nach der Ernte oder an dem mit der Kirchweih verbundenen allgemeinen Erntedankfest im October oder November statt. In vielen Dörfern des Königreichs und der Provinz Sachsen geschieht die Aufpflanzung dieses *Maibaums* im Ausgang September oder Anfang October; man schmückt ihn mit bunten Bändern, Tüchern, Kleidern, Kuchen, Obst und *stellt einen Wettlauf* danach an (Bk. 191), was damit übereinstimmt, daß in manchen Gegenden nach der als Korndämon (Alter, Kornstier u. s. w.) benannten resp. ausgestatteten *letzten Garbe* die Schnitter um die Wette laufen (Bk. 396).

Bis ins Einzelne hinein ließ sich der Erntemai als eine Abart des „Sommers" (Bk. 156) oder Maibaums nachweisen (Bk. 208 ff.), welcher, beim Erwachen des Frühlings aus dem ergrünenden Walde geholt, mit *bunten Bändern, Tüchern, Backwerk, Eiern, Weinflaschen* geziert, als *Lebensbaum* der Gemeinde auf dem Dorfplatz oder einzelnen Personen *vor der Tür* oder auf dem Dach ihres Hauses aufgesteckt und hier längere Zeit, *meistens ein Jahr bewahrt* (Bk. 161 ff.), vorher mehrfach inmitten einer größeren Anzahl von Trägern *kleinerer grüner Zweige in gabensammelndem Umgang von Haus zu Haus getragen wird* (Bk. 162). Sofern aus den Gebräuchen selbst auf die ihnen zu Grunde liegende Idee ein Schluß gemacht werden kann, stellen der Maibaum und Erntemai das der Pflanzenwelt einwohnende Numen, den Genius des Wachstums, *δύναμις αὐξητική* dar. Daher rührt die Ausschmückung des Baumes oder Zweiges mit allerlei Früchten und Gebäcken, daher die Aufrichtung als Amulet an Haus oder Scheuer (Bk. 211 ff.).

§ 2. **Die Eiresione und das Pyanepsienfest.** Dem nordeuropäischen Erntemai entsprach — fast könnte man sagen, mit photographischer Genauigkeit — die *Eiresione* der Griechen. Ein paar gelegentliche Anspielungen des Aristophanes (Equit. 729. Vesp. 398. Plut. 1054) gewähren die ältesten Zeugnisse für den Brauch. Ihnen verdanken wir, daß die Grammatiker der alexandrinischen Periode (Commentatoren und Lexilogen) mehrfach einander ergänzend oder berichtigend, aus der Literatur der

Atthidographen und Heortologen einige ausführlichere Notizen darüber zusammentrugen, welche jedoch nur in den lückenhaften Auszügen teils der Historiker und Lexicographen der römischen Kaiserzeit, teils der byzantinischen Aristophanesscholiasten des 4.—5. Jahrhunderts durch Vermittelung der späteren Scholiensammlungen und der Wortschätze eines Photius, Harpokration, Hesych, Suidas u. s. w. auf uns gekommen sind. So wenig es noch möglich ist, jedes einzelne Stück in dieser Fülle von Scholien und Glossen ihrem ersten Verfasser zurückzustellen und in ihrem gegenseitigen Verhältniß genau zu bestimmen, lassen sich doch unter ihnen mehrere und verschiedene literarische Überlieferungen mit Sicherheit aussondern und z. T. bis ins fünfte oder vierte Jahrhundert v. Chr. zurückverfolgen.

Wie andere Völker (im Altertum u. A. die Hebräer und Römer) begingen die Griechen ein zwiefaches oder dreifaches Erntefest, nämlich ein Fest des Erntebeginns im Anfang der Einheimsung der ersten reif gewordenen Früchte im Mai, sodann ein zweites Erntefest nach Beendigung der gesammten Getreideernte und nach dem Beginn des Dreschens zwischen Ende Juli und Anfang September, endlich zwei Monate später ein allgemeines Dankfest für Bergung sämmtlicher Korn-, Obst-, Weinerträge des Jahres, dem dann noch zuweilen gegen die Zeit der Wintersonnenwende im Dezember eine Wiederholung des letzteren (vgl. z. B. die Consualien, Saturnalien und Opalien am 12., 15., 17.—21. Dezember in Rom) folgte. Nach diesen Festen waren mehrfach Monate benannt, so im jonisch-attischen Kalender in Athen, Delos, Paros, Tenos nach dem Früherntefeste der *Thargeliôn* (Mai — Juni), nach dem allgemeinen Erntedankfest im October — November der *Pyanepsiôn* (Athen) oder Kyanepsiôn (Samos, Kyzikos). Bei allen genannten Völkern wiederholt sich die Erscheinung, daß diese Naturfeste in einer verhältnißmäßig jungen Zeit zu Gunsten einer ethisch-historischen Auffassung umgedeutet und in Erinnerungstage eines sagenhaften Ereignisses der nationalen Urgeschichte verwandelt wurden.[1] Athen hatte

1) Dieselbe Erscheinung, welche u. a. auch bei dem hebräischen Früherntefest (Pesach) und herbstlichem Erntedankfest (Laubhüttenfest) zu Tage tritt und der Ausfluß eines weitgreifenden psychologischen Gesetzes ist, wiederholt sich in nordischem Brauche. Die Kölner Holzfahrt wurde als historischer Gedenktag des erdichteten Sieges eines römischen Statthalters Marsi-

(wahrscheinlich erst in der Epoche lebhaft angeregten attischen Selbstgefühls gleich nach den Perserkriegen) die beiden Erntefeste der Thargelien und Pyanepsien mit dem Andenken an den (mythischen) Zug des Theseus nach Kreta verschmolzen, und diese Beziehung spielt selbstverständlich eine bedeutende Rolle in den späteren Berichten, aus denen wir jene Feste kennen lernen.

An einem der ersten Tage des Pyanepsion fand die Begehung der Oschophorien statt. Sie bestand zunächst aus einer feierlichen Prozession. *An der Spitze des Chores*, der für die Gelegenheit geeignete (oschophorische) Lieder sang, *gingen zwei in weibliche Stola gehüllte Jünglinge* (*κατὰ γυναῖκας ἐστολισμένοι*), *welche einen mit reifen Trauben behangenen Rebzweig* (*κλῆμα ἀμπέλου κομίζοντες μεστὸν εὐθαλῶν βοτρύων*) *trugen.*[1] Außerdem fand ein *Wettlauf* von Epheben aus den reichsten und vornehmsten Familien[2] statt. Jede Phyle stellte dazu zwei Söhne noch lebender Eltern. Die Läufer *trugen fruchtbeladene Reben*, und wer siegte, erhielt einen aus Wein, Öl, Honig, Mehl und Käse bereiteten Fünftrank und durfte am Komos des Chores teilnehmen.[3] Als der Ausgangspunkt beider Festakte wird ein Dionysostempel, als das Ziel das Heiligtum der Athene Skiros im Hafen Phaleron

lius, der Erfurter Walperzug als Erinnerung an die Zerstörung der Dienstburg gefeiert (Bk. 375. 376). Ebenso beliebt war die ätiologische Erklärung der Volksbräuche aus der heiligen Geschichte. Die Aufrichtung des Maibaums vor den Haustüren am Aposteltage des h. Philippus (2. Mai) gab den Rumänen zu folgender Legende Veranlassung. Als die Juden St. Jacobus, dessen Fest auf den ersten Mai fällt, enthauptet hatten, wollten sie an St. Philippus ein Gleiches tun. Ihr Vorhaben ward jedoch zu Schanden, weil der Baum, den man als Erkennungszeichen vor sein Haus gesetzt hatte, Tags darauf vor allen Türen Jerusalems aufgeschossen gefunden wurde. W. Schmidt, Das Jahr u. s. Tage. Hermannstadt 1866. S. 12. Hiezu vgl. die Erklärung des Weihnachtsbrauches o. S. 188 Anm.

1) Proklus Chrestom. bei Photius Bibl. c. 239 p. 322. Hermann, G. A. § 56, 10. 11. Plutarch. Thes. 23 erzählt, Theseus habe zwei den Mädchen möglichst ähnlich gemachte Jünglinge mit sich nach Kreta geführt: *ἐπεὶ δὲ ἐπανῆλθεν αὐτός τε πομπεῦσαι καὶ τοὺς νεανίσκους οὕτως ἀμπεχομένους ὡς νῦν ἀμπέχονται τοὺς ὠσχοὺς φέροντας.*

2) Hesych. s. v. *ὠσχοφόρια.*

3) Aristodemus *περὶ Πινδάρου* III bei Athenaeus XI, 62, p. 1111 Dindorf. Proklus a. a. O. Hermann, G. A. § 56, 11.

genannt, neben welchem, offenbar hievon, ein Platz den Namen Oschophorion führte.[1]

Es bleibt ungewiß, wie das Verhältniß beider Begehungen zu denken sei. Am wahrscheinlichsten jedoch ging der Wettlauf voran, *welcher über die Teilnahme am Festzuge entschied* (καὶ ὁ νικήσας . . κωμάζει μετὰ χοροῦ. Athen. a. a. O.); der Austeilung des Fünftranks und dem damit verbundenen Trankopfer folgte sodann die Pompe, der Festzug selbst, der seines heiteren Characters wegen und, weil er ja dem Dionysos galt, bei Athenäus als Komos bezeichnet ist. *Ein Herold mit bekränztem Stabe schritt vorauf, hinter ihm die beiden Jünglinge in weiblicher Tracht*, sie allein trugen jetzt, in der Prozession, die Rebzweige, oder größere als die andern und hießen vorzugsweise Oschophoren; endlich die übrigen 7 Sieger des vorangegangenen Wettkampfes, so daß alle 10 Phylen vertreten waren und *dadurch die Begehung als eine zum Heil gemeiner Bürgerschaft angestellte religiöse Handlung characterisierten.* Vom Augenblicke der Libation an ertönte der Ruf: *Eleleu! Ju! Ju!*, unter dessen fortwährender Wiederholung der Umgang sich der Stadt zuwandte[2] und wahrscheinlich am Tempel des Dionysos sein Ziel fand.

Um die nämliche Jahreszeit, möglicherweise am nämlichen Tage, und zwar am siebenten Pyanepsion hatte der Umzug mit der *Eiresione* statt. Außer einer, wie es scheint, offiziellen Prozession *zum Apollotempel* fanden private Umzüge statt. Auf die letzteren bezieht sich die bei Porphyr. de abstinentia II, 7 aus Theophrast und in den offenbar auch aus letzterem stammenden Schol. Arist. Equ. 729, Schol. Arist. Plut. 1054 erhaltene, nur scheinbar widersprechende Notiz, die gottesdienstliche Begehung gelte dem Helios und den Horen,[3] die sich ganz einfach aus dem

1) Hesych. s. v. ὠσχοφόριον.

2) Diese Darstellung ist auf den sicheren Rückschluß aus der ätiologischen Legende bei Plutarch, Theseus c. 22 gegründet; Proklus a. a. O. ist unrichtig oder ungenau.

3) Porphyr., De abstin. II, 7: *Οἷς μαρτυρεῖν ἔοικε καὶ ἡ Ἀθήνησιν ἔτι καὶ νῦν δρωμένη πομπὴ Ἡλίου καὶ Ὡρῶν. Πομπεύει γὰρ εἰλεσπόδα ἄγρωστις ἐπὶ πυρηνίων ἡγησίας, ὄσπρια, δρῦς [λ. ἀκρόδρυα?] μιμαίκυλα, κριθαί, πυροί, παλάθη, ἡγητηρία ἀλεύρων πυρίνων καὶ κριθίνων φθοῖς, ὀρθοστάται, χύτρος.* Schol. Arist. Equ. 729: *Πυανεψίοις καὶ Θαργηλίοις Ἡλίῳ καὶ Ὥραις ἑορτάζουσιν Ἀθηναῖοι. φέρουσι δὲ οἱ παῖδες τούς τε θαλλοὺς ἐρίοις*

Umstande erklärt, daß ein gottesdienstlicher Akt bei einem bekannten Heiligtum in der privaten Pyanepsien- wie Thargelienfeier nicht vorkam, Apollo aber, den in seiner Eigenschaft als früchtereifenden Sonnengott die Prozession verherrlichte, seit der Zeit des Äschylos und Euripides ganz gewöhnlich mit Helios für eins gehalten wurde, während die Analogie des sogenannten homerischen Eiresioneliedchens v. 4—5 es als eine naheliegende Möglichkeit erweist, daß in attischen Gesängen bei dieser Gelegenheit Horen und Chariten gefeiert wurden. Somit konnte ein Schriftsteller, der im Augenblick nur die privaten Eiresionen im Auge hatte, ohne großen Verstoß gegen die Wahrheit, statt Apolls Helios und die Horen nennen.

Über die öffentliche Feier belehrt uns eine Überlieferung, welche durch eine unmittelbar und unverkürzt aus dem Original oder wahrscheinlicher bereits in einem Auszuge von Eustathius zu Il. XXII, p. 1283, 6 und Suidas s. v. *εἰρεσιώνη* überkommene Glosse des Rhetors Pausanias, der sein rhetorisches Lexicon unter Hadrian verfaßte,[1] sodann durch die Glossen *πυανόψια* (resp. *πυανέψια*) bei Harpokration, Hesych, *εἰρεσιώνη*, Etymol. Magn., *ἀλλαχοῦ δὲ λέγεται*, Eustath. a. a. O., Suid. s. v. *εἰρεσιώνη*, endlich durch Plutarchs Theseus Cap. XVIII u. XXII vertreten ist. Plutarchs und seines Zeitgenossen Pausanias gemeinsame Quelle stellte bereits die Aussagen mehrerer Schriftsteller vergleichend zusammen; was letzterer über den Ursprung des Eiresionegebrauchs bei Unfruchtbarkeit aus Krates, die Parallelstelle im Etym. Magn. s. v. *εἰρεσιώνη* (s. u. S. 219 ff.) aus Lykurgos meldet,[2]

περιειλημμένους, ὅθεν εἰρεσιῶναι λέγονται καὶ τούτους πρὸ τῶν θυρῶν κρεμῶσιν. ἐξήρτηντο δὲ τῶν θαλλῶν αἱ ὧραι. Cf. Schol. Arist. Plut. 1054: *Πυανεψίοις καὶ Θαργηλίοις Ἡλίῳ καὶ Ὥραις θύουσι Ἀθηναῖοι· φέρουσι δὲ οἱ παῖδες τὰ προκατειλεγμένα ἀκρόδρυα καὶ ταῦτα πρὸ τῶν θυρῶν κρεμῶσι. κατά τι δὲ χρηστήριον πρὸς ἀποτροπὴν λιμοῦ ταῦτα ἐποίουν.* Hemsterhuys bemerkte, daß *τὰ προκατειλεγμένα ἀκρόδρυα* als „ante recensiti et enumerati fructus," nicht als „illa prius electa frugum genera" aufzufassen, und daß dieser Ausdruck bei Theophrast sich auf die uns von Porphyrios erhaltene Aufzählung beziehe. Für die Zusammengehörigkeit beider Fragmente bei Pophyrius und im Schol. Arist. spricht auch das in beiden Stücken gebrauchte Präsens.

1) W. Rindfleisch, De Pausaniae et Aelii Dionysii lexicis rhetoricis. Regiom. Pr. 1866, p. 10.

2) S. Sauppe in Orator. Attic. Turici 1850, p. 272.

zieht ersterer mit Übergehung dieses Namens zu dem Vorherigen. Die erwähnten Glossen aber verraten denselben Ursprung, wie die z. B. bei Harpokration durch die Artikel *προκώνια*, *πέλανος* u. s. w. vertretene Klasse, in welcher uns der Redner Lykurgos (*κατὰ Μενεσαίχμου*, *περὶ ἱερείας* u. s. w.) um 340 v. Chr., die Heortologen und Atthidenschreiber Apollonios aus Acharnae, Demon aus Athen (*περὶ θυσιῶν*) um 306 v. Chr., Krates aus Athen, (*περὶ τῶν Ἀθήνησι θυσιῶν*) als benutzte Gewährsmänner entgegentreten. Wenn wir nun einigen Grund haben zu vermuten, daß diese Glossen durch Ciceros Zeitgenossen Didymus in die lexilogische Literatur kamen, dieser aber für sie ebenfalls schon eine ältere Schrift excerpierte, so wird bei letzterer nicht ohne Wahrscheinlichkeit an die Atthis des Ister, eines Sklaven dann Freundes des Kallimachos (zwischen 248—224 v. Chr.), eine Compilation der Angaben verschiedener Autoren über attische Altertümer, gedacht werden dürfen, die Gilbert[1] als unmittelbare Quelle des plutarchischen Theseus zu erweisen einen höchst beachtungswerten Versuch gemacht hat. Aus ihm muß denn auch die Glosse des Pausanias geflossen sein. Ister aber folgte in seiner Schrift vorzugsweise der Atthis des Philochoros[2] (zw. 320 bis 260 v. Chr.), indem er aus andern Schriftstellern, zumal den übrigen Atthidographen, eine Anzahl ihm geläufiger Notizen in sein Werk aufnahm. Cap. 22 des Theseus (Oschophorien und Eiresione) beruht aber nach Gilbert entschieden seinem Hauptteile nach auf Philochoros.[3] Da aber dieser sich ohne Zweifel vielfach ohne

1) Philologus XXXIII, 1873, S. 47—50.

2) Über d. s. Boeckh, Berl. Akad. d. Wissenschaft. Hist. Ph. Kl. 1832, p. 1—30. Gilbert a. a. O. 53 ff. Vgl. M. Haug, Die Quellen Plutarchs, Tübingen 1853, S. 14.

3) a) Pausanias bei Eustath. ad Il. XXII, p. 1283, 6 (cf. Suidas s. v. *εἰρεσιώνη*): *Ἐν δὲ τοῖς Παυσανίου κεῖται ταῦτα· εἰρεσιώνη, θαλλὸς ἐλαίας, ἐστεμμένος ἐρίῳ, προςκρεμαμένους ἔχων διαφόρους ἐκ γῆς καρπούς· τοῦτον ἐκφέρει παῖς ἀμφιθαλὴς καὶ τίθησι πρὸ θυρῶν τοῦ Ἀπόλλωνος ἱεροῦ ἐν τοῖς Πυανεψίοις· λέγεται γάρ, φησι, Θησέα, ὅτε εἰς Κρήτην ἔπλει, προςσχόντα Δήλῳ τῇ νήσῳ διὰ χειμῶνα εὔξασθαι Ἀπόλλωνι καταστέψασθαι κλάδοις ἐλαίας, εἰ τὸν Μινώταυρον κτείνας σωθῇ, καὶ θυσιάσειν. καὶ γοῦν τὴν ἱκετηρίαν ταύτην καταστέψας ἑψῆσαι λέγεται χύτρας ἀθάρας καὶ ἔτνους καὶ βωμὸν ἱδρύσασθαι· διὸ καὶ Πυανέψια λέγεσθαι οἷον κυαμέψια, διὸ τὸ πυάμους πρότερον τοὺς κυάμους καλεῖσθαι· ἦγον δὲ ἔσθ' ὅτε ταῦτα καὶ ἐπὶ ἀποτροπῇ λιμοῦ· ᾖδον δὲ παῖδες οὕτω· „εἰρεσιώνη σῦκα φέρει καὶ πίονας ἄρτους καὶ*

Namensnennung des Materials seiner Vorgänger bediente, die seit geraumer Zeit sich auf factische Ausmittelung der attischen Altertümer in Mythen, Sagen, Opfern, Festen, Gebräuchen und Denkwürdigkeiten gelegt und dafür in ihren Atthiden ein ansehnliches Material zusammengebracht hatten (Müller, Fragm. Hist. Gr. II, Prolegg. p. 85), so reicht die erste Niederschrift der in Rede stehenden Überlieferung sicher bis ins vierte, vielleicht bis ins fünfte Jahrhundert zurück.

μέλιτος κοτύλην καὶ ἔλαιον ἐπικρήσασθαι, καὶ κύλικα εὔζωρον, ἵνα μεθύουσα καθεύδῃ.“ μετὰ δὲ τὴν ἑορτὴν ἔξω ἀγρῶν τιθέασι παρὰ τὰς θύρας. Κράτης δέ φησιν, ἀφορίας ποτὲ κατασχούσης Ἀθήνας θαλλοὺς καταστέψαντας ἐρίοις ἱκετηρίαν ἀναθεῖναι Ἀπόλλωνι. b) Plutarch. Thes. c. XVIII: *Γενομένου δὲ τοῦ κλήρου παραλαβὼν τοὺς λαχόντας ὁ Θησεὺς ἐκ τοῦ Πρυτανείου καὶ παρελθὼν εἰς Δελφίνιον ἔθηκεν ὑπὲρ αὐτῶν τῷ Ἀπόλλωνι τὴν ἱκετηρίαν. Ἦν δὲ κλάδος ἀπὸ τῆς ἱερᾶς ἐλαίας ἐρίῳ λευκῷ κατεστεμμένος. Εὐξάμενος δὲ κατέβαινεν ἕκτῃ μηνὸς ἐπὶ θάλασσαν ἱσταμένου Μουνυχιῶνος, ᾗ καὶ νῦν ἔτι τὰς κόρας πέμπουσιν ἱλασομένας εἰς Δελφίνιον.* c. XXII: *Θάψας δὲ τὸν πατέρα τῷ Ἀπόλλωνι τὴν εὐχὴν ἀπεδίδου τῇ ἑβδόμῃ τοῦ Πυανεψιῶνος μηνὸς ἱσταμένου ταύτῃ γὰρ ἀνέβησαν εἰς ἄστυ σωθέντες. Ἡ μὲν οὖν ἕψησις τῶν ὀσπρίων λέγεται γενέσθαι διὰ τὸ σωθέντας αὐτοὺς εἰς ταὐτὸ συμμῖξαι τὰ περιόντα τῶν σιτίων καὶ μίαν χύτραν κοινὴν ἑψήσαντας συνεστιαθῆναι καὶ συγκαταφαγεῖν ἀλλήλοις. Τὴν δὲ εἰρεσιώνην ἐκφέρουσι κλάδον ἐλαίας ἐρίῳ μὲν ἀνεστεμμένον, ὥσπερ τότε τὴν ἱκετηρίαν, παντοδαπῶν δὲ ἀνάπλεον καταργμάτων διὰ τὸ λῆξαι τὴν ἀφορίαν, ἐπᾴδοντες „Εἰρεσιώνη σῦκα φέρει καὶ πίονας ἄρτους καὶ μέλι ἐν κοτύλῃ καὶ ἔλαιον ἀναψήσασθαι, καὶ κύλικ' εὔζωρον, ὡς ἂν μεθύουσα καθεύδῃ.“* c) Etymol. Magn. 303, 18 ff. 868 Gaisf.: *Εἰρεσιώνη. Εὐμεγέθης . . κλάδος ἐξ ἐρίων ἔχων στέμματα, κλῶνας καὶ ἰσχάδας καὶ τῶν καθαρῶν ἀκροδρύων ὁρμαθούς. Ἢ θάλος ἐστὶν ἐλαίας πάντας τοὺς* (l. *παντοδαπούς*) *καρποὺς ἔχον ἀπηρτημένους καὶ στέμμα λευκὸν καὶ φοινικοῦν. Προετίθετο δὲ ἱκεσία τῷ Ἀπόλλωνι ἐκείνῃ τῇ ἡμέρᾳ, ᾗ οἱ περὶ Θησέα σωθῆναι δοκοῦσι. Καταχύσματα δὲ καὶ κύλικα οἴνου κεκραμένην καταχέοντες αὐτῆς ἐπιλέγουσιν „Εἰρεσιώνη σῦκα φέρει καὶ πίονας ἄρτους, καὶ μέλιτος κοτύλην καὶ ἔλαιον ἀποψήσασθαι, καὶ κύλικ' εὔζωρον, ἵνα μεθύουσα καθεύδῃ.“ — — Λυκοῦργος δέ φησιν ἀφορίας γενομένης Ἀθηναίοις τοῦτο ἐπιτελεσθῆναι κατὰ χρησμὸν οἷον ἱκετηρίας.* d) Eustath. a. a. O.: *Ἀλλαχοῦ δὲ λέγεται καὶ ὅτι στέμμα λευκὸν καὶ φοινικοῦν ἀπήρτητο τοῦ θαλλοῦ καὶ ὅτι προυτίθετο ἱκεσία τῷ Ἀπόλλωνι καθ' ἣν ἡμέραν οἱ περὶ Θησέα σωθῆναι δοκοῦσι, καὶ ὅτι καταχύσματα καὶ κύλικα οἴνου κεκραμένην ἐπιχέοντες αὐτῆς ἐπέλεγον τὴν ῥηθεῖσαν ᾠδήν.* e) Harpocration s. v. *Πυανόψια. Λυκοῦργος ἐν τῷ κατὰ Μενεσαίχμου. καὶ ἡμεῖς Πυανόψια ταύτην τὴν ἑορτὴν καλοῦμεν οἱ δ' ἄλλοι Ἕλληνες Πανόψια, ὅτι πάντες εἶδον καρποὺς τῇ ὄψει. Ἀπολλώνιος καὶ σχεδὸν πάντες οἱ περὶ τῶν Ἀθήνῃσιν ἑορτῶν γεγραφότες, Πυανεψιῶνος ἑβδόμῃ τὰ Πυανέψια Ἀπόλλωνι ἄγεσθαί φησι. δεῖν δέ φασι λέγειν Πυανέψια καὶ τὸν μῆνα Πυανεψιῶνα. πύανα γὰρ ἕψουσιν ἐν αὐτοῖς καὶ ἡ εἰρεσιώνη ἄγεται.* Cf. Suid. s. v. *Πυανεψιῶνος.*

Nach dieser also trug (*ἐκφέρει*) ein Knabe, dem beide Eltern noch lebten (*παῖς ἀμφιθαλής*), wir wissen nicht mehr von welchem Punkte aus, einer Prozession voran *einen mit wollenen Bändern und allen möglichen Feldfrüchten behangenen Ölzweig* bis zum *Apollotempel* und pflanzte oder hing ihn hier vor dessen Tür auf. Die Prozession wird der offiziellen Feier gemäß aus ernsten, angesehenen und grundbesitzenden Männern, die dem Knaben folgten, bestanden haben. In der Tat zeigt der einzige attische Kalender in bildlicher Darstellung, der aus dem Altertum auf uns gekommen ist,[1] als Bezeichnung des Pyanepsion den mit der Eiresione ausgerüsteten Epheben, dem ein Mann in reiferen Jahren hinten nachfolgt. Der eine Eupatride ist unzweifelhaft nur der Vertreter einer ganzen Schaar, da der Künstler gezwungen war, sich in knappster Andeutung mit so wenigen Figuren als möglich zu behelfen, wie denn eine derartige artistische Kurzschrift der Weise athenischer Reliefplastik überhaupt entsprach.[2] Zu dieser im öffentlichen Interesse einhergetragenen Eiresione mag zu Zeiten ein Zweig von der heiligen Burgolive, der Moria, verwandt sein (vgl. o. S. 25 ff. S. 220 Anm.). Doch zeigt der soeben erwähnte bildliche Kalender nach Böttichers Angabe einen Lorbeerzweig, und einen solchen nennt auch ein Scholion (Schol. in Arist. Plut. 1054) als abwechselnd mit der Olive: *εἰρεσιώνη θαλλὸς ἐλαίας ἢ δάφνης, ἐξ ἐρίων συμπεπλεγμένος ἔχων ἄρτον ἐξηρτημένον καὶ κοτύλην* etc.

Von der öffentlichen unterschied sich die private Begehung dadurch, daß jeder Grundeigentümer, welcher Ackerbau und Obstkultur betrieb — denn nur von solchen, nicht von allen, nicht von den nur mit städtischen Grundstücken angesessenen Bürgern wird der Brauch geübt sein. — *die Eiresione vor der Tür seines Hauses aufpflanzen und dort ein Jahr lang stehen oder hängen liefs. Nach Jahresfrist wurde die vertrocknete mit einer frischen vertauscht.*[3]

1) Es ist ein Relief, welches einst als Zophoros eines antiken Gebäudes diente, später in die Westwand des Gotteshauses der Panagia Gorgopiko in Athen eingelassen, incorrect von Lebas (Voyage archéologique en Grèce etc. Pl. 21. 22) und genauer von Bötticher (im Philologus XXII, Göttingen 1865) publiziert wurde.

2) Vgl. Michaelis, Parthenon S. 208.

3) *Ταύτην δὲ τὴν εἰρεσιώνην πρὸ τῶν οἰκημάτων ἐτίθεντο οἱ Ἀθηναῖοι καὶ κατ' ἔτος αὐτὴν ἤλαττον.* Schol. in Arist. Plut. 1054:

Auf diese Verhältnisse beziehen sich verschiedene Anspielungen des Aristophanes. Demos, der vor seiner Haustür Geschrei und — wie er meint — zu Tätlichkeiten ausgearteten Zank gehört hat, tritt mit den besorgten Worten hervor:

> Wer sind die Schreier? Fort von meiner Tür!
> Den Segensölzweig (Eiresione) habt ihr mir herabgerupft!

Er fürchtet, daß bei der Rauferei seine Eiresione von der Tür herabgerissen und als Schlaginstrument benutzt sei.[1] In den Wespen läßt sich der eingesperrte Philokleon an einem Seile zum Fenster hinaus, Bdelykleon rät dem Sosius, um dies zu verhindern:

> Flink steig' ans andere Fenster hinauf und hau ihn hier mit den Zweigen,
> Dann rudert er wol mit dem Hintern zurück, von der Eiresione getroffen.[2]

Im Griechischen enthält die letzte Zeile ein sehr wirksames Wortspiel, welches auf dem Gleichklang von Eiresione mit eiresia, das Rudern, beruht. Im Plutos endlich wird von einem alten Weibe, das einem schwärmenden Jüngling zurief, ihr nicht mit der Fackel nahe zu kommen, gesagt:

> Nun da hat sie Recht!
> Denn wenn sie auch ein einzger Funke nur ergreift,
> Zu Asche brennt sie wie ein alter Segenszweig.[3]

Einen besseren Zunder gab es in der Tat kaum, als die vertrocknete und ausgedörrte Eiresione, wenn sie das Jahr hindurch ihren Platz behauptete. Der Dichter spricht davon aber wie von einer allgemein gemachten Erfahrung; augenscheinlich wurde die ausgediente Eiresione nicht auf den Müllhaufen geworfen, sondern

---

ἄλλοι δέ φασιν ὡς λοιμοῦ ποτε ἐνσκήψαντος Ἀθηναίοις, ἕκαστος πρὸ τῶν θυρῶν ἔστησαν εἰρεσιώνας εἰς ἀποτροπὴν τοῦ λοιμοῦ. καὶ διέμενεν εἰς ἐνιαυτόν. ἣν καὶ ξηρανθεῖσαν πάλιν κατ' ἔτος ἐποίει ἑτέραν χλοάζουσαν. Ibid. Cod. Reg.

1) Equit. 729: *τὴν εἰρεσιώνην μου κατεσπαράξατε.* Schol.: *τὸ δὲ κατεσπαράξατε εἶπεν ἐπειδὴ ἀλλήλους ὤθουν.*

2) Vesp. 398: *ἀνάβαιν' ἀνύσας κατὰ τὴν ἑτέραν καὶ ταῖσιν φυλλάσι παῖε, ἤν πως πρύμνην ἀνακρούσηται, πληγεὶς ταῖς εἰρεσιώναις.* Schol.: *Ἐπεὶ κλάδοις τισὶ παρακελεύεται παίειν αὐτὸν τοῖς πρὸ τῆς οἰκίας, διὰ τοῦτο ταῖς εἰρεσιώναις εἶπε .. εἰρεσιώναις δὲ ἁπλῶς τοῖς ξηροῖς κλάδοις.*

3) Plut. 1054: *ἐὰν γάρ αὐτὴν εἷς μόνος σπινθὴρ λάβῃ ὥσπερ παλαιὰν εἰρεσιώνην καύσεται.* Schol.: *παλαιὰν κατάξηρον.*

aus Ehrerbietung durch Feuer vernichtet. Der Aufpflanzung der Eiresione im (städtischen?) Herrenhause ging aber ein Umgang mit derselben auf dem Dorfe und den Äckern vorher.[1]

Die Ausschmückung der Eiresione war begreiflicherweise bei den einzelnen Prozessionen kleinen Verschiedenheiten unterworfen. Bald war sie ein sehr großer Ast (*εὐμεγέθης κλάδος*) mit vielen Bändern oder Binden (vittae, stemmata), bald ein kleiner Zweig (*θάλος*) mit einem Bande geschmückt (Etym. Magn. 303. s. o. S. 220). Die Farbe der Bänder war vorherrschend weiß und rot.[2] Außerdem umwanden abwechselnd rote und weiße Wollenfäden, wie es scheint, den Schaft des Baumzweiges,[3] auch

1) Wenn Pausanias o. S. 219 zuerst von einem einzigen Knaben spricht, der die E. zum Apollotempel trägt, später ein Liedchen erwähnt, das mehrere Knaben bei Umtragung der E. singen (*ᾖδον δὲ παῖδες οὕτω·*), und endlich fortfährt: „*μετὰ δὲ τὴν ἑορτὴν ἔξω ἀγρῶν τιθέασι παρὰ τὰς θύρας,*“ so ist es klar, daß hier in dem stark abkürzenden Auszuge des Lexicographen zwei verschiedene Teile seiner Vorlage, die Schilderung der öffentlichen und diejenige der privaten Begehungen, in eins geworfen sind. Schon die Mehrheit der singenden Knaben gehört der letzteren an; mehrere Knaben sind es, weil jeder Prozession von Gutsangehörigen je ein *παῖς ἀμφιθαλής* vorausschreitet. Wenn aber nach dem Feste die E. außerhalb der Äcker oder ländlichen Besitzungen, d. h. in den Herrenhäusern der Güter oder in städtischen Häusern der Gutsherren zur Aufbewahrung vor die Tür gehängt wird, so muß das Fest selbst, d. h. hier die Prozession, der Umgang mit dem Segenszweige, im Gegensatz dazu innerhalb der Äcker oder Landgüter vollzogen sein und schon deshalb die Erklärung von Meursius (Graec. fer. L. V. in Gronovii Thes. antiqu. Gr. T. VII, p. 847) verworfen werden, die vor dem Apollotempel aufgepflanzte Eiresione sei nach dem Feste von dort entfernt und vor den Privathäusern aufgesteckt. Wie vielfach müßte dann jene eine E. geteilt sein! Oder unberechtigter Weise müßten aus der einen durch die Überlieferung bezeugten Prozession zum Apollotempel deren sehr viele gemacht werden.

2) *Ἡ θάλος ἐστὶν ἐλαίας παντοδαποὺς καρποὺς ἔχον ἀπηρτημένους καὶ στέμμα λευκὸν καὶ φοινικοῦν.* Etym. Magn. 303. s. o. S. 220. *Ἀλλαχοῦ δὲ λέγεται καί, ὅτι στέμμα λευκὸν καὶ φοινικοῦν ἀπήρτητο τοῦ θαλλοῦ.* Eustath. s. o. S. 219. Dieses Stemma war also derart aufgehängt, daß es vom Zweige herabhing.

3) Darauf bezieht sich, was der Scholiast zu Statius' Thebais II, 736 berichtet, wenn er von der (von uns später zu besprechenden) Eiresione am Panathenäenfeste redend, „in qua omnium frugum pomorumque primitias obligabant,“ diese Beigaben mit roten und weißen Fäden angehängt nennt (purpureis nexibus supra dicta pendebant, quae tamen interjecta duobus pedibus candida fila discriminabant). Hiemit stimmt die Angabe im Schol. Arist.

waren alle möglichen reifen Früchte daran gehängt.[1] Falls die o. S. 218 ausgesprochene Ansicht über die Aussage des Theophrast begründet ist, so muß außer Früchten des Erdbeerbaumes (*μιμαίκυλα*), Bohnen (*ὄσπρια*), Gersten- und Weizenähren (*κριθαί, πυροί*), Wicken (? *ἐλλυςπόα ἄγρωστις*), runden Kuchen (*φθοΐς*) und aufrechtstehenden Gebäcken (*ὀρθοστάται*) von Gersten- und Weizenmehl auch das so beliebte Confekt aus den in länglicher Form zusammengepreßten Kernen von Steinobst, Weinbeeren oder Pinienäpfeln (*πυρηνίων ἡγηρία*, l. *ἡγητηρία*) und aus Feigen (*παλάθη ἡγητηρία*) zuweilen zu diesem Schmuck der Eiresione gehört haben;[2] wenn aber auch Kochtöpfe nebst Inhalt (*χύτροι*) als Gegenstände der Umführung (*πομπή*) genannt werden, so halte ich für wahrscheinlicher, daß diese — wie sich nachher ergeben wird — nebenher getragen wurden. Der Scholiast des Statius erwähnt auch Äpfel unter den Anhängseln. Dagegen sagte der Astronom Hipparch (128—102 v. Chr.), dem Homer jede Kunst und jede Wissenschaft zuzusprechen, wäre gradeso, wie wenn jemand der attischen Eiresione Äpfel und Birnen, die sie nicht tragen kann, zuspräche.[3] Ein sicheres Zeugniß für die Ausrüstung des Segenszweiges gewährt das Bruchstück eines launigen Liedchens, welches vor Aufhängung desselben am Herrenhause von seinem Träger gesungen wurde:

Eiresione ist da! Herbstfeigen trägt sie und fette
Kuchen und Honig im Napf und Öl, die Glieder zu salben.
Lauteren Weins ein Becherchen auch, um trunken zu schlummern.[4]

Equ. 729: *Κλάδος ἐλαίας ἐρίοις περιπεπλεγμένοις ἀναδεδεμένος*, und Schol. Arist. Plut. 1054 in der entsprechenden Überlieferung abgekürzter: *κλάδος ἦν ἐρίοις πεπλεγμένος*. Ebenso Theophrast o. S. 217: *θαλλοὺς ἐρίοις περιειλημένους*.

1) Pausan. b. Eustath. p. 1283, o. S. 219: *θαλλὸς ἐλαίας, ἐστεμμένος ἐρίῳ προςκεκραμένους ἔχων διαφόρους ἐκ γῆς καρπούς*. Dafür Suidas in der näml. Glosse: *παντοδαποὺς τῶν ἐκ γῆς καρπῶν*. Schol. Arist. Equ. 729, vgl. o. S. 218: *Κλάδος ἐλαίας ἐρίοις περιπεπλεγμένοις ἀναδεδεμένος. ἐξήρτηντο δὲ αὐτοῦ ὡραῖα πάντα ἀκρόδρυα.*

2) Auch *δρῦς* Eichen werden genannt, offenbar hs. Verderbniß. Dr. G. Schömann macht mich aufmerksam, daß *ἀκρόδρυα* zu lesen sein dürfte.

3) Strabo p. 16 D Casaub.

4) *Εἰρεσιώνη σῦκα φέρει καὶ πίονας ἄρτους*
Καὶ μέλι ἐν κοτύλῃ καὶ ἔλαιον ἀποψήσασθαι.
Καὶ κύλικ' εὔζωρον, ἵνα μεθύουσα καθεύδῃ.

Außer Kuchen und Feigen sehen wir also *Gefäſse* mit *Flüssigkeiten, Honig, Öl, Wein* an den Baumzweig gehängt, der nach Ausweis des o. S. 221 erwähnten Reliefs in annähernd wagerechter Lage über die Schulter zurückgelehnt getragen wurde.[1] Den Inhalt der an Schnüren herabhangenden Gefäße *goſs man bei Beendigung des Umgangs über die Eiresione selbst aus.*[2] Diese Ceremonie hat das Liedchen im Sinn, indem es die Eiresione personifiziert, die über sie ausgeschütteten Flüssigkeiten Honig, Öl und Wein gleichsam als Gebrauchs- und Genußmittel derselben auffaßt und ihr schalkhaft für das Jahr, welches sie auf dem ihr nunmehr anzuweisenden Platze verharren soll, einen guten Schlummer in süßem Räuschlein anwünscht. Im „Landmann“ des Timokles, eines als Feinschmeckers berüchtigten Dichters der mittleren Komödie, hatte jemand das *mit frischen und getrockneten Feigen, mit Öl und Honig besetzte* Tischtuch scherzhaft seine alles produzierende Landwirtschaft genannt, welche ihm jegliche Fruchtfülle herzutrage; ein anderer erwiderte im Hinblick darauf, daß dieser Ertrag nicht an Ort und Stelle gewachsen sei, man könne das wol eher eine Eiresione nennen.[3] Nach

Pausan. ap. Eustath. et Suid.; Schol. Aristoph. Plut. 1054. Equit. 729; Etym. Magn. 303; Plutarch, Thes. XXII; Mich. Apostol. proverb. XXI, 24. Phavorin. 240ᵇ. Die beiden ersten Verse auch Clemens Alex. Strom. 9, 33, Pott. 1) *φέρειν* Plutarch. *σῦκα φέρει καὶ μῆλα* Schol. Clem. Alex. p. 9, 33, Pott. 2) *καὶ μέλι ἐν κοτύλῃ.* Schol. Aristoph. Plut. et Equ.; Plutarch, Suid., Phavorin., Apostol., Clemens. — *μέλιτος κοτύλην* Eustath., Etymol. Magn. — *ἀποψήσασθαι* Etym. Magn., Schol. Arist. Plut. 1054, Suid., Apostol. — *ἀναψήσασθαι* Plutarch, Schol. Arist. Equ. 729, Clemens. — *ὑποψήσασθαι* Phavorin. 240. — *ἐπιχρήσασθαι* Eustath. 3) *κύλικα εὔζωρον* Eustath. *κύλικ' εὔζωρον* Suid., Plutarch, Schol. Arist. Plut. Equ. *ὅπως* Suid. *καθεύδῃς* Suid.

1) Schol. Arist. Plut. 1054: *θαλλὸς ἐλαίας ἢ δάφνης ἐξ ἐρίων συμπεπλεγμένος ἔχων ἄρτον ἐξηρτημένον καὶ κοτύλην· ἐστὶ δὲ μέτρον* [*ὃ νῦν καλοῦμεν ἡμίξεστον*] *καὶ σῦκα* [*καὶ πάντα τὰ ἀγαθά*]. *ταύτην δὲ τὴν εἰρεσιώνην πρὸ τῶν οἰκημάτων ἐτίθεντο οἱ Ἀθηναῖοι καὶ κατ' ἔτος αὐτὴν ἤλαττον. εἰώθει δὲ παῖς ἀμφιθαλὴς ἀμφ' αὐτῇ ταῦτα λέγειν· „εἰρεσιώνη σῦκα φέρει“* etc.

2) *Καταχύσματα δὲ καὶ κύλικα οἴνου κεκραμένην καταχέοντες αὐτῆς ἐπιλέγουσιν.* Etym. Magn. s. o. S. 220. Cf. Eustath.: *καὶ ὅτι καταχύσματα καὶ κύλικα οἴνου κεκραμένην ἐπιχέοντες αὐτῆς ἐπέλεγον τὴν ῥηθεῖσαν ᾠδήν.*

3) Clem. Alex. Strom. L. IV, Cap. II. § 7 p. 566 Pott. *Αὐτίκα οἱ στρωματεῖς ἡμῶν κατὰ τὸν γεωργὸν Τιμωκλέους τοῦ κωμικοῦ*

σῦκ', ἔλαιον, ἰσχάδας,

dem Glossokomon des Geschichtsschreibers Menekles, eines Zeitgenossen des Ptolomaeus Physkon (145—118 v. Ch.), buken die Athener Lyra, Napf (Kotyle), Rebzweig und wieder andere in Formen gegossene Kuchen von kreisförmiger Gestalt und hängten sie an die Eiresione. Dieses Gebäck hieß Diakonion oder in der Mehrzahl Diakonia.[1] Auch bei anderem Anlaß und anderswo (z. B. zu Patara in Lykien) wurden dem Apollo in heiliger Kiste als Weiheopfer Kuchen in Gestalt seiner Attribute *Leier*, *Bogen* und *Pfeile* zugetragen.[2] Während somit die der Eiresione angehängte Lyra die athenische Eiresione als Darbringung an Apollo bewährt, waren die aus Teig geformte Kotyle und Rebzweige nur ein jüngerer Ersatz für einen wirklichen mit Trauben behangenen Ast und das wirkliche mit Honig oder flüssigem Inhalt erfüllte Gefäß, welche jenes Liederbruchstück uns kennen lehrte. Beide Formen des Brauches können in Attika neben einander bestanden haben.[3]

Die in der Schilderung des Theophrast (o. S. 217. 224) als Gegenstände der Pompe erwähnten Kochtöpfe (Chytren) beziehen sich unzweifelhaft auf diejenige Handlung, welche dem Pyanepsienfeste den Namen gab und somit als dessen Hauptveranstaltung aufgefaßt wurde.[4] Es wurden nämlich nach vollendetem

---

μέλι προσοδεύουσι, καθάπερ ἐκ παμφόρου χωρίου. δι' ἣν εὐκαρπίαν ἐπιφέρει. σὺ μὲν εἰρεσιώνην οὐ γεωργίαν λέγεις.

1) *Διακόνιον. οἱ μὲν τὴν τοῦ πλακοῦντος κρηπῖδα. Μενεκλῆς δὲ ἐν τῷ Γλωσσοκόμῳ ταῦτα εἴρηκε περὶ αὐτοῦ· Ἀθηναῖοι τῷ Ἀπόλλωνι τὴν καλουμένην Εἰρεσιώνην ὅταν ποιῶσι, πλάττοντες λύραν τε καὶ κοτύλην καὶ κλῆμα καὶ ἄλλ' ἄττα κυκλοτερῆ πέμματα, ταῦτα καλοῦσι διακόνιον· λέγεται δὲ ἐπί τινος ἐγκρατοῦς. ὁμοίως δὲ καὶ Ἀμερίας διακόνια τὰ κατὰ τὴν Εἰρεσιώνην τῷ Ἀπόλλωνι πλασσόμενα πέμματα.* Suid.

2) Stephan. Byz. s. v. *Πάταρα*.

3) Von mehreren Arten Kuchen spricht auch das Scholion Arist. Plut. 1054: *Εἰρεσιώνη στέμματα πρὸ τῶν πυλῶν περιειλημμένα πλακουντικοῖς τισι κολλύροις καὶ ἄλλοις τοιουτοτρόποις τοῖς τε ὡραίοις καρποῖς καὶ ἐλαίας ἀποκεκραμένα.*

4) *Πυανόψια ἑορτὴ Ἀθήνησιν Ἀπόλλωνος. ὠνομάσθη δὲ καὶ διὰ τὸ ἑψόμενον ἔτνος τῶν κυάμων· τὸ γὰρ ἔτνος καὶ τὴν ἀθάραν πύανα καλοῦσιν· ἀφ' οὗ καὶ μὴν ἐστι Πυανεψιὼν λεγόμενος. Πυανεψιὼν μὴν Ἀθήνησι δ', ἐν ᾧ καὶ τὰ πύανα ἕψεται, εἰς τιμὴν τοῦ Ἀπόλλωνος. πύανα δὲ πάντα τὰ ἀπὸ γῆς ἐδώδιμα ὀσπριώδη, ἃ συνάγοντες ἕψουσιν ἐν χύτραις, ἀθάραν ποιοῦντες.* Photius; Harpokrat.

Eiresioneumzug *verschiedene Getreidearten und Hülsenfrüchte zusammengekocht und aus einem Topfe von den Hausgenossen gemeinsam verzehrt.* Diese Weise der Pyanepsienmahlzeit geht aus ihrem Spiegelbilde in der ätiologischen, d. h. zur Erklärung ihres Ursprungs erfundenen Legende deutlich hervor. Der Rhetor Pausanias (o. S. 219) drückt sich darüber so aus. Nachdem Theseus von Kreta rückkehrend mit den Geretteten ans Land gestiegen, *schmückte er die Eiresione aus*, kochte dann Töpfe mit Weizen- und Gemüsebrei (*χύτρας ἀθάρας καὶ ἔτνους*) und errichtete einen Altar. Plutarchs Bericht, der auf die nämliche Quelle zurückgeht, wie der des Pausanias, mithin zur Ergänzung und Verdeutlichung des letzteren verwandt werden darf, sagt, die Begleiter des Theseus hätten nach ihrer Rettung und Heimkehr *die übriggebliebenen vegetabilischen Lebensmittel untereinandergemischt in einem gemeinsamen Topfe gekocht und in gemeinsamer Mahlzeit mit einander verzehrt* (s. o. S. 220). Nach Sosibios bei Athen. XIV, 648 und Hesych. waren die pyanoi ein *aus allen* möglichen Erdfrüchten, einer *„Panspermie,“* gekochter süßer Brei.[1] Wie es nach Theophrast den Anschein hat, wurde die zum Pyanepsienfestmahl verwandte, Getreide- und Gemüsefrüchte umfassende Panspermie bei dem feierlichen Umzuge in Kochtöpfen, wie sie auch sonst zur Bereitung religiös geheiligter Speisen dienten (Schol. Arist. Pac. 924), der Eiresione (an der diese Töpfe doch wol nicht aufgehängt werden konnten) hinterhergetragen und demnächst verzehrt.

1) *Ἐστὶ δὲ τὸ πυάνιον, ὥς φησι Σωσίβιος, πανσπερμία ἐν γλυκεῖ ἡψημένη.* Athen. XIV, 648. Für *πύανον* kam auch die Nebenform *πυσανία* vor. Vgl. Hesych.: *πυσάνια, πανσπερμία ἑφθή.* Für gewöhnlich gebrauchte man die Ausdrücke *πύανον, πύανα, πύανοι, πυάνιον* für das *ἔτνος*, nämlich für eine Speise von *ὄσπρια* (s. o. S. 226), d. h. von solchen Erdfrüchten, welche nicht zum Brodbacken verwandt werden. (Cf. *ὄσπρια ἐκεῖνα τῶν Δημητριακῶν σπερμάτων, ἐξ ὧν ἄρτος οὐ γίνεται.* Galen., De aliment. facult. p. 314, 14. Bas.) Und zwar war die Mischung aus verschiedenen Fruchtarten wesentlich. So Theognost. Can. 23: *πύανοι μῖγμα παντοδαπῶν ὀσπρίων.* Doch wird *πύανον* auch von Getreidebrei, speziell Weizenbrei (*ἀθάρα*) gebraucht. *πυανόψια — διὰ τὸ ἀθάρας ἕψειν ἃ καλοῦσι πύανα.* Hesych. Cf. Hegesander b. Athen. IX, S. 406 D.: *τῆς τῶν πυρῶν ἑψήσεως ἐπινοηθείσης οἱ μὲν παλαιοὶ πύανον, οἱ δὲ νῦν ὁλόπυρον προσαγορεύουσιν.* Vgl. Ahrens, Rhein. Mus. XVII, 343.

Nur die in den Aristophanesscholien bewahrte Stelle des Theophrast (o. S. 217) sagt ausdrücklich aus, daß auch *an dem Früherntefeste der Thargelien im Mai* zu Ehren des Helios und der Horen eine Umtragung der Eiresione stattgefunden habe. Die Richtigkeit dieser Angabe wird indessen durch unabhängige Zeugnisse aus anderen Gegenden stark gestützt. Der Monat Thargelion hatte seinen Namen von den Thargelien (*θαργήλια*), d. h. dem in ihm gefeierten Feste des mit Helios identifizierten Apollo, auf welches diese Benennung von den dabei dargebrachten Weihegaben übergegangen war. Man nannte also Thargelien (*θαργήλια*) einmal die *Erstlinge* der bis dahin zum Vorschein gekommenen Früchte (*ἀπαρχὰς τῶν φαινομένων, τῶν πεφηνότων καρπῶν*); diese trug man in besondere Bündel gebunden prozessionsweise umher (*ἀπαρχὰς ποιοῦνται καὶ περικομίζουσι*),[1] wobei Reigentänze nicht fehlten (*ἵσταντο δὲ ἐν αὐτῇ καὶ χοροί*[2]); sodann eine *Panspermie*, eine Schüssel mit Brei aus den Erstlingen verschiedener Fruchtarten zusammengekocht.[3] *Endlich hiefs θάργηλος ein mit Wolle umwundener Ölzweig, den man als Bittzweig an den Thargelien einhertrug,*[4] und das aus der neuen Ernte zuerst gebackene Brod (resp. Kuchen). Letzterer Sprachgebrauch dehnte sich auch auf das erste vom Ausdrusch im Hochsommer gemachte und, wie es scheint, stark mit Sesam versetzte Brod aus.[5]

Wir treffen hier also auf einen genauen Parallelismus zu den Pyanepsien: Benennung des ganzen Monats nach dem Namen des

1) *Θαργήλια Ἀπόλλωνος ἑορτή. καὶ ὅλος ὁ μὴν ἱερὸς τοῦ θεοῦ. Ἐν δὲ τοῖς θαργηλίοις τὰς ἀπαρχὰς τῶν φαινομένων ποιοῦνται καὶ περικομίζουσι, ταῦτα δὲ θαργήλιά φασι.* Hesych. cf. Harpokr. Suid. s. v. *θαργήλια.*

2) Suid. s. v. *θαργήλια.*

3) *Καὶ ὁ θάργηλος χύτρος ἐστὶν ἀνάπλεως σπερμάτων.* Hesych. s. v. *θαργήλια. — θαργήλια . . . καὶ ὁ τῶν σπερμάτων μεστὸς χύτρος ἱεροῦ ἑψήματος. ἧψουν δ' ἐν αὐτῇ ἀπαρχὰς τῷ θεῷ τῶν πεφηνότων καρπῶν, ὀνομαζομένῳ ἀπὸ τοῦ θέρειν τὴν γῆν, τῷ αὐτῷ ὄντι τῷ Ἡλίῳ.* Suid. s. v. nach Küsters Emendation.

4) *Καὶ τὴν ἱκετηρίαν ἐκάλουν θάργηλον.* Hesych. s. v. *θαργήλια.*

5) *Παρεῖδε δὲ τοῦτον ὁ Βλεψίας ὥσπερ καὶ τὸν θάργηλον, ὅν τινες καλοῦσι θαλύσιον — Κράτης δ' ἐν δευτέρᾳ Ἀττικῆς διαλέκτου θάργηλον καλεῖσθαι τὸν ἐκ τῆς συγκομιδῆς πρῶτον γενόμενον ἄρτον — καὶ τὸν σησαμίτην.* Athen. III, 8. p. 114 C. Vgl. *θαλύσια αἱ τῶν καρπῶν ἀπαρχαί. θαλύσιος ἄρτος ὁ ἀπὸ τῆς ἅλω πεττόμενος πρῶτος.* Hesych.

Festes, Umführung der zuerst geschnittenen Früchte, Genuß eines Breies aus Vermischung mehrerer Fruchtarten, Umhertragung eines mit Wolle bewickelten Baumzweiges. Da der letztere Thargelos hieß, wie die ersten Erntebündel, läßt sich mit Sicherheit annehmen, daß er in dem nämlichen Festzuge, wie diese, seinen Platz gehabt haben wird. Natürlich entbehrte er des reicheren Schmucks der erst später reif gewordenen Baum- und Hülsenfrüchte, im übrigen entspricht er deutlich der Eiresione der Pyanepsien.

§ 3. **Ätiologische Legenden über den Ursprung der Eiresione.** Auf das nämliche Ergebniß, das Vorhandensein der Eiresione bei den Thargelien wie bei den Pyanepsien, führt die Analyse der ätiologischen Sagen über den Ursprung der Eiresione. Von diesen sind als solche, die nicht erst späterer Buchgelehrsamkeit ihr Dasein verdanken, sondern aus lebendiger Kenntniß des bestehenden Brauches flossen, zwei zu verzeichnen, welche die Pyanepsieneiresione mit der athenischen Beschickung des delischen *Thargelienfestes* in Verbindung bringen.

Die erste derselben liegt scheinbar in dem aus Krates (o. S. 220) erhaltenen Auszuge in ihrer einfachsten Form vor. Als in *Attika* einst Mißwachs (ἀφορία) herrschte, hatten die Athener in Folge eines Orakelspruchs dem Apollo den mit Wollbändern umwundenen Bittzweig (ἱκετηρία) aufgestellt.[1] *Dieser Erzählung liegt augenscheinlich einzig und allein der Glaube zu Grunde, daſs die Eiresione Hungersnot, Miſswachs abwehre und verhüte,* als δύναμις αὐξητική für die nächste Ernte wirksam sei.

Auffälligerweise aber setzt das Etymol. Magnum in dem gleichlautenden Abschnitt des Artikels εἰρεσιώνη (o. S. 220) den Namen des Lykurgos an die Stelle des Krates. Das erklärt sich vielleicht als Änderung eines Glossators, welcher wahrnahm, daß Lykurgos etwas Ähnliches ausgesagt hatte. Oder Krates hatte den Lykurgos ausgeschrieben[2], und der dem Pausanias wie dem Etym. M. zu Grunde liegende Context citierte beide Gewährsmänner neben einander. In letzterem Falle aber wäre die

1) Vgl. λιμοῦ γὰρ ἐνσκήψαντος ἀνεῖλεν ὁ θεὸς τὰς εἰρεσιώνας πρὸ τῶν θυρῶν κρεμάσαι. Schol. Arist. Plut. 1054.

2) Dies ist die Meinung Sauppe's. S. Bait. et Sauppe, Orator. Att. II, 272.

Beschränkung des Mißwachses auf *Athen* ungenau und auf die Darstellung des Lykurgos nicht ganz zutreffend. Denn dieser hatte zwar dieselbe Legende, aber in einer erweiterten und künstlicher ausgebildeten Gestalt erzählt, nach welcher die Hungersnot nicht allein Attika, sondern die ganze bewohnte Erde betraf. Die erwähnte Äußerung lesen wir in den Fragmenten einer Rede, durch welche Lykurgos seinen Feind Menesaichmos in Bezug auf die alljährlich zu den Thargelien nach Delos entsandte Theorie der Gottlosigkeit anklagte.[1] Der Angeklagte verteidigte sich mit der von den Alten gemeinhin für eine Ausarbeitung des Deinarch ausgegebenen, von Dionysios für ein eigenes Werk des Menesaichmos erkannten Gegenrede *περὶ τῆς Δήλου θυσίας*, welche anhub *ἱκετεύομεν ὑμᾶς καὶ* u. s. w. Obwol der ganze Vortrag des Lykurg auf die delische Theorie und die delischen Heiligtümer abzielte,[2] nimmt unter den erhaltenen zehn Fragmenten die Hälfte Bezug auf den uns beschäftigenden Gegenstand.[3]

1) S. Boeckh, Erklärung einer attischen Urkunde über das Vermögen des apollinischen Heiligtums auf Delos, S. 15 Anm. 4. Abhandl. d. Berl. Akad. d. W. 1834. Bait. et Sauppe, Orat. Att. II, 270.

2) Cf. Sauppe a. a. O.: etiam hoc patet, totam Lycurgi orationen ad sacra Deliaca pertinuisse.

3) Wir geben in Folgendem eine Zusammenstellung dieser Bruchstücke, insoweit des Lykurgos eigene Worte erhalten sind, in der Ordnung, welche sie uns im Zusammenhange der Rede gehabt zu haben scheinen. 1) *Δηλιασταὶ οἱ εἰς Δῆλον θεωροί· Λυκοῦργος κατὰ Μενεσαίχμου*. Harpokr. 2) *Λυκοῦργος ὁ ῥήτωρ μέμνηται τοῦ Ἀβάριδος ἐν τῷ κατὰ Μενεσαίχμου λόγῳ λέγων, ὅτι λιμοῦ γενομένου ἐν τοῖς Ὑπερβορέοις ἦλθεν ὁ Ἄβαρις ἐν τῇ Ἑλλάδι καὶ ἐμισθήτευσε τῷ Ἀπόλλωνι· καὶ ἐδιδάχθη παρ' αὐτοῦ τὸ χρησμολογεῖν καὶ οὕτω κρατῶν τὸ βέλος ὡς σύμβολον τοῦ Ἀπόλλωνος (τοξότης γὰρ οὗτος ὁ θεὸς) περιῄει χρησμολογῶν πᾶσαν τὴν Ἑλλάδα.* Eudocia, Viol. p. 20. Schol. Gregor. Nazianz. in catal. bibl. Bodleianae p. 51. *Ἄβαρις ὄνομα κύριον. λοιμοῦ δέ φασι κατὰ πᾶσαν τὴν οἰκουμένην γεγονότος ἀνεῖλεν ὁ Ἀπόλλων μαντευομένοις Ἕλλησι καὶ βαρβάροις τὸν Ἀθηναίων δῆμον ὑπὲρ πάντων εὐχὰς ποιεῖσθαι. πρεσβευομένων δὲ πολλῶν ἐθνῶν πρὸς αὐτοὺς καὶ Ἄβαριν ἐξ Ὑπερβορέων πρεσβευτὴν ἀφικέσθαι λέγουσιν.* Harpokr. 3) *Λυκοῦργός φησιν ἐν τῷ κατὰ Μενεσαίχμου „Καὶ γὰρ νῦν πολλὰς καὶ μεγάλας ὑμῖν τιμὰς ὀφείλω. καὶ ζηλῶ περὰ πᾶσιν Ἕλλησι μαντευομένοις τὸν Δία προηροσίαν ποιήσασθαι.* Suid. s. v. *προηρόσια*. Sauppe's wahrscheinliche Verbesserung dieser verdorbenen Stelle lautet: *Καὶ γὰρ νῦν πολλὰς καὶ μεγάλας ὑμῖν τιμὰς ὀφείλουσιν [ἐξ οὗ ποτ'] ἀνεῖλεν ὁ θεὸς ἅπασιν Ἕλλησι μαντευομένοις τὸν δῆμον προηρόσια ποιήσασθαι [τῇ Δηοῖ ὑπὲρ ἁπάντων]*. 4) *εἰρεσιώνη. Λυκοῦργος δέ φησιν, ἀφορίας γενομένης Ἀθηναίοις τοῦτο* (die Umtragung der Eiresione) *ἐπι-*

Der Zusammenhang der von Lykurgos vorgebrachten Legende scheint danach der folgende gewesen zu sein. Über die ganze Welt war eine Hungersnot oder Pest hereingebrochen. Durch dieselbe aus seinem Vaterlande vertrieben, kam der Hyperboräer Abaris nach Griechenland, lernte vom Apollo die Weissagung und reiste umher; durch seinen Mund erteilte der Gott den ihn befragenden Barbaren und Hellenen die Antwort, die Plage werde aufhören, wenn die Athener für alle ein Vorpflügeopfer (ἡ προηροσία) darbrächten. Dies geschah, und das Übel nahm ein Ende. Daher, d. h. weil die Athener die Proerosia darbrachten, (in Nachahmung dessen) bringen die Athener noch jetzt das Opfer zur Abwehr des Hungers, der Pest, indem sie die mit allen Früchten behangene Eiresione aufpflanzen. Dieses Fest nannten die Hellenen Panopsia, weil sie alle Früchte mit Augen sahen, die Athener sagen dafür Pyanepsia. Für ihre Tat schulden die Hellenen den Athenern große Ehren, und deshalb senden (oder sandten) sie als Dank die Erstlinge aller Früchte nach Attika.

Die zweite Legende, als deren älteren Aufzeichner wir vermutlich Philochoros bezeichnen dürfen (s. o. S. 219), kommt uns zur Anschauung durch Combination des Lexicographen Pausanias

---

τελεσθῆναι κατὰ χρησμὸν οἷον ἱκετηρίας. Etym. Magn. p. 303, 34. Cf. Anecd. Oxon. Crameri II, p. 436. 5) Πυανόψια. Λυκοῦργος ἐν τῷ κατὰ Μενεσαίχμου· καὶ ἡμεῖς Πυανόψια ταύτην τὴν ἑορτὴν καλοῦμεν, οἱ δ' ἄλλοι Ἕλληνες Πανόψια, ὅτι πάντας εἶδον τοὺς καρποὺς τῇ ὄψει. Harpokr. Hiemit vgl. man Schol. Aristoph. Equ. 729: Πρὸ δὲ τῶν θυρῶν ἱστᾶσιν αὐτὴν (sc. εἰρεσιώνην) εἰσέτι καὶ νῦν. ποιοῦσι δὲ τοῦτο κατὰ παλαιόν τι χρηστήριον· οἱ μὲν γάρ φασιν ὅτι λιμοῦ, οἱ δὲ ὅτι καὶ λοιμοῦ τὴν πᾶσαν κατασχόντος οἰκουμένην, χρωμένων τίνα ἂν τρόπον παύσαιτο τὸ δεινόν, τὴν λύσιν ταύτην ὁ Πύθιος ἐμαντεύσατο, εἰ προηρόσιον ὑπὲρ ἁπάντων Ἀθηναῖοι θύσειαν· θυσάντων οὖν τῶν Ἀθηναίων τὸ δεινὸν ἐπαύσατο. καὶ οὕτως ὥσπερ χαριστήριον οἱ πανταχόθεν τοῖς Ἀθηναίοις ἐξέπεμπον τῶν καρπῶν ἁπάντων τὰς ἀπαρχάς. ὅτε δὴ καὶ Ἄβαρίν φασι τὸν Ὑπερβόρειον ἐλθόντα θεωρὸν εἰς τὴν Ἑλλάδα, Ἀπόλλωνι θητεῦσαι καὶ οὕτω συγγράψαι τοὺς χρησμοὺς τοὺς νῦν προσαγορευομένους Ἀβάριδος. ὅθεν εἰσέτι νῦν, ἐπειδὰν ἀνιστῶσι τὸν κλάδον, λέγουσι ταῦτα, Εἰρεσιώνη σῦκα φέρει etc. — Cf. Schol. Arist. Plut. 1054: ἵστασαν δὲ αὐτὸν (κλάδον ἐλαίας) πρὸ τῶν θυρῶν κατὰ παλαιὸν χρηστήριον· οἱ μὲν γάρ φασιν, ὅτι λιμοῦ, οἱ δὲ καὶ ὅτι λοιμοῦ πᾶσαν τὴν γῆν κατασχόντος ὁ θεὸς εἶπε προηροσίαν τῇ Δηοῖ ὑπὲρ ἁπάντων θῦσαι θυσίαν Ἀθηναίους. οὗ ἕνεκα χαριστήρια πανταχόθεν ἐκπέμπουσιν Ἀθήναζε τῶν καρπῶν ἀπαρχὰς πρὸς ἀποτροπὴν τοῦ λοιμοῦ. τελεῖται δὲ ἡ θυσία αὕτη παρὰ τῶν παίδων τῶν Ἀθηναίων. Vgl. auch Suid. s. v. Εἰρεσιώνη.

(o. S. 220) mit Plutarchs Theseus (o. S. 220). Als sich Theseus mit den zum Opfer des Minotaurus bestimmten Jünglingen und Jungfrauen nach Kreta einschiffen wollte, brachte er für sie alle einen Bittzweig (ἱκετηρία), d. h. einen mit weißer Wolle umwundenen Zweig des heiligen Burgölbaums, im Tempel des Apollo Delphinios dar, sprach ein Gebet und stach am sechsten des Monats Munychion, an welchem es in historischer Zeit Sitte war, Mädchen in den Tempel des Delphinios zu entsenden, in See. Nach Pausanias wurde er sodann auf der Hinreise nach Kreta durch einen Sturm an die Küste von Delos verschlagen und gelobte hier, wenn er den Minotauros tödte und gerettet werde, dem Apollo einen Ölzweig zu schmücken und darzubringen. Plutarch läßt erst auf der glückhaften Heimreise die Landung des Theseus auf Delos vor sich gehen, wo er Reigentänze um den Altar des Gottes und Kampfspiele stiftet (cf. Pollux IV, 101). Bei der Wiederkehr nach Athen am 7. Pyanepsion weihte er dem Apoll das bei der Abreise Gelobte, indem er neben den Chytren (o. S. 227) die Eiresione dahertrug, einen Ölzweig, welcher, wie damals der Bittzweig, mit Wolle umwunden, jetzt zugleich mit allerlei Fruchterstlingen behangen war. An demselben Tage (7. Pyanepsion) — Plutarch sagt (Thes. 36) irrtümlich am 8., wie A. Mommsen (Heortol.) richtig zu bemerken scheint — fand im Theseion ein feierliches Opfer zum Andenken an Theseus' Rückkehr aus Kreta statt.

Beide Legenden haben das Gemeinsame, daß sie die Umtragung der Eiresione am Pyanepsienfeste in Parallelismus stellen mit der Überführung von Erstlingsgarben aus Attika und Umgegend zum Thargelienfeste auf Delos, und legen dadurch ein indirektes Zeugniß dafür ab, daß Eiresionen, mit Wolle (und Früchten?) geschmückte Baumzweige, *Begleiter der dem Apoll übersandten Erntebündel waren.* Um diese auf den ersten Blick vielleicht befremdlichen Behauptungen zu erweisen und in helles Licht zu stellen, dürfte es erforderlich sein, einiges Nähere über die delische Theorie und die mit ihr verbundene Hyperboräersage vorauszuschicken.

Am 6. oder 7. Thargelion, also zur nämlichen Zeit wie zu Athen das Früherntefest der Thargelien, fand auf Delos zu Ehren des Apollo die Feier der Delien statt, welche seit der Reform im Jahre 426 v. Chr. in besonders großartiger Weise mit gymnischen und musischen Wettkämpfen alle vier Jahre, in kleinerem Maßstabe alljährlich von den zu einer Amphiktyonie vereinigten Bewohnern der Kykladen begangen wurde. Diese Amphiktyonie, die nächste Nachfolgerin des großen attischen Seebundes, war eine zeitgemäße Erneuerung einer ins Dunkel der Vorzeit hinaufreichenden religiös-politischen Vereinigung aller meeranwohnenden Ionier auf europäischem und asiatischem Boden. Schon sie hatten das kleine öde Eiland zum Schauplatze einer von zahlreichen Teilnehmern und Zuschauern, darunter Frauen und Kindern, besuchten Festfeier gemacht[1] (vgl. Bk. 598), in welcher bereits das Schaugepränge neu hinzugefügter Stücke, wetteifernder orchestischer, gymnischer und musischer Aufführungen und Kämpfe den nur als Teil der heiligen Begehungen festgehaltenen ursprünglichen, vielleicht schon aus einer vorionischen Periode her an diesem Orte haftenden Kern der Kultushandlung überwucherte.[2] Noch mehr fand dies begreiflicherweise in der neuen Epoche unter Athens glänzendem Protektorat statt; aber selbst in die reformierte Gestalt des Festes vom Jahre 426 wurde augenscheinlich der älteste religiöse Festbrauch mit herübergenommen.

Alljährlich gingen von Seiten der teilnehmenden Staaten amtliche Gesandtschaften (Theorien) zum Feste nach Delos ab, welche die Weihgeschenke, Opfer, das wol eingeübte Personal der von Staatswegen dargestellten Männer- oder Frauenchöre hinübergeleiteten. Von Athen aus diente im fünften und vierten Jahrhundert v. Chr. zu diesem heiligen Zwecke die Triere Delias oder Theoris, welche immer wieder ausgeflickt bis auf die Zeit des Demetrios von Phaleron (um 309 v. Chr.) sich erhielt. Schon zu Sokrates' Zeit *galt sie für das Schiff, auf dem Theseus mit den Opfern des Minotauros nach Kreta fahrend in Delos gelandet sei und für den Fall der Rettung dem Apoll eine jährliche Theorie zu senden gelobt habe.*[3] Unzweifelhaft auf dieser heiligen Triere wurden — und dies war einer jener vorerwähnten uralten Kultusbräuche — neben Chortänzern und sonstigem Festpersonal, sowie neben anderen Weihgeschenken, *Erstlinge der Ernte* ein-

1) Vgl. Boeckh C. J. I, p. 255.
2) Hymn. Hom. in Apoll. 146 ff. Thucyd. III, 104.
3) Plutarch, Thes. 23. Platon. Phaedon init.

geschifft,[1] dergleichen sämmtliche Festteilnehmer auch anderswoher einsandten.[2] *In die erstgeschnittenen Garben waren z. T. auch Gaben anderer Art, Opfer für den Gott, derart eingebunden, daſs sie von den Halmen ganz verhüllt wurden.*[3] Offenbar wurden diese heiligen Fruchtsendungen nicht sämmtlich in natura dem Altare des Gottes zugeführt, sondern statt aller wurden einige Garben vor Apollo in einem alle Amphiktyonen stellvertretenden Festzuge gebracht, dessen altüberlieferter Brauch die Veranlassung zur berühmten Sage von den Hyperboreern geworden ist, welche schon über die Zeit des Hekatäus und Hesiod hinaufreicht.[4] Das bei diesem Festzuge funktionierende Personal bestand (falls hier mit gleichem Rechte, wie in hundert ähnlichen Fällen ein Rückschluß aus der ätiologischen heiligen Legende der Delier bei Herodot IV, 33 erlaubt ist) aus *zwei Frauen und fünf Männern, Perpherees* (*περφερέες*) genannt[5] und öfter als *Garbenträger* (*ἀμαλλοφόροι, οὐλοφόροι*) bezeichnet.[6] Flöten, Syringen und Cithern begleiteten ihren Gesang.[7] Diese sieben Personen stellten mit verhältnißmäßig sehr getreuer Bewahrung des Alten — wie denn der Kultus überhaupt in seinen wichtigsten

1) Vgl. A. Mommsen, Heortol. 402, zumal Anm.* u. **, wo mit Wahrscheinlichkeit nachgewiesen wird, daß am 6. Munychion die Prymna der Delias im Phaleronhafen zur Abfahrt bekränzt wurde, die Abfahrt aber erst erfolgte, sobald die Erstlinge des Erntesegens wirklich da waren; dann erst wird sie dieselben zu Prasiä an Bord genommen haben. Über die Orientierung des Thargelienfestes im Kalender und dessen Stellung zum tatsächlichen Eintritt der Ernte s. A. Mommsen, Heortologie 98. 99. 402. Ebenders., Griech. Jahreszeiten S. 54.

2) Kallimach. Hymn. in Del. 278: *ἀμφιετεῖς δεκατηφόροι αἰὲν ἀπαρχαὶ πέμπονται.*

3) Pausan. Descr. Graec. *τὰς δὲ ἀπαρχὰς κεκρύφθαι μὲν ἐν καλάμῃ πυρῶν, γινώσκεσθαι δὲ ὑπ' οὐδένων.* Herod. IV, 33: *ἱρὰ ἐνδεδεμένα ἐν πυρῶν καλάμῃ.*

4) Vgl. Stein zu Herod. IV, 33. Ukert, Geogr. d. Griech. u. R. III, 2, S. 393—406. O. Müller, Dorier I², 267—281.

5) Herod. IV, 33: *πέμψαι φερούσας τὰ ἱρὰ δύο κούρας .... ἅμα δὲ αὐτῇσι ... πέντε πομπούς, τούτους οἳ νῦν Περφερέες καλέονται, τιμὰς μεγάλας ἐν Δήλῳ ἔχοντες.* Vgl. Stein zu dieser Stelle.

6) Porphyr., De abstin. II, 19. Servius ad Verg. Aen. XI, 858.

7) *Τὰ ἐξ Ὑπερβορέων ἱερὰ μετ' αὐλῶν καὶ συρίγγων καὶ κιθάρας εἰς τὴν Δῆλόν φασι τὸ παλαιὸν στέλλεσθαι.* Plutarch. Mor. 1136.

Stücken sehr conservativ zu sein pflegt — *das Bild der Erntezüge dar, welche in alter Zeit von den Inseln resp. den Küstenlandschaften des Festlandes her die Erstlingsgarben nach Delos überführten.* Perpherees nämlich ist eine äolisierende Nebenform für ὑπερφερέες, Herüberbringer, da πέρ im Äolischen = ὑπὲρ gesetzt wird.[1] Daneben scheint ehedem eine zweite Form dieses Amtsnamens Hyperboroi (ὑπέρβοροι) oder Hyperberetai (ὑπερβερέται) bestanden zu haben, welche sich aus Analogie der im Makedonischen häufigen Vertauschung von φ und β als ὑπέρφοροι, ὑπερφερέται erklärt und durch den Monatsnamen ὑπερβερεταῖος für den Monat des Herbsterntefestes (September) in Makedonien, und der Frühernte (Mai, später nach Verrückung des Kalenders um zwei Monate, Juli) auf Kreta wesentliche Unterstützung erhält. Zu solchen Vermutungen berechtigt die Fiction der heiligen Sage von Delos, jene *Garben* sammt ihrem Einschluß seien Gaben eines im hohen Norden jenseits des Boreas in seligem Glück und Frieden lebenden, dem Apollo immerdar zur Kithara heilige Lieder singenden Volkes, der Hyperboreer, welche die Getreideerstlinge anfangs durch eine Gesandtschaft der oben beschriebenen Art überbracht hätten, jetzt aber von Stamm zu Stamm über Dodona, den malischen Meerbusen in Südthessalien, Karystos auf Euboea und die Kykladeninsel Tenos nach Delos weitergäben. Natürlich spielt hier einerseits ein etymologisches Mißverständniß des Wortes Hyperboreer mit; zu Grunde liegt aber andererseits unzweifelhaft auch noch ein historisches Factum, welches wir uns etwa derart zu denken haben werden, daß der ionischen Kultgenossenschaft eine ältere äolisch-achäische, vom pagasäischen oder malischen Meerbusen ausgegangene der Zeit nach voraufgeschritten war, welche das kleine, wüste und menschenleere Eiland von Delos wegen seiner Unberührtheit vom alltäglichen Menschengetriebe (vgl. Bk. 598) zur Stätte ihres Apollodienstes gewählt hatte, oder daß zur Festfeier der Ionier auch thessalische Griechen, vielleicht angeregt durch Verwandte auf Tenos, zu irgend einer Zeit Festtheorien zu entsenden veranlaßt wurden, die in ihrer Sprache mit Makedonen verwandt, von dieser Sendung den Namen ihres Erntemonats entlehnten und denselben weiter nach Makedonien hinein verbreiteten, wie

1) Ahrens, Dial. I, 151.

er andererseits über Delos nach Kreta gelangte.[1] Seit sie die politische Führerschaft des ionischen Bundes an sich nahmen, zur Zeit des großen Seebundes und später der delischen Amphiktyonie haben die Athener Brauch und Legende im Interesse ihrer Stellung umgewandelt. Einerseits setzten sie durch, daß sie von verschiedenen Seiten [zumal wol von asiatischen Kolonien griechischen Stammes, welche seit der Not der Perserkriege sich beeiferten, Kolonien Athens zu heißen], wie den zur delischen Bundeskasse einzuzahlenden Geldbeitrag, so auch die einzuliefernden Erstlingsgarben zur Ablieferung nach Delos erhielten, welche dann die delische Theorie zu Prasiä an Bord nahm. Andererseits entnahmen sie aus dieser Tatsache in prahlerischer Übertreibung die Behauptung, aus der ganzen Welt Ernteerstlinge zu empfangen, und die Bezeichnung *μητρόπολις τῶν καρπῶν* für ihre Stadt, sowie die Fiction, die Garbenerstlinge der Hyperboräer gelangten durch Vermittlung der Arimaspen, Issedonen und Skythen nach Sinope in Pontos und von da nach Prasiä.[2] Auch nach dem Apolloheiligtum in Delphi sandten weit entfernte Städte die Erstlinge ihrer Ernte, Metapont, Myrine, Pantikapaeum, Apollonia symbolisch in Gestalt goldener Ähren (*χρυσοῦν θέρος*); andere goldene Rettige, silberne Beete (betae), bleierne Rüben,[3] während ursprünglich solche Weihung in naturellen Früchten am nächstgelegenen Apolloheiligtum der Heimat vor sich ging. Auf einem Candelaberfuß sieht man z. B. Apollo, einen Priester und ein Weib, das *drei Ähren* darbringt[4] (vgl. die *drei Ähren* Bk. 209 ff.). Jene Rettige, Beete und Rüben entsprechen den an die Eiresione befestigten Gemüsen (o. S. 224), und wie die letztere in Athen *vor der Tür* des Apollotempels befestigt wurde, heftete man in Delphi die Ernteerstlinge an die heiligen Türpfosten und eine hohe Säule.[5] Nach Delos also wurden als

1) Über alles dieses vgl. Ahrens im Rhein. Mus. XVII, 1862, S. 340 bis 342. O. Müller, Dorier I, S. 202. 272. Welcker, Gr. Götterl. II, 352. Bursian, Gr. Geogr. II, S. 454.

2) Pausan. Descr. Gr. I, 31, 2. Vgl. Bursian, Gr. Geogr. I, 351. Mommsen, Heortologie S. 50. 218. 402.

3) Strabo VI, p. 205. Plutarch, De Pyth. orac. [illegible] Plin. H. N. XIX, 86.

4) Anal. d. Inst. arch. XXII, 59. Tav. B. D.

5) Clem. Alex. Strom. IV, 24 § 164 p. 149 Pott. *ἀλλὰ καὶ ὁ τὴν Εὐρωπίαν ποιήσας ἱστορεῖ τὸ ἐν Δελφοῖς ἄγαλμα Ἀπόλλωνος κίονα εἶναι διὰ τῶνδε:*

ἀπαρχαὶ volle Garben von weiterher geliefert, welche zum größeren Teile in den Vorratskammern der Priesterschaft aufgespeichert und in einigen wenigen stellvertretenden Exemplaren (*ὑπὲρ πάντων*) durch die Pompe der Perpherees vor den Altar des Gottes selbst gebracht werden mochten. Was es aber mit den in die Halme eingebundenen Opfergaben (*ἱερὰ*) o. S. 234 auf sich habe, welche Welcker wunderlicherweise für samländischen Bernstein erklären wollte,[1] lehrt auf das deutlichste die Vergleichung nordeuropäischer Erntefeste. Es wird nämlich in außerordentlich zahlreichen Fällen noch jetzt ein *Mensch*[2] oder ein *Tier*,[3] oder ein *Ei* (Osterei) und *Brod* (Bk. 158) in die *erste* oder *letzte Garbe* des Ährenschnitts als Vertreter des Wachstumsgeistes hineingebunden. Im griechischen und italischen Brauche spielt aber die erste Garbe der Ernte die Rolle, welche in Nordeuropa gemeinhin der letzten zufällt. Unzweifelhaft waren auch die in Weizengarben eingebundenen Opfergaben des delischen Erntefestes von gleicher Art; Herüberbringer (*περφερέες, ὑπερβορέες*) hießen ursprünglich die Festgesandten, welche sie von den Kykladen oder vom Festlande über das Meer zum Inselheiligtume von Delos geleiteten; ihr Name haftete später im Ganzen des ausgebildeten Festgepränges an den Personen, welche eine Auswahl in Prozession dem Altare des Gottes zuführten. Diese Prozession bildete aber nur den Erntezug nach, der anfänglich wol in jedem Dorfe bei Einbringung der zuerst geschnittenen Garbe (des Praemetium) gebräuchlich war. Bei Gelegenheit einer in Zukunft zu veröffentlichenden Untersuchung werde ich nachweisen können, daß auch noch andere Stücke des delischen Festgebrauchs auf alter, einfacher, dorflicher Erntefeier beruhen.

Die Delien waren demnach ihrem Hauptcharacter nach nichts anderes als die Thargelien; sie waren das auf einen

---

ὄφρα θεῶν δεκάτην ἀκροθίνιά τε κρεμάσαιμεν
σταθμῶν ἐκ ζαθέων καὶ κίονος ὑψηλοῖο.

Cf. *ἀκροθίνια αἱ τῶν ἐνιαυσιαίων καρπῶν ἀπαρχαί.* Suid. *ἀκροθίνιον ἀπαρχὴ καρπῶν . . ἀκροθίνιον ἀπαρχὴ τῶν θινῶν. θῖνες δέ εἰσιν οἱ σωροὶ τῶν πυρῶν ἢ κριθῶν. ἢ πᾶσα ἀπαρχή.* Hesych.

1) Gr. Götterl. II, 354.

2) So S. 164. 173. Vgl. Bk. 215. 611. Korndämonen S. 34.

3) S. m. Korndämonen S. 15.

bestimmten Jahrestag fixierte Früherntefest, und selbst die darüber hinausgehenden Zutaten der ionischen Periode hatten die Hauptzüge nicht verwischen können. Erst die Zeit der athenischen Hegemonie nach den Perserkriegen kann die Umdeutung des Festes und seiner Bräuche in eine historische Erinnerung an die Erlebnisse des attischen Nationalhelden Theseus unternommen und, so gut als möglich, durchgeführt haben.[1]

Kehren wir nach dieser Abschweifung mit der nun gewonnenen Ausbeute an neuen Gesichtspunkten zu der o. S. 232 unterbrochenen Erörterung zurück, so finden wir uns zu dem Nachweise ausgerüstet, daß in der Tat beide Legenden, wie wir behaupteten, die Entstehung der Pyanepsien zu der Theorie nach Delos in Beziehung bringen. Denn die Erstlinge aus aller Welt, welche aus Dank nach Athen gesandt werden (o. S. 231), sind eben nichts anderes als die Weihegaben zu den delischen Thargelien; von einer *Sendung* der ἀπαρχαί zu einer anderen Zeit, zumal zum Pyanepsienfest, weiß keine Quelle etwas; und folgerichtig können auch die auf Geheiß des Hyperboreers Abaris für alle Welt dargebrachten Vorpflügeopfer (προηρόσια), welche einerseits als wiederholende Fortsetzung die Pyanepsieneiresione veranlaßt, andererseits als dankbare Erwiderung (χαριστήρια) die allseitige Versendung der Erstlingsgarben nach Attika hervorgerufen haben sollen, in diesem Zusammenhange nichts anderes bedeuten als eben die am Pyanepsienfest unmittelbar vor dem Beginn der Saatzeit geschehene Aufpflanzung der fruchtbehangenen Ölzweige, da sie ebensogut wie als Dank für die vollbrachte diesjährige Ernte als ein boni ominis causa dargebrachtes Bittopfer für die künftige aufgefaßt werden durften.

1) Die historische Anknüpfung der delischen Heiligtümer an Athen zum Erweise eines uralten Anrechts der Athener an die Verwaltung derselben versuchte man damals durch mannigfache Fictionen. Phanodemos im zweiten Buche seiner Atthis erzählte, daß schon Erysichthon, der Sohn des Kekrops, nach Delos fuhr, daselbst den Apollotempel gründete und von dort das Bild der von den Hyperboreern nach Delos gekommenen Eileithyia nach Attika brachte (Euseb. Canon. p. 497. Athen IX, 392 D.). An der Abfahrtsstation der Hyperboreererstlinge zu Prasiä (o. S. 236) zeigte man Erysichthons Grabmal (Pausan. I, 18, 5. 31, 2). Die dem Deinarchos zugeschriebene Rede Δηλιακὸς λόγος machte Anius, den delischen König zur Zeit des Trojanerkrieges, zum Enkel des Theseus. Vgl. Boeckh, Über e. att. Urk. S. 15. Abh. d. Berl. Akad. 1834.

Die Darbringung der Eiresione wird mehrfach als *θυσία* bezeichnet (o. S. 231). Es liegt somit nahe zu vermuten, daß Proerosia (d. h. das der Pflügung voraufgehende Fest) überhaupt nur eine andere gelegentliche Bezeichnung für die unmittelbar vor der Wintersaatzeit eintretende, sonst und zumal offiziell Pyanepsia genannte Feier, die Eiresionen das von den Lexicographen erwähnte, für alle an Hungersnot oder Pest leidenden Völker dargebrachte Fruchtopfer *πρὸ τοῦ ἀρότου* waren.[1] Denn auch

1) *Προηρόσιαι. αἱ πρὸ τοῦ ἀρότρου γινόμεναι θυσίαι περὶ τῶν μελλόντων ἔσεσθαι καρπῶν, ὥστε τελεσφορεῖσθαι.* Suid. — Mit obiger Annahme stimmt auch der den Proerosien vom ältesten Atthidenschreiber Kleidemos (oder Kleitodemos, um 380 v. Chr.) bei Stephanos s. v. *προηρόσια* den Proerosien beigelegte Name Proarkturia wol überein, da das Pyanepsienfest in die letzte Hälfte des Octobers fiel, der heliakische Untergang des Arktur in das Ende dieses Monats (vgl. Mommsen, Heortol. 77). Merkwürdigerweise hat man die richtige Erklärung der Proerosien bisher gänzlich verkannt und in ihnen ein eigenes Fest gesucht. Der Irrtum entstand durch die unbewiesene, ja sicher falsche Conjectur, daß die Proerosien mit den drei heiligen Pflügungen der Athener (Rinck, Gr. R. II, p. 180 n. 9; Mommsen, Heort. 76) oder mit einer derselben (Hermann, G. A. 56, 28) zusammenfielen. Sie waren ja aber ihrem Namen nach ein der Pflügung voraufgehendes Fest, nicht ein Fest der Vorpflügung selbst. Dieser Grundirrtum verleitete zu den geschraubtesten Annahmen. Nach Mommsen a. a. O. 218 ist die Eiresione ein dem Apoll dargebrachter Dank, weil der Gott in allgemeiner Not Proerosien angeraten habe; an den letzteren wurden nämlich aus aller Welt eingesandte Aparchai von den Athenern für alle geopfert. Als dankenswerte Sache aber mußten die Proerosienopfer dem Erntedankfest, der Eiresione im Kalender vorausgehn. Grade das Gegenteil von dieser Mommsenschen Aufstellung sagt die Überlieferung (o. S. 231). Die Athener stellen die Eiresionen vor die Türen als Wiederholung dessen, was ehedem nach Befehl des Orakelspruchs geschah; diese sind also die dankenswerte Sache, die Proerosien, welche der Gott für alle zu opfern befahl. Die *χαριστήρια* aber bestehen aus den von aller Welt [zur Weiterbeförderung nach Delos o. S. 233 ff.] gesandten *ἀπαρχαί*. C. Th. Anton (Mos hieme expulsa aestatem salutandi. Gorlicii 1840, II, p. 13 ff.) sieht zwar richtig, daß die Eiresione an den Proerosien im Umzuge dahergetragen wurde, hält aber irrigerweise mit Ilgen (Opusc. var. phil. I, 136—139) die Angaben des Plutarch von Aufpflanzung derselben am Pyanepsienfeste für unzuverlässig. Auch Preller (Dem. u. Perseph. S. 295), der die Proerosien als einzelnen Akt mit den großen Eleusinien verbinden möchte, täuscht sich, wenn er meint, daß an diesen das von unseren Quellen gemeinte Opfer von Erstlingsgarben aus aller Welt dargebracht sei. Eine derselben (o. S. 231) sagt zwar, es habe der Deo (Demeter) gegolten. Es lag aber nahe, trotzdem die Feier hauptsächlich den Apollo anging, daneben auch wie der Horen (o. S. 217), so der Demeter dabei zu gedenken. Auch an den

das spricht für die Identität, daß nach Lykurgos die Eiresione, wie die Proerosien, des Mißwachses wegen gestiftet sein soll (o. S. 220. 230). Und so heißt es in der Tat in dem rhetor. Lexic. Bekk. Anecd. Gr. 246, die Eiresione sei ein Bittzweig, den man mit Hymnen von allen Volksstämmen dem Apollo weihe, damit die Erde fruchtbar würde und die Früchte erschienen.[1] Von den Proerosien sprach auch Hypereides in seiner i. J. 346 v. Chr. vor dem Amphiktyonenrate gehaltenen delischen Rede (*λόγος Δηλιακὸς*), in welcher er das uralte Recht Athens auf die Verwaltung des delischen Tempels siegreich erwies.[2] Er wird so ziemlich dieselben Argumente ins Feld geführt haben wie Lykurgos (o. S. 230), der ebenfalls die Proerosien und daneben Pyanepsien, Eiresione, Abaris in engem Zusammenhange mit Delos und zwar mit der Thargelientheorie erwähnte. Augenscheinlich, um diesen Zusammenhang glaublich zu machen, war der Hyperboreer Abaris als Urheber des Proerosien-Pyanepsienfestes in die Legende eingeführt. Ebenso augenscheinlich können in diesem Zusammenhange die den Athenern für die erste Darbringung des Proerosienopfers von Seiten der andern Hellenen gebührenden großen Ehren schwerlich etwas anderes bedeuten, als die Leitung der hyperboreischen Theorie. Der Zusatz *ταύτην τὴν ἑορτὴν* zu dem offiziellen Namen des Festes Pyanopsia (o. S. 231) weist auf eine vorausgehende Beschreibung desselben unter anderer Bezeichnung zurück, und es ist klar, daß eben *προηροσία* in dem Vorherigen diese Function erfüllte. Wir

---

Thargelien wurde am 6. Thargelion zugleich der Demeter Chloe ein Schaf geopfert. So hat es denn auch nichts Auffallendes, daß [wie ich annehme, am Pyanepsien- = Proerosientage] zehn Tage nach den Eleusinien ein Stieropfer dargebracht wurde, das auf Ephebeninschriften einer sehr späten Zeit unter dem Namen der Proerosia **hinter** den eleusinischen Mysterienopfern, also doch wol als eine in der Kalenderzeit darauf folgende Begehung, vielleicht sehr jungen Ursprungs erwähnt wird (Ephemeris. 4098, 8. 4104. Mommsen a. a. O. 220. 77).

1) *Εἰρεσιώνη καὶ πόθεν ἡ τῶν πυανεψίων ἑορτή· ἑορτῆς ὄνομα καὶ ἱκετηρία καὶ ὕμνοι πάντων ἐθνῶν πρὸς Ἀπόλλωνα διὰ τὴν τῆς γῆς εὐετηρίαν καὶ διὰ τὸ τῇ ὄψει τοὺς καρποὺς φανῆναι. κλάδος ἐλαίας καὶ δάφνης πρὸ τῶν οἰκιῶν τιθέμενος, πλήρης πολλῶν ὡραίων ἀναδεδεμένων. τοῦτο δὲ ἐγένετο ἐπὶ τιμῇ τῶν θεῶν ὥσπερ ἀπαρχὰς λαμβανόντων.* Vgl. auch Schol. Arist. Plut. Cod. Reg.: *θῦσαι τοὺς Ἀθ. ὑπὲρ πάντων καὶ ταύτην τὴν εἰρεσιώνην ἐποίησαν οἱονεὶ πάντων τῶν καρπῶν ἀπαρχάς.*

2) S. Bait. et Sauppe, Orat. Att. II, 285 ff.

gewinnen aus alledem die Gewißheit, daß Lykurgos die Pyanepsien und die Eiresionepompa zu der delischen Thargelienpompa in Parallelismus setzte. Wie das weiter begründet wurde, wie man die Weiterführung der Ernteerstlinge von Athen nach Delos motivierte, wissen wir nicht. Eine Andeutung aber gewährt die von Diodor bewahrte Notiz, Abaris habe die alte Freundschaft der Hyperboreer mit den Deliern erneuert.[1] — Sicherlich fanden Lykurg und Hypereides die Legende bereits vor, da sie als Beweisstücke nicht Selbsterfundenes vorbringen durften; dieselbe reicht also sicher in den Anfang des vierten, wo nicht ins fünfte Jahrhundert zurück. Die Erwähnung der Proerosien bei Kleitodemos (o. S. 239) giebt zu der Vermutung Anlaß, daß schon bei ihm davon die Rede war.

Noch deutlicher liegt die Parallelisierung der Pyanepsien und delischen Thargelien in der an die Geschichte des Theseus geknüpften anderen Legende (o. S. 219. 231) zu Tage, welche vermutlich auf Philochoros zurückgeht, aber deren Entstehung noch in das fünfte Jahrhundert zurückreicht, da bereits Plato im Phädon Hauptteile von ihr voraussetzt. In dieser Legende liegen (vgl. S. 232) die behaupteten Beziehungen so auf der Hand, daß ich darüber in weitere Auseinandersetzungen einzutreten nicht für erforderlich halte. Beide Erzählungen, die wir kurzweg und cum grano salis verstanden, als die Philochoreische und Lykurgische (o. S. 219. 232) unterscheiden wollen, setzen also die Pyanepsien zu den Delien in Beziehung, aber auf eine ganz entgegengesetzte Weise. Während die letztere nämlich die herbstliche Eiresione als Zaubermittel faßt, welchem der durch reichliche Einsendung der Erstlinge bezeugte Segen der im Thargelion des nächsten Jahres zur Reife kommenden Ernte zu verdanken sein wird, geht umgekehrt die von Philochoros verzeichnete Deutung des Pyanepsienfestes vom Standpunkte des Thargelienfestes aus und läßt den mit geringem Fruchtschmuck auftretenden Ölzweig desselben (Thargelos o. S. 228; Eiresione, vgl. Theophrast o. S. 217, oder Hiketeria o. S. 228 Anm. 4) eine *Verheißung* des volleren der herbstlichen Erntefeste sein. Wenn somit beide ätiologische Sagen von einander unabhängig sind und dennoch

1) Diod. Sic. II, 47: *Ὡςαύτως δὲ καὶ ἐκ τῶν Ὑπερβορέων Ἄβαριν εἰς τὴν Ἑλλάδα καταντήσαντα τὸ παλαιὸν ἀνασῶσαι τὴν πρὸς Δηλίους εὔνοιάν τε καὶ συγγένειαν.*

übereinstimmend die Herbsteiresione zu der Sendung von Garbenerstlingen nach Delos in Parallele stellen, so konnte das nur geschehen, wenn die Ähnlichkeit der Feier der delischen Thargelien und der attischen Pyanepsien *auffallend grofs* war. Nur weil sich dies in der Tat so verhielt, fühlte man sich veranlaßt, die vom attischen Nationalstolze verlangte Zurückführung der seit den Perserkriegen von Athen geleiteten delischen Theorie auf die Reise des Theseus nach Kreta auch auf die Pyanepsien auszudehnen, in Folge dessen die Heimkehr der Geretteten auf den 7. Pyanepsion zu verlegen, und aus der Ceremonie des Pyanepsien- oder Proerosienfestes die noch unbekannte Geschichte dieses Vorgangs mit dem Schmucke neuerdichteten Details zu beleben. Nach allem diesem wird der Vermutung nicht ausgewichen werden können, daß — wie die Umtragung der Panspermie und der Eiresione im herbstlichen Erntedankfest verbunden waren — *so auch die Pompa der Garbenerstlinge im Frühjahr von einer derselben voraufgetragenen Eiresione* (Thargelos, Hiketeria) *wahrscheinlich begleitet gewesen ist.*

Übrigens wurde an den Thargelien zu einzelnen Apolloheiligtümern Attikas wol eine Lorbeereiresione statt des bekränzten Ölbaumzweiges einhergetragen; so in Phlye, und daneben wird die Panspermie in einem heiligen Korbe statt in Töpfen (Chytren) dahergeführt sein. Eine solche Lorbeereiresione scheint dann auch abwechselnd mit der Ölbaumeiresione oder neben dieser die delische Garbensendung begleitet zu haben oder einem der zum Inselfeste abgeordneten Tanzchöre voraufgetragen zu sein.[1]

1) Vgl. Theophrast b. Athen. X, 24: *ὠρχοῦντο δ' οὗτοι περὶ τὸν τοῦ Ἀπόλλωνος νεὼν τοῦ Δηλίου, τῶν πρώτων ὄντες τῶν Ἀθηναίων, καὶ κατεδύοντο ἱμάτια τῶν Θηραϊκῶν· ὁ δὲ Ἀπόλλων οὗτός ἐστιν, ᾧ τὰ Θαργήλια ἄγουσι καὶ διασώζεται Φλυῆσιν ἐν τῷ Δαφνηφορείῳ γραφὴ περὶ τούτων.* Über diese Daphnephorie vgl. Bötticher, Baumkultus S. 390. Procl. ad Hesiod. Op. et D. 767: *καὶ Ἀθηναῖοι ταύτην (τὴν ἑβδόμην) ὡς Ἀπολλωνιακὴν τιμῶσι δαφνηφοροῦντες καὶ κανοῦν ἐπιστέφοντες καὶ ὑμνοῦντες τὸν θεόν.* Hesych: *Κορυθαλία δάφνη ἐστεμμένη· τινὲς τὴν εἰρεσιώνην, ἄλλοι δὲ ὑπερόριον θεόν* (l. *ὑπερβόρεον θεῖον*). Aus welchem anderen Grunde als dem oben vermuteten kann der bindengeschmückte Lorbeer Eiresione oder hyperboreisches Heiltum genannt sein? *θεῖον* ist nach Harpokr. v. *θεωροὶ* technischer Ausdruck für die in Obhut der zu einem Feste abgeordneten Theoren gestellten Heiltümer, die man in der Pompa einhertrug. Cf. Hermann, G. A. 2. Ausg. § 31, 16.

§ 4. **Das pseudohomerische Eiresionelied.** In dem angeblich herodoteischen Leben Homers, einer Compilation aus der Mitte des zweiten Jahrhunderts der christlichen Ära,[1] ist uns ein mit dem Namen der Eiresione bezeichnetes Volksliedchen erhalten, welches zunächst wol dem Duris (324 v. Chr.), von diesem des Eugeon samischen Ὧροι entnommen[2] sein wird, vorher aber lange Zeit ohne Namen des Verfassers von Mund zu Mund getragen sein mag, bis man (gradeso wie ein ganz ähnliches Volkslied beim Frühlingsumgang mit der Schwalbe auf Rhodos in der Schrift des Theognis περὶ τῶν ἐν Ῥόδῳ θυσιῶν dem Kleobulos von Lindos zugewiesen war[3]) durch das hohe Ansehen der Festdichtung und deren altertümliches Gepräge auf den Einfall gebracht wurde, sie dem Homer zuzuschreiben. An den Kalenden oder den ersten Tagen (νουμηνίαις) eines Frühlingsmonats wurde dieses Volkslied zu Ehren Apollos von Knaben gesungen, welche von Haus zu Haus vor den Türen der Reichen sangen und Gaben dafür in Empfang nahmen. Hiemit ist deutlich die am Anfange des Thargelion eintreffende apollinische Festzeit bezeichnet. Ob die Knaben noch den mit dem Stemma geschmückten Oliven- oder Lorbeerzweig in Händen trugen, sagt unsere Quelle nicht. Die Nichterwähnung kann durch Schuld der Excerptoren der ersten Niederschrift des Brauches in zweiter, dritter Hand veranlaßt sein. Der Name Eiresione konnte aber auch geblieben sein, wenn nur die Gabeneinsammlung fortdauerte, das umhergetragene Heiltum aber, um dessen willen dieselbe geschah, in Abgang kam; ein Vorgang, den ich bei anderer Gelegenheit mehrfach aus deutschen Frühlingsumgängen belegen werde, welche der Art nach jenen gabeneinsammelnden Umzügen mit der Schwalbe oder Krähe als symbolischen Vertretern des den Frühling herbeiführenden Numens völlig gleichstehen. Jedenfalls hatte das *Lied* einst durch Metonymie von dem umhergetragenen *Baumzweige* den Namen Eiresione empfangen, genau sowie auch θάργηλος, jener andere Name für letztere, auf den bei der Umtragung gesungenen Hymnus

1) Vgl. J. Schmidt, De Herodotea quae fertur vita Homeri. 1875. p. 115.

2) Schmidt a. a. O. 91 ff.

3) Athenaeus VIII, 360 B. Cf. Schmidt a. a. O. 89.

übergegangen war.[1] Dadurch aber unterschied sich der samische Brauch von der attischen und delischen Thargelien- und Pyanepsiensitte, daß in letzterer der glückliche Knabe die Eiresione zum Apollotempel oder zum Hause des Gutsherrn, dessen die Ernte war, brachte und sie hier vor der Tür aufpflanzte, dort aber eine Compagnie armer barfüßiger Knaben den Segenszweig bei verschiedenen Besitzern von Haus zu Haus trug.[2] Ursprünglich geschah das in allem Ernste, um jede Haushaltung der innewohnenden Segenskraft teilhaft zu machen, und man empfing eine Gabe als Opfer für das dem Segenszweige immanente Numen, wie sonst für die Schwalbe, Krähe[3] u. s. w.; mit der Zeit war der zur Spielerei hinabgesunkene Brauch zu einer bloßen Gelegenheit geworden, Almosen zu erbetteln. Der Art nach vergleicht sich von deutschen Bräuchen das in Prozession von Haus zu Haus geschehene Inshausbringen des Mais in der Grafschaft Mark (Bk. 162), das eine Abwandlung der Sitte ist, den eingeholten Mai ohne solchen Umzug vor der *Türe* aufzupflanzen.[4] Der Wortlaut des gesungenen Liedchens ergiebt, daß dieser Umzug der wirklichen Einbringung der auf dem Felde ausgedroschenen Ernte um kurze Frist voranging, deren füllestrotzenden baldigen Einzug ankündigte, und die Hauswirtschaft derselben wie aller mit ihr verbundenen leiblichen und geistigen Güter gewiß machen sollte. V. 1—10:

Hier nun stehn wir am Hause des viel vermögenden Mannes,
Der gar Großes vermag und groß stets rauschet in Vollem;
Dreht euch zurück, Türflügel, von selbst! Ein gehet ja Plutos
Lastvoll; auch sammt Plutos des Frohsinns blühende Charis,
Und Fried-Hora mit Gut. An den Rand sei jedes Gefäß voll.

1) *Καὶ ὁ θάργηλος παρὰ Μιλησίοις ᾀδομένη ἐπὶ φρονήσει.* Hesych. (Dazu Nachtrag S. 346.)

2) Die Sänger vergleichen sich selbst mit den Chelidonisten V. 11 ff.

3) Vgl. Athen a. a. O. 359: *κορώνῃ χεῖρα πρόςδοτε κριθέων τῇ παιδὶ τ' Ἀπόλλωνος … καὶ τῇ κορώνῃ παρθένος φέρει σῦκα.* 360: *Ἁ Χελιδὼν καὶ λεκιθίταν οὐκ ἀπωθεῖται.*

4) Vgl. auch: Zu Kirchohmfeld im Eichsfeld ziehen am zweiten Pfingsttag die Knaben in oder vor die Häuser, indem einer einen langen Stab trägt, der bis auf die Mitte mit allerlei Blumen bedeckt ist. Vor einem Hause angekommen schreien alle Knaben: „Eier! Eier! Eier! ein ganzes Nest voll!“ und erhalten dann Eier und andere Gaben. Waldmann, Eichsfeld. Gebr. u. Sag. Heiligenstadt 1864. S. 9.

Schwellend fließe der Teig, der eingerührte, vom Backtrog.
[Jetzo den Kuchen gebackt, mit lieblichem Bildniß, von Gerste
Und mit Sesam bestreut!] . . . .
Siehe die Gattin des Sohnes wird bald auf den Wagen euch schreiten,
Kräftige Mäuler führen sie her ins Haus, wo sie selbst nun
Webe, den bernsteinglänzenden Tritt mit dem Fuße beschreitend.[1]

Auftun sollen sich die Türen des Hauses von selbst, denn *Plutos*, der Dämon der Fülle, des Erntesegens, der Sohn der Demeter,[2] will einziehn, mit ihm die gute Eirene, die Hore des Friedens, und die blühende Euphrosyne, die Charis des Frohsinns;[3] so

---

1) Herod. Vita Homer. und daraus Suidas s. v. Ὅμηρος.

Δῶμα προςετραπόμεσθ' ἀνδρὸς μέγα δυναμένοιο,
ὃς μέγα μὲν δύναται, μέγα δὲ βρέμει ὄλβιος αἰεί.
αὐταὶ ἀνακλίνεσθε θύραι· Πλοῦτος γὰρ ἔσεισιν
πολλός, σὺν Πλούτῳ δὲ καὶ Εὐφροσύνη τεθαλυῖα,
Εἰρήνη τ' ἀγαθή. ὅσα δ' ἄγγεα, μεστὰ μὲν εἴη,
κυρκαίη [Suid.; *κυρβαίη* Herod.] *δ' αἰεὶ κατὰ καρδόπου ἕρπεο, μάζα.*
[*νῦν μὲν κριθαίην εὐώπιδα σησαμόεσσαν*]
. . . .
τοῦ παιδὸς δὲ γυνὴ κατὰ δίφρακα βήσεται ὔμμιν,
ἡμίονοι δ' ἄξουσι κραταίποδες ἐς τόδε δῶμα.
αὐτὴ δ' ἱστὸν ὑφαίνοι ἐπ' ἠλέκτρῳ βεβαυῖα.
. . . .
νεῦμαι τοι, νεῦμαι ἐνιαύσιος, ὥστε Χελιδών.
ἕστηκ' ἐν προθύροις, ψιλὸς πόδας· ἀλλὰ φέρ' αἶψα
πέρσαι τῷ Ἀπόλλωνι γυιάτιδος . . . . . .
Εἰ μέν τι δώσεις· εἰ δὲ μή, οὐχ ἑστήξομεν·
οὐ γὰρ συνοικήσοντες ἐνθάδ' ἤλθομεν.

2) *Πλοῦτος* Fülle bezeichnet zunächst in eigentlichstem Sinne den Getreidesegen. Vgl. *πλοῦτος· ἡ τῶν σπερμάτων ἐπικαρπία καὶ ἡ πανσπερμία.* Hesych. Der Getreidesegen, Plutos, als Person gedacht Sohn der Demeter. Hesiod. Theog. 969. Herdgenosse der Demeter und Kore. Hymn. Hom. in Cerer. 488 ff. Im Gebete neben Demeter, Kore, Kalligeneia, Ge, Hermes und den Chariten angerufen. Aristoph. Thesmophor. 295. Über die gleiche persönliche Bedeutung in unserem Eiresionelied s. J. H. Voss, Hymne an Demeter, Heidelberg 1826. S. 147 ff. S. namentlich auch Mannhardt, Korndämonen S. 33. Da ich darauf bei anderer Gelegenheit in kurzem ausführlicher zurückkomme, begnüge ich mich für jetzt mit diesen Nachweisen.

3) Hesiod, Theog. 902 nennt *Εἰρήνη τεθαλυῖα* als eine der Horen. Auf dem Tholos des athenischen Marktes stand neben den Stammhelden (Eponymen), nach welchen Kleisthenes die Phylen benannte, Eirene den Knaben Plutos auf dem Arme tragend, ein Werk des Bildhauers Kephisodotos (392—372 v. Chr.), Vaters des Praxiteles, welches Brunn in der Münchener Leukothea wieder erkannt hat. Die Horen gelten als der Demeter verbunden,

reich möge der Erntesegen sein, daß alle Gefäße sich füllen.[1] Nun wird neues Brod und Kuchen zum Erntefeste gebacken,[2] und so groß sei die Fülle, daß der aufgehende Teig über den Rand des Backtrogs hinabfließe. Auf diese Verse folgt v. 8—10, ein anderes Stück,[3] welches an die den Herrschaften dargebrachten

---

sie selbst heißt im homer. Hymnus *ὡρηφόρος*, sie wird mit den furchendurchwandelnden Horen zugleich angerufen. Bei Aristophanes (Pax 1166) sagt der Chor: „Ist die Frühfeige gereift, so kost' ich sie, so esse ich sie und singe dabei: „O liebe Horen!" (Anfang eines Liedes). Der innige Zusammenhang zwischen Recht und Frieden und ungestörtem Betrieb und Genuß des Ackerbaues ist der schöne Grundgedanke hiebei. „Den Sterblichen", sagte Bakchylides, der Hofgenosse Hieros, „gebiert die erhabene Eirene Reichtum und die Blumen der honigstimmigen Gesänge. Vgl. Kallimachos ruft Demeter an: *φέρε στάχυν, οἶσε θερισμόν, φέρβε καὶ εἰράναν, ἵν' ὃς ἄροσε τῆνος ἀμάσῃ*. Hymn. in Cer. 137 ff. Meineke. At nobis, Pax alma, veni, spicamque teneto. Tibull. I, 10, 67. *Γεωργία .. τοῖς πᾶσιν ἀνθρώποισιν Εἰρήνης φίλης ἀδελφή*. Aristophan. Fragm. Meineke Fr. Com. II, p. 1065. *ὀλβιδότειραν Εἰρήνην, κουροτρόφον θεάν*. Eurip. Bacch. 416. Pax Cererem nutrit, pacis alumna Ceres. Ovid. Fast. I, 704. Pax aluit vites. Tibull. I, 10, 47. Noch auf Münzen der Agrippina, Gemahlin des Claudius, ist diese als Eirene abgebildet in Gestalt einer Frau, deren Haupt Ähren kränzen und aus deren Busen Ähren hervorwachsen. Cf. Spanheim zu Callim. II, 840 Ernesti. — Eurynome gebar die drei Chariten *Ἀγλαΐην τε καὶ Εὐφροσύνην Θαλίην τ' ἐρατεινήν*. Hesiod. Theog. 909. Die Athener verehrten zwei Chariten Auxo und Hegemone. Pausan. Descr. Gr. IX, 35. Auf Bildwerken sieht man die Chariten häufig mit Ähren oder mit Blumen und Ähren oder mit Füllhörnern in der Hand dargestellt. Oft erscheinen die Grazien mit den Horen vereint als Spenderinnen erfreulicher Naturgaben im Umlaufe des Jahres, als Reize der Jahreszeiten, oder wo ihr Dienst ausschließlich geübt wurde, als — mit den Worten eines großen Forschers zu reden — nur provinziell von den Horen verschieden. Gaedechens, Verhandl. d. Kieler Philologenvers. 1869. S. 139 ff. Auf der Hand des delischen Apolls von Angelion und Tektaios sah man drei Chariten gebildet. Pausan. Descr. Gr. IX, 35.

1) Das ausgedroschene Getreide wurde in Gefäßen geborgen. Vgl. Hes. Op. et D. 597 ff.:

Δμωσὶ δ' ἐποτρύνειν Δημήτερος ἱερὸν ἀκτὴν
δινέμεν', εὖτ' ἂν πρῶτα φανῇ σθένος Ὠρίωνος,
χώρῳ ἐν εὐαεῖ καὶ ἐυτροχάλῳ ἐν ἀλωῇ·
μέτρῳ δ' εὖ κομίσασθαι ἐν ἄγγεσιν.

Auch versandt wurde Öl, Wein Getreide in Tongefäßen, so in den aus Rhodos, Thasos, Knidos stammenden, die man mit dem Namenstempel des Magistrats und den Emblemen des Ortes versehen vorfindet, von wo die Waare ausgesandt wurde. O. Jahn, Verhandl. d. sächs. Gesellschaft d. Wissensch. 1854. S. 361.

2) Vgl. das Thargelosbrod o. S. 228 Anm. 5.

3) Über das Elektron am Webstuhl s. Buttmann, Mytholog. II, 339. 350.

Wünsche deutscher und slavischer Erntelieder bei Einbringung des Erntekranzes oder der letzten Garbe anklingt, wie „Wir wünschen der Frau 'ne goldene Kron', aufs andere Jahr 'nen jungen Sohn; wir wünschen der Jungfer 'ne silberne Kann', aufs andere Jahr 'nen Gen'ral zum Mann!" Oder vergleicht sich der Glaube, daß, wer die letzte Garbe bindet, die letzten (resp. ersten) Halme schneidet, noch in diesem Jahre heiraten werde? Nun kommen v. 11—19 die sehr verderbten Zeilen des Vergleichs des Eiresionenumzugs mit der Prozession der Chelidonisten. Endlich schließen v. 14. 15 in verändertem, jambischem Metrum mit einem den Bettelliedern der Naturfeste gewöhnlichen Aufruf zur Mildtätigkeit ab, der ganz äußerlich angeschoben ist.[1] Somit besteht der überlieferte samische Eiresionetext aus einem Flickwerk verschiedener Bruchstücke verschiedener Lieder, von denen das älteste v. 1—10 einen im fünften und vierten Jahrhundert sehr lebendigen Ideenkreis (vgl. o. S. 245 Anm. 3) verrät und auch wol in diese Zeit, auf welche auch die literarhistorische Untersuchung leitet, hinaufreichen wird, wenngleich hier schon rationalistischer Mißverstand die in Kultus und Poesie der genannten Periode „als persönliche Wesen warm, innig und lebendig empfundenen" Gottheiten Plutos, Eirene und Euphrosyne in bloße Begriffsdarstellungen, abstrakte Allegorien aufzulösen sich anschickt. Doch in dem „*Πλοῦτος ἔσεισι*" bricht die volle Personification durch, zu der das Beiwort *πολλός* nicht paßt. In dem ursprünglichen Liede wird ein anderes (*ἐσθλός*? Hesiod Theog. 972) gestanden haben; setzen wir dieses in sein Recht ein, so offenbart sich uns echte mythische Anschauung. Betrachte ich nunmehr den ganzen Eingang des Eiresioneliedes als ein ursprünglich nicht zu dem Folgendem gehöriges, mit ihm nur durch die Einhertragung des Eiresionezweiges vermitteltes Stück für sich, und erwäge ich seinen Gedankenzusammenhang lediglich aus seinen eigenen Angaben, so gewinne ich den Eindruck, daß es einem Gesange entnommen sei, welcher nicht bei einem Umzuge von Haus zu Haus, *sondern bei Einbringung der ersten* (*ἀπαρχαί*) *Gaben der Ernte unter Vortragung der vielleicht auch hier vor der Tür des Herren-*

1) V. 14 kehrt mit Veränderung eines Wortes (*ἐάσομες* f. *ἑστήξομεν*) im Chelidonisma wieder: *εἰ μέν τι δώσεις· εἰ δὲ μή, οὐκ ἐάσομες.* Cf. Schmidt a. a. O. 89. Zu V. 15 vgl. im rumänischen Soareliede (Mannhardt, Klytia S. 13): „kamen nicht ums Sitzen".

hauses demnächst aufzupflanzenden Segenszweiges rezitiert wurde. Erst später mag sich diese Sitte in den Bittgang von Tür zu Tür (ἀγερμός) umgesetzt haben, was um so eher geschehen konnte, da auch bei ihr die mit der Eiresione aufziehenden Erntearbeiter — wie die unsrigen — vom Herrn und seinen zum Feste des Erntebeginns versammelten Gästen eine Gabe empfangen haben werden, welche ursprünglich als Steuer für die segenbringende Gottheit galt. Noch in dem großen delischen Thargelienfest war als besonderer Festakt auch ein gabeneinsammelnder Umzug der Weiber erhalten, bei welchem man Artemis unter den Namen Opis und Arge (Hekaerge) in einem Hymnus (ἀγείροντας ὑμνέειν) anflehte. Da man diese unverständlich gewordenen Beinamen der Schwester Apollos für Namen zweier *Hyperboreerinnen* ausgab, welche die Inselleute und Ioner den Brauch gelehrt haben sollten,[1] wird der ἀγερμός zur Pompa mit den Erstlingsgarben in Beziehung gestanden haben.

§ 5. **Die Panspermie der Pyanepsien.** Sowol die herbstliche Pyanepsieneiresione (o. S. 226), als der sommerliche Thargelos (o. S. 228) waren von einer Panspermie, d. h. dem Aufführen, Kochen und Verzehren einer Zusammenschüttung verschiedener Früchte begleitet. Die letztere bildete einen wesentlichen Bestandteil des Erntefestes, wir finden sie selbst in der Privaterntefeier des kleinen Landbesitzers wieder. In einem Epigramm des Diodor Zonas aus Sardes stellt Heronax für die eine Worfschaufel schwingende Demeter und die furchendurchwandelnden Horen von seinem armen und kleinen Felde die Erstlinge der ausgedroschenen Ähren und eine Panspermie nach altem Brauche auf den dreifüßigen Holztisch.[2] Wenngleich beide Darbringungen in weiterem Sinne als Weihen an die Gottheit gelten konnten, wird man doch von der zuerst genannten μοῖρα der Demeter und der Horen das Sämereiengemisch als den von der heiligen Darbringung den Menschen zum sakramentalen Genuß

1) Herodot IV, 35. Vgl. dazu Steins Anmerkung.

2) Δηοῖ λικμαίῃ καὶ ἐναυλακοφοίτισιν Ὥραις
Ἡρῶναξ πενιχρῆς ἐξ ὀλιγηροσίης
μοῖραν ἀλωίτα στάχυος πάνσπερμά τε ταῦτα
ὡς πρὶν ἐπὶ πλακίνου τοῦδ' ἔθετο τρίποδος.
Anthol. Pal. VI, 98. Suid. s. v. Λικίνιος. — ἀλωίτα f. ἀλωεῖται Correctur Meinekes, Delect. S. 223.

zufallenden Anteil unterscheiden können. Dies wird recht deutlich durch nordeuropäische Analogien, welche viel dazu beitragen, uns das Wesen der Panspermie zum klaren Verständnis zu bringen.

In der Oberpfalz besteht das Festmahl beim Schlusse des Dreschens aus *Mehlspeise von vier Getreidesorten* (o. S. 167). — Matth. Prätorius, v. J. 1664—1684 Pfarrer zu Niebudzen zwischen Insterburg und Gumbinnen, erwarb sich das Verdienst, im Verein mit mehreren gleichstrebenden Geistlichen litauischen Volksbrauch und Volksglauben zu sammeln. Seine wertvollen Ermittelungen finden sich in höchst breiter, erst 1703 vollendeter Ausführung letzter Hand in den handschriftlichen Foliobänden „Deliciae Prussicae oder Preußische Schaubühne" niedergelegt.[1] B. V, cap. 7, S. 23 beschreibt Prätorius „das Fest Samborios oder Getreydigt-Fest" der Litauer seiner Zeit; wir geben nachstehend die Haupttatsachen seines Berichtes wieder. Nach beendigter Ernte und Winteraussaat, wenn schon das Dreschen begonnen hat, anfangs Dezember, halten sie ein Fest, das sie *Sąbarios* nennen [d. i. Fest der Zusammenschüttung, sąbaria, Gen.-iôs von są-berti, zusammenschütten, zusammenstreuen], weil sie dann das Getreidig zusammenwerfen und aus dem Zusammengeworfenen Fladen, d. i. kreisrunde Kuchen backen und Bier brauen. Es heißt auch das Fest der *dreimal neune* (ant tryu dewinu) und schließt in sich eine Heiligung [sacrificium] aller Getreidearten, welche Gott ihnen segnen wolle, damit sie von jeder mögen Nutzen haben. Der Wirt nimmt *von jeder Getreidesorte, die man aussät, Weizen, Leinsaat, Gerste, Hafer, Bohnen, Linsen* u. s. w., je *neun* Handvoll und zwar so, daß er je dreimal zugreifend jede Handvoll wieder in drei Teile teilt. *So wirft er 27 Würfe von jedem Getreide auf einen Haufen und schüttet alles zusammen.* Dieses Getreide muß aber das *zuerst ausgedroschene und geworfelte* sein und wird schon vorher alsbald abgeschüttet und für sich verwahrt, denn wenn es schon mit anderem, wovon

1) In z. T. wörtlichem Auszuge (aber ungenügend) herausgeg. von W. Pierson, Berlin 1871. Ich folge dem Originalmanuscr. und verweise hiefür wie für das behauptete Verhältniß Brodowski's und Ruhig's zu Prätorius im Voraus auf die Nachweise in meinen später herauszugebenden „Denkmälern der lettopreußischen Mythologie." [Eine derartige Veröffentlichung aus dem Nachlasse Mannhardts ist von Dr. Berkholz in Riga erwartet worden. D. H.]

etwas zum Gebrauch genommen wurde, vermischt war, bringt es keinen Vorteil. Von diesem Getreide wird nun zunächst für jeden Hausgenossen ein kleines Brödchen gebacken, das Übrige wird mit soviel anderer Gerste oder Hafer versetzt, als nötig ist, um Malz für ein viertel oder halbes Tönnchen Bier zu geben, und von diesem Gebräu macht der Wirt den ersten Maisch *allein für sich, sein Weib und seine Kinder fertig* und hebt's besonders auf, kein Fremder darf daran kommen; vom zweiten Aufguß erhält das Gesinde, zuweilen auch ein zufällig ankommender Fremder; nur darf niemand darauf zu Gaste geladen werden. Ist das Bier fertig, so erwählt der Hausvater einen Abend, wann man keine Fremden vermutet, nach getaner Hausarbeit und Abfütterung des Viehes zum Vollzug des Festes. Zunächst kniet er dann vor dem Tönnchen nieder, zapft sich ein Kännchen Bier und gießt unter Gebet dreimal auf den Spund: „Blütenbringerin Erde (Žemynele žedkellei) lasse blühen Roggen, Gerste und alles Getreide; Gott sei uns gnädig, laß die heiligen Engel bei unserm Werke sein, die bösen Menschen aber treibe zur Seite, damit sie uns nicht verspotten!“ In der Stube erwarten den Hausvater Weib und Kinder; vor ihnen liegt am Boden gebunden ein im Laufe des Jahres geborener schwarzer, weißer oder bunter Hahn (ja kein roter) und eine ebensolche Henne, mit dem Hahn aus derselben Brut. Der Bauer kniet nieder, die Kanne in der Hand haltend, und dankt Gott für die gute Ernte, den reichlichen Ertrag des Ausdrusches, die gnädig bewahrte Gesundheit, bittet für die neu ausgestreute Saat und um das Gedeihen der nächstjährigen Feldfrüchte, um Segnung des Brodes in Ofen und Keller, um Bewahrung von Haus und Hof, Gesinde und Vieh, vor Unglück und spricht ein Vaterunser. Dann heben alle die Hände auf: „Gott und du Žeminele, wir schenken dir diesen Hahn und Henne, nimm sie als Gabe aus gutem Willen,“ und er *schlägt* mit einem hölzernen Kochlöffel die beiden Tiere todt, er darf sie nicht abschneiden. Den Hahn unter den linken Arm erneuert er das Dankgebet und setzt dann die Kanne weg, von welcher er nach dem ersten Gebet, nach der Tödtung des Hahns und derjenigen der Henne je ein Drittel geleert hat. Nachdem die Hühner von der Magd gebrüht und gerupft sind, so schickt die Wirtin das Gesinde hinaus, nimmt die Hühner aus, macht sie rein und kocht sie in einem *neuen, noch ungebrauchten Topf; keine gemietete*

Person darf zugegen sein und *kosten*. In der Stube wird ein umgestülptes *Scheffelmafs* mit einem Tischtuch bedeckt, und auf dieses nebst etwas Butter für jedes Familienglied eines der oben beschriebenen Brödchen gelegt, in die Mitte die Schüssel mit den beiden Hühnern aufgetragen. Inzwischen hat der Hausvater ein Gefäß mit dem Festbier herbeigeholt; man bringt einen nur zu dieser Gelegenheit benutzten Schöpflöffel und drei ebenfalls sonderbarlich dazu bestellte Trinkschälchen (Kauszelen), aus denen niemand sonst trinken darf, und er füllt jede derselben in dreimaligem Schöpfen mit Bier. Alle knien um das Scheffelmaß; der Vater, seine Kauszel in der Hand haltend, spricht den Glauben und die zehn Gebote; und mit dem Gebete, daß Gott im nächsten Jahre nicht mehr und nicht weniger geben möge, trinkt er die drei mit beiden Händen erfaßten Kauszeln nacheinander auf einen Zug aus. Ebenso tun der Reihe nach alle Knienden. Unter Segenswunsch werden darauf die Brode und das Fleisch des Hahns und der Henne verzehrt. Und nun beginnt der Umtrunk aufs neue, bis jeder neunmal die drei Schälchen geleert hat und ein geistliches Lied die Feier schließt. *Von der Mahlzeit darf nichts übrig bleiben;* geschieht dies doch, so muß es am andern Morgen mit den nämlichen Ceremonien verzehrt werden. Die Knochen muß der dazu herbeigeholte treue Wächter, der Hofhund, vor den Augen des Wirts rein auffressen; jeder etwaige Rest wird auf einem Teller im Stall unter dem Miste vergraben. An dem Tage, an welchem diese Feier vorgenommen wird, darf man dem Gesinde kein böses Wort geben, sondern muß mit allen freundlich umgehen.[1] Das erwähnte Herbstbier hieß sąberinis (samberinis) alus.[2]

1) Vgl. M. Prätorius, Deliciae Prussicae, hrsg. v. Pierson. S. 60 ff.

2) Vorarbeiten des Prätorius gerieten in einem mit subjektiven Conjecturen durchsetzten Auszuge in J. Brodowski's und Ph. Ruhig's Hände, die davon zwischen 1730—1750 in ihren litauischen Wörterbüchern Gebrauch machten. Da ist denn erstens die Zeit des Festes mißverständlich auf Ostern verlegt, zweitens aus dem Sąbariosfest ein Gott S a m b a r y s, d. i. Pluto (Brodowski) und mit weiterer Verdrehung Z e m b a r y s, d. i. Erdbestreuer (Ruhig) gemacht, der seitdem in der preußischen Mythologie (Ostermeyer, Voigt u. s. w.) und sogar noch in Nesselmanns Wörterbuch seinen Spuk treibt. Alles, was von diesen vermeintlichen Göttern ausgesagt wird, sind entstellte Excerpte aus obigen Mitteilungen des Prätorius. Auch hierüber Näheres in den „Denkmälern".

Mit dem geschilderten litauischen Brauche stimmt als Abart ein lettischer bei Pestzeiten zusammen, den funfzig Jahre früher der Superintendent S. Einhorn verzeichnete.[1] In Zeiten der *Pestilenz*, sagt er, hatten die Undeutschen hier zu Lande ein Opfer, welches sie *Sobar*[2] nannten, das ist ein zusammengeleget oder von vielen zusammengeschüttet Opfer, denn ihrer viele traten zusammen, legten jeder ein gleiches Stück Geldes zusammen, kauften dafür ein Stück Vieh, opferten es und verzehrten hernach das Übrige. *Auch haben sie einer so viel Getreide, als der andere, zusammengeschüttet, davon gebacken und gebrawen.* Dann haben sie hernach abergläubiger Weise mit ihren heidnischen Ceremonien *zusammen* Gott angerufen, daß er die *Pestilenz* abwenden wolle, und darauf ein Convivium gehalten und die zusammengebrachte Speise und Trank mit einander verzehrt. Das geschieht noch jetzt heimlich, da es öffentlich nicht erlaubt ist; ich habe von mehreren gehört, daß sie im Traum von den Spectris, die sich alsdann an etlichen Orten sehen lassen, dazu vermahnet sein, sich durch ein Sobar von der Plage zu befreien. In der großen Pestilenz 1602 und wiederum später 1625 hat man's, wie ich von vielen erfahren, ins Werk gerichtet, um die Pest zu vertreiben.[3]

Dem aufmerksamen Beobachter kann es nicht entgehen, daß die vorstehenden Bräuche eine altüberlieferte Handlung von sacramentalem Character enthalten. Das in der gesammten Kulturfrucht waltende, in den Erstlingen sich offenbarende Numen giebt sich zum Genusse dar; damit seine segnenden Kräfte ausschließlich der Familie des Bauers zu Gute kommen, darf kein Fremder an dem Mahle teilnehmen (vgl. auch das finnische Fest o. S. 161). Weil dasselbe ein Heiltum ist, darf nichts umkommen,

---

1) P. Einhorn, Reformatio gentis Letticae in Ducatu Curlandiae. Riga 1636. Cap. 2 p. 8[b].

2) Dialektisch von sa-behrt zusammenschütten.

3) Aus dieser Aufzeichnung Einhorns machte Stender in s. lettischen Mythologie: „Sobarri die Opfer, die man zur Pestzeit dem Auskut brachte. Von sobahrt anstatt sabehrt zusammenschütten, weil sie das zusammengebrachte Korn zusammenschütteten und daraus ein Saufopfer bereiteten.“ Die Zueignung an Auskut [d. i. den Auschauts des Sudauerbüchleins, den Lasicki nach Mäletius als Auscetum incolumitatis et aegritudinis deum nennt] ist conjectureller Zusatz Stenders.

wird sogar der letzte Rest der Knochen als segenbringend im Viehstall vergraben. Die Feier ist gut christlich gemeint, in christlicher Frömmigkeit geübt, ihrer Substanz nach aber noch heidnisch, und sogar die heidnische Personification der Erdgöttin[1] Žeminele mischt sich noch hinein. Sie war zugleich eine Erntedankfest und ein Bittfest für die neue Ernte, und sollte Wachstum, Gedeihen, Gesundheit des Bauerwirts, seines Weibes und seiner Kinder erwirken. Darum schien dieselbe Ceremonie, welche Wachstumsfülle der nächstjährigen Frucht verbürgte, mit in der Sache liegenden Abänderungen geeignet, auch schon entstandene Krankheit, Seuche abzuwenden. Vgl. o. S. 231. S. 239.

Werden wir nach diesen Analogien darüber zweifelhaft sein können, was es mit der bei den griechischen Erntefesten gekochten Panspermie auf sich hatte? Sie war die sacramentale Ergänzung der zugleich sacramentellen und sacrificalen Weihung der Eiresione oder der dem Gotte dargebrachten *ἀπαρχαί*.

§ 6. **Die Oschophorie.** Noch deutlicher wird die ursprüngliche Natur der Pyanepsienbräuche als eines reinen Naturfestes, wenn wir nachweisen können, daß auch die beiden Akte der dazu gehörigen oder wenigstens damit in Verbindung stehenden und ebenfalls auf die Geschichte des Theseus gedeuteten Oschophorie, die Prozession mit den Rebzweigen und der Wettlauf, nichts anderes waren als eine Übertragung gewöhnlicher Erntegebräuche auf die Weinlese. Wem wollte entgehen, daß die von *zwei als Frauen angekleideten Jünglingen* angeführte Oschophorienpompa sowol dem von *zwei Frauen* geleiteteten Erntezuge der Delien (o. S. 234), als auch dem elsässischen Winzerfest mit den beiden Herbstschmudeln (Bk. 203) auffallend ähnlich sieht? In weiterem Kreise vergleicht sich der Brauch deutscher Erntefeste,

---

1) Die Anrufung derselben dauerte in manchen Formeln bis auf den heutigen Tag. Ich setze ein noch unveröffentlichtes Liedchen hieher, das Kumutátis erst 1866 in Mažuiken aus Volksmund aufzeichnete:

Žeminele mus kawok,	Žeminele segne uns,
Dirwas musu peržegnok,	Segne unsre Äcker,
Peržegnok girres, laukus,	Segne die Wälder, Felder,
Klûnus lankas ir szlaitus.	Die Ackerstücke neben den Baustellen und die hohen Flußufer.

bei welchen eine als Korndämon characterisierte Person oder zwei (s. z. B. o. S. 173 Kater und Kitsche) dem feierlichen Zuge der Erntearbeiter durchs Dorf vorausschreiten (Bk. 612. 613). Von derselben Art sind die Maitags- und Pfingstumgänge mit dem Laubmann oder mit einem Brautpaar (Bk. 312 ff. 431 ff.). Im Elsaß wurde dann von der den Brauch ausführenden Compagnie ein großer Maibaum voraufgetragen; diesem folgte der in ein weißes Hemde gekleidete Pfingstnickel, sodann die übrigen Mitglieder der Compagnie, jeder mit einem kleineren Maibaum bewaffnet (Bk. 162. vgl. 315. 316. 312 ff.). In der Bresse ging ein „Dendrophore“ mit grünem Maibaum an der Spitze, hinter ihm die blumengeschmückte Maibraut (la mariée), von einem galanten Burschen geführt, endlich das liedersingende Gefolge (Bk. 439). Gradeso war in Athen die Reihenfolge: 1) Herold mit bekränztem Stabe, 2) die zwei Weibermasken mit Rebzweigen, 3) die übrigen Rebträger oder Prozessions-Teilnehmer. Jene deutschen Maitags- und Ernteumgänge nehmen mehrfach auch die Form eines *Wettlaufs* an, bei welchem entweder die letzte, den Korndämon darstellende Garbe oder der Maibaum (vgl. o. S. 214) das Ziel ist (Bk. 369), oder durch welchen die Rollen bei dem Umgange mit dem Laubmann, Pfingstbutz u. s. w. entschieden werden (Bk. 382 ff.). Der Wettlauf bildet den ersten Akt, die Prozession mit dem durch den Sieger in demselben dargestellten Vegetationsdämon den zweiten Akt der Festbegehungen (Bk. 406). Genau so verhält es sich mit dem Verlauf der Oschophorie; erst Wettlauf, der über die Teilnahme am Choros der Pompa, unzweifelhaft und folgerichtig auch über die einzelnen Ämter desselben (den Herold, die beiden Frauenrollen u. s. w.) bestimmte; darauf die Pompa selbst. Jener andere Fall aber, der Lauf hinter dem Darsteller des Vegetationsdämons her, tritt uns deutlich in dem Brauche eines peloponnesischen Erntefestes entgegen.

Im Monate Karneios, der im Ganzen unserm August entspricht und den Beginn der Weinlese bezeichnet, feierten nämlich die Dorier im Peloponnes ihre Karneia, das Erntefest der Trauben, welches hernach zu einem Kriegerfeste umgedeutet war.[1] Dabei wurde *ein Wettlauf* angestellt, indem *einer* gute

1) Roscher, Apollon und Mars S. 59. Vgl. Sauppe, Mysterienschrift v. Andania. Göttingen 1860. S. 45 ff.

Wünsche für die Stadt sprechend *voranlief, andere Traubenläufer (Staphylodromen) ihn verfolgten. Holten sie ihn ein, so wurde das als ein gutes Zeichen, das Gegenteil als ein schlimmes betrachtet.*[1] Schömann zog daraus den Schluß, dessen Richtigkeit die zahlreichen von uns zu Tage geförderten nordeuropäischen Analogien in einer von ihm ungeahnten Weise bestätigen: „*Der Voranlaufende bedeutete den Herbstsegen; wurde er eingeholt, so bedeutete dies, daſs auch der Stadt der Segen nicht entgehen werde.*“[2] Auch die Lauben oder Hütten (*σκιάδες*), in denen die festfeiernde Gemeinde, nach Phratrien abgeteilt, lagerte, waren unzweifelhaft, wie bei dem aus dem herbstlichen Erntedankfest hervorgegangenen hebräischen Laubhüttenfest (Bk. 281 ff.), ein Zubehör des alten Naturfestes, der Laubhütte oder den Laubhütten entsprechend, welche bei uns auf Maitag, Pfingsten, Johannis u. s. w. neben dem Maibaum für den Maikönig u. s. w. errichtet wurden (Bk. 187. 315. 323. 354. 355). Später erfolgte die Umdeutung in Lagerzelte. *Σταφυλοδρόμοι* hießen die Wettläufer augenscheinlich, weil sie einst Rebzweige mit Trauben trugen, wie die Läufer am Oschophorienfest.

Wenn nun hier der voranlaufende Jüngling deutlich *den personifizierten* Herbstsegen darstellt, ein College unserer Korndämonen ist, so werden auch die beiden der *athenischen Oschophorienpompe*, wie der *delischen Thargelienprozession voranschreitenden Frauengestalten* in gleichem Sinne aufzufassen sein. Ich darf den Leser nicht durch weiteres Abschweifen verwirren, bemerke aber schon hier für diejenigen, welchen dieses Ergebniß noch befremdlich erscheinen möchte, daß weitere, in der Kürze zu veröffentlichende Untersuchungen den, wie ich meine, zutreffenden Nachweis enthalten werden, wie mehrere sowol römische als griechische Kulte der ältesten geschichtlichen Zeit das Vorhandensein der Vorstellung von anthropomorphischen und theriomorphischen Korndämonen aufs entschiedenste bestätigen, daß

1) Hesych. s. v. *σταφυλοδρόμοι· τινὲς τῶν Καρνεατῶν παρορμῶντες τοὺς ἐπὶ τρύγῃ.* Bekkeri Anecd. I, p. 303, 25: *στ. κατὰ τὴν τῶν Καρνείων ἑορτὴν στέμματά τις περιθέμενος τρέχει, ἐπευχόμενός τι τῇ πόλει χρηστόν· ἐπιδιώκουσι δὲ αὐτὸν νέοι σταφυλοδρόμοι καλούμενοι. καὶ ἐὰν μὲν καταλάβωσιν αὐτόν, ἀγαθόν τι προςδοκῶσιν κατὰ ἐπιχώρια τῇ πόλει, εἰ δὲ μή, τοὐναντίον.*

2) Schömann, Gottesd. Altert. 1859. II², S. 488.

Wettläufe der ebenbeschriebenen Arten vielfach ein Zubehör des Erntefestes waren, endlich daß u. a. auch der athenische und kleinasiatische Thargelienbrauch der Austreibung der Pharmakoi als Abwandlung der Umführung des Korndämons sich mit größter Wahrscheinlichkeit dartun läßt, und daß die Zahl der unbedingt sicheren Beispiele für den behaupteten Anschauungskreis groß genug ist, um die Vereinzelung aufzuheben, in welcher meine bisherigen Auseinandersetzungen noch dastehen.

Ebensowol als der *Wettlauf* war wol auch der beständige Ruf: *Eleleu! Ju! Ju!*, unter dem die Oschophorienprozession vor sich ging (o. S. 217), ein auf die Weinlese übertragener Brauch des Erntefestes. Er begegnet nämlich dem eigentümlichen *Gekreisch* oder *Gejuchze*, das bei Einbringung der letzten Garbe resp. des Erntemais sich hören läßt (o. S. 213). Eine andere Form von ihm *scheint* der im Gotte Jakchos personifizierte Eleusinienruf *iakche!*, ich würde sagen *ist*, wenn nicht das Verhältniß zu Bakchos eine eigene Untersuchung nötig machte.

§ 7. **Die Eiresione. Gesammtergebnisse.** Halten wir Musterung über die Gesammtergebnisse dieses Kapitels, so wird die Behauptung nicht mehr als kühn erscheinen, daß die Eiresione so vollständig als möglich unserem *Erntemai* entsprach. Wie dieser ein Baumzweig mit Bändern, Früchten, Backwerk, Weinkrügen (o. S. 212. 223 ff. 226) behangen, wurde sie in Prozession einhergetragen, und wie unser Erntemai, Maibaum u. s. w. als Regenzauber mit Wasser oder Wein resp. Branntwein (o. S. 212, vgl. Bk. 197. 207. 214. 227) mit dem Inhalt des angebundenen Weinbechers begossen (o. S. 225). *Vor der Tür des Herrenhauses* oder des Tempels aufgehängt oder aufgepflanzt (o. S. 213. 221. 231. 236), in anderen Landschaften wahrscheinlich neben den Ahnenbildern im Innern der Wohnung selbst angebracht,[1] verblieb sie *ein Jahr lang* daselbst (o. S. 213. 221) und wurde dann bei Vertauschung mit einem neuen Exemplare *verbrannt*

1) Nach Theophrast (Char. XVI) waren Hermaphroditen gewisse hermenartige Ahnenbilder. Bei Alciphron III, 37 liest man von der Wittwe Phaedria, deren Mann wol aus Alopecae war: *εἰρεσιώνην πλέξασα ἥκειν εἰς Ἑρμαφροδίτου, τῷ Ἀλωπεκῆθεν ταύτην ἀναθήσουσα.* Cf. Lobeck, Aglaoph. 1007. So stellen die Kleinrussen die erste gemähte Garbe an den Ehrenplatz unter die Heiligenbilder; so nagelt man in Schwaben den „Palmbüschel“ entweder an die Haustüre oder das Scheunentor oder unter das Kruzifix (Bk. 289), wo er verbleibt, bis er herunterfällt.

(o. S. 213. 217). Der Aufpflanzung vor dem Eupatridenhause ging wol ein Umzug in dem Dorf und *auf den Äckern*[1] voran (o. S. 213. 223).

Die Ausübung des Brauches geschah am *Erntefeste* und zwar sowol am Früherntefeste der Thargelien als am herbstlichen Dankfest des Pyanepsion.[2] Wenn es uns gelungen sein sollte, aus den lückenhaften und noch immer manche Schwierigkeiten darbietenden Andeutungen der Alten über die delischen Thargelien überhaupt und namentlich in der Hinsicht ein einigermaßen zutreffendes Bild zu gewinnen, daß bei dem altüberlieferten Erntezuge an denselben den Erstlingsgarben Eiresionen voraufgetragen wurden, und daß dies traditionelle Fortsetzung eines in sehr frühe Zeit zurückreichenden gewöhnlichen Erntefestes war, so rückten wir hiedurch, wie auch durch die vielleicht den ersten Versen des pseudohomerischen Eiresioneliedchens zu Grunde liegende Festweise (o. S. 247) noch näher an die deutsche Sitte, den Harkelmai dem letzten Erntefuder voraufzutragen oder der letzten Garbe einzuheften, heran. Die Eiresione ist eine symbolische Repräsentation des Wachstumsgenius, sie wird wie eine Persönlichkeit angeredet (o. S. 224 ff.); und als solche hat man den Lorbeer (vgl. o. S. 221) als die verwandelte Geliebte Apollons aufgefaßt (cf. Bk. 297). Daß Apoll durch Orakelspruch die Eiresione angeordnet habe, um *Hungersnot* und *Pest* abzuwenden (o. S. 231. S. 253), ist wieder eine ätiologische Fabel, durch welche uns die feste Überzeugung der Festteilnehmer verbürgt wird, daß Übertragung der *Wachstumsfülle* auf die Feldfrüchte, wie (vermöge

1) So faßt auch Bötticher die Sache: „Der Ölzweig, welchen man mit Früchten behangen vom Acker brachte und als Eiresione vor das Haus stellte." Baumk. 362. 397.

2) Nach dem Scholiasten zu Clem. Alex. Protrept. p. 9, 33 Pott wäre auch bei den Panathenäen im Hekatombäon (August) eine Eiresione dargebracht. „*ἐρίῳ*" *τὴν λεγομένην εἰρεσιώνην φησίν, ἣν οὕτω περιειλοῦντες ἐρίοις καὶ ταινίαις ὑφασμάτων λινέων — ἣν δὲ κλάδος ἀπὸ τῆς Μορίας ἐλαίας — καὶ ἀκροδρύοις παντοίοις περιαρτῶντες, ἀνῆγον εἰς ἀκρόπολιν τῇ Πολιάδι Ἀθηναῖοι Παναθήναια, οὕτως εὐφημοῦντες· εἰρεσιώνη σῦκα φέρει καὶ μῆλα καὶ ἑξῆς.* Allein diese Glosse ist offenbar durch üble Verwechselung des Scholiasten aus derselben Quelle herausgezogen, aus welcher Plutarch o. S. 220 schöpfte, wie die Anführung des Liederbruchstücks beweist. Wegen der heiligen Moria glaubte der Commentator lieber an die Panathenäen denken zu sollen, deren Thallophorie (Michaelis, Parthenon S. 214. 330 n. 201—205) die Combination begünstigte.

des Parallelismus der tierischen und pflanzlichen Vegetation) auf die Menschen die sicher zu erhoffende Wirkung des Branches sei. Aus letzterem Grunde erfolgte auch die Aufsteckung des heiligen Zweiges vor dem Eupatridenhause. (Siehe Nachtrag S. 346.)

In nordischer Sitte geht der aus gleicher Absicht vor oder auf dem Hause, dem Stall oder der Scheuer aufgesteckte Erntemai oder Maibaum in den auf dem Hausdache angebrachten Richtmai (Bk. 218 ff.), sowie in die dem jungen Ehepaar bei der Hochzeit aufs Dach gesetzte oder prozessionsweise überbrachte Brautmaie (Bk. 47. 221 ff.) und in die den jungen Mädchen als Lebensbäume vor ihr Fenster gestellten Maibäume (Bk. 163 ff.) über, und ins Saatfeld steckt man zur Abwendung schädlicher Einflüsse und zur Fruchtbarmachung grüne Zweige, resp. den Erntemai (Bk. 210). Dieselben Sitten wies ich bereits Bk. 296 ff. auch als griechische nach, insofern auch in Hellas den Jünglingen und Jungfrauen bei den Ephebien und am Feste der Hochzeit Lorbeerzweige vor die Türe gestellt und ebensolche Zweige zur Abwehr von Würmerfraß und Rostschaden ins sprossende Saatfeld gesteckt zu werden pflegten.

Wer Apollons ausgesprochene Bedeutung als Erntegott und die o. S. 246 aufgewiesene Verbindung der Begriffe des Friedens und der Ernte erwägt, wird es wahrscheinlich finden, daß sowol die sämmtliche apollinische Daphnephorie als die Verwendung des bekränzten Ölzweiges zum Bittzweig (Hiketeria) der um Frieden und Schutz Flehenden und zum Stabe des Frieden heischenden und gebietenden Herolds, sowie auch die im Kulte anderer der Vegetation vorstehender Götter (Athene, Dionysos) weitverbreitete Thallophorie aus dem Kreise der im Maibaum und Erntemai verkörperten Vorstellungen hervorgegangen sind.

§ 8. **Maibaum der Kotyto.** Übrigens beschränkten sich diese Sitten nicht allein auf Griechenland. Wir finden dieselben z. B. im Kultus der Kotys oder Kotyto, einer Göttin des thrakischen Volkes der Hedonen wieder, welcher sich nach Korinth, Athen und Sizilien verbreitet hatte. Über ihn besitzen wir aus keinem Orte eine zusammenhängende Beschreibung. In Sizilien aber pflegte man am Feste Kotytis *mit Kuchen und Baumfrüchten behangene Baumäste dem Volke zur Plünderung preiszugeben.*[1]

1) *Ἁρπαγὰ Κοτυτίοις. Κοτυτὶς ἑορτή τίς ἐστι Σικελική, ἐν ᾗ περί τινας κλάδους ἐξάπτοντες πόπανα καὶ ἀκρόδρυα ἐπέτραπον ἁρπάζειν.* Plutarch. Proverb. 78. Vgl. Lobeck, Aglaoph. 1031 ff.

Aus Athen-Korinth erfahren wir, daß die das Fest der Göttin feiernden Compagnien oder Gesellschaften (Thiasoi), unter denen sich *junge Männer in Weiberkleidern* befanden, vermutlich spottweise *Bapten* genannt wurden, weil sie jemand oder vielleicht einander *ins Wasser warfen.* Die Feier stand im Rufe großer Zügellosigkeit und Unsittlichkeit, doch ist wol dabei teils die Übertreibung halbunterrichteter Schriftsteller, teils das Naserümpfen der guten Gesellschaft im Spiele; die Wahrheit wird in sinnlich derben, das Geschlechtliche berührenden, mit der Zeit zu profaner Belustigung gewordenen Festgebräuchen zu suchen sein.[1] Die Plünderung des fruchtbehangenen Astes entspricht dem *Herabreifsen* und *Herabholen* der Anhängsel vom Erntemai (Bk. 202) und Maibaum (Bk. 170 ff.), welches ursprünglich sakramentale Aneignung des Fruchtsegens war (vgl. das Herabreißen der Hülle des Graskönigs (Bk. 349. 357. 606); das *Bad* begegnet der so häufig mit der Aufsteckung jener Bäume verbundenen *Wassertauche* (Regenzauber). Vgl. o. S. 256 und Bk. 158. 162. 170. 197. 215 u. s. w. Die Vorwürfe über sittliche Ausschreitungen aber beruhen unzweifelhaft auf ursprünglich religiösen symbolischen Gebräuchen von Art unserer Mailehen (Bk. 449 ff. cf. 469).[2] Zur *Weiberkleidung* vgl. Bk. 314. 441 ff. 544. 338. 378.

§ 9. **Das Frühlingsfest der syrischen Göttin.** Wenn es wahr ist, daß die thrakische Kotyto ihrem Wesen nach mit der in Vorderasien als Kybele, große Mutter u. s. w. gefeierten Gottheit nahe verwandt war, so kann es uns nun nicht mehr Wunder nehmen, auch im Dienste der großen Göttin zu Hierapolis in Syrien dem Maibaum wieder zu begegnen. Wir wiesen Bk. 177—180. 456. 463 ff. 498 nach, daß im Oster-, Maitags- oder St. Johannisfeuer ein Baum, der Maibaum, verbrannt werde. Statt des einen Baumes sehen wir z. B. zu Thann im Elsaß drei, zu Delmenhorst zwei (Bk. 178. 179), in der Franche Comté (Bk. 456) ebenfalls drei Bäume aufgerichtet, mit Stroh und Reisig umhüllt und angezündet. Diese Vervielfältigung des Maibaums

1) Lobeck, Aglaoph. S. 1007—1039. Buttmann, Mythol. II, 159—167.

2) Gegenseitiges Hineinwerfen ins Wasser war auch in Rom am Maitag Brauch (Suid. s. v. *Μαϊουμάς*); damit vgl. das Bad am Johannistage in Köln, Neapel, Nordafrika (Myth.[a] 555—556), und man wird jetzt begreiflich finden, wie auch diese Sitte dem verallgemeinerten Regenzauberbrauch am Maitag und Mittsommerfest ihre Entstehung verdanken kann.

diente in manchen Fällen vielleicht nur dem Pomp; in anderen entstand sie dadurch, daß mehrere Dorfgemeinden oder Stadtteile ihre Festfeier mit einander vereinigten. (Auch wo der Maibaum nicht verbrannt wird, sieht man z. B. im Kreise Chrudim in Böhmen am Pfingstfest neun junge Fichten um eine bedeutend höhere, deren Krone mit Bandschleifen und Blumensträußen geziert ist, im Kreise herumstehen.[1]) Um den Scheiterhaufen tanzt das Volk, religiöse Lieder singend (oft unter Anführung des Pfarrers), es steckt denselben mit *langen Strohfackeln* an, mit denen es auch über die Felder läuft, um dieselben fruchtbar zu machen (Bk. 498 ff.). Der Maibaum ist in diesen Fällen nur noch ganz vereinzelt (Bk. 179) mit allen den schönen Sachen, *bunten Bändern, Tüchern,* allerlei Kleidungsstücken (Hosen und Westen), vergoldeten Eiern, Geld, silbernen Uhren, glitzernden Spiegeln, Backwerk und anderen Eßwaaren geschmückt, welche ihn dort zieren, wo er nicht verbrannt wird und zur Plünderung bestimmt ist (vgl. z. B. Bk. 157. 169 ff. 172. 192 ff. 200. 218 ff. 223), er ist aber von letzterem, an demselben Tage aufgesteckten in keiner Weise zu trennen. In manchen Formen desselben begegnen uns auch noch lebende Kleintiere als Anhängsel desselben. So wird an den Erntemai in Frankreich häufig ein Huhn, eine Taube, kalekutische Henne oder dergl. (Bk. 206), an die mit Früchten und bunten Bändern geschmückte Brautmaie ein Vogel (Bk. 222. De Nore 193) angebunden. Im Egerlande trägt man zu Pfingsten gabensammelnd eine junge Fichte einher, an deren Krone ein Querholz *mit fünf darangebundenen jungen Krähen* befestigt wird, während die ineinandergeflochtenen Zweige sich wie ein breites Querholz um das Stämmchen herwinden.[2] In Neupilsen pflanzt man zu gleicher Zeit im Dorfe *drei* bis zu den Wipfeln abgeschälte und oben mit Bändern geschmückte Fichten auf und errichtet daneben eine Laubhütte und eine Stange, an welcher mehrere Frösche (vgl. Bk. 355) lebendig aufgehängt sind.[3] Wiederum in der Zeit der Wintersonnenwende (am St. Stephanstag, 26. Dez.) tragen die jungen Dorfbewohner Südirlands von Haus zu Haus einen mit Bändern geschmückten Stechpalmenzweig, *von welchem mehrere Zaunkönige* (wrens) *mit den Köpfen*

1) Reinsberg-Düringsfeld, Böhm. Festkalender S. 258.
2) Reinsberg-Düringsfeld a. a. O. S. 268.
3) Reinsberg-Düringsfeld a. a. O. S. 260.

nach unten herabhangen.[1] Vergegenwärtigen wir uns diese Tatsachen, so verstehen wir den Bericht der unter Lucians Namen gehenden Schrift über das Hauptfest der Göttin (Atargatis, Derketo, Tirgata) zu Hierapolis (Bambyke, Mabug) in Syrien unweit des Euphrat. Es wurde *im Beginne des Frühjahrs* gefeiert, den Oster- und Maitagsbräuchen entsprechend. Im Tempelhofe waren mehrere große Bäume aufgerichtet, die man im Walde schlug, mit lebenden Schafen, Ziegen, anderem Kleinvieh, mit Vögeln, Gewandstücken, Gold- und Silbersachen ähnlich dem Maibaum und Erntemai, nur in größerem Style, behängte. Rings umher schichtete man einen Scheiterhaufen und verbrannte die Bäume mit ihrem Schmuck. Mehrere Gemeinden oder Völkerschaften nahmen am Feste Teil und hielten mit ihren Heiligtümern einen Reigen um die brennenden Bäume. Man darf vielleicht annehmen, daß jede einen derselben als ihren Lebensbaum (Bk. 169. 182) gestellt hatte. Das Fest hieß *Scheiterhaufen* oder *Fackel*, es wurde also der Holzstoß, wie bei unsern Sonnenwendfeuern, mit *Fackeln* angezündet, vielleicht auch war ein *Fackellauf* damit verbunden, der, obschon von Lucian verschwiegen, einen wichtigen Teil der Feier ausmachte.[2]

Atargatis, nach Levy, Nöldeke[3] und Schrader Atharathe, war die aramäische Form der phönikischen Astarte, Aschera, der assyrischen Istar, „eine spezielle Vorstellung der assyrisch-phönikischen Venus."[4] Näheres über ihr Wesen läßt sich aus dem Umstande schließen, daß ihr Tauben und Fische, Symbole üppigster Geburtenfülle, als heilige Tiere unterhalten, Fische von den Priestern als Opfer dargebracht und von den Gläubigen in

1) Sandys Christmas-Carols. London 1833. p. LXV.

2) Lucian, De Syria dea. c. 49. Opp. III, p. 236 Dindorf. Ὁρτέων δὲ πασέων τῶν οἶδα μεγίστην τοῦ εἴαρος ἀρχομένου ἐπιτελέουσι, καί μιν οἱ μὲν πυρήν, οἱ δὲ λαμπάδα καλέουσι. θυσίην δὲ ἐν αὐτῇ τοιήνδε ποιέουσι· δένδρεα μεγάλα ἐκκόψαντες ἐν τῇ αὐλῇ ἱστᾶσι, μετὰ δὲ ἀγινέοντες αἶγάς τε καὶ ὄϊας καὶ ἄλλα κτήνεα ζωὰ ἐκ τῶν δενδρέων ἀπαρτέουσι· ἐν δὲ καὶ ὄρνιθας καὶ εἵματα καὶ χρύσεα καὶ ἀργύρεα ποιήματα. ἐπεὰν δὲ ἐντελέα πάντα ποιήσωνται, περιενείκαντες τὰ ἱρὰ περὶ τὰ δένδρεα πυρὴν ἐνιᾶσι, τὰ δὲ αὐτίκα πάντα καίονται. ἐς ταύτην τὴν ὁρτὴν πολλοὶ ἄνθρωποι ἀπικνέονται ἔκ τε Συρίης καὶ τῶν πέριξ χωρέων πασέων, φέρουσί τε τὰ ἑωυτῶν ἱρὰ ἕκαστοι καὶ τὰ σημήϊα ἕκαστοι ἔχουσι ἐς τάδε μεμιμημένα.

3) Zs. d. morgenl. Gesells. XXIV, 1870. S. 92. Levy, Phön. Stud. II, 38.

4) Baudissin, Z. sem. Religionsgesch. 1876. S. 238.

goldener und silberner Nachbildung geweiht wurden.[1] Weil man sie mit der phrygischen Göttermutter Rhea-Kybele identifizierte, finden wir in ihrem Personale auch freiwillig Verschnittene wieder, welche mit weiblichen Hierodulen exstatisch-erotische Umarmungen ausführten und mit allem Zubehör von Pfeifen, Trompeten, Klapperblechen gabensammelnd umherzogen. Sie wurde bald als Hera, bald als Aphrodite aufgefaßt (Hygin); Apulejus nennt sie *Allmutter* (omniparens Dea Syria. — Met. VIII, 257, rerum naturae parens, elementorum omnium domina. XI, p. 182, rerum naturae prisca parens. IV, 90). Plutarch sagt (Crassus cap. 27), sie sei das Prinzip der Natur, welches die Keime und Anfänge allen Dingen aus dem feuchten Elemente mitteile,[2] und beschreibt sie als die gütige Göttin, welche den Menschen die Ursprünge aller Güter zeige (*τὴν πάντων εἰς ἀνθρώπους ἀρχὴν ἀγαθῶν καταδεῖξασαν*). Das sind Ideen, welche völlig begreiflich machen, wie auch die Aufrichtung des in deutschen und andern nordeuropäischen Bräuchen als *Lebensbaum* und Darstellung der Wachstumskraft (*δύναμις αὐξητική*) sich manifestierenden Maibaums (Johannisbaums) in ihren Kultus hineingezogen werden konnte.[3] Daß wir aber wirklich berechtigt sind, die am Frühlings-

1) Lucian a. a. O. Hygin. fab. 127. Eratosthenes, Catasth. 38. Mnaseas b. Athen. VIII, 346. Diod. Sic. II, 4. Nur obenstehender Kultverhalt war Veranlassung der in diesen Stellen vorgebrachten ätiologischen Sagen über die Göttin.

2) Cf. Movers I, 584—600.

3) Schon Movers erkannte als nächste Verwandte der Atargatis die kananitische Göttin, deren Numen und Idol, ein vielfach noch mit Laub versehener, auf künstlichen Höhen neben den Altären des Baal und anderer Götter aufgerichteter Baum oder Baumstamm, mit dem gleichen Namen Aschera belegt wurden (Movers I, 560—584). Die naheliegende Frage, ob nicht diese Ascheren ebenfalls aus Analogie des Maibaums zu erklären seien, überlasse ich den Semitisten zu näherer Untersuchung. Ebenso verdient es Erwägung, ob nicht auch der auf assyrischen Denkmälern erscheinende Lebensbaum, statt ein naturwüchsiger Baum zu sein, dem Maibaumtypus entsprach. Er erscheint als ein schlanker, von Knoten unterbrochener Stamm mit einer Krone gleich einem siebenfächerigen Palmblatt; er ist jedesmal rings umgeben mit einem Geschmeide von ähnlichen Blättern oder Blüten, die unter sich und mit dem Stamm durch ein Netz von Bändern verbunden sind, welche auch den Baumschaft selbst, wie die gemalten oder geschälten Ringe unsern Maibaum (Bk. 169. 170. 172. 177. 208. 326) in spiralförmigen Windungen umwinden (s. Piper, Evangel. Kal. 1863 S. 23. 79). Der ganz im ethischen und geistigen Gebiet spielende Baum des (ewigen) Lebens, der Unsterblichkeit in einem jüngeren Zusatz der

feste der Atargatis *verbrannten* Bäume für denselben Typus wie unsere Maibäume zu erklären, macht die im letzten Kapitel dieses Buches nachzuweisende genaue Übereinstimmung unserer Oster-, Mai- und Sonnwendfeuer, deren Mittelpunkt die Maibäume bilden, mit den vorderasiatischen Jahresfeuern so gut wie gewiß.

Wenn wir den zur Fruchtbarmachung der Äcker auf den Kornfeldern geübten Scheinkampf in Nepal und Maleyala, wie in Deutschland wiederfanden (Bk. 552), darf es nicht Wunder nehmen, daß wir auch zur Verbrennung des Maibaums ein südindisches Seitenstück anzuführen haben, von dem es für jetzt dahingestellt bleibe, ob die Ähnlichkeit nur äußerlich und scheinbar sei, oder auf tieferem Grunde beruhe. Die Tamulen feiern im November das Fest Mâbalirâja-tirunâl, angeblich zum Andenken an die Höllenfahrt des von Vishnu in die Unterwelt hinabgetretenen Königs Mâbalirâja. Dann zündet man in allen Pagoden eine Unzahl Lampen an; *vor ihnen aber wird ein grosser Palmyrabaum in die Erde gesetzt*, um welchen man rund herum ein Geländer von Holz macht, das man mit dürren Palmyrablättern bedeckt. *Dies alles zündet man mit einer Fackel an und verbrennt Baum und Umfriedigung.*[1]

biblischen Schöpfungsgeschichte, der zuerst in den salomonischen Schriften erscheint (Ewald, Dichter d. A. B. 2. Ausg. II, S. 4. Lehre d. Bibel v. Gott III, 72), war wol ein aus ostsemitischer Vorstellung entlehntes vergeistigtes Bild, welchem eine concretere Anschauung von Art derjenigen des Maibaum-Lebensbaums zu Grunde liegen mochte.

1) S. Ziegenbalgs i. J. 1713 geschriebene „Malabar. Götter" hrsg. von German, S. 267, vgl. 98. — Zum Kotytienbrauch o. S. 258 vgl. Ziegenbalg a. a. O. S. 264. An dem im August gefeierten Geburtsfest Krishnas werden der Pagode gegenüber und zwar gewöhnlich an einem Kreuzwege vier Bäume in die Erde gesteckt und über selbige ein Pandel aus Ästen von Kokosbäumen gemacht, an welches Kokosnüsse und Feigen gebunden werden. Wenn nun das Krishnakind aus der Pagode auf die Straße getragen wird und vor ein solches Pandel kommt, läuft ein Hirte herzu und schlägt nach den Früchten. Alsdann begießen sie ihn von oben herunter mit Buttermilch oder mit Wasser, das mit Safran gelb gemacht ist. Das mag Umdeutung eines älteren Brauchs im Sinne der Krishnalegende sein.

Kapitel V.

Persönliche Vegetationsgeister in Jahrfestgebräuchen.

§ 1. **Darstellung der Vegetationsgeister in Jahrfestgebräuchen.** Ließ uns das vorhergehende Kapitel die Darstellung des unpersönlichen Vegetationsgeistes, der Wachstumskraft, durch einen mit allerhand guten Gaben geschmückten Baum, wie in Nordeuropa, so auch in Griechenland und dem Orient, als Gegenstand mehrerer Feste erkennen, so sollen die nächstfolgenden Blätter den Versuch machen, in den Gestalten der römischen Argeer einen Typus nachzuweisen, welcher unseren Laubmännchen, Graskönigen, Pfingstbutzen, Maikönigen u. s. w. der Art nach *verwandt* ist. Nächstdem sollen einige weitere Bemerkungen die Gründe darlegen, welche dahin führen, mythische Gestalten ähnlicher Art auch in dem phönikischen Adonis und phrygischen Attis zu vermuten. Das nordeuropäische Seitenstück des Argeeropfers erblicke ich in jenem Kreise deutscher und slavischer Frühlings- und Sommergebräuche, den Maibaum (Bk. 159) oder Johannisbaum (Bk. 170) oder den *in grüne Zweige eingebundenen* grünen Georg (Bk. 313), Pfingstbutz, Pfingstl, Pfingstkönig (Bk. 355), oder statt dessen nur eine menschlich gestaltete *aus grünen Reisern geflochtene Puppe* (Bk. 313), oder eine *Strohpuppe,* oft mit Kleidern angetan (Bk. 410 ff.), am Lätaresonntag, am 24. April, zu Pfingsten, am 23., 28. oder 30. Juni (Bk. 159) *in den Bach* oder *Fluſs* zu führen oder zu werfen, im Dorfbrunnen zu baden, oder *von der Brücke in ein flieſsendes Wasser zu stürzen* (Bk. 353; vgl. Panzer II, 89). Weil er ins Wasser geworfen werden soll, besteht der Pfingstl (Wasservogel) nicht selten aus einem vom Schreiner gefertigten Gestell in roher Menschengestalt, *das ganz mit Sumpfblumen, Wasservogelblumen* (caltha palustris) *umwunden ist* (Panzer II, 85). Die zuweilen *ausschlieſslich von Weibern in Trauerschleiern* oder von als Klageweiber verkleideten Männern um Fastnacht unter Wehklagen hinausgetragenen Götzen aus Stroh, Hanf oder Halm, heißen in den slavischen Ländern Marena, Marżana u. s. w. (Bk. 410 ff.). In Rußland wechselt der Brauch, auf Mittsommer das *Begräbnifs des in einen Sarg gebetteten Jarilo (Frühling) oder der Kostroma darzustellen* (Bk. 414 ff.), wobei Thränen und Klagen und die *Wassertauche* nicht fehlen, mit Bräuchen wie diese, einen mit bunten Bändern behangenen *Baum* aufzurichten, der Marena genannt wird, daneben eine Strohpuppe in Weiberkleidung von springenden Knaben und Mädchen *durch das Johannisfeuer tragen zu lassen* und am folgenden Tage *Baum* und *Puppe in ein fliefsendes Gewässer zu werfen* (Bk. 544). Wir wiesen nach, daß die Wassertauche *ein Regenzauber* war, daß sie im Norden im April oder Mai angewandt dem ins Land einziehenden (durch den in Laub gekleideten Menschen oder die Puppe, zuweilen, wie in dem letzten Beispiel, durch Baum und Puppe zugleich dargestellten) Wachstumsgeist die nötige Feuchtigkeit und fröhliches Gedeihen erwirken sollte. Dem Ausgangs Juni als sterbend, zu Lätare als gestorben versinnbildlichten (und daher Marżana, Marena genannten) Vegetationsdämon zu Teil werdend, sollte diese Wassertauche dem Nachfolger desselben den zur Erhaltung seiner Lebenskräfte hinreichenden Regen verschaffen. Zugleich aber bezweckte die sichtliche Vergegenwärtigung des Wachstumsgeistes, vermöge einer Art mystischer Parallelisierung des Menschenlebens mit dem Pflanzenleben, das Gedeihen der zu einem Gehöft, einer Gemeinde u. s. w. gehörigen Menschen. Sehr deutlich trat die vermeintlich zauberkräftige Beziehung der Wassertauche auf Zustände der Zukunft in dem *Erntebrauch* hervor, eine aus der letzten Garbe gefertigte Puppe, den Alten oder die Alte (der Vegetation) u. s. w., resp. einen in die letzte Garbe gebundenen Menschen *mit Wasser zu beschütten* oder *in den Bach zu leiten*, damit es im nächsten Jahre den wachsenden Halmen an *Regen* nicht fehle.

§ 2. **Die Argeer.** Das Tatsächliche, was uns über das Argeerfest überliefert ist, besteht in den nachfolgenden Zügen. In jeder der 4 städtischen Tribus befanden sich 6, im ganzen also 24[1]

1) Varro L. L. V, 45 nennt irrtümlich als Gesammtzahl 27. Über die richtige Zahl s. Röper, Lucubr. pontif. P. I. Ged. 1849, p. 19 ff. 23. Becker-Marquardt, Handbuch d. röm. Altert. IV, 200.

kleine Kapellen (sacella, sacraria), welche den Namen *Argei*, loca Argea oder Argeorum sacraria[1] führten — ein Name, den die gelehrte Deutelei römischer Antiquare durch die Annahme zu erklären suchte, diese Orte seien die Grabstätten mit Hercules eingewanderter Argiver.[2] Zu diesen 24 Kapellen zog man am 16. und 17. März.[3] Möglicherweise war es dieser Umzug, wobei nach Fabius Pictor bei Gellius die Flaminica Dialis mit ungekämmten Haaren, d. h. im Traueraufzuge erschien.[4] Da nach Ovid am 16. März der Umzug der Salier mit dem Mamurius[5] stattfand, von dem Tage dieses Umzuges aber gleichfalls die Anwesenheit der ungekämmten Flaminica bezeugt wird,[6] müßte man in diesem Falle annehmen, in Ovids Quelle sei der Gang zu den Argeern in so enger Verbindung mit dem Salierumzuge genannt gewesen, daß er irrtümlich den dorthin gehörigen Umstand hierher verlegte, oder daß eben die Salier auch zu den Argeern zogen. Möglicherweise jedoch bezog sich die Notiz des Fabius Pictor nicht auf die Märzfeier, sondern auf die gleich zu nennende Maifeier.[7] Am 13. Mai trug man sodann, nachdem die Pontifices

1) Liv. I, 21: loca sacris faciendis, quae Argeos pontifices vocant. Paulus p. 19 Argea loca. Varro L. L. V, 45. Argeorum sacraria. Cf. Schwegler, Röm. Gesch. I, 379.

2) Paul. p. 19. Argea loca Romae appellantur, quod in his sepulti essent quidam Argivorum illustres viri. Cf. Varro a. a. O. Über diese etymologische Sage s. ausführlicher R. Sachs, Die Argeer im röm. Cultus. Progr. v. Metten II. Landshut 1868, S. 3—8.

3) Ovid. Fast. III, 791: Itur ad Argeos .... Hac si commemini praeteritaque die.

4) N. A. X, 15, 30: cum it ad Argeos, quod neque comit caput, neque capillum depectit. Cf. Röper a. a. O. 25 Anm. 83.

5) Über diesen vgl. H. Usener, Italische Mythen. Rhein. Mus. B. XXX, 1875, S. 209 ff. W. Roscher, Apollon und Mars. Lpzg. 1873, S. 37. 46 ff. K. Müllenhoff, Über den Schwerttanz (Festgaben an Homeyer). Berlin 1871, S. 7.

6) Ovid. Fast. III, 397 von den Mamuralien: His etiam conjux apicati cuncta Dialis Lucibus impexas debet habere comas.

7) Die uns über letztere erhaltenen Berichte [bei Dionysius v. Halicarn. I, 19. 38; Ovid. Fast. V, 621 sq.; Fest. sexagenarios p. 334 Müller; Macrob. Saturn. I, 7, der aus Eigenem fälschlich die Saturnalien hineinmengt (Röper a. a. O. 9], scheinen z. T., wie aus Dionysius I, 19 erhellt, auf den Historiker L. Manilius zur Zeit des Sulla und zwar großenteils durch Vermittelung von Varro, im Übrigen auf des Letzteren gründliche Kenntniß römischer

und Vestalinnen das an den Idus gesetzliche Opfer eines Schafs vollzogen hatten,[1] *24 (Dionysius sagt wol irrig 30) aus Stroh oder Binsen in Menschengestalt geflochtene, mit Schmuck und Kleidern versehene, an Händen und Füfsen zusammengebundene Puppen zum Pons sublicius*, von wo in Gegenwart des Prätors und der Vollbürger (cives optimo jure), welche allein das Recht hatten zuzuschauen,[2] *die Schaar der Vestalischen Jungfrauen dieselben in den Tiberstrom hinabstiefs.*[3] Diese Ceremonie galt als eine Lustration (wegen ihres umfangreichen Apparates nennt

---

Sacralaltertümer zurückzugehen (Merkel zu Ovid. Fast. CIV; cf. CLXXI. CC. Ambrosch, Studien und Andeutungen S. 198 Anm. 18. Vgl. Sachs II, S. 19). Dionys. Antiqu. Rom. I, 88: *λέγουσι δὲ καὶ τὰς θυσίας ἐπιτελεῖν τῷ Κρόνῳ τοὺς παλαιούς, ὥςπερ ἐν Καρχηδόνι, τέως ἡ πόλις διέμεινε καὶ παρὰ Κελτοῖς εἰς τόδε χρόνου γίνεται, καὶ ἐν ἄλλοις τισὶ τῶν ἑσπερίων ἐθνῶν ανδροφόνους· Ἡρακλέα δέ, παῦσαι τὸν νόμον τῆς θυσίας βουληθέντα, τόν τε βωμὸν ἱδρύσασθαι τὸν ἐπὶ τῷ Σατορνίῳ καὶ κατάρξασθαι θυμάτων ἁγνῶν ἐπὶ καθαρῷ πυρὶ ἀζομένων, ἵνα δὲ μηδὲν εἴη τοῖς ἀνθρώποις ἐνθύμιον ὡς πατρίων ἠλογηκόσι θυσιῶν, διδάξαι τοὺς ἐπιχωρίους ἀπομειλιττομένους τὴν τοῦ θεοῦ μῆνιν, ἀντὶ τῶν ἀνθρώπων, οὓς συμποδίζοντες καὶ τῶν χειρῶν ακρατεῖς ποιοῦντες ἐῤῥίπτουν εἰς τὸ Τιβέριος ῥεῖθρον, εἴδωλα ποιοῦντας ἀνδρείκελα, κεκοσμημένα τὸν αὐτὸν ἐκείνοις τρόπον, ἐμβαλεῖν εἰς τὸν ποταμόν, ἵνα δὴ τὸ τῆς ὀττείας ὅτι δή ποτε ἦν ἐν ταῖς ἁπάντων ψυχαῖς παραμένον ἐξαιρεθῇ, τῶν εἰκόνων τοῦ παλαιοῦ ἔθους ἔτι σωζομένων. τοῦτο δὲ καὶ μέχρις ἐμοῦ διετέλουν Ῥωμαῖοι δρῶντες ὅσον τι μικρὸν ὕστερον ἐαρινῆς ἰσημερίας ἐν μηνὶ Μαΐῳ, ταῖς καλουμέναις Ἴδοῖς, διχομηνίδα βουλόμενοι εἶναι ταύτην τὴν ἡμέραν. ἐν ᾗ προθύσαντες ἱερὰ τὰ κατὰ τοὺς νόμους οἱ καλούμενοι Ποντίφικες, ἱερέων οἱ διαφανέστατοι καὶ σὺν αὐτοῖς αἱ τὸ ἀθάνατον πῦρ διαφυλάττουσαι παρθένοι, στρατηγοί τε καὶ τῶν ἄλλων πολιτῶν, οὓς παρεῖναι ταῖς ἱερουργίαις θέμις, εἴδωλα μορφαῖς ἀνθρώπων εἰκασμένα τριάκοντα τὸν ἀριθμὸν ἀπὸ τῆς ἱερᾶς γεφύρας βάλλουσιν εἰς τὸ ῥεῦμα τοῦ Τιβέριος Ἀργείους αὐτὰ καλοῦντες.* Plutarch. Quaest. Rom. 86: *ὅτι τῷ μηνὶ τούτῳ τὸν μέγιστον ποιοῦνται τῶν καθαρμῶν νῦν μὲν εἴδωλα ῥιπτοῦντες ἀπὸ τῆς γεφύρας εἰς τὸν ποταμόν, πάλαι δ' ἀνθρώπους.* Plut. Quaest. R. 32: *τοῦ Μαΐου μηνὸς ἀπὸ τῆς ξυλίνης γεφύρας εἴδωλα ῥιπτοῦντες ἀνθρώπων εἰς τὸν ποταμόν, Ἀργείους τὰ ῥιπτούμενα καλοῦσιν.*

1) Paul. Diac. p. 104, Müller v. „Idulis ovis," Ovid. Fast. I, 56. Hor. Carm. III, 30, 8. Vgl. R. Sachs a. a. O. I, 1866, S. 3.

2) S. darüber Sachs a. a. O. S. 4 Anm. 8.

3) Paul. Diac. p. 15 Müll. Argeos vocabant scirpeas effigies, quae per Virgines Vestales annis singulis jaciebantur in Tiberim. Ovid. Fast. V, 621. Tum quoque priscorum virgo simulacra virorum Mittere roboreo scirpea ponte solet.

Plutarch sie sogar *τὸν μέγιστον τῶν καθαρμῶν*), man erwartete davon also für die Gemeinde Entfernung von Schäden und Übeln. Auch bei dieser Gelegenheit zeigte sich die Flaminica, eine mürrische Miene annehmend, ungekämmt und ungewaschen.[1] Als Götter, denen das Opfer dargebracht wurde, galten *Saturnus* (Kronos) und (oder) Dis pater (*Ἅιδης*); eine alte Sage behauptete, es seien früher Menschen und zwar alte Leute von 60 Jahren, an deren Stelle als Ersatz später die Binsenmänner (scirpei Quirites) in den Fluß geworfen. Es ist nun längst wahrgenommen, daß die 24 Puppen[2] Vertreter von 24 Stadtbezirken waren;[3] jeder derselben wollte seinen Einwohnern *durch die Wassertauche* ein besonderes Heiltum sichern. Die Vestalinnen und Pontifices vertreten wie bei den Fordicidien das Zusammenfassende, die Staatsidee; die Prätoren (*στρατηγοί*), deren Gegenwart offenbar eine Einrichtung späterer Zeit, vertreten dagegen den Senat, welcher als oberste Aufsichtsbehörde über Religion und Kultus für die Reinhaltung der vaterländischen Gottesverehrung Sorge zu tragen hatte.[4] Wenn, wie man mehrfach beobachten kann, die Idee der Lustration die negative Kehrseite der positiven Mitteilung von Kräften des *Wachstums* und Gedeihens ist,[5] so liegt es nahe, auch in dem Argeeropfer eine der vielfältigen Darstellungen der Vegetationsnumina zu vermuten. Und in der Tat ist die Ähnlichkeit der o. S. 264 angeführten deutschen und slavischen Sitten so auffallend, daß schon J. Grimm (Myth.² 733 Anm. 1) den Lätarebrauch, beim Todaustreiben Strohpuppen ins Wasser zu werfen, mit dem Argeeropfer verglich. Dagegen erhob Preller, R. M. 516 Anm. 2, unter Anerkennung der Ähnlichkeit mit Recht den Einwand, daß die Jahreszeit zu dieser Vorstellung nicht

1) Plutarch. Quaest. Rom. 86: *διὸ τὴν φλαμινίκαν ἱερὰν τῆς Ἥρας εἶναι δοκοῦσαν νενόμισται σκυθρωπάζειν μήτε λουομένην μήτε κοσμουμένην.*

2) Varro l. l. VII, 44. Argei fiunt e scirpeis simulacra hominum XXIV, ea quotannis de ponte sublicio a sacerdotibus publice deiici solent in Tiberim.

3) S. Schwegler, R. G. I, 377. Becker-Marquardt, Handbuch IV, 201.

4) S. Sachs a. a. O. 5 Anm. 2. Vgl. Becker-Marquardt, a. a. O. II, 2 S. 452.

5) Hierüber werde ich später bei Publication einer eingehenden Arbeit über die Lupercalien ausführlichere Beweise beizubringen Gelegenheit haben. Einstweilen vgl. Bk. 607. 608. [Über die Lupercalien handelt Kap. III der „Mythologischen Forschungen“ (1884).]

passe. Da der Taurus 23. = jul. 9. Mai nach dem römischen Bauernkalender den *Sommeranfang* bezeichnete, Aries 1. = 17. März Frühlingsanfang und Neujahr,[1] so ist es einleuchtend, daß die beiden Argeerfeste im März und Mai sich dem Gedanken nach entsprechen, wie Lenzesbeginn und Lenzesende; daß mithin das Argeeropfer, wenn überhaupt in die von uns vermutete Kategorie fallend, den oben S. 265 erwähnten Mittsommerbräuchen vergleichbar, das Hinaustragen des sterbenden Frühlingsdämons (vgl. Jarilo) und seine Wassertauche, die Prozession am 17. März seinen Einzug ins Land darstellen sollte. Es ist wahrscheinlich, daß diese Fixierung auf Frühlingsanfang und die ersten Idus (Neumond) nach Sommeranfang einmal von den Pontifices selbst in jenen langen Zeiten der Verwirrung des offiziellen Kalenders geschehen sein mochte, als die früheren fixierten Festtage von den ihnen zukommenden Jahreszeiten allzuweit entfernt waren[2], und nicht unmöglich bleibt es, daß das ältere und ursprünglichere Datum des Argeeropfers im Hochsommer, um die Zeit der Sonnenwende, zu suchen ist. Eine ziemlich deutliche Spur der einstigen Verlegung vom Juni in den Mai vermeine ich folgenden Tatsachen entnehmen zu dürfen. Das Argeeropfer fiel in dieselben Tage, wann die drei ältesten Vestalinnen (7.—14. Mai) die frühesten reifgewordenen Speltähren schnitten, in Erntekörben (corbes messuariae) aufsammelten, zur Tenne trugen, rösteten, mahlten und das Mehl zur Aufbewahrung in den Penus Vestae brachten. Serv. Virg. Buc. VIII, 82. Vier Wochen später vom 9.—15. Juni, d. h. in der Zeit, wann im Großen und Ganzen die Einheimsung des Getreides ernstlich begann und in Zug kam (nach Varro R. R. sogar erst „inter *solstitium* et caniculum plerique messem faciunt"), folgte das Fest der Vestalia, ein Erntefest, wobei Müller und Bäcker ob des neuen Vorrats jubelten und mit Blumen und Broden bekränzte Esel umherführten. Dann bereiteten die Vestalinnen durch Zumischung von Salz aus jenem heiligen Mehl die zu Opfern unerläßliche mola salsa oder mola casta;[3] dann reinigten sie den Penus Vestae und *trugen den Kehricht in den Tiberstrom*,

1) Th. Mommsen, Röm. Chronol. 2. Aufl. S. 26. Cf. 70.

2) Mommsen a. a. O. S. 70 Anm. 99.

3) Serv. Verg. Bucol. VIII, 82. Cf. Preuner, Hestia-Vesta S. 307.

damit ihn dieser ins Meer entführe (Ovid. Fast. VI, 707), oder auf eine gewisse Stelle des capitolinischen Hügels; dann endlich erschien auch die Flaminica Dialis in dem Traueraufzuge, ungekämmt, mit ungeschnittenen Nägeln, wie beim Argeeropfer, und den Bürgern waren keine Hochzeiten gestattet. Ovid. Fast. VI, 226 sagt die Flaminica:

> Donec in Iliaca placidus purgamina Vesta
> Detulerit flavis in mare Tibris aquis,
> Non mihi detonsae crines depectere buxo,
> Non ungues ferro subsecuisse licet,
> Non tetigisse virum, quamvis Jovis ille sacerdos,
> Quamvis perpetua sit mihi lege datus.

Nun hatte die Auskehrung doch offenbar ursprünglich keinen andern Sinn, als zur Aufnahme des neuen Vorrats vom heiligen Mehl das Haus und die Vorratskammer der Göttin zu säubern, mithin wird dieser Vorrat selbst schwerlich 4 Wochen zuvor beschafft und herbeigetragen sein. Somit ist anzunehmen, daß ehedem die Bereitung des heiligen Mehls aus den Körnern der neuen Frucht mit der Mischung zur mola salsa in der eigentlichen Erntezeit zusammenfiel, aber später in den Mai verlegt wurde. Ist es da nicht glaublich, daß die Hinaustragung der den Dämon der abgelebten Vegetation darstellenden Argeerpuppen *in den Fluſs* einst in dieselben Tage der Auskehr des Alten gefallen ist, und daß damit der Traueraufzug der Flaminica verbunden war, der bei der Verlegung in den Mai sowol am Argeeropfer, als an dem Tage der Hinaustragung der Reste und Abgänge des alten Vorrats haften blieb? Doch wie dem auch sei, auch ohne die ehemalige Zusammengehörigkeit der Vestalien und des Argeeropfers wird unsere Deutung desselben als sommerliches Fest durch die einzelnen Züge desselben augenscheinlich bestätigt.

Die Bezeichnung der Argeerkapellen als Begräbnißstätten ruht mutmaßlich auf dem Umstande, daß die hier dargebrachten Opfer die Merkmale eines Todtenkultus an sich trugen, den Parentalia ähnlich sahen;[1] ganz natürlich, wenn die Maifeier Tod und Bestattung des nach den 24 Bezirken vervielfältigten Vegetationsgeistes des Frühlings darstellen sollte, da die Binsenidole doch wol aus den Sacellis abgeholt wurden. So erklärt sich auch der Traueraufzug der Flaminica. Daß die Puppen nicht, wie

1) Cf. Schwegler, R. G. I, 379 Anm. 10.

größtenteils im Norden, aus grünbelaubten Reisern, sondern aus Binsen hergestellt wurden, steht ganz jener Bekleidung des Wasservogels mit Caltha palustris (o. S. 264) parallel, und war außer durch die Rücksicht auf ihre Bestimmung zur Wassertauche auch wol durch das Bestreben bedingt, ihnen auf einige Monate Haltbarkeit zu geben. Denn wenn ich recht sehe, hat man (in älterer Zeit wenigstens) schon im März die Puppen angefertigt und (wie unsere Maibäume) dieselben an den bestimmten Orten aufgestellt, welche mit der Zeit in umschlossene mit Altar versehene Heiligtümer, Kapellchen, sacella, verwandelt wurden, von der Art, wie solche bei den Alten häufig (nach den Seiten hin offen) heilige Bäume einfriedigten und überbauten.[1] Hier blieben sie dann wol bis zu ihrer Wegführung im Juni oder Mai. Daß jeder Stadtbezirk seine Argeerpuppe hatte, entspricht genau der Aufrichtung eines besonderen Maibaums in jedem Viertel oder jeder Straße zumal französischer Städte (Bk. 169). *Durch diese Annahme, dafs die heiligen Orte ursprünglich die Bestimmung hatten, Standorte der Binsenmänner zu sein, erklärt sich auf einfache und ungezwungene Weise, weshalb sie wie die letzteren Argei genannt waren.* Die aufgestellten Puppen (Argei) selbst waren das Ziel, zu welchem während der beiden Märztage die Besuche der Bezirksgenossen strömten, wie in Rußland zu dem als Idol aufgepflanzten Pfingstbaum (Bk. 158); oder zu denen man vielleicht von Kapelle zu Kapelle in feierlicher Prozession Rundgang hielt in der Weise, wie heute am Fronleichnamstage die festlich gekleidete Menge von einem in grünem Birkenschmucke prangenden Feldaltar zum andern betend und singend mit ihren Fahnen und Kreuzen fortschreitet. Der Ausdruck „itur ad Argeos" läßt beide Deutungen zu. Die älteste Erwähnung der Argeer in den Versen des Ennius (Fr. 123—124 Vahlen):

mensas constituit idemque ancilia
libaque fictores Argeos et tutulatos

würde, sobald man sie mit Röper als eine Aufzählung der Festtage des 15.—17. März betrachten dürfte, die Aufstellung der

1) Bötticher, Baumkultus der Hellenen S. 152 ff. Cf. Festus p. 319: Sacella dicuntur loca diis sacrata sine tecto. — Gellius 6, 13: Trebatius in libro de religionibus secundo. Sacellum est locus parvus deo sacratus cum ara. Fest. p. 87: Fagu[tal] sacellum Jovis, in quo fuit fagus arbor, quae Jovis sacra habebatur.

Argeerpuppen für diese Tage ausdrücklich bezeugen, da das Wort Argei neben den gedeckten Festtafeln (mensae) und heiligen Schilden (ancilia) der Salier, sowie den vielleicht (wie oft andere derartige Opferkuchen) auch Tier- oder Menschengestalt nachahmenden Fladen (liba) des Festes der Anna Perenna und ihren Verfertigern (fictores) als Einrichtungen des Numa genannt, etwas Substantielles, einen Apparat des Festes bezeichnen muß.[1] Allein Sachs a. a. O. S. 28 bemerkt dagegen mit Recht, daß aus dem Fragmente keineswegs zu ersehen sei, daß Ennius die aufgezählten Stücke als unter einander in Verbindung stehend genannt habe, sondern nur dieses, daß er sie sämmtlich für Einrichtung des Numa erklärte. Dagegen spricht der Ausdruck des Ovid „itur ad Argeos; *qui sint sua pagina dicet:* hac, si commemini, praeteritaque die“ (nämlich März 16. 17.), entschieden zu Gunsten unserer Auslegung. Denn offenbar sind hier unter den Argei die Fast. V, 621. 630 zwar nicht benannten, aber deutlich beschriebenen simulacra virorum scirpea, straminei Quirites, somit die Binsenpuppen und nicht die gleichnamigen Kapellen zu verstehen. Das Hinabwerfen der ausgedienten Argeerpuppen, der nunmehrigen *Alten der Vegetation*[2] in den Fluß hat seine nächsten Analogien in der vorhin erwähnten Ausschüttung des alten Kehrichts der aedes Vestae, sowie ein andermal der auf geweihtem Boden gewachsenen Ernte des Tarquinius in den Tiberstrom. Unrat und Ernte, beides sollte vernichtet werden, aber ihnen wohnte zu sehr Empfindung des Verbundenseins mit dem Heiligen bei, als daß dies auf profane Weise möglich schien. Sie wurden deshalb dem reinen Strome übergeben, damit er sie ins Meer entführe. Es ist sehr wahrscheinlich, daß man vielleicht schon im Ausgange der königlichen Zeit das Argeeropfer in gleichem Sinne aufgefaßt habe; aber eine ältere Stufe lag dahinter, in welcher die *Wassertauche* der Laub- oder Binsenpuppe noch

1) Cf. Marquardt, Handb. IV, S. 202 Anm. 6. Röper a. a. O. 25: Itaque si teste Ovidio „hac praeteritaque die itur ad Argeos;“ eosdem patet significare Ennium; eosdem vero Ennii interpres Varro dixit fieri e scirpis simulacra hominum 24, eaque quotannis de ponte sublicio a sacerdotibus deiici solere in Tiberim.

2) Cf. den „Alten“, Korndämonen S. 24 ff. Daher vielleicht die Sage, Greise seien ehedem von der Brücke gestürzt und an deren Stelle das Argeeropfer getreten.

Regenzauber war. Damals als man die agrarischen Beziehungen des Brauches noch durchfühlte, wird man denselben zu Saëturnus, dem Gotte der Saaten, in Beziehung gesetzt haben; auch diese Beziehung erfuhr eine Umdeutung, indem man die Wassertauche der Binsenmänner als Opfer und zwar als Surrogat eines Menschenopfers auffaßte (eine für eine sehr frühe, vorhistorische Periode der Wildheit vielleicht nicht unrichtige [Bk. 364], für die Zeit der römischen Könige, in welcher ja die Puppen [also nicht in Laub, Binsen u. s. w. gekleidete Menschen] in den sacella Argeorum aufgestellt wurden, abzuweisende Conjectur). Nunmehr dachte man an die Analogie des mit Menschenopfern geehrten karthagischen Kronos (El) und fügte dem so als Unterweltswesen gefaßten Saturnus den erst im Beginne der Republik eingeführten Dispater[1] als Mitempfänger des Opfers bei. Rätselhaft bleibt nur der Umstand, daß auch beim Frühlingsfeste die Flaminica Dialis im Traueraufzuge erschien. Entweder hat Ovids Vorlage irrtümlich einen Zug des Maifestes auf die Märzfeier übertragen, oder die Priesterin der Juno vertrat bei letzterer diejenige Seite des Festgedankens, welche bei unseren Lätaregebräuchen durch das Todaustragen vor Einführung des Sommers, beim Attisfeste durch die drei ersten Trauertage zum Ausdruck gebracht war.

§ 3. **Adonis.** Wenn ich nunmehr dazu übergehe, die von Phönikern, zunächst wol denen auf Cypern, entlehnte Adonisfeier der Griechen[2] mit den in § 1 d. Kapitels berührten Volksgebräuchen Nordeuropas zu vergleichen, so geschieht dies selbstverständlich keineswegs in der Meinung, diesen wichtigen Gegenstand schon jetzt zur endgiltigen Lösung zu bringen, bei dessen Erörterung die semitische Altertumswissenschaft das entscheidende Wort zu sprechen hat. Wol aber glaube ich von den Gesichtspunkten aus, welche unsere vorangehenden Untersuchungen eröffnen, auf mehrere Tatsachen aufmerksam machen zu müssen, welche es verdienen, beim Fortgange der Forschung in den

1) Preller, R. M. 474 ff. Marquardt, Handbuch IV, S. 51.

2) Über diesen Kultus vgl. im Allgemeinen W. H. Engel, Kypros. Berl. 1841. II, S. 536—643. Movers, Die Phönicier I, 191—253. H. Brugsch, Adonisklage und Linoslied. Berlin 1852. Baudissin, Studien zur sem. Religionsgeschichte I. Lpzg. 1876. J. Meursii Graecia feriata l. I, in Gronov. Thesaur. Graec. antiqu. VII, Lugd. Bat. 1699, p. 706—709. Preller, Griech. Myth. I,[2] 285—289. Pauly, Realencyclopädie I,[2] 175—178.

Kreis der Erwägungen aufgenommen und darin berücksichtigt zu werden. Der neueste Stand der Frage ist, so viel mir bekannt geworden, der folgende. Aus den Nachrichten griechischer Schriftsteller, welche z. T. bis ins siebente Jahrhundert v. Chr. zurückreichen, wissen wir von einem Feste, bei welchem laute Todtenklage um einen in der Blüte der Jugend gestorbenen Heros oder Gott Adonis, den Geliebten der Aphrodite, ertönte, sodann dessen Wiederaufleben gefeiert wurde. Die schon durch den phönikischen Namen Adon, d. i. Herr, bewährte semitische Herkunft dieses Kultus ist den Alten stets im Bewußtsein geblieben und in genealogischen Mythen ausgesprochen.[1] Noch Cicero weiß, daß die dem Adonis vermählte Venus die tyrisch-syrische Astarte sei.[2] Erst durch Strabo (L. XVI, c. 2. § 18. C. 755) lernen wir Byblos als einen Hauptsitz der Feier in Phönikien selbst kennen, und der Verfasser der angeblich Lucianischen Schrift über die syrische Göttin giebt uns von der bereits mit Ideen und Gebräuchen des ägyptischen Osiriskultus verschmolzenen Begehung daselbst eine eingehendere Beschreibung. Da aber das Wort Adon, Herr, in den uns bekannt gewordenen phönikischen Inschriften ein ehrendes Epitheton mehrerer, verschiedener Götter ist, liegt die Vermutung nahe, daß die Griechen die Benennung des Gottes nicht einem einheimisch semitischen Eigennamen desselben, sondern den Anrufungen des Refrains des Klageliedes „Adonai“, d. i. mein Herr! entlehnten.[3] Mit ziemlicher Gewißheit darf man behaupten, daß die aus Babylonien nach Jerusalem verpflanzte Klage um *Tammuz* (Ezechiel VIII, 14), nach welcher der Monat bei den Chaldäern, und in nachexilischer Zeit bei den Juden Tammuz, bei Syrern Tomuz genannt wurde,[4] der Adonisfeier verwandt war, ob genauer entsprechend ist nicht auszumachen. Doch zeugt dafür allerdings die Entdeckung der neueren Assyrologie, deren Correctheit zu prüfen

1) Vgl. Baudissin, Studien S. 299 ff.

2) Cicero, De nat. deor. III, 23. Quarta (Venus) Syria Tyroque concepta, quae Astarte vocatur, quam Adonidi nupsisse proditum est.

3) Brugsch, Adonisklage S. 19. Baudissin a. a. O.

4) Ideler, Chronologie der alten Völker S. 430. 509. Delitzsch bei Baudissin a. a. O. S. 35. 301. Oppert. Schrader, Jahrb. f. protest. Theol. I, 1875, S. 128. Lenormant, Die Anfänge der Cultur II, 50 ff. 71. Ders. La langue primitive de la Chaldée 370. 431.

nicht in meinen Kräften steht, daß dem hebräischen Monatsnamen Tammuz der assyrisch-akkadische vierte Monat (Juni, Juli) Duzû oder in anderer Aussprache Duvzi, Dumuzi, Sohn des Lebens, d. h. *Sprößling* entspreche. In den epischen Gesängen, welche Sardanapal nach Lenormant aus altchaldäischen Originalen des 17. Jahrhunderts v. Chr. abschreiben ließ, ist Duzi, der Sohn des Lebens, der Gegenstand der Leidenschaft der Istar (der phönikischen Astarte) gestorben; Istar geht in das Todtenreich, um für ihn die himmlischen Wasser des Lebens zu holen, und wird dort festgehalten. Da bespringt nicht mehr der Stier die Kuh, der Esel die Eselin, die Zeugung unter den Menschen hört auf. Die Götter befehlen Istars Befreiung; sie steigt wieder durch die Pforten der sieben Sphären des Landes ohne Heimkehr empor, ihre abgelegten Kleidungsstücke wieder an sich nehmend, empfängt aber zuvor im Palaste des Geistes der Erde das Lebenswasser, um es auf den Sohn des Lebens, den jungen Mann, ihre glühende Leidenschaft, zu sprengen, und zwar, wie es nach den Schlußzeilen des Liedes von der Höllenfahrt der Istar scheint, bei dem großen Trauerfeste, das Männer und Weiber mit vielen Thränen am Sarge des Duzi begehen. Ein anderer Text stellt den Sohn des Lebens selbst zu den Wohnsitzen der Todten hinabsteigend, ein dritter, der ihn mit der Sonne *vergleicht*, sein Verhältniß zu Istar nicht als das des Gatten oder Bräutigams, sondern als das des Sohnes dar. Das Epos von Izdubar läßt diesen Gott oder Helden die vom Sohne des Lebens zurückgelassene Wittwe Istar freien.[1] Wenn die Übersetzung dieser Stücke bereits Verläßlichkeit besitzt, ist es einleuchtend, daß die mitgeteilte Erzählung größtenteils eine ätiologische Mythe, eine historische Erklärung der Klagefeier war, bei deren Schluß über eine Bahre oder eine den *„göttlichen Sprößling“* bezeichnende Gestalt *Wasser ausgegossen wurde; von dem man ein Wiederaufleben erwartete.* Diese Feier, welche nach Ausweis des Monatsnamens zur Zeit der *Sommersonnenwende*[2] stattfand, muß

1) Lenormant, Die Anfänge der Cultur II, 58. 66. 68 ff. 70—73.

2) Nach einem von Mos. Maimonides bewahrten Fragmente des Buches „Die nabatäische Landwirtschaft“ war der Schauplatz der Tammuzklage zu Babylon das Innere eines Tempels mit einer großen Bildsäule, welche die Sonne darstellte. Aber dieses Buch ist von sehr zweifelhafter Echtheit. Lenormant a. a. O. 72.

aber, da die Benennung der handelnden Personen (Istar, Duvzi) sich nur aus der akkadischen Sprache erklärt, bereits in der fernen, den Chaldäern voraufgehenden Kulturepoche unter den Akkader genannten turanischen Ureinwohnern Babylons entstanden und von diesen auf ihre semitischen Nachfolger vererbt und später durch die assyrischen und babylonischen Eroberungszüge nach Palästina weiterverbreitet sein. Istar ward bald als Gottheit des Mondes, bald als Gottheit des Planeten Venus gedeutet, sie galt aber auch als Urheberin der Fruchtbarkeit, und nur in dieser göttlichen Eigenschaft spielt sie nach einer richtigen Bemerkung Baudissins[1] in Brauch und Mythus der Duvzifeier eine Rolle. Über die Bedeutung des „göttlichen Sprößlings" scheint nichts überliefert, sie ist lediglich aus dem Kultus zu erschließen.

Der akkadisch-babylonische Ursprung der palästinensischen Tammuztrauer schließt nicht aus, daß in der Adonisklage schon seit alters ein ganz analoger Typus bei den Semiten Vorderasiens selbständig bestand.[2] Ob also das Verhältniß der letzteren Feier zur ersteren ein töchterliches oder schwesterliches oder noch anderer Natur war, bleibt vor der Hand eine offene Frage; jedenfalls bezeugen die überlieferten Bräuche in hohem Grade Verwandtschaft der *Art*. Frauen in Trauergewändern ließen einen oder mehrere Tage hindurch, die Brust schlagend, herzzerreißende Klagerufe und Klagelieder ertönen. Die Klage galt, wie man sagte, dem Tode eines schönen Jünglings, des Geliebten der Aphrodite (d. i. der phönikischen Astarte oder Baaltis), den in der Blüte des Lebens der Eber des Ares getödtet. Zu den Todten hinabgestiegen, gewann er auch hier in so hohem Grade die Liebe der Persephone, daß sie ihn nicht fortlassen wollte, und nur mit Schmerz auf der Götter Gebot darin willigte, daß er je alljährlich auf sechs Monate[3] (später hieß es zwei Drittel des Jahres[4]) zur liebenden Aphrodite an das Licht der Sonne

1) Baudissin a. a. O. S. 33.

2) Vgl. Engel a. a. O. 623 ff.

3) Schol. Theocr. III, 48. Lucian, Göttergespr. 11. Hygin. poet. astron. II, 7.

4) Die Mythe bei Panyasis (vgl. Engel a. a. O. 570) halte ich nicht für eine Mysteriensage, sondern für eine wahrscheinlich durch die athenische Erichthoniossage beeinflußte Sproßform des gewöhnlichen Adonismythus.

wieder emporsteige. Das Verhältniß der Göttin zu dem Geliebten ist dabei stets als ein edles, bräutliches oder als das ehrbarer Gattenliebe gedacht.[1] Dieser Mythus nun war nicht etwa der Ursprung der Bräuche, sondern umgekehrt die Umsetzung der Festhandlungen und ihres ideellen Inhalts in eine Begebenheit. Zu Grunde lag die Vorstellung, daß Jahr um Jahr im Frühling ein göttliches jugendschönes Wesen, sei es die Personification der im Keimen, Wachsen und Reifen der Pflanzen sich vollendenden Frühlings- und Sommerzeit, sei es die personifizierte Wachstumskraft der Natur, zur Aphrodite-Astarte zu bräutlichem Liebesleben emporsteige, im heißen Hochsommer oder Herbste aber ins Schattenreich, in die unsichtbare Welt dahinscheide, um im nächsten Lenze wieder zu erscheinen. Diesen Gedanken stellten die Festgebräuche in verschiedener Weise dar, jenachdem die Feier in den Frühling oder in den Hochsommer fiel. Entweder nämlich ging der Trauertag voraus und die Verherrlichung des Wiederauflebens des Adonis folgte, oder man stellte zuerst das bräutliche Zusammenleben des Gottes mit Aphrodite dar, und danach sein Scheiden, aber nicht ohne die Bitte um gnädige Wiederkehr im nächsten Jahre. Von ersterer Form bietet Byblos ein Beispiel. Da hier die Begehung in den Frühling fiel (Febr.—März[2]), stellte man zuerst das Bild des Adonis in Gestalt eines Todten aus, welcher unter den Klageliedern, Thränen und Jammerrufen der an ihre Brust schlagenden Weiber mit Todtenopfern vermutlich zu Grabe gebracht wurde. Am Tage darauf aber holte man ihn jubelnd wieder hervor und sagte, er sei auferstanden.[3] Die zweite Weise der Feier lehrt Alexandria kennen, wo nach Ausweis der um die Bahre gehäuften, soeben gereiften Früchte die Begehung in den Spätsommer gefallen sein muß.[4] Theokrit beschreibt Id. XV die glänzende Feier, welche Ptolemaeus Philadelphus und seine Gemahlin Arsinoë (wahrscheinlich 277 v. Chr.) nach kyprischem Vorbilde in ihrer Hofburg anstellten. Auf purpurnem Polster ruhte Adonis, das Bild

1) Engel a. a. O. 573. 601 ff.

2) Die Beweise liefert Baudissin a. a. O. S. 298 Anm. 3.

3) Lucian, De dea Syria 6: *ἐπεὰν δὲ ἀποτύψωνταί τε καὶ ἀποκλαύσωνται, πρῶτα μὲν καταγίζουσι τῷ Ἀδώνιδι ὅκως ἐόντι νέκυϊ, μετὰ δὲ τῇ ἑτέρῃ ἡμέρῃ ζώειν τέ μιν μυθολογέουσι καὶ ἐς τὸν ἠέρα πέμπουσιν.*

4) Vgl. Engel a. a. O. 547.

eines Achtzehnjährigen in schönster Jugendfülle, neben ihm war auf gleiche Weise Aphrodite gebettet. Neben ihnen oder rings umher standen oder lagen Früchte jeder Art und Adonisgärtchen, in silbernen Körben[1] Kuchen aus Mehl, Honig und Öl, allerlei (gebackene?) Tiere, fliegende und kriechende. *Auch grüne Laubdächer waren errichtet*, mit zartem Dille belastet, über welche Eroten hinflatterten, wie junge Nachtigallen, die von Zweig zu Zweig hüpfend den ersten Flug versuchen. Und nun alles das Ebenholz, Gold und die beiden elfenbeinernen Adler, den Ganymed emportragend! Eine Sängerin trug Aphroditens Lob vor, wie ihr die Horen nach Jahresfrist den Adonis aus dem Acheron zurückgeführt hätten. Heute, so schloß die Sängerin, möge Aphrodite des Adonis sich erfreuen, morgen mit dem Frührot wollen wir Weiber ihn *ins Meer tragen*, mit aufgelösten Haaren, das Gewand zerreißend, die Brust entblößend und lauten Gesang erhebend: „Sei uns gnädig, lieber Adonis, jetzt und im künftigen Jahre! Freundlich kamst du, und freundlich komme, wann du wiederkehrst.“ Und auch das zuschauende Volk singt: „Gehab' dich wol, geliebter Adonis, und zu Glücklichen komme zurück!“[2] Nach einer Notiz in dem Argumentum des Theokritischen Idylls scheint man übrigens nicht bloß in der Königshalle, sondern an mehreren Orten der Stadt Adonisbilder ausgestellt zu haben, welche jedesmal die vornehmsten Frauen ins Meer trugen.[3] Doch ließe sich die Angabe auch wol anders fassen, und ihre Glaubwürdigkeit ist zweifelhaft. Sicher aber fand in Athen an verschiedenen Stellen die Ausstellung (*καθέδρα*)[4] von

1) Theocr. Id. XV, v. 112: *πὰρ' μὲν οἱ ὥρια κεῖται, ὅσα δρυὸς ἄκρα φέροντι, πὰρ' δ' ἁπαλοὶ κᾶποι, πεφυλαγμένοι ἐν ταλαρίσκοις ἀργυρέοις.* Dazu bemerkt der Scholiast: *πάντα φησὶ τὰ ἀκρόδρυα παρατίθενται τῷ Ἀδώνιδι, ἀπὸ παντοίας ἰδέας ὀπωρῶν.*

2) V. 132: *Ἀῶθεν δ' ἄμμες νιν ἅμα δρόσῳ ἀθρόαι ἔξω οἰσεῦμες ποτὶ κύματ' ἐπ' ᾀόνι πτύοντα.* V. 143: *Ἵλαθι νῦν, φίλ' Ἄδωνι, καὶ ἐς νέωτ' εὐθυμήσαις. καὶ νῦν ἦνθες, Ἄδωνι, καὶ ὄκκ' ἀφίκῃ, φίλος ἥξεις.* V. 149: *Χαῖρε Ἄδων' ἀγαπατέ, καὶ ἐς χαίροντας ἀφικνεῦ.* Vgl. Schol. zu v. 132: *ἐπὶ γὰρ τὴν θάλασσαν ἐκφέροντας τὸν Ἄδωνιν ἔρριπτον ἐπ' αὐτήν.*

3) *Ἔθος γὰρ εἶχον οἱ ἐν Ἀλεξανδρείᾳ ἐν τοῖς Ἀδωνίοις καλουμένοις, ἑορτὴ δὲ ἦν ὑπὲρ τοῦ Ἀδώνιδος τελουμένη, κοσμεῖν εἴδωλα τοῦ Ἀδώνιδος καὶ μετὰ τῶν ὑπερεχουσῶν ἐπὶ τὴν θάλασσαν κομίζειν.*

4) Hesych.: *καθέδρα. θυσία Ἀδώνιδος.*

Todtenbildern statt, und die Weiber auf den Dächern klagten, weinten, sangen Trauerlieder und schlugen sich an die Brust.[1] In Athen treffen wir auch die *Adonisgärten* (*κῆποι Ἀδώνιδος*) wieder an, erdgefüllte Körbe oder Töpfe mit allerlei zarten Pflanzen (Blumen, Getreide, Fenchel und Lattich), welche durch Sonnenwärme in acht Tagen künstlich getrieben waren und darum kraftlos und hinfällig auffallend schnell verwelkten,[2] so daß der Name Adonisgarten sprichwörtlich wurde, um damit, wie wir von Treibhauspflanzen im Gegensatz zum Naturwüchsigen reden, schnell Entsprossenes, aber nicht zur Reife Gediehenes auszudrücken.[3] Diese Gärtchen standen neben der Bahre des Adonis und wurden daher als *ἐπιτάφιοι* bezeichnet, oder *in dem Vorhof, vor der Türe* der Tempel, wenigstens im Orient[4], wo auch im Walde (?) abgehauene *Bäume* zu Ehren des Adonis in

---

1) Plutarch. Alcibiad. 18: *Εἴδωλα πολλαχοῦ νεκροῖς ἐκκομιζομένοις ὅμοια προὔκειντο ταῖς γυναιξί, καὶ ταφὰς ἐμιμοῦντο κοπτόμεναι, καὶ θρήνους ᾖδον.* Plut. Nicias 13: *Ἀδώνια γὰρ ἦγον αἱ γυναῖκες τότε, καὶ προὔκειτο πολλαχόθι τῆς πόλεως εἴδωλα, καὶ ταφαὶ περὶ αὐτὰ καὶ κοπετοὶ γυναικῶν ἦσαν.* Vgl. Aristoph. Lysistr. 389 ff.: *Ὁ τ' Ἀδωνιασμὸς οὗτος οὑ 'πὶ τῶν τεγῶν; — ἡ γυνὴ δ' ὀρχουμένη αἶ αἶ Ἄδωνιν φησίν — ἡ ὑποπεπωκυῖ', ἡ γυνὴ 'πὶ τοῦ τέγους κόπτεσθ' Ἄδωνιν, φησίν.*

2) Eudocia 1: *Δίκην Ἀδώνιδος κήπου παντοδαποῖς ἄνθεσιν εὐώδεσι βρύοντες.* Schol. Theocr. Id. XV, v. 112: *Εἰώθασι γὰρ ἐν τοῖς Ἀδωνίοις, πυροὺς καὶ κριθὰς σπείρειν ἔν τισι προαστείοις* (?), *καὶ τοὺς φυτευθέντας κήπους Ἀδωνίους προςαγορεύειν.* Simplic. in Aristot. Phys. V, 403 Bekk.: *Καὶ σῖτος διὰ θέρμην ταχὺ φύεται καὶ αὔξεται ἐν τοῖς Ἀδώνιδος καλουμένοις κήποις, πρὸ τοῦ ῥιζωθῆναι καὶ πιληθῆναι ἐν τῇ γῇ.* Suid.: *Ἀδώνιδος κῆποι ἐκ θριδάκων καὶ μαράθρων, ὅπερ κατέσπειρον ἐν ὀστράκοις.* Julian. Caesar. c. XXIV, 1. p. 329 Spanh.: *καὶ ὁ Σειληνός: ἀλλ' ἦ τοὺς Ἀδώνιδος κήπους ὡς ἔργα ἡμῖν, ὦ Κωνσταντῖνε, ἑαυτοῦ προσφέρεις, αἱ γυναῖκες τῷ τῆς Ἀφροδίτης ἀνδρὶ φυτεύουσιν ὀστρακίοις ἐπαμησάμεναι γῆν λαχανίαν. Χλωρήσαντα δὲ ταῦτα πρὸς ὀλίγον, αὐτίκα ἀπομαραίνεται.* Platon. Phaedr. c. 61: *Ὁ νοῦν ἔχων γεωργός, ὧν σπερμάτων κήδοιτο καὶ ἔγκαρπα βούλοιτο γενέσθαι, πότερα ἂν θέρους εἰς Ἀδώνιδος κήπους ἀρῶν χαίροι θεωρῶν καλοὺς ἐν ἡμέραισιν ὀκτὼ γιγνομένους; ἢ ταῦτα μὲν δὴ παιδιᾶς τε καὶ ἑορτῆς χάριν δρῴη ἄν, ὅτε καὶ ποιοῖ.*

3) Vgl. A. Boeckh in Humboldts Kosmos V, 131.

4) Philostr. Vit. Apoll. VII, 14: *ἡ δὲ αὐλὴ ἀνθέων ἐπεθήλει κήποις, οὓς Ἀδώνιδος Ἀσσύριοι ποιοῦνται ὑπὲρ ὀργίων ὀμωροφίοις αὐτοὺς φυτεύοντες.*

den Boden aufgepflanzt zu sein scheinen.[1] Adonisbild und Adonisgarten trug man dann mit einander zum Orte hinaus und warf sie beide ins *Meer* oder *in einen Quell.*[2] *Die Pflanzen des Adonisgartens waren ein zweiter Ausdruck für Adonis selbst;*[3] *das Idol und die Kräuter gehörten zusammen wie Bild und Unterschrift, oder besser wie zwei Hälften, in die der sichtliche Ausdruck des einen Begriffes Numen der Vegetation zerfiel. Die menschenähnliche Puppe zeigte den Gott oder Dämon als anthropopathisch, die danebengestellte Pflanzung und Fruchtfülle zeigte denselben seinem Wesen nach als Seele oder Beseeler der Pflanzenwelt an.* Im Frühlinge kam Adonis, von den Horen geleitet; in den Frühlingsblumen stieg er aus der Unterwelt empor. Deshalb heißt es, daß das Kind des Lenzes, die *Anemone, aus seinem Blute entsprossen sei;* dies will sagen, daß seine Seele, sein Leben in ihr wieder zum Vorschein komme (vgl. Bk. 40). In den Kräutern, Nährpflanzen, Früchten des Sommers führt er sein Leben weiter; mit ihnen stirbt er im Hochsommer, wann die Glut der Sonne die Pflanzenwelt verdorren macht, die Sichel des Schnitters und die

1) Hesych.: *Ἀοῖα: δένδρα κοπτόμενα καὶ ἀνατιθέμενα τῇ Ἀφροδίτῃ, ὡς ἱστορεῖ Νάσσανδρος, πρὸς ταῖς εἰσόδοις.* Nach dem Etymol. Magn. v. *Ἀῷος* war *Ἀῷ* auf Cypern Beiname des Adonis.

2) Hesych.: *Ἀδώνιδος κῆποι: ἐν τοῖς Ἀδωνίοις εἴδωλα ἐξάγουσιν καὶ κήπους ἐπ' ὀστράκων καὶ παντοδαπὴν ὀπώραν, οἷον ἐκ μαράθρων καὶ θριδάκων παρασκευάζουσιν αὐτῷ τοὺς κήπους. καὶ γὰρ ἐν θριδακίναις αὐτὸν κατακλινθῆναι ὑπὸ Ἀφροδίτης φασίν.* Eustath. ad Hom. Od. 11 S. 459: *κῆποι γὰρ Ἀδώνιδος φυτάρια ταχὺ ἀναθάλλοντα ἔσω χύτρας ἢ ἀῤῥίχου καὶ ὅλως κοφίνου τινός, καὶ ῥιπτούμενα κατὰ θαλάσσης καὶ ἀφανιζόμενα καθ' ὁμοιότητά τινα τοῦ κατὰ τὸν ὠκύμορον Ἄδωνιν θανάτου, ὃς ἀνθήσας νεοτήσιον ταχὺ ἀπήντησε, καταβληθεὶς ὑπὸ Ἄρεος κατὰ τὸν μῦθον. γυναῖκες δὲ τοὺς τοιούτους τημελοῦσαι κήπους ὡσίουν ἐπιταφίους Ἀδώνιδι.* Zenob. Paroem. Cent. I, 49: *Γίνονται δὲ οὗτοι οἱ κῆποι τοῦ Ἀδώνιδος εἰς ἀγγεῖα κεράμεια σπειρόμενοι ἄχρι χλόης μόνης. ἐκφέρονται δὲ ἅμα τελευτῶντι θεῷ καὶ ῥιπτοῦνται εἰς κρήνας.*

3) Das Bewußtsein davon spricht sich auch in der Fabel aus, der Lattich werde deshalb in die Adonisgärten gesät, weil Aphrodite den verwundeten Geliebten in Lattich niedergelegt, verborgen habe. S. Hesych. in der vor. Anm. Wol erst in Folge der Anwendung des Lattichs bei den als *ἐπιτάφιοι* gebrauchten Adonisgärtchen kam diese Pflanze in den Ruf, die Zeugungskraft zu benehmen.

Hippe des Winzers die Früchte dahinrafft. Es war daher eine zwar einseitige und allzuenge, aber der Wahrheit einigermaßen nahekommende Schlußfolgerung aus der noch vollständiger vorliegenden Gesammtheit der Gebräuche und Mythen des Kultus, wenn die Gelehrsamkeit des späteren Altertums selbst bald den Adonis als ein Bild *der reif gewordenen Frucht*, seinen Tod *als das Mähen der gereiften Frucht* oder das Hinabsteigen des Samens in die Erde ausdeutete,[1] während andere Physiologen ihn als Personification des *Maimonats* nehmen wollten, welchem Aphrodite, der Frühling oder April, von dem Winter oder Ares abgewendet, sich zuneige,[2] noch andere gar als die Sonne, deren Abnahme und Zunahme in seinem Mythus dargestellt sei.[3]

Es gab verwandte Vorstellungen, welche sich auf ein engeres Gebiet einschränkten. Längst hat man erkannt, daß das von den Griechen aus Phönikien und Cypern übernommene, nach dem Klageruf: ai lenu! wehe uns! gräzisiert *αἴλινον!* benannte *Linoslied* dem Adoniasmos nahe verwandt war.[4] In dem ältesten Zeugniß für den Brauch wird uns ein noch fruchtschwerer Weingarten vor Augen geführt, von dem der Zug der Winzer und Winzerinnen die (ersten) abgeschnittenen Trauben zur Kelter trägt. Inmitten geht ein Kitharist, der zur Leier den schönen Linos besingt, die andern aber *folgen* ihm singend, hüpfend und *juchzend* (*ἰΰγμῷ*. Vgl. o. S. 256).[5] Das Linoslied kehrt an dem argivischen Erntefest im Arneios wieder. Die ätiologische Legende, daß Linos ein schöner, jugendlicher Sänger gewesen sei, den

1) Etym. Magn. *Ἄδω, Ἄδωνις κύριος· δύναται γὰρ ὁ καρπὸς εἶναι, οἷον Ἀδώνιδος καρπός, ἀρέσκων.* Ammian. Marcell. XIX, 1: man sehe die Verehrerinnen der Venus weinen an der heiligen Adonisfeier „quod simulacrum frugum adultarum regiones mysticae docent." Clemens Alexandr. Hom. 6, 11: *λαμβάνουσι δὲ καὶ Ἄδωνιν εἰς ὡραίους καρπούς.* Euseb. Praep. evang. III, 4: *ὁ δὲ Ἄδωνις τὸ τῶν τελείων καρπῶν ἐκτομῆς σύμβολον.* Schol. Theocr. III, 48: *ὁ Ἄδωνις, ἤγουν ὁ σῖτος ὁ σπειρόμενος, ἓξ μῆνας ἐν τῇ γῇ ποιεῖ ἀπὸ τῆς σπορᾶς, καὶ ἓξ μῆνας ἔχει αὐτὸν ἡ Ἀφροδίτη, ἡ εὐκρασία τοῦ ἀέρος· καὶ ἐκ τότε λαμβάνουσιν αὐτὸν οἱ ἄνθρωποι.* Cf. Hieronym. ad Ezech. VIII, 4.

2) Joh. Lydus, De mensibus IV, 44.

3) Macrob. Saturn. I, 21.

4) Movers, Die Phön. I, 244. 245. Brugsch, Adoniskl. 16 ff. Preller, Gr. Myth. I,[2] 377 ff. Baudissin, Studien 302 ff.

4) Hom. Il. XVIII, 561 ff.

Hunde zerrissen oder Apollo tödtete, läßt darauf schließen, daß man im Linosgesang den allzufrühen Tod eines schönen Jünglings beklagte; er wird namenlos gewesen sein und das Numen, den Dämon des Weinwuchses, resp. der Feldfrüchte bedeutet haben, der in der Ernte stirbt. Dies folgere ich aus mehreren Analogien. Zunächst vergleiche man den ägyptischen Brauch, den Diodor. Sic. I, 14 beschreibt: Isis habe den Anbau des Weizens und der Gerste erfunden. *ἔτι γὰρ καὶ νῦν κατὰ τὸν θερισμὸν τοὺς πρώτους ἀμηθέντας στάχυς θέντας τοὺς ἀνθρώπους κόπτεσθαι πλησίον τοῦ δράγματος καὶ τὴν Ἶσιν ἀνακαλεῖσθαι, καὶ τοῦτο πράττειν ἀπονέμοντας τιμὴν τῇ θεῷ τῶν εὑρημένων κατὰ τὸν ἐξ ἀρχῆς τῆς εὑρέσεως καιρόν.* Offenbar ist hier derselbe Klagegesang gemeint, von welchem Xenophanes von Kolophon in seiner Apostrophe an die Ägypter redete: *ἄλλως δὲ γελοῖον ἅμα θρηνοῦντας εὔχεσθαι τοὺς καρποὺς πάλιν ἀναφαίνειν καὶ τελειοῦν ἑαυτούς, ὅπως πάλιν ἀναλίσκωνται καὶ θρηνῶνται.* Plut. Is. et Osir. c. 70 p. 124 Parthey. Der beschriebene Erntebrauch hatte keinen Sinn, *wenn die Klage nicht ursprünglich einem persönlichen Wesen galt, dessen Tod durch die Sichel man beweinte, dessen fröhliches Wiederaufleben aber gleichzeitig als Hoffnung jubelnd ausgesprochen wurde.* Diese Beziehung mochte zu Diodors Zeit bereits stark verdunkelt sein, und man rief jetzt die Isis als Geberin der Fruchtbarkeit an, im nächsten Jahr neue Früchte zu schaffen. Dies deutet gleich darauf (c. 71) Plutarch an: *θρηνοῦσι μὲν τοὺς καρπούς, εὔχονται δὲ τοῖς αἰτίοις καὶ δοτῆρσι θεοῖς, ἑτέρους πάλιν νέους ποιεῖν καὶ ἀναφύειν ἀντὶ τῶν ἀπολλυμένων.* Den von der Sichel getödteten Getreidedämon zeigt aber wol erhalten, in der Fülle aller feinsten und kleinsten Züge — wie ich demnächst ausführlicher, als es „Korndämonen S. 34“ geschehen konnte, darlegen werde — unserem *Alten* (Korndäm. 24) entsprechend der phrygische Erntebrauch, dessen Schnitterlied gradeso wie der Linosgesang den Personennamen für eine ätiologische Fabel hergegeben hat. [Vgl. Kap. I § 5 der „Mytholog. Forschungen“ 1884.]

Betrachten wir in dem Lichte der gewonnenen Ergebnisse wieder die Adonienbräuche selbst, so ist klar, daß in der Frühlingsfeier, wo eine solche stattfand, wie in Byblos, der zweite Teil, die Darstellung des Wiederauflebens die Hauptsache war. *Der Naturvorgang, welchen die erste Festhälfte im Spiegel eines göttlichen Lebens verbildlichte, war schon im Hochsommer des vergangenen Jahres geschehen, aber der Kultus mufste auch ihn darstellen,* um das Aufleben des Adonis eben als *Wiederauferstehen* aus dem Tode zur Anschauung zu bringen. Die Sommerfeste dagegen, wie z. B. in Alexandria, vergegenwärtigten das Schicksal des Person gewordenen Blütenlebens im laufenden Jahre und stellten demgemäß die Veranschaulichung des bräutlichen Beisammenseins des Adonis und der Aphrodite voran, und ließen darauf die Todtenklage folgen, indem sie zugleich in Gestalt des Wunsches und hoffnungsvollen Zurufs auf die Wiederkunft des Gottes im nächsten Frühjahr Bezug nahmen. Es fragt sich nun, welchen Gedankengehalt im Zusammenhange dieser Gebräuche die schließliche Hinabwerfung des Adonisbildes und Adonisgartens *ins Wasser* zum Ausdruck bringen sollte. Neben dem *Wurfe ins Meer* oder in einen *Quell* steht als dritte die assyrische Form der *Begiefsung mit Wasser,* und zwar wurde diese als ein Mittel zur Wiederbelebung des Gestorbenen gedacht (o. S. 275). Wenn diese Tatsachen richtig sind, kann *diese Wassertauche, Begiefsung wie Wurf, nicht die Vernichtung des Adonis bedeutet haben, sondern sie mufs notwendig in Beziehung auf das künftige Wiederaufleben der Vegetation geübt sein.*

In Byblos schnitten sich die Frauen beim Trauerfeste die Haare ab, wie die Ägypter, wenn der Apis gestorben war. Diejenigen aber, welche sich diesem Opfer nicht unterziehen wollten, hatten die Pflicht, sich einen Tag lang den auf dem Markte zusammenströmenden Fremden zur Schau zu stellen und einem derselben ihre Schönheit preiszugeben, den Erlös aber der Göttin zu weihen.[1] Das muß am Freudentage, der zweiten Festhälfte, geschehen sein. In Paphos und Cypern bestand derselbe Gebrauch, wie die zur Erklärung desselben erfundene Erzählung beweist, die leiblichen Schwestern des Adonis, Kinder des Kinyras, des Gründers und Heros von Paphos, und der Kyprierin Metharme, die Jungfrauen Orsedike, Laogara und Braisia hätten sich dem Willen der erzürnten Aphrodite gemäß *fremden* Männern preisgegeben.[2] Vielleicht zeigt es eine Abweichung von der

1) Lucian a. a. O.

2) Apollod. Bibl. III, 14, 3. Die andere Sage, wonach Adonis aus der geborstenen Rinde der in einem Myrrhenbaum verwandelten Myrrha, der

lischen Sitte, wenn Justin. XVIII, 5 berichtet, auf Cypern es Gebrauch gewesen, daß die jungen Mädchen vor ihrer Verheiratung sich *an bestimmten Tagen* ans Gestade begäben, um durch Preisgebung an *fremde Männer* sich *ein Heiratsgut* zu erwerben. Die von Herodot I, 199 beschriebene babylonische Sitte, daß jede Frau einmal im Leben im Heiligtum der Aphrodite-Mylitta sich dem ersten *Fremden* zu eigen geben mußte, der ihr ein Stück Geld in den Schoß warf, mag ursprünglich ebenfalls dem Duzifeste oder einem entsprechenden angehört haben, von demselben aber nachher abgelöst sein. Oder, was wahrscheinlicher ist, fand sie wirklich an einem solchen Feste statt, und war der von Herodot mißdeutete Sachverhalt dieser, daß die Weiber, ohne nach Hause entlassen zu werden, das ganze Fest hindurch ausharren mußten, bis sie einen Liebhaber fanden, und daß die Unschönen oft drei bis vier Jahre hintereinander dies wiederholten, bis sich endlich ihrer jemand annahm? Mit diesen Festgebräuchen, so widerstrebend dieselben dem geläuterten moralischen Gefühle erscheinen, vertrug und verband sich ohne Zweifel völlig strenge Keuschheit außerhalb des Festes und in der Ehe.[1] Hervorgegangen aus einer Lebensanschauung, welche in Bezug auf geschlechtliche Verhältnisse anders war als unsere, waren sie nicht unsittlich im Sinne gemeiner Lust. Sie waren symbolischer und mystischer Ausdruck eines religiösen Gedankens und als göttlichen und geheiligten Ursprungs wenigstens ursprünglich von dem viehischen Sinnenrausch und wilden Taumel fern, zu dem sie und verwandte Begehungen später in dem hier nicht zu berührenden Dienste der Aphrodite Pandemos ausarteten. Die ihre Keuschheit opfernden Frauen ahmten das Beispiel der Aphrodite selber nach, welche mit dem wiederkehrenden Adonis sich aufs neue vermählt. Sie handelten als Abbilder, Stellvertreterinnen, Vervielfältigungen der Göttin. Der kyprische Kult drückte dies derart aus, daß diejenigen, welche sich in den Kult der Aphrodite in dem von Kinyras erbauten

---

Tochter des Kinyras, geboren wurde, war ätiologische Erklärung der Anwendung von Myrrhen als Weihrauch bei der Todtenfeier des Adonis, wie Preller (Gr. Myth. I² S. 285) sehr richtig erkannt hat. Vgl. die Sage der in eine Weihrauchstaude verwandelten Leukothea. Mannhardt, Klytia. Berlin 1875, S. 20.

1) Vgl. Aelian, Var. Hist. IV, 1. Engel, Kypros II, 143 ff. 146.

Tempel einweihen ließen, einen kleinen Phallos empfingen und ein Stück Geld „mercedis nomine" der Göttin selbst in die Hand gaben.[1] Stellte aber jedes Weib die Göttin dar, so der *Fremde*, der erschien und ihre Liebe genoß, folgerichtig den unkenntlich aus der Fremde, dem Todtenlande ankommenden Adonis. Ich muß auf die Möglichkeit, vielleicht Wahrscheinlichkeit hinweisen, daß der *Fremde* hier ebenso aufzufassen ist, wie in dem phrygischen Lityersesgebrauche, in welchem einst — wie ich jetzt durch zahlreiche nicht zu mißdeutende nordeuropäische Analogien (vgl. übrigens auch o. S. 170) mit *unumstößlicher* Sicherheit *beweisen* kann — der am Erntefelde vorbeigehende *Fremdling* für den Korngeist genommen, in eine Garbe eingebunden und wirklich oder scheinbar geköpft wurde.[2]

Schließlich sei noch der Umstand erwähnt, der möglicherweise ein weiteres Zeugniß für die Übereinstimmung des Kultus und Mythus der Istar und des göttlichen Sprößlings mit den Adonien ablegt, falls die Deutung der Aphrodite-Astarte in Byblos und Antiochia auf einen Stern, wol den Morgenstern, alt und nicht erst spätere Entlehnung ist. Kaiser Julian fand bei seinem Einzuge in Antiochien Stadt und Palast vom Geheul, Wehklagen und Trauergesang der Adonien erfüllt: „Publicas miratus voces multitudinis magnae, salutare sidus inluxisse eois partibus, acclamantis."[3] In Byblos sah man an einem bestimmten Tage von der Spitze des Libanon ein Feuer gleich einem Sterne in den Fluß schießen. Dies hielt man für die Aphrodite.[4]

Ich konnte nicht vermeiden, dem Leser das von früheren Forschern über den Adoniskult gesammelte Material nach zum Teil neuen Gesichtspunkten geordnet abermals vorzuführen, wenn ich meine Absicht erreichen wollte, darzutun, daß die in § 1 dieses Kapitels erwähnten Frühlings- und Mittsommergebräuche aus ebendenselben Elementen zusammengesetzt seien, als jener asiatisch-griechische Gottesdienst. Zergliedern wir die Adonismythe und die Adonisfeier, so finden wir darin folgende Bestandteile.

---

1) Arnob. Adv. gent. V, 19. Firmic. De error. prof. rel. p. 425.

2) Vgl. einstweilen Korndämon. S. 34. [S. auch Kap. I § 6 der „Mythol. Forschungen".]

3) Ammian. Marcell. XXII, 10.

4) Sozomenos II, 5.

A. Die schöne Jahreszeit, resp. das Blütenleben, die Vegetation derselben ist personifiziert als ein schöner Jüngling.

B. Derselbe wird im Kultus dargestellt durch eine menschenähnliche Figur und die leichtwelkenden Kräuter des Adonisgartens.

C. Er kommt im Frühling und tritt in das Verhältniß des Bräutigams oder Gatten zu einer liebenden Göttin, welche sonst auf ein Gestirn gedeutet, sich doch vorzugsweise als Göttin der Fruchtbarkeit manifestiert. Sie leben während der schönen Jahreszeit in inniger Vereinigung, man darf sie als *Lenzbrautpaar* bezeichnen.

D. Im Hochsommer verschwindet der Gatte oder Bräutigam und weilt während des Herbstes und Winters in der unsichtbaren Welt des Todes.

E. Mit lauter Klage wird seine Bestattung, mit Jubel sein Wiedererscheinen gefeiert. Beide Feiern sind im Frühling und Hochsommer in verschiedener Ordnung verbunden.

F. Das Bild des Dämons und die ihn repräsentierende Pflanze werden mit Wasser begossen, in Quellen oder ins Meer geworfen.

G. Das göttliche Lenzbrautpaar wird nachgeahmt durch den mystischen Brauch eines zeitweiligen geschlechtlichen Bundes eines Mannes und einer Frau.

Alle diese Bestandteile finden wir in verschiedener Zusammenstellung in den nordeuropäischen Bräuchen wieder. **A.** Die Wachstumskraft, das Numen der Vegetation wird in einem persönlichen Wesen personifiziert, das in eine Personification der schönen Jahreszeit übergeht und demgemäß bald die Namen *Laubmann* (Bk. 320), *Lattichkönig* (Bk. 343, vgl. o. S. 280 Anm. 3), bald die Bezeichnungen *Pfingstl*, *Maikönig*, *Père-Mai*, *Jarilo* (d. i. Frühling Bk. 415 ff.) u. s. w. trägt. Vgl. Bk. 310. 606. 610. **B.** Dieses Wesen wird im Volksgebrauch dargestellt entweder unpersönlich durch einen geschmückten Baum oder persönlich durch einen in Laub gekleideten oder bekränzten Menschen oder eine *Puppe*. Häufig aber dient ein daneben aufgestellter oder hergetragener *Maibaum* dazu, um durch ein *Doppelbild* die Idee des Wachstumsgeistes vollständig auszudrücken. Bk. 311—316. 605. Die nämliche Doppeldarstellung durch Mensch und Garbe ist beim

Korndämon bemerkbar (Bk. 612). In dem deutschen Maibaum und den südlichen Pflanzen des Adonisgärtchens wird also die nämliche Absicht auf gleiche Weise durch ein ähnliches Mittel zur Ausführung gebracht. Sollte aber nicht vielleicht der, wie der Maibaum und die Eiresione, vor die *Tür* des Tempels aufgepflanzte Baum (o. S. 280) in denselben Zusammenhang gehören? Und wären die *Lauben* des alexandrinischen Brauchs (o. S. 278) die Abschwächung davon? Der Einzug des Wachstumsgeistes wird im Frühling, am Lätaresonntag (Sommer Bk. 156), am ersten Mai, Pfingsten (Bk. 157. 311 ff.) u. s. w. dargestellt. Er kommt im Lenze und gesellt sich vielfach eine *Maikönigin*, *Maibraut*, *Pfingstbraut*, Reine Maïa zu; die Hochzeit dieses Maibrautpaars oder dieser dämonischen Maigatten wird gefeiert. Bk. 422—447.
D. Während des Winters dachte man den Bräutigam oder die Braut verschwunden oder schlafend, *die Braut vom Bräutigam verlassen.* Bk. 438. 494 ff. 445 ff. Auch wo der Pfingstl nicht in bräutlichem Verhältniß dargestellt wird, gilt er als vom Schlafe soeben erwacht, als *Pfingstschläfer* (Bk. 321. 319). Oder man sagt, er sei sieben Jahre, d. h. sieben Monate im Walde gewesen. Bk. 338.
E. In Rußland wird um Mittsommer eine den Jarilo darstellende Puppe *in einen Sarg gelegt und mit herzzerreißsender Todtenklage bestattet* (Bk. 416. o. S. 266), oder es wird eine Strohfigur (Kostroma, Kostrubonko) ins *Wasser geworfen* und *als todt bejammert;* diese Ceremonie heißt u. a. Zug des Frühlings (Bk. 415). Diesem Mittsommerfeste steht nun in andern slavischen und ehemals von Slaven bewohnten deutschen Landschaften die Sitte im ersten Frühling zur Seite, daß eine (als Tod, Maržana u. s. w. benannte) Puppe oder ein *in einen Sarg gelegter* Buchenzweig mit darangestecktem Apfel zuweilen von *Frauen* oder *Mädchen* in *Trauerkleidern begraben, ins Wasser geworfen* oder verbrannt wird. Diese Puppe bedeutet, wie ich Bk. 418 zu zeigen mich bemühte, den erstorbenen Vegetationsdämon des vergangenen Jahres. An das Begräbniß schließt sich dann unmittelbar der Akt der Wiedererweckung in Form der Einhertragung eines als *Sommer* benannten Maibaums oder eines mit einer Menschenfigur behangenen Baumes.[1] Daneben läuft eine andere Form der Sitte,

1) Bk. 156 ff. 359. 410 ff. Reinsberg-Düringsfeld, Festkal. a. Böhmen 92. Vernaleken, Mythen u. Br. a. Österr. S. 296.

wonach der Maibräutigam *zuerst schlafend (oder todt) zu Boden fällt und dann von der Maibraut geweckt wird.* Bk. 434. 435. Da im deutschen Pfingst- oder Maitagsgebrauch die Auffassung der winterlichen Zustände des Vegetationsgeistes als *Schlaf* vorherrscht, fällt hier Begräbniß und Todtenklage natürlich fort; aber vereinzelt bricht dennoch auch letztere Form der Anschauung durch. So fällt der aus dem Walde geholte, in Laub gehüllte wilde Mann in Thüringen zuerst erschossen wie *todt zu Boden und wird dann wieder ins Leben gebracht* (Bk. 335). Zuweilen aber trägt die Pfingstfeier umgekehrt proleptisch den Character des Sommerfestes. Indem der Pfingstbutz nach geschehenem Umzug geköpft oder unter Stroh und Mist *vergraben wird*, schließt sich an die vorausgehende Darstellung seines Frühlingseinzuges als zweite Hälfte die Begehung seines Todes (Bk. 321. 357 ff.). **F.** Der Laubmann, Maikönig, Pfingstl und der daneben hergetragene Maibaum, der Maibräutigam, die Kostroma, der Tod u. s. w. werden mit Wasser *begossen*, im *Strom* oder *Bach versenkt* (o. S. 265. Bk. Register unter Wassertauche), und es sind sichere Beweise dafür vorhanden (Bk. 327 ff., vgl. das Froschtödten Bk. 355), daß diese Handlung ein *Regenzauber* war. *Liegt es nicht äufserst nahe, die gleiche Ceremonie beim Adonis in gleichem Sinne zu deuten?* **G.** Wie endlich in Byblos und auf Cypern der Beischlaf der festfeiernden Frauen mit einem Fremden den Akt der ehelichen Wiedervereinigung der Aphrodite und des aus der Fremde heimkehrenden Adonis nachbildete,[1] werden die europäischen Maipaare nachgeahmt durch eine Vielheit menschlicher Liebespaare, welche im Frühlingsanfang (14. Febr.; Sonntag Invocavit), am Maitag und am Mittsommerfeste, beim Maibaum oder beim lodernden Sonnwendfeuer durch Versteigerung oder Loos einander zugeteilt ein halbes Jahr lang oder ein Jahr in ein bräutliches oder nominell eheliches Verhältniß zu einander treten (Bk. 447 ff.). Daß diese *Maibuhlen, Vielliebchen*[2], *Valentins,*

---

1) Vgl. Bk. 444.

2) Hieraus entstand die Belustigung der guten Gesellschaft, sich auf Zeit V i e l l i e b c h e n zu wählen (vgl. noch Moreto, Donna Diana und Goethe, Dichtung u. Wahrh. B. VI. XV nebst Loepers Anmerkung. Hempel XXI, S. 248). Diese Sitte nahm schließlich die Form des V i e l l i e b c h e n e s s e n s (Bk. 462) an und ist in ihrer deutschen Form nach Frankreich zurückgeströmt, wo aus Vielliebchen der Name des Paars P h i l i p p e und P h i l i p-

und *Valentines* (normannisches Dialectwort für galantins, Liebhaber[1]) in der Tat Nachahmungen von Vegetationsgeistern sein sollen, erweist wieder eine merkwürdige Parallele in den Erntegebräuchen. Im Kirchspiele Hafslo (Nordre Bergenshus, Stift Bergen) in Norwegen geht derjenige, der sich eine *Tennenfrau* (Laakone, Lovekone) gewinnen will, am ersten Werkeltag nach Neujahr auf die Dreschtenne und fängt an zu *dreschen*. Das erste unverheiratete Frauenzimmer, welches von Weihnachten bis Neujahr nicht im Hause war (also eine *Fremde*, vgl. o. S. 285) und nun in die Stube tritt, in der er täglich sich aufhält, heißt sein *Tennenweib* und wird von ihm traktiert. Sie vertritt die aus dem Korn herausgetriebene *Kornjungfer*. Auf gleiche Weise erwirbt ein *Frauenzimmer* sich einen *Dreschmann* (Laavemand). Die eingehende Erläuterung dieses Brauches gebe ich an einem anderen Orte. Bei der vielfach nachweisbaren Analogie von Erntegebräuchen und Hochzeitsitten wird mit einem ähnlichen Brauche irgendwie der mir noch nicht völlig verständliche Umstand zusammenhangen, daß in der Lausitz das *alte Weib*, welches bei der Heimholung dem Bräutigam zuerst an Stelle der wirklichen Braut und unter dem Vorgeben, diese sei es, zugeführt wird, das *alte Spreuweib, plowa baba* heißt. Wie dem aber auch sei, jedenfalls rückt die Sitte der das dämonische Brautpaar nachbildenden Lenzpaare[2] dem asiatischen Kultgebrauch dadurch noch

---

pine geworden ist. In Spanien übt man vielfach den Brauch, daß jede Frau am Sylvesterabend durch das Loos den Namen eines Mannes zieht, der dadurch das Vorrecht erhält, sie im nächsten Jahre unangemeldet zu besuchen, mit Blumen und Süßigkeiten zu versorgen und bei ihren Ausgängen zu begleiten. Derselbe heißt „ano“, Jahr.

1) Hienach ist die Bk. 458 vorgetragene Ansicht über das Verhältniß des französischen zum englischen Valentinbrauche zu berichtigen. Im Départ. de la Meuse nennen sich die wirklichen Brautleute vom Tage des Verspruchs ab Valentin und Valentine. De Nore, Coutumes p. 307.

2) Vgl. noch den Johannisfestgebrauch im Herzogtum Berg. Unter einer über die Straße aufgehangenen, mit Laubwerk, Blumen, Eierschnüren, bunten Bändern und Flittergold gezierten Krone, welche Überbleibsel des mit solcher Krone geschmückten Maibaums ist (Bk. 160. 169. 170. 176), tanzen auf dem mit Laub und Blumen bestreuten Boden die jungen Leute den Reigen. Ein Mann tritt in die Mitte des Kreises. Alle singen:

O Bauer hast du Geld?
O Bauer hast du Kirmesgeld,

näher, daß das Verhältniß der Brautleute nicht selten die Gestalt eines *neugeschlossenen Ehebundes*,[1] zuweilen der symbolischen Darstellung des *Beilagers* annimmt (Bk. 469. 480 ff.). — Wie der eine Teil des göttlichen Lenzpaars den Phönikern sonst als der Morgenstern gilt, so treten die dasselbe nachbildenden europäischen Lenzpaare in den Gebräuchen des Scheibentreibens und Brautballwerfens[2] (Bk. 466. 465. 471 ff., vgl. Bk. 444. 187) deutlich in Bezug zur *Sonne*. Hierin offenbart sich eine gewichtige Abweichung; es muß durch weitere Untersuchungen festgestellt werden, ob dieselbe bei der völligen Analogie aller übrigen Merkmale so erheblich erscheint, um daraufhin zwischen den asiatischen und europäischen Bräuchen Grundverschiedenheit des Typus zu statuieren.

Eine mehrfach bei Russen und Walachen (Bk. 434) auftauchende moralisierende Form der Schließung des Maibundes ist die *unter einem Baume* vor sich gehende gegenseitige Erwählung von Gevattern, welche im russischen Kreise Nerechta unmittelbar mit der Darstellung des Todes und der Auferweckung des Maibräutigams verbunden ist. Dieser Brauch, ursprünglich und

Kirmesgeld? O Bauer hast du Geld?
So nehme dir ein Weib! u. s. w.

Der im Kreise Stehende wählt sich eine beliebige Person.

So kniee dich auf die Erd'!
So kniee dich auf die Kirmeserd'! u. s. w.

Beide knieen nieder.

Steh auf von dieser Erd'! u. s. w.
So küsse dir dein Weib! u. s. w.
Heraus, hinaus vom Kreis! u. s. w.

Wer zuerst im Kreise gestanden, tritt in die Reihe wieder ein; der andere bleibt darin, und Gesang und Tanz beginnen von neuem, bis alle im Ringel gewesen sind. Montanus, Volksfeste I, 35.

1) S. Bk. Register: Eheleute, neuvermählte.

2) Zu den in den Kreis dieser Sitte gehörigen Bräuchen vgl. noch folgenden französischen Brauch. In Lacs bei Châtre (Berry) sammeln die Mädchen bei Frühlingsanfang jährlich viele Himmelsschlüsselchen (primula veris) und machen daraus dicke goldene Bälle (dont elles composent de grosses pelotes dorées), die sie durch die Luft werfen. Dabei rufen sie wiederholt: grand soulé! p'tit soulé! (grand soleil! petit soleil!). Laisnel de la Salle, Croyances et légendes du centre de la France I, 85. Andere profane und kirchliche Formen des Brauchs ebendas. 86—88. E. Souvestre, Les derniers Bretons.

noch vielfach zwischen zwei jungen Personen verschiedenen Geschlechtes ausgeübt, ist dann weiterhin häufig zu einem Bunde zwischen je zwei Knaben oder Mädchen abgeschwächt. Er besteht auch in Sizilien und wird hier am Tage Johannis des Täufers vollzogen. Der Knabe und das Mädchen (resp. die beiden Mädchen oder Knaben) *ziehen sich jeder ein Haar aus*, drehen beide zusammen und blasen sie fort in die Luft. Dann haken sie ihre kleinen Finger ineinander und erklären, sich als *Gevattern* (compari) *für die Zeit bis Weihnachten* betrachten und bis dahin alles, was sie haben, mit einander teilen zu wollen. Noch an demselben Tage schickt man sich die Gevattergeschenke. Vielfach dienen dazu die sogenannten *piatti di sepulcru* oder die *lavuri*. Ersteres sind Teller, auf denen man Hanf ausgebreitet und *Linsen, Erbsen oder Weizen gesät* und durch Begießen schnell in die Höhe getrieben hat (Pinna de' Greci). Die *lavuri* sind *Weizenschößlinge*, vierzig Tage vor Johanni auf Watte in einen Blumentopf gesät (Ciancina). Die Empfängerin schneidet entweder ein Büschel der Frucht ab, legt es, mit zierlichem Bändchen umflochten, zu ihren liebsten Familienreliquien und sendet das Übrige zurück; oder sie schneidet einen Halm des lavuru mit der Scheere ab, und beide Gevattern essen die Hälfte desselben.[1] Diese in Töpfe gesäten und zu schnellem Wachstum getriebenen Früchte erinnern in diesem Zusammenhange lebhaft an die Adonisgärtchen der Alten.

§ 4. **Attis.** In anderer Ordnung kehren die Elemente im phrygischen Attiskultus wieder, dessen Gebräuche unseren Lätarebräuchen am meisten verwandt sind, falls die römische Festfeier einen Schluß auf den heimatlichen Brauch gestattet. Danach wurde am ersten Tage, der den Namen *„arbor intrat"* führte, im Haine der Cybele eine schöne *Fichte* (Pinie) abgehauen und von dem Collegium der Dendrophoren feierlich in das Sanctuarium des Tempels der Göttin getragen. Hier wol erst wurde der Baum mit den Attributen des phrygischen Dienstes *Krummstab, Tympana, Flöten und Klapperblechen* geziert. *Aufserdem schmückte* die Pinie *das darangebundene Bild eines Jünglings.* Es hieß,

1) Guiseppe Pitrè, Usi popolari Siciliani nella Festa di S. Giovanni Battista I. II. Palermo 1871. 1873. Vgl. Ausland 1873. n. 40.

das sei das Bild des Attis,[1] eines der großen Mutter verbundenen göttlichen Wesens,[2] das dem Adonis der Phöniker, wie es scheint, gleichartig war. Attis war ein Liebling der Kybele, und als ein Eber ihn (wie Adonis) tödtete, *hatte ihn Kybele in die heilige Pinie verwandelt.*[3] Es bewahrt diese Sage das Bewußtsein, daß die an den Baum gehängte Puppe das dem Baume einwohnende Numen der Vegetation bezeichnen sollte (vgl. Bk. 156. 210). Eine andere Version, d. h. eine den eigentlichen Grund der Baumaufpflanzung mißverstehende Deutung des Vorhandenseins der Gallen im Kultus der großen Mutter, erzählte, Attis habe (aus dieser oder jener Ursache[4]) sich unter der Fichte seiner Zeugungskraft beraubt und in seinem Blute sein Leben ausgehaucht. Dem entsprechend fand, nachdem den 2. Tag (Tubilustrium) hindurch fortwährend mit Hörnern geblasen war, am dritten Festtage (Sanguen) unter heftigem Wehklagen und Jammer jene ekstatische Ceremonie statt, derzufolge jedes neueingetretene Mitglied des Collegs der Gallen sich der Castration unterziehen mußte, der Vorsteher (Archigallus) sich den Arm blutig *ritzte*, worauf die übrigen mit aufgelösten Haaren und Weinen und Wehrufen sich an die Brust schlagend ebenso taten.[5] Die Priester betrachteten sich dabei als Nachahmer des Gottes,[6] was noch

1) In sacris Phrygiacis, quae matris Deûm dicunt, per annos singulos arbor pinea colitur et in media arbore simulacrum juvenis subligatur. Jul. Firmic. de error. profan. relig. 24.

2) Numen conjunctum .... Matris Deum Attys. Verg. Aen. VII, 7.

3) Ovid. Metamorph. X, 103 ff.:

> Et succinta comas, hirsutaque vertice pinus:
> Grata deum matri siquidem Cybelëius Attis
> Exiit hac hominem truncoque induruit illo.

Cf. Arnobius V, 16: Cur ad ultimum pinus ipsa paulo ante in dumis incertissimum nutans lignum mox ut aliquid praesens atque augustissimum numen deûm matris constituatur in sedibus?

4) Die verschiedenen Varianten der Motivierung s. bei Nitsch, Mythol. W. B. s. v. Attis.

5) Die Belege s. Marquardt, Handbuch d. R. A. IV, 317 Anm. 2103. 318 Anm. 2106.

6) W. Schwartz läßt aber seiner Phantasie zu freien Lauf, wenn er den Gebrauch der Gallen, sich zu entmannen, für die Nachahmung der im Gewitter geglaubten Entmannung des Sonnenwesens erklärt, der man in der Exstase meinte folgen zu müssen.!!! Schwartz in Bastian-Hartmanns Zs. f. Ethnol. 1874 S. 173. 1875 S. 403. — Vgl. hinten den Nachtrag z. d. S.

deutlicher daraus hervorgeht, daß der Gott selbst, wie die Priester, Gallus genannt wird.[1] Endlich wurde dann an manchen Orten ein Attisbild auf einem Todtenbettchen aufgestellt, mit Trauergesängen beklagt und heroisch bestattet.[2] Wol am Abend dieses Tages oder am folgenden umwand man den Baum mit Kränzen aus frischen *Veilchen* und mit *Binden von Wolle;* die Veilchen, sagte man zur Erklärung des Brauchs, seien aus dem Blute des Attis entsprungen (die eigentliche Feier des Sanguentages war mithin schon vorhergegangen), seine Seele, sein Leben, war in diesen erstgebornen Kindern des Frühlings wieder neugeboren zum Vorschein gekommen.[3] Der vierte Tag, *Hilaria* genannt und als laetitiae exordium bezeichnet,[4] feierte nach Diodor das Wiederauffinden (εὕρεσις) des von Kybele Gesuchten im Hades, seine Wiederheraufführung ans Licht und seine Vereinigung mit der Göttin. Wie die Darstellung des Todes und der Trauer eine dreitägige war, erstreckte sich nun auch das Freudenfest auf einen dreitägigen Zeitraum. Es schloß am 6. Tage (Lavatio) *mit einem Bade des Wagens, des Idols und anderer Sacra* der großen Mutter *im Flusse Almo.* Vorauf gingen dem Wagen Mitglieder der vornehmsten Gesellschaft mit bloßen Füßen (vgl. die römischen Aquaelicien), man trug alle möglichen Kostbarkeiten, Wunder der Natur und Kunst vorher.

---

1) Julian. Orat. V, p. 168 C. Spanh. *τῇ τρίτῃ δὲ τέμνεται τὸ ἱερὸν καὶ ἀπόῤῥητον θέρος τοῦ θεοῦ Γάλλου.* Gradeso heißen die *Βάκχοι* von *Βάκχος*, die die deutschen Korndämonen darstellenden Menschen wie diese „der Alte, die Kornmutter, Wolf“ u. s. w. Mannhardt, Korndämonen S. 3; Bk. 612.

2) Diod. Sic. III, 58. 59.

3) Arnob. V, 16: Quid enim sibi vult illa pinus, quam semper statutis diebus in Deûm Matris intromittitis sanctuario? Nonne illius similitudo est arboris, sub qua sibi furens manus et infelix adulescentulus intulit et genetrix divum solatium sui vulneris consecravit? Quid lanarum vellera, quibus arboris colligatis et circumvolvitis stipitem? Nonne illarum repetitio lanarum est, quibus Ja deficientem contexit? Quid compti *violaceis coronis et redimiti arboris ramuli?* Nonne illud indicant, uti mater *primigeniis floribus* adornaverit pinum? — Quid coronae, quid violae? quid volucra mollium velamenta lanarum? — Cf. V, 7: Evolat cum profluvio sanguinis vita: sed abscissa quae fuerant magna legit mater Deûm et iniicit his terram, veste prius tectis atque involutis defuncti. Fluore de sanguinis viola flos nascitur et redimitur ex hac arbos. Inde natum et ortum est, nunc etiam sacras velarier et coronarier pinos.

4) Macrob. Saturn. I, 21.

Während der Wagen mit dem Idol sich durch die Straßen bewegte, sang das Gefolge auf Fruchtbarkeit bezügliche Lieder, *die Einwohner beschütteten den Zug mit Blumen*, und die Gallen sammelten an den Türen Gaben ein.[1] In der hier beschriebenen Gestalt war das Fest erst unter Kaiser Claudius in Rom eingeführt, vorher bestand bloß die letzte Prozession, die mit der Wassertauche der Göttin schloß; da das *Bad* der Göttermutter auch aus Kyzikos und Ankyra bezeugt ist,[2] mithin nicht allein dem ursprünglichen asiatischen Kult der Kybele anzugehören, sondern auch ein Hauptstück desselben gewesen zu sein scheint, dürfen wir urteilen, daß dieser Ritus ein notwendiger Teil der ganzen, durch Claudius nur in erweiterter und prächtigerer Form restaurierten Feier war. Es liegt auf der Hand, daß die zweite Hälfte derselben, die Darstellung des Heraufsteigens der Kybele mit Attis aus dem Hades,[3] der Kernpunkt des Festes war, daß auf ihr der Accent ruhen sollte; es geht das auch schon aus dem Zeitpunkt hervor, auf welchen man es verlegt hatte, d. h. die Woche, in welcher der Tag anfängt über die Nacht den Sieg zu gewinnen. Die erste Hälfte, das Trauerfest, die Darstellung des winterlichen Zustandes, in welchem der Vegetationsdämon die Geliebte verläßt (Bk. 444 ff.), der Zeugungskraft beraubt, gestorben ist, bildet somit trotz der gleichen Zeitdauer, trotz der dabei

1) Ovid. Fast. IV, 340: Illic purpurea canus cum veste sacerdos Almonis dominam sacraque lavit aquis. Ammian. Marc. XXIII, 3. A. D. VI. Kal., quo Romae matri deorum pompae celebrantur annales et carpentum, quo vehitur simulacrum Almonis undis ablui perhibetur. Ambros. ep. c. Symmach. in Parei Symmachus p. 482: Unde igitur exemplum quod currus suos simulato Almonis in flumine lavat Cybele? Serv. ad. Verg. G. I, 163: Eleusinae matris volventia plaustra ... qualibus mater Deum colitur. Nam ipsa est etiam Ceres, Romae quoque sacra huius deae plaustris vehi consueverant. Prudentius *περὶ στεφάνων* X, 153: Nudare plantas ante carpentum scio proceres togatos matris Ideae sacris. Lapis nigellus evehendus essedo muliebris oris clausus argento sedet; quem dum ad lavacrum praeeundo ducitis, pedes remotis atterentes calceis Almonis usque pervenitis rivulum.

2) S. Marquardt, Handb. IV, 318 Anm. 2107. Vgl. über die ganze Feier Bk. 572. 574. Bötticher, Baumcultus 242—247. Preller, R. Myth. 735 ff.

3) Damascius, Vita Isidori bei Photius p. 344 a. Bekker: *τότε τῇ Ἱεραπόλει ἐγκαθευδήσας ἐδόκουν ὄναρ ὁ Ἄττης γενέσθαι καί μοι ἐπιτελεῖσθαι παρὰ τῆς μητρὸς τῶν θεῶν ἱλαρίων καλουμένων ἑορτὴν ὅπερ ἐδήλου τὴν ἐξ ᾅδου γεγονυῖαν ἡμῶν σωτηρίαν.*

vorgenommene Entmannung der Gallen, nur das Vorspiel zu der eigentlichen der Jahreszeit angemessenen Frühlingsfeier und hat keinen andern Zweck, als den Zustand der dabei auftretenden mythischen Personen als den des *Wieder*erwachtseins oder *Wieder*auflebens zu bezeichnen. Ganz dasselbe Verhältniß der Teile, ganz die nämliche Grundidee und der gleiche Ausdruck derselben, *ein mit der Puppe* und (im Attiskulte) mit Frühlingsblumen (wie in Böhmen mit Eiern) *behangene Baum* (Sommer) als Verkörperung des vom Tode erwachten Wachstumsgeistes findet sich auch in unsern deutschen und slavischen Lätarebräuchen.[1] Demnach wird es schwerlich von der Wahrheit abliegen, *wenn wir auch im Attiskult die Wassertauche des Kybeleidols und Wagens mit dem in den nordischen Frühlingsbräuchen so stehenden Wasserbade, das wir für einen Regenzauber erklären mufsten, für identisch halten.*[2] Falls aber sowol diese Schlußfolgerung als auch das Ergebniß unserer (Bk. 567—602) vorgetragenen Untersuchungen über die deutsche Nerthusumfahrt richtig sein sollten, so erhellte, daß zwar die unmittelbare Identification des letzteren deutschen Kultus mit demjenigen der phrygischen großen Mutter durch die römische Interpretatio fehlgriff, daß aber die unleugbare Ähnlichkeit beider Begehungen nicht auf bloß äußerlichem, zufälligem Zusammentreffen, sondern auf einer inneren Verwandtschaft der Vorstellung und ihres symbolischen oder mythischen Ausdrucks beruhte. In weitem Abstande dagegen hält sich die ethische Richtung. Die maßlosen sinnlichen Ausschreitungen, zu welchen das heiße Blut des Südens die Asiaten verlockte, lag dem reinen Naturgefühl und keuschen Geiste der Germanen und ihrer europäischen Nachbarn so himmelferne, daß in dem Kreise von Gebräuchen, welchem wir den Nerthuskult zuwiesen, trotz scharf ausgeprägter geschlechtlicher Symbolik jeder sittliche Makel mit Strenge verhütet wird (Bk. 165. 188. Vgl. selbst Bk. 469). Sollte sich bei weiteren Untersuchungen herausstellen, daß rohere Formen der Feier ehedem in ausgedehntem Maße geübt wurden, so blieben dieselben, soweit wir sie verfolgen können, doch rein sinnbildlich, und die Verschönerung ins Zarte gereicht unseren Bevölkerungen zu desto größerer Ehre.

---

1) Bk. 156. 417 ff. 358 ff. Myth.[2] 727 ff. Reinsberg-Düringsfeld, Festkalender aus Böhmen S. 87 ff.

2) Vgl. Bk. Register unter Regenzauber und namentl. S. 385.

§ 5. **Ergebnisse.** Die orientalischen Feste des Adonis, des Attis und der Kotyto, welche nach Griechenland und Italien verpflanzt, dort viele Jahrhunderte lang als *„fremdländische Kulte“* fortgeübt wurden, zeigen gleich dem Frühlingsfest der Atargatis (o. S. 259 ff.) *eine auffallende Übereinstimmung des Typus, eine hohe Gleichartigkeit der Conception* mit den nordeuropäischen Begehungen des Maibaums, Erntemais, Laubmanns, Maibrautpaars, Todaustragens. Diese Gleichartigkeit ist jedoch keinesweges derart, daß man etwa die letzteren von den ersteren ableiten könnte, vielmehr machen grade diese den Eindruck der jüngeren, weniger ursprünglichen Form. Die Übereinstimmung tritt auf Seiten der nordischen Bräuche nämlich in dem *Vorhandensein aller oder fast aller derjenigen Elemente* hervor, aus denen sich auch jene orientalischen Feiern zusammensetzen; die Verbindung dieser Elemente untereinander aber folgt dort nicht immer der hier historisch gewordenen Reihe und Ordnung, sondern bleibt durchaus eine freie. Der noch völlig durchsichtige Grundgedanke erweist sich in den slavogermanischen Bräuchen eines mehrfachen, gleichwertigen Ausdruckes fähig. Dieselben verzweigen sich, weithin das Volksleben durchziehend, in mehreren Seitenästen (Erntemai, Richtmai, Brautmaie, Vielliebchenessen u. s. w.); sie stehen so als unauslösbare Glieder inmitten eines großen Kreises lebendiger Volkssitten, welche noch einen weit unmittelbareren und frischeren Naturzusammenhang verraten und eine weit einfachere, primitivere Gestalt haben, als die genannten orientalischen Kulte. (Vgl. z. B. das Aufsuchen des in Laub gehüllten Maibrautpaars im Walde gegenüber der Ausstellung der kunstvollen Götterbilder des Adonis und der Aphrodite in der Königshalle. Ferner die Begießung des Laubmanns, Pfingstkönigs *mit Wasser* in der *bewußten* Absicht eines Regenzaubers u. s. w.) Umgekehrt zeigen die Adonien und der Attiskult die ursprünglichen Elemente bereits durch Auslese und Ordnung in eine feste oder wenig verschiebbare Form gebannt, in der sie bei weiterer geographischer Verbreitung erstarrt und isoliert verharrten, ohne neue Sproßformen zu erzeugen und tiefere Wurzeln im Volksleben zu schlagen. Wir werden schwerlich irre gehn, wenn wir annehmen, daß der aus historischer Zeit bekannten Gestalt dieser Kulte eine volkstümlichere, ältere und einfachere vorangegangen war, welche den in Rede stehenden germanoslavischen Bräuchen noch weit ähnlicher gewesen sein muß.

Dagegen gab es in Griechenland und Italien neben jenen aus Vorderasien herübergekommenen Kulten des Adonis, Attis und der Kotyto eine Anzahl einheimischer Begehungen desselben Inhalts und derselben Art, wie die nordeuropäischen Bräuche. Ich habe o. S. 265 ff. den Versuch gemacht, in den römischen Argeern ein Seitenstück unserer Pfingstlümmel nachzuweisen.

Die Gelehrsamkeit eines Müllenhoff[1] hat sich mit derjenigen L. Prellers,[2] W. Roschers[3] und H. Useners[4] vereinigt, um in den zu Rom in der Mitte des Märzmonats begangenen Festhandlungen die entsprechenden Gegenbilder deutsch-slavischer *Frühlings*gebräuche (Schwerttanz; Todaustragen u. s. w.) aufzuzeigen. Die an die Namen Anna Perenna, Mamurius Veturius, Mars geknüpften Riten und Sagen ergeben sich als Darstellungen der Schicksale des sterbenden, bzw. vertriebenen, *wieder geborenen*, sofort siegreichen und sich wieder *vermählenden* Jahresgottes und Wachstumgebers Mars. Sollte jemand fragen, wie sich mit diesen Ergebnissen die o. S. 269 von uns vorgetragene Ansicht über die Aufstellung der Argeerpuppen als Repräsentanten des neueinziehenden Wachstumsgeistes vereinigen lasse, da ja *Mars* bereits diese Idee ausdrücke, so ist darauf zu erwidern, daß erfahrungsmäßig bei der solennen, volkstümlichen Feier von Naturfesten sehr oft mehrere Begehungen von verschiedenen Seiten her zusammenfließen und neben- oder nacheinander sich abspielen, welche den nämlichen oder einen nahverwandten Gedanken auf verschiedene Weise mythisch ausdrücken. Nicht anders wird es sich in diesem Falle verhalten. Ja die Figuren des *alten* Vegetationsdämons und seiner Frau, des neuverjüngten Wachstumsgottes und seiner Braut und des Laubmanns, d. i. im römischen Kultus des Mamurius Veturius und der Anna Perenna, des Mars und der Neriene, endlich der Argeer finden sich *gradeso vereinigt* in Mad Moll and her husband, Mylord und Mylady, endlich dem Jack in the green des Londoner Kaminfeger-

1) K. Müllenhoff, Schwerttanz S. 7.
2) Röm. Myth. S. 317 ff.
3) Apollon und Mars. Lpzg. 1873, S. 25—28. 45.
4) Italische Mythen. Rhein. Museum XXX. Bonn 1875, S. 182—229.

umgangs (Bk. 426) wieder. Usener macht in seiner lehrreichen Abhandlung zugleich einleuchtend, daß die bis in die Gegenwart hinein lebendige Neigung des Volkes, Kalendertage oder Zeitabschnitte in mythischen Personen zu verbildlichen und auf letztere die Functionen von Vegetationsgeistern zu übertragen (s. o. S. 184ff. 188. 192. 286), bereits in den Tagen der römischen Königszeit wirksam war, und daß auch in dem symbolischen Begräbniß der Charila zu Delphi eine dem Todaustragen verwandte, einheimisch griechische Ceremonie zu finden ist. Kennten wir die religiösen Volksgebräuche der Landstädte und Dörfer von Hellas und Italien im Altertum auch nur so vollständig, wie diejenigen von Athen und von Rom, so würde sich (nach den vorstehenden Fingerzeigen zu urteilen) eine Fülle jetzt ungeahnter einheimischer und naturwüchsiger Correspondenzen der nordischen Lätare-, Fastnachts-, Maitags-, Pfingst- und Johannistagsgebräuche herausstellen, über welche eine vollständige Sammlung und kritische Untersuchung der spanischen, italienischen, neugriechischen Volksgebräuche uns wol in Zukunft noch einmal wenigstens mittelbare Kunde zuführt. Eine solche Sammlung würde uns zugleich *den Umfang und den Grad der Übereinstimmung* zwischen den gräcoromanischen und den deutschen slavischen, keltischen Bräuchen vor Augen stellen und dadurch einige Handhaben darbieten zur Entscheidung der für den Augenblick noch verfrühten und unlöslichen Frage nach dem historischen Verhältniß dieser Bräuche untereinander und zu den vorhin mehrfach erwähnten vorderasiatischen Kulten. Von den drei überhaupt in Betracht kommenden Möglichkeiten, die Übereinstimmung zu erklären, Vererbung aus einer dem gemeinsamen Stammvolk angehörigen proethnischen Grundform, selbständiger Entstehung bei mehreren Völkern aus gleichen psychischen Keimen, Verbreitung von Volk zu Volk durch Entlehnung und Übertragung, von diesen drei Möglichkeiten liegt die erste in unserm Falle weiter ab. Eine Verbreitung vorderasiatischer Religionsgebräuche zu Deutschen und Slaven in altheidnischer Zeit wäre an und für sich ebensowol möglich als die Wanderung der phönikischen Schriftzeichen und der babylonischen siebentägigen Woche, sowie mancher Kulturpflanzen und Haustiere nach dem Norden. Wann aber und auf welchem Wege sollte sie geschehen sein? Sie müßte Italien bereits vor der römischen Königszeit und bevor der Adoniskult in seiner jetzigen Form fixiert wurde, erreicht haben. Zu welcher Zeit erfolgte der Übergang nach Deutschland? Unsere Untersuchungen im ersten Teile dieses Werkes bringen darüber keinen Aufschluß; ja wir haben die Frage nicht einmal berührt, da es sich (nach Bk. S. 6) bei unseren Zusammenstellungen daselbst *„noch nicht um die Darlegung irgendwelcher historischen Verwandtschaft, sondern um die Beschreibung von Typen handelte."* Wir führten demnach als der in mannigfachen Bräuchen ausgeprägten Vorstellung von der Baumseele und den Waldgeistern der Idee nach am nächsten sich anschließend jenen Complex von Volkssitten auf, welcher die verschiedenen Arten und Formen des Maibaums (bzw. Sommers), Laubmanns, Maibrautpaars und Sonnenwendfeuers umfaßt. Die genannten Volkssitten sind durch ein so enges Band gegenseitiger Beziehungen miteinander verknüpft, daß es folgerichtig erscheint, ihnen im Ganzen und Großen eine gleichzeitige und *gemeinsame Herkunft* zuzutrauen; somit würde der Nachweis über das Vorhandensein des einen Stückes zu einer bestimmten Zeit zugleich das Vorhandensein der übrigen mit Wahrscheinlichkeit bezeugen. Die älteste Spur vermeinten wir in dem von uns für *Verbrennung des Laubmanns* erklärten großen Jahresfeuer der Gallier hundert Jahre vor Christo aufzufinden (Bk. 525 ff.); zwei Jahrhunderte später glauben wir in dem Berichte des Tacitus vom Kultus der Nerthus eine römisch gefärbte Beschreibung der Frühlingseinholung und *Wassertauche* des Vegetationsdämons erkennen zu müssen (Bk. 567 ff.). Haben wir recht, so müßte die Entlehnung dieser Kultgebräuche aus der Fremde, falls überhaupt Entlehnung vorliegt, vor Beginn unserer Zeitrechnung erfolgt sein. Wir sind jedoch nicht berechtigt, diese unsere mit guten Gründen gestützte, vermutungsweise Deutung der beiden Kulte schon als grundlegende Tatsache mitreden zu lassen. Erst im achten Jahrhundert zeigen uns die Synoden unter Karlmann das *Notfeuer* als einen von der Kirche für heidnisch erklärten Brauch in deutschen Landen (Bk. 518); ob derselbe schon im deutschen Heidentum geübt wurde, oder in die früh zum Christentum bekehrten südlichen und westlichen Diöcesen Deutschlands aus der römischen Welt gekommen war, erhellt aus dem Zeugniß der Synoden nicht. Im 12. Jahrhundert tauchen in Frankreich, Griechenland (Bk. 470) die ersten Belege für das Sonnenwendfeuer am

Vorabend St. Johannis Baptistae und zugleich für die Verbindung desselben mit der Maibrautschaft auf. Einen urkundlichen Belag über den *Maibaum* bringt endlich das Jahr 1225 (Bk. 170), und bald darauf beginnen die Zeugnisse für den Maigrafen, welcher, aus dem Laubmann, Maikönig abgezweigt, diesen mit bewährt (Bk. 369 ff.). In Italien, Frankreich und Deutschland sehen wir nicht viel später (saec. XIV) die heutzutage auch in Rumänien, Spanien u. s. w. nachzuweisende Sitte, vor dem Hause des geliebten Mädchens einen Maibaum aufzustecken. Fiele in diesen Fällen die Geographie und Chronologie der ersten literarischen Erwähnung notwendig zusammen mit dem Zeitpunkte und Local der ersten Entstehung der Bräuche, wenigstens der in Rede stehenden Form derselben, so würde unserer Deutung des Nerthuskultus und jenes gallischen Jahrtagsfeuers auf denselben Complex von Gebräuchen eine große Schwierigkeit erwachsen. Aus mannigfachen Gründen sind wir jedoch berechtigt, einen solchen Schluß in seiner Allgemeinheit zurückzuweisen; schon die Lückenhaftigkeit der bisherigen Ausbeute des älteren Schrifttums nach den hier einschlägigen Gesichtspunkten hin muß vor voreiligen Schlüssen warnen. Können wir in dem verhältnißmäßig späten Zeitpunkt der literarischen Zeugnisse keinen Grund sehen, an dem weit früheren Alter unserer Fastnacht-, Maitags- und Sonnenwendgebräuche zu zweifeln, so erheischt doch das mehrfach gleichzeitige Auftreten derselben in gleicher volkstümlicher oder kirchlichgewordener Form auf dem Boden des griechischen, romanischen, deutschen Mittelalters eine gesonderte, eingehende Erklärung und Untersuchung des Entstehungsherdes jeder Spezialform für sich. Wir werden uns der Einsicht nicht verschließen können, daß wir es hier nicht überall mit einfachen Verhältnissen zu tun haben, daß wir nicht den Produkten einer gradlinigen parallelen Entwicklung aus uralten, einander sehr ähnlichen Geistesgebilden des nationalen Heidentums jedes dieser Länder gegenüberstehen, sondern daß im Mittelalter die betreffenden Volksgebräuche der europäischen Länder in der irgendwo erhaltenen Modification mit Überspringung der Sprachgrenzen weiter verbreitet und wechselseitig ausgetauscht seien. Es bleibt dabei immer die Möglichkeit bestehen, daß in sehr alter Zeit, bereits um den Beginn der christlichen Ära, ein Grundstock sehr ähnlicher Bräuche in den südlichen und nordischen Ländern Europas bestand; es bleibt die

Möglichkeit, daß derselbe in einer dem Adonis- und Attiskult voraufgehenden Form aus Vorderasien vielleicht über Italien und Gallien eingewandert war. Von solcher Möglichkeit ist es ein weiter Abstand bis zur Wahrscheinlichkeit oder Gewißheit; und das von der neueren Anthropologie auf das unwiderleglichste erwiesene „psychische Einerlei des Menschengeschlechtes“[1] nötigt uns, als gleiche *Möglichkeit* anzuerkennen, daß in Nordeuropa, bei den südeuropäischen Stämmen und in Vorderasien die in Frage stehenden einander analogen Frühlings- und Sommergebräuche selbständig, aus gleicher Geistesorganisation erzeugt seien.

Bei diesem verwickelten Zustande der Frage bleibt der Forschung nichts übrig, als dem Urteil über den historischen Zusammenhang, die Herkunft und die Geschichte des gesammten Complexes der in Rede stehenden Bräuche vor der Hand zu entsagen und sich einfach darauf zu beschränken, die Gestalt, den Typus, die Merkmale und die Bedeutung derselben festzustellen, die näheren und weiteren Übereinstimmungen derselben geographisch und historisch zu verfolgen, im Einzelnen Sproßformen und Entlehnungen von Mutterformen (vgl. z. B. Bk. 376, o. S. 288 ff.) morphologisch zu scheiden und womöglich chronologisch zu fixieren und so allmählich feste, aus innerer morphologischer und äußerer urkundlicher Chronologie zusammengesetzte Anhaltspunkte zu gewinnen, welche bei fortgesetzter Ausbeute der Literatur und des Volkslebens mit der Zeit zu deutlicher Einsicht auch in das für jetzt noch unklare geschichtliche Verhalten führen werden.

---

1) Unkundige seien darüber hier nur auf Peschels klare Auseinandersetzung in s. Völkerkunde, Leipzig 1874, S. 22—27 verwiesen.

Kapitel VI.

Sonnwendfeuer im Altertum.

A.

Orientalische und altrömische Sonnwendfeuer.

§ 1. **Orientalische Sonnwendfeuer.** Sollte jemand, trotz der o. S. 259 ff. nachgewiesenen Übereinstimmungen bis ins Kleinste hin, im Zweifel sein, ob das Fest der syrischen Göttin mit der Verbrennung des Maibaums in unseren Oster-, Maitags- und Johannisfeuern nur zufällig übereinkomme,[1] oder damit als Sproßform desselben Typus zusammengehöre, so muß erwidert werden, daß auch die schon längst und immer wiederholt bemerkte Ähnlichkeit unserer Sonnwendfeuer mit den *heiligen Feuern* der Phöniker, Syrer und anderer Semiten, durch welche die Festfeiernden ihre *Söhne und Töchter hindurchgehen liefsen,*[2] sich durch

1) Vgl. auch Nilson, Ureinwohner des skandinav. Nordens. Hamburg 1866. S. 59.

2) S. über diese Feuer: 5. Mos. 18, 10. 2. Kön. 16, 3. 17, 17. 21, 6. 23, 10. Jer. 32, 35. Man ließ die Kinder auf den Höhen des Baal „hindurchgehen dem Moloch (König)." Wenn in mehreren Parallelstellen von Verbrennung die Rede ist (4. Mos. 18, 21. Jer. 7, 31. 19, 5), so ist das wol in manchen Fällen Übertreibung; doch kam auch vollständige Verbrennung von Kindern nach vorheriger Tödtung vor (Ez. 23, 37. 16, 20. 21; Plutarch, De superst. c. 13. Philo bei Euseb. praep. evang. I, 10. Cf. Movers, Die Phönicier I, 380. 379. 31); im Kultus der Karthager (Movers 301 ff.), Moabiter (2. Kön. 3, 27. Inschrift des Mesa), von Sepharvaim (Syrien? Mesopotamien? 2. Kön. 17, 31. Movers S. 410) und zwar jährlich an einem bestimmten Tage, wahrscheinlich im Hochsommer, sodann wie bei unsern Notfeuern, um *Dürre, Seuchen* oder großes Kriegsunglück zu wenden oder abzuwehren. Diese Anwendung bei Kriegsunglück war wol erst secundär aus dem Begriff größter Calamität entsprungen. Vgl. a. J. G. Müller, Artikel Moloch in Herzogs Realencycl. für protest. Theol. IX. 717. Eine besondere Abart war die Verbrennung von Kindern in einem ehernen Idol mit Stier-

bisher unbeachtet gebliebenes Detail bis in Einzelheiten hinein verfolgen läßt. Man gönne, da hier nicht der Ort ist, diese Sache erschöpfend und allseitig zu behandeln, gütigst den nachstehenden Zusammenstellungen Raum. Laisnel de la Salle (Croyances et légendes du centre de la France. Paris 1875 T. I. p. 79 ff.) beschreibt das Johannisfeuer (la jônée d. i. joanée, jouannée) in Berry folgendermaßen: „Dans nos villages, la veille de la St. Jean (23. juin) à la tombée de la nuit, chaque famille fournit, selon ses facultés, un ou plusieurs fagots pour faire la jônée. *On empile ces fagots au pied et le long d'une perche fichée en terre sur le lieu le plus éminent* des environs [Dies ist der Maibaum inmitten des Sonnwendfeuers. Vgl. Bk. 177 ff. 388. 456. 463 ff.] . . . à peine les fagots commencent-ils à pétiller et se tordre sous l'étreinte des flammes, que tous les assistants, jeunes et vieux, se prennent par la main et se *mettent à danser des rondes* autour de la jônée. Les danseurs se n'arrêtent, que pour activer, *au moyen de longues perches* [das sind die Strohfackeln der deutschen Gebräuche] l'ardeur du brasier et en faire jaillir des jets de flammes et d'étincelles. . . Tandisque la joyeuse farandole s'agite en chantant devant le feu de la jônée, les jeunes gens les plus lestes s'en détachent de temps à autre, *et*

---

kopf (Buch Jalkut, Rabbi Kimchi, R. Jarchi Midrasch Êcha ad Thren. c. 1, 9. Diod. Sic. XX, 14. Plutarch, De superstit. c. 13. Tertullian, Apolog. adv. gent. c. 9. Minuc. Fel. Octav. c. 30, § 3. Clitarchi Schol. in Plat. Siebenkees, Anecd. Gr. p. 47. Cf. Selden, De diis Syr. I, 5, p. 96. Movers I, 379.) Wir begegnen hier mehreren Typen. 1) Es gab ein Feuer, durch welches Menschen hindurch liefen oder hindurch sprangen. Es darf zunächst als Lustration, als Verbrennung der schädlichen Stoffe oder Krankheitsgeister bei den Hindurchlaufenden gefaßt werden, erhält aber durch seine Vollziehung zu Ehren des Baal oder El eine weitere Beziehung zur Sonne. 2) In andern Feuern wurden Menschen lebendig oder nach vorheriger Tödtung verbrannt im Kultus derselben Götter. Hier liegt entweder die Vorstellung eines Opfers, einer Darbringung, oder die Symbolik der Verbrennung eines Repräsentanten des schadenden Dämons, oder endlich die symbolische Darstellung eines Naturvorgangs als Gedanke zu Grunde. Alle diese Formen rinnen aber in unsern Quellen, zumal dem alten Testament, derart in einander, daß eine Scheidung im Einzelnen nicht vorgenommen werden kann. Wir werden schließen dürfen, daß sie in der Tat unter einander verwandt sind und verschiedene Seiten eines in mehrfachen Richtungen sich entfaltenden Ideencomplexes zur Anschauung bringen, worüber ich die nähere Auseinandersetzung späterer Gelegenheit vorbehalte und einstweilen auf Bk. 521 ff. verweise.

s'élancent à plusieurs reprises, et non sans danger, *à travers les flammes de l'incendie.* On regarde cette formalité comme une sorte de purifications, *qui chasse les maladies* et *qui doit porter bonheur à ceux qui l'accomplissent. Aussi les pères et les mères ont-ils soin, lorsque la flamme est tombée, de prendre les petits enfants dans leurs bras et de leur faire traverser le brasier de la jônée.*" Wilde, Irish Superstitions p. 49 berichtet über das Johannisfeuer der Bergschotten, mit seinen Pfeifern und Geigern, wie es in späterer Nacht ganz den *wilden* Character der Saturnalien angenommen. Jüngere Leute *springen durch das Feuer,* ältere *gehen leise Gebete murmelnd rund um dasselbe.* Wollte jemand eine längere Reise unternehmen, so *lief er dreimal hin und zurück durch das Feuer.* Galt es eine Heirat, so tat er es, um sich zu der ehelichen Verbindung zu reinigen. Hatte er irgendein Wagestück im Sinne, so *lief er durch das Feuer,* um sich unverwundbar zu machen. Wenn das Feuer matter wurde, *gingen die Mädchen hindurch,* um gute Männer zu bekommen, schwangere Frauen sah man hindurchgehen, um eine glückliche Niederkunft zu haben, *selbst Kinder sah man durch die glühenden Kohlen tragen.* Damit vergleiche man zunächst den Bericht des Bischofs Theodoret (saec. V p. Chr.) zu Cyrus in Syrien über den zu seiner Zeit daselbst geübten Brauch: εἶδον γὰρ ἔν τισι πόλεσιν ἅπαξ τοῦ ἔτους ἐν ταῖς πλατείαις ἁπτομένας πυρὰς καὶ ταύτας τινὰς ὑπεραλλομένους καὶ πηδῶντας οὐ μόνον παῖδας ’λλὰ καὶ ἄνδρας, τὰ δέ γε βρέφη παρὰ τῶν μητέρων παραφερόμενα διὰ τῆς φλογός. ἐδόκει δὲ τοῦτο ἀποτροπιασμὸς εἶναι καὶ κάθαρσις.[1]

Hiezu füge ich zunächst einige Aussagen altjüdischer Rabbinen, von denen es hinsichtlich der auf das *Moloch*feuer bezüglichen freilich noch fraglich bleibt, ob sie auf Überlieferung oder nur auf Conjectur beruhen. Nach den Erläuterungen des Talmud zu den Büchern der Könige bestand das Molochfeuer aus einem Scheiterhaufen, durch welchen inmitten einer doppelten Mauer von Ziegelsteinen erwachsene Menschen oder *Kinder* hindurchliefen, geführt oder getragen wurden. In der Mischnach, Sanhedrin p. 64 ist auseinandergesetzt, daß nur derjenige als wirklich straffällig zu betrachten sei, bei welchem beide Stücke

1) Theodoreti Opp. ed. Sirmond. Paris. 1642. I, 352. Myth.[2] 592.

zusammentreffen, daß er sein Kind dem Priester für den Moloch überliefert und daß er es durchs Feuer geführt habe. Dies erläutert die Gemara z. Sanhedrin p. 64 B dahin: „„Es lehrte Raph Jehuda (saec. III p. Chr.): „Er ist nur dann straffällig, wenn er seinen Samen so durchführt, wie es Gebrauch ist." Wie war es denn Brauch? Darauf sagte Abaji (Zeitgenosse Constantins des Großen): „Ein Feuer; Ziegelsteine in der Mitte und Feuer von der einen Seite und Feuer von der andern Seite." Rabba aber (zu derselben Zeit): „Es war eine Art Verehrung wie das Schwingen am Purimfeste."" Nach älteren Quellen erläutert der Commentator Raschi (1040—1105 p. Chr.) die vorstehende Gemara: „Die Durchführung fand statt, ohne daß der Tod des Durchgeführten notwendig war." [Dagegen führt der Verfasser des Wörterbuchs Aruch eine andere Erklärung an, wonach die Hinüberführung über die Ziegelsteine so lange wiederholt wurde, bis das Feuer den Durchgeführten ergriff und er in dasselbe hineinfiel.] Man führte den betreffenden Menschen nicht schrittweise, sondern man *sprang* wie die Kinder am Purimfeste. Da war eine Grube in der Erde, worin Feuer brannte, und man sprang von Rand zu Rand. [Wiederum berichtet das Wörterbuch Aruch aus älteren Schriftstellern, es sei *in Babylon und Elam* der Gebrauch gewesen, daß Burschen sich *Bilder und Figuren Hamans fertigten* und diese auf ihren Dächern vier bis fünf Tage aufhängten. An den Purimtagen *machten sie ein Feuer und warfen diese Figur hinein*, stellten sich rings umher und sangen Lieder dazu. Sie hatten einen Ring über dem Feuer aufgehängt. Darein griffen sie und *sprangen so von der einen Seite des Feuers zu der anderen Seite.*] — Dieser Nachricht liegt sicher tatsächliches Material zu Grunde.

Die vorstehenden Bräuche wurden in Phönikien zu Ehren des *Sonnengottes Baal* geübt.[1] Wie sie einschließlich der Verbrennung der aus Lumpen, Stroh u. dgl. hergestellten Menschengestalt mit den deutschen, russischen u. s. w. Sonnwendfeuern sich decken, ist Bk. 497 ff. nachzusehen. Es erhellt deutlich, daß der Ritus des Purimfestes ursprünglich eine von den Eingebornen in Babylon und Elam geübte Volkssitte war, welche die jüdische Kolonie sich aneignete und in ihrem Sinne umdeutete,

1) Movers a. a. O. I, 178—184.

indem ihr der in effigie verbrannte Dämon des Mißwachses, der Krankheit (Bk. 522) zum Bilde ihres Nationalfeindes Haman, wie den Christen zum Bilde des Verräters Judas wurde. Wir finden aber dieselbe Sitte nach zweien Seiten hin noch weiter über den Orient verbreitet, und zwar in Indien sowol als Ägypten.

Aus dem arischen Teile Indiens ist mir nur die unserem Notfeuer (Bk. 518 ff.) entsprechende Vorschrift in Âçvalâyanas Hausregel IV 8, 40—42 bekannt, bei einer Viehseuche dem Rudra in der Mitte der Kuhhürde ein Feuer anzuzünden und, nachdem man die Opferstreu und geschmolzene Butter in dasselbe geworfen, *die Kühe durch den Rauch zu führen.*[1] Ausführlicheres kann ich von mehreren Stämmen der dravidischen Urbevölkerung Südindiens berichten. Dem Berichte des Missionars J. J. Metz „Über die Volksstämme der Nilagiris.“ Basel, Verlag des Missionshauses 1858 entnehme ich zunächst die folgenden Tatsachen. Im Süden des Hochlandes von Mysore steigt das Gebirge der Schwarzberge, Nilagiris, bis zu 9000 Fuß Höhe hinan; es wird von einem eingewanderten Tamulenstamm, den Todas, und mehreren eingebornen canaresischen Stämmen bewohnt, unter denen wieder das in 18 Klassen geteilte Volk der Badagas das vornehmste ist. Über die eine dieser Klassen äußert Missionar Metz S. 54—56: „Die Haruwaru sind eine gesunkene Brahminenklasse, stehen aber dessen ungeachtet an Unreinigkeit und Schmutz den übrigen Bergstämmen nicht nach. Ihre Brahminenschnur und der anererbte Stolz sind alles, was sie noch besitzen, um zu zeigen, daß sie der Klasse der Zweimalgebornen angehören. In der Regel tragen sie Lasten für Europäer, es sei denn, sie vermuten, dieselben enthalten Fleisch. Sie wohnen teils in einigen Dörfern, von denen sie sechs inne haben, teils aber auch zerstreut unter den Badagas, *denen sie zur Erntezeit als Priester dienen. Bei dieser Gelegenheit waren sie gewohnt, alle zwei Jahre mit noch andern Lingaiten barfuſs auf glühenden Kohlen zu laufen und vor den Augen der kurzsichtigen Zuschauer ein Wunder zu tun.* Sie gaben vor, der Gott, dem sie dienen, lindere die Hitze und mache das Feuer

1) Stenzler, Âçvalâyanas Hausregeln. Heft 2. Übersetzung. Lpzg. 1865. S. 144.

für sie unschädlich. Weil sie aber nur wenige Sekunden auf den Kohlen verweilten, war es natürlich, daß ihnen die Hitze nur geringen Schaden zufügte. Einmal kam einer dieser Leute zu mir und bat um eine Salbe für seine Füße; er fügte hinzu, in der Aufregung habe er etwas länger, als üblich sei, auf den Kohlen verweilt und in Folge davon seine Fußsohlen ziemlich verbrannt. Trotz dieses offenbaren Betruges gab es doch jederzeit Hunderte von Badagas, die sich versammelten und mit Verwunderung einem solchen Schauspiele zusahen. Als die Regierung unlängst einen Befehl erließ, welcher die obige Unsitte verbot, so glaubten sie, ich hätte denselben veranlaßt, und überschütteten mich mit den furchtbarsten Verwünschungen. Bald darauf ging eines ihrer Dörfer in Flammen auf. Um das Unglück zu erklären, behaupteten sie, es sei nichts anderes, als eine Offenbarung des Zornes ihres Gottes, welcher auf diese Weise seine Unzufriedenheit gegen das Regierungsverbot an den Tag lege.“ Hiezu stellt sich das Fest *Nezupyson tirunâl* bei den Tamulen in Französ. Indien, *an welchem ein ungeheurer Scheiterhaufen errichtet wird, um den die Menge tanzt, und durch dessen Kohlen sie springt, die kleinen Kinder in den Armen tragend.* Die Holz- und Aschenreste werden mit heiliger Scheu von den Umstehenden gesammelt.[1] Es verlohnte sich zu untersuchen, inwiefern damit das angeblich zu Ehren des Dharma, seiner Brüder und ihres Weibes Draupadi gefeierte Fest zusammenhängt, bei welchem die Priester der Vishnuiten in Malabar *mit blofsen Füfsen durchs Feuer gehen.*[2]

Während in den vorstehenden Beispielen die geographische Verbreitung der bei den Phönikern an Baal oder El geknüpften Feuer sich weit in das südöstliche Asien fortsetzt, ohne daß wir jetzt schon zu sagen berechtigt wären, ob dieselben genuin oder von Semiten oder einem diesen der geschichtlichen Entwickelung nach voraufgehenden Volke entlehnt waren, spricht nach Sachlage der historischen Verhältnisse die größere Wahrscheinlichkeit für einen unmittelbar semitischen Ursprung bei dem von Manetho erwähnten *Sonnwendfeuer* in Ägypten. „In der Stadt Eileithyia

1) Inde Française bei Laisnel de la Salle a. a. O. I, 84.

2) Ziegenbalg, Malabar. Götter, herausg. v. German. Madras u. Erlangen 1867. S. 99.

hat man sogar, wie Manetho erzählt, *lebende Menschen verbrannt, die man Typhonische nannte*, und ihre *Asche* mit *Getreideschwingen* in alle Winde *verstreut. Dies geschah öffentlich und zu einer bestimmten Zeit in den Hundstagen.*[1] Da der ägyptische Set oder Sutech, den die griechische Benennung Typhon[2] wiedergiebt, seit den Zeiten des neuen Reichs viele Züge des mit ihm identifizierten und verschmolzenen Baal oder Bār der kananäischen Hyksos in sich aufgenommen hat,[3] so liegt es nahe zu vermuten, daß dieses Feuer im Hochsommer aus dem Kultus jener semitischen Eindringlinge stammte, um so mehr, als im echt ägyptischen Gottesdienst keine Menschenopfer nachweisbar sind. Plutarch führt es als eine durch die Öffentlichkeit des Ritus und die Verbrennung ohne vorherige Tödtung unterschiedene Steigerung der Bedrohung und nachherige Opferung heiliger, dem Typhon geweihter Tiere auf, welche geschah, so oft ein heftiger und beschwerlicher Glutwind *verderbliche Krankheiten* oder andere ungewöhnliche und außerordentliche Landplagen im Übermaß herbeiführte. Will er damit sagen, daß auch das Feuer an den Hundstagen den gleichen Zweck erfüllte? Geht man bei dem Versuche einer Deutung dieses Brauches von der nach Meyers Nachweis bereits in ältester Zeit vorhandenen Grundbedeutung des Set als Urhebers alles Schädlichen und Bösen in der Natur aus, und nimmt man demgemäß mit Plutarch an, in den „Typhonischen“ Menschen solle der Dämon als in den Abbildern seiner selbst bestraft werden, so stellt sich das ägyptisch-kananäische Hundstagsfeuer zu denjenigen Formen unserer Sonnwendfeuer, in denen „die Hexe u. s. w.“ als Abbild der schadenden Macht (Bk. 522) verbrannt wird. War aber dieser Kult nur einfach aus dem Dienste des Bār herübergenommen, so kann diese Auffassung

1) Plutarch, Is. et Osir. c. 73. p. 129 Parthey: *καὶ γὰρ ἐν Ἐλλειθυίας πόλει ζῶντας ἀνθρώπους κατεπίμπρασαν, ὡς Μανεθὼς ἱστόρηκε, Τυφωνίους καλοῦντες καὶ τὴν τέφραν λικμῶντες ἠφάνιζον καὶ διέσπειρον. ἀλλὰ τοῦτο μὲν ἐδρᾶτο φανερῶς καὶ καθ' ἕνα καιρὸν ἐν ταῖς κυνάσιν ἡμέραις.*

2) Über den ägyptischen Ursprung auch dieses vom Typhos, Typhaon (o. S. 85) scharf zu trennenden Namens s. H. Brugsch, Zeitschr. f. Ägyptol. 1875. S. 5 ff.

3) Vgl. Baudissin, Jahve et Moloch. Lips. 1874. S. 31—32. Ed. Meyer, Set-Typhon. Lpzg. 1875. S. 47—48. 54—58. Baudissin, Studien S. 278.

zwar alt sein, wie beim Purimfeste (o. S. 305), aber sie ist nicht *notwendig* die *ursprüngliche* gewesen, und wir sind berechtigt, auch dem von Manetho berichteten Ritus *anfänglich* keinen anderen Gedankeninhalt zuzutrauen, als in den meisten entsprechenden Begehungen der Phöniker, Karthager u. s. w.[1] Das Hinausstreuen der Asche nach allen Richtungen der Windrose vermittelst einer *Worfschaufel* oder *Getreideschwinge gleicht auffallend dem Ausstreuen der Asche unserer Sonnwendfeuer auf die Wiesen und Getreidefelder* (Bk. 504. 512. 520. 521). Denn das bei jener Manipulation in Anwendung gebrachte Gerät zeigt deutlich, daß der Verbrennungsstaub durch das Sieb nach unten, auf den Boden fallen sollte. Wer die Absicht nicht mehr verstand, konnte die Ceremonie sehr leicht in einen Akt völliger Vernichtung (*ἠφάνιζον*) der Typhonrepräsentanten umdeuten. Zu der Verbrennung der Typhonischen Menschen stellt sich der altgallische Brauch, in Mannsfiguren aus Weidengeflecht Kriegsgefangene zu verbrennen; auch von dieser Ceremonie erwartete man *Fruchtbarkeit der Äcker.* Bk. 525 ff.

§ 2. **Die Palilien.** Die Brücke zwischen diesen orientalischen Begehungen und den nordeuropäischen Sonnwendfeuern bilden der heutige Brauch in Griechenland, zur Zeit der Sonnenwende ein Feuer anzuzünden, durch welches die Weiber mit dem Rufe *„ich lasse meine Sünden“* springen;[2] sodann das in die frühesten Tage Roms zurückreichende Fest der Palilien oder Parilien. Die Übereinstimmung desselben mit unseren Oster- und Johannisfeuern ist allgemein anerkannt; es verlohnt sich aber, dieselbe einmal wenigstens kurz in ihren feineren Einzelheiten zu beleuchten. Die Palilien wurden am 21. April sowol in den Städten, als auf den Dörfern begangen, und zwar unterschied man in beiden eine öffentliche Feier von Staats- oder Gemeinde-

---

1) Hängt mit dem obigen Hundstagsbrauche noch ursächlich die heutige Johannisfeier in Ägypten zusammen? „Alexandria, 6. Juli 1844 . . . Man hat hier eine Ceremonie am Vorabend des Johannisfestes, wo die Pest verbrannt wird; heuer hat die Ceremonie das Übel nicht zu bannen vermocht. Allgem. Ztg. 1844, Beil. S. 1653.“ Oder weist das bestimmte Datum des 23. Juni auf Entlehnung dieser Form des Brauchs aus der christlichen Welt?

2) Preller, Röm. Myth. 368. Analogie a. d. Türkei s. Magazin f. Literatur d. Auslandes 1840, p. 601. Boul, Les Turques en Europe II, 500.

wegen und eine private der einzelnen Wirtschaften.[1] Ovid hat uns Fast. IV, 721—861 die eingehendste aber nicht in allen Stücken deutliche Beschreibung des Festes hinterlassen. Nachdem er v. 725—28. 731—34 aus eigener Anschauung die Hauptstücke der städtischen öffentlichen Begehung angegeben,[2] wendet er sich v. 735 ff. zur Schilderung der in den Vorstädten und auf dem Lande üblichen privaten Feier.[3] Dieselbe bestand aus folgenden Akten. 1) Der Schafstall wurde mit *Laub und grünen Zweigen* besteckt und *an der Türe ein grofser Kranz aufgehängt.* Hiemit vergleicht sich die nordeuropäische Sitte, am Johannisabend die Stuben- und Haustüren, wie zu Pfingsten mit grünen Zweigen zu schmücken. In Danzig war dieselbe in den an die Radaune beim Ausfluß in die Mottlau anstoßenden Straßen vor 2 Jahrzehnten noch in folgender Weise geübt. Über der Haustür wurden Birkenzweige angeheftet. Vor der Tür war von ebensolchen Zweigen eine Laube errichtet, in welcher die Familie Platz nahm. Wenige Schritte davor, zwischen Haus und Flußufer, brannte vor jeder Wohnung ein kleines Johannisfeuer. Ebenso geschah es in Schottland. Am Abend vor Midsummerday ging man in den Wald und brachte Zweige heim, die über den Türen befestigt wurden; nachher zündete man bonfires an, um die man tanzte, und über die man fortsprang (Chambers in Edinburgh Journal. 2. Juli 1842). In London waren alle Türen, Haus bei Haus, überschattet von grünen Birkenzweigen und geschmückt mit Fenchel, fetter Henne, weißen Lilien, vielen Kränzen von schönen Blumen und brennenden Lampen. In den Straßen brannten Johannisfeuer.[4] Diese grünen Büsche sind augenscheinlich eins mit den vor Haus oder *Viehstall* am Mai-

1) Varro b. Schol. Persii I, 72: Palilia tam privata quam publica sunt apud rusticos. Labeo bei Festus p. 253 Müller nennt die Parilia unter den popularia sacra.

2) In dieser nennt er als handelnd den populus, die städtische Bürgerschaft; für die aus derselben am Acte Teilnehmenden allein reichte das Blut des einen Octoberrosses und der Fordicidienkälber aus.

3) Hier ist der „pastor" Acteur, die Handlung spielt sich z. T. in den Schafställen ab, die wir in der Großstadt nicht suchen dürfen, und die ganze Feier ist von lebendigster Frische des Wald- und Weidelebens im Gegensatz zu den städtischen Verhältnissen durchweht.

4) Stow, Survey of London bei Brand, Pop. Antiqu. ed. Ellis I, 307.

tag zur Vertreibung der Hexen und Gewinnung von Milchreichtum aufgepflanzten Maibüschen und aufgehängten Kränzen. (Bk. 161. 162.) 2) *Bei Beginn der Abenddämmerung* (ad prima crepuscula) wurde *ein Feuer von Stroh angezündet, und man trieb die Schafe hindurch* (v. 805 per flammas saluisse pecus). Hiebei *räucherte man mit Schwefel.*[1] Es ist aber nicht ersichtlich, ob derselbe in den Scheiterhaufen geworfen oder schon vorher, etwa im Stalle, zum Brennen gebracht wurde.[2] 3) Vorher schon war vermöge eines Lorbeerquastes der Boden gekehrt und mit Wasser besprengt, ein Reinigungsakt, der griechischem Ritus entnommen zu sein scheint. (Vgl. Bötticher, Baumk. 369 ff. 372 ff.) Nun wurde auch noch auf dem Herd oder einem tragbaren Altar ein Lorbeerast nebst Zweigen von Ölbaum, Fichte oder Sadelbaum verbrannt und aus dem Knistern des Lorbeers ein gutes Vorzeichen entnommen (v. 741—742). Auch diese Ceremonie war nichts anders als eine Accumulation der Räucherung mit Schwefel, eine aus dem griechischen Apollokulte durch die Römer entlehnte Purgation, von der man die Befreiung von Sünden und Übeln, und in Folge dessen reiche Korn- und Weinernte, Kindersegen u. s. w. erwartete. (Vgl. Tibull II, 5, 79 ff. Bötticher a. a. O. 365 ff.) 4) Gleichzeitig brachte der Hirte der *Weidegöttin* Pales ein Opfer von Kuchen aus Hirsemehl, von Hirsekörnern in einem Körbchen und von Milch dar, und flehte sie in einer dreimal wiederholten Gebetsformel um Abwendung und Wiederentfernung aller derjenigen Schäden an, welche die Schafheerde etwa durch den Zorn und Anhauch waldbewohnender Elfen, der Dryaden, Faune und Nymphen wegen unabsichtlicher Schädigung oder Störung ihrer heiligen Bäume, Haine und Grotten sich zugezogen haben könnte. (Vgl. den Elfenanhauch o. S. 36. 37.) Überhaupt erhellt aus diesem Gebete als Absicht des Palilienfeuers, *alle Krankheit erzeugenden Mächte von den Aufenthaltsorten der Schafheerde fern zu halten,*[3] *die zumeist im*

---

1) V. 739: Caerulei fiant de sulphure fumi, tactaque fumanti sulphure balet ovis.

2) Räuchern mit Schwefel als Lustrationsmittel war Griechen und Römern gemeinsam. Hermann, G. A. § 23, 11.

3) V. 748: Effugiat stabulis noxa repulsa meis. 763: Pelle procul morbos, valeant hominesque gregesque.

Walde belegene Weide mit reichlichem Graswuchs zu begaben,[1] *den Tieren volle Euter und reichliche Nachkommenschaft zu sichern.*[2] Denn unbedingt sind wir berechtigt, diese zu Ovids Zeit von Pales besonders erflehten Güter nach älterer Auffassung für die vermeintliche unmittelbare Wirkung des maßgebenden Kultakts, des Feuersprungs zu erachten. Der Idee nach steht also das Palilienfest ganz jener Luzernischen „*Weidbräuki*“ der Beräucherung der Viehweide gleich, durch welche der Bauer alle die Frucht beschädigenden Feldgespenster, alle das Milchvieh behexenden Weiber vertreiben will. (Bk. 520.) 5) Nach dem Gebete wusch sich der Festteilnehmer in frischem *Abendtau* (vivo rore) die Hände. Zwar kam Waschung im Tau auch sonst im römischen Gottesdienst vor, doch darf mit *dieser* vielleicht verglichen werden, *dafs der in der Johannisnacht oder Mainacht,* also in denselben Nächten, wann die Sonnwend- und Maitagsfeuer angezündet werden, vom Himmel fallende *Tau* ebenso in Deutschland und England wie in Portugal und Ägypten für wundersam kräftig und heilsam zur Vertreibung von Pest, Hautkrankheiten gilt, weshalb man sich an diesen Tagen darin badet.[3] 6) Nachdem sich die Festgesellschaft der Hirten inzwischen durch einen Trunk Milch oder Most gestärkt, *beginnt nun auch der Sprung der Menschen durch das vermittelst Reibung zweier Steine erzeugte und mit Stroh oder Heu genährte Feuer.*[4] Falls die Räucherung mit Schwefel einen Akt für sich bildete, mögen auch die Tiere

1) V. 767: Absit iniqua fames, herbae frondesque supersint.

2) V. 771: Sitque salax aries, conceptaque semina conjux reddat.

3) S. Mannhardt, Germ. Myth. 28—33. Brand, Popul. Antiqu. I, 218. Choice-notes from notes and queries. London 1859. S. 18.

4) V. 781: Moxque per ardentes stipulae crepitantis acervos trajicias celeri strenua membra pede. Cf. Tibull. II, 5, 88:

At madidus Baccho sua festa Palilia pastor
Concinet; a stabulis tunc procul este lupi.
Ille levis stipulae solennes potus acervos
Accendet, flammas transilietque sacras.

Propert. IV, 4, 75:

Annua pastorum convivia, lusus in urbe,
Cum pagana madent fercula deliciis;
Cumque super raros foeni flammantis acervos
Trajicit immundos ebria turba pedes.

erst jetzt durch die Flamme getrieben sein. Wie bei der öffentlichen Feier mag ein jeder den Sprung *dreimal*, d. h. je einmal über drei hintereinander gelegte Haufen brennender Halme gemacht haben.[1] Ähnlich lief beim schottischen Bealtine der dazu Erwählte *dreimal* durchs Feuer (Bk. 508).

Die von Staatswegen angestellte Feier zu Rom unterschied sich von dem Feste der Hirten außer der Teilnahme des Pontifex Maximus (in alter Zeit des Königs, der als geistlicher pater familias für das Volk opferte[2]) wol dadurch, daß nur Menschen, nicht mehr Heerden durch die Flammen sprangen. Es war vermutlich *ein* an einem bestimmten Platze angezündetes Feuer, zu welchem die *Vestalinnen* den Festteilnehmern die Materialien lieferten, *Bohnenstroh*[3] und, soweit der Vorrat davon reichte, *Asche der Fordicidienkälber* und *Blut des Octoberrosses*. Letztere wurden als *Räucherungsmittel* (suffimenta) in das nun mit den *Bohnenhalmen* entlohte Feuer geworfen; diese dreierlei Dinge zusammen bildeten den Reinigungapparat (februa casta), durch welchen die Feiernden von der Infection physischer Übel gesäubert werden sollten. Während aber die *brennenden* Halme augenscheinlich die Vernichtung oder Austreibung der Krankheitsgeister bewirken sollten, vervollständigten die *Asche der Fordicidienkälber* und das *Blut des Octoberpferdes* die Idee des Brauches

1) V. 727: Certe ego transsilui positas ter in ordine flammas.

2) Becker-Marquardt, Handb. d. Röm. Altert. IV, 165.

3) V. 725—26: Certe ego de vitulo cinerem stipulamque fabalem saepe tuli plena, februa casta, manu. Diese Verse schildern lediglich die Herbeiholung der zum Feuer erforderlichen Bestandteile. Die hier genannte stipula fabalis ist ohne Zweifel identisch mit den V. 781 und 797 als Material des Palilienfeuers selbst erwähnten „stipulae“, und dieser Auffassung steht nicht entgegen, daß Properz IV, 1, 19; V, 4, 77 an Stelle dessen mit ungenauem Ausdruck „foenum“ nennt. Die Herbeiholung muß jedoch nicht notwendig von einem und demselben Orte her geschehen sein, und sehr wol möglich ist es, daß das Bohnenstroh nicht dem Penus Vestae entnommen wurde, woher Blut und Asche nachweislich kamen. In Ovid. Fast. IV, 727: „Certe ego transsilui positas ter in ordine flammas,“ ist dann die Verwendung der Februa im Palilienfeuer berichtet. Die hergebrachte Deutung von V. 725—26. 731—34 auf ein außerhalb des letzteren zur Räucherung verwandtes, von den Vestalinnen bereitetes künstliches Gemisch von Blut, Asche und Bohnenstroh, ist ebenso unnötig, als sachlich unwahrscheinlich.

nach einer andern Richtung hin, *insofern ihnen nur der Zweck unterliegen konnte, in positiver Weise Gesundheit und Wachstumskräfte mitzuteilen.* Sechs Tage vor den Palilien, am 15. April, wurden teils auf dem Capitol, teils in jeder der 30 Curien, der Versammlungsörter jener gleichnamigen Abteilungen in der ältesten patrizischen Bürgerschaft, zu Ehren der *Erdgöttin Tellus trächtige Kühe* (fordae) geopfert. *Die noch ungeborenen Kälber, theriomorphische Gegenbilder des Numens der noch im Mutterschoſs der Halme verborgenen und um diese Zeit daraus in Gestalt von Ähren oder Schoten hervorbrechenden neuen Früchte,*[1] riß man dabei aus den schwangeren Leibern, und *die älteste der vestalischen Jungfrauen verbrannte dieselben* wol auf dem Staatsherde im Vestatempel *zu Asche*, von dort holten die Festfeiernden die letztere am 21. ab zur Verwendung beim Palilienfeuer.[2] Die Absicht des Fordicidienopfers zielte dahin, durch gedeihliche Abwechselung von Regen *und mildem Sonnenschein* das Gedeihen und die regelrechte *Geburt* der *keimenden* und *wachsenden* Halmfrüchte und jungen Tiere zu sichern.[3] Die aufbewahrte *Asche*

1) Cf. die Commentarii pontificum bei Plinius H. N. XVIII, 3, 3, von dem um dieselbe Zeit, im April, stattfindenden Opfer rötlicher Hunde „ut fruges flavescentes ad maturitatem perducerentur. Augurio canario agendo dies constituantur, priusquam frumenta vaginis exeant et antequam in vaginas perveniant. Cf. Preller, Röm. Myth. S. 438. Einer derartigen Symbolik ist sich auch noch Ovid bewußt. Fast. IV, 633: Nunc gravidum pecus est, gravidae quoque semine terrae. Telluri plenae victima plena datur. Nur darf, da das Getreide bereits in Halmen steht, nicht mehr an die im Mutterschoß der Erde verborgene Saat gedacht werden.

2) Ovid. Fast. IV, 637:

Ast ubi visceribus vitulos rapuere ministri
Sectaque fumosis exta dedere focis,
Igne cremat vitulos quae natu maxima virgo est,
Luce Palis populos purget ut ille cinis.

Id. IV, 731:

I pete virginea, populus suffimen ab ara,
Vesta dabit, Vestae munere purus eris.
Sanguis equi suffimen erit, vitulique favilla
Tertia res (das dritte zum Feuer erforderliche Stück)
durae culmen inane fabae.

3) Als Grund der Einsetzung des Kultus wird angegeben bei Ovid. Fast. IV, 641:

Rege Numa fructu non respondente labori
Irrita decepti vota colentis erant.

der Kälber, welche wieder an die über die Saatfelder ausgestreute Asche der Oster- und Maifeuer erinnert, kann keinen anderen Zweck gehabt haben, als *cerealische* und *animalische Wachstumskraft und Fruchtbarkeit mitzuteilen.* Ganz dasselbe gilt von dem *Blute*, d. i. *dem Lebenssaft des Octoberrosses*, d. h. des beim *Erntedankfest*, am 15. October, auf dem Marsfelde geschlachteten, wahrscheinlich als Abbild eines dämonischen Getreiderosses (von derselben Art wie Kornbock, Kornkatze, Kornwolf, Kornhund, Kornstier u. s. w.)[1] mit Broden bekränzten Pferdes, um dessen Haupt als um ein Heiltum zwei der ältesten Stadtteile Roms sich stritten. Das aufgefangene Blut scheint von den Vestalinnen präpariert und bis zum Palilienfeste im Penus Vestae bewahrt zu sein, um dann mit der Asche jener Kälber in das lodernde Feuer geworfen zu werden.[2] Den Palilientag hielt man für den Gründungstag Roms; man hatte also die Vorstellung von einer in unvordenkliche Vorzeit fallenden Entstehung des Kultus. Bestätigt wird dieser Glaube durch die Beteiligung der Vestalinnen daran und den engen Zusammenhang der in die früheste Zeit der Könige hinaufreichenden Agrargebräuche der Fordicidien und des Octoberrosses mit dem Palilienfeuer. Ich vermute nun auf Grund nordeuropäischer und griechischer Analogien, die hier noch außer Betracht bleiben sollen, daß nach ursprünglicher An-

---

> Nam modo siccus erat gelidis aquilonibus annus,
> Nunc ager assidua luxuriabat aqua.
> Saepe Ceres primis dominum fallebat in herbis
> Et levis obsesso stabat avena solo,
> Et pecus ante diem partus edebat acerbos
> Agnaque nascendo saepe necabat ovem.

Die Wirkung des Opfers v. 671:

> Exta bovis dantur gravidae. Felicior annus
> Provenit, et fructum terra pecusque ferunt.

1) Den Nachweis für diese Behauptung habe ich vermöge nordeuropäischer Analogien in einem später zu veröffentlichenden eigenen Aufsatz, wie ich glaube, zu hoher Wahrscheinlichkeit führen können. [S. Myth. Forsch. Kap. IV.]

2) Festus p. 178 s. v. October equus. Paul. p. 222. Panibus. Plutarch. Quaest Rom. 97. Cf: Preller, R. M. 323. Becker-Marquardt, Handb. d. Röm. Altert. IV, 277 ff. Preuner, Hestia-Vesta 257 ff. 312. 313. Ovid. Fast. IV, 733: Sanguis equi suffimen erit vitulique favilla. Propert. V (IV), 1, 19:

> Annuaque accenso celebrare Palilia foeno,
> Qualia nunc curto lustra novantur equo.

schauung aus dem Blute des Octoberrosses im Frühling, in der Zeit, wann die neuen Früchte sich bilden, das dämonische Korntier sich wieder erneuern sollte, und daß die ins Feuer geworfene Asche der Fordicidienkälber, die gleichfalls Symbole der werdenden Früchte sind, den erhofften ungefährdeten Durchgang derselben durch die Sonnenhitze des Sommers bedeuten mochte. Wie dem nun auch sei, jedenfalls wird dem Schluß nicht auszuweichen sein, daß, abgesehen von der Lustration der Menschen in jener alten Zeit, als die staatliche Begehung der römischen Palilien ihre später bleibend gewordene Form erhielt, *eine zauberhafte Einwirkung nicht blofs auf den Graswuchs der Wiesen und Weiden, sondern auch auf das Gedeihen der Feldfrüchte* beabsichtigt wurde, welche vermöge der mehrfach besprochenen Sympathie mit dem animalischen Leben zugleich den Menschen Wachstumskräfte, Gesundheit u. s. w. mitzuteilen bestimmt war. Hier liegt also eine zweite Form des Brauches vor neben der auf die Schafheerde beschränkten Palilienfeier der Hirten. Sie entstand, als die palatinische Altstadt von Rom, erst durch die allernächsten benachbarten Ansiedelungen erweitert, noch aus *Ackerbürgern bestand,* welche durch eigenen Anbau ihre Lebensbedürfnisse deckten. Wie nun unsere Sonnwendfeuer sowol in jener Beziehung auf die Fruchtbarkeit der Getreidefelder reichliche Analogien darbieten (Bk. 498 ff.), stellt sich ganz speziell zu dem *Hinabwerfen der Kälberasche und des Pferdeblutes in das Palilienfeuer* der Umstand, daß nicht selten *ganze Tiere oder Teile von Tieren oder Tierknochen in dem Oster- oder Johannisfeuer verbrannt wurden,* wobei der Gedanke naheliegt, dieselben auf die theriomorphischen Korndämonen zu deuten (Bk. 515). Von der Anwendung solcher Knochen (bones) ist wol noch der englische Ausdruck *„bonfire“* übrig. In Thüringen warf man ein *Pferdehaupt* in die Flamme, wie in Rom das *Pferdeblut*, und man darf dabei an das in deutschen und französischen Erntegebräuchen sicher und ausgiebig nachweisbare *Kornrofs* erinnert werden. Im Harze hieß das *Osterfeuer* das *Bockshornbrennen* oder kurzweg das *Bockshorn,*[1] unzweifelhaft,

1) „Als die Kinder dort (in der Stadt Hasselfelde i. J. 1559) kurtz zuvor die Oesterlichen Feyertage über [der 1. Festtag fiel auf d. 26. März] das Osterfeuer, oder wie man es deß Orts nennet, den Bockshorn, vor dem

weil man ehedem ein *Bockshorn* in die Flammen warf, welches vermutlich dem Kornbock (o. S. 155 ff.) angehörig gedacht wurde. Menschen müssen ehedem durchs Bockshornfeuer gelaufen oder getrieben sein; denn darauf bezieht sich augenscheinlich die Redensart: *„jemanden ins Bockshorn jagen, ins Bockshorn treiben,"* d. h. in blinden Schrecken setzen. Das Osterfeuer sieht zwar gefährlich aus, verbrennt aber den Hindurchlaufenden nicht.

Die Beziehung des öffentlichen Palilienfestes auf den Ackerbau leitet zu dem Kultus der Hirpi Sorani, einem anderen altitalischen Sonnwendfeuer hinüber, welches zu ersterem sich verhält, wie unser Johannisfeuer zum Osterfeuer. Dasselbe erfordert eine für sich stehende Betrachtung und soll deshalb in einem besonderen Abschnitt behandelt werden.

Flecken brennen und dabey allerley Ueppigkeit treiben gesehen, solches nachzuahmen, haben die einfältigen Kinder Strohe auf einen Schweinskoffen zusammengetragen und dasselbe angestecket." (Zeiller-Merian,) Topograph. v. Braunschweig und Lüneburg 1654, S. 110. In der Grafschaft Wernigerode wird in der zweiten Hälfte des 17. Jahrh. das „Bockshornbrennen oder das abgöttische Osterfeuer" als großes Ärgerniß bezeichnet (Zeitschr. d. Harzvereins. 1868, S. 105). Nach der Amtsrechnung von 1601 zu 1602 wurden Namens der Herrschaft verausgabt: „9 groschen Thomas Hofchen (alias Weinschenke) zur Theertonnen zum Bockshorn." Letzner, Historia St. Bonifacii. Hildesh. 1602 c. 12 berichtet, auf dem Retberge zwischen Brunstein und Wibbrechtshausen sei am Ostertage bei Sonnenuntergang noch bei Menschengedenken das Osterfeuer gehalten, „welchs die Alten Bockshorn geheißen." Im Texte steht zwar Bocksthorn; aber das ist Druckfehler; denn am Rande ist vom Verfasser bemerkt: „Osterfewr für alters Bockshorn genand." Danach ist Myth.[2] 583 Anm. 1 zu berichtigen. Diese Nachweise entnehme ich der trefflichen Schrift von Jacobs, Der Brocken und sein Gebiet, S. 168. 240.

B.

Hirpi Sorani.

§ 1. **Getreidewölfe.** Führten die Untersuchungen des dritten Kapitels uns zu der Überzeugung, daß die Faune, Seilene, Pane, Satyrn und Silvane der Alten unseren Waldgeistern entsprechen und durch diese mit den Korngeistern verwandt sind, so glaube ich nun mit ziemlicher Wahrscheinlichkeit eine Darstellung dieser selbst in einem altrömischen Gebrauche nachweisen zu können, der sich aus grauem Altertum bis in die Kaiserzeit erhielt. Mit einem Worte gesagt, die *Hirpi Sorani scheinen Darstellungen der Getreidewölfe* gewesen zu sein.

Über letztere habe ich in einem eigenen Schriftchen[1] gehandelt. Hier sei mit Einfügung vieles, durch Nennung des Fundorts und etwaige literarische Belege gekennzeichneten neuen Materials nur so viel wiederholt, als zum Verständniß notwendig erscheint, im Übrigen aber auf meine ausführlichere Abhandlung verwiesen. Die Namen *Roggenwolf*, *Kornwolf*, *Haferwolf*, *Pflaumenwolf*, *Graswolf* bezeichnen eine der mannigfachen Formen, unter denen der im Winde und zugleich im Leben der Kräuter und Bäume waltende Geist des Wachstums dem Glauben der Vorwelt als persönlich geworden vorschwebte. Wann der *Wind* die Ähren des Saatfeldes in wellenförmige Bewegung setzt, sagt man *„der Wolf geht durch das Korn, der Wolf geht über das Korn, der Roggenwolf jagt über das Feld, der Kornwolf ist im Felde, der Roggenwolf ist schon da;“* in Niederungarn (Kr. diess. d. Theiss) „die Wölfin hat im Korne Junge geworfen,“ oder *„die Wölfe* jagen sich“ u. s. w.[2] Nicht minder sagt man in französischen

---

1) Roggenwolf und Roggenhund. Danzig 1865. 2. Aufl. 1866.

2) Auch ohne Verbindung mit dem Korngeist sprach man vom Windwolf. Außer dem Roggenw.[2] S. 3—5 Angeführten dient zum Erweise der Name Windolf, nach dem u. a. noch jetzt eine Wiese heißt. Waldmann, Ortsnamen von Heiligenstadt. 1856, S. 31.

Landschaften vom wallenden Korn „le loup est dans les blés" (Bourgogne Dép. de l'Ain). „Vers la fin du mois de Mai on dit, que le loup passe dans les blés, ce qui est fait par un vent follet en tourbillons" (Somme). Man warnt die Kinder sich zum Abpflücken von *Kornblumen* (Cyanen) ins Getreidefeld zu verlaufen, denn *der Roggenwolf oder Kornwolf sitze darin und fresse sie auf oder nehme sie mit.* Ich vermag diesen Glauben mit Wahrscheinlichkeit bereits für das 14. Jahrhundert zu belegen; denn zu Frankfurt a/M. wurde im Jahr 1343 ein Haus an der Ecke der *Kornblumenstrafse Kornwolf* genannt.[1] Auch in Frankreich (z. B. Nivernais; Flandres, Dép. du Nord; Champagne, Haute Marne) warnt man bei der Gelegenheit *„le loup vous mangera"*, „le loup vous prendra", und bei den Esten (Kirchsp. Karmel Insel Ösel) *„hunt istub ruggis" der Wolf sitzt im Korn*, oder *„Wiljahunt, Ubbahunt, Ernehunt tulleb!"* der *Korn-, Bohnen-, Erbsenwolf kommt!*[2] Bei den Letten ist *Rudsuwilks*, Roggenwolf zum bloßen Schimpfwort gesunken; auch ein Gesinde (Bauerhof) bei Linden heißt *Rudsuwilki;* dort spukt es noch jetzt, und es soll dort der Werwolf (wilkats) sein Wesen treiben. Sind Steige im Getreide, so *ist der Wolf* dagewesen und hat ein Kind mitgenommen (Rgbz. Magdeburg). Die von gefräßigen Menschen und weinenden Kindern gebrauchten Redensarten *„er frifst wie ein Roggenwolf (oder Pflaumenwolf)," „he hûlt, rârt, bölkt as'n Roggenwulf"* (er heult, brüllt wie e. R.) vergleichen diese mit dem im Sturme oder Wirbelwind durchs Getreide gehenden dämonischen Tier. Beim Schneiden des Kornes zieht sich der Kornwolf vor den

1) Ich verdanke diesen Nachweis Dr. H. Pfannenschmidt in Hannover. In Battons „Örtl. Beschreibung der Stadt Frankfurt a. M." herausg. v. Dr. Euler 3. Hft. Frankf. a/M. 1864, heißt S. 59 ein Haus auf der mittägigen Seite der kleinen Bockgasse im 14. Jahrh. (urkundl. bereits 1343) Kornwolf. Es war das Eck bei der Kornblumengasse. S. 60. Der Besitzer dieses Hauses Heylo, Heyle (S. 59, Anm. 70) oder Heylmann legte sich nach der Sitte der Zeit den Namen von seinem Hause bei. Er schrieb sich nun a. 1343 Heyle Kornwolf (S. 59, Anm. 70). S. 66. Im 14. Jahrh. noch wurde das Haus in zwei geteilt, beide hießen Kornwolf.

2) Wie bei uns neben der Roggenmuhme eine Wassermuhme steht, spricht man auch in Estland neben dem Wiljahunt vom Brunnenwolf, Kaewahunt mit großem blutigem Rachen. Wenn man mit diesem schreckt, zeigt man dem Kinde sein eigenes Gesicht im Brunnen als Kaewahunt. Holzmayer, Osiliana S. 113.

vordringenden Arbeitern in die Mitte des Ackers zurück und wird in den letzten Halmen gefangen, um in feierlichem Zuge nach Hause geleitet zu werden. Wird ein Arbeiter während der Ernte krank, so sagt man *„de Roggenwulf hät em unnerkrägen;“* gradeso sagt man in Villefranche im Lyonnais (Rhône), wenn jemand langsamer arbeitet als die Übrigen, *„il a le loup,“* auch nennt man den zweiten Arbeiter, wenn er dem Vormäher nicht zu folgen vermag, *le loup.* In der Bretagne heißt es, wenn beim Abnehmen der Trauben, Äpfel oder Birnen im Herbste jemand ermüdet, von ihm „il a les côtes debout comme un loup.“ Wenn zwei Kameraden zusammen arbeiten und einer den andern böswillig allein läßt, heißt es von dem Verlassenen „il a vu passer le loup blanc, il le suit.“ (Seine inférieure). — *In der letzten Garbe,* sagt man in Deutschland, *sitze der Wolf;* die Binderin der letzten Garbe muß den Wolf herausholen; die letzte Garbe selbst bekommt den Namen Wolf (ehedem erhielt sie auch die rohe Gestalt eines Wolfes) und wird unter Jubelgeschrei auf dem letzten Fuder nach Hause geführt. Man nennt das *„den Wolf bringen.“* In Patznaun und im Zillertal in Tirol heißt es auch bei der Heuernte von demjenigen, der das Letzte vom Berg herabbringt, *„der bringt den Wolf!“* Zuweilen stellt die Binderin der letzten Garbe *„den Wolf“* dar. Auf Rügen ruft man ihr zu *„du büst Wulf;“* zu Hause angelangt *beifst sie die Frau* und die Wirtschafterin und erhält dafür ein ziemlich großes Stück Fleisch. Gradeso ruft man in Frankreich bei der Ernte dem Schnitter der letzten Halme zu: „Vous attraperez le loup!“ (Vilaine); in Chambery schließt man um die letzten Ähren einen Kreis und ruft „le loup est dedans!“ und in Finistère „les moissonneurs, qui tiennent chaqun un sillon, s'écrient, lorsqu'ils sont pour terminer la moisson: „*„il-y-a le loup*; nous l'attraperons.““ Celui qui arrive le premier au bout de son sillon, répète *„„j'ai pris le loup!““* In Lure (Haute Saône) heißt die Beendigung des Getreideschnitts *„chasser le loup“*. In Guyenne (Prunel Cant. Tard, Lot et Garonne) führt man nach dem Schnitt der letzten Halme einen Hammel um alle 4 Seiten des Ackers an einem Bande umher. Dieser Hammel heißt *le loup du champ.* Er ist geschmückt mit einem Kranze von Blumen und Ähren um die Hörner, einem Kranz am Halse und einem Kranze um den Leib nebst vielen bunten Bändern. Alle Schnitter ziehen singend hinterher. Dann wird er *auf dem Felde getödtet.* Die letzte Garbe heißt hier gewöhnlich *coujaulage* (im Patois Ausdruck für Hammel, und zwar den kleinsten der Schafheerde des Gutes). Hier ist offenbar der Tod des Korndämons durch das Schneiden des Getreides (s. o. S. 166) dargestellt, und dabei Kornwolf und Kornwidder ebenso mit einander vermischt, wie im Steiermärkischen Drescherbrauch o. S. 188 Kornwolf und Kornbock. Im Kreise Wreschen (Pr. Posen) werden die Knechte, welche das erstemal eine Ernte mitmachen, auf folgende Weise in den Kreis der Mäher aufgenommen. Der Neuling heißt an diesem Tage *Wolf* (wilk). Mit Blumen geschmückt, begiebt er sich vor Sonnenaufgang in Begleitung der älteren Mäher auf das Erntefeld, wo er den ersten Schnitt mit der Sense macht und den ganzen Tag Vordermann bleibt. Die hinter ihm folgenden Mäher strengen ihre Kräfte an, ihm mit der Sense möglichst nahe zu kommen, so daß er sich sputen muß, um ihnen zu entkommen und nicht verwundet zu werden. So geht es bis Sonnenuntergang. Man nennt das *„den Wolf jagen"* (wilk gonić). Abends wird er mit Getreidehalmen und Strohbändern bewickelt, mit einer Art Krone von Binsen und Blumen geschmückt und unter Gesang und Jubel auf zwei Strohbändern von zweien Führern in Begleitung aller Mäher zum Herrenhause gebracht. Unterwegs sträubt er sich, will entlaufen, Vorübergehende, zumal alle begegnenden Mädchen an sich reißen, wird aber immer zurückgehalten. Vor dem Herrenhause trinkt unter den Klängen der Musik ein jeder dem Wolfe zu, zuletzt wird ihm das Glas gefüllt. Im Kruge zecht man bis Mitternacht. Sobald aber der Hahn kräht, *steigt der Wolf aufs Dach seiner Geliebten und ruft durch die Öffnung des Schornsteins ihren Namen hinein.* Sie bleibt dann während der Ernte seine Begleiterin und wird oft in der Folge seine Frau. Heimgeführt versteckt sich der Kornwolf in den abgeschnittenen Ähren in der Scheuer und wird durch den Dreschflegel aus dem zuletzt zum Ausdrusch kommenden Gebunde, in das er sich geflüchtet, hervorgetrieben. Dann veranstalten um Wanzleben bei Magdeburg die Bauern einen Umzug, wobei ein in das ausgedroschene Stroh eingewickelter Mann an einer Kette herumgeführt wird. Derselbe heißt *Wolf.* Im Regierungsbezirk Trier herrscht der Glaube, der Kornwolf finde beim Dreschen seinen Tod. Die Arbeiter schlagen auf die letzte Garbe so lange los, bis sie ganz zu Häcksel verwandelt ist. Damit soll der Kornwolf, der in der letzten Garbe steckte, sicher todtgeschlagen sein.

Auch außerhalb der Erntezeit wird der *Kornwolf oder Graswolf* durch dramatische Darstellungen, welche heutzutage als Kinderspiele geübt werden, vergegenwärtigt. Dieselben haben um so mehr Sinn, als der Volksglaube dem dämonischen Roggenwolf stets menschenähnliches Selbstbewußtsein zuschrieb, weshalb man ihn leicht mit dem Werwolf (Lykanthropos) verwechselte und die Kinder warnte, ins Korn zu gehen, *da sitze der Werwolf drin*. Hat der Wind das Getreidefeld nach allen Seiten hin niedergeworfen, so sagt man in Ostfriesland: „Zei, dår het de Wulf vernacht slåpen", und um Osnabrück nennt man eine solche Stelle *Werwolfsnest*. Gradeso wieder warnt man in Isle de France (Seine et Marne) die Kinder, im Korne sitze der *loup-garou*, und in Limousin (Corrèze) „lorsque les blés se trouvent couchés, on dit, que c'est *Le bèroux* (loup garou); in Loire inférieure *„c'est le loup, qui se roulait là."* Auch der Glaube vom Roggenwolf nimmt zuweilen die Wendung, daß der in den letzten Halmen eingefangene Geist des Feldes fortlebe und den Winter über bis zum Frühjahr unsichtbar auf dem Hofe des Landmanns verweile. Die Wiederkehr des Lichtes in der Wintersonnenwende kündigt die Rückkehr des Lenzes und aller seiner waltenden Mächte an, und es pflegen daher um die Weihnachtszeit im Volksgebrauch dieselben aufzutreten (vgl. o. S. 187. 200 ff.). So rührt sich auch der den Winter hindurch im Hause gehegte Kornwolf. In Polen wirft dann jemand eine Wolfshaut über den Kopf und wird von einem andern umhergeführt; daher das Sprichwort „er läuft herum wie mit der Wolfshaut zu Weihnachten. bzw. Neujahr (biega z nim by z wilczą skóra po kolędzie);[1] oder man trägt einen *ausgestopften Wolf* gabensammelnd umher.[2] Auch in der russischen und russinischen Weihnachtsfeier spielen Vermummungen in Wölfe durch umgehängte Wildschuren (Wolfspelze) eine Hauptrolle; diese Masken lassen umherlaufend niemand in Haus und Hof und auf den Gassen in Ruhe.[3] Und wie man in Skandinavien aus Körnern der letzten Garbe den

1) Wurzbach, Sprichwörter der Polen. Wien 1852, S. 148. 150.

2) Linde s. v. kolęda.

3) Zs. f. D. Myth. IV, 196.

Juleber oder Julbock backt (o. S. 197), so ist es a. d. Ebrach in Mittelfranken Sitte zu Weihnachten, im Steigerwalde zu Neujahr, daß die Bauern je nach ihrem plastischen Talente aus besonderem Teige allerlei Figuren formen, die dann gebacken und unter dem Namen *Hauswolf* teils an Kinder und Gesinde verteilt, teils aufbewahrt und bei ausbrechendem Feuer zur Stillung des Brandes in die Flammen geworfen werden.[1] In Pommern dagegen wurde zu *Ostern* ein Gebäck *Osterwulf* gefertigt, wofür wir ein Zeugniß von 1451 besitzen. Die Bäcker hatten es einem Ratsmitgliede zu liefern.[2] Dieses Brod sollte doch wol den nämlichen Gedanken ausdrücken, wie die Umzüge zu Fastnacht und Pfingsten, in denen der Vegetationswolf wieder segnend in den grünen Wald und den sprossenden Acker einziehend gedacht wird. Im Fastnachtaufzuge der Nürnberger Metzger, dem Schönbartlaufen (Bk. 334), lief neben dem wilden Mann und dem wilden Weibe *ein Mann mit einem Wolfskopfe*, in demjenigen der Züricher Metzger trug man ein Tierbild umher, welches *Isegrim*, Eisengrind hieß, wie der Wolf in der Tiersage, durch späteres Mißverständniß jedoch die Gestalt eines halben Löwen bekommen hatte (Bk. 433). Im Hanauischen war es „Pfingstrecht", daß die jungen Bursche auf jungen Pferden, deren Schweif und Mähne mit buntfarbigen Bändern geschmückt war, am ersten, bezw. zweiten Pfingsttag zur Herrschaft ritten und von dieser, sowie von jedem Pferchbeständer 10 Kreuzer „Wolfsgeld" *„von wegen des Wolfs"* erhoben.[3] Die Analogie der unter dem Namen des *Pfingstrechts* in Hessen und Thüringen verbreiteten verwandten Gebräuche (Bk. 347—349) macht gewiß, daß die umziehenden Bursche einst *einen in grünes Laub gehüllten Gefährten mit sich führten*, der *den Wolf* darstellte und für dessen Umherführung sie die Steuer beanspruchten. Wie dies nun deutliche Beweise sind für den Frühlingseinzug des Vegetationswolfes, so bilden sie auch den Übergang zu einer merkwürdigen Sitte der Normandie, über welche ausführlich zu berichten gestattet sein möge.

„Tous les ans, à Jumiéges, *le 23. juin*, veille de la Saint-Jean-Baptiste, *la confrérie du Loup-Vert* va chercher son

1) Bavaria III, 340.
2) Pfeiffers Germania XV, 82.
3) Han. Magaz. 1778, S. 428. Lyncker, Hessische Sagen S. 249.

nouveau chef ou maître dans le hameau de Conihout: c'est là seulement que l'usage permet de le choisir. *L'habitant prend le titre de Loup-Vert; il revêt une large houpelande verte et se couvre la tête d'un bonnet vert de forme conique, très élevé et sans bords.* Ainsi costumé, il se met en marche à la tête des frères. L'association s'avance en chantant l'hymne de saint Jean au bruit des pétards et des mousquetades, la croix et la bannière en tête, jusqu'au lieu dit Chouquet. Là, le curé vient avec les chantres et les enfants de choeur au-devant des frères et les conduit à l'église paroissiale. Après l'office, *on retourne chez le Loup-Vert,* où est servi *un repas tout en maigre.* Ensuite on danse devant la porte en attendant l'heure, où doit s'allumer le feu de la Saint-Jean. La nuit venue, *un jeune homme et une jeune fille, parés de fleurs,* mettent le feu au bûcher[1] au son des clochettes. Dès que la flamme s'élève, on chante le Te Deum; puis un villageois entonne en patois normand un cantique, espèce de parodie de l' „ut queant laxis.“ Pendant ce temps *le loup et les frères,* le chaperon sur l'épaule, se tenant tous par la main, *courent autour du feu après celui, qu'ils ont désigné pour être le loup l'année suivante.* Le premier et le dernier de ces singuliers chasseurs ont seuls une main libre; il faut cependant, *qu'ils enveloppent le futur loup,* qui, en cherchant à leur échapper, *frappe à coups redoublés les confrères d'une grande baguette, dont il est armé. Lorsqu'il est enfin pris, on le porte au bûcher et l'on feint de l'y jeter.* Cette cérémonie terminée, on se rend chez le loup et l'on y soupe *encore en maigre.* La moindre parole inconvenante ou étrangère à la solennité est interdite, un des convives a la charge de censeur, et il agite des clochettes, si l'on n'observe pas cette règle, celui, qui la transgresse, est obligé de réciter immédiatement, debout et à haute voix, le Pater noster; mais à l'apparition du dessert ou à minuit sonnant, *la liberté la plus entière fait place à la contrainte*; les chansons bachiques succèdent aux hymnes religieuses, et les aigres accords du ménétrier du village peuvent à peine dominer les voix détonnantes des joyeux compagnons de la confrérie du Loup-Vert. On va dormir enfin et puiser de nouvelles forces et un nouvel appétit pour le lendemain. Le 24. juin la

1) Vgl. Bk. 464.

fête de Saint-Jean est célébrée par les mêmes personnages avec la même gaieté. *Une des cérémonies consiste à promener, au son de la mousqueterie, un énorme pain bénit à plusieurs étages, surmonté d'une pyramide de verdure ornée de rubans;* après quoi les réligieuses clochettes, déposées sur le dégré de l'autel, sont confiées, comme insignes de sa future dignité, à celui, qui doit être le Loup-Vert l'année suivante.[1]

Der beschriebene Brauch ist das Fest einer Gilde, gradeso wie der Einritt des Maigrafen (Bk. 369 ff.), und gradeso wie bei diesem ein uralter Naturkultus, der Wiedereinzug des Vegetationsdämons, mit den religiösen Bedürfnissen des Mittelalters in Verbindung gebracht ist, wenn z. B. in Reval der Maigraf in der kirchlichen Fronleichnamsprozession dem h. Sakramente voranschreitet (Bk. 71. 81), so ist auch hier ein verwandter Naturdienst mit dem christlichen Gottesdienst der Gildegenossen verschmolzen. Das christliche Element scheidet sich aber leicht aus, und was übrig bleibt, zeigt uns eine auf den Vegetationswolf bezügliche Sitte. Ich glaube Bk. 497 ff. 516 ff. 521 ff. erwiesen zu haben, daß das Mittsommerfeuer ein Sonnenzauber war und

1) Magazin pittoresque. Paris 1840, S. 287 ff., daraus Liebrecht, Gervasius v. Tilbury S. 209. vgl. 192 und Cortet, Essay sur les fêtes religieuses. Paris 1867, S. 221. Die Archäologen von Rouen z. B. Hyacinthe Langlois bringen einfältiger Weise den Brauch des Loup-vert in ätiologischen Zusammenhang mit einer zufällig in derselben Gegend localisierten Legende, welche damit auch im entferntesten nichts zu tun hat. Die Abtei von Jumiéges in der Normandie wurde im Jahre 654 von St. Philibert gegründet; derselbe bewog die heilige Austrebertha 4 Meilen davon zu Pavilly (Savilly?) ein Nonnenkloster zu erbauen. Ein Esel, der abgerichtet war, ohne Begleitung eines Menschen zwischen der Abtei und dem Jungfrauenstifte die Wäsche hin und her zu tragen, wurde einst im Walde von Jumiéges von einem Wolfe aufgefressen. Austrebertha, durch den Notschrei des Esels herbeigerufen, legte die Hand auf den Wolf und zwang ihn zeit seines Lebens den Dienst des von ihm getöteten Grauchens zu vollziehen. An der Stelle, wo der Esel verendet war, im Walde von Jumiéges, gründete man noch im 7. Jahrhundert eine Kapelle; als diese zerfiel, ersetzte sie ein Steinkreuz; da im Anfang des 18. Jahrhunderts auch dieses zerbröckelte, pflanzte man eine Eiche, in die man einige Bilder der h. Jungfrau einfügte, und nannte sie „chêne-à-l'âne." Ein Basrelief im Kloster und mehrere Skulpturen in der St. Peterskirche stellen die Legende dar. Eine der letzteren zeigt St. Austrebertha, wie sie den Wolf streichelt, der Verzeihung zu erflehen scheint. Magaz. pittor. a. a. O.; Amélie Bosquet, La Normandie romanesque. Paris 1845, S. 357 ff.

das Licht und die Wärme der Sommersonne darstellen sollte, durch welche zu ihrem Gedeihen die Vegetation hindurchgehen muß. Menschen und Haustiere wurden hindurchgetrieben, um an diesem Gedeihen der Vegetation teil zu haben. Wenn man an anderen Orten lebendige Tiere (Katzen vgl. o. S. 172 ff., Füchse, weiße Hähne vgl. Korndämonen S. 13 ff., Schlangen u. s. w.) ins Feuer warf und darin verbrannte (Bk. 515), so scheinen damit Repräsentanten der Vegetationsdämonen gemeint, welche um Sommersmitte die Glut der Hundstage zu bestehen haben. Wenn in Schwaben ein *in grüne Reiser und Blätter gehüllter Mann, Mooskuh* genannt, *mit seinen Füſsen das Sonnwendfeuer austritt* (Bk. 524), so vertritt derselbe augenscheinlich den später einmal zu besprechenden theriomorphischen Dämon *Kornkuh* oder *Vegetationsrind.* Ich werde daher schwerlich besorgen dürfen auf Widerspruch zu stoßen, wenn ich behaupte, daß auch *der grüne Wolf* des Johannisabendgebrauches zu Jumiéges jedesmal den Geist der heurigen Pflanzenwelt bedeutet. Er ist schon durch den Sommersonnenschein hindurchgegangen, der Blätter und Blüten zur Entfaltung brachte und nun von der Sonnenwende an aus der erreichten Höhe herabsinkt. Mit der bald eintretenden Ernte ist sein, des grünen Wolfes, des Kornwolfs Leben und Regiment geendet. Aber sein Nachfolger, der Kornwolf des nächsten Jahres, der nächstens mit dem Samen der reifenden Pflanze geboren wird, hat behufs seiner Reife vom künftigen Frühjahr bis Mittsommer das Feuer des Sonnenbrandes zu passieren. Ihm verfolgt deshalb die Brüderschaft und wirft ihn ins Feuer, um diesen erfolgreichen Akt im Naturleben vorzubilden und dessen Segnungen sich zu sichern. Als der nunmehr gewaltige Vegetationsdämon schlägt er, wie der Maikönig, Kornkater u. s. w. (Bk. 365, o. S. 187) mit der *Lebensrute.* Noch ist es magere Zeit, so lange der grüne Wolf des alten Jahres herrscht, die alten Vorräte sind aufgezehrt; erst die Zeit nach Johannis, die Ernte, bringt neuer Nahrung Fülle. Deshalb speist die Gilde beim alten Loup vert nur Fastenkost, magere Gerichte, sobald aber die Jahreswende vollbracht ist, nach Mitternacht, aus voller Schüssel. Das *riesenhafte Brod* am folgenden Tage in Prozession umhergetragen, das Sinnbild des Erntesegens (Bk. 158. 317. 393. 396. 538. 539 u. s. w.) bewährt die agrarische Bedeutung der ganzen Ceremonie. Wollte noch jemand diese Symbolik verkennen, so würde ich ihm ein lettisches Johannisliedchen zu bedenken geben, worin von den drei Tagen St. Johannis (24. Juni), Peter und Paul (29. Juni) und Jacobi (25. Juli) folgendermaßen die Rede ist:

Arm und hungrig kommt Johannes,
Noch verhungerter St. Peter:
Doch St. Jacob ist der Reiche,
Kommt mit Roggen und mit Gerste.[1]

Daß die *grüne Kleidung* des Loup vert und seiner Gesellen die einstige Einhüllung *in grüne Büsche* ersetzt, hat ein genaues Analogon in der russischen Darstellung der Personification des St. Georgstages mit *grünem Gewande* (Bk. 317), während der slovenische *grüne Georg* noch in grüne Birkenzweige eingebunden ist (Bk. 313). Vgl. den *Mann im grünen Weiberrock* im Bohlendorfer Märzumgang (Bk. 317) und die grüngekleideten Maireiter (Bk. 448. 368).[2]

§ 2. **Feronia.** Die normannische Sitte leitet uns hinüber zu dem altitalischen Brauch der Hirpi Sorani. Mitten aus einer fruchtbaren Landschaft erhebt sich einige Meilen von Rom der weißschimmernde (candidus) Kalkfelsen des Monte di Silvestro,[3] im Altertum Soracte genannt; auf seinem Gipfel lag der uralte Tempel des *Soranus*. *Soranus* war ein sabinischer *Sonnengott*, wie schon sein Name besagt, den, auf Curtius[4] gestützt, L. Preller[5] mit Recht von sora Sonne, d. i. svarjâ, einem Worte derselben Wurzel ableitet, welche auch den Worten sol, serenus; goth. savil; lit. saule, Sonne; griech. *σείριος* zu Grunde liegt. Nach

---

1) Ulmann, Lettische Volkslieder S. 81, n. 262.

2) Vgl. auch noch die folgende französische Sitte. Bei dem Papageienfeste in Montpellier, welches, wie man sagt, durch die Könige von Minorca gestiftet war und am ersten Mai gefeiert wurde, schritt an der Spitze der Gesellschaft ein großer Mann *in grünem Rocke* einher, der die Functionen des Narren ausübte. Auf dem Hintern trug er einen Cupido in Goldstickerei (J. W. Wolfs Papiere). Da das Papageienfest eine mittelalterliche städtische Form des Maigrafenfestes war (Bk. 369. 371. 373. 379), so geht auch hier der grüne Rock des voranschreitenden Mannes unzweifelhaft auf die grüne Laubhülle des ehemals dem Zuge vorangeführten Vegetationsdämons seinem Ursprunge nach zurück.

3) So heißt er nach dem auf einer seiner Spitzen liegenden von Karl Martells Sohne Karlmann i. J. 747 gegründeten Kloster San Silvestro.

4) Zs. f. vgl. Sprachf. I, 29 ff.

5) Röm. Myth. 239.

dem Eindringen der griechischen Bildung hat man ihn mit Apollo identifiziert, ohne Zweifel, um ihn als Sonnengott zu bezeichnen. „Summe deûm — sagt Verg. Aen. XI, 785 — sancti custos Soractis Apollo.“ Am Fuße des Berges, wo jetzt das Dorf San Oreste liegt, befand sich im Altertum der Hain der Fēronia, ein Heiligtum und vielgefeierter Wallfahrtsort, wo sich an die Feste der Göttin eine Messe (Markt und Waarenaustausch) angeknüpft hatte. *Fēronia* war eine Getreidegöttin. Dies sagt vermutlich schon der Name, der im römischen Volksmunde mit *Faronia* abwechselte. Vgl. Dionys. Halicarn. Antiqu. II, 49, der erzählt, die Sabiner seien nach der Meinung einiger Schriftsteller ausgewanderte Lacedämonier „*καταχθέντας δὲ τῆς Ἰταλίας περὶ τὰ καλούμενα Πωμεντῖνα πεδία, τό,τε χωρίον, ἐν ᾧ πρῶτον ὡρμίσαντο, Φερωνίαν ἀπὸ τῆς πελαγίου φορήσεως ὀνομάσαι· καὶ θεᾶς ἱερὸν ἱδρύσασθαι Φερωνίας, ᾗ τὰς εὐχὰς ἔθεντο· ἣν νῦν, ἑνὸς ἀλλαγῇ γράμματος Φαρωνίαν καλοῦσιν.*“ Wir haben uns die Sache wol so zu denken, daß die eine dieser beiden Namensformen die römische der lingua rustica, die andere die sabinische war. Die Endung -ona, -onia bildet Denominativa; Faronia ergiebt sich somit (wie Pomona, Populonia, Mellona, Vallona von pomum, populus, mel, vallis) gleich far-ina (für fars-ina) von far, (d. i. farr aus fars) Gen. farris abgeleitet. Fēronia weist auf eine geschwächte Stammform fēr d. i. ferr, fers mit Ersatzdehnung bei ausgefallenem Consonanten. Vgl. vēr Frühling für verr, vesr aus veser, verer und in noch älterer Zeit vaser.[1] Vgl. auch setius aus sectius, pēnis aus pesnis, pēdo aus perdo. Die Schwächung ferr statt farr entspräche Beispielen wie volsk.-umbr. vesclis = lat. vasculis (Corssen de Volsc. dial. g). Vgl. aber auch lat. sēdes neben ἕδος, skr. sadas; cēra neben κηρός, vērus Wurz. var, sērus Wurz. sar. *Far* Dinkel, Spelt galt als die älteste Speise in Latium;[2] *Feronia* wäre etymol. ein goth. barizeins und der volle Name *Feronia mater*, den Servius Aen. VIII, 564 bezeugt, entspräche etwa einer Sanskritischen *bharšâṇî mâtâ *Getreidemutter*. Mit diesem, immerhin noch weiterer Aufklärung über das Ver-

1) Vgl. Graßmann in der Zs. f. vgl. Sprachf. XVI, 110. Ein römisches Ferronia, Fēronia neben far stände in gleichem Verhältniß wie Epona neben equus, insofern beide Götternamen dialectische Nebenformen (ferr oder fēr, epus) statt der gebräuchlichen Apellativa zum Etymon haben.

2) Vgl. Kuhn, Herabkunft d. F. S. 99.

hältniß der beiden Namensformen bedürftigen Ergebniß der sprachlichen Analyse stimmt der sachliche Verhalt überein. Durch Livius erfahren wir, daß die ältesten Bewohner der Gegend in den Hain der Feronia *die Erstlinge der Feldfrüchte* und andere Gaben brachten, *um für den Segen der Ernte zu danken.* „Inde Hannibal ad lucum Feroniae pergit ire, templum ea tempestate inclitum divitiis: Capenates antiqui accolae ejus erant, *primitias frugum* eo donaque alia *pro copia* portantes multo auro argentoque id exornatum habebant.“ [1] Wenn Feronia als *ἀνθηφόρος, φιλοστέφανος, Περσεφόνη* characterisiert wurde,[2] so scheint das einerseits eine Metonymie von dem Tempel, an dessen Pfosten, wie am Heiligtume der Ceres, der mit Blumen geschmückte Erntekranz aufgehängt wurde; andererseits ist die mit der mystischen Persephone-Kore identifizierte *Proserpina* zum Vergleiche herangezogen, welche die römischen Antiquare als fecunditas seminum erklärten.[3] Aus diesem Vergleiche der Feronia mit Proserpina erzeugte sich die weitere Combination des der ersteren gesellten Soranus mit Dis d. i. Pluto-Aïdes, dem Gatten der Persephone, die von einigen Gelehrten gemacht wurde.[4] Außerdem wissen wir, daß Feronia von den *Freigelassenen* besonders verehrt wurde. Varro nannte sie libertorum dea. Zu Terracina unweit Suessa Pometia hatte sie ebenso wie am Soracte einen *Hain* mit einer Quelle; hier war in ihrem Heiligtum ein Stein, auf den zur Freilassung bestimmte Sklaven sich setzten, um als Freie wieder

---

1) Liv. XXVI, 11.

2) Dionys. Halic. III, 32: *ἱερόν ἐστι κοινῇ τιμώμενον ὑπὸ Σαβίνων τε καὶ Λατίνων, ἅγιον ἐν τοῖς πάνυ θεᾶς Φερωνείας ὀνομαζομένης, ἣν οἱ μεταφράζοντες εἰς τὴν Ἑλλάδα γλῶσσαν οἱ μὲν Ἀνθηφόρον, οἱ δὲ Φιλοστέφανον, οἱ δὲ Φερσεφόνην καλοῦσιν.*

3) Praefecerunt ergo Proserpinam frumentis germinantibus. Varro bei August. Civ. Dei IV, 9. In Cereris autem sacris praedicantur illa Eleusinia, quae apud Athenienses nobilissima fuerunt. De quibus ille (Varro) nihil interpretatur, nisi quod attinet ad frumentum, quod Ceres invenit et ad Proserpinam, quam rapiente Orco perdidit, et hanc ipsam dicit significare fecunditatem seminum; quae cum defuisset quodam tempore, eademque sterilitate terra moereret, exortam esse opinionem, quod filiam Cereris, id est ipsam fecunditatem, quae a proserpendo Proserpina dicta esset, Orcus abstulerat etc. Augustin a. a. O. VII, 20.

4) Serv. ad Verg. Aen. XI, 785.

aufzustehen.[1] Sodann erhielten sie nach Abscheerung des Haupthaars den Freiheitshut.[2] Als man in Rom während des zweiten punischen Krieges beschloß, alle Götter durch außerordentliche Geschenke gnädig zu stimmen, waren es die freigelassenen Weiber. welche der Feronia das Weihgeschenk zusammensteuern mußten.[3] Dieses Verhältniß der Liberten zu der Göttin erklärt sich sehr einfach und befriedigend aus den Gebräuchen des Erntefestes. Denn am Erntefeste war es bei den Alten Sitte,[4] wie sie es noch bei uns ist, daß die Herren allen Standesunterschied vergessend mit den Knechten sich auf gleichen Fuß setzten, mit ihnen aßen, tranken und ganz als mit ihresgleichen verkehrten. Dieser Umstand mochte Zeit und Ort eines Festes der Erntegöttin als besonders geeignet erscheinen lassen, um damit die feierliche Freilassung verdienter Sklaven zu verbinden, durch solche Potenzierung des Festgedankens die Würde der Feier gewissenmaßen noch zu erhöhen. Wie Feronia wurde auch die Erntegöttin Dea Dia in einem Haine verehrt, und Demeter besaß gleichfalls heilige Haine (o. S. 14).

§ 3. **Hirpi Sorani.** Zu Ehren beider Götter, des Soranus und der Feronia, fand alljährlich zu einer gewissen Zeit im Haine der Göttin am Soracte ein Fest statt, wobei die Mitglieder gewisser ortsansässiger Familien, welche sich Hirpi d. h. *Wölfe* nannten, mit nackten Füßen durch ein Feuer liefen. Der ältere Plinius sagt:[5] Nicht weit von Rom im Gau der Falisker giebt es einige wenige Familien, welche man *Hirpi* nennt. Diese wandeln Jahr für Jahr an dem Feste zu Ehren des Apollo, welches beim Berge Soracte veranstaltet wird, über einen angezündeten Holzstoß und verbrennen sich nicht. Deshalb genießen sie nach einen Senatsbeschluß auf ewige Zeiten Befreiung vom Kriegsdienst und anderen Lasten.[6] Vergils Dichtung macht den Aruns,

1) In hujus templo Tarracinae sedile lapideum fuit, in quo hic versus incisus erat: Bene meriti servi sedeant, surgent liberi. Servius ad Aen. VIII, 564.

2) Servius a. a. O.

3) Liv. XXII, 1: Quin ut libertinae et ipsae, unde Feroniae donum daretur, pecuniam pro facultatibus suis conferrent.

4) S. darüber die Zusammenstellungen von Buttmann, Mythologus II, 52—56.

5) Hist. nat. VII, 2.

6) Plin. Hist. nat. VII, 2: Haud procul urbe Roma in Faliscorum agro familiae sunt paucae, quae vocantur Hirpi: hae sacrificio annuo, quod fit

Tarquins Sohn, zu einem Gliede jener Genossenschaft,[1] und Varro behauptet, die Hirpi hätten sich mit einer gewissen Salbe die Fußsohlen bestrichen und seien dadurch gegen die Verbrennung geschützt gewesen.[2] Strabo ergänzt diese Berichte dahin, daß die Begehung im Haine der Feronia stattfand, auch auf die Göttin Beziehung und viele dazu herbeigeströmte Besucher zu Zuschauern hatte. „Unter dem Berge Soracte — sagt er — liegt die Stadt Feronia, gleichnamig einer einheimischen von den Bewohnern geehrten Göttin, deren an diesem Orte befindlicher Tempelhain eine wunderbare Feierhandlung darbietet. Denn mit bloßen Füßen durchwandeln die von der Göttin Ergriffenen *Kohlen und Glutasche* unbeschädigt, und sowol wegen des Volksfestes, das jährlich gefeiert wird, als wegen des erwähnten Schauspiels versammelt sich hier eine große Menschenmenge." Wir besitzen eine ätiologische Sage, ein Histörchen, welches irgend jemand lediglich zur Erklärung der ebenerwähnten Bräuche erdacht hat; Servius, der die Geschichte einem älteren Schriftsteller nacherzählt, verdunkelt sie etwas, indem er mit den Hirpi Sorani das sabinische Volk der Hirpini confundiert. Einst bei einem Opfer, das die Hirten dem Gotte auf dem Soracte brachten, *erschienen plötzlich Wölfe, rissen das Opferfleisch aus dem Feuer* und trugen es davon. Die Hirten ihnen nacheilend, gelangten zu einer Höhle von giftiger Ausdünstung, durch welche sie mit einer Seuche behaftet und todt hingestreckt wurden. Als die Einwohner Abhilfe des Übels bei den Göttern suchten, lautete die Weissagung dahin, daß *die Pest aufhören werde, wenn sie sich wie Wölfe geberden würden. Sie taten dies und fortan hiefs das Volk Hirpi Sorani.*[3] Dieser Name bedeutete *Wölfe*

---

ad montem Soractem Apollini, super ambustam ligni struem ambulantes non aduruntur. Et ob id perpetuo Senatusconsulto militiae omniumque aliorum munerum vacationem habent.

1) Verg. Aen. XI, 785.

2) Servius ad Verg. Aen. XI, 787: Varro ubique expugnator religionis ait, cum quoddam medicamentum describeret: Ut solent Hirpini, qui ambulaturi per ignes medicamento plantas tingunt.

3) Servius ad Verg. Aen. XI, 785. Soractis mons est Hirpinorum in Flaminia collocatus. In hoc autem monte cum aliquando Diti patri sacrum persolveretur; nam [diis] manibus consecratus est, subito venientes lupi exta [de igni] rapuerunt, quos cum diu [pastores] sequerentur, delati sunt ad

des *Sonnengottes*, denn hirpus war der sabinische Ausdruck für Wolf.[1] Aus der vorstehenden ätiologischen Sage sind wir berechtigt, auf den Gebrauch, dessen Entstehung sie begreiflich machen sollte, zurückzuschließen und soviel zu entnehmen, einmal, daß die Familien, von denen der Brauch geübt wurde, nicht zufällig oder aus irgend einem andern Grunde Hirpi hießen, sondern nur deshalb, weil sie am Feste des Soranus die Rolle von Wölfen spielten, durch Geberden, (Geheul u. s. w.) und vielleicht auch Kleidung sich als Darstellungen von solchen zu erkennen gaben, sodann, daß von dem Durchlauf dieser Wölfe durch das Feuer *Gesundheit, Freisein und Befreitwerden von Seuchen* als Wirkung erwartet wurde.

Hiemit sind wir im Besitz einer hinreichenden Reihe von Übereinstimmungen, um die schon von Preller[2] aufgestellte Vermutung für gewiß ansehen zu dürfen, daß die Begehung der Hirpi Sorani unseren *Sonnwendfeuern*, dem Osterfeuer oder Johannisfeuer identisch war. Hier wie da ein *Sonnenfest*, hier wie da ein Durchlaufen von Menschen durch die Flamme, hier wie da endlich der Glaube, daß durch das Feuer bösartige Krankheit vertrieben werde. Die Hirpi hießen *Wölfe des Sonnengottes Soranus*, weil sie am Feste der Sommersonnenwende ihren Feuersprung ausführten. Wenn nun die Sonnwendfeuer nachweisbar auch die vermeintliche Wirkung ausübten, die Fruchtbarkeit des Kornfeldes und der Viehweide zu befördern (o. S. 316), so liegt es klar am Tage, weshalb das Sonnwendfeuer am Soracte im Haine der Getreidegöttin Feronia begangen ist, und daß dabei vorzugsweise die agrarischen Beziehungen betont wurden.

Eine einigermaßen verdunkelte Spur des Glaubens, daß das im Haine der Feronia angezündete Feuer auf die *Wiederbelebung*

quandam speluncam, halitum ex se pestiferum emittentem, adeo ut juxta stantes necaret; [et] exinde est orta pestilentia, quia fuerant lupos secuti; de qua responsum est, posse eam sedari, si lupos imitarentur, i. e. rapto viverent. Quod postquam factum est dicti sunt isti populi Hirpi Sorani. Die Erklärung „i. e. rapto viverent" giebt sich sofort als irriger Zusatz des Servius zu den Worten seiner Vorlage zu erkennen.

1) Servius a. a. O.: Nam lupi Sabinorum lingua hirpi vocantur. Sorani vero a Dite: nam Dispater Soranus vocatur: quasi Lupi Ditis patris. Strabo V, 4, 12. p. 250: ἵρπον καλοῦσιν οἱ Σαυνῖται τὸν λύκον. Paul. Diac. p. 106: Irpini appellati nomine lupi, quem irpum dicunt Samnites; eum enim ducem secuti agros occupavere.

2) Röm. Myth. S. 240.

der in den Hundstagen verbrannten Vegetation Einflufs übe, liegt wol in der wiederum ätiologischen Legende vor, *dafs der Hain der Göttin* zu Terracina (Anxur) *einst in Brand geraten sei, plötzlich aber*, als die Einwohner zur Rettung der Götterbilder herbeieilten, *wieder frisch und grün vor ihren Augen dagestanden habe.*[1] Wahrscheinlich gab es auch in Terracina ein Sonnwendfeuer, und man mochte bei demselben grüne Büsche oder Bäume aufpflanzen (vgl. o. S. 310), ein Brauch, den man dann nachmals als Erinnerung an die vermutete einmalige Begebenheit eines Hainbrandes deutete, indem man in diese Legende zugleich einen Hinweis auf die vom Feuer erwartete Wirkung hineinmischte.

Auch von dieser Seite her bestätigt sich unser Ergebniß. Der Festakt am Soracte fand zur Zeit der Sommersonnenwende statt zu Ehren des Sonnengottes und zu Ehren der Getreidegöttin Feronia; es hatte also, wie jener südindische Feuersprung bei den Badagas (o. S. 306), *auf die Ernte* Bezug, wie nach den Indizien des ätiologischen Mythus auf die Gesundheit der Menschen und Tiere. Die Wölfe liefen durchs Sonnenfeuer, um glückliche Ernte auf den Äckern, sich und ihren Mitbürgern ein krankheitfreies Jahr zu erzielen. Giebt man diese Vordersätze zu, und ich sehe keinen Ausweg, sich ihnen zu entziehen, *so ergiebt sich zugleich das Fest der Hirpi Sorani als nach Jahreszeit, Zweck und Ausführung übereinstimmend mit der Feier der Confrérie du Loup-Vert zu Jumiéges, und wir werden dann kaum umhin können, die Wölfe des Soranus auf gleiche Weise, wie die grünen Wölfe des normannischen Brauches und die schwäbische Mooskuh, d. h. als Kornwölfe, Vegetationswölfe zu deuten, Mit einem Worte, das Vorhandensein der Korndämonen scheint auch im römischen Volksglauben nachgewiesen zu sein.* Es *scheint* so, denn die Möglichkeit bleibt immerhin nicht ausgeschlossen, daß durch eine Laune des Zufalls trotz der auffälligen Übereinstimmung die Wölfe hier einen anderen Ursprung und eine andere Bedeutung hätten, als in dem normannischen Brauche;

1) Servius ad Verg. Aen. VII, 800: Nam cum aliquando hujus fontis lucus fortuito arsisset incendio et vellent incolae exinde transferre simulacra, subito reviruit.

aber die Wahrscheinlichkeit für vorstehende Deutung verstärkt sich in hohem Grade durch den in später zu veröffentlichenden Untersuchungen geführten und in einigen Beispielen bis zu unumstößlicher Gewißheit gedeihenden Nachweis, daß Vorderasien, Griechenland und Altitalien den unsrigen ganz genau entsprechende anthropomorphische und theriomorphische Korndämonen kannten. [Siehe Kap. I—IV der „Mythol. Forschungen".]

Die Getreidegötttin Feronia wurde offenbar in naher Beziehung zu Mars gedacht, der in der Urzeit Gott des Wachstums, der tellurischen und animalischen Fruchtbarkeit und zugleich Kriegsgott war, und dessen verschiedene Wesensseiten von W. Roscher mit nicht geringer Wahrscheinlichkeit aus dem gemeinsamen Ausgangspunkte einer Sonnengottheit begreiflich gemacht sind.[1] Jene durch ihre agrarische Bedeutung bedingte Beziehung beider Gottheiten äußert sich u. a. darin, daß eine Spechtart (picus Martius) dem Mars, eine andere (picus Feronius) der Feronia heilig war, beide galten als Vögel, welche sowol durch ihre Stimme, als ihren Flug zu Auspicien dienten.[2] Vielleicht lag die Ursache ihrer Heiligkeit darin, daß der Specht wie der Kuckuck und die Heerschnepfe (Regenvogel, Gießvogel, *Hawerzicke* o. S. 180) dem Ackerbauer als Wetterkünder von Wichtigkeit war, *da er beständig piept, wenn es regnen soll.*[3] Im skandinavischen Norden ist der rothaubige Schwarzspecht, St. Gertrudsvogel (ähnlich wie die Habergeiß o. S.181 ff.) dadurch gleich dem Kuckuck, *„Bäckerknecht"*, zu einem *brodgebenden* anthropopathischen Dämon in Vogelgestalt geworden, dessen Dasein man sich nachmals aus der Verwandlung einer brodbackenden Frau durch St. Gertrud erklärte. Gradeso war Picus den Römern ein theriomorphischer Waldgeist, des Faunus Vater, den man nachmals zu einem Urkönige Latiums vermenschlichte und als Jüngling mit einem Specht auf dem Haupte darstellte, in anderen Kreisen aus Metamorphose eines Menschen entstehen ließ, woranf man bei weiterem Grübeln endlich die große Zauberin Kirke als

1) Roscher, Apollon und Mars. Lpzg. 1873.

2) Festus p. 197 s. v. oscines aves. Vgl. W. Wackernagel, Επεα πτεροεντα 25.

3) Vgl. Myth.[2] 639. Mannhardt in der Zs. f. d. Myth. III, 221. Ebend. 209 ff.

Urheberin dieser Verwandlung hinzudichtete.[1] Ein anderes Tier des Mars war der *Wolf* (lupus Martius, lupus Martialis), der sich entschieden dem Wolfe des Apollo bei den Griechen ver-

1) Dies gegen Kuhns unhistorische Auffassung, Herabkunft d. F. S. 30. 31. 32. Ich stelle nachstehend in knappster Andeutung gegen die gründlich verschiedene Entwickelung dieses Forschers meine eigene abweichende Ansicht. Feronia hält er (Herabkunft 30 ff.) A. für eine Feuergöttin und Herabbringerin des himmlischen Feuers im Blitze, und zwar a) weil ihr zu Ehren ein Feuer angezündet wurde und weil einmal ihr Hain gebrannt haben soll. Aber ein Feuer im Dienst einer Gottheit beweist nichts für diese als Numen des Feuers. b) Feronia sei sprachlich und sachlich identisch mit Phoroneus, auf den die Argiver die Erfindung des Feuers zurückführten, und mit bhuranyu, einem Beinamen des indischen in Vogelgestalt gedachten Blitz- und Feuergottes Agni. Aber Feronia war Denominativ, und steht auch durch Länge der ersten Sylbe von Phoroneus ab, der als Begründer der Kultur in Argos das Feuer erfunden haben wird; von Herabholung des Feuers wie bei Prometheus wußte seine Sage nichts. c) Feronia sei Proserpina genannt, weil sie der Despoina = Persephone der Arkader gleichstand, die Kuhn mit der indischen Wolkenfrau? Blitzgöttin? Dasapatni identifiziert. Letztere Gleichstellung ist sprachlich bedenklich, sachlich unhaltbar. Über den Grund der griechischen Interpretatio der Feronia durch Persephone s. o. S. 329. B. Im Feuer des Blitzes steige nach verschiedenen Mythen die Seele des Menschen, stieg einst der erste Mensch zur Erde. Dieser Glaube haftete an der Blitzgöttin Feronia und daher heiße a) der älteste König Herilus von Praeneste ihr Sohn. Aber daß Herilus der älteste König war, sagt die Überlieferung nicht; die ältesten Könige sind noch nicht die ersten Menschen, und die Urkönige der italischen Sage sind, wo sie überhaupt Gottheiten waren, rückwärts durch Euhemerismus zur Königsrolle gekommen. b) Der Blitzgöttin Feronia war der Specht (picus Feronius) geweiht, an den sich die Sage von der Springwurzel knüpft, welche Kuhn auf den als Vogel gedachten Blitz deutet. Der Italer hielt den picus also für den Bringer des Blitzes, in dem aus dem himmlischen Seelenreich in den Wolken auch der erste Mensch zur Erde kam. Daher gelte Picus 1) selbst für einen ersten König, der mit Faunus den Blitz (Jupiter Elicius) aus der Wolke herablockte, nach anderer Vorstellung selbst aus dem Seelenreich kam. Dies bedeute die Sage seiner Verwandlung in einen Vogel durch die Unterweltsgöttin (!!) Circe. 2) Der Specht nährte Romulus und Remus, wieder zwei erste Menschen. 3) Picumnus d. i. Picus galt noch später für einen kinderhütenden Genius, d. h. für den Herabbringer der Seelen im Blitze. Nun ist aber die behauptete Bedeutung der Springwurzelsage noch keineswegs bewiesen. Über Picus und Circe s. o. S. 334. Romulus und Remus werden vom picus Martius als dem heiligen Tiere ihres Vaters genährt. Über Picumnus, der von Picus zu scheiden, vielmehr eine männliche Nebenform der Intercidona, und dessen Name wahrscheinlich von einem verlorenen Verbum des Stammes pik, schneiden abzuleiten ist, vgl. o. S. 125.

gleicht. In welchem Verhältniß stehen nun diese Tiere zu den — wie wir vermuten — durch die Hirpi Sorani dargestellten Kornwölfen? Ist es nötig, daß der Übereinstimmung des picus Feronius und picus Martialis entsprechend, die hirpi des Soranus und der Feronia denselben Gedanken verkörpern wie die lupi Martis und Apollinis? Von diesen beiden gilt gleicherweise, daß „ihre Bedeutung einen tieferen, bis jetzt noch nicht erkannten Grund haben muß."[1] Man würde es vielleicht nicht für unerlaubt erachten, auch hier eine agrarische Beziehung zu supponieren, wenn man den schon Roggenwolf[2] S. 15 beigebrachten Gumbinner Volksglauben in Erwägung zieht: „Wenn ein Wolf *durch ein Ackerfeld oder eine Wiese laufend* erblickt wurde, gaben die Bauern Acht, ob er den Schweif nachschleppen ließ. Geschah dieses, so gingen sie ihm nach und *dankten ihm, dafs er ihnen Segen gebracht habe,* ja sie legten ihm wo möglich einen Leckerbissen hin; trug er jedoch den Schweif hoch, so verfluchten sie ihn und suchten ihn zu tödten." Weit wahrscheinlicher jedoch ist, daß der Wolf dem Mars und Apollon aus der nämlichen Ursache beigegeben war, wie dem nordischen Odhinn, d. h. als poetisches Bild des siegreichen Helden.[2] In diesem Falle trifft ein ganz ähnliches Verhältnis aus dem Germanischen genau zu. Denn auch Odhinn war wie Mars, ohne im Übrigen diesem conform zu sein, zugleich Gott des Krieges und ein Erntegott, insofern ihm in Schweden die letzte Korngarbe für sein Roß auf dem Acker stehen blieb; die Wölfe des Sieges aber, welche zu des Siegvaters Füßen liegen oder ihn atzungsbegierig in die Schlacht begleiten, und die Kornwölfe blieben gesonderte Gestalten, welche aus verschiedenen Wurzeln vom Volksgeiste erzeugt neben einander herliefen, ohne sich zu berühren oder einander auszuschließen. In gleicher Weise dürfen trotz der Berührung des Mars und der Feronia in gewissen Stücken der lupus Martius und die Hirpi Sorani für Verkörperungen verschiedener Ideen erklärt werden.

§ 4. **Die Lykaia.** Unser Urteil, daß die Hirpi Sorani Getreidewölfe darstellen, ging einerseits aus ihrer unverkenn-

1) O. Müller, Dorier I, 305. Welcker, Gr. Götterl. I, 481. Roscher, Apollon und Mars S. 89.

2) Vgl. Liv. X, 27: victor Martius lupus. XX, 46. Homer. Il. XVI, 156. 352. XI, 72. XVI, 352.

baren Beziehung zu Sonnengott und Ernte, andererseits aus der deutlichen Analogie der normannischen Umläufe des *Loup vert* hervor. Ich halte mich jedoch für *verpflichtet*, noch eine griechische Begehung vergleichend in Erwägung zu ziehen, in welcher *anscheinend* gleichfalls der Umlauf eines einen Wolf darstellenden Menschen zur Zeit der Sommersonnenwende die Hauptsache war, und die Frage zu beantworten, ob etwa diese Analogie es ratsam mache, den Hirpi Sorani eine andere Bedeutung, als die vorhin aufgestellte, zuzuweisen. Ich meine das Fest der Lykaia in Arkadien, dessen Verständniß durch die bisherige Forschung sehr unvollständig erreicht ist.

Im südwestlichen Randgebirge Arkadiens erhebt sich die 4737′ hohe zweigipfelige Bergkuppe Diaphorti von isolierter Lage und weiter Rundsicht, deren südliche, jetzt nach dem heiligen Elias benannte Spitze im Altertum Lykaion hieß und diesen ihren Namen in weiterem Sinne zunächst dem Gebirgsstock, sodann sogar der ganzen umliegenden, von dem Stamme der Parrhasier bewohnten Landschaft mitgeteilt hatte. Doch blieb man sich allezeit bewußt, daß der Name Lykaion eigentlich und zunächst der Felskuppe zukomme. Sie hieß so als Schauplatz eines uralten Kultus des Zeus, bei welchem der Lauf eines Wolfes den Hauptritus ausmachte. Von dem Namen des Bergstockes und der Landschaft war ein Heros Eponymos *Lykaon* abgeleitet, auf dessen Geschlecht die parrhasischen Städte, Lykosura, Trapezus u. s. w. ihren Ursprung zurückführten.[1] Der Diaphortigipfel, die „heilige Höhe der Arkader,“ noch jetzt eine runde, künstlich geebnete Fläche von 150 Fuß Durchmesser, trug einst auf der gegen Sonnenaufgang gerichteten Seite zwei Säulen mit vergoldeten Adlern, den Vögeln des Zeus, und zwischen beiden eine Erdaufschüttung, von der aus man einen großen Teil des Peloponnes überschaute und auf welcher im Geheimen, d. h. nur durch wenige dazu Berufene mit Ausschluß einer zuschauenden Menge, Opferceremonien vollzogen wurden. Der Platz war ein *ἄβατον* und so heilig, daß man glaubte, ein jeder, der ihn ohne Beruf und Erlaubniß betrete, müsse im Laufe des Jahres sterben. Beim Eindringen betroffen, wurde er gesteinigt.[2] Von denen,

1) Pausan. Descr. Gr. VIII, 3.

2) Pausan. VIII, 38, 5. Plutarch. Quaest. Gr. 39.

welche in das Heiligtum hineingingen, wurde man keinen Schatten gewahr.[1] Man darf aus dieser sicher übertreibenden, doch unzweifelhaft irgendwie tatsächlich begründeten Angabe schließen, daß der heilige Brauch, welcher einzig und allein Menschen in den sonst nie betretenen, geweihten Raum hineinführte, in einem Momente statt hatte, wann die Sonne möglichst senkrecht über den Köpfen stand, der Schatten nur sehr gering war; am wahrscheinlichsten *in der Mittagsstunde des längsten Tages.* Denn dann beträgt der Schatten für den Peloponnes ein Fünftel der Höhe aller aufrechten Gegenstände und wird bei dem Menschen vom Fuße fast völlig bedeckt. Zwischen zweien Vorsprüngen des Berggipfels führt nach Norden eine lange und tiefe Schlucht zu Tale, an deren bewaldetem westlichem Abhang von der Opferhöhe aus sich der heilige Bezirk des Zeus bis an den Kopf einer Quelle hinabzog, welche *κατ' ἐξοχὴν die heilige,* Hagnê oder als Quellnymphe personifiziert *Hagnô,* genannt war. Jenseits derselben am östlichen Abhange der Schlucht lag ein Hain und Heiligtum des Pan, vermutlich dasselbe, welches nach Aelian H. A. XI, 6 (vgl. o. S. 129) *Aule* genannt und als eine Freistatt des Wildes betrachtet wurde, in die kein Jäger, angeblich auch kein Raubtier ein Tier zu verfolgen wagte.[2] Nördlich der heiligen Quelle schlossen sich an den Hain ein Hippodrom und ein Stadion, angeblich die ältesten Einrichtungen dieser Art in Griechenland, an, in welchen die Lykaia genannten Spiele und Wettläufe nach Preisen abgehalten wurden.[3] Über den Ritus des Gottesdienstes im Lykaion erfahren wir durch Plato, daß dem Gerüchte nach noch zu seinen Tagen ein Menschenopfer daselbst dar-

---

1) Nur dies sagte die älteste Tradition, welche von Theopomp allerdings bereits in ein „schattenlos *werden*“ umgedeutet wird. Polyb. XVI, 12, 7 ... *Θεόπομπος φήσας, τοὺς εἰς τὸ τοῦ Διὸς ἄβατον ἐμβάντας κατ' Ἀρκαδίαν ἀσκίους γίγνεσθαι.* Später hat sich daraus aus Mißverstand die vergröberte und, wie es scheint, selbst von den Umwohnern geglaubte Mähr gebildet, auf dem heiligen Platze bleibe zu jeder Zeit alles Lebende, was dahin komme, schattenlos. Pausan. VIII, 38, 5.

2) Augenscheinlich auf Verwechselung dieses Panheiligtums mit dem Lykaion beruht es, daß nach Pausanius a. a. O. dessen mündliche Berichterstatter von letzterem behaupteten, der Jäger verfolge kein Tier hinein und ihm nachsehend nehme er keinen Schatten desselben wahr.

3) Curtius, Peloponnesos I, 300—304. 338 ff.

gebracht wurde,[1] und sogar Theophrast behauptet noch dasselbe für seine Zeit.[2] Wenn Pausanias sich abhalten ließ, genauer nachzuforschen, wie es sich mit dem Opfer verhalte, so sieht man, daß er nichts Tatsächliches darüber wußte, sondern durch den Glauben an die alte Sage von moralischer Scheu erfüllt war.[3] An einer zweiten Stelle berichtet Plato von Hörensagen, wer im Heiligtum des lykäischen Zeus menschliche Eingeweide gekostet, werde mit Notwendigkeit *zum Wolfe.*[4] Auch Pausanias weiß davon, daß ehedem beim Opfer des Lykäischen Zeus immer einer ein Wolf, nach zehn Jahren aber wieder ein Mensch geworden sei, wenn er sich inzwischen des Menschenfleisches enthalten habe.[5] Hiermit stimmt Plinius überein, dessen aus Euanthes geschöpfter Bericht auf arkadische Schriftsteller zurückgeht. Hienach wurde aus dem Geschlechte des Anthos jedesmal derjenige durchs Loos bestimmt, der neun Jahre in Einöden mit Wölfen in Wolfsgestalt sein Wesen treiben, dann aber wieder seine vorige Gestalt erhalten sollte. Nach Agriopas, der Nachrichten über die Sieger in Olympia sammelte, hatte ein gewisser Demanätus von Parrhasia, nachdem er an den Lykaien vom Fleische eines geopferten Knaben gegessen, sich in einen Wolf verwandelt, im zehnten Jahre wieder Menschengestalt angenommen und zu Olympia einen Sieg im Faustkampf errungen.[6] Offenbar bildet dieselbe Tatsache, welche diesen den Sachverhalt phantastisch ausschmückenden Gerüchten zu Grunde lag, auch den Ausgangspunkt der vielfach variierten Sagen[7] vom Könige Lykaon, der allein oder sammt seinen 50 Söhnen zum Wolfe wird, weil er Zeus, der ihn als unerkannter Fremdling besuchte, die Eingeweide eines geschlachteten Kindes vorgesetzt. Der Gott habe mit seinem Blitzstrahl dreingeschlagen oder zornig aufspringend den Tisch

1) S. Plato, Minos p. 315 mit den Verbesserungen Boeckhs u. Welckers.

2) Theophrast bei Porphyr. De abstin. II, 27.

3) Pausan. VIII, 38, 5.

4) Plato, De republ. VIII, p. 565 d.

5) Pausan. VIII, 2, 3.

6) Plin. Hist. nat. VIII, 22.

7) Pausan. VIII, 2, 3. Apollodor. Bibl. III, 8, 1. Tzetzes ad Lycophr. 481, ed. Müller. Lpzg. 1810. II, p. 635. Hygin. Fab. Nicol. Damasc., Histor. Excerpt. et Fragm. ed. Orell. Lpzg. 1804, p. 41 sqq. Ovid, Metam. I, 198 ff.

(trapeza) umgestoßen, woher der Ort den Namen Trapezus empfing.[1]

Darf nun vielfachen Analogien entsprechend in der einen Klasse dieser Traditionen eine von der Wundersucht der abergläubischen Menge bewirkte Vergrößerung der mysteriösen Ceremonien, in der andern ein genetischer Deutungsversuch derselben gesucht werden, so ergiebt sich als der wahrscheinliche Sachverhalt der folgende. Alle 9 oder 10 Jahre fand *an der Sommersonnenwende* von Seiten eines bestimmten Geschlechts (der Anthier) in dem für gewöhnlich und für jeden andern unnahbaren Haine des Zeus allein oder mit andern Opfern vermischt das wirkliche oder symbolische Opfer eines Kindes statt. Einer der Teilnehmenden, durchs Loos erwählt, hielt darauf einen Umlauf, welchen man als Flucht auffaßte, und bekam den Namen *Wolf*, der ihm bis zur Zeit der nächsten Feier verblieb. Die zehnjährige Wiederholung des Festes trat unzweifelhaft einst an die Stelle einer jährlichen Begehung, wie in vielen ähnlichen Fällen (Bk. 533. 534). Vermutlich fand einst die Opferung eines Kindes wirklich statt; ob dieser Brauch aber noch in Wahrheit zu Platos Zeit, ja noch später geübt, oder nur vom übertreibenden Gerüchte behauptet wurde, bleibt streitig. Doch spricht für letztere Annahme und gegen die erstere, da sowol Plato als Theophrast nicht Augenzeugen waren, nicht allein die ethische Richtung der Hellenen des fünften und vierten Jahrhunderts im allgemeinen, sondern ganz insbesondere die aus der nächsten Umgebung des Lykaion hervorgegangene ätiologische Lykaonsage selbst. Denn schwerlich konnte dieselbe in derjenigen Form concipiert werden, welche sie hat, daß nämlich die Wolfsverwandlung als Strafe von Seiten des ein Mahl von Menschenfleisch verabscheuenden Zeus ausgegeben wurde, wenn sich im Kultus ein wirkliches Menschenopfer

1) Dieser plumpe Versuch einer Deutung des wol von viereckiger Anlage des Platzes ausgegangenen Ortsnamens Trapezus gehört natürlich zu den jüngsten Auswüchsen der Lykaonsage. W. Schwartz aber, der Kult und Sage als Gewittermythologie deutet und den Lykaon zum heulenden Sturm, daher Wolf, das geschlachtete Kind zu dem aus der Wolke geborenen Blitz, die Steinigung des unberufenen Eindringlings in das Lykaion zur Nachbildung der vermeintlich im Gewitter herabfallenden Donnersteine machen will, verkennt auch hier das ὕστερον πρότερον [der Ortsname war natürlich eher da, als die Sage] und sieht in dem Umstürzen des Tisches ein Bild des krachenden Donnergepolters. (Urspr. d. Myth. 100. 118.)

für diesen Gott stets wiederholte. Dagegen vertrug sich mit der sittlichen Würde des Gottes sehr wol eine symbolische, vielleicht im Hin- und Herweben über dem Opferfeuer bestehende Darbringung eines Kindes, indem diese sammt dem Umlauf des Wolf genannten Menschen als Erinnerungsfeier an jene aus diesen Tatsachen herausgesponnene Geschichte des Lykaon aufgefaßt wurde. Vielen griechischen und orientalischen Gottesdiensten, zumal Erntekulten, eignete, wie wir später nachweisen werden, die Deutung eines rituellen Umlaufs als Flucht. Die Vermutung, daß das Opfer zur Zeit der Sonnenwende stattfand, mithin ein Gottesdienst war, welcher wahrscheinlich gleich den anderswo angezündeten Mittsommerfeuern den Zweck hatte, Seuche und Mißwachs fern zu halten und das Gedeihen der Pflanzen zu fördern, wird verstärkt durch den in denselben Ideenkreis fallenden Regenzauber an der Quelle Hagnô. Wenn in der Gluthitze des Sommers langanhaltende Trockenheit die Felder und Weiden und das Laub der Bäume ausdörrte, *brach der Priester des Zeus einen Eichenzweig* und sprach, die Opferspende verrichtend, ein besonderes Gebet, indeß er den Zweig *in die heilige Quelle senkte, ohne jedoch den Grund derselben zu berühren.* Alsbald, sagte man, bewege sich das Wasser, walle auf, und *eine dichte Dunstsäule steige empor, die zu Wolken verdichtet ganz Arkadien mit erquickendem Regen überströme.*[1]

---

1) So schlagen Hexen mit Gerten so lange in Wasserbäche, bis Nebel hervorkommen und sich zu schwarzen Wolken zusammenballen (Myth.² 1041). Der „heilige Bach“ (estn. pöhajöggi, lettisch swehti upe) bei Ilmegerwe in Estland lag in einem heiligen Hain, in dessen Umkreis niemand einen Baum hieb oder eine Rute brach, aus Furcht im nächsten Jahr zu sterben. Bedurfte man Regen, ward etwas hineingeworfen (Gutsleff bei Grimm, Myth.² 565). Bäche oder Seen, welche der Sage nach, sobald Holz oder Steine hineingeworfen wurden, Sturm- und Wetterwolken aufsteigen ließen, sind über ganz Europa verbreitet (Myth.² 563). So erzählt Gervasius v. Tilbury i. J. 1221 (Otia imperial. p. 990 Leibniz, p. 41 Liebrecht): Est in provincia regni Arelatensis fons quidam pellucidus, in quem si lapidem vel lignum aut hujuscemodi materiam projeceris, statim de fonte pluvia ascendit, quae projicientem totum humectat. Vgl. Liebrecht, Gervasius v. Tilbury S. 146 ff. H. Runge, Pilatus u. St. Dominik. Zürich 1859, S. 162. 165—166. Derselbe, Quellkultus in der Schweiz. Zürich 1859, S. 16. 17. Der arabische Schriftsteller Al Utbi im Kitâb Jamîni (11. Jahrh.) spricht auch von einem Bache in Indien, aus dem bei Verunreinigung Gewitter und Stürme hervorbrechen (S. Nöldeke

Der Erdaufwurf (γῆς χῶμα), der als Opferplatz (βωμός) diente, könnte darauf hindeuten, daß das Opferfeuer eine größere Ausbreitung als gewöhnlich hatte, nach Art unserer Sonnwendfeuer construiert war;[1] dagegen weist die Mittagsstunde als Zeit der Begehung (falls wir hierin das Richtige trafen) von denselben ab, da sie in den uns bekannten Fällen stets im Dunkel des Abends angezündet werden. Ist demnach eine volle Übereinstimmung der Lykaia mit den Sonnwendfeuern und somit auch dem Kultus der Hirpi Sorani sehr zweifelhaft, so begründen gleichwol die *Jahreszeit* (Sommersonnenwende), das wirkliche oder symbolische *Kinderopfer* und die Absicht, Mißwachs abzuwenden, eine nahe Verwandtschaft der Art mit jenen Kinderopfern im Dienste des Baal oder El, die im Orient in mannigfacher Form geübt wurden. Ja möglicherweise liegt hier, bei den Lykaia, ein Fall historischer Entlehnung vor, indem die Hellenen den an den arkadischen Berggipfel geknüpften Kult einer uralten phönikischen Kolonie sich angeeignet und fortgesetzt, und deren Hauptgott El (abweichend von der sonstigen Übertragung durch Kronos) in die erhabene Majestät des Zeus umgedeutet haben.[2] Wenn wir nun nicht berechtigt sind, die verschiedenen Formen jener semitischen Kulthandlung als gänzlich verschieden von einander zu trennen, wenn alle Arten derselben nähere oder entferntere Verwandtschaft mit den Sonnwendfeuern aufweisen (oben S. 302 ff.), so liegt selbst bei ziemlicher Verschiedenheit der Feste im Detail die Vermutung nahe, daß der Lauf der einzelnen

---

Sitzungsber. d. Wien. Akad. 1857, XXIII, S. 75). Der Hergang dieses Brauches, erst nach der Hand in den Zorn der Wassergeister wegen Verunreinigung ihres Elementes umgedeutet, war ursprünglich eine rohe Nachahmung des Gewittervorgangs (vgl. Schwartz, Ursprung d. M. S. 261). Vgl. auch den Regenzauber in Mammast bei Dorpat. Bei großer Dürre stiegen drei Männer auf die Fichten eines alten heiligen Haines. Der eine trommelte dort oben mit einem Hammer auf einen Kessel oder eine kleine Tonne, um den Donner darzustellen; der zweite schlug zwei Feuerbrände an einander und ließ sie Funken sprühen (Blitz), und der dritte, „der Regenmacher,“ sprengte mit einem Reisigquast aus einem Eimer Wasser nach allen Seiten. Bald darauf spendete der Himmel Regen in Fülle (Hurt, Sagen a. Pölwe, Dorpat 1863, S. 7).

1) Dann dürfte der „Wolf“ durchs Feuer gelaufen sein und das Kind hindurchgetragen haben, woraus sich vielleicht am ehesten dies Gerücht, er habe vom Menschenfleisch gespeist, entwickeln konnte.

2) Siehe Nachtrag S. 346.

Lykaienwolfs hier, der Umlauf der Hirpi Sorani dort demselben Typus angehören, dieselbe Grundidee ausdrücken. Folgt nun aus diesem Umstande — wir wiederholen hier die o. S. 337 aufgeworfene Frage — ein Gegenbeweis gegen unsere Auffassung der Hirpi als Korndämonen? Eine Antwort hierauf könnte nur dann mit Sicherheit gegeben werden, wenn das schattenhafte und unsichere, nur durch Conjectur einigermaßen erschließbare Bild des arkadischen Kultus mit näheren Einzelheiten ausgestattet wäre, welche uns erlaubten, aus ihm selbst ein begründbares Urteil über die Bedeutung der umlaufenden Wolfsmaske zu schöpfen. Bei dem Stande der uns erhaltenen Überlieferung bleiben wir aber darüber in völliger Unkenntniß. Wenn O. Jahns Schlußfolgerung[1] richtig wäre, da Varro und andere römische Antiquare[2] die römischen Lupercalien stets mit den Lykaia der Arkader als daher entlehnt identifizieren, so müsse letzterer Brauch den ersteren sehr ähnlich gewesen sein, so würden wir vielleicht den Umlauf des Lykaienwolfs dem Umlauf unserer Korndämonen noch übereinstimmender denken dürfen, als die sonstigen Quellen erraten lassen; die *umlaufenden Luperci* schlugen mit Riemen, wie der Loup vert, der Kornkater, der Maikönig u. s. w. mit Gerten schlagen. Aber jene gelehrte Identifizierung des griechischen und römischen Kultus beruht unzweifelhaft nicht auf genauerer Kenntniß der Gebräuche, sondern auf bloßer *etymologischer Vergleichung* der Namen Lykaia und Lupercalia in Verbindung mit einer Combination des dem Lykaion benachbarten Dienstes des Pan und der in dem Umlauf der Luperci bewerkstelligten Verehrung des Faunus. Es bleibt trotzdem die unbewiesene Möglichkeit, daß die Lykaien mit dem Feste der Hirpi Sorani und dem des Loup Vert im Character näher zusammenstimmten, aber ebensowol konnten sie in uns unbekanntem Detail so auseinandergehen, daß bei aller äußeren Ähnlichkeit der umlaufende, Wolf genannte Mensch die Merkmale eines ganz anderen Ideeninhalts an sich trug, als die in jenem auftretenden Umläufer. Es ist daher von dieser Seite her weder ein Analogiebeweis noch ein Gegenbeweis gegen unsere Deutung der römischen und nor-

1) Berichte der sächs. Gesellsch. d. Wissensch. zu Leipzig 1848, I, 427.

2) Vor Varro bereits L. Cincius Alimentus (210 v. Chr.) und Cassius Hemina (146 v. Chr.). S. Merkel zu Ovids Fast. p. CCII.

mannischen Feier zu entnehmen, und wir haben Grund dieselbe aufrecht zu halten, so lange nicht andere entscheidende Widersprüche dagegen aufgedeckt sind. Ja ich möchte die erstere Möglichkeit selbst für die Lykaia als nicht unwahrscheinlich festhalten, da auch im Kreise der orientalischen Bräuche, in welchen wir die nächste Verwandtschaft derselben suchen zu müssen glaubten (o. S. 342), nach Ausweis später zu veröffentlichender Tatsachen zwar noch nicht die spezielle Gestalt des Kornwolfs, wol aber andere theriomorphische Korndämonen teils mit unzweifelhafter Gewißheit, teils mit großer Wahrscheinlichkeit aufgezeigt werden können.

Nachtrag.

S. 76. 77. Der Verfasser hat sich gestattet, die Wörter Rhapsode, Rhapsodie hier in dem weiteren Sinne des epischen Vortrags, nicht in ihrer engeren, technischen, auf die Kunst der nachhomerischen Recitatoren eingeschränkten Bedeutung zu gebrauchen.

S. 85. 97. 99. 157. Vgl. Ein Bauer im Amt Svendborg auf Fünen sah einen *Wirbelwind* (den der dortige Volksglaube für einen Zusammenstoß böser Geister erklärt), und das war anzusehen, *wie ein schwarzer Knäuel, welcher sich immer um sich selbst drehte.* Grundtvig, G. D. Mind. i Folkemund. II. 1857. S. 236. 361.

S. 115. Von der in einen Lindwurm verwandelten Jungfrau heißt es Lanz. 7892, daß sie *„schrê als ein wildez wîp."* Vgl.: *Ir schreien, wie ein Holzweib.* Uhland, Volksl. I, S. 149. Müller und Schambach, Nieders. Sag. S. 350.

S. 149. Fast noch näher, als die mitgeteilte Fanggensage, tritt eine Oldenburger Zwergensage an die Erzählung vom Tode des großen Pan heran. Die *Erdmännchen* im *Osenberge* bei Oldenburg haben eine *Königin, Vehmöme* oder *Vehkemöme* (*Viehmuhme,* also genau dem Pan nomios entsprechend). Als einst der Bauer von Grashorn auf dem Rückwege von Oldenburg im Sandkruge einkehrte, erzählten die Wirtsleute, in der verflossenen Nacht habe man plötzlich eine Stimme vernommen: *„Vehkemöme is dôd,"* und *dann sei lautes Klagen vieler Stimmen gefolgt.* Als der Bauer diesen Vorfall zu Hause erzählte, wurde hier eine Stimme laut, welche rief: „Is Vehkemöme dôd, so is mîne Möme ôk dôd." Dann begann ein Rumoren und Poltern; endlich ward es still, und die Erdmännchen aus dem Osenberge, welche im Bauernhause gehaust hatten, waren mit Zurücklassung eines hübschen Kesselchens abgezogen. Strackerjan, Abergl. a. Oldenburg. I, § 257 f. S. 402.

S. 174. Die Sage vom Tode des großen Pan erzählt von der Katze auch Strackerjan a. a. O. § 220 k. S. 330.

S. 244. In der verderbten Glosse des Hesych: „*καὶ ὁ θάργηλος παρὰ Μιλησίοις ᾀδομένη ἐπὶ φρονήσει*“ möchte ich vorschlagen, statt der letzten Worte zu lesen: *ἐπὶ φροντίδι*. Vgl. Harpocrat. p. 146: *θεωροὶ λέγονται οὐ μόνον οἱ θεαταί, ἀλλὰ καὶ οἱ εἰς θεοὺς πεμπόμενοι· καὶ ὅλως τοὺς τὰ θεῖα φυλάττοντας ἢ τῶν θείων φροντίζοντας οὕτως ὠνόμαζον· ὤρην ἔλεγον τὴν φροντίδα*. Vgl. auch o. S. 242 Anm. 1.

S. 258. Vgl. die japanische Sitte, daß zur Feier des auf den 8. Februar fallenden *Neujahrsfestes* die Landleute in die Stadt kommen, um sich zu vergnügen und Neujahrsamulete einzukaufen. Unter letzteren spielen die *Glücksbäume*, Zweige der Trauerweide mit Zuckerwerk, Würfeln, Glaskorallen, Masken und Metallstückchen behängt, eine Rolle; unter ihrem Einfluß sollen die Kinder hübsch gedeihen. H. Ploß, Das Kind in Brauch und Sitte. Lpzg. 1876, I, 72.

S. 292. Wie die Entmannung der Gallen in ursprünglicher Form aussah und gemeint war, als Mittel die Zeugungslust *zeitweilig* zu schwächen, dürfte aus folgendem Analogon erraten werden können. Die Pipilen in Mictlan mußten sich *vor der Ernte*, auf Geheiß des Priesters, *des Beischlafs enthalten*. Sie gruben dann die Sämereien in die Erde ein (oder setzten Coca unter freiem Himmel aus), *ritzten sich blutig und entzogen auch der Zunge und den Genitalien Blut*. A. Bastian, Der Mensch. Lpzg. 1860, III, 72. Auch der Brauch der Gallen wird ursprünglich gewiß nicht in Abschneidung, sondern nur in einem Aderlaß, Einritzung u. s. w. der Zeugungsteile bestanden haben.

S. 342. Sollte nicht die Mythe von dem Sturze der Herrschaft des kinderfressenden Kronos in der Tat von dem vielleicht an mehreren Orten wiederholten religionsgeschichtlichen Vorgang der Verdrängung eines Localkults des mit Kinderopfern geehrten El-Kronos durch Zeus ihren Ausgang genommen haben? Einen Zusammenhang dieser Mythe mit den Ideen jenes asiatischen Dienstes erkannten bereits Diodor Sic. XX, 14, Movers, Phön. I, 299, Preller, Gr. M. I, 46, Flach, System der hesiod. Kosmog. 11, 36 u. A.

Schlufswort.

Zum Schlusse unserer Betrachtungen mustern und umgrenzen wir noch einmal in der Kürze den Gewinn, den dieselben für das Verständniß der deutschen und antiken Mythologie im Allgemeinen zu Tage gefördert haben. Zunächst erachte ich für einen solchen die Erkenntniß, daß mehreren großen Gruppen unter uns traditionell geübter und von Germanen, Slaven und Kelten *eigentümlich* ausgebildeter Gebräuche und Vorstellungen (Maibaum und Erntemai, Sonnwendfeuer, Baumseele und Waldgeister) *in der Religion der antiken Völker* mehr oder minder genau entsprechende Typen begegnen, d. h. Gebilde, welche die nämlichen organischen Elemente und das nämliche oder ein sehr ähnliches Lagerungsverhältniß derselben aufweisen. Wir finden diese correspondierenden Typen bei Römern, Griechen, Thrakern, Semiten in den Gottesdienst hoher göttlicher Wesen (Apollo, Feronia und Soranus, Kotyto, Baal, Set-Typhon, Atargatis, Baaltis, Kybele u. s. w.) verwebt oder zum Gegenstande gottesdienstlicher Verehrung gemacht (Pan, Adonis u. s. w.). Mindestens einige dieser Typen ergeben sich als so alt, daß ihre Genesis vor der Ausbildung der größeren Gottheiten sich vollzogen haben muß.[1] Es wird nun hiedurch die bloße Vermutung zu einer an Gewißheit grenzenden Wahrscheinlichkeit erhoben, daß auch jene nordischen Bräuche und Anschauungen nicht während der Herrschaft des Christentums entstanden seien, sondern ihren Ursprung irgendwo im Heidentume, ja in einer sehr frühen Periode desselben hatten und an ihrer Geburtsstätte einen Bestandteil wirklicher Volks-

1) Vgl. über die wilden Leute der antiken Sage oben S. 201 ff. Dumuzi-Adonis vorsemitischen Ursprungs ob. S. 273 ff. Hinsichtlich der Sonnwendfeuer vgl. o. S. 307. Bereits Bk. 182 wies ich darauf hin, daß der Maibaum und die sonstigen mit Tänien behängten heiligen Bäume in letzter Instanz auf einer jüngeren Umdeutung des bei den wilden Völkern vielfach auftretenden Typus der mit Lappen und Zeugstücken behangenen Fetischbäume beruhen könnten. Wie sich nun in den Kultus der Brahmanen und Buddhisten vielfach gewisse Riten von Baumverehrung der vorarischen Naturvölker Indiens übertragen haben [darüber giebt Fergussons mir nicht zugängliches Werk Auskunft], darf immerhin die Frage gestellt werden, ob nicht auch in Vorderasien der Typus des Fetischbaumes dem Maibaum zu Grunde lag und sich dann neben dieser Differenzierung im Volksbrauch erhielt. Jul. Seiff (Reisen in der asiatischen Türkei, Lpzg. 1875) berichtet, daß ihm vielfach kleine Bäumchen auffielen, welche mit Läppchen und Fetzen behangen waren. Auf seine Frage nach der Ursache des Gebrauches teilte man ihm mit, ein jeder, der einen solchen am Wege stehenden Baum mit Lappen behänge, wähne sich dadurch vor Krankheiten zu schützen.

religion bildeten. Dies ist aber, wie ich meine, ein Ergebniß von nicht zu unterschätzender Wichtigkeit, wenn wir auch auf viele damit zusammenhangende Fragen uns vorläufig einer entscheidenden Antwort enthalten müssen, nicht zu geringstem Teile deshalb, weil eine eingehendere Kenntniß der Volksüberlieferungen des europäischen Südens (Spanien, Italien, Balkanhalbinsel) uns noch entgeht. Falls wir berechtigt sind, den in Rede stehenden Bräuchen und Anschauungen einen Lebenslauf innerhalb des Heidentums der nordeuropäischen Völker zuzuerkennen (unverächtliche Gründe sprechen dafür Bk. 525 ff. 567 ff., o. S. 299, und dieser Auffassung würde selbst der Nachweis einer sehr frühen Entlehnung aus der Fremde nicht widersprechen), so muß die Möglichkeit zugegeben werden, daß sie (mindestens in späterer Zeit) ebenso wie im Süden an höhere Gottheiten geknüpft waren, aber ebenso möglich bleibt es, daß sie im jüngeren Heidentum schon außerhalb des herrschenden Kultus standen (o. S. xxxv), und auf jeden Fall ist zu betonen, daß für uns die Kenntniß jener Gottheiten und des Zusammenhangs mit ihnen verloren ist (vgl. o. S. xi). Ohne Kenntniß sind wir ferner bis jetzt noch über den jedesmaligen Entstehungsherd der ganzen Gebilde und ihrer einzelnen Sproßformen. Es bleibt die Frage bestehen, ob die von mir aus Verwandtschaft der Ideen und Formen versuchten Verknüpfungen dem historischen Sachverhalt entsprechen; es bleibt das große Problem, ob die behandelten Überlieferungen Lehngut seien, oder ob sie sämmtlich oder teilweise auf nordeuropäischem Boden wuchsen, und, wenn dies, ob sie in ihren Grundzügen schon aus Asien mitgebracht, oder ob sie erst in den europäischen Sitzen concipiert wurden. War letzteres der Fall, so müßte die Übereinstimmung mit den mythischen Gebilden der südlichen Völker lediglich auf der gleichen Wirkung gleicher Ursachen, d. h. auf analoger Entwickelung aus gleichen psychischen Keimen unter ähnlichen Verhältnissen beruhen. Reichen sie aber in den frühesten Urzustand unserer nordischen Bevölkerungen zurück, so können ihre Anfänge vor der indogermanischen Völkertrennung selbst dann vorhanden gewesen sein, wenn unsere ältesten arischen Quellen nichts darüber ergeben, da dieselben in ganz anderen Vorstellungskreisen sich bewegen und durchaus nicht das gesammte Volksleben widerspiegeln. Hierüber sind weitere Untersuchungen Berufener abzuwarten. Gelang es uns, zur Lösung aller dieser Fragen einiges Material herbeizutragen und das Problem deutlicher, als bisher, zu stellen, so scheint damit ein weiterer Gewinn für die deutsche Mythologie erreicht. Zu solcher Klarstellung dürfte nicht wenig der Nachweis beitragen, daß manche der deutschheidnischen Mythologie zugezählten Gestalten dem Fortwirken des mythenbildenden Triebes in späterer Zeit ihr Dasein verdanken. So ist Perchta Personification eines christlichen Heiligentages; daß sie aber lebende Menschen mit sich durch die Luft trägt oder ihren zerbrochenen Pflug zimmern läßt, ist aus der Sage von den fahrenden Frauen (Gode, Frick u. s. w.) herübergenommen, mit denen diese Personification vermischt wurde.

Für das Verständniß der antiken Mythologie schließen die angestellten Untersuchungen eine ganz neue Seite auf. Was unsere mythologischen Handbücher uns von derselben zur Anschauung bringen, ist die Fülle jüngerer und jüngster Bildungen, welche in der Literatur, im historisch bewegten und verfeinerten Leben *städtischer* Volkskreise, aus den ursprünglichen mythischen Vorstellungen und Handlungen erwachsen sind. Nun schimmert unter dieser Mythologie der Gebildeten mit einmal eine Volksmythologie hervor, welche die überraschendste Ähnlichkeit mit den Volksüberlieferungen der nordeuropäischen Bauern bekundet. Diese Ähnlichkeit erstreckt sich auf Volkssagen, Märchen und Gebräuche; die einzelnen Überlieferungen behandeln dieselben Gegenstände, wie die unsrigen, und decken sich nach Inhalt und Umfang mit denselben. Da wiederholen sich die Volkssagen vom Tode des Waldgeistes (= Tod des großen Pan) o. S. 132. 149, von der Fesselung der berauschten Waldgeister S. 150, von der Selbstbestrafung des Baumschädigers S. 23, von den Verwandlungen und dem Verschwinden der Elfin (= Thetissage) S. 60. 61. 68, von der Wandlung der am Wege harrenden Geliebten des Sonnengottes in die Sonnenblume S. 151; von der Metamorphose der im Wirbelwind fahrenden Frau (Harpyie) in ein Roß S. 95. Aber auch unsere Volkssage von der Verwandlung von Schätzen in Kohlen,[1] von dem Lagern des Drachen auf dem Goldhort,[2] von den (Zwergen oder) Kobolden, die sichtbar werden, sobald man ihnen den *Hut* oder die *Mütze* abschlägt, müssen bekannt

1) Vgl. das Sprichwort: *ἄνθρακας ὁ θησαυρὸς πέφυκε*. Zenob. Cent. Cf. Baader, Bad. Sag. 27. 272. 370. 390. 398.

2) Vgl. Phaedr. IV, 19. Ein grabender Fuchs stößt auf die Höhle des goldhütenden Drachen „ad draconis speluncam ultimam, custodiebat qui thesauros abditos.“ Artemidor. Oneirocrit. II, 13: *καὶ πλοῦτον καὶ χρήματα σημαίνει ὁ δράκων διὰ τὸ ἐπὶ τοὺς θησαυροὺς ἱδρῦσθαι.*

gewesen sein.[1] Da finden wir ferner Märchen, wie das vom Drachentödter (Peleus) S. 54 ff. (cf. das altägyptische S. 78. 151); endlich die übereinstimmenden Gebräuche des Maibaums S. 258. 259 ff., des Erntemai S. 212 ff., des Ernteeinzugs S. 232 ff. 243 ff., der Erntemahlzeit S. 249 ff., des Erntewettlaufs S. 253 ff., der Laubmänner im Frühlingsbrauch S. 265 ff., der Sonnwendfeuer (Palilien, Hirpi Sorani) u. s. w. Auch dieselben mythischen Personificationen, unmittelbare Schöpfungen eines primitiven religiösen Gefühls aus dem Material der Naturanschauung, wie in unserem Volksglauben, treten uns entgegen. Da begegnen uns in ganz analogen Gestalten der wilde Jäger (Zetes, Boreaden) S. 92. 206, die fahrende Frau (Harpyie) S. 92 ff., die Moosleute und Holzfräulein (Dryaden), die wilden Männer (Kyklopen, Kentauren, Pane, Satyrn), die Wassermuhme (Thetis) S. 207, der stiergestaltige Flußgeist (Elfstier) S. 203. Wir vermögen mehrere der genannten Überlieferungen hinter Homer zurück zu verfolgen; nicht alle sind in ihrer ältesten erreichbaren Form schon in Naturpoesie auflösbar, sondern einige erscheinen bereits da als feste, unverständlich gewordene Gebilde (z. B. der Kampf mit den Ungeheuern, cf. Peleus). Wir geben auch diese Beobachtungen, ohne hinsichtlich ihrer die letzte, höchstwahrscheinlich nicht einfach und gleichmäßig zu beantwortende historische Frage schon jetzt zu stellen. Nur soviel ist klar ersichtlich. Da wir tatsächlich verfolgen können, wie aus mehreren der genannten Traditionen eine reichere Sage und ein ausgebildeter Kultus in jüngerer Zeit hervorwuchs, haben wir hier Stücke aus einer sehr alten Schicht des antiken Volksglaubens vor uns, *welche eine weit bedeutendere Ausdehnung besafs, als ihre bis jetzt zu Tage gekommenen Trümmer erkennen lassen,* und welche (mag sie vielleicht schon in sich nicht ganz gleichartig gewesen sein, sodaß sie neben ihren eigenen Produkten Erbstücke aus der indogermanischen Urzeit und einzelnes Lehngut aus der Fremde in sich schloß), einem großen Teile der antiken Mythen und gottesdienstlichen Verrichtungen zu Grunde lag. So bestätigt sich durch gewichtige Analogie Schwartz's Entdeckung, daß der Volksglaube der Bauern die noch größtenteils in unmittelbarem Zusammenhang stehenden Keime der höheren Mythologie in sich berge.

1) Cum modo incuboni pileum rapuisset, thesaurum invenit. Petron. Fragm. 38. Burm. Cf. Myth.[2] 431 ff.

Register.

A.

B.

C.

D.

E.

I.

K.

Y.

Z.